石油石化设备腐蚀与防护技术

(2022)

中国化工学会石化设备检维修专业委员会

组织编写

中国石化出版社

内 容 提 要

本书精选 91 篇石油石化设备腐蚀与防护方面的优秀论文,内容涵盖范围广,包括腐蚀与防护技术发展现状、防腐蚀技术在石油石化行业中的应用、石油石化行业腐蚀特点分析等。

本书可供各油气田企业、炼化企业、油气储运企业、海洋石油企业从事设备腐蚀与防护的技术人员阅读,也可供高等院校相关专业师生参考。

图书在版编目(CIP)数据

石油石化设备腐蚀与防护技术.2022 / 中国化工学会石化设备检维修专业委员会组织编写.—北京:中国石化出版社,2022.11
ISBN 978-7-5114-6929-8

Ⅰ.①石… Ⅱ.①中… Ⅲ.①石油化工设备-防腐
Ⅳ.①TE98

中国版本图书馆 CIP 数据核字 (2022) 第 206730 号

未经本社书面授权,本书任何部分不得被复制、抄袭,或者以任何形式或任何方式传播。版权所有,侵权必究。

中国石化出版社出版发行

地址:北京市东城区安定门外大街 58 号
邮编:100011 电话:(010)57512500
发行部电话:(010)57512575
http://www.sinopec-press.com
E-mail:press@ sinopec.com
北京捷迅佳彩印刷有限公司印刷
全国各地新华书店经销

*
787×1092 毫米 16 开本 43.5 印张 1304 千字
2023 年 3 月第 1 版 2023 年 3 月第 1 次印刷
定价:398.00 元

前　言

　　腐蚀是石油石化领域的重要安全隐患之一，而石油石化行业几乎涵盖了所有腐蚀类型，不仅直接影响企业经济效益，更关乎环境保护和人民生命财产安全。虽然腐蚀不可避免，但是可以被控制。提高腐蚀防护能力对于提升石油石化企业安全生产水平具有重大意义。

　　为了延长设备寿命，减少和消除设备腐蚀泄漏的发生，搭建生产企业与行业专家之间沟通的桥梁，中国石化出版社有限公司、中国化工学会石化设备检维修专业委员会、中国腐蚀与防护学会石油化工腐蚀与安全专业委员会、NACE STAG P72 炼化防腐蚀技术专家委员会、中国石油炼化企业腐蚀与防护工作中心、中国石化石油化工设备防腐蚀研究中心、中海油研究总院有限责任公司、陕西延长石油(集团)有限责任公司研究院于 2023 年 3 月共同举办"第二届石油石化腐蚀与防护技术交流大会暨防腐蚀新技术、新材料、新设备展示会"。本次会议得到了中国石化、中国石油、中国海油、国家管网、国家能源集团的大力支持。

　　为全面反映我国腐蚀与防护技术发展现状、石油石化行业腐蚀特点、防腐蚀技术在石油石化行业中的应用，以及最新的研究成果、技术、方法和工艺等进展，组委会向全国石油石化行业企事业单位发出征稿启事，得到了广泛响应，相关技术人员踊跃投稿，组委会优选出 91 篇优秀论文，公开结集出版。

　　这些论文来自石油石化行业的生产一线，均为作者的实践总结和经验提炼，反映了目前腐蚀与防护领域的技术水平，以及近年来出现的新技术、新材料和新设备，具有较高的学术水平和借鉴意义。通过本次会议的交流与总结，必将促进石油石化设备腐蚀与防护技术水平的提升，推动石油石化工业的高质量发展。

　　由于石油石化设备腐蚀与防护技术涉及多个领域，且作者水平不一，编辑时间仓促，书中难免存在疏漏和不恰当之处，敬请广大读者给予批评赐教，以臻完善。

目　录

焦化装置稳定塔底重沸器出入口管线风险评估

赵一国

（中国石化青岛石油化工有限责任公司）

摘　要　某石化装置焦化装置稳定塔底重沸器 E303 出口跨线应力腐蚀断裂起火，造成焦化装置非计划紧急停工。初步排查原因为高温高硫介质（重蜡油>240℃）造成出口跨线材质较低的碳钢管线腐蚀减薄，在管线应力集中处断裂失效。由于发生泄漏的石化企业焦化装置与本企业焦化装置工艺设计规范相同，且设备材质选型相同，因此本焦化装置稳定塔底重沸器 E303 相关管线存在重大安全隐患。为防止相同泄漏事件再次发生，该装置设备管理人员对焦化装置稳定塔底重沸器 E303 相关管线风险源仔细排查，并做出相应的应急措施。

关键词　重沸器；应力腐蚀断裂；高温高硫；减薄

160×10⁴t/a 延迟焦化装置由洛阳石油化工工程公司设计，原料为加工高酸原油的常减压装置来的减压渣油。采用"一炉两塔"大型化工工艺技术方案，可灵活调节循环比工艺流程，设计循环比为 0.3。加工高酸原油时实际进料量为 152.15×10⁴t/a，掺炼重油时实际进料量为 159.05×10⁴t/a。设计加工原油硫含量为 0.91%，酸值为 2.95mgKOH/g。根据企业运营调整，实际加工原油硫含量为 0.8%，酸值为 0.42mgKOH/g。

1　策略方案

（1）对稳定塔底重沸器 E303 设备本体及出口管线通过光谱分析仪进行材质确认，并对稳定塔底重沸器 E303 出入口管线测厚，排查是否存在实际管线减薄部位。

（2）对焦化及上游蒸馏装置进行原料性质及含硫数据总结，对加工原料进行系统把控。

（3）腐蚀机理结合测厚数据推论，确认相关管线腐蚀裕度及使用寿命。

（4）制定风险评估及应急方案和检修计划。

2　方案落实

2.1　重沸器 E303

（1）重沸器 E303 设备信息见表 1。

表 1　重沸器 E303 设备信息

设备名称	设备编号	设备规格	介质名称	操作条件		总质量/t	材质
				温度/℃	压力/MPa（G）		
稳定塔底重沸器	E303	TBJS1000-2.07-268-6/25-4 管程	重蜡油	338/255	1.88	12.7	00Cr19Ni10/Q345R+00Cr19Ni10
		B=600 壳程	汽油	195.6/208.1	1.2		Q345R

（2）重沸器 E303 相关管线管道信息见表 2。

表 2　重沸器 E303 相关管线管道信息

管道编号	介质名称	起止点		公称直径	管道材质	操作条件		设计条件		隔热要求	
		自	至			温度/℃	压力/MPa(G)	温度/℃	压力/MPa(G)	类别	厚度/mm
P-30703	汽油	E303	T304	400	Cr13Mo	208	1.2	228	1.38	H	80
P-10307	重蜡油	E104A/B	E303	200	Cr13Mo	338	1.77	358	1.95	ST	100

根据现场光谱分析仪实测 P-30703、P-10307 均为铬钼钢，P-10307 跨线材质均为碳钢。

（3）管线测厚点示意及测厚数据分别如图 1、表 3 所示。

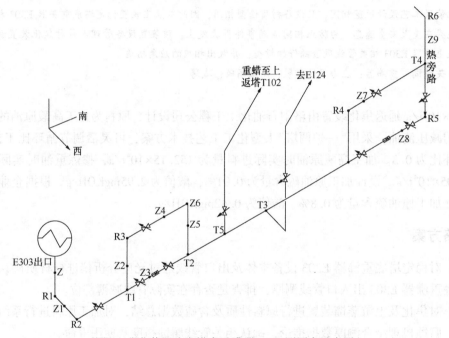

图 1　焦化装置稳定塔底重沸器 E303 测厚点示意图

表 3　焦化装置稳定塔底重沸器 E303 测厚数据表

测厚点编号	测厚数值/mm				材质	管径	原始壁厚/mm	备注
	直管段（上下左右各测 1 点）							
Z	7.9	7.8	7.8	7.9	碳钢	DN200	11	
Z1	7.6	7.6	8.0	8.0	碳钢	DN200	11	
Z2	6.9	6.9	6.9	7.0	碳钢	DN80	7	
Z3	7.7	7.7	8.0	8.1	铬钼钢	DN200	11	
Z4	7.1	7.3	7.0	7.3	碳钢	DN80	7	
Z5	7.3	7.2	7.7	7.2	碳钢	DN80	7	
Z6	7.0	6.9	6.8	6.9	碳钢	DN80	7	
Z7	6.6	6.5	6.8	6.1	碳钢	DN80	7	
Z8	10.2	10.5	10.6	10.7	铬钼钢	DN200	11	
Z9	10.8	10.6	11.2	10.2	铬钼钢	DN200	11	

弯头(外弯 3 个点两侧 2 个点内弯 1 个点)								铬钼钢	DN200	
R1	7.3	7.2	7.4	7.3	8.0	8.8		铬钼钢	DN200	
R2	7.7	7.8	8.3	8.4	8.4	9.1		铬钼钢	DN200	
R3	6.5	7.7	7.2	8.0	8.6	8.3		碳钢	DN100	
R4	6.1	6.0	5.9	8.9	6.6	7.4		铬钼钢	DN80	
R5	7.3	7.2		7.2	7.7			铬钼钢	DN200	
R6	10.6	10.6	10.8	11.0	12.0	11.1		铬钼钢	DN200	
三通(各直管段 3~4 个点)									DN200	三通焊缝有切削痕迹
T1	11.8	11.2	10.3	9.9	10.9	10.7	10.5	12.1	铬钼钢	DN200	三通焊缝有切削痕迹
T2	10.3	11.0	11.0	11.0	11.0	10.7	11.2		铬钼钢	DN200	三通焊缝有切削痕迹
T3	7.5	7.2	8.1	7.7					铬钼钢		
T4	10.1	10.7	10.5	10.1	10.6				碳钢	DN200	
T5	10.8	10.6	10.7	10.1					铬钼钢	DN200	

根据现场测厚实际情况，无明显减薄点，但有如下问题：

① 在现场发现 R3 位置处管托加直接焊接在管线上，管托锈蚀严重，又是应力集中点，存在泄漏风险。

② 在管线 T5、T3 处发现三通有切削痕迹，三通与直管段管线因管径厚度偏差，造成错口，对三通进行切削后焊接，应对此位置进行监控，提前做好夹具。

③ Z 至 T5 存在不同程度的保温层下腐蚀，已做更换。

2.2 高温硫腐蚀机理

高温硫腐蚀通常指≥240℃的硫腐蚀，其特点是发生在钢材表面的均匀腐蚀。设备开始操作时腐蚀较快，但随着操作时间延长，腐蚀速度逐渐减慢。

高温硫腐蚀属化学腐蚀，介质直接与金属发生如下化学反应：

$$Fe+HCl(气体) \longrightarrow FeCl_2+H_2$$

$$Fe+H_2O(蒸气) \longrightarrow 氧化铁+H_2$$

$$Fe+H_2S \longrightarrow 硫化铁+H_2$$

$$R-COOH+Fe \longrightarrow R-COOFe$$

$$Fe+O_2(空气) \longrightarrow 氧化铁$$

$$Fe+S \longrightarrow FeS$$

原油含硫在 0.5%以下时硫的腐蚀性较弱，在 0.5%~1.0%(质量分数)以上的高含硫原油腐蚀性增强。但也有含硫在 0.5%以下的原油，由于活性硫含量高，而具有较强的腐蚀性。

在 260℃左右，石油中的硫化物开始分解，对碳钢变得有腐蚀性；在 345~400℃时，其腐蚀性非常强烈；到 480℃时，其分解接近完全，腐蚀性开始下降。一些硫化物的腐蚀性有如下规律：

二硫化物>烷基硫>硫化氢>硫醇>元素硫和噻吩。

高温硫腐蚀机理：原油中的硫有元素硫、硫化氢、硫醇、硫醚、二硫化物、噻吩类化合物及更杂的硫化物。

100℃以下的原油及各馏分中主要有硫醇和硫醚；100~150℃馏分中除上述硫化物外，还有烷基噻吩和少量二硫化物；150~250℃以上则主要是二苯并噻吩和苯并噻吩，多以环状硫醚为主；200~400℃馏分中多为富含多芳环硫化物，如苯并噻吩、二苯并噻吩、苯并噻吩等复杂硫化物。随着石油馏分沸点升高，含硫化合物结构越来越复杂，越来越稳定，在130~160℃硫醚和二硫化物开始分解：

$$R{-}CH_2{-}CH_2{-}S{-}CH_2{-}CH_2{-}R \longrightarrow R{-}CH_2{-}CH_2{-}SH+R{-}CH{=}CH_2$$

温度升高，分解加剧：

$$CH_3{-}CH_2{-}S{-}CH_3 \longrightarrow H_2S{-}2H_2{-}2C+C_2H_4$$

$$CH_3{-}CH_2{-}CH_2{-}CH_2{-}SH \longrightarrow H_2S{-}2H_2{-}2C+C_2H_4$$

$$R{-}CH_2{-}CH_2{-}S{-}S{-}CH_2{-}CH_2{-}R \longrightarrow R{-}CH_2{-}CH_2{-}S{-}CH_2{-}CH_2{-}R+S$$

$$R{-}CH_2{-}CH_2{-}S{-}S{-}CH_2{-}CH_2{-}R \longrightarrow R{-}CH_2{-}CH_2{-}SH+S+R{-}CH{=}CH_2$$

其他硫化物的分解从250℃开始。

在343~371℃分解生成 H_2S 最快，而在超过427℃高温分解减弱，在480℃左右分解完毕，噻吩在450℃也不分解。随着温度升高，分解生成的硫化氢、硫醇、元素硫与金属的反应加剧，在240~500℃高硫腐蚀特别严重。

高温硫腐蚀一般发生在含硫油接触的230℃以上的部位，伴随温度升高，腐蚀加剧。

2.3 本企业工艺指标及操作

根据原油罐区2018年原油掺炼化验情况，对001#至006#原油含硫量进行汇总比较，如图2所示。

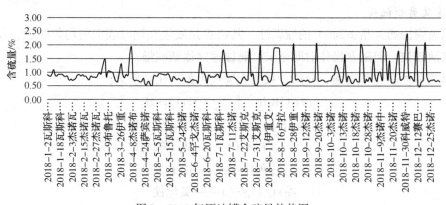

图2 2018年原油罐含硫量趋势图

2018年原油含硫量平均值为0.90%，原油含硫量最高为2.45%，根据2013年青岛石化炼油装置设防值评估报告中常减压装置设防值评估设定酸值为3mgKOH/g，含硫量为3%，原油加工含硫量低于设防值，常减压装置总体运行平稳。但焦化装置作为下游装置，原料含硫量设防值标定为2.0%，当前加工原油含硫量远高于标定设计值，故焦化装置含硫量设防值偏高，存在硫腐蚀风险。

2018年焦化原料含硫量统计如图3所示。

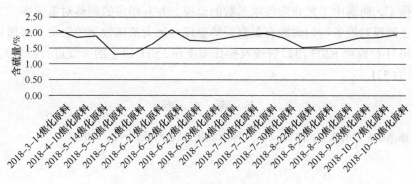

图 3　2018 年焦化原料含硫量统计图

2018 年焦化原料平均含硫量为 1.77%，重蜡油平均含硫量为 1.23%。结合焦化原料以及 E303 管程介质重蜡油含硫情况对比，可以发现重蜡油含硫量未出现较大波动，与原设计值原料含硫量 0.64%、重蜡油含硫量 0.47% 的比值相吻合，符合当前工艺操作要求，且 E303 副线一直未投用，测厚数据也未见明显减薄点，故因腐蚀造成应力集中的可能性不大，风险较低。

2.4　高温硫腐蚀机理及估算 E303 出口管线使用寿命

高温硫腐蚀速度的大小，取决于原油中活性硫的多少。当温度升高时，一方面促进活性硫化物与金属的化学反应，另一方面促进非活性硫的分解。当温度在 350~400℃ 时，能分解出硫和氢气，分解出的元素硫比硫化氢的腐蚀更剧烈，到 430℃ 时腐蚀达到最高值。高温硫腐蚀开始时速度很快，一定时间后会恒定下来，这是因为生成了硫化铁保护膜。而介质流速越高，保护膜越容易脱落，腐蚀将重新开始。E303 管程入口操作温度为 290℃，出口温度为 210℃，存在高温硫腐蚀范围。

从腐蚀在线监测数据规范来看，E303 出口管线安全壁厚为 2mm，跨线安全壁厚为 1.4mm。根据下列公式：

$$剩余壁厚 - 安全壁厚 = 腐蚀裕量$$

$$腐蚀裕量 ÷ 腐蚀速率 = 使用寿命$$

腐蚀速率可以根据定期定点测厚计算，也可通过查找表格的方法来取得，由 SH/T 3129—2002《加工高硫原油重点装置主要管道设计选材导则》中经修正的 McConomy 曲线，查出碳钢在 250~300℃ 的腐蚀速率为 0.6mm/a，铬钼钢在 250~300℃ 的腐蚀速率为 0.56mm/a。从测厚数据中取最小值，由此可得出 E303 直管段碳钢使用寿命为 8.5a，直管段铬钼钢为 16a。

2.5　风险评估

风险评估等级划分：四级为最高即已泄漏，三级为管线脆性断裂临界值，二级为管线存在腐蚀现象管线壁厚在安全壁厚以上，一级为管线轻微腐蚀运行状态良好。

根据某企业出现的 E303 管程出口跨线发生的均匀腐蚀导致应力集中脆性断裂的恶性生产事件，从腐蚀速率及安全壁厚和使用寿命来看，Z2Z5（E303 管程出口跨线）和 R4T4（E303 管程出口跨线）风险等级为一级，ZR5（E303 管程出口管线）风险等级为二级。

3　总结

针对此次某焦化装置紧急停工事件做出如下总结：

（1）加强工艺防腐中工艺介质各项参数的监控，并有相应的调整对策方案。

（2）定点测厚对设备均匀腐蚀有最直观的显现，加大基础数据的收集，并做出总结。

（3）2020 年检修将 E303 出口管线及操作温度在 350℃以上的管线进行材质升级，20# 和 1Cr5Mo 替换为 321。

参 考 文 献

[1] 顾望平. 炼油工业中的硫化氢腐蚀[Z]. 中国石油化工股份有限公司，2001.

钢结构建筑免喷砂长效防腐涂层研究与应用

王 巍

（中国石油天然气股份有限公司大庆石化分公司）

摘 要 对于钢结构的大气腐蚀，采用涂层防腐蚀是主要方法之一。对金属表面底面处理由于涂料本身要求达到 Sa2.5 级或更高。实践证明这样的金属表面处理要求对于大型钢结构特别是二次涂装等会出现质量隐患，造成防腐蚀涂层过早失效。采用喷砂处理方法会污染环境、施工周期长、造价高等。

露天的干喷砂作业已经逐步淘汰，取而代之的是湿喷砂及高压水喷射等作业，随之便需要低表面处理涂料相应的配套应用。另外，一些大型已使用的钢结构相继进入涂装维修期，需要对旧有涂层进行维护及翻新，考虑现场环境、施工难度、造价及环保等因素，低表面处理涂料便是必选之一。所以，钢结构需要一种低表面处理的涂料涂层用来替代传统的表面处理涂料涂层体系。

本文重点介绍了一种高性能体系的"免喷砂长效防腐涂层技术"，通过近 20 年在城市大气、海洋大气、化工大气钢结构、设备等使用证明防腐蚀涂层防腐效果好，使用寿命长，比相同环境下采用常规防腐涂料涂层效果更好。降低了金属表面处理，消除了安全隐患、空气污染，特别是施工成本成倍减少，是目前国内领先的技术。

关键词 钢结构；常规涂料；喷砂处理；问题；金属漆；免喷砂处理；性能；使用效果

1 概况

近年来，我国在不断推广钢结构建筑的应用，钢结构由于具有抗震性能好、质量轻、材料可循环利用等优点，使得钢结构建筑快速发展。

目前制约钢结构建筑发展的瓶颈为结构主体的防腐性能。钢材在潮湿环境中，特别是处于有腐蚀介质的环境中容易锈蚀，必须对钢结构表面采取防腐蚀措施。

目前采取的涂料保护或热喷涂保护还存在一些问题，达不到主体钢结构保护 50a。其主要原因是喷砂环保问题、工程质量不易保证、造价问题、施工工期长等。

对于大气中钢结构防腐涂料的研究方向主要是提高涂层使用寿命、研发低表面处理涂料以降低涂装成本、高固含量低溶剂量以减少溶剂挥发带来的污染。

2 钢结构等在大气中的腐蚀特点

暴露在大气中的钢结构金属表面数量巨大，引起的金属损失也很高。大气腐蚀使金属结构遭到严重破坏。常见的钢结构有桥梁、灯塔、钢结构厂房等。工业大气、海洋大气中钢结构腐蚀更加厉害。常见的钢结构、钢制平台表等材料均遭到严重腐蚀。

总之，大气腐蚀是常见的一种腐蚀现象。全世界在大气中使用的钢材数量一般超过其生产总量的 60%。例如钢梁、钢轨、各种机械设备、车辆等都是在大气环境下使用。据统计，由于大气腐蚀所造成的金属损失量占总腐蚀量的 50%左右。

3 钢结构采用的常规防护方法及存在问题

3.1 常规方法

　　钢结构的防护方法，大部分还是以防腐蚀涂层进行保护。对钢结构进行防腐技术，特别是长效防腐新技术的运用就显得尤为重要。如果钢结构能够在 15~50a 免维护，使用方将节省大量的维护经费，并大大提高钢结构的安全性与使用寿命。

3.2 存在问题

　　从钢结构的使用企业、设计和施工单位存在对钢结构长效防腐的重要性缺乏足够重视，依然停留在传统的防腐技术上，后期维护也跟不上。并且，即使是传统的涂装防腐，由于在施工过程中防腐施工技术不过关，经常造成钢结构过早腐蚀或破坏。

4 钢结构常规防腐涂层失效原因分析

4.1 钢结构防腐涂层破损

　　目前钢结构常规防腐蚀涂层的使用寿命，按工业界的要求一般使用 6a 以上，在城市大气中要求使用 10a 以上。但是因防腐蚀涂料或金属表面处理不到位等综合因素，往往达不到我们的设计期望值。图1~图2为桥梁钢结构及工业钢结构厂房涂料涂层过早失效的情况。

图 1　城市桥梁　　　　　　　　　　　　图 2　工业厂房

　　从图1、图2可以看出，无论是工业界的钢结构还是城市中钢结构在使用过程中都没有达到设计使用年限。这主要是防腐蚀涂料涂层和是金属的表面处理两个因素造成的。其中金属表面的因素是主要原因之一，可以说金属表面处理原因占 60%以上。

4.2 金属腐蚀影响因数

　　金属腐蚀是由各种内、外在因素所引起的，归纳起来主要有：①金属材料本身化学成分和结构；②金属表面光洁度（氧浓度差电池腐蚀）；③与金属表面接触的溶液成分及 pH 值；④环境温度和湿度；⑤与金属表面相接触的各种环境介质。

4.3 防腐蚀技术金属表面处理要求

4.3.1 金属底面处理方法及存在问题

　　（1）遵循的标准：根据国家标准 GB/T 8923.1—2011《涂覆涂料前钢材表面处理　表面清洁度的目视评定　第1部分：未涂覆过的钢材表面和全面清除原有涂层后的钢材表面的锈蚀等级和处理等级》将除锈等级分成喷射或抛射除锈、手工和动力除锈等除锈类型。一般钢结构金属外壁防腐蚀要求金属表面达到 Sa2.5 级才能保证涂料涂层设计的使用寿命。

（2）物理除锈方法存在问题：当采用常规涂料防腐蚀时，要求达到机械喷砂 Sa2.5 级以上。但是对于现场钢结构采用机械喷砂或电动钢丝刷、砂轮除锈，也不符合环保要求。手工除锈不仅效率低而且质量无法保证。特别是金属表面的黑色铁锈，手工除锈不易除掉。当采用涂料防腐时，防腐涂层达不到所要求的设计年限，就会出现剥落现象，所以需要解决这一问题。

（3）漆膜损坏原因：被防腐的金属表面上的水分、油污、尘垢、污物、铁锈和氧化皮等，均会显著降低或者丧失黏结剂的黏结力，从而影响防腐涂层的使用寿命。

另外，金属表面存在热轧时在高温下生成的氧化鳞皮，在预处理时不易清除掉。涂上底漆后很容易脱落，严重影响防腐蚀效果。

4.3.2 表面处理方法的对比

常规防腐蚀技术的涂料防腐蚀效果与表面预处理方法直接有关，表 1 列出了采用手工法、手工工具法和喷砂法预处理后，采用两道环氧铁红底漆、两道醇酸面漆涂覆，经 2a 使用后的防护效果。

表 1　几种表面处理方法的对比

表面处理方法	涂层的锈蚀情况	表面处理方法	涂层的锈蚀情况
未经处理	80%锈蚀	火焰法	18%锈蚀
手工法	55%锈蚀	酸洗法	15%锈蚀
手工工具法	22%锈蚀	喷砂法	个别锈点

由表 1 可以看出，采用手工除锈时，不能很好地解决防腐蚀涂层与金属表面的黏结问题。有关资料显示，涂层使用寿命受三方面因素制约：表面处理占 60%；涂装施工占 25%；涂料本身质量占 15%。

因此，要想改善防腐蚀涂层的使用寿命，只能从防腐蚀材料来着手解决。采用低表面处理涂料涂装后，防腐蚀涂层使用寿命不减少，这是我们一直关注的问题。

5　金属低表面处理采用常规涂料存在问题

5.1　除锈问题

在钢材的涂装保护工作中，表面除锈是表面处理的最大内容。除锈工作经常在现场进行，加上施工人员素质和其他种种原因导致除锈质量无法满足技术要求，防腐质量无法保证。

5.2　环境湿气问题

不同种类的涂料对湿气的敏感性不同，有的要利用湿气才能固化成膜，而有的则不能有湿气存在。在防腐领域中，湿气是导致钢材锈蚀的主要原因之一。除了有较好的防腐质量外，除湿也是一个很重要的工作，带锈、带湿涂装是目前低表面处理中存在的两个主要问题。

5.3　已锈蚀的金属表面要解决的问题

5.3.1　目前亟待解决的问题

在现场金属表面处理采用机械处理还是有一定的困难。一是现场环保、安全不允许；二是部分环境潮湿要求底面处理及涂装困难。具体见图 3~图 4，从图中可以看出，如果按常规防腐涂料底面处理的要求难度很大。

图3 石油装置钢结构腐蚀　　　　　　图4 工业生产厂房钢结构腐蚀

从图3、图4可以看出，如果采用常规材料的防腐方法，现场进行金属表面喷砂处理比较困难。一是不具备条件；二是金属表面喷砂处理对环境有影响；三是采用常规的防腐蚀涂料施工工程质量无法保证。

所以大量的在用二次涂装要达到预期的使用寿命，急需低表面处理防腐蚀涂料。

5.3.2 低表面处理存在的主要问题

钢结构如何除锈才能做到"省时、省力、省钱"？人们提出了低表面处理概念，低表面处理主要指手工或电动工具处理方法，具体来说就是手工除锈或电动工具除锈达到较低要求的表面处理工艺。

低表面处理满足不了常规防腐底漆对金属表面处理的要求，涂层使用不长。也就是说，金属表面处理与常规防腐蚀涂料不匹配。

6 金属低表面处理涂料的筛选

通过防腐材料的对比筛选，认为采用带锈涂装可以解决金属表面低表面处理的防腐蚀问题，防腐涂层可以做到免喷砂长效使用。

6.1 传统金属除锈存在问题

(1) 投资大：抛丸和喷砂除锈都需要事先购买，除锈设备投资大；成本高；设备维护高。

(2) 影响环境及环境卫生：在使用抛丸和喷砂除锈的同时会产生大量灰尘，严重污染环境；影响施工人员的身体健康；灰尘对环境也存在很大的污染。

(3) 人工机械打磨：需要工人手动来完成除锈工艺，而且这些施工基本都在室外，大大加大了施工人员的劳动强度。

(4) 施工时间长：现场金属表面处理的工作量占整个防腐蚀施工工作量的60%~70%。

6.2 低表面处理涂料的基本要求

6.2.1 良好的渗透性与附着力

涂料首先要具备良好的渗透性，能充分浸润基材表面，不但能够渗透疏松多孔的锈层或闪锈，还要能够渗透经过扫砂/拉毛处理/局部羽化的旧有涂层的微裂纹或微孔，确保涂料与基材接触面积最大化，同时还要保持漆膜的连续性和成膜性等。

6.2.2 足够的柔韧性

涂层要具有优异的抗开裂性能，即能够容忍涂料与基材之间的膨胀系数差异，如新旧涂层之间的差异、涂料与附着牢固的残锈及氧化皮之间的差异等。

6.2.3 兼容性

主要要求低表面处理涂料与旧有涂层之间的匹配性，除此之外，该类型涂料还要容忍相对较差的微气候条件或极端的特定条件，如常见的低温、高湿及基材表面潮湿等，甚至待维修设备表面的高温等。

6.3 现有低表面容忍涂料性能达不到长期使用要求

目前低表面容忍性环氧涂料应用最广、用量最大，HG/T 4564—2013《低表面处理容忍性环氧涂料》中列出几项重要的产品性能要求，见表2。

表2 几项重要的产品性能要求

序号	项 目	指 标	依 据
1	附着力(拉开法)/MPa	≥3	GB/T 5210—2006
2	柔韧性(或弯曲试验)/mm	≤2	GB/T 6742—2007
3	耐水性(240h)	无异常	GB/T 1733—1993
4	耐中性盐雾性(1000h)	漆膜无起泡、生锈、开裂、剥落等现象	GB/T 1771—2007
5	与旧漆膜的相容性	与旧漆膜兼容无异常	GB/T 5210—2006

从上表可以看出，有些指标还是比较低的，达不到真正的金属表面低表面处理的要求，不能长期使用。

7 免喷砂防腐涂层技术介绍

7.1 高耐候低表面处理金属漆

通过对国内防腐蚀涂料筛选，高耐候低表面处理金属漆(简称金属漆)能满足现场低表面处理的要求。

7.1.1 金属漆的原理

金属漆与带锈钢材表面有突出的结合力。金属漆发挥了新型聚合物的特殊功能，它具有极大的渗透性，能透入钢材表面还存在锈粒的小孔内，直到生锈部位的根源，开始修复物体，在修复过程中，聚合物内的分子吸收周围水分在固化过程中产生膨胀，从而堵塞小孔，使金属漆与生锈物质结合在一起与周围介质隔绝，起到封闭作用。

7.1.2 金属漆施工特点

(1) 对钢结构除锈要求等级低(达到St2级以下)，要求把金属表面浮锈去掉，直接在带锈钢铁表面涂刷。

(2) 省工省时，施工工艺简单。

(3) 可根据现场施工环境的温度、湿度对产品进行调整。以达到最好的施工效果。

7.2 金属漆主要技术指标

金属漆主要技术指标见表3。金属漆Ⅰ、金属漆Ⅲ推荐外壁防腐蚀。

表3 主要技术指标

项 目	金属漆Ⅰ	金属漆Ⅲ
颜色及外观	银白色、平整	银灰色、平整
黏度(涂-4杯)25℃/s	20~30	30~50

项　目	金属漆Ⅰ	金属漆Ⅲ
固体含量/%	≥45	≥50
密度/(g/mL)	1.15	1.2
干燥时间	表干≤4h，实干24h，完全固化7d	表干≤4h，实干24h，完全固化7d
冲击强度/(kg/cm)	≥40	≥50
附着力(划格法)	1级	1级
附着力(拉开法)/MPa	11(带锈钢板)	11(带锈钢板)
附着力(拉开法)/MPa	5(光滑不锈钢板)	5(光滑不锈钢板)
柔韧比(弯曲法)	1mm通过	1mm通过
耐盐雾性1000h(D、F、T=100μm)	带锈钢板上通过	带锈钢板上通过
耐盐水性20d(D、F、T=100μm)	带锈钢板上无变化	带锈钢板上无变化
耐热性/℃	240	240
硬度(铅笔)/H	4	4

从上表可以看出，所做的检验检测项目都是在低表面处理的钢板上进行的，有不少指标已超过喷砂除锈的指标。

7.3　产品特点

（1）高性能防腐涂层：属于防腐蚀涂料的金属带锈防腐的高性能涂层。

（2）使用面广：可直接涂于生锈、金属裸面及涂过漆的金属表面上，能渗透到锈蚀层内部和增强对金属的保护。可以作为"底面合一"的防护涂层。

（3）施工方便：无须喷砂和打磨出金属裸面，也无须对光滑的表面进行打磨来提高附着力。

（4）黏结力好：对所有金属、锈迹钢、镀锌金属、热浸镀锌金属，无论其表面是新的、生锈的还是从前涂过漆的，都可直接施工，能产生极好的附着力。

7.4　主要工程业绩

主要工程业绩见表4。

表4　主要工程业绩

建设单位	项目名称	使用产品	施工时间	使用年限/a
大庆油田新世纪实业公司油城灭火剂厂	埋地消防水储罐的内外壁防腐工程	金属漆Ⅱ	2006-5	15
大庆油田采油有限责任第九采油厂储运处	500m³、1000m³乙醇储罐的内壁防腐工程	金属漆Ⅲ	2006-9	15
牡丹江东北化工有限公司	醋酸储罐、工艺管线、护栏、反应装置的外壁防腐	金属漆Ⅰ	2007-8	14
牡丹江VC药业有限公司	储罐、地坪防腐施工工程	金属漆Ⅰ	2009-1	13
江苏长江石油化工有限公司	工艺管线、引桥及罐区防腐工程	金属漆Ⅰ	2008-6	14
大庆高新区引航石油化工有限公司	润滑油储罐区内外壁防腐工程	金属漆Ⅰ、Ⅲ	2009-1	13
大庆高盛科技有限公司	化工储罐防腐工程	金属漆Ⅰ	2013-9	9
大庆高新区引航石油化工有限公司	润滑油储罐区、工艺管线外壁防腐、乙二醇内壁防腐	金属漆Ⅰ、Ⅲ	2009-7	13
领航石油化工(天津)有限公司	储罐区内外防腐、储油箱内外防腐	金属漆Ⅰ、Ⅲ	2017-3	5

近 20 年来已有几十万平方米在设备及钢结构外表面防腐，使用效果很好。

8 典型业绩介绍

该产品通过 20 年的实际应用及不断地改进，成功在大气、工业大气、海洋大气上应用。如在桥梁钢结构等及工业大气、海洋大气的钢结构与设备内外表面使用，可提高设备、钢结构的使用寿命。与目前常规的涂料涂装相比，其降低了投资成本。特别是在石油化工的钢结构、储油罐的内外壁应用获得很好的效果。具体案例介绍如下。

8.1 上海东方明珠电视塔钢结构

2005 年上海东方明珠电视塔钢结构及空调管廊急需维护，但不可影响正常工作，由于现场塔高的限制，用原有的防腐除锈方案很难解决问题，采用金属漆彻底解决了这类难题，随后在上海东方绿舟亦采用同样方法用于桥上、航空母舰上。

详细介绍可见 2005 年 2 月《腐蚀与防护》第 27 卷第 2 期"封锈漆—维修用新型防腐蚀涂料"。

该塔已经建成 12 年，当初防腐蚀设计使用寿命为 50a，但使用不到 10a 防腐蚀涂层已经失效。部分钢结构件及设施已出现不同程度的锈蚀，有的甚至很严重。2005 年初，将该金属漆在腐蚀严重的空调管道及高空钢结构上进行施工。涂装 3 道漆，厚度为 120μm。

由东方明珠电视塔有限公司工程部潘文杰、徐国根撰写的论文结论为：东方明珠电视塔在高空钢构件和户外设施的防锈维修中，采用新型防腐蚀涂料——封锈漆，此漆表面处理要求不高，可直接刷涂于尚有锈层及旧漆表面上，处理后的保护性能经中国船舶总公司非金属材料技术检测中心测试，结果良好。防腐效果可达到喷砂处理高性能涂料的效果。这种维修用的材料，省时、省工、施工工艺简单，对钢结构维修带来方便。目前已经使用 15a 多，效果很好。

8.2 大庆引航石油化工有限公司

外壁防腐：2009 年 1 月投入使用(涂装 3 道金属漆，防腐涂层厚度为 120μm)，到目前为止，经过近 12 年的使用，效果很好。表面涂层没有老化、粉化、起皮、鼓泡，仍然有原有的漆膜光泽。具体见图 5~图 6。划痕检查漆膜不脆、表现出有一定韧性见图 6。

 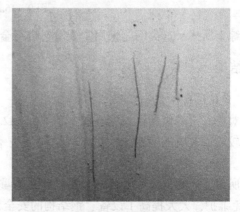

图 5 使用 12 年后的效果　　　　　　图 6 划痕检查

8.3 江苏长江石油化工有限公司

2008 年，管廊底部作业空间狭小，无法进行打磨、喷砂除锈，超耐候金属漆可直接涂在锈蚀表面，形成一层非常坚韧的涂层，把粉化的漆膜和锈蚀层牢牢封闭住。具体见图7~图8。有效解决了潮气在各种环境条件下对涂层造成腐蚀隐患的难题。

图7　太仓成品油库输油引桥施工前　　图8　太仓成品油库输油引桥施工后

8.4　牡丹江东北化工有限公司二期防腐工程

2007年施工时，已经进入冬季，气温最低在-15℃，由于该材料具有一定的低温柔度，可在低温下施工。在-15℃以上施工完成该工程，使用15a仍然可以获得良好的效果。具体见图9。

图9　15a使用情况

综上所述，这类问题采用常规涂料进行金属低表面处理，涂层根本不能长时间使用。

9　结论

9.1　常规防腐体系

对于二次维修的钢结构等根本达不到Sa2.5级，所以，设备、钢结构金属表面处理是一个比较难以解决的问题。采用常规防腐蚀技术的方法，金属表面处理阻碍涂料涂层的使用寿命。

所以，采用低表面处理的防腐材料尤为重要。如果金属漆能够保证设备、钢结构在15~50a免维护，大大提高了设备、钢结构的安全性与使用寿命，可以节省大量的维护经费。

9.2　免喷砂长效防腐涂层体系

近20年对免喷砂长效防腐涂层的使用特点总结如下：

（1）低表面处理：比目前的转化型、稳定型低表面处理涂料性能优越，克服转化型涂料对金属腐蚀的风险和不能单独使用的缺点；比稳定型涂料（30μm）提高了金属锈蚀厚度（60μm）。金属漆可在金属表面同时存在锈蚀物、旧涂层唯一可以使用的涂料。

（2）施工方便快捷：施工方便，可以缩短施工时间，降低施工综合费用。

（3）防腐蚀性：防腐蚀涂层耐老化好、不失光、耐腐蚀性好。

低温施工：防腐涂层具有一定的低温柔度，可在低温高于-15℃下施工，特别适合东北地区防腐施工。

（4）涂层长效使用：免喷砂涂层技术防腐效果可以比喷砂处理后的常规涂料的效果好，使用时间长。一次涂装可以使用20a以上。

（5）环保安全：现场避免了压缩机、喷砂机噪声影响，喷砂粉尘污染。可在石油化工防火防爆的现场施工，可直接涂刷施工，高效快捷。

（6）降低项目投资：一次性投资降低50%以上。

总之，免喷砂技术是钢结构防腐蚀综合效益最好的，涂层使用寿命最长。施工时安全环保成本，特别是施工成本成倍减少。真正做到了采用先进的材料技术可以避免腐蚀，进一步降低了损失。

参 考 文 献

[1] 王巍.EPH型高耐候外防腐专用涂料的应用[J].石油化工设备技术，1998(3)，55-58.

[2] 王巍，杨勇.金属表面除锈的不足及弥补方法[J].石油化工腐蚀与防护，1998，15(1)：53-54.

[3] 潘文杰，许国根.封锈漆——维修用新型防腐蚀涂料[J].腐蚀与防护，2005，27(2)：80-81.

作者简介：王巍（1955—），现工作于中国石油天然气股份有限公司大庆石化分公司，高级工程师，主要从事金属腐蚀与防护、设备绝热工程研究、防腐蚀、绝热工程设计、设备防腐蚀管理等工作。

高性能体系涂料在埋地管道不开挖
防腐蚀技术中研究与应用

王 巍

(中国石油天然气股份有限公司大庆石化分公司)

摘 要 在工业及民用铺设的埋地油气、污水、供水管道等有较大部分都已进入寿命周期，由于外力或自身使用寿命等原因，都会不可避免地出现穿孔或泄漏事故，传统处理手段一般为开挖维修或更换。老旧管网基本部分处于城市主干道下或构筑物边缘，维修或更换等工作将牵扯路政、地面障碍物拆除及恢复、公众协调等诸多因素。而且管道的局部破损造成失效情况下，整体更换成本过大。正是在这样的背景下，管道的非开挖修复技术应运而生。其中"旋转气流法"管道处理技术具有现场应用性强，缓垢、阻垢防腐等效果明显，经济效益突出的特点，解决了管道因内腐蚀泄漏的安全环保隐患。通过管道不开挖技术采用的防腐涂料对比分析筛选，推荐钛纳米聚合物涂料对管道进行内壁防腐蚀可以获得更长效的管道使用寿命。

关键词 埋地管道；腐蚀；结垢；不开挖；钛纳米涂层；防腐施工

1 概况

在工业及民用铺设的埋地油气、污水、供水管道等有较大部分都已进入寿命周期，近年来埋地管道时有管道爆炸、断裂等事件发生，造成严重损失。管道更新已成为很重要的任务。特别是我国产能不断增加，石油、石油化工作为集输网络的重要环节，钢制外输管道总量不断增加，但因管道内腐蚀破漏造成的安全生产和环境污染事故频发，给石油、石油化工企业造成了巨大损失。

而大量的地埋管道在投入运营若干年后，都会不可避免地出现穿孔或泄漏事故，传统处理手段一般为开挖维修或更换。

老旧管网基本部分处于城市主干道下或构筑物边缘，维修或更换等工作将牵扯路政、地面障碍物拆除及恢复等，整体更换成本支出过大。在这样的背景下，管道的非开挖修复技术应运而生。

其中"旋转气流法"管道净化与内防腐技术，具有现场应用性强，缓垢、阻垢防腐等效果明显，经济效益突出的特点，解决了管道因内腐蚀泄漏的安全环保隐患。

2 管道不开挖技术

管道不开挖技术是无须开挖埋地的管道的一种方法。其中"旋转气流法"管道净化与防腐技术是较好的一种施工技术。

2.1 基本原理

受自然界龙卷风生成现象启发，采用专用设备调节控制差压气流，在目标管道内生成"龙卷风"，即形成可调控的旋转气流。

2.2 作用

"旋转气流法技术"有效解决了管道垂直、转弯、变径、分支等难以实施的工艺瓶颈，是当前唯一将管道清洗与内涂层防腐保护同步实施的非开挖原位修复技术。

适用口径 50~500mm，适合钢质、塑胶、玻璃钢等，一次作业长度可达 2km。

2.3 技术应用性

2.3.1 新建管道进行清管或防腐

（1）清理管道：旋风气流对新敷设管道投产前净管，除渣除锈更彻底，效率更高。

（2）快速干燥：旋风气流可快速将管道内水汽吹出，快速风干管道内壁。

（3）防腐施工：新铺设管线进行涂膜防腐，原位将普通钢管改造为优质复合管道。

2.3.2 老旧管道

（1）管道清理：高速旋转气水流夹带磨料，在目标管段内形成"旋风柱"，磨料不断撞击、剪切、研磨管壁硬质垢锈层，污物由尾端持续排入回收箱，清垢除锈效果可达到 Sa2.5 级以上，见图 1~图 2。

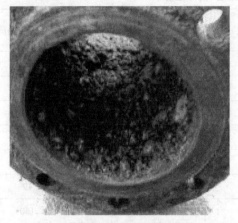 

图 1　在役管道　　　　　　　　　　图 2　清垢过程

（2）管道涂装：根据管输介质技术指标，选择适合的防护涂料，用旋风气流带动液态涂料涂覆管道内壁，原位将管道改造为优质复合管道，提高管道功效并延长使用寿命见图 3~图 4。

图 3　涂膜过程　　　　　　　　　　图 4　改造完成

2.4 技术特点

（1）环境友好：非开挖闭环工艺，配有污物回收装置，对环境无不良影响。

（2）保护性强：管线整体内壁防护，替代传统管线维护管理方式，提高管线功效延长使用寿命，节能降耗。

（3）作业时间短：工艺不受管道垂直、转弯、变径、分支、闸阀等复杂连接限制，可以根据管线实际情况选择作业距离，最长作业距离达2km以上。

（4）综合成本低：物理方法无须添加特殊药剂及装置，综合施工成本与更换新管相比降低50%以上。

（5）装备智能：自动化、智能化、集成化装备，适应复杂地形状况。

2.5 防腐材料选择

根据管输介质选择不同性质的防腐涂料见表1，对管线做整体内壁防腐、防护，提高功效，延长使用寿命。根据油气管道不同需求，可选择多遍或多层涂覆。

表1　适合"旋转气流法"的工业涂料

方　案		环氧陶瓷	环氧氟碳面漆+环氧树脂中间层+环氧离锌底层	钛钠未聚合物涂料
项目	单位	结果	结果	结果
附着力	MPa	>9	>10	>12
粗糙系数	/	0.008	0.011	0.004
硬度	H	>7	>5	>6
表干时间	h	2	2	2
实干时间	h	16	8	12
最高耐温	℃	200	160	150
涂层厚度	μm	80	180	150

2.6 涂料性能分析

2.6.1 环氧陶瓷

环氧陶瓷是由环氧树脂和大量石英粉及其他材料组成的防腐涂层。优点：涂层硬度高，光滑耐磨，机械强度高，黏结力大，防腐性能优良。

缺点：要求底材处理，环境温度，适用期等施工方面的要求严格。该材料有质脆的固有弱点，与金属材料的热物理性能差别大，与基体材料的结合主要为机械嵌合等缺陷，使陶瓷涂层不能应用于受冲击，高应力和强疲劳等工况条件。用在不开挖的管道系统中还是存在一定的风险。

2.6.2 环氧氟碳面漆配套

环氧氟碳面漆配套体系是指"环氧氟碳面漆+环氧树脂中间层+环氧富锌底层"。环氧氟碳面漆由环氧改性树脂、氟碳改性树脂、耐酸性耐碱性颜填料、溶剂等与固化剂配套组成双组分环氧氟碳漆。

配套优点：漆膜具有优良的附着力、耐酸性、耐碱性，以及良好的耐候性和干湿交替性，长时间暴晒不褪色，不粉化。能取代氟碳漆的优势，又能达到环氧漆的硬度。

配套缺点：管道底面底漆为环氧富锌，对金属表面要求处理达到 Sa2.5 级是比较严格的，如果达不到，影响与金属表面的附着力，达不到设计使用年限的效果。另外，整体涂层设计中涂料体系，而针对采用旋风技术涂装结构层比较多，会影响每道涂层的均匀性及涂层使用寿命。

2.6.3 钛纳米聚合物涂料

涂料本身与金属表面附着力很好，是涂料本身特点所决定的。因为当金属进行机械喷砂除锈时，所产生的微裂纹，由于涂料本身的细度，可以渗到微裂纹处进行修补，同时金属表面所产生的粗糙度可以完全遮盖住。其属于纳米材料，对于金属表面处理的粗糙度有一定的容忍程度，比一般环氧底漆要求的粗超度可以降低许多，如达到 $20\mu m$ 左右即可。

钛纳米涂层具有附着力好、不沾水、抗渗透性强、抗腐蚀性高、耐温性好、耐水性好。比一般微米级防腐蚀涂料要好得多。

3 不开挖技术典型案例

3.1 典型案例

近几年在石油、石油化工的管道采用不开挖技术，解决管道的需要清洗防腐，提高了管道使用寿命，具体见表 2。

表 2 部分项目工程

序号	单位与项目	工程性质	技术效果	施工时间
1	吉林油田输油、注水管道清洗涂装	在役管道除锈除垢、部分内防腐	恢复初始流量，涂装降低维修率80%以上	2014 年
2	冀东油田地埋输油管道清洗涂膜项目	在役管道除锈除垢、防腐涂膜	恢复初始功效，涂层保护节约投资60%左右	2015 年
3	大庆方兴油田输油管线清垢除锈	在役管道除锈除垢	恢复管道初始功效，提高输送效率40%	2017 年
4	新疆油田管道清洗修复	输油和注水管道站房内汇管，在役管道除锈除垢	恢复管道初始功效，达到原设计流量	2019 年
5	吉林油田乾安采油厂新建输气管道	CO_2 输气管道净化内防腐	与光滑金属管道比较，气体流动效率提高3.8%	
6	中石化镇海炼化公司管线修复改造	新铺设钢制管线内涂层防腐。低盐污水管道，高盐污水管道	涂层保护，节约大量检修更换成本	
7	中石化镇海炼化公司消防管线修复改造	消防管线与设施除锈除垢内涂层防腐	目前在服役，节约企业大量成本	
8	惠州大亚湾华德石化南边灶库区污水管道修复	含原油污水	DN400 含油污水管道清垢内涂层防腐	

3.2 部分效果图

部分项目效果如下。

3.2.1　吉林油田输油、注水管道清洗涂装项目(图5)

(a)管道锈垢　　　　　　(b)清理完成　　　　　　(c)管道防腐

图5　吉林油田清洗涂装项目

3.2.2　冀东油田地埋输油管道清洗涂膜项目(图6)

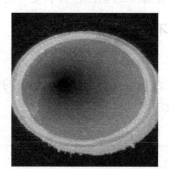

(a)管道锈垢　　　　　　(b)清理完成　　　　　　(c)管道防腐

图6　冀东油田清洗涂膜项目

3.2.3　大庆方兴油田输油管线清垢除锈项目(图7)

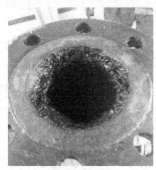

(a)管道锈垢油垢　　　　(b)锈垢清理完成　　　　(c)管道清洁

图7　大庆方兴油田清垢除锈项目

3.3　不开挖技术效果

"旋转气流法"是一项最新的非开挖管道修复技术，不需要损坏地面设施等，对各类在役管线内壁进行清垢、除锈、涂层防腐，具有一次性施工距离长、清垢彻底、不伤管壁，并具有修复、强化、改造功能，延长管线使用寿命。

4　管道防腐涂料的选择

由于埋地管道使用不同介质，管道的腐蚀与防腐涂层破坏情况有所不同，主要原因如下。

4.1 油管道腐蚀

油管道在使用过程中，油中的水在管道内部易发生电化学腐蚀。在油气的输送过程中，水和油中的 H_2S、CO_2、O_2 等接触从而发生电化学腐蚀。目前防腐措施主要为：一是采用将油净化的方法，使油气中的杂质在达到允许的条件下，才能进行输送；二是采用高分子涂料作为管道的内涂层，内涂层不但可以降低管道的粗糙度，而且可以提高管道的输气能力，有效地降低腐蚀，提高管道的使用寿命。

4.2 天然气管道内腐蚀

天然气管道在运行时，管道内壁与输送介质会产生直接性接触，所输送的介质中不光是天然气，还有一些 H_2S、CO_2 和水合物等，这些杂质的存在，随着输送压力、温度和流速变化，会严重腐蚀长输天然气管道内壁。

4.3 工业污水管道腐蚀

（1）污水对金属腐蚀原因：在工业污水中，特别是石油化工中的污水。由于污水含有 S^{2-}、CN^-、NH_3-N，在 pH 酸性情况下发生电化学腐蚀。水中存在有害的介质成分加速金属腐蚀，该水质比正常水腐蚀要厉害得多。

（2）污水对防腐层作用：污水对一般常温固化的环氧、呋喃、酚醛类的涂层主要腐蚀是酚类小分子易穿透涂层，使有机涂层的分子结构发生溶胀、断裂。

4.4 供水管道腐蚀的现状

4.4.1 管道腐蚀原因及危害

水在输送、储存过程中，主要腐蚀原因是电化学腐蚀。没有防腐蚀管材，平均使用年限在 5a 左右。管道内壁普遍存在严重的腐蚀、结垢，具体见图 8。

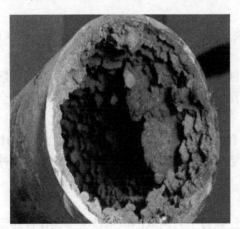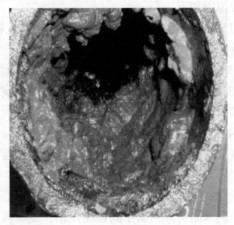

图 8　管道内表面腐蚀

当管道不防腐水压水量波动时就容易形成"红水"（铁锈水），严重影响饮用水质量。管道内的锈垢变厚，会影降低管道的输水能力，增加管道的输水阻力，造成供水压力明显下降。

4.4.2 常规防腐蚀涂层

供水管道一般采用环氧体系的材料进行防腐蚀。一般使用 5a 左右的涂层会逐步出现问题，一般表现为涂层表面脆化出现裂纹、开裂、鼓包、脱落等，一般在 5a 以后会逐步进行二次涂装。

5 管道防腐涂料要求

内壁防腐蚀优先选用防腐涂层来解决。涂料涂层对基体金属的防腐作用主要防止电化学腐蚀，防腐涂层应具备以下几点：

（1）极好的耐酸碱盐性能及耐油气腐蚀。

（2）涂层具有极高的抗渗透能力。

（3）在腐蚀性介质中耐高温性能好。

符合条件（1）和（3）的涂料可以找出，但是符合条件（2）的涂层长期在腐蚀性介质中、高温及一定压力下工作，目前还不好筛选。一般涂料在有压力下工作不会使用太久。

根据管道在不同的使用条件下，推荐使用"钛纳米聚合物涂料"（简称钛纳米涂料）对其表面进行防腐蚀，已成功地解决金属设备的各种腐蚀问题。

6 采用钛纳米涂料的依据

6.1 防腐材料选择

金属管道防腐与其他设备防腐相比有其自身的特殊性，即工程完成后没有可维修性。所以管道防腐必须一次性做好，保证10a以上防护涂层不能损坏。

6.1.1 常规防腐体系

环氧防腐体系或改性涂层是现有在管道经常采用的常规体系。在这些系统中，如果条件相对不苛刻可以使用几年。经过几年的使用涂层结构发生变化，出现抗渗性下降，涂层开裂、鼓包、粉化等现象。在这些系统中使用寿命是5~8a。常规的涂料成分决定了这一点，其主要原因如下。

（1）填料：起到增加涂层厚度作用（填充物），很大体部分填料是无机物质，如钛白粉、锌粉等。这些物质在涂层中。

（2）抗渗性：填料增加涂层的抗渗性及耐蚀性，但是长久性使用还是有一定的问题。

（3）物理结合：加入填料后在形成的防腐涂层中只是靠树脂与填料颗粒的物理结合，抗渗性随时间延长下降较快。

（4）表面粗糙度：填料一般为30~50μm粒径或片状，这就构成了涂料表面层比较粗糙，在流动的液体中增加液体阻力，使输送管道的能耗增加。随着时间延长，涂层抗冲击性下降，导致涂层破坏。

6.1.2 高性能体系

钛纳米涂料体系属于高性能体系，该材料经独特工艺制取的纳米钛粉，能让普通涂料新增耐磨、耐腐蚀等项性能。

纳米钛与树脂化合后生成的多种全新涂料，具有耐腐性，用其涂覆的物品既能耐沸水，又能在海水中浸泡20a不损。同时，其涂层硬度和耐磨性显著提高。在油气、污水、供水管道及设备（环氧系涂层不能使用）上使用该涂料近20a效果很好。

7 钛纳米涂料特性

7.1 钛纳米涂料

钛纳米涂料是将钛及其合金粉超细化达到纳米级，使其表面活性大大提高；同时将高分子树脂双键打开，形成游离键，两者杂化复合到一起形成钛纳米聚合物。用钛纳米聚合物作为高分子合金的活性填料而制得的涂料就是钛纳米聚合物涂料。

7.2 钛纳米涂料使用环境与特点

7.2.1 主要使用环境

（1）遭受酸碱盐及其他介质严重腐蚀的钢筋混凝土结构、地坪和金属设备的防护。

（2）大口径输气、输油、输水管道的腐蚀防护。

（3）海洋工程及设施、船舶和航海设备、海水淡化、海水养殖的腐蚀防护。

（4）化学工业的换热器、冷却器、高温余热利用的腐蚀防护。

（5）电镀槽、结晶槽、有色冶金氧压酸浸高压釜的耐高温腐蚀防护。

（6）电厂脱硫、脱硝装置、烟囱、水处理、环保设备的防腐蚀处理。

7.2.2 主要特点

钛纳米涂料在工业界严酷工况环境下使用解决金属、非金属的腐蚀，优于现有的特种防腐材料。其主要由钛纳米材料的分子结构决定。

（1）由于结构中引入了金属钛，使其具备卓越的防腐蚀性能，可以耐各种严酷环境下的工况腐蚀。

（2）性能稳定，耐自然老化，抗紫外线，耐电化学腐蚀和阴极腐蚀，比传统防腐涂料寿命提高 2~5 倍。

综上所述，钛纳米高分子合金涂料的特点，更加突出该材料抗渗透性强、抗腐蚀性高、抗垢性好、耐温性好、耐水性好、导热性好。

通过采用钛纳米涂料作防护涂层。解决了部分石油、石油化工、电厂等特别是沿海设备的内部腐蚀，延长设备的使用寿命。在工业界腐蚀环境比较苛刻的条件下，金属表面需要大量的高性能体系的涂料。

8 使用效果

8.1 在石油化工上的应用

（1）大型储罐：为了解决大型储罐在石油化工环境中遭受化工大气及储罐内壁各种酸性介质腐蚀。采用纳米有机钛基体聚合物防腐涂料，在炼油厂汽油罐、石脑油罐、污水处理罐、地下污水处理池和乙二醇、苯乙烯中转储罐内壁进行防腐蚀涂装保护。经过 4 个大修周期(超过 10a)的考验，防护涂层仍然完好。

（2）换热设备：石油化工由于换热器结垢严重，严重制约换热器的换热效果，浪费了大量能源。换热器损坏不仅使维修更新作业频繁，原材料和产品跑冒滴漏，有毒有害物质侵害人身安全、污染环境，而且其造成的装置事故停车带来惊人的停产损失。

为解决石油化工的生产介质"$H_2S—HCl—H_2O$"系统对换热设备管束的腐蚀，采用钛纳米高分子合金聚合物对换热设备的碳钢管束进行防腐，成功解决了管束的腐蚀问题。可以提高碳钢管束的使用寿命 2~3 倍以上。

（3）酸性水罐：石油化工装置的酸性水气体装置的含硫污水，对水罐及系统内容器腐蚀严重。在防腐界称为难啃的硬骨头。采用我国现有的特种防腐蚀涂料涂层不能解决问题。涂层使用有的不到 3 个月便失去作用，导致罐壁应力腐蚀开裂。采用我公司生产的钛纳米高分子合金聚合物，经过多年的使用证明，该涂料涂层彻底解决了酸性水罐的问题，已在石油化工普遍应用。

（4）压力容器：在氢烃压力容器罐上使用，较好地解决了在含有 H_2S、HCl 等多种介质的油气中，60℃左右温度下及有一定压力下的腐蚀。为轻烃罐的防腐蚀找到一种新方法。

总之，纳米钛与树脂化合后生成的多种全新涂料，具有耐腐性，用其涂覆的物品既能耐沸水，又能在海水中浸泡 10a 不损。同时，其涂层的硬度和耐磨性显著提高，该涂料已经成功地解决了国内现有的防腐涂料没有解决的问题。

8.2 典型案例介绍

埋地污水管道的腐蚀与防护：污水对一般常温固化的环氧、呋喃、酚醛类涂层来说，是因为酚类小分子易穿透涂层，使有机涂层的分子结构发生溶胀、断裂。也就是说，在含有腐蚀介质的水溶液中，较小的分子气体及介质容易进入有机涂层中，使表面涂层变软、发生鼓泡、涂层硬化、破损失去作用。

内壁防腐材料选择：金属管道内壁防腐与其他设备防腐相比有其自身的特殊性，即工程完成后没有可维修性。所以管道内壁防腐必须一次性做好。通过性能对比采用钛纳米涂料综合效益是最佳方案。

管道内壁采用钛纳米聚合物涂装体系，对 5km、φ820mm 东排污水管道内外壁进行了防腐施工，施工面积 13000m²。使用 15a 多效果很好，没有发现管线泄漏。

9 结论

（1）附着力好：涂料本身与金属表面附着力很好，是涂料本身特点所决定的。当金属进行机械喷砂除锈时，所产生的微裂纹，由于涂料本身的细度，可以渗到微裂纹处进行修补，同时金属表面所产生的粗糙度可以完全遮盖住。

（2）不沾水：该涂层憎水性极高，亲水角高达 145，这是一般涂料所达不到的。表面光滑，不结垢。在涂层表面水滴附着很少，可以避免或减少电化学腐蚀。

（3）抗渗透性强：比一般特种防腐涂料抗渗能力强。

（4）抗腐蚀性高：在该条件下使用比一般的防腐涂料耐腐蚀。

（5）耐温性好：耐温性能比同基树脂涂料高 50℃ 以上。

（6）耐水性好：长期使用防腐涂层不会反黏、变脆。

该防腐涂层在油气、污水、供水管道等内壁应用效果很好，优于一般的防腐材料。涂装一次可以使用 15a 以上。

参 考 文 献

[1] 秦国治，丁良棉，田志明．管道防腐蚀技术[M]．北京：化学工业出版社，2003，1-3．

[2] 王巍．综合防腐在万米气柜上的应用与探讨[J]．全面腐蚀控制，1998(2)：37-42．

[3] 南京化工学院．金属腐蚀理论及应用[M]．北京：化学工业出版社，1984．

[4] 罗岳平．自来水管道内腐蚀对管网水质的影响研究[J]．中国给水排水，1998，14(2)：58-60．

[5] 薛俊峰．材料耐蚀性和适用性手册-钛纳米聚合物制备和应用[M]．北京：知识产权出版社，2001，429．

[6] 王巍，王智勇．埋地污水管道的腐蚀与防护[J]．石油化工设计，2008，25(1)：58-60，16．

[7] 王巍，薛富津．钛纳米聚合物涂料在储油罐上的应用[J]．全面腐蚀控制，2005，19(4)：12-14，18．

[8] 王巍．大庆石化公司设备腐蚀防护管理小结[J]．腐蚀与防护，2005，26(1)：34-36，38．

[9] 王巍．钛纳米聚合物涂料在炼油厂设备防腐蚀中的应用[J]．石油化工设备技术，2007，28(2)：34-37．

[10] 王巍，谷亚男. 催化裂化重整换热器的腐蚀与防护[J]. 石油化工腐蚀与防护，2006，23(6)：41-43，49.

[11] 王巍. 浅谈炼油厂硫黄回收装置酸性水罐的腐蚀与防护[J]. 石油化工设备技术，2005，26(5)：59-61.

[12] 王巍. 液化石油气球罐内壁腐蚀与防护[J]. 全面腐蚀控制，2016，30(5)：75-77，80.

作者简介： 王巍(1955—)，现工作于中国石油天然气股份有限公司大庆石化分公司，高级工程师，主要从事金属腐蚀与防护、设备绝热工程研究、防腐蚀、绝热工程设计、设备防腐蚀管理等工作。

油气田管道纤维增强复合涂层技术应用

肖雯雯　葛鹏莉　韩　霞　龙　武　刘青山　张　超　林德云

(中国石油化工股份有限公司西北油田分公司)

摘　要　针对西北油田地面集输管道稠油区高温苛刻腐蚀环境及长距离涉水管线腐蚀防护需求,添加5%的玻璃纤维对环氧酚醛涂料基体进行组分增强,提升涂层屏蔽阻隔性50%以上,涂层可长期服役,温度达到90℃,利用双向挤涂施工技术提高施工时效,保障一次施工距离5km,在实现长距离涉水管道防护中具有显著优势,为提升油气田地面防腐技术水平提供有力支撑。

关键词　长距离;风送挤涂;玻璃纤维;腐蚀防护

西北油田位于新疆塔里木盆地北缘,位于塔里木河流域沿线,塔河油田稠油区地貌内以戈壁滩为主,植被以红柳、胡杨、灌木丛为主,穿越季节性水域、生态环境敏感。常规非开挖修复技术一次施工距离小于500m,对于连续水域长度大于500m的长距离涉水管道防护存在一定不适应性。同时为满足稠油区长期高温服役的生产需求,攻关一种新型纤维增强复合涂层技术,添加5%的HCC玻璃纤维对环氧酚醛涂料基体进行组分增强,提升屏蔽阻隔性50%以上,涂层可长期服役,温度达到90℃,满足稠油区高温环境技术需求,挤涂施工技术提高施工时效,保障一次施工距离5km,在实现长距离涉水管道防护中具有显著优势,为提升油气田地面防腐技术水平提供有力支撑。

1　管道现状

1.1　管道腐蚀环境

稠油区原油黏度大,集输运行温度高,同时采出液介质具有"高H_2S、高CO_2、高矿化度、高Cl^-、低pH值"的强腐蚀特点,见表1~表3。

表1　稠油区平均原油物性

密度/ (g/cm^3)	运动黏度/ (mm^2/s)($30℃$)	凝固点/ ℃	含盐量/ (mg/L)	含硫量/ %	含蜡量/ %	初馏点/ ℃	终馏点/ ℃	含水量/ %
0.9401	3009.72	−3	600.17	2.33	5.52	69.4	296.9	14.3

表2　稠油区伴生气平均物性参数

相对密度	甲烷/%	乙烷/%	丙烷/%	正丁烷/%	异丁烷/%	正戊烷/%	异戊烷/%	正己烷/%	CO_2/%	H_2S/(mg/m^3)
0.910	68.1	9.7	4.85	1.87	0.76	0.48	0.49	0.14	9.14	31361

表3　稠油区采出水平均物性参数

Ca^{2+}/ (mg/L)	$K^+ + Na^+$/ (mg/L)	Mg^{2+}/ (mg/L)	Cl^-/ (mg/L)	SO_4^{2-}/ (mg/L)	HCO_3^-/ (mg/L)	总矿化度/ (mg/L)	水型	pH
10755.1	1343.8	69435.7	120108.5	250	137.3	218603	$CaCl_2$	6.1

1.2 腐蚀原因分析

1.2.1 稠油区涉水管道腐蚀环境分析

（1）高 H_2S

塔河油田 H_2S 分部整体呈西北高、东西低，碳酸盐岩油藏高、碎屑岩油藏低的态势，稠油区 H_2S 管线分压为 0.3~28.5kPa，超过 0.3kPa 的临界值，存在硫化物应力开裂风险。

（2）高 CO_2

稠油区 CO_2 管线分压为 20~100kPa，属于 CO_2 中度腐蚀环境。

（3）低 pH 值

稠油区平均含水约 35%，矿化度变化在 19×10^4~21×10^4 范围内，Cl^- 含量变化在 9×10^4~13×10^4 范围内。采出水 pH 值<6，属于弱酸性腐蚀环境。

由于腐蚀介质含量差异，运行工况压力、温度不同，其腐蚀类型主控因素也不同。经计算，稠油区 P_{CO_2}/P_{H_2S} 分压比值平均为 3~21，结合目前腐蚀现状，判断稠油区主要以 H_2S 电化学腐蚀为主。

1.2.2 腐蚀影响因素分析

（1）H_2S 点腐蚀

实验证明：在以 H_2S 作为主控因素的腐蚀条件下（CO_2/H_2S 分压较低的情况），更容易发生点腐蚀。通过能谱分析及腐蚀产物形貌分析发现点蚀坑的内外元素化学成分相近，但点蚀坑外腐蚀产物形貌为针状，坑内腐蚀产物形貌为颗粒状，结构不同导致性能的不同，结构的不均匀性导致点蚀的发生。具体坑外坑内腐蚀产物微观形貌如图 1 所示。

图 1　坑外坑内腐蚀产物形貌

（2）温度的影响

油品的凝点、运动黏度及密度差异，导致管线介质输送温度存在较大差异。具有稠油密度高、黏度高和凝点低的特点，地面输送采用加热输送，井口加热炉出口温度为 60~70℃，明显高于其他稀油区块，属于腐蚀的敏感温度。温度对腐蚀速率的影响曲线图如图 2 所示。

实验表明：在塔河工况条件下，碳钢的腐蚀速率随温度的升高呈先升高后降低再升高的趋势。当温度从 40℃升高到 60℃时，温度升高对各反应进行速率的加速起到主要作用，从而使腐蚀速率增加；而当温度从 60℃升高到 80℃时，温度升高引起 H_2S 和 CO_2 溶解度减小，降低溶液中 S^{2-}、HS^-、CO_3^{2-} 等腐蚀性离子浓度，并且温度升高时试样表面快速成膜提高了保护作用，在 2 种因素的共同作用下，试样的腐蚀速率降低；而当温度继续升高，温度对反应的加速作用又起到主要作用，因此腐蚀速率会再次升高。

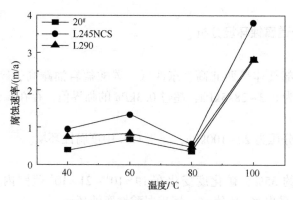

图 2 温度对腐蚀速率的影响

2 技术原理

纤维增强复合防腐内衬技术工艺与涂层风送挤涂技术相似，通过在清洗达标的原（旧）管道中，将纤维增强环氧复合材料泵入挤涂球和封堵球之间，依靠压缩空气为动力源推动挤涂器前进，将纤维增强环氧复合材料均匀地挤涂在管道内表面，形成保护性的防护层，达到管道修复恢复功能的目的。最终形成底漆+面漆双层复合防腐结构，如图 3 所示。

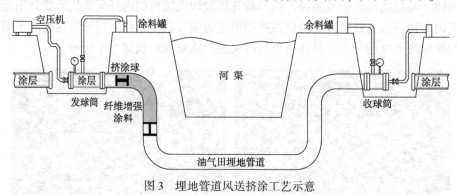

图 3 埋地管道风送挤涂工艺示意

2.1 工艺计算

（1）一次修复长度计算

一次挤涂长度按照经验公式计算：

$$L = \frac{\Delta P - 0.32}{0.24 \times 10^{-3}}$$

式中 L——挤涂长度，m；

ΔP——挤涂修复综合阻力值。

（2）涂料用量计算

涂料用量按下式进行计算：

$$G = k_2 k_3 \pi D L H \rho_3 / a$$

式中 G——涂料用量，kg；

k_2——抹平系数，取 1.8；

k_3——富余度，取 1.4；

D——管道直径，m；

H——湿膜厚度，m；

ρ_3——涂料密度，kg/m³；

α——涂料固体含量，%。

2.2 施工流程

挤涂修复施工工艺流程为施工前准备→扫线和验漏→断管和管件处理→清管和干燥→修复施工→试压连头→收尾，其中原管道内壁清洗、干燥、试压验漏是挤涂法修复施工质量的关键点。

（1）施工前准备

依据施工图设计和现场踏勘，通过工艺计算明确内插修复管道分段点、两通、三通等改造点。

（2）扫线和验漏

采用采出污水配套海绵球吹扫回收原管道油气介质，扫线压力小于1.0MPa，找漏点试验压力是管输工作压力的1.5倍，对于漏点需先补强堵漏处理。

（3）断管和管件处理

采用里奇割刀断管，1.5D以上弯管不需单独断开；三通等管件需断开焊接对口法兰，采用短管或封堵器处理，挤涂施工结束后取出封堵器，采用法兰连接恢复管道功能。

（4）清管和干燥

通过采用PIG物理清洗和化学除垢方法，清除原管道污物、结垢物、焊镏等，除锈等级达到St3级，管道内表面需自然干燥无水分。

（5）修复施工

将配置搅拌熟化的涂料，注入在挤涂器内，控制压缩空气后以1~2m/s速度推动携带涂料运行，在管道内壁形成1层保护层，纤维增强涂料底漆挤涂1遍，整体养护1d；环氧涂料面漆挤涂1遍，整体养护4d后投产。

（6）试压连头

先分段强度试压，试验压力是原管道设计压力的1.5倍，采用法兰或卡箍方式连接后整体试压，强度试验压力是原管道设计压力的1.5倍，严密性试验压力等同原管道设计压力。

（7）收尾

回填开挖作业坑，竣工验收、投产、交付。

3 技术应用

3.1 适应性评价

纤维增强复合防腐涂层材料以环氧树脂作为基体，纤维作为增强体，其他助剂综合作用，使防腐涂层材料既具备优良的防腐性能，又兼具良好的物理性能。检测结果表明：涂料的基础性能指标、涂层的理化性能指标参数满足标准及设计指标要求，如表4、图4、图5所示。

表4 纤维增强复合涂层材料涂层性能指标

序号	项目	性能指标	试验方法
1	外观	表面平整、光滑、无气泡	目测
2	硬度	3H	GB/T 6739—2016

序号	项　目		性能指标	试验方法
3	附着力/MPa		15	GB/T 5210—2016
4	耐化学稳定性(常温,90d 圆棒试件)	10%NaOH	通过	GB/T 9274—1988
		10%H₂SO₄		
		3%NaCl		
5	耐含油污水(100℃,1000h)		通过	GB/T 1733—1993
6	耐原油(90℃,30d)		通过	GB/T 9274—1989
7	耐弯曲(1.5°,25℃)		通过	SY/T 0442
8	耐盐雾性(1000h)		1 级	GB/T 1771—1991
9	耐阴极剥离(65℃,−1.5V,48h)/mm		3.4	SY/T 0442
10	冲击强度[干膜厚度(5±5)μm]/cm		50	GB/T 1732—2020

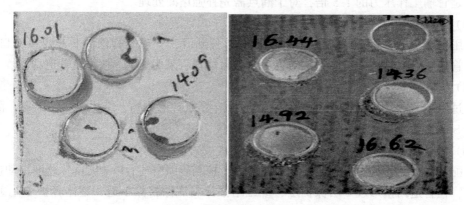

图 4　涂层附着力检测

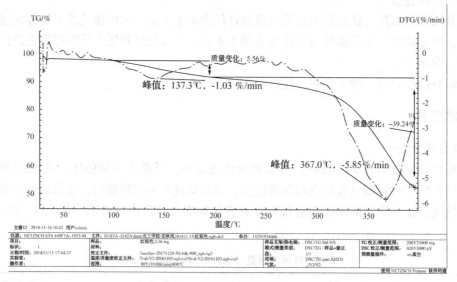

图 5　材料热特性分析

3.2 现场应用评价

2018年10月19日完成TH12197井至12-8站3.3km规格φ108×5mm单井管线，HCC纤维增强复合防腐内衬材料内挤涂技术现场施工，至今运行良好，如图6、图7所示。

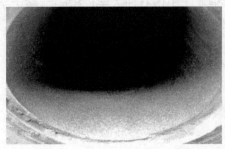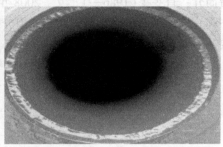

图6 管线喷砂除锈、底漆涂敷情况

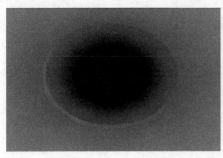

图7 面漆涂敷后管内情况

4 结论

针对稠油区涉水管道修复困难的问题，评估管道腐蚀风险，在此基础上采用纤维增强复合涂层技术对稠油区长距离涉水管道进行修复，现场应用结果表明，该技术在稠油区涉水管道修复中取得良好效果。

（1）通过对稠油区涉水管道腐蚀风险因素的分析，涉水管道在多种腐蚀影响因素的共同作用下，含高H_2S环境下的电化学腐蚀环境是主要的腐蚀原因。

（2）添加5%的HCC玻璃纤维对环氧酚醛涂料基体进行组分增强，能够提升屏蔽阻隔性50%以上，满足长期服役温度90℃。

（3）通过对现场应用的纤维增强复合涂层进行各项指标的检测，结果表明纤维增强复合涂层现场应用防腐效果较好，目前现场一次施工最长5km，提升施工时效50%，在长距离涉水管道的防护中也表现出显著优势。

参 考 文 献

[1] 肖雯雯，孙海礁，张志宏．塔河油田稠油区单井管线点腐蚀影响因素分析与控制技术研究[J]．全面腐蚀控制，2013，27(6)：55-58．

[2] 雷晓青，毛升好，高武，等．HCC纤维增强复合内衬防腐层施工质量影响因素分析[J]．石油工业技术监督，2016，32(10)：1-3．

[3] 毛升好，唐勇，雷晓青，等．HCC纤维增强复合防腐内衬技术在长庆油田集输管道中的应用[J]．石油工程建设，2016，42(4)：76-79．

[4] 闫贵堂, 屈涛, 陈磊 . HCC 纤维增强复合防腐内衬技术[J]. 油气田地面工程, 2013, 32(4): 109-110.

作者简介: 肖雯雯(1986—), 女, 2008 年毕业于中国石油大学(华东), 学士学位, 现工作于中国石油化工股份有限公司西北油田分公司石油工程技术研究院防腐研究所, 副研究员, 主要从事油田防腐工作。

井口漏磁油管腐蚀在线检测技术应用

胡广强　郭玉洁　张江江　徐创伟

（中国石油化工股份有限公司西北油田分公司）

摘　要　塔河油田井流物具有高氯离子、高酸性气体、低 pH、高含水等特点，腐蚀环境恶劣，井下部分油管在长期服役、注水、注气、高流速及高温高压条件下腐蚀风险较高。井口漏磁在线腐蚀检测技术在油管上修过程中即可实现油管腐蚀及损伤检测，具有操作方便、费用经济及高效检测的特点，通过油管腐蚀现场检测及评价，对腐蚀严重的油管及轻度腐蚀的油管进行甄别，为下一步腐蚀治理及油管再利用提供依据。解决了管柱腐蚀缺陷完整性评价周期长、投入高等难题，评价效率提高 5 倍，成本降低 70%，间接节约检测、清洗、无效运输等费用，提高了管柱风险预警能力，效益前景十分可观。

关键词　油管；漏磁；腐蚀检测；评价

塔河油田的各区块油水井均不同程度地含有 H_2S、CO_2 气体，地层产出水具有矿化度高，pH 值低，呈弱酸性，且含有较高的 H_2S、CO_2，腐蚀性强的特点。目前塔河油田进入中后期，注水开发作为主要的增产措施之一，注水开发水源主要是通过盐水车拉运和注水管网供水，2 种供水方式都存在暴氧问题，注水管网末端的井口注水罐为开式敞口构造，罐内水会与空气直接接触发生暴氧，而盐水车拉运水在装车和拉运过程中均发生与空气接触也发生暴氧，通过对现场 2 种盐水溶解氧含量检测，溶解氧含量为 $0.05 \sim 2mg/L$，均值为 $0.6mg/L$，因此，在注水井注水层位附近管道腐蚀严重，形成大量的向管体纵向发展的点腐蚀坑，对注水井管柱造成的严重腐蚀损害，出现腐蚀穿孔、结垢等现象，容易造成管柱落井及水井报废，不但大大地降低了注水管柱的使用寿命和系统注水效率，还增加了作业次数，频繁更换管柱，增加注水成本，使采油成本上升，导致经济效益降低，不但带来巨大的经济损失，还严重影响油田的正常生产。

塔河油田目前油管检修过程中存在的拉运、清洗、检测、筛选等费用高、周期长（20d/口）。现有卡尺、超声波单点检测手段，存在效率低及不全面等问题，造成井筒完整性录取资料不足。

因此，亟待开展油管缺陷漏磁检测技术研究及应用，能够快速、准确、经济及全面地实现腐蚀风险识别，为检管及治理提供依据，通过调研及文献查阅，针对塔河油田尚未开展油管漏磁在线检测的技术应用及研究，也未建立油田漏磁检测评价方法，通过引进油管漏磁检测技术研究，建立风险指标及评级方法，开展注水井、注气油管检测现场应用及验证，提高腐蚀风险预警能力。

1　井口漏磁检测技术分析

超声波 C 扫描检测技术：利用油管缺陷处超声波反射原理，通过超声波以一恒定速度在材料中传播时间来确定在线油管的厚度，油管腐蚀缺陷处超声波会产生二次回波，可检测油管剩余壁厚及成像。确保检测区域扫查覆盖率达到 100%，采用该仪器对扫描出的油管缺陷部位进行精确的剩余壁厚检测，并进行标记，可为腐蚀状况评价与剩余强度和寿命预测提供基本参数。

漏磁检测技术是指铁磁材料被磁化后，在表面和近表面缺陷在材料表面形成漏磁场，通过检测磁场以发现缺陷的检测技术。当用磁饱和器磁化被测的铁磁材料时，若材料的材质是连续、均匀的，则材料中的磁感应线将被约束在材料中，磁通平行于材料表面，几乎没有磁感应线从表面穿出，被检表面没有磁场。但当材料中存在切割磁力线的缺陷时，材料表面的缺陷或组织状态变化会使磁导率发生变化，由于缺陷处的磁导率很小，磁阻很大，使得磁路中的磁通发生畸变，磁感应线会改变途径。除了一部分磁通会直接通过缺陷或是在材料内部绕过缺陷外，还有部分磁通会离开材料表面，通过空气绕过缺陷再重新进入材料，在材料表面缺陷处形成漏磁场。通过磁敏感传感器检测到漏磁场的分布及大小，从而达到定量、定性分析的检测目的。

该技术利用固定的磁铁在油管中产生漏磁通，如果管壁中没有缺陷，磁力线是平行，并保持在管壁中。相反，如果油管中有缺陷，缺陷附近的磁力线发生畸变，一部分磁通漏到管壁外，通过磁铁两极中的传感器测量这些漏磁，传感器产生的信号大小与泄漏的磁通量成比例。而且也可通过漏磁通的范围，确定缺陷范围的大小。仪器通过漏磁通检测原理，将被检测的油管磁化至深度饱和，当油管内外壁表面有裂纹、坑点、孔洞及油管壁厚变化时，就会产生漏磁场或被磁化段的主磁通发生变化，这些变化被探伤传感器获取，经信号调理整形放大后，再经 A/B 转化为数字信号输入计算机，用探伤分析软件对缺陷信号进行快速、准确的分析和处理，以曲线形式显示出来，也可用打印机打印检测结果

涡流检测技术的检测探头由激励线圈和检测线圈构成，激励线圈和检测线圈相距 2~3 倍管外径的长度，激励线圈通以低频交流电，产生的磁场信号穿透管壁后，沿管子方向传递，再从管外面穿透管壁，信号被管外的检测线圈接收，从而有效地检测管子的内、外壁腐蚀及管壁的减薄情况。对壁厚整体减薄成像精度较高。

油管表面缺陷产生漏磁场，通过现场油管作业提钻过程同步检测漏磁场变化，能及时、全面、精确地发现及定位油管腐蚀等缺陷。

从检测经验、可靠性和成本考虑，最适合油管检测的方法是漏磁检测方法。井下油管腐蚀检测技术对比见表1。

表1 井下油管腐蚀检测技术比选

技术方案		适用范围	优缺点		经济性/(万元/km)	可行性分析
磁场	漏磁	检测>壁厚腐蚀 20%；检测面积<0.5m²	优点：全周检测；缺点：对点蚀灵敏度较低		1.5	全周缺陷检测(√)
	涡流	裸管检测>壁厚腐蚀 10%；检测面积<0.5m²	优点：针对均匀腐蚀；缺点：对点蚀灵敏度较低		1.5	
超声波	C扫描	裸管检测>2%壁厚损失成像；检测面积<0.5m²	优点：圆周面腐蚀成像测厚；缺点：需要耦合剂		2.0	全周缺陷检测(√)
	超声测厚	检测>0.1%壁厚损失；固定点检测面积<1cm²	优点：灵敏度高；缺点：检测效率低		0.02	定点测厚(√)

从表1可知：注水井井下油管上提后，漏磁、涡流及超声波 C 扫描 3 种检测技术均可满足油管的现场腐蚀检测要求，其中漏磁及涡流检测对腐蚀均匀减薄效果较好，超声波检测对

局部点蚀检测效果较好，超声波定点测厚检测效率低，适合于上述方法腐蚀检测状况的测厚验证。

2 井口漏磁腐蚀检测及风险评价

腐蚀过程大致为：腐蚀坑不断向基体内部扩展，使得钝化膜破坏及腐蚀抑制作用减弱，坑底部的金属不断"掏坑"溶解。当为含有溶解氧的介质时，在坑的外表面为阳极发生吸氧反应：$O_2+4e^- \longrightarrow 2O^{2-}$，同时，井流物介质主要含有酸性 H_2S/CO_2 腐蚀气体，点腐蚀过程为气相 H_2S/CO_2 遇水形成酸，酸电离出的 H^+ 浓度较大并被还原成 H 原子，在坑的外表面为阳极反应：$2H^++2e^- \longrightarrow H_2$，溶解氧会使 $FeCO_3$ 膜发生反应：$2FeCO_3+O_2 \longrightarrow Fe_2O_3+2CO_2$，$Fe_2O_3$ 疏松多孔，破坏 $FeCO_3$ 膜的保护作用，坑内氧不断消耗造成金属钝化变差，抑制腐蚀作用减弱，与坑外富氧形成浓度差，存在电位差。随着孔内阳离子增加，氯离子迁移，不断进入坑内维持电中性以至坑内浓度非常高，同时伴随着金属离子的水解，坑内不断酸化，pH 值降低，氢离子与氯离子不断造成金属溶解点位降低，发生自催化反应。同时坑内矿化度高，闭塞电池的电阻小，电化学腐蚀不断加剧，就会造成油管腐蚀。

通过井口检测装置安装、随油管修井上提检测、按照标准进行风险评价，实现全井油管腐蚀缺陷在线检测。

井口装置由井口探测体和支撑体 2 部分组成。探测体：沿油管周向分为 4 个探头，每个探头覆盖 90°圆心角对应油管壁。对油管壁、裂纹、腐蚀、穿孔，壁厚减薄等缺陷进行检测；井口支撑体：主要支撑油井管柱质量和油井作业起钻时的冲击力，对检测仪器输入的信号进行精确计算，完成图形显示和数据存储及数据打印功能，同时检测油管内外壁孔洞、裂纹、片蚀及壁厚减薄变化，自动声光报警，精确定量定性分析缺陷状况及程度，提供科学有效的依据。

2.1 检测灵敏度

检测仪器主要由井口油管检测装置、检测仪表及软件、信号转接箱组成。

二次仪表主要对探测体检测到的信号进行处理，输入计算机进行运算，产生图形信号和声光报警信号。

检测软件主要对检测仪器输入的信号进行精确计算，完成图形显示和数据储存及数据打印功能。

接线箱和信号线主要完成信号传输功能，包括接线箱、26 芯信号电缆和打印电缆线。

检测精度：检测壁厚磨损分辨力为壁厚的 5%；腐蚀坑及孔洞分辨力为 $\phi1.5mm$；横向裂纹分辨为(光滑表面)为 0.3mm(深度)×5mm(长度)。

检测速度：1~60m/min。

探头跟踪范围：最大 40mm。

检测油管规格：$2\frac{7}{8}''$、$3\frac{1}{2}''$。

最大通径：$\phi110mm$。

2.2 依据检测标准

根据声光报警判断：在检测过程中听到检测仪有报警声和看到红色灯闪烁时，该油管就判废，但过接箍时除外。

壁厚减小根据波形图判断，1 幅波形图表示 1 根被测油管的信号波形，用 5 个通道显示，1、2、3、4 通道中 5 个小格，每格为 0.5mm 刻度。分别对应 4 个探头检测出的裂纹、腐蚀坑等局部缺陷信号，它们的信号一般为脉冲状，脉冲高度代表伤的大小。波形脉冲超出设置的通道橘红色报警线，表示被测油管的伤超过0.7mm。第5通道6个小格，每格代表0.5mm刻度。为偏磨信号，偏磨一般较长，信号特征为整个波形基线的变化，变化越大偏磨越厉害（波形向上移表示油管壁厚减小）。直线共有10个小格代表油管的长度，每格为1m。

根据API油管标准规定，油管管壁缺陷深度超过壁厚的12.5%时，该油管报废。按照API标准执行，以现场使用的φ88.9mm油管（壁厚6.45mm）计算，管壁缺陷超过0.8mm为报废油管。根据检测单位现场经验（仅供参考），总结出以下数据，见表2。

表2　油管腐蚀等级数据

等级分类	坑蚀磨损深度 δ/mm
轻度腐蚀	≤0.8mm
中度腐蚀	0.8~2.0mm
严重腐蚀	≥2.0mm

由上表可知：轻度腐蚀油管指腐蚀坑深度≤0.7mm均在安全值范围，中度腐蚀油管指腐蚀坑深度0.7~2.0mm已超出安全值范围，严重腐蚀油管指腐蚀坑深度≥2.0mm已超出安全值范围，超出安全值和极严重腐蚀油管穿孔、裂纹属于报废油管，不能再重复使用。

2.3　现场检测及评价

对10口注水井的井下管柱腐蚀检测，建立了井下油管腐蚀剖面图，能够直观反映出油管腐蚀状况及井下腐蚀段落，如图1所示。油管漏磁检测曲线如图2所示。

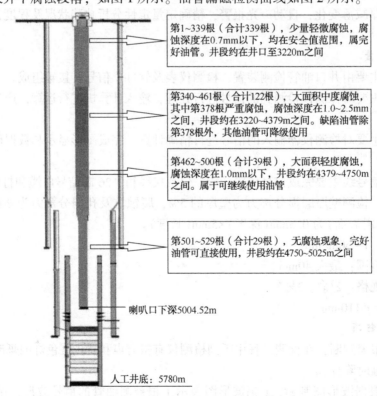

第1~339根（合计339根），少量轻微腐蚀，腐蚀深度在0.7mm以下，均在安全值范围，属完好油管。井段约在井口至3220m之间

第340~461根（合计122根），大面积中度腐蚀，其中第378根严重腐蚀，腐蚀深度在1.0~2.5mm之间，井段约在3220~4379m之间。缺陷油管除第378根外，其他油管可降级使用

第462~500根（合计39根），大面积轻度腐蚀，腐蚀深度在1.0mm以下，井段约在4379~4750m之间。属于可继续使用油管

第501~529根（合计29根），无腐蚀现象，完好油管可直接使用，井段约在4750~5025m之间

喇叭口下深5004.52m

人工井底：5780m

图1　油管漏磁标准剖面

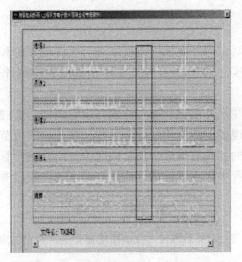

图 2　油管漏磁检测曲线(TK833 井)

该井为全井筒内外壁腐蚀,腐蚀油管 90 根,占比 70.31%(表 3)。第 116 根已穿孔,在 1100~1113m;随着温度增加,腐蚀在底部最严重。

表 3　现场注水井检测评价情况

序号	井号	井别	服役年限	油管下深/m	注水量/m³	腐蚀比例/%	腐蚀井段/m	井下工具
1	TK843	回灌注水井	4.8	1230	126027	70.31	0~1113	光油管射孔
2	TK478	注水井	7.5	1785	135400	25.81	120~1700	封隔器
3	TK430CX	注水井	5	2515	452200	16.79	1400~2500	光油管+喇叭口
4	TH12413	注水井	4	4218	108443	68.60	1000~3800	光油管+喇叭口
5	TK643	注水井	3.4	5424	325834	4.07	3400~3700	光油管+喇叭口
6	AD13CH	注水井	3.2	5088	38982	4.91	2800~3050	封隔器
7	TH12336	注水井	3.3	5057	36258	断裂	断裂	双封完井
8	TP232X	注水井	2.8	3811	26538	31.49	2611~3811	深抽杆式泵
9	DLK8	注水井	3.1	5078	75049	77.03	3000~5000	光油管+喇叭口
10	YT2-18X	注水井	4	4579	15024	4.40	0~500	光油管+喇叭口

一是注水量越大,腐蚀越严重,大于 $1×10^5m^3$ 的 5 口井明显腐蚀严重,集中在井下中部;小于 $1×10^5m^3$ 的井为轻度腐蚀或中度腐蚀,主要体现在上半部和下半部;二是油管服役年限越长,腐蚀越严重;大于 3a 的有 12 口井,其中腐蚀比率超出 15%~50% 的井占 4 口井;超出 50% 以上的井占 4 口井。

对 4 口注水井的油管断管、超声波测厚验证,最小误差为 0.1mm,解剖结论与油管检测曲线吻合率为 99%。检测结果符合率为 100%。以 YT2-18X 井上修作业目的酸化增注为例,原计划将井内起出的油管全部更换。

油管漏磁检测结论:完好油管 456 根,不能继续使用的缺陷油管 21 根。依据该结论原井重复利用油管下入 456 根,确保起出的原井油管利用率达到 96%。一是节约油管返厂检修、往返运输费用,降低了作业成本 5 万元;二是减少拉回油管厂的清洗、试压、分类、探伤等工序,为该井节约了宝贵时间,提高了作业时效;充分体现了油管在线漏磁检测技术降本增效。

3 结论与建议

（1）通过现场试验，对国内外腐蚀检测技术进行了详细评价和验证，通过技术适应性评价，现场验证，该技术精度达到 0.1mm 并建立了油管漏磁检测评价标准，满足油管在线检测风险评价需要。

（2）通过检测，查明注水井腐蚀状况，注水井检管周期为 2~3a，即要进行油管更换。

（3）建议进一步加强现场检测应用。综合所述，单井检测可节约成本费用 10 万元左右。该技术对于服役时间较长的井具有推广价值，同时为井筒完整性管理及评价提供翔实的数据支撑，建议在井下作业过程中大面积推广，应用于井下管柱服役时间大于 3a 的作业井。

参 考 文 献

[1] 郭守帅，郝宇飞，王琪，等.MTM 检测技术在油田集输管道检验中的应用[J].安全技术，2013，13（4）：12-14.

[2] 万强，牛红攀，韦利明，等.油气管道弱磁力层析无损检测技术研究[J].应用数学与力学，2014，35（增刊1）：221-225.

[3] 朱凤艳，刘全利，张鹏，等.在役管道非开挖外检测技术评述[J].油气储运，2015，34（2）：215-219.

作者简介：胡广强(1980—)，男，2011 年毕业于西南石油大学油气井工程专业，硕士学位，现就职于中国石油化工股份有限公司西北油田分公司科技管理部，工程师，从事石油工程技术研究、科学技术管理工作。

关于油田集输管道腐蚀监测与防护措施的思考

闻小虎[1,2]　魏晓静[1,2]　葛鹏莉[1,2]

（1. 中国石油化工股份有限公司西北油田分公司；
2. 中国石油化工集团公司碳酸盐岩缝洞型油藏提高采收率重点实验室）

摘　要　随着我国社会经济的迅猛发展，现代工业技术获得持续优化，同时也消耗了更多能源，建设油田变成了很关键的工程项目。在油田建设结束后，投入使用时，因为长期使用集输管道，同时受各类因素的相关影响，都会对集输管道造成腐蚀，引起安全隐患。基于此，本文重点探究了油田集输管道腐蚀监测与防护措施，以供参考。

关键词　油田集输管道；腐蚀检测；防护措施

油田地面生产系统的组成模块涵盖各种集输管道。在建设油田时，其核心工作是将集输管道的相关防腐蚀工作落到实处。针对不一样的油田实践场景，应采取相应的防腐蚀手段。技术方法一般涵盖外防腐补强技术，采取不锈钢对集输管道外部进行加护，借助碳纤维实施补强，将补强工作与防腐工作充分结合起来。这要求分析油田地质的实际工作状况，使用全新的无机防腐材料，充分确保其耐磨损性、耐高温性及耐腐蚀性。

1　当前集输管道的防腐技术

1.1　实施外腐蚀防护工作

在处理集输管道腐蚀问题时，应有效开展对应的防腐蚀工作，科学防治对外腐蚀问题。在防护外腐蚀时，一般采取涂层防腐的手段，进而开展一对一的维护管理。需于外部涂抹防腐物质，很好地隔离管道内部的腐蚀物质，使管道的综合使用效益得到提升。在防腐操作过程中，常见的防腐物质包括环氧涂层与三层聚乙烯等。在使用这种材料时，可获取优良的应用成效。

1.2　开展阴极保护

这项技术可以科学预防管道腐蚀情况，充分运用电化学专业知识，对电介质物体的整个运行过程产生极大影响。在现实操作中，应按照现实情况，充分优化技术操作。借助仪器向管道内部进一步输送电流。管道内的材料属于金属性材料，是阴极。经过引入电流，管道会产生极化效应，当输入的电流达到一定标准后，管道内部的电流就会达到平衡，其中所腐蚀的部分会被溶解。在阴极保护上，应使用牺牲阳极法，直接把受保护部分和输入电流材料充分连接起来，可最大限度地实现管道极化。为使管道的综合运用水平得到提升，一定要将强制电流的相关保护工作落到实处，开展外加电源的具体操作是：把负极和金属管道连接起来，降低管道的腐蚀速度，使油田集输管道的综合运维水平得到提升。

1.3　使用新型管材

为有效减少集输管道的整体腐蚀率，一定要使用新型管材。聚乙烯管材很常见，然而这类材料只能承受一定的压力，在使用时存在大量的约束性。在集输管道内，经过使用聚乙烯管，使管材实现加厚。这种管材的广泛使用，使管道内部及外壳实现了充分结合。在内部、外部分别使用金属材料、玻璃钢材料。基于此，能够缠绕各类纤维与金属丝，进而更好地处理集输管道的相关腐蚀问题。主动使用玻璃管材、塑料管材及新型管材等。这种管材的综合运作成本不高，拥有优良的耐腐蚀性，属于一种环保类材料。

2　网状超声在线腐蚀监测的情况

根据管道的网状超声监测设备对管道的腐蚀速率及壁厚进行监测 8＊4，32 点位。

根据监测的数据进行插值分析，结合 u3d 三维可视化技术进行综合展示，可根据时间进行播放查看腐蚀速率及壁厚的变化情况，如图 1 所示。

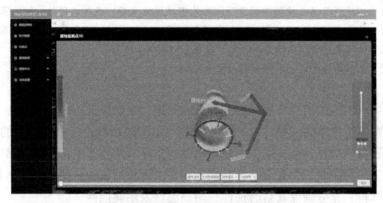

图 1　腐蚀速率及壁厚的变化情况

3　网状超声腐蚀监测的三维可视化应用案例

基于软件开发标准规范，采用统一数据源访问接口，内置标准化服务契约（服务中心），以组件化的开发技术快速实现标准化项目开发，同时内置统一授权适配器接口。采用面向对象的分析和设计方法，在功能上划分为数据存取层、业务逻辑层、分层级展示层。将数据存取与逻辑分析结合，系统功能主要分为两部分：一部分是腐蚀与防护数据的综合管理与分析评价，将有效的腐蚀与防护数据进行采集、存储，并设计分析流程和算法对数据进行分析评价；另一部分是结合 GIS 技术图形与统计信息展示，为不同层级管理人员提供不同层级腐蚀与防护状态监测信息和统计信息。

数据层：一方面，对于无法从当前自建信息系统中获取的数据提供专门的数据采集界面进行数据的填报入库录入，另一方面从各个专业库数据库通过数据接口方式将专业数据接入平台数据库中。将专业系统或人工采集的数据，按照划分的管道业务分类进行存储。对于核心的腐蚀监测数据，提供专门的无线传输网络和数据传输服务入库数据。

服务层：服务层具有与数据平台对接、GIS 基础服务、移动基础服务等能力，通过各类数据 API 接口提供，并以位置、资产、过程、事件等为中心重新组织和管理数据交互，为展示层提供支撑。

应用层：应用层通过系统交互式 Web 界面设计与开发，为用户提供系统操作场景。实现用户三维场景浏览，实时数据查看，基础数据管理和业务工作的开展。

业务管理平台的核心目标是构建系统核心业务，按照目前需求的内容，系统拟定以

Web端三维腐蚀监测业务核心构建智慧化三维腐蚀监测平台。通过无线数据传输方式，将腐蚀监测设备的数据传输到系统数据接收端。数据处理（解译）模块将数据自动处理为方便理解的行业术语参数。三维渲染引擎通过腐蚀监测参数控制管线壁厚等三维参数化模型的渲染来形象地、直观地展示腐蚀监测数据和腐蚀整体现象。

在三维场景高精度还原管网属性数据、色彩数据、拓扑关系数据、空间数据等。对收集的相关地面设备资产属性信息、设备台账数据、埋地管线数据、流程工艺数据等数据，安装系统架构所阐述的标准，对数据进行分类、归档、清洗、入库。系统技术架构如图2所示。

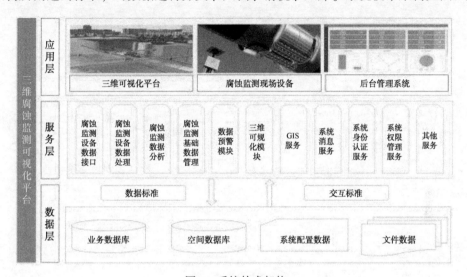

图2　系统技术架构

开发相关数据服务接口，实现相关数据的快速检索、查询、统计报表，为场站的管理提供全面、准确、快速的数据支持。

4　结语

总而言之，集输管道在油田体系构架中很关键，如果其产生腐蚀现象，会对油气的平稳供应及当地的生态平衡产生极大影响。必须要注重油田集输管道的相关防腐工作，不但要有效开展对其的检测，而且要将防护策略落到实处。本文重点探究了3个防腐蚀策略，有重要的参考价值，当然还存在大量缺陷，在此，希望有关的研究机构，可以充分分析管道腐蚀检测及防护措施，从而提出与我国油田环境相符的策略。

参 考 文 献

[1] 黄强，刘宗胜，夏明明，等. 基于ICDA的油田埋地集输管道内腐蚀检测技术研究[J]. 石油化工设备，2018，47(6)：30-34.

[2] 李国民，刘国勇，张波. 陆上油田集输管道腐蚀失效分析与防治技术研究[J]. 石油工程建设，2019，45(1)：73-92.

[3] 李金武，赵晓云，汪罗，等. 非接触磁应力检测技术在油田集输管道缺陷检测的探索和实践[J]. 全面腐蚀控制，2019，33(11)：17-21.

[4] 赵毅，许艳艳，朱原原，等. 油气集输管道内防腐技术应用进展[J]. 装备环境工程，2018，15(6)：53-58.

［5］刘沛华，季伟，张海玲．黄土塬区原油集输管道腐蚀检测及剩余寿命预测［J］．中国特种设备安全，2017，33（11）：36-41，54．

［6］赵元寿，罗晓莉，方雷，等．绥靖油田地面集输管道腐蚀检测技术研究与应用［J］．油气田地面工程，2018，37（9）：82-86．

作者简介：闻小虎（1974—），男，毕业于西南石油大学油气田应用化学专业，现工作于中国石油化工股份有限公司西北油田分公司，高级工程师，从事腐蚀监测研究。

海洋装备导管架生物污损及解决方案

张　强[1]　刘法谦[2]

[1. 中科阿尔法(青岛)石化科技有限公司；2. 中山大学化学工程与技术学院]

摘　要　海洋装备水下的钢桩及导管架均存在大量的海生物附着，无法彻底根除，急需环保长效的解决方案。本文首先综述了导管架生物污损现状及目前国内外导管架平台生物污损防护的主要技术，然后介绍了一种全海流驱动环保型防海生物装置。这种装置可以安装在钢管桩和导管架横向、竖直、斜向的结构杆件上，在潮汐、海浪拍打等自然力推动下，利用持续性摩擦往复运动对海生物进行清除，可取代人工或水下 ROV，具有良好的应用前景。

关键词　海洋装备；导管架；生物污损；防海生物装置

1　海洋装备导管架生物污损现状

海洋装备的钢桩和导管架、海上风电的钢管桩及水下导管架等水下结构安装就位后，其表面会被海生物附着并持续生长。特别是在亚热带、热带海域，导管架上附着海生物的情况就更为显著，其附着厚度可达到 20~60cm，附着深度可达到 50m。大量的海生物附着会破坏保护涂层，造成钢管桩的腐蚀，缩短钢管桩的使用寿命。更重要的是，附着海生物主要为硬质贝壳，其密度(干基)为 1300~1400kg/m³，极大增加了平台结构的质量。这种质量的剧增改变了海上风电或油气平台钢管桩或导管架在设计时的动、静态力学特性，使其荷载能力受到限制和削弱。当大风、波浪、海流作用于导管架时，必将严重影响平台整体的动态力学特性：在垂直方向会增大导管架整体重力，在水平方向会增大导管架的受力面积，加剧平台的横向摆动，长此以往，必将导致导管架受力构件疲劳，损坏导管架结构。据统计，全球有 8%~10% 的海洋平台出过事故，绝大多数是由于海洋生物污损和海洋腐蚀所造成的。

依照中国船级社最新发布的《在役导管架平台结构检验指南 2020》，海生物厚度超过平台设计硬质海生物的允许量或平台经安全评估确定海生物需清除时应进行清除。以北部湾海域 2 个井口平台为例，不到 3a 时间井口平台 1 海生物附着厚度平均约 14cm，井口平台两海生物附着厚度平均约 20cm，均远远超过其原始设计要求的最大海生物厚度 5cm。因此，近年来各级部门均在寻求各种清除导管架上海生物的办法，以消除隐患。

2　导管架生物污损防护技术

针对海上风电钢管桩或海洋平台导管架的防海生物技术，国内外采用多种方法和措施，以机械清除和释放化学杀生剂为主，主要包括以下措施。

2.1　防生物漆技术

钢管桩或平台导管架均涂有防护层，包括底漆、中间漆和面漆，底漆富含锌材料，附着力强，起到阴极保护作用；面漆为底漆和中间漆提供保护，一般采用惰性较强的高分子材料，具有抗老化性、抗冲击性和抗溶性等。对现有导管架涂层而言，防护层的主要作用是防腐，防海生物污损是其次要功能。有些平台导管架也涂有防生物漆，但其缺陷是有效作用时间较短，一般不超过2a，如果使用铜类防污剂，还会存在环保性问题。对于环保型防污涂料，以丹麦海虹老人开发的Hempaguard X7防污漆为例，产品依靠低表面能和海水流动来实现防污，该涂料在美国海军舰船、国际游轮上得到大量应用。但此类环保型低表面能涂料只能用于航速大于15节的高速船只，无法在静态的导管架使用。因此，目前防生物漆需要与其他防海生物措施配合，无法单独长期使用。

2.2 包缚式防海生物技术

在美国、英国等发达国家，有的浅水区海洋平台的桩腿采用包缚的方法。比较有代表性的是美国Retrowrap的防腐防海生物套。这种生物套由高强度高分子材料制作，其内外敷特殊聚酯层或防腐触变胶等，可以调整不同的涂层来满足防腐及防海生物要求。高强度织物本身的弹性可使防腐套以较强的张力包缚在平台桩腿上，以隔绝的方式实现长效防腐和防海生物。这种包缚的措施能破坏海生物的附着条件，造成不利海生物生长的环境，能有效减缓海生物生长。部分应用案例，如美国新泽西州纽约港LGA机场跑道引桥的3200个桥桩、美国新奥尔良PONTCHARTRAIN湖高速公路24英里大桥、加拿大新方得兰州海波尼亚石油平台工程，以及中国香港电力公司码头等工程。但该技术存在2个缺陷：一是成本高，在修复过程中，首先需要大量人工利用重型铲刀或者高压水枪清理桩基；二是外面的防污层中添加了大量的铜防污剂，存在环境污染问题。

2.3 电解海水防污技术

研究结果表明：当海水中铜离子含量达到$2\mu g/L(2mg/m^3)$时，铜离子能有效地抑制海生物。因此，可在钢管桩或导管架与海水的接触部分设置电极，对电极施加低脉冲电流。由于海水中含有NaCl，海水经电解后，在极板周围将分离出NaClO、HClO和Cl_2等强氧化剂，能杀死或击晕海生物的幼虫和孢子，达到防污的目的。但这种方法需要定期更换电解电极，并需要配置专用电源，且电解分离出的氯化物等化学成分对导管架周围的海水环境会产生负面影响。因此，该技术未获得大面积推广。

2.4 机械式的防除技术

目前，几乎所有导管架平台海生物清理皆由潜水员持高压水枪完成，浅水平台的水下结构检测也主要由潜水员完成，只有深水导管架（50m以上深）会采用大型作业级遥控水下机器人（ROV）作业。一般每隔2~3a定期进行清除作业，每个海上平台清洗一次成本高达100万~200万元。惠州油田2012年4月—2013年7月共完成7座导管架50~110m水深约700条焊缝的裂纹ACFM检测工作，项目施工前期先后采用高压水冲洗技术、空化射流冲洗技术和液压打磨技术对海生物进行清理。但这种方法在具体实施上存在不安全因素，操作费用也相对较高。这主要是由于亚热带海域海生物的生长、附着速度极快，且一旦附着在导管架管壁上，仅靠人力进行清除，作用十分有限。另外，该方法受海况影响大，危险系数大，某些海上平台区，如油田服役区域还存在泥沙含量大、水下可见度差的现象，从事这项工作还要为操作人员配备工作艇、救生装置、潜水工具等设备或设施，作业时效低，成本非常高。

目前国内几乎所有的海上平台的钢桩和导管架均存在大量的海生物附着，无法彻底根除，急需环保长效的解决方案。

3 全海能驱动环保型防海生物装置

为解决现有导管架海生物清除的困境，中山大学联合中科阿尔法（青岛）石化科技有限公司设计了一种全新的可拆卸式防海生物装置(图1)，可以安装在钢管桩、导管架横向、竖直、斜向的结构杆件上，在潮汐、海浪拍打等自然力推动下，持续性做摩擦往复运动对海生物进行清理，取代人工或水下 ROV。

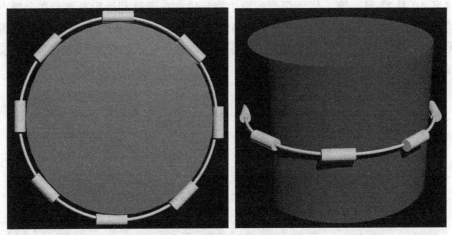

图 1　环保型防海生物装置示意

（图中圆柱代表钢管桩或导管架）

产品主要分为 2 类：①ZKα-1 系列。潮差区海生物清除装置设计密度小于海水密度，适用于潮差区的防海生物装置，由涌浪、潮汐能提供工作动力，应用在飞溅区由海面到水下第 1 个上部障碍物的结构段，如海管立管、隔水套管、开排沉箱、泵套管及导管架主腿柱、斜向杆件等。ZKα-2 系列。水下区海生物清除装置设计密度等于海水密度，可在水中自由悬浮，适用于水下的防海生物装置，由海流提供工作动力，应用在除 ZKα-1 之外其他区域内的构件上，如布置在有牺牲阳极的多障碍构件上等（图 2）。

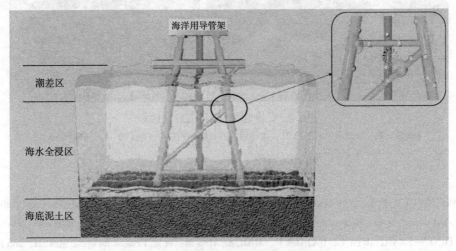

图 2　环保型防海生物装置安装效果示意

该防海生物装置具有以下特点：①纯物理驱动，节能环保。潮差区以海浪、潮汐能为驱动力，水下区以洋流为驱动力；②高强度卡扣式连接，海洋环境下可实现高效便捷安装；③高强度撞击辊体，利于坚硬海生物的有效清除；④全高分子设计，不伤害平台原有钢结构；⑤装置密度可控，可分类应用于水面区和水下区；⑥高兼容性，可根据不同尺寸导管架进行动态调整。

该类装置不但可以安装在新建平台上，也可以安装在已生长海生物的老平台上，安装简易，有效，无污染，成本低，具有较好的市场前景。

2021年10月23日，第一代环保型防海生物装置在东营胜利油田某平台2个地点安装试用，以验证其海生物清除性能。从图3和图4可以看出，经过10d左右，海生物已得到有效清除，无论是单桩安装，还是多桩安装，均证实了本产品的有效性，到现在，2套装置仍在正常服役，表现出稳定的抗风浪性能。

图3　安装地点1清除前后对比

（安装日期：2021年10月23日；清除后拍照日期：2021年11月02日，间隔仅10d）

图4　安装地点2清除前后对比

（安装日期：2021年10月23日；清除后拍照日期：2021年11月02日，间隔仅10d）

参 考 文 献

[1] KRONE R, GUTOW L, JOSCHKO T J, et al. Epifauna dynamics at an offshore foundation-Implications of future wind power farming in the North Sea[J]. Marine Environmental Research, 2013, 85: 1-12.

[2] HUTTUNEN-SAARIVIRTA E, RAJALA P, MARJA-AHO M, et al. Ennoblement, corrosion, and biofouling in brackish seawater: Comparison between six stainless steel grades[J]. Bioelectrochemistry, 2018, 120: 27-42.

[3] BIXLER G D, BHUSHAN B. Biofouling: lessons from nature[J]. Philosophical Transactions of the Royal Society a-Mathematical Physical and Engineering Sciences, 2012, 370(1967): 2381-2417.

[4] PERUMAL G, CHAKRABARTI A, GREWAL H S, et al. Enhanced antibacterial properties and the cellular response of stainless steel through friction stir processing[J]. Biofouling, 2019, 35(2): 187-203.

[5] 魏羲. 浅谈海洋生物污损对导管架平台安全的影响[J]. 全面腐蚀控制, 2015, 29(2): 55-57.

[6] FUSETANI N. Biofouling and antifouling[J]. Natural Product Reports, 2004, 21(1): 94-104.

[7] 张其军, 吴功果. 南海北部湾海域海上平台水下构件表面附着生物厚度研究[J]. 广东化工, 2021, 48(7): 52-53.

[8] CIRIMINNA R, BRIGHT F V, PAGLIARO M. Ecofriendly antifouling marine coatings[J]. Acs Sustainable Chemistry & Engineering, 2015, 3(4): 559-565.

[9] BRAGA C, HUNSUCKER K, ERDOGAN C, et al. The Use of a UVC Lamp Incorporated With an ROV to Prevent Biofouling: A Proof-of-Concept Study[J]. Marine Technology Society Journal, 2020, 54(5): 76-83.

[10] 徐晟辰, 王勇. 海上风电导管架涂装工艺设计[J]. 广船科技, 2021, 41(4): 43-45.

[11] 段继周, 刘超, 刘会莲, 等. 海洋水下设施生物污损及其控制技术研究进展[J]. 海洋科学, 2020, 44(8): 162-177.

[12] LISHCHYNSKYI O, SHYMBORSKA Y, STETSYSHYN Y, et al. Passive antifouling and active self-disinfecting antiviral surfaces[J]. Chemical Engineering Journal, 2022, 446: 137048.

[13] HALVEY A K, MACDONALD B, DHYANI A, et al. Design of surfaces for controlling hard and soft fouling [J]. Philosophical Transactions of the Royal Society a-Mathematical Physical and Engineering Sciences, 2019, 377(2138).

[14] HAN X, WU J H, ZHANG X H, et al. The progress on antifouling organic coating: From biocide to biomimetic surface[J]. Journal of Materials Science & Technology, 2021, 61: 46-62.

[15] DONNELLY B, BEDWELL I, DIMAS J, et al. Effects of Various Antifouling Coatings and Fouling on Marine Sonar Performance[J]. Polymers, 2019, 11(4).

[16] 董硕, 白秀琴, 袁成清. 海洋平台污损生物诱导腐蚀分析及其研究进展[J]. 材料保护, 2018, 51(12): 116-124.

[17] 刘巍, 罗松. 海洋平台导管架的生物危害和防治技术分析[J]. 石油矿场机械, 2014, 43(10): 61-64.

[18] LIU L, DI D Y W, PARK H, et al. Improved antifouling performance of polyethersulfone (PES) membrane via surface modification by CNTs bound polyelectrolyte multilayers[J]. Rsc Advances, 2015, 5(10): 7340-7348.

[19] ZHANG D Y, LIU J, SHI Y S, et al. Antifouling polyimide membrane with surface-bound silver particles [J]. Journal of Membrane Science, 2016, 516: 83-93.

[20] SEAVER G A, BUTLER D. Antifouling with chloride ion electrolytic recycling through a momentum boundary layer[J]. Journal of Atmospheric and Oceanic Technology, 2021, 38(12): 2017-2028.

[21] 李长彦, 张桂芳, 付洪田. 电解海水防污技术的发展及应用[J]. 材料开发与应用, 1996(1): 38-43.

[22] 商云祥, 何耀春. 电解海水防污技术[J]. 船舶工程, 1981(2): 37-42.

[23] 张桂芳. 电解海水防污技术[J]. 材料开发与应用, 1989(6): 1-4.

[24] 王建华, 杨翠云, 刘苏静, 等. 仿生防污技术研究进展与展望[J]. 中国科学(生命科学), 2016, 46(9): 1079-1084.

[25] LIU L P, HOU B R. Development of environmental friendly antifouling coatings[J]. Asian Journal of Chemistry, 2014, 26(13): 4009-4010.

作者简介：张强(1974—)，男，现工作于中科阿尔法(青岛)石化科技有限公司，执行董事。

互联网+腐蚀完整性管理在炼化装置中的应用

夏康哲　垢　野

（深圳格鲁森科技有限公司）

摘　要　腐蚀完整性管理是涵盖静设备全生命周期的持续性管理模式，在炼化企业应用已十分普遍。传统完整性管理通过收集、整理、汇总等过程将设备各项监控数据通过表格台账的形式进行记录，在遇到问题时进行查阅。这种方式存在数据易丢失、文件冗长、趋势不清晰等缺点，给管理者带来极大的负担。随着互联网大数据技术和智能工厂的发展推进，石化企业对现有腐蚀监检测数据的智能化分析诊断需求也越发强烈。本文介绍了目前互联网+智能化管理平台在腐蚀监测、数据管理及分析诊断方面的开发与应用。在现有数据的基础上，通过腐蚀速率分析、剩余寿命预测、腐蚀机理判别、超标报警等功能的实装，进一步优化了腐蚀完整性管理体系，取得良好的效果。

关键词　腐蚀管理；互联网；炼油化工

1　腐蚀完整性管理

炼油化工装置具有工艺复杂、流程长、高温高压、易燃易爆等特点，且原料介质中含有种类繁多的杂质，致使工艺物流中普遍含有大量硫化物、氯离子、氨氮、固体颗粒等各类腐蚀介质。这些腐蚀介质易造成设备、管道、阀门、机泵等腐蚀失效，引发故障或事故，影响企业的安全稳定运行。随着装置运行时间不断延长，设备不断老化，企业面临的安全问题将越发严峻。

炼化装置的腐蚀检测手段仍然是按照国家规范要求每 3a 进行 1 次，利用系统停车检修机会进行人工离线定检，缺乏对装置运行状态下的腐蚀监测和管控措施。大多数炼化企业仍采用"带压堵漏、哪漏修哪、材质硬抗"等传统、单一的管理模式，不善于利用腐蚀完整性管理、设备失效分析和在线监检测等技术，提前预测装置的腐蚀薄弱部位并加以管控；关键的腐蚀数据分布在多个管理系统中，形成一个个数据孤岛，无法得到有效应用，这造成了企业目前在腐蚀管理领域的困境。近年来，化工企业因设备、管道腐蚀泄漏所导致的事故呈现明显的抬头迹象，其中不乏中石油、中石化集团下属的优秀企业，可见形势紧迫与严峻。

腐蚀完整性管理是涵盖整个设备生命周期的持续性管理，整个过程中要不断测量测点、记录信息、排查腐蚀隐患或新增高风险部位、完善防腐台账、落实防腐措施，最终积累形成防腐蚀数据库，得出实际的腐蚀速率或腐蚀规律用以制定更加完善的防腐策略，循环往复降低腐蚀隐患，保证企业安全生产。由此可见，腐蚀数据库的建立是整个装置腐蚀控制的重点，也是腐蚀完整性管理体系、制度、流程搭建的核心。数据库会随着装置运转时间的增长而逐渐变得文件冗长、杂乱无章、无法清晰地表达出数据的变化趋势，在管理上带来诸多不便。

随着互联网技术快速发展和普及，当今社会已经进入互联网和信息时代。在工业领域方面，也不断推陈出新、创新发展，在思想理念和技术手段上，都实现了不断更新和进步。在这样的背景下，国家对于各个行业中对互联网+的应用和发展，也提出了明确的意见和要求。互联网+腐蚀完整性管理的运用，既是顺应时代发展的外部环境，又是满足行业发展的内在要求。

因此，基于国内外有关标准和规范，建立 1 套适合于炼化装置的静设备腐蚀失效完整性在线监测平台具有十分重要的意义。一方面，监测平台能够将与腐蚀失效相关的工艺参数、在线监测数据、化验分析数据，以及定期离线检测等数据接入平台形成静设备数据库，统一分析和预警，优化和完善原有管理体系；另一方面，通过大数据分析，建立起以炼化装置典型常见的腐蚀机理(如盐酸腐蚀、硫化氢腐蚀、氯化物应力腐蚀开裂等)为主的数据模型；对各装置所属静设备和管道进行腐蚀风险分析和预测，提早发现可能存在的高风险部位，为预知性检维修提供坚实基础。

2 系统平台搭建

通过对腐蚀在线监测、在线测厚、人工离线检测、工艺运行参数等数据收集、汇总和分析，建立腐蚀数据库和静设备腐蚀监测管理平台，掌握腐蚀介质在加工过程中的变化规律，绘制出适用于典型炼油化工装置的腐蚀回路并进行分析，对高风险、高危部位进行重点监控，进一步降低装置发生腐蚀泄漏事故的风险，从而确保设备长周期可靠运行。因此基于腐蚀监测管理平台，研究装置典型常见失效分析模型，开发出典型常见腐蚀机理的评估软件系统是十分有必要的。

这一过程中的技术关键，在于对装置腐蚀损伤机理分析技术，掌握工艺流程中腐蚀介质的变化规律，完善腐蚀监检测计划和完整性操作窗口，建立腐蚀失效完整性管理体系和腐蚀回路分析，并结合大数据分析技术建立典型常见失效分析模型，将采集和收集到的各类数据进行相关性、对比分析和数据挖掘，结合典型失效分析模型，更加直观地呈现装置高风险部位的特征。

平台将通过腐蚀在线监测和高精度测厚技术、无线物联网技术的结合，建立主要装置的腐蚀失效完整性管理体系和腐蚀回路，针对高风险部位和区域，编制监测方案，对高风险部位安装在线测厚系统，建立腐蚀监测管理平台，接入人工离线测厚、工艺运行参数等数据，进行统一管理、分析和浏览，建立典型常见腐蚀机理评估系统，最终实现降低装置发生腐蚀泄漏事故的风险。

将互联网、大数据、云计算等先进技术进行整合，利用智慧工程的方式将所有工程管理行为进行模块化，以达到更好的量化和流程化效果，进而极大地提升管理效率。在炼化腐蚀管理项目的互联网+智慧工程中，主要包括在线监测模块、离线数据模块、腐蚀风险分析模块、预警模块、项目报表等。这些模块都是在各种功能需求的基础上建立，将所有模块的数据在同一个云大数据库中存储，实现了高效的数据信息共享。利用云计算技术，对产生的各种数据实时进行分析整理和调用，进而提高管理效率和管理质量。在实际应用中，各个模块分别完成各自的工作内容，同时相互之间根据要求进行良好协作，极大地提高了各项管理工作的落实效率，保证了良好的管理效果。

2.1 腐蚀回路图

依据装置运行过程中的介质、工况及腐蚀类型的不同绘制出装置的腐蚀回路图(图 1)。从图中可见，腐蚀回路图是在传统意义的工艺物料平衡图(PFD)中添加了腐蚀回路的划分、腐蚀机理的分析、管道设备的材质、测点的部位及防腐蚀的工艺卡片等与腐蚀防控相关的要素。这样使得装置工艺防腐蚀控制更加清晰明了，便于操作和管理。

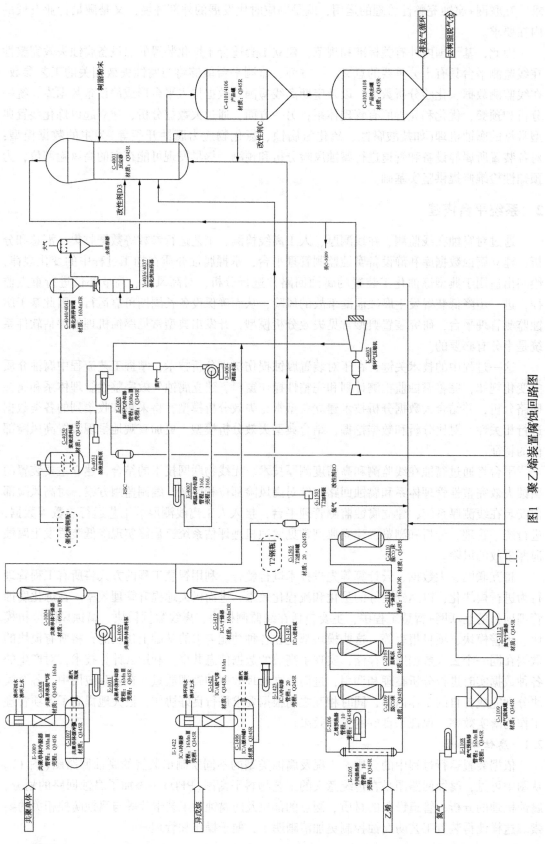

图1 聚乙烯装置腐蚀回路图

2.2 腐蚀风险分析模块

炼化装置中常见的腐蚀机理多达近百种，不同的腐蚀机理有着不一样的触发条件、影响因素和防控措施，因此需要提前在系统中人工添加辨识条件用于区分不同类型的腐蚀情况。然后通过抓取关键参数(如温度、压力、介质、材质等)进行建模，这样就形成了1套完整的腐蚀机理数据库。后续只要将装置的工艺参数、设备材质等基础数据输入系统中，系统便会自行辨识及评估该部位腐蚀损伤的敏感程度及严重程度。这一过程的关键是对每个腐蚀类型进行建模，要求执行人员有一定的腐蚀分析能力，对炼化装置腐蚀管理有较深入的理解研究，每个环节基础资料齐全、分析内容清晰明了，这样才能确保形成的数据库完整、准确。

2.3 在线监测模块

通过腐蚀回路的划分及分析，系统可以自动识别出装置最薄弱的部位，并提示设置在线腐蚀监测系统进行长周期的连续监测系统。系统测量出的大量数据直观明了，并且可以直接在互联网端存储，同时可以自动计算出单位时间内的系统腐蚀速率，并且具备可以一键自动生成项目报表的功能。相较于传统的人工定点测厚实现了连续的远程监控，既可以节省人力成本、提高装置本质安全性，又便于数据存储、查看和管理。

图2所示为标注了监测点位的在线监测系统总貌图。图中体现出装置的主要流程及监测系统设置的位置，将总貌图嵌入互联网系统便可以直观地反映出装置腐蚀情况，便于管理人员和操作人员随时查看。

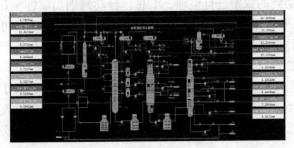

图2 在线测厚系统总貌

图3所示为在线测厚系统的数据管理统筹图。从图中不仅可以看到监测点位的壁厚值和减薄趋势，还能对测点所在管道的基础信息进行动态输入和维护。设备管理人员通过登录平台系统就能够快速浏览所需了解掌握的数据情况，大幅度提高了工作效率，优化了管理结构。

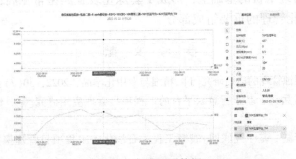

图3 在线测厚数据

2.4 离线数据模块

目前大多数炼化装置仍普遍采用人工定点测厚方式对运行过程中的装置进行防腐蚀监

测，因此会形成大量的监测数据。通常这些数据以 Excel 表格形式进行存储，在互联网时代下，这种方式已经落后且弊端明显。将这部分数据嵌入互联网模块，可以更好地实现数据管理、存储、查看。以管段图的形式描绘出测点具体位置，并嵌入系统中，可以使装置内的测点信息一目了然，有效地提高操作和管理效率，并且在腐蚀率超标或者检测周期超时的情况下进行系统预警，提示管理人员和操作人员及时响应。

图 4 为系统中嵌入的定点测厚位置示意。通过以管段图或设备单体图的形式，在系统中将测点位置精确描述，不仅提升了管理效率，同时也在一定程度上避免了误操作的可能性。

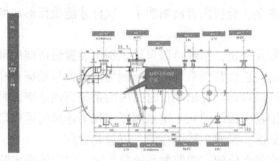

图 4　测厚点位管段

2.5　预警模块

系统将监测、收集到的数据进行整理、汇总，自动判别出腐蚀率超标(一般认为腐蚀率大于 0.2mm/a 为腐蚀率超标)的点位，进行报警提示。另外，系统还可以根据装置实际腐蚀情况自动更新监检测计划，即高腐蚀位置增加检测频率，反之降低检测频率。并通过预警系统对超期未检测的部位进行实时提醒。

预警识别是一种与装置工艺生产相适应的动态管理模式，它打破了管理人员的固定管理思维。当装置工况发生改变时，系统通过全面科学的分析，将装置防腐蚀对策也随之同步进行更新，这样便真正实现了与装置工艺生产相匹配，设备完整性的动态管理。

3　结束语

将炼化装置腐蚀完整性管理通过互联网系统建模的方式提升至云端，可以有效助力石化企业的腐蚀管理。在优化数据存储、查看方式的同时，实现了监检测数据的动态化更新和智能化分析诊断，完全能够达到降低企业管理成本，提高管理精细化程度的目的。由此可见，在互联网+腐蚀监测管理平台的基础上，形成 1 套炼化装置典型常见腐蚀机理的动态监控系统必将成为企业智能化管理的重要组成部分。

参 考 文 献

[1] 杨万辉，宋福来. 腐蚀管理的应用研究[J]. 精细与专用化学品，2022，30(7)：32-34.
[2] 于化田，王湘文，吕兵兵. 基于智慧云平台的工程项目管理应用研究[J]. 建材与装饰，2020，607(10)：200-201.
[3] 邵金柱，贾锡正，李儒. 基于互联网+智慧工程的石油化工工程项目管理探究[J]. 科学与信息化，2021(10)：165.

作者简介： 夏康哲(1989—)，男，学士学位，主要从事炼油化工工艺技术管理工作。

基于 DG-ICDA 的输气管线内腐蚀检测技术的应用

刘旭莹

（中国石化东北油气分公司）

摘　要　天然气管道内腐蚀现象是造成管道腐蚀穿孔、泄漏等失效的重要原因之一。开展腐蚀评价与检测是减少和避免管道腐蚀失效事故的有效手段。本文结合输送干气管线内腐蚀直接评价方法(DG-ICDA)及常用瞬变电磁检测技术(TEM)，对某高寒地区在役输气管道进行工程实际检测与分析，并进行开挖检测验证。结果表明：DG-ICDA 法可大大减少管线实际检测工作量，TEM 法能够有效预测管道腐蚀失效情况，并提出 TEM 法的不足和改进方向。

关键词　输气管线；内腐蚀；DG-ICDA；瞬变电磁检测

腐蚀是造成输气管道事故的重要原因之一。统计发现，在管道腐蚀失效事故中，内腐蚀比外腐蚀的比例高 1.3%。输气管线一旦发生内腐蚀现象，就会造成管道壁厚变薄，管道的结构强度、承压能力也会随着相应降低。如管道发生严重腐蚀，甚至会导致管道应力失效、腐蚀穿孔，进而造成管道泄漏事故，这不仅会威胁管道的安全运行，也会造成严重的经济损失。对长距离输气管道而言，特别是含有 CO_2 的长距离输气管道，采取科学、有效的管道腐蚀评价和检测技术对埋地钢制管道进行评价与检测，可以减少和避免管道腐蚀或泄漏事故发生。

输送干气管线的内腐蚀直接评价方法(DG-ICDA)不仅可以实现对已经存在腐蚀缺陷的区域有效定位，优化现有的检测方法，而且能够在内腐蚀未发生前预测出管道内腐蚀发生的高风险位置，提供最优的腐蚀监测位置，可作为管道完整性管理计划的依据。埋地钢质管道管体腐蚀检测方法有内检测、外检测。其中管体腐蚀内检测技术对管道结构要求较高，导致部分管道不具备内检测条件。管体腐蚀外检测主要包括开挖检测和非开挖检测如瞬变电磁(TEM)及管道应力集中检测(MTM)。开挖检测技术不能对埋地钢质管道金属损失情况进行连续检测，因而管体腐蚀外检测成为当下主流的检测方式之一。

本文对 DG-ICDA 方法 TEM 方法进行了简要介绍，并通过两者相结合的方式对某在役含 CO_2 输气管道进行工程实际分析与检测，最后通过开挖验证的方式对检测结果进行了对比验证，提高了内腐蚀检测效率，分析了 TEM 检测有效性，并提出了不足与改进之处。

1　DG-ICDA 方法介绍

在正常运行条件下，天然气管道传输的是由上游脱水单元处理的欠饱和气体。但有时由于脱水装置操作不稳定或其他工艺的扰动，会在管道内产生一些接近饱和气体或夹带液体水，导致下游部分管段存水，或由于压力和温度变化，在管道内存积冷凝水。对于输送干气的天然气管道来说，短期波动出现的水或其他电解质是影响干气管道内腐蚀状况的主要原因。容易出现存水或其他电解质的管段被称为高风险管段。DG-ICDA 正是专门用于评估此类情况的方法，根据 NACE SP0206-2006《输送干天然气管道内腐蚀直接评估标准(DG-ICDA)》，DG-ICDA 评估主要包括预评价、间接检测、详细检查及后评价 4 个步骤。

DG-ICDA 方法的核心步骤是计算出被测管段的临界倾角，当管道本身倾角大于临界倾角时，其流体剪切力将不足以抵消液体重力影响，液体倾向于沉积在管壁。NACE SP0206—2006 标准中给出了计算临界倾角的理论公式，在工程实际应用中，常用 Honeywell Predict Pipe 软件计算临界倾角，该软件采用先进的 ICDA 方法，相比旧的 ICDA，该软件可以计算水分滞留、分析流体动力学、分析电化学表现，预测关键部位的腐蚀，具有较强的工程适用性。

2 TEM 法基本原理介绍

瞬变电磁法(TEM)是一种基于电磁理论为核心的时间域人工源电磁探测方法，最早被用于地质勘探领域。学者们借鉴瞬变电磁法探测低阻地质体的原理，将其用于检测埋地金属管道的腐蚀程度，在油气田长输管道外部无损检测中显示出独特优势。它利用不接地回线(磁源)或接地线源(电偶源)向地下发送一次脉冲磁场(一次场)，瞬间断开激励信号，随着时间陡变的一次磁场在管体中激励起随时间变化的"衰变涡流"，从而在周围空间产生与一次场方向相同的二次"衰变磁场"(二次场)。二次磁场穿过接收回线中的磁通量随时间变化，在回线中激励起感生电动势，最终观测到二次磁场衰变曲线，即瞬变响应。管道的磁导率和电导率影响感应电场瞬时值的大小，管道发生腐蚀时，局部区域的金属量会减少。这将导致该处管体的电导率发生变化，而管道腐蚀区域会时刻发生复杂的化学变化，从而影响管道磁导率的大小，因而接收的二次场的感生电动势会发生改变。利用计算机对采集的数据进行分析计算，即可达到探测地下埋地管道金属损失的目的，其原理如图 1 所示。

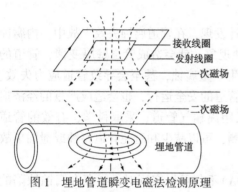

图 1 埋地管道瞬变电磁法检测原理

3 工程实际应用

本次检测对象为东北某含 CO_2 输气管道，该管道投产于 2008 年，运行压力为 5.2MPa，设计输送能力为 $300 \times 10^4 m^3/d$。测试管段长度为 14267m，管道采用普通级三层 PE 外防腐保护技术，管道无内防腐层，全线运行强制电流阴极保护系统。管道腐蚀评价所需基础参数见表 1。

表 1 临界值分析所需管道参数

直径/mm	入口温度/℃	出口温度/℃	输送压力/MPa	流量/(×10⁴m³/d)	含水率	CO_2 浓度/%	其他气体浓度/%
406	31	20	5.2	120	出口无含水	1.84	N_2: 5.86 C_2: 1.85 C_3: 0.06 C_4: 0.01

3.1 检测步骤

首先识别出管道倾角大于临界倾角的第 1 个位置，并从该区域开始向下游进行检查，如果发现 2 个连续位置点都没有内腐蚀，则通过检测下游下一个大于临界倾角的位置来验证评估结果。

对于管道所有倾角都小于管道临界倾角的情况，则必须选择其中最大的倾角区域进行检测，如果发现该位置存在腐蚀现象，则要继续对下游位置下一个最大的倾角位置进行检测；

如果未发生腐蚀，则在增加一个位置(下一个最大倾角区域)进行检测。

在 DG-ICDA 的起始点和第一个检测点之间至少要确定 2 个检测位置，这是因为，对于历史流量或者其他相关的操作条件非稳定的情况，如出现过低流速运行史，在此条件下液体积聚的临界倾角可能会较小，因此不能通过对下游位置的检测来判断上游管道的腐蚀情况。

对于有双向流动历史的管线要将正反 2 个流动方向的预测区域作为 2 个独立区域进行检测，同时还应该考虑因流动方向的改变对腐蚀分布的影响情况，对检测结果进行评价，最后，开挖验证偏差是否在允许范围内。

3.2 DG-ICDA 确定高风险管段

管道临界倾角的计算是应用 DG-ICDA 方法进行内腐蚀预测的核心步骤，在临界倾角的计算过程中，必须考虑气体的非理想状态，计算实际气体密度与气体表观流速可以采用压缩因子法或非理想气体方程方法。采用 Honeywell Predict Pipe 3.0 软件，通过计算得到存水临界倾角(可能发生存水的角度)为 0.93°。联合管道 GIS 沿程高程等数据，进行了 401 个点位的管道实际倾角计算。得出该段管道倾角超过存水临界倾角的管段累计 41 处，管道存水率最高达到 1.34%。

若管道输送天然气为干气，则管道不发生明显存水内腐蚀，未发生存水时平均腐蚀率为 0.05～0.06mm/a。当输送介质中发生水凝结或其他可能引起液态水流动时，管道在计算确定的内腐蚀风险区域可能发生内腐蚀，存水段管道最大内腐蚀速率为 3.0mm/a。管道内腐蚀计算分析结果见表 2，管道沿线敷设高程及可能发生存水腐蚀管段如图 2 所示，管道发生存水率分布如图 3 所示。

表 2 该待检管道内腐蚀分析成果

管段	临界倾角/(°)	发生存水最高腐蚀速率/(mm/a)	最高存水率/%	管道平均腐蚀速率/(mm/a)
1	0.95	3.00	0.77	0.075
2	0.94	2.63	1.09	0.105
3	0.93	2.43	0.89	0.122
4	0.93	2.41	1.34	0.127

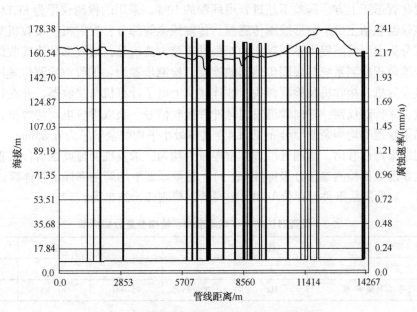

图 2 待测管段管道沿线易发生存水位置

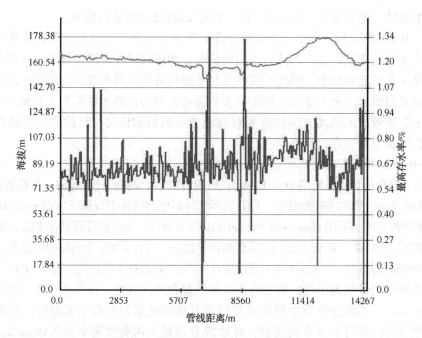

图3 待测管段管道沿线存水率

基于管道存水管段及存水率计算分析，选择该段管线6000～8500m处作为进一步开展TEM检测的管段。通过DG-ICDA计算分析，找出最有可能发生存水的管段2500m左右，与原待测管段14267m比较，可有效减少实际检测工作量11767m，大大节约征地费用和人工检测费用。同时，依据DG-ICDA评价结果，针对该风险段可制定相应的维护管理措施，以提高安全等级，减少隐患。

3.3 高风险管段的TEM检测

根据现场实际情况，采用RD8000管线探测仪探测管线准确位置，在地面做好相应标识。每100m管段布置1个检测点。待测管段管体剩余壁厚TEM检测共布设检测点45处，检测点布置在管道正上方，偏差不超过管道埋深的10%。采用的检测仪器为FCTM瞬变电磁检测仪，该仪器包括主机、方形线圈传感器、传输线缆等部分，发射机、接收机集成在主机上。发射部分为发射线圈提供不同频率的双极性正弦方波信号，接收部分为接收线圈采集信号。传输线缆负责检测系统与线圈传感器的连接。检测步骤为：①收集检测位置周围环境参数；②连接发射机、接收机及检测探头；③连接掌上电子计算机与接收器，并在计算机中设置相关参数；④校对仪器；⑤向管道发射脉冲并接收信号，获取感应电动势数据；⑥分析数据。检测结果管道平均剩余壁厚分布见图4。其中最小平均剩余壁厚为6.88mm。

从检测结果可以看出，所测管段整体壁厚较为均匀，未发现明显腐蚀管段。根据管壁腐蚀剩余平均厚度地面检测参量分级标准(表3)、管壁厚度平均剩余率评价管体腐蚀状况分级标准(表4)，对检测结果进行评价可知，整段管道检测评价结果为"良"。

表3 管壁腐蚀剩余平均厚度地面检测参量分级标准

属性	优	良	可	差	劣
等级	1	2	3	4	5
管壁厚度平均剩余率/%	100	100～95	95～90	90～85	≤85

表4 管壁厚度平均剩余率评价管体腐蚀状况分级标准

属性	优	良	可	差	劣
等级	I	II	III	IV	V
全段管体腐蚀状况加权分析值 Q_t	1	1~2	2~3	3~4	>4

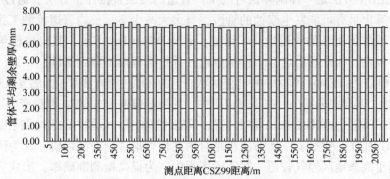

图4 被测管段管道平均剩余壁厚分布

计算公式为:

$$Q_t = \frac{\sum\limits_{i=1}^{n} X_i}{n} \tag{1}$$

式中 Q_t——利用管壁厚度平均剩余率评价的全段管体腐蚀状况加权分级值;

X_i——单段管壁厚度平均剩余率检测参量加权分级值;

n——参与评价的检测点/段总数。

3.4 开挖验证

针对局部管段如穿越水沟处、管道裸露处等薄弱环节进行开挖验证,对1938m处(实际中该段管线存在机械外伤)进行超声波壁厚检测,所测结果如表5、图5所示。

表5 管体剩余壁厚超声波检测结果

测点	各测点壁厚检测值及腐蚀状态					
	管体壁厚/mm				原始壁厚/mm	
	最大值	最小值	平均值	最小安全壁厚	公称壁厚	备注
1938m	7.66	7.22	7.41	3.54	7.1	—

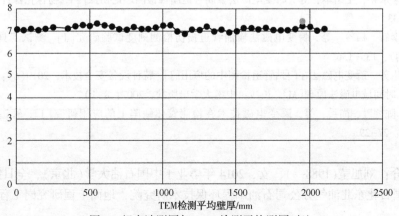

图5 超声波测厚与TEM检测平均测厚对比

通过对比分析，TEM 检测 1950m 处平均壁厚为 7.22m，开挖超声波测厚平均壁厚为 7.41m，偏差 2.6%，偏差在允许范围内。

4 结论

（1）DG-ICDA 方法是一种国际认可的干气管道内腐蚀直接评价方法。通过 DG-ICDA 分析，可查找计算出最有可能发生腐蚀的管段，且大大减少实际长输管道检测工作量。在实际工程应用中，减少了 82% 的管道检测工作量。通过 DG-ICDA 方法，找出该段管道多处管段倾角大于临界倾角，为此后制定针对性重点监控维护管理措施奠定基础。

（2）瞬变电磁法（TEM），作为一种非停运状态下的在线检测方法对于天然气长输管道检测具有极大的优越性，其误差范围小，在工程应用中，其测量偏差为 2.6%。但瞬变电磁法由于其原理所限，该方法不能区分腐蚀分布的相对位置，只能计算出某一区段内的平均剩余壁厚值。

（3）将 DG-ICDA 方法与 TEM 方法相结合对在役管道进行检测评价，此为国内首次将该结合方法应用于高寒地区输气管道。在实际工程中，为提高检测准确率，形成完善的管道完整性评价，还相应结合了外防腐层检测、磁应力检测等方式，再对防腐层破损点位置的地方进行瞬变电磁检测的加密检测，以此达到更好的效果。

（4）因 TEM 需接收二次场数据，其检测管道的埋深越浅，金属量越大，检测结果越准确，目前瞬变电磁法还不能用于山体隧道穿越、大型河流盾构穿越等管段。瞬变电磁法易受到周围环境电磁信号的干扰，当检测范围内存在其他金属体、高压线缆等时，接收到的数据就会发生偏差，对最终的解释将产生影响。因此应用全覆盖瞬变电磁法检测将成为研究重点。

参 考 文 献

[1] 罗鹏，张一玲，蔡陪陪．长输天然气管道内腐蚀事故调查分析与对策[J]．全面腐蚀控制，2010(6)：16-21.

[2] 张楠．含 CO_2 天然气管线内腐蚀直接评价方法的应用研究[D]．青岛：中国石油大学（华东），2015.

[3] NACE RP0206 Internal corrosion direct assessment methodology for pipelines carrying normally dry natural gas [S]. 2006.

[4] 何仁洋，孙敬清．埋地燃气管道综合检验检测技术研究[J]．管道技术与设备，2003(4)：31-33.

[5] 张汝义，刘海俊，杜莎．埋地钢质原油集输管道检测技术探讨[J]．油气田地面工程，2017，36(6)：81-83.

[6] 何仁碧，陈金忠．埋地钢质管道多频电磁非开挖检测技术研究[J]．天然气与石油，2021(4)：82-88.

[7] 高永才，李永年，王绪本，等．瞬变电磁法金属管道腐蚀检测理论初探[J]．物探化探计算技术，2005(1)：29-33.

[8] 陈禄尧，李辉，杨玲，等．瞬变电磁法输油管道损伤检测刻度试验研究[J]．测试工具与解决方案，2018(增刊)：135-136.

[9] 浦哲，石生芳．瞬变电磁法在门站管道检测中的应用[J]．特种设备安全技术，2019(6)：22-24.

[10] 牛之琏．时间域电磁法原理[M]．长沙：中南大学出版社，2007：8-10.

[11] 李永年，陈德胜，尚兵，等．瞬变电磁技术在检测管体缺陷上的应用研究[J]．管道技术与设备，2013(4)：27-29.

作者简介：刘旭莹（1988—），女，2014 年毕业于中国石油大学（北京），全日制工程硕士，现工作于中国石化东北油气分公司石油工程环保技术研究院，地面工程研究岗工程师。

电磁流体处理技术在柴油加氢高压换热器防铵盐结晶应用中的探讨

李祖利

（中国石化济南炼化公司）

摘　要　柴油加氢装置生产过程中经常发生铵盐结晶的问题。铵盐结晶层附着在换热器换热面形成热阻层，导致换热效率下降，严重时影响生产装置正常运行。本文分析了铵盐结晶产生的原因，介绍了目前常见的防治措施，并通过理论分析结合实践总结，采用一种新型的处理思路和方案，探索了处理铵盐结晶在加氢装置高压换热器中析出的解决办法，为实际生产提供解决方案的同时对其作用机理进行了理论探索。

关键词　柴油加氢；高压换热器；防铵盐结晶；电磁流体处理技术

1　概况

1.1　柴油加氢高压换热器铵盐结晶现象

高压换热器是加氢装置的核心设备之一，在工艺流程中通常设置在加氢反应器下游，管程热介质是高温反应产物，壳程介质是原料混氢油或其他介质。装置工艺介质易燃易爆，包括加氢换热器在内的主要设备在高温、高压及有氢气和硫化氢存在的条件下运行，要求设备具有很高的可靠性。

柴油加氢精制的主要目的是脱出油品中的硫、氮、氧杂原子及金属杂质，生成相应的 H_2S、NH_3、H_2O、MS（M-金属），达到精制的目的。原料柴油中还会存在有机氯或无机氯，反应后生成的 HCl 与 NH_3 接触生成的 NH_4Cl 在 $150\sim200℃$ 时会产生结晶，铵盐晶体在一定条件下快速沉积在换热管壁上，造成热阻升高，换热效率下降，该问题普遍存在于国内炼油厂柴油加氢装置。

1.2　高压换热器防铵盐结晶措施

铵盐结晶会引起高压换热器换热效率下降和反应系统压降升高等问题，相关人员研究了各种防止高压换热器中铵盐结晶的解决方案。通过控制高压换热器管侧出口温度来减少换热器管束中的铵盐结晶析出量，以此降低铵盐对换热器管束的腐蚀程度；通过对柴油加氢装置氯化铵结晶进行了模拟制定控制氯化铵结晶的措施；通过材质升级，将换热器材料升级为耐腐蚀性更好的2507双相不锈钢；通过研究柴油加氢装置关键换热器管束的腐蚀机理，确定应对措施；在加氢反应器出口增设脱氯罐，以降低系统氯含量和氯化铵结晶对换热器的腐蚀等。通过降低系统中 Cl 含量，在铵盐开始结晶位置的前沿采用注水工艺，向系统注入合适的缓蚀剂可以缓解由铵盐结晶引起的腐蚀，这些措施的实施为防止铵盐结晶提供了多种解决途径，但均须装置停工并投入较大规模的设备改造，存在一定的局限性。

2 高压换热器中铵盐结晶情况和产生原因分析

2.1 高压换热器中铵盐结晶情况

某公司柴油加氢装置高压换热器 E101B 自开车运行以来，其物料入口温度和出口温度的变化趋势如图 1 所示。从图可看出，该换热器物料出入口的温差从大修结束刚开车时相差30℃到截止采取处理措施前，其温差缩小到 5℃左右。

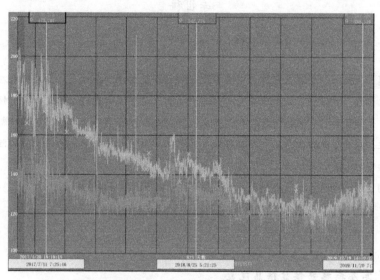

图 1　E-101/B 原料侧壳程出入口温度曲线

随着装置运行周期加长，铵盐结晶层越来越厚，导致高盐换热器换热效率出现下降，并有进一步恶化的趋势。经过数据分析判断，认为是 E-101/B 管程反应产物侧的盐沉积附着在换热管中，从而导致换热器的换热效率下降。换热效率低会增加反应加热炉的负荷，导致设备运行风险增大。

2.2 高压换热器中铵盐结晶产生原因

E101B 高压换热器为壳程一侧是低温的原料油混氢反应原料，管程一侧是高温的反应产物，两侧对流换热，此时反应产物侧是温度降低的过程。一般情况下，温度越低，铵盐溶解度越低。反应产物降温过程中铵盐溶解度降低，就会结晶析出，附着在换热管壁上导致换热器管束压降增大，从而热阻升高影响换热效果。又因为管程出入口前没有注水点，铵盐结晶物在管道中产生后无法及时清除，加剧结晶过程。

铵盐结晶析出并聚集到换热管壁的过程可以根据 STERN 双电层模型进行还原，如图 2 所示。一般认为，由于界面或者相的差异，不同界面或不同的相在相对运动时会产生电荷差异。例如，金属管道内壁在柴油流动时金属界面会显电负性，容易吸附柴油中的阳离子如 NH_4^+，附着在金属界面的阳离子会继续吸附柴油中的阴离子如 Cl^- 等。此时离界面越近的地方，阴阳离子浓度越高，从界面往里逐级递减，吸附的阴阳离子在浓度较大的界面更容易发生铵盐结晶析出。

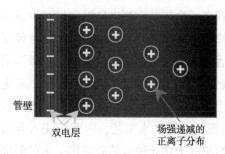

图 2　STERN 模型

3 电磁流体处理技术的应用效果

电磁流体处理技术的应用常见于处理水系统中换热器碳酸盐结垢问题，而应用于防治柴油加氢过程中的铵盐结晶问题，尚未见到报道。

笔者通过查阅资料，了解到 NH_4Cl 在柴油中的溶解度极低，电离出来的 NH_4^+ 和 Cl^- 在调制磁场的处理下，如果也能形成比较稳定的不带电荷的结晶颗粒，则可避免 NH_4^+ 和 Cl^- 在换热器换热面上形成结晶层，以及由此带来的一系列问题，基于此，对 Scalewatcher 电磁流体技术应用于柴油加氢装置换热器防铵盐结晶进行了探索和现场试验。

2019 年 9 月 24 日，该电磁流体处理系统安装在 E-101/B 管程入口管道，如图 3 所示。感应器缠绕在管道外壁上，安装过程无须破坏管道不影响生产，安装好的情况如图 4 所示。

图 3　管道线圈安装　　　　　　　　图 4　电磁除垢系统现场安装

电磁流体处理系统调试结束后于 2019 年 9 月 25 日投入运行使用，该过程除 12 月 20 日起停运 14d 左右外，一直稳定运行。使用该电磁流体处理系统后，E-101/C、B 管程压降变化如图 5 所示。

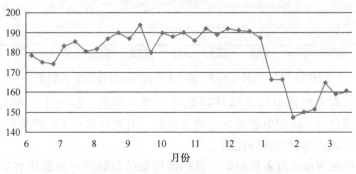

图 5　E-101/C、B 管程压降变化曲线

根据 E-101/C、B 管程压降变化统计，自 9 月底电磁流体处理系统进行测试以来，换热器的压差上升速度趋势已经下降。自 9 月下旬电磁流体处理系统投入运行以来，换热器压差上升速度减缓。在 6—9 月，换热器压差从 180kPa 增加到 190kPa 左右，9—12 月压差基本稳定在 190kPa，电磁流体处理系统停运期间压降也基本在 190kPa 左右，自 1 月开始，压降出现快速下降，主要原因为受全厂物料平衡影响，装置加工量由 175t/h 降至 125t/h，系统压降也相应降低，但与电磁流体处理系统无关。

E-101/B 壳程出入口温差变化曲线如图 6 所示。从图中可以看出，从 2019 年 6—12 月换热器出入口温差无明显变化，基本稳定在 4~5℃，这说明安装该电磁流体处理系统后 E-101/B 换热器温差下降趋势得到控制，总体保持平稳趋势。

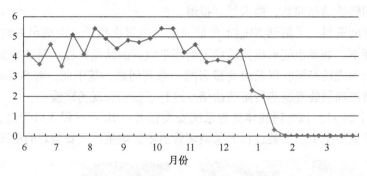

图 6　E-101/B 壳程出入口温差变化曲线

为了验证该电磁流体处理系统对抑制铵盐结晶的效果，12 月份下旬暂停运行该系统，此时 E-101/B 在电磁流体处理系统停止运行后温差出现快速下降，至 1 月后换热器壳程已无温差，再次开启电磁流体处理系统未出现好转迹象。

2021 年 3 月，该公司利用停工检修机会，对 E101/B 进行了洗盐处理，5 月开工运行至今，高压换热器 E-101/B 管程出入口温差变化趋势如图 7 所示。

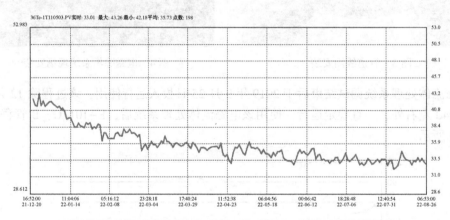

图 7　2021 年开工后 E-101/B 管程出入口温差变化曲线

由图 7 可知：在未投用电磁流体处理系统的开工初期，E-101/B 管程出入口温差由 41℃ 先呈缓慢下降趋势，投用电磁流体处理系统后，出入口温差下降趋势放缓，基本保持在 35℃ 左右，铵盐结晶趋势得到良好控制。

数据表明，电磁流体处理系统对防止换热器铵盐结晶的进一步恶化有良好的作用效果，但对换热器内已经结盐部分的改善效果不明显。因此，采用电磁处理系统可以有效防止柴油加氢装置高压换热器 E-101/B 内继续结盐，尽早采用电磁流体处理系统将有利于保持换热器处于良好的状态。

4　电磁流体处理系统防结盐机理

在柴油加氢高压换热器 E-101/B 上引入电磁流体处理系统后，有效阻止了换热器的进一步铵盐结晶。柴油加氢装置通过碳氢化合物的杂质原子与氢反应来净化炼油产品。氮转化

为 NH_3，氯转化为 HCl，氧转化为 H_2O，而柴油加氢装置的目标是使得这些反应充分完成，因此这些无机产品会在反应器流出物中形成盐床，当柴油在反应器加氢反应后流入缠绕一定匝数的电磁感应器，其所含的游离阴阳离子由于切割磁感线，会受到磁场洛伦兹力的影响。根据左手定则，当磁场的方向改变时，带电离子所受到的力的方向也会随之改变，故带电离子会随磁场方向的变化而振动，如铵根离子和氯离子相对运动产生碰撞，加速晶核成核速度并形成微晶颗粒。此时微粒悬浮在柴油中，且晶体粒度小，表面光滑无电荷，不易吸附到管壁上，随着流动的柴油往下游流动，从而避免了离子在集肤效应作用下从换热器管道表面结晶析出铵盐。其作用机理如图8所示，使本应发生在管壁或设备表面的铵盐结晶问题，通过交变电磁场的作用下提前发生在介质中，避免了管道和设备堵塞。

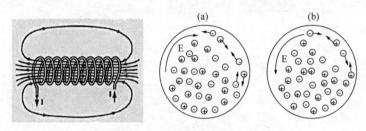

图 8 电磁流体处理系统防铵盐结晶作用

5 结论

该公司柴油加氢装置高压换热器通过实施技术改造，引入 Scalewatcher 电磁流体处理系统，探索其对防治铵盐结晶问题的处理效果，通过现场的实际应用，电磁流体处理系统具有以下特点：

（1）该电磁流体处理系统设备安装方便，可以在线施工，无须停工，不增加温度调节和脱氯设备，省去升级换热器材料和添加抑制剂等费用。

（2）该电磁流体处理技术对防止加氢装置高压换热器换热效率进一步下降起到明显的改善作用。

（3）该技术有利于控制铵盐结晶层在换热器换热面的聚集，从而降低了柴油加氢装置在长周期运行过程中由于换热器换热效率下降带来的非正常停车的风险。

（4）该技术作用于柴油加氢系统时，并不能消除已经产生的铵盐结晶层，因此该技术只具有较好的防治效果。

参 考 文 献

[1] 邵同培. 柴油加氢改质装置高压换热器管束腐蚀原因分析及对策[J]. 中外能源，2016(21)：83-87.
[2] 何超辉，翟卫. 柴油加氢装置反应流出物氯化铵结晶模拟研究[J]. 石油化工腐蚀与防护，2017，36(4)：8-10.
[3] 左超，李宝龙. 柴油加氢装置高压热交换器腐蚀泄漏原因分析及预防措施[J]. 石油化工设备，2017，48(1)：66-71.
[4] 徐秀清，刘进文，来维亚. 柴油加氢装置关键换热器管束腐蚀机理研究[J]. 装备环境工程，2017，14(9)：63-67.
[5] 王金燕，赵晓东，吕林. 基于电磁技术优选最佳油田管道除垢参数[J]. 化学工程师，2017(7)：36-38.

[6] 贾丰春，李自托，董泉玉．工业循环冷却水阻垢剂研究现状与发展[J]．工业水处理，2009，26(4)：12-14.

[7] 雷仲存，钱凯，刘念华．工业水处理原理及应用[M]．北京：化学工业出版社，2003：21-26.

[8] 祁鲁梁，李本高．冷却水技术问答[M]．北京：中国石化出版社，2003：12-18.

作者简介：李祖利(1970—)，男，1991年毕业于广东石油学校，学士学位，现工作于中石化济南炼化公司，工程师，从事设备管理工作。

某长输管道泄漏原因分析及处置

王江强

(中国石化青岛石油化工有限责任公司)

摘 要 目前,我国长输管道发展迅猛,截至2021年底,管道总长度达到16.5×10⁴km。现存大批已运行多年的老油气管线,埋在环境复杂的地下并长期遭受金属腐蚀,特别是埋于地下的长输油气管道因为隐蔽性高、跨越距离远等因素,导致发生泄漏事故时泄漏点不易被发现。一旦出现泄漏事故,将会造成巨大的生命财产损失和不好的社会影响。2021年,某长输管道出现渗漏,形成严重安全隐患。本文针对该渗漏事故进行分析,探讨了长输管道泄漏的原因并提出相应的防范控制措施。

关键词 长输管道;金属腐蚀;原因分析;防范

1 管道泄漏情况

某成品油输油管道自厂区至油库,全长约15.3km,由2条(汽油、柴油各1条)为(D219.1mm×6.4mm的L245直缝电阻焊钢管平行敷设,管线间距0.5m。设计压力为6MPa,运行压力为4MPa,输送温度为常温。管道外防腐层为熔结环氧粉末(加强级)。采取镁合金牺牲阳极保护。

某日在图1中的红色三角位置,发现汽油泄漏。

泄漏管线为汽油线,泄漏点距离高架桥匝道仅10m左右,且管道下部存在1个宽约6.3m的涵洞。泄漏点位于管道下部,7~8点钟的位置,距离涵洞边缘约460mm,如图2所示。

图1 泄漏位置示意　　　　图2 泄漏部位现场

2 管道泄漏的原因分析

2.1 管道腐蚀的影响因素

2.1.1 外界因素的影响

外界环境包括空气、雨水、土壤等对管道的腐蚀影响很大。在外界空气的作用下,管道会产生一些氧化作用;由于环境污染导致雨水、河流等的水质呈现酸性;在土壤和地下水长期接触的过程中,地下管道会产生比较复杂的化学反应,引起化学腐蚀,以上均对管道具有一定的腐蚀作用。

2.1.2　大气腐蚀

大气中含有一定量的水蒸气会在金属表面进行冷却形成水膜，水膜会溶解空气中的某些酸性气体，起到一定的电解质溶液的作用，使金属管道表面发生电化学腐蚀。影响大气腐蚀的主要因素有污染物和气候条件。在干燥的条件下，金属管道受污染物的影响很小，但是当管道周围环境的相对湿度在80%以上时，将会加快腐蚀速度。因而，潮湿环境的架空管管道各部分的结构亦不同，导致管道中的部分金属易发生电离，电离的金属正离子进入土壤中，剩余的电子留存在该处而呈现负电压，不易被电离的部分将呈现正电压，氧化还原反应极易在管道两端发生。

2.1.3　细菌腐蚀

细菌腐蚀常常伴随在土壤腐蚀的过程中，参与细菌腐蚀的细菌主要有铁细菌、氧化菌、硫酸盐还原菌、硝酸盐还原菌等，其中最具有代表性的是厌氧性硫酸盐还原菌。分布在河、海、湖泊水田、沼泽的淤泥中，以及透气性差，pH值为6~8的碱性土壤中。当阴极反应发生时，产生的氢会与硫酸盐发生反应，最终生成硫化铁等腐蚀产物，在管道表面进行覆盖，形成孔蚀。另外，此还原菌还能利用土壤中的有机物质进行大量繁衍，有硫化氢臭鸡蛋味和土壤颜色发黑是硫酸盐还原菌腐蚀现场的特点。

2.1.4　杂散电流腐蚀

杂散电流腐蚀又称为干扰腐蚀，是流散于大地中的电流对管道产生的腐蚀，是一种电化学腐蚀，该腐蚀由外界因素引起，外部电流的大小和极性将决定管道腐蚀的部位，当管道沿高压输电线敷设时，在管线建成4个月就会因电磁耦合在管道上感应交流电而引起电流腐蚀穿孔，对设备和人体均造成危害。

2.2　内部因素的影响

由于资金短缺、条件有限与管道设计不合理等原因也会在管道设计、采购过程，以及施工中引起天然气管道防腐措施不到位、不合格的管道本体质量及由于粗暴的施工方式造成的原有防腐层破损等问题。这样会直接影响管道运行，甚至引发安全问题。

此外，输气管道的内壁会附着较多水分，易导致电化学腐蚀，天然气本身含有杂质，主要是酸性较强的硫化物、硫化氢、二氧化碳、氯离子及其他物质，腐蚀管道内壁，并且在管道弯头连接处形成水合物而堵塞管道，形成均匀腐蚀；随着输送过程中压力、温差及流体流动速率的变化影响，均会使得金属管道内壁遭受不同程度的应力腐蚀和冲刷腐蚀。

2.3　生产运行的影响

防腐工作在天然气管道的生产运行过程中起着重要作用，是检测管道能否正常工作的"眼睛"。随着社会经济的高速发展，使得各种施工层出不穷，如果监管不力，就可能会破坏管道防腐层，或者产生大量的杂散电流使得管道发生孔蚀，严重者甚至使得管道爆裂。因此，管道企业任务艰巨，除了要加强管道巡护，及时发现异常情况以保证管道的外界安全外，还要注重与电气铁路、施工单位等各部门的沟通协调。

2.4　失致管段宏观分析

取得泄漏点部位长约600mm的1段管线，见图3。管线表面覆盖蓝绿色熔结环氧保护涂层，涂层存在局部破损（图中A、B、C）和鼓包（图中D、E），且集中在管道一侧（下部）。腐蚀穿孔部位处于管道母材，不在焊缝及热影响区。管道内部无明显腐蚀减薄，测厚在6.3~6.7mm。

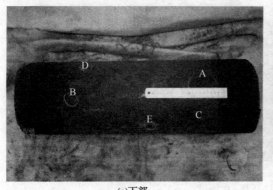
(a)下部

(b)上部

图3　失效管道整体形貌

图4为图3中A、B、C、D区域的放大图。泄漏点呈现圆形蚀坑，腐蚀坑直径约20mm，泄漏孔直径约1mm。形貌上可以判断腐蚀由外部向管道内部腐蚀，呈阶梯状渐变，图4A腐蚀泄漏点周围还存在1个直径12mm左右的鼓包，打开鼓包内有水，鼓包内管道壁依然光亮平整，未发生明显腐蚀，放置一段时间后出现轻微锈迹。图4(b)处为1个直径约10mm的腐蚀坑，坑深度约2mm，外部腐蚀产物为黄褐色，去除表面腐蚀产物，内部为黑色腐蚀产物，图4(c)处为1个深度不足1mm的蚀坑。图4(d)处为1个鼓包，鼓包内部存在液体，抽取鼓包内液体进行pH检测，pH在11左右(图5)。打开鼓包，内部金属为光亮灰色，无明显腐蚀痕迹。

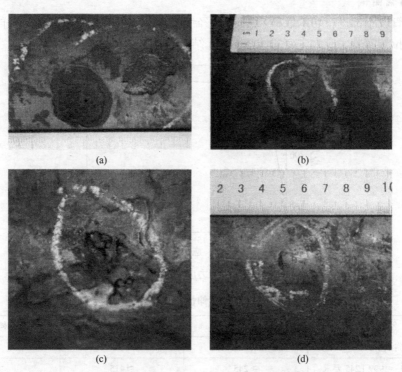
(a)

(b)

(c)

(d)

图4　图3中A、B、C、D区域的放大图

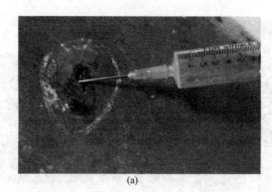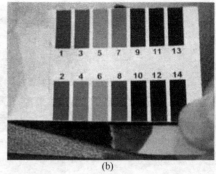

(a)   (b)

图 5　鼓包处打开及 pH 测试

2.5　材料成分分析

对泄漏管段取样，通过化学分析管道元素组成，结果见表 1。结果表明：检测成分满足 GB/T 9711.1—1999《石油天然气工业输送钢管　交货技术条件　第 1 部分：A 级钢管》要求。

表 1　失效管段材料成分测量

项目　　　　　元素	C	Mn	P	S
测量平均值	0.17	1.27	0.018	0.0051
GB/T 9711.1—1999 L245 要求	≤0.26	≤1.45	0.045~0.080	≤0.030

2.6　力学性能测试

在泄漏管段下部进行切割取样(纵向)，经线切割打磨加工为片状拉伸试样，以应变速率 10^{-4} 进行拉伸实验，应力应变曲线见图 6，结果见表 2。

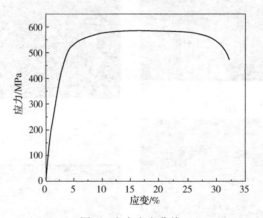

图 6　应力应变曲线

表 2　拉伸性能测试

名称	屈服强度/MPa	抗拉强度/MPa	断后伸长率/%
测试值	506	587	24
GB/T 9711.1—1999 L245 要求	≥245	≥415	≥21

对比 GB/T 9711.1—1999 对 L245 材质的性能要求，样品屈服强度、抗拉强度指标符合标准要求。

2.7 金相组织分析

对蚀坑区域进行切割取样，经切割、镶嵌和机械磨抛处理，在金相显微镜下观察其夹杂物情况，及截面厚度变化情况。以5% HNO₃乙醇溶液侵蚀，观察其金相组织。

依据GB/T 10561—2005《钢中非金属夹杂物含量的测定标准评级图显微检验法》，金相显微镜下观察其夹杂物情况，夹杂物评级为：A1.5，B<0.5，C<0.5，D1.5。管道主要金相组织为铁素体+珠光体，晶粒细小，依据GB/T 6394—2002《金属平均晶粒度测定方法》，晶粒度评级为9.5级，部分区域存在带状组织(1级)。GB/T 9711.1—1999中未对L245材质的金相组织提出具体要求，检验中未发现严重影响材料耐蚀性的因素。非金属夹杂物及金相组织见图7、图8。

图7 非金属夹杂物　　　　　　　　　　图8 金相组织

2.8 氢含量测试

在鼓包处对管道取样，进行氢含量检测，结果显示氢含量为2.4μg/g。

2.9 SEM及EDS分析

对腐蚀穿孔部位进行清洗，清洗液为100mLH₂SO₄+1000mLH₂O+2g六甲基四胺，超声波清洗20min后，乙醇洗净，冷风吹干后在扫描电镜下观察腐蚀孔形貌。腐蚀孔附近表面较为光滑，腐蚀穿孔直径约1mm，局部区域仍然覆盖导电性较差的产物，如图9所示。

(a)图像1　　　　　　　　　　　　　　(b)图像2

图9 泄漏孔形貌

由于腐蚀穿孔部位的腐蚀产物在现场抢修过程中受到污染破坏，对图3管道上B处蚀坑中的腐蚀产物进行 EDS 分析，结果见图 10，腐蚀产物主要元素组成为：C、O、Fe、Cl、S、Mn、Al、Si、K 等。

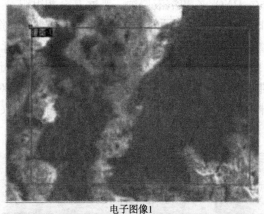

元素	Wt%	At%
C	16.07	29.16
O	37.76	51.43
Al	0.31	0.25
Si	0.55	0.43
S	0.38	0.26
Cl	3.92	2.41
K	0.36	0.20
Mn	0.50	0.20
Fe	40.14	15.66

电子图像1

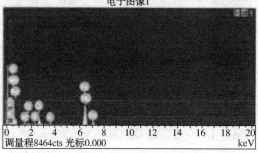

图 10　EDS 分析结果

2.10　阴极保护及杂散电流情况

2017 年度检测发现明显的直流杂散电流干扰，于 2018 年度在 2# 桩增设了直流排流装置。2020 年企业委托专业机构开展了成品油（汽油）管道防腐层、杂散电流、阴保系统检测评估，检测结果显示：管道沿线牺牲阳极工作正常，全线各测试桩处测得的断电电位均在标准规定范围内，距离泄漏点最近的测试桩（2#）测试值：通电电位 -1.067V（CSE），断电电位 -0.896V（CSE），满足 GB/T 21448—2017 埋地钢质管道阴极保护技术规范要求。2# 测试桩处进行 24h 连续监测，断电电位也在标准要求范围内，如图 11 所示。

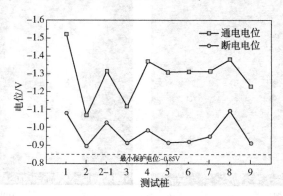

图 11　成品油管道全线通、断电电位分布（2020 年）

2021 年 6 月企业委托另一家专业机构对该成品油管道进行检测，在 2# 测试桩的电位监测结果显示断电电位在-0.94~-0.4V，存在直流杂散电流干扰，且管道已不能满足最小保护电位要求，如图12所示。

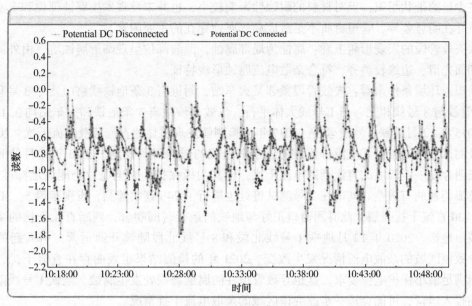

图12　2#测试桩电位监测数据（2021年）

杂散电流主要是指那些不在规定电路流动的电流，比较典型的有从电路回路中直接流入大地的电流，由这种电流导致的管道腐蚀问题就是杂散电流腐蚀问题，导致这种问题的本质便是化学反应中的电解作用。

埋在地下的钢质导管具有一定的导电性，杂散电流在这种导管中流动，会导致电位差的形成，最终产生腐蚀电池。杂散电流流入金属导管区域所带的电性质为负电，所以该区域通常被称为阴极区，这一部分管道所受的影响几乎为0，如果这一区域的电位值超出正常范围，那么在管道的表层会产生数量极大的氢，直接导致防腐层的破坏。从这一部分流出的杂散电流所带的电性质为正电，这一区域通常被称为阳极区，这一部分的管道以离子形式向周围的介质中游离，造成电化学腐蚀反应，这一过程所发生的反应主要如图13、图14所示。

a）析氢腐蚀

阳极反应：$Fe \rightarrow Fe^{2+} + 2e^-$

无氧酸性环境中的阴极反应：

$2H^+ + 2e^- \rightarrow H_2 \uparrow$

无氧中性、碱性环境中的阴极反应：

$2H_2O + 2e^- \rightarrow 2OH^- + H_2 \uparrow$

图13　析氢腐蚀反应

b）吸氧腐蚀

阳极反应：$Fe \rightarrow Fe^{2+} + 2e^-$

有氧酸性环境中的阴极反应：

$O_2 + 4H^+ + 4e^- \rightarrow 2H_2O$

有氧中性、碱性环境中的阴极反应：

$O_2 + 2H_2O + 4e^- \rightarrow 4OH^-$

图14　吸氧腐蚀反应

在管道的阴极区发生阴极反应，且埋管道的地点环境不同，反应形式也不同，在阳极区也发生相应的阳极反应，但是不会因环境而发生变化。由此可见，在阴极区出现了数量极多的一氧化氢，在阳极区出现铁离子，铁离子和一氧化氢在地下可以发生反应，形成有腐蚀作用的氢氧化铁，经氧化反应形成氧化铁之类的成分，形成铁锈，直接导致油气长输管道的腐蚀情况。

2.11 综合分析

在管道材料方面：管道材料成分、屈服强度和抗拉强度等均符合标准要求，金相组织局部存在少量的带状组织，但对材料的耐蚀性影响较小，也并未发现发生腐蚀部位和未发生腐蚀部位存在明显差异，管道材质不是造成局部腐蚀穿孔的主要因素。

从失效管段的宏观形貌上看：腐蚀为局部腐蚀，泄漏部位呈现圆形腐蚀坑，由外向内腐蚀，创面光滑，边缘较整齐，符合杂散电流腐蚀形貌特征。

从周边环境条件来看：失效管段紧邻某火车站，附近有3条地铁线路（1号、3号和8号线），管线与8号线相交、与1号线大体平行，失效部位距离3条地铁和火车站均在1km以内。2015年12月地铁3号线运行，2017年度检测就发现明显的直流杂散电流干扰。2018年在2号测试桩附近增设了直流排流装置，杂散电流的影响得到控制。2020年6月的测量结果也表明存在一定程度的直流杂散电流干扰，但其阴极保护的断电电位仍能满足标准要求，证明排流装置的有效性。同期在2号测试桩处也进行了24h连续监测，发现凌晨5：30至夜间23：30直流干扰强烈，此时间窗口正好与地铁的运行时间吻合，判断直流干扰的主要来源为城市地铁。2020年12月地铁1号线北段和8号线北段陆续开通运营，引入新的干扰源，导致该区域的杂散电流情况发生改变。2021年的检测结果也表明存在直流干扰，管道已不能满足最小保护电位要求。这也导致管道在防腐层破损处发生腐蚀。地铁1号线南段计划近期投入运营，可能会进一步改变该区域的杂散电流干扰情况。

管道保护涂层的破损可能存在以下几个原因：一是受到杂散电流的影响，在电流流入区域引起电位过负，导致涂层发生阴极剥离。宏观分析中发现管道多处存在涂层鼓包现象，该处管道氢含量也高于正常水平，可以推断局部存在阴极剥离的情况。二是管道穿过高架桥匝道，来往重型车辆引起地面及埋地管道振动，可能加速管道涂层磨损损伤，造成局部涂层失效。

3 处置措施

2021年11月12日开始，该公司委托中国特种设备检测研究院对成品油管道进行第二次内检测，12月18日检测单位提交了检测初步结果。通过检测的初步结果，发现比较严重的腐蚀点共70处，主要分布在立交桥两侧范围内，位于2011年迁改管段的严重腐蚀点占84.3%。因此，决定对立交桥南北两侧管道进行抢修，部分更换。至2022年1月15日，管线更换工作完成并投入使用。位于更换管段之外的11处缺陷点进行套筒或补板处理。

新更换的管道采用3PE加强级防腐形式，提高防护等级。

成品油管道增加排流设施，对管道受杂散电流影响严重的管段已经安装排流桩和牺牲阳极等，目前已投入使用。其他部位的排流设施正在实施。

通过在管道测试点处安装高电位镁合金牺牲阳极排流地床，管道与地床间采用极性排流装置连接抑制杂散电流流入管道，加强杂散电流的流出，提高管道阴极保护电位，抑制管道的腐蚀；根据设计计算书及实际需要，按照标准要求进行排流设施的实施安装，满足直流杂散电流治理国家标准要求。

继续完善阴极保护系统，实现数据远传、集成和分析；委托专业机构进行阴极保护系统维护及数据采集对比等，及时发现管道保护的缺陷点并进行消缺，使得管道始终处于良好的保护状态。

4 结论与建议

（1）失效管道的材料成分、屈服强度和抗拉强度等指标符合标准要求。

（2）管道发生失效的主要原因为：管道涂层可能在外部环境作用下发生破损；在杂散电流干扰的影响下，涂层破损处管道发生局部腐蚀穿孔。

（3）对杂散电流干扰明显的区域采取合理排流措施，降低杂散电流对腐蚀的影响。加强阴极保护的有效性和阳极损耗情况的检查维护，确保管道处于有效保护。

（4）加强监检测，及时发现涂层破损、腐蚀或杂散电流变化情况，并采取合理的应对措施。

（5）跟踪周边市政基础设施建设，及时发现和处理对管道产生不利影响的相关因素。

（6）适当限制高架桥匝道的重型车辆。

（7）有条件时对成品油管道开展全面检测。

参 考 文 献

[1] 张本同. 天然气长输管道腐蚀及防护研究[J]. 山东化工，2017（46）：134-135.

[2] 郭有志. 油气长输管道杂散电流干扰腐蚀与防护措施[J]. 全面腐蚀与控制，2019，33（5）：22-23.

作者简介：王江强（1978—），男，2000 年毕业于上海交通大学，学士学位，现工作于中国石化青岛石油化工有限责任公司，高级工程师。

海洋环境油田管道典型腐蚀机理研究及对策

龚 俊 郝明辉 陈 亮 许钦伟

(中国石油化工股份有限公司胜利油田分公司)

摘 要 油田流体主要依靠管道运输，海上油气管线多数裸露在潮湿盐雾环境中、陆地油气管道多数铺设于地下，特别集输各站库建站时间较早，且地处复杂土壤及盐雾环境，造成管道不同程度腐蚀损伤；管道腐蚀轻则导致管壁变薄、油气泄漏，重则导致管道失效，随着管线使用时间不断增长，管线的薄弱部位逐渐增大，导致油气泄漏风险逐渐增大，本文通过剖析油田油气储运管道典型腐蚀问题，基于泄漏风险从井口采出液-陆地集输站库全面分析管线腐蚀原因，结合现场管理经验从管道及附件防腐、管材选择、管线内腐蚀监测、埋地管道腐蚀检测、日常监控、应急处置等方面提出了基于管道泄漏风险控制的全过程防控措施，最大限度地降低泄漏风险，保证油气储运的全过程安全运行。

关键词 管道泄漏；风险控制；腐蚀检测

海洋采油厂负责中石化渤海区域海上油田的开发，采用海上平台+海底管道+陆岸终端的集输模式，自1994年建厂以来，已建成上百座海上平台、海底管道及5座陆岸终端，海上及陆岸终端的油气管线多数裸露在潮湿盐雾环境中或地处复杂土壤中，随着管线使用时间不断增长，管线的薄弱部位逐渐增加，油气泄漏风险逐渐增大，特别是伴随着不同腐蚀介质原油的采出，管线逐渐出现内腐蚀的情况。

本文通过剖析油田油气储运管道典型腐蚀问题，基于泄漏风险从井口采出液-陆地集输站库全面分析管线腐蚀原因，结合现场管理经验从管道及附件防腐、管材选择、管线内腐蚀监测、埋地管道腐蚀检测、日常监控、应急处置等方面提出了基于管道泄漏风险控制的全过程防控措施，最大限度地降低泄漏风险，保证油气储运的全过程安全运行。

1 腐蚀机理研究

1.1 地面流程内腐蚀机理分析

根据水分析资料，采出液氯离子含量呈逐年上升趋势，部分油井氯离子含量逐渐上升至10000mg/L左右，管柱穿孔、油嘴套、油嘴丝堵腐蚀加剧，2019开始地面流程腐蚀穿孔开始频繁出现。平台管线腐蚀情况统计见表1。

表1 平台管线腐蚀情况统计

平台	腐蚀部位	使用年限/a	材质	壁厚/mm	备注
X131	油嘴套	1	镀渗钨		丝扣处腐蚀
	地面流程立管	3	20#碳钢	6	减薄3mm
X132	油嘴套	1	镀渗钨		丝扣处腐蚀
	立管流程	3	20#碳钢	7.6	
	工艺混输管线弯头	3	20#碳钢	6	减薄2.8mm
X133	油嘴套	1	镀渗钨		丝扣处腐蚀

管线内气体组分检测发现 CO_2 含量在 $0.3\% \sim 1.6\%$（图1）。对管线外层膜剥落样品进行 SEM 及 EDS 分析（图2），发现胶泥状腐蚀产物（位置 A）Fe：O 约为 1：3；针状腐蚀产物（位置 B）和颗粒状腐蚀产物（位置 C）Fe：O 约为 2：3，结合 XRD 分析胶泥状腐蚀产物为 $FeCO_3$，针状腐蚀产物和颗粒状腐蚀产物为 Fe 的氧化物。

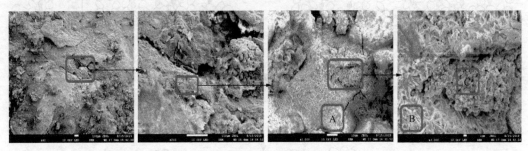

图1　扫描电镜图

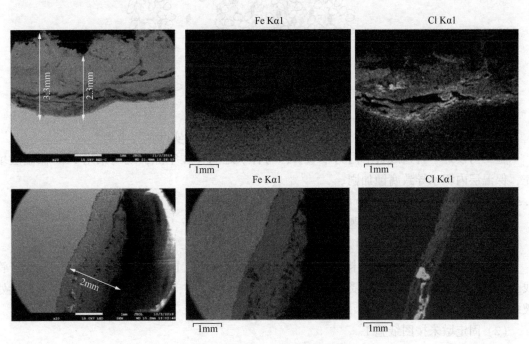

图2　输油流程 SEM 及 EDS 分析

结合 SEM 及 EDS 分析结果判断 CO_2 腐蚀及高含量的氯离子形成的局部点蚀是导致腐蚀的物性原因。

首先在 CO_2 腐蚀形成的轻微腐蚀膜（$FeCO_3$），高含量的氯离子在高温环境下出现的局部点蚀是地面管线腐蚀的主要因素，Cl^- 半径小，穿透能力强，最易通过腐蚀产物之间的孔隙到达金属表面，并与金属相互作用形成可溶性化合物，破坏腐蚀产物膜的完整性，形成点蚀或坑蚀。腐蚀坑中 Cl 元素富集，pH 降低，构成腐蚀原电池，促进局部腐蚀发展，最终造成腐蚀穿孔，如图3所示。

1.2　登陆点管线腐蚀机理分析

登陆点设计锚固件标高位于潮差区，位置过低，易造成腐蚀。

单壁管位置位于 $50 \sim 100 \mathrm{kg}$ 抛石区，易受到潮气侵蚀。

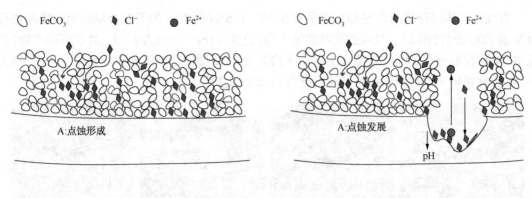

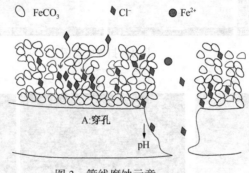

图3　管线腐蚀示意

施工锚固件位置与设计不符，锚固件设计在管卡上方，实际在管卡下方。

施工与设计不符造成管卡内为单壁管，与管卡之间存在空隙，现场采用PEF保温层填充，保温层内积水导致腐蚀加剧。

1.3 站外埋地管线腐蚀机理分析

固定墩设计及施工质量问题如下。

（1）固定墩内原油管线焊接管卡

在管线热伸缩时，管线管卡处上、下部受力不同，管卡上部与管线焊接处受力远大于管线全包覆在固定墩中管卡时的受力，造成管卡上部应力集中，导致管线防腐层破损及焊接处破裂，管线产生腐蚀。

（2）固定墩未按图纸施工

原设计固定墩全包覆管线，实际管线上半部分被固定墩包覆，下半部分接触土壤，2种介质的氧含量不同易形成氧浓差电池，由于固定墩中的氧含量低于土壤，被固定墩包覆的管道上半部分为阳极，更容易产生腐蚀。

（3）管卡处防腐层被破坏

管卡处的焊接对管线防腐层产生破坏，施工时应做好破损处防腐层的修复。若施工质量不达标，管线与管卡焊接处防腐质量差，也会造成管线腐蚀渗漏。

管线焊口防腐问题如下：

管线焊口位置采用简单的沥青+玻璃丝布方式，长时间运行管线防腐层破损，管线受土壤腐蚀造成穿孔。

管线弯曲形变段受流体冲刷造成局部点蚀。

流体经过管线弯曲变形位置时受管线弯曲影响流动方向变化、水流的绕流使流线急剧弯曲，管线底部中心线流速最快的点位长时间受到剧烈冲刷穿孔。

第三方施工破坏：

管线所处区域第三方施工较多，监控手段有限，管线被第三方施工破坏严重。

1.4 站内管线腐蚀机理分析

防腐层设计不合理。站内管线的腐蚀穿孔位置大部分位于埋地管道，最初设计时埋地管段仅使用沥青漆防腐，对管道防护作用有限，沥青漆长期在土壤中长时间自然老化，防腐层破损导致管线腐蚀穿孔。

2 油气管线腐蚀原因分析

结合管线腐蚀原因，从陆地管线的设计、施工、管理及日常维护 3 个环节，识别出管线运行风险 12 项。

2.1 设计原因

（1）产品质量不合格

管线选材检验、装卸、运输、保管等环节设计、监督不到位，管线在施工前就可能造成破坏，影响后期运行，存在腐蚀渗漏的风险。

（2）防腐工艺不合适

不同的管线安装位置对管线的腐蚀强度不同，特别是站内埋地管线一般距离短、阀门弯头等管件多，多采用光管现场焊接后在进行防腐层的手工施工，质量一般不易保证，因此更需要加强防腐等级。

（3）布设位置不合理

管线的路由不当容易导致管线长期运行中受地质条件、第三方施工等的影响，造成管线破坏甚至渗漏。特别是缓冲时间短、输送介质危害性较大的管线布设位置更要慎之又慎。

2.2 施工原因

（1）焊接质量不到位造成管线腐蚀。

（2）保温防腐不到位造成管线腐蚀。

（3）固定墩安装不到位，管线振动磨损防腐层。

（4）管线布设角度不合理造成流体冲刷。

2.3 使用原因

（1）管线标示不全

管线标示不全第三方施工时无法及时发现管线，会造成破坏，发生原油、天然气泄漏事故。

（2）巡护不到位

未按照要求进行巡护，管线技术巡护手段不健全，第三方破坏严重。

（3）管线检测不到位

管线检测不到位，无法及时发现并评价管线的运行状况，会造成管线标示缺少、腐蚀加剧，管线受到破坏，发生原油、天然气泄漏事故。

（4）泄漏监控、处置不到位

泄漏检测手段不健全，无联锁关断管道程序，无联合应急处置机制。

（5）埋地管线涉水、裸露

管线涉水、悬空造成管线腐蚀加剧、悬空段应力加剧，管线发生原油、天然气泄漏的事故概率增加。

3 全面加强管线管控措施

3.1 管线选材

试验条件：模拟地面管线工况，温度为 58～64℃，压力为 0.9～1.2MPa，CO_2 分压为 0.02，Cl^- 含量为 4000×10^{-6}～20000×10^{-6}，流速为 0.83～1.24m/s。

参选管材：$20^{\#}$、Q235B（A3）、Q345（16Mn）、X56。

试验周期：反应釜内 120h。

试验结论：Q345 具有较好的耐腐蚀性。

不同材质管线腐蚀速率如图 4 所示。

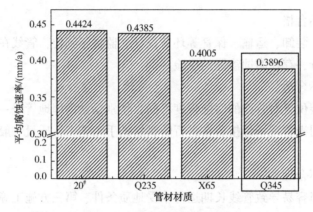

图 4 不同材质管线腐蚀速率

3.2 缓蚀剂筛选

根据腐蚀原因和现场情况，准备 4 个主要针对高二氧化碳和高氯盐腐蚀的缓蚀剂样品，以挑选最适合的缓蚀剂类型，样品代码为：KD-1、KD-2、KD-3、KD-4、KD-2 缓蚀率最高，均达到 80% 以上，是理想的缓蚀剂样品，见表 2。

表 2 缓蚀剂选型

水样	缓蚀剂	试验前质量	试验后质量	腐蚀减重	点蚀情况	缓蚀率/%
KD-A	空白	10.2735	10.2674	0.0061	轻微	
	KD-1	10.3604	10.3585	0.0019	无	68.80
	KD-2	10.5241	10.5229	0.0012	无	80.30
	KD-3	10.4231	10.421	0.0021	无	65.50
	KD-4	10.4094	10.4052	0.0042	无	31.10
KD-B	空白	10.2207	10.2114	0.0093	轻微	
	KD-1	10.2784	10.2734	0.005	无	46.20
	KD-2	10.4688	10.4669	0.0019	无	79.50
	KD-3	10.4224	10.4203	0.0021	无	77.40
	KD-4	10.4386	10.433	0.0056	无	39.70

水样	缓蚀剂	试验前质量	试验后质量	腐蚀减重	点蚀情况	缓蚀率/%
KD-C	空白	10.4248	10.4157	0.0091	轻微	
	KD-1	10.3837	10.3815	0.0022	无	75.80
	KD-2	10.2486	10.2473	0.0013	无	85.70
	KD-3	10.2975	10.2949	0.0026	无	71.40
	KD-4	10.5832	10.5794	0.0038	无	58.20
KD-D	空白	10.2874	10.2772	0.0102	轻微	
	KD-1	10.5342	10.528	0.0062	无	39.20
	KD-2	10.3954	10.3937	0.0017	无	83.30
	KD-3	10.4321	10.4292	0.0029	无	71.50
	KD-4	10.7683	10.7641	0.0042	轻微	58.80

3.3 全流程布设腐蚀挂片

在海上平台地面流程、陆岸终端加装腐蚀挂品，实现了全流程腐蚀速率的检测。

3.4 海管登陆点措施

（1）从锚固件到弯头上方壁厚大于 11mm 处紧贴内管焊接套管。

（2）从锚固件开始焊接套管直至海堤路向海一侧。

（3）从锚固件开始整体浇筑混凝土，避免潮气浸入。

3.5 站外管线管控措施

（1）站外输油管线配套泄漏监控系统。

（2）站外管线配套视频监控系统。

（3）优化固定墩设计。

将单管设置管卡浇筑在固定墩内的做法优化为管线加装套管，黏弹体加强防腐后整体浇筑在固定墩内，如图 5、图 6 所示。

（4）站外埋地管线检测与腐蚀点治理

每年对站外输油管线全面检测，对管线破损点进行治理，结合管线破损点情况制定管控措施。

（5）完善管线标志桩及防护措施

每条管线的标识桩及固定墩的标志桩全部完善，管线跨排涝沟下方水域两侧布设围油栏。

3.6 站内流程采取措施

组织站内流程更换，埋地管线及入土段管线全部更换使用黄夹克防护，对管线焊口全部使用缠绕热缩带并使用专用热缩套补口，保证焊口防护到位。

3.7 完善管线修复技术

采用高性能的碳纤维配套树脂浸渍胶黏结于已用金属修补剂+玻璃丝布修复的管体表面，利用碳纤维材料良好的抗拉强度，达到增强构件承载能力及强度的目的。

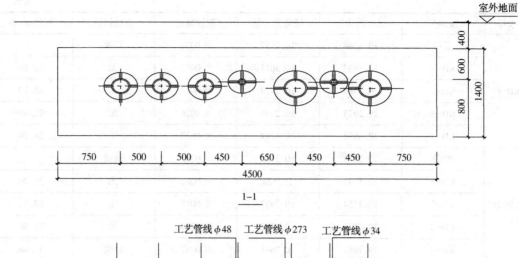

1-1

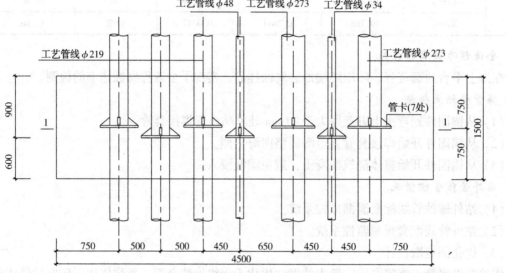

工艺管线 φ48　工艺管线 φ273　工艺管线 φ34

工艺管线 φ219

工艺管线 φ273

管卡(7处)

图 5　固定墩原设计方案

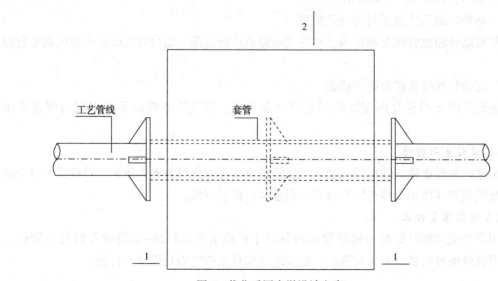

工艺管线

套管

图 6　优化后固定墩设计方案

4 结论

通过以上一系列的管控措施，管线腐蚀泄漏情况明显减少，但随着运行年限增长，管线受内外腐蚀、第三方破坏、地质灾害破坏的情况仍然不容忽视，如何提高管线的完整性管理水平，成为亟待解决的问题。未来我们将进一步根据实际情况完善管道完整性管理措施，细化高风险管段，识别出管道的危害因素及其可能产生的不利后果，丰富管线腐蚀检测技术手段及防护措施，确保管线风险受控。

参 考 文 献

[1] 张江江，张志宏，羊东明，等. 油气田地面集输碳钢管线内腐蚀检测技术应用[J]. 材料导报，2012，26(增刊2)：118-123.

[2] 王立超. 油田地面集输管道腐蚀穿孔风险探讨[J]. 全面腐蚀控制，2021(4)：83-84.

关于石家庄炼化分公司加工高硫原油腐蚀与防护

许改娜

（中国石化石家庄炼化分公司）

摘 要 对 1#、2#常减压装置进行了材质升级改造，本文对各套装置加工高硫原油过程中的情况进行了总结分析，并利用 RSIM 测算总硫 1.8%硫平衡。结果表明：原油硫含量提至 1.8%，无瓶颈问题，2 套硫黄负荷在 83.4%，处理能力满足要求，为公司加工高硫原油可行性提供依据。

关键词 原油；硫含量；腐蚀；防腐

1 概述

随着全世界轻质低硫原油可供选择数量的逐渐减少，世界上含硫和高硫原油产量已占世界原油总产量的75%以上，原油劣质化已成为炼油企业必须面临的紧迫问题。加工高硫原油可以降低炼油成本，是炼化企业盈利的重要途径之一。对于石家庄炼化分公司而言，加工高硫原油无疑是一项重大的战略举措，是企业发展的战略要求和必然选择。但是，加工高硫原油后，装置出现了严重的腐蚀问题，企业面临着重大而又紧迫的腐蚀防控任务。针对装置存在的薄弱部位，多手段、多领域、多专业联手制定有效的预防措施，以应对长期加工高硫重质原油和高负荷生产带来的安全隐患，保证完成总部下达的年度目标任务。

现有 2 套 500 万 t/a 常减压装置，1#常减压原设防值为硫含量 1.5%、酸值 1.0mgKOH/g，2#常减压原设防值为硫含量 1.5%、酸值 0.5mgKOH/g。2017 年利用全厂大检修的机会对 1#、2#常减压装置进行了材质升级改造，并于同年 12 月委托青岛安全工程研究院对 1#、2#常减压、1#、3#催化裂化、焦化、2#、3#汽柴油加氢、航煤加氢、蜡油加氢、渣油加氢等 10 套装置进行了全流程评估，管道材质满足原油硫含量不大于 3.0%的要求。基于此，可加工原油硫含量不大于 2.5%的原油。

针对加工高硫原油方案，利用 RSIM 软件进行测算（表 1），从原油总硫 1.8%硫平衡测算结果可以看出，原油硫含量提至 1.8%，无瓶颈问题，2 套硫黄负荷在 83.4%，处理能力满足要求，为公司加工高硫原油可行性提供依据。

表 1 RSIM 测算结果

		流量/（t/h）	硫含量/%	总硫
1#常减压	初常顶瓦斯	1.73	0.63	0.01
	含硫污水	13.50	0.12	0.02
2#常减压	常顶瓦斯	2.00	0.39	0.01
	常顶含硫污水	8.00	0.08	0.01
	减顶含硫污水	7.00	0.12	0.01

		流量/(t/h)	硫含量/%	总硫
渣油加氢	分馏塔顶气	4.79	9.65	0.46
	低分气	1.28	18.29	0.23
	循环氢	214520.00	7.14	4.41
	含硫水-反应	30.00	0.71	0.21
	含硫水-分馏	2.00	1.98	0.04
蜡油加氢	分馏塔顶气	1.03	13.21	0.14
	低分气	1.23	5.24	0.06
	循环氢	95000.00	8.94	2.45
	反应含硫水	17.13	0.67	0.11
	分馏含硫水	1.50	1.41	0.02
焦化	焦化干气	4.54	14.50	0.66
	焦化液化气	1.88	3.44	0.06
	含硫污水	5.00	0.83	0.04
1#催化	干气	0.35	4.15	0.01
	液化气	0.14	0.28	0.00
	含硫污水	0.08	0.15	0.00
3#催化	干气	0.25	3.08	0.01
	液化气	0.16	0.37	0.00
	含硫污水	0.07	0.15	0.00
100万加氢	塔顶气	0.37	10.88	0.04
	低分气	0.08	8.89	0.01
	分馏硫污水	0.00	0.03	0.00
	低分硫污水	0.07	0.29	0.00
260万加氢	塔顶气	0.34	15.07	0.05
	低分气	12200.00	29.21	0.71
	分馏含硫污水	1.20	2.11	0.03
	低分含硫污水	6.15	1.27	0.08
SZORB	再生干气	680.00	57142.86	0.02
连续重整	分液罐D102	0.07	48.41	0.03
	蒸发塔顶气	0.24	80.28	0.19
	拔头油顶气	0.74	13.09	0.10
	含硫污水			
航煤加氢	干气	0.27	16.35	0.04
	酸性气	0.06	17.60	0.01
	石脑油	0.50	1.56	0.01
轻烃回收	脱前干气	2.49	39.00	0.97
	脱前液化气	5.95	5.21	0.31

按照硫黄装置加工能力，高低硫价差走势，按分步实施适当提升的方案，初步将硫含量提升至1.8%运行，为做好高硫油加工方案，通过调整高低硫配输比例，入厂原油硫含量缓慢提高，1-3月硫含量达到1.7%~1.75%，装置运行平稳。2019年1-4月，管输原油硫含量及酸值如图1所示。

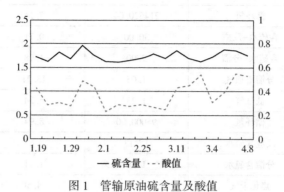

图1　管输原油硫含量及酸值

2　防腐措施

2.1　工艺防腐

工艺防腐主要是对三注一脱的过程控制，原料馏程要严格按照设计指标控制，尤其是原料的硫含量、氮含量、氯含量和金属含量必须控制在设计值范围内，各根据实际情况建立腐蚀监检测系统，保证生产的安全运行。

(1)注中和剂：注中和剂来调节pH值5.5~7.5，且按靠近上限控制。

(2)注缓蚀剂及中和缓蚀剂：适当调整缓蚀剂用量，保证铁离子腐蚀合格；及时检查中和缓蚀剂的配比浓度是否符合要求；检查中和缓蚀剂和高温缓蚀剂的注入量是否达到要求，最大限度降低腐蚀。

(3)注水：检查塔顶注水情况是否正常；检查塔顶温度在换热器后温度是否高于露点温度；针对变化情况进行相应调整。

(4)电脱盐部分：了解原油情况，按指标控制注水水质，根据实际情况适当调整注破乳剂量，查看现场电脱盐排水情况、现场电流电压，适当调整电脱盐水界位及注水量，保证水界位不超过控制要求，适当增加或减小压降。

2.2　设备防腐

根据公司加工高硫原油的需要及青岛安全工程研究院的设防值评估报告，我公司针对薄弱环节，制定了更加详细全面的腐蚀监测计划如表2所示，共计4555点。该测厚计划在加工高硫原油后分别按每月、每季度或每年执行1次，执行2次后根据实际情况进行调整。对腐蚀检查发现的问题逐项分析其腐蚀机理和产生的原因，同时制定解决方案并落实，保障装置在下一个周期安全运行。

公司组织有关部门对设备腐蚀进行专项检查。另外，对保温破损或年限较长细小管线及细小管线支架等易积水的部位，以及对局部流速过快部位进行腐蚀专项调查，通过局部拆除保温层，检查细小管线的外腐蚀情况并进行测厚检测，及时发现减薄隐患，采取预防措施；对于循环水流速低进行了流量检测，避免由于流速过低造成管束结垢。对重点设备进行特殊防护，如加氢裂化装原料氮离子长期持续超标，为预防铵盐结晶造成反应流出物高压换热器及高压空冷等重要设备结垢腐泄漏，加强高压注水水质和频次等工艺防腐拙施管理，实时监控铵盐冲洗效果及设备管线结垢腐情况，及时调整工艺防腐措施，降低重要设备腐蚀风险。

表2 腐蚀检测计划

	设备管线名称	测厚点数	测厚周期
1#常减压	初底油线 G1084	100	季度
	初底油线 P-G1092	100	季度
	减二线及减一中线 G1324	100	季度
	减二线	100	季度
	减二中线	100	季度
	原油-减三线换热器	64	季度
	原油-常二中换热器	16	季度
焦化	重蜡油循环-原料换热器	32	季度
	蜡油+循环-原料换热器	16	季度
	接触冷却塔	10	季度
	冷却塔底过滤器	10	季度
	油气线	300	季度
	重蜡油线	200	季度
	凝缩油线	20	季度
	焦化油线	30	季度
	原料油线	20	季度
	减压渣油线	30	季度
	蜡油线	100	季度
1#催化	回炼油罐容-203	10	季度
	循环油浆蒸汽发生器	32	季度
	循环油浆-原料油	32	季度
	回炼油线	200	季度
	油浆线	200	季度
	容601	70	季度
	容602	70	季度
2#常减压	闪顶线	3	半年
	闪底线	101	半年
	常顶线	264	季度
	常二中	24	季度
	常三线	27	季度
	常四线	11	季度
	常渣线	85	季度
	减顶线	151	季度
	减二线	18	半年
	减三线	109	季度

设备管线名称		测厚点数	测厚周期
2#常减压	减四线	56	季度
	减渣线	94	季度
	轻烃来料线	30	季度
	干气线	16	季度
	液化气线	48	季度
	设备薄弱部位	50	季度
	烟囱	77	半年
3#催化	顶循	152	半年
	油浆	131	半年
	液化气	71	半年
	回炼油	111	半年
	富胺液	58	半年
	酸性气	31	半年
	干气	34	半年
	含硫污水外送	59	半年
	富气线	59	半年
	油气管线	704	半年
连续重整	蒸发塔顶冷凝系统管道	实时	1个月
	分离料斗氯吸附区出入口管线	实时	1个月
	再生器氯化段	实时	1个月
蜡油加氢	冷低压分离器酸性水管道	实时	1个月
	分馏塔塔顶空冷后管道	实时	1个月
	反应进料壳程原料入口前管线	实时	1个月
	反应物高压空冷器入口管道	实时	1个月
	反应物高压空冷器出口管道	实时	1个月
	热低分气空冷器出口管道	实时	1个月
	分馏塔塔顶回流罐出口酸性气线	实时	1个月
渣油加氢	E102 壳程入口管线	实时	1个月
	高压空冷器出口90°弯头	实时	1个月
	高压空冷器弯头 B 出口	实时	1个月
	C101 塔底出口线总管弯头处	实时	1个月
	E208 出口管道	实时	1个月
	E203B 管程出口位置	实时	1个月
	D105 底出口线总管弯头处	实时	1个月
	热低分空冷器出口管道	实时	1个月
	分馏塔顶空冷器出口管道	实时	1个月
共计		4555	

3 腐蚀检测情况

近期对原油一、二次加工装置,易腐蚀减薄点进行全面检测,共计1228点,最大腐蚀速率为0.29mm/a,不超控制指标为0.38mm/a(青岛安全工程研究院控制指标),见表3。

表3 腐蚀速率监测

序号	装置名称	测厚部位	材质	测厚点数	最大腐蚀速率/(mm/a)
1	1#常减压	常顶线	20#	141	0.29
2	1#常减压	初顶线	20#	51	0.17
3	1#常减压	减顶线	20#	33	0.11
4	1#常减压	减二中线	20#	12	0.06
5	1#常减压	初底油	20#	21	0.04
6	1#常减压	减二及减一中线	20#	12	0.02
7	1#常减压	减二线	20#	12	0.1
8	焦化	原料线	20#	28	0.19
9	焦化	油气线	1Cr5Mo	28	0.2
10	焦化	凝缩油线	1Cr5Mo	25	0.21
11	焦化	接触冷却塔塔5出入线	1Cr5Mo	16	0.1
12	焦化	油气线	1Cr5Mo	28	0.2
13	1#催化	回炼油罐	20#	10	0.01
14	1#催化	循环油浆蒸汽发生器	20#	32	0.08
15	1#催化	循环油浆-原料油	20#	32	0.13
16	1#催化	回炼油线	20#	200	0.11
17	1#催化	油浆线	20#	200	0.11
18	1#催化	容601炉水	20#	70	0.09
19	1#催化	容602炉水	20#	70	0.11
20	2#常减压	常顶线	双相钢	101	0.01~0.29
21	2#常减压	常二中	1Cr5Mo、20#	17	0.05~0.36
22	2#常减压	常三线	1Cr5Mo、20#	6	0.15~0.20
23	2#常减压	减顶线	20#	3	0.35
24	2#常减压	减二线	Cr5Mo	3	0.36
25	2#常减压	减三线	321/316L	22	0.12~0.32
26	2#常减压	减渣线	321/1Cr5Mo/20#	6	0.05~0.21
27	2#常减压	轻烃来料线	20#抗硫	9	0.03~0.33
28	2#常减压	液化气线	20#/20#抗硫	21	0.12~0.48
29	连续重整	冷凝系统空冷器后管道	20#	实时	0.11
30	连续重整	分离料斗氯吸附区出入口管线	316L	实时	0.04
31	连续重整	再生器氯化段	316L	实时	0.01

序号	装置名称	测厚部位	材质	测厚点数	最大腐蚀速率/（mm/a）
32	蜡油加氢	反应进料壳程管线	A106 Cr. B	实时	0.1
33	蜡油加氢	反应物冷却系统入口管道	A106 Cr. B	实时	0.09
34	蜡油加氢	反应物冷却系统出口管道	A106 Cr. B	实时	0.12
35	蜡油加氢	热低分气空冷器出口管道	20#	实时	0.01
36	蜡油加氢	分馏塔塔顶出口酸性气线	20#	实时	0.08
37	渣油加氢	反应进料壳程入口管线	1.25Cr1Mo	实时	0.13
38	渣油加氢	高压空冷器出口90°弯头	A106 Cr. B	实时	0.11
39	渣油加氢	高压空冷器弯头B出口	A106 Cr. B	实时	0.11
40	渣油加氢	C101塔底出口线总管弯头处	A106 Cr. B	实时	0.09
41	渣油加氢	E208出口管道	20#	实时	0.11
42	渣油加氢	E203B管程出口位置	A106 Cr. B	实时	0.03
43	渣油加氢	D105底出口线总管弯头处	A106 Cr. B	实时	0.08
44	蜡油加氢	冷低压分离器酸性水管道	20#	实时	0.0841
45	蜡油加氢	分馏塔塔顶空冷后管道	20#	实时	0.0573
46	渣油加氢	热低分空冷器出口管道	20#	实时	0.0711
47	渣油加氢	分馏塔顶空冷器出口管道	20#	实时	0.0563

4　硫提升后产品质量情况

4.1　常减压常顶、减顶含硫污水控制情况

1#、2#常减压常顶、减顶含硫污水采样分析，1—3月与2018年10—12月对比，不合格率分别下降60%和25%。硫含量变化对1#、2#常减压常顶、减顶含硫污水无明显影响。

采取措施：及时收集、分析各项指标数据，适当调节塔顶三剂用量，保证各项分析指标合格；尤其要关注原油每次换罐时原油的硫含量，如果原油中硫含量增加较多时，可预先增加塔顶三注包括缓蚀剂的注入量，再根据分析项目调整注入量。

4.2　焦化干气脱后硫含量情况

焦化1—3月系统干气脱后总硫偶有超标，气相硫化氢无超标，与2018年10—12月对比情况基本持平，硫含量变化对焦化干气脱后硫含量无明显影响。

采取措施：及时收集、分析各项指标数据，通过提高溶剂循环量，确保脱后合格。

硫含量缓慢提升过程，对1#、3#催化裂化、连续重整、蜡油加氢、渣油加氢共5套装置无影响。

5　讨论及总结

2017年对1#、2#常减压装置进行材质升级改造后，加工硫含量1.8%原油进行总结如下：

（1）采用"三注一脱"和设备防腐等措施，减缓腐蚀速率。

（2）我公司对原油一、二次加工装置，易腐蚀减薄点进行全面检测，并组织现场专项检查，排除隐患，保证装置安全平稳运行。

（3）硫含量变化对 1#、2#常减压常顶、减顶含硫污水及焦化干气脱后硫含量无明显影响。

在目前工艺条件下，加工高硫原油，无瓶颈问题，运行正常。

参 考 文 献

[1] 张树萍. 加工高硫原油设备防腐管理经验[J]. 腐蚀研究，2015(10)：67-69.
[2] 胡洋，薛光亭，付士义. 常减压装置低温部位的腐蚀与防护[J]. 腐蚀与防护，2006，27(6)：308-310，314.

作者简介：许改娜（1983—），女，毕业于内蒙古工业大学，现工作于中国石化石家庄炼化分公司。

加氢裂化装置高压空冷故障分析

那 晶

(中国石化上海高桥石油化工有限公司)

摘 要 通过对热高分空冷器泄漏的调查，宏观检查、金相、硬度、扫描电镜等方式对泄漏部位和周边单管及管板进行检查分析，确定了空冷器泄漏的原因，维护了加氢裂化碳钢高压空冷检修策略的正确性，并根据实验结果对设备制造提出了进一步的要求，保障装置的长周期安全平稳运行。

关键词 焊接硬度；马氏体组织；硫化物应力腐蚀开裂；腐蚀穿孔

1 高压空冷概况

上海高桥石油化工有限公司炼油二部 140 万 t/a 加氢裂化装置由中国石化工程有限公司设计，采用中国石油化工集团公司抚顺石油化工科学研究院(FRIPP)开发的双剂串联一次通过的加氢裂化工艺，于 2004 年 8 月建成中交，2004 年 10 月投产。

热高分气空冷器(A-3101)共 8 台，为鼓风式水平管束，丝堵式管箱，空冷管束具体型号如下：GP9×3-6-188-16.7S-23.4/DR-Ⅱ。空冷管束采用双金属轧制翅片(规格：$\phi57/\phi25×9000$)，基管规格为 $\phi25×3$，材质为 $10^\#$，管箱材质为 16MnR(HIC)，进出口管口内衬 316 材质($\phi19×0.75×300$)。2014 年 9 月检修管束全部进行预防性更新，生产厂家为哈尔滨空调股份有限公司。

热高分气空冷器(A-3101)从 2004 年 10 月装置投产到 2021 年 8 月运行正常，未发生泄漏。公司加氢裂化碳钢高压空冷检修策略为每 2 个周期更换，2021 大修中 8 片高压空冷计划全部更新，目前哈尔滨空调股份有限公司正在制造中。

2 故障背景

2021 年 8 月 3 日 13：50 时加氢裂化装置高压空冷器(A-3101)西面第三片自由端管箱处有油气泄漏，见图 1，经公司相关部门现场确认决定装置切断进料进行处置。装置使用高纯氮进行反应系统氮气置换，对高压空冷器(A-3101)西面第三片进行拆除作业，并对进出法兰加装盲法兰，8 月 5 日 12：38 开启循环机 K3102 开工，8 月 6 日 13：48 装置进料正常。

对切割完成的高压空冷器泄漏位置观察发现，漏点位置管子与管箱接触周围腐蚀产物较其他未泄漏位置多，详细见图 2、图 3。对泄漏位置管道的标记为第 3 排右起第 1 根。

切割下来的高压空冷器整体形态如图 4 所示。

3 高压空冷器运行情况

加氢裂化装置第四周期运行为：2018 年 6 月 12 日开工，截至 2021 年 8 月 3 日有效作业天数为 1148d。本生产周期高压空冷相关运行情况如下。

图 1　A-3101/C 现场泄漏照片

图 2　泄漏部位腐蚀产物

图 3　泄漏部位腐蚀产物

图 4　切割下来的高压空冷器整体形态

3.1　装置进料情况

加氢裂化装置第四周期进料氮含量最高 1419mg/kg，最低 546.89mg/kg，平均含量为 1066.33mg/kg，未超过指标 1500mg/kg；硫含量最高 2.47%，最低 1.51%，平均含量为 2.02%，装置指标为 ≤2%，2021 年 5 月 19 日加工原料硫含量达到历史高值 2.47%（图 5）；氯含量最高 0.98mg/kg，最低 0.5mg/kg，平均含量为 0.64mg/kg，未超过指标 1mg/kg。

3.2　装置加工负荷情况

加氢裂化装置第四周期共加工原料减压蜡油 408.16 万 t，合 148t/h，达到设计负荷的 88.71%，2020 年初受疫情影响，装置处理量最低仅有 100t/h；2019 年 11 月装置达到满负荷 167t/h；2021 年，装置处理量在 155t/h 左右，达到 92.81% 的设计负荷。

3.3　装置循环氢脱硫系统运行情况和效果

装置循环氢脱硫塔使用本装置再生的胺液，但脱后循环氢硫化氢偏高，循环氢硫化氢平均浓度为 4713.17mg/m³（图 6）。

3.4　高压空冷器日常运行和监测情况

装置空冷注水使用除盐水和 0.35MPa 蒸汽冷凝水，共分 4 路进入高压空冷器入口各集合管，另有两路注入热高分气与循环氢换热器的前端，定期对换热器进行注水清盐。

装置每日组织巡检，对空冷各路进行测温，高压空冷器（A-3101C）日常巡检温度和邻近空冷温度偏差基本在正常范围内，处理量低于 120t/h 时会存在偏流，但均在第一时间通过调整分支注水量以解决偏流问题。日常巡检各支路出口温度进行现场测量，发现部分存在

A-3101 各片空冷出口温度偏差，及时调节注水量，将温差控制在 15℃ 内。

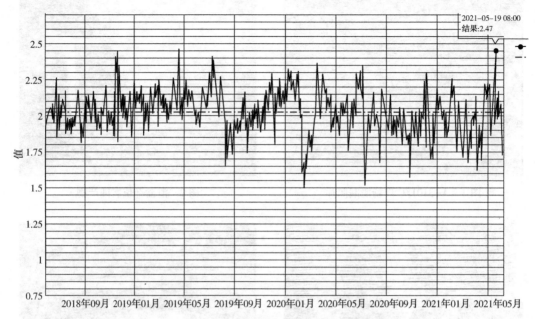

图 5　装置进料硫含量

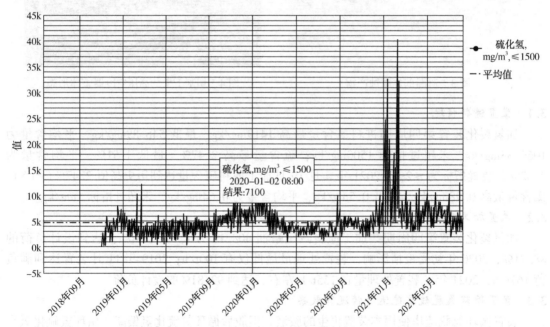

图 6　循环氢中硫化氢浓度

3.5　高压空冷器 KP 值、硫氢化铵浓度、流速计算情况

高压空冷器为碳钢材质，按照标准：高压空冷器 KP 值 ≤0.3；硫氢化铵浓度 ≤3%；流速为 3~6m/s。

2020 年初受疫情影响装置处理量仅为 100t/h，计算 KP 值为 0.024，硫氢化铵浓度为 1.988%，流速为 2.81m/s；2019 年 11 月装置进行满负荷标定，装置处理量为 167t/h，计算 KP 值为 0.098、硫氢化铵浓度为 3.57%、流速为 4.19m/s（标定阶段一方面负荷较高，另一方面原料氮含量也偏高，达到 0.12%，故酸性水中硫氢化铵浓度偏高)。标定后，处理量长期维持在 150~155t/h，氮含量在 0.1% 左右，酸性水中硫氢化铵浓度基本在 2.6%~2.8%；第四周期平均处理量仅为 148t/h，KP 值为 0.084，硫氢化铵浓度为 2.61%，流速为 3.85m/s。

3.6 高压空冷器历年检修和进出口管线壁厚检查监测情况

2010 年大修 A-3101 内窥镜检查，发现有部分结盐。2014 年大修 A3101 内窥镜检查结盐情况与 2010 年大修基本相似，检修中 8 台空冷管束预防性更换，进出口管线抽测，壁厚正常。

2018 年大修 A-3101 进出口管线抽测正常。本周期日常定点测厚和涡流扫查无异常。

3.7 目前 7 片高压空冷器运行工况情况

目前装置高压空冷器 A-3101 仅剩 7 片，换热面积减少为设计状态的 87.5%。装置处理量为 150t/h，处理负荷为 89.8%。高压空冷器注水控制将第二路注水(入第三、四片)流量降为原先的 1/2，在运行过程中观察使用，及时调节注水量。目前高压空冷器含硫污水硫氢化铵浓度为 3.24%，KP 值为 0.0622，空冷介质流速为 3.51m/s，均在正常范围内。

4 宏观分析

首先对失效的换热管部分管段进行切割，观察其内壁的腐蚀情况；内壁无严重腐蚀凹坑，对管板与换热管的连接处进行切割取样，剖开发现管板与换热管连接处从外壁腐蚀穿孔失效；然后对管板与换热管样品进行各个剖面的切割，观察其是否存在裂纹。

4.1 失效换热管内壁检查

失效换热管(远离管板)切割下来并剖开观察发现，失效换热管内表面(内壁)无明显的腐蚀凹坑、无均匀减薄现象，见图 7、图 8。

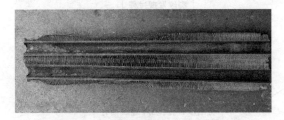 

图 7　靠近管板段泄漏换热管的剖开形貌　　　图 8　远离管板段泄漏换热管的剖开形貌

图 9　内壁形貌

4.2 失效换热管的内壁面检查

对管板与换热管的连接处进行剖开发现换热管从外壁腐蚀穿孔失效，此处剖开的换热管内壁存在轻微的腐蚀，但并没有减薄迹象，详细见图 9 内壁和图 10 外壁，从图 9 中可看出，泄漏出来的内部介质在空气中冷却结晶附着于管板与换热管的连接处，导致管板与换热管的连接处腐蚀严重。图 11 为泄漏对应管子管板侧形貌(有气孔)。

4.3 切割取样各个剖面

对失效管板侧着色探伤检测，没有发现明显异常(图 12)。沿气孔剖开发现其该气孔深度很浅，并没有和管子-管板缝隙联通，详见图 13。对取下来的样品进行平切割，发现新的裂纹，新的裂纹在焊缝表面的大致位置见图 14，平切割后试样的形貌图及切割取样过程见图 15。

图 10　失效换热管内外壁腐蚀宏观样貌

图 11　泄漏对应管子管板侧形貌（有气孔）

图 12　失效管子与管板焊取样

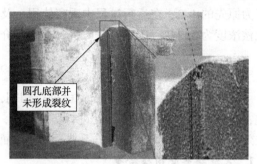

图 13　沿着焊缝表面的圆孔剖开样貌

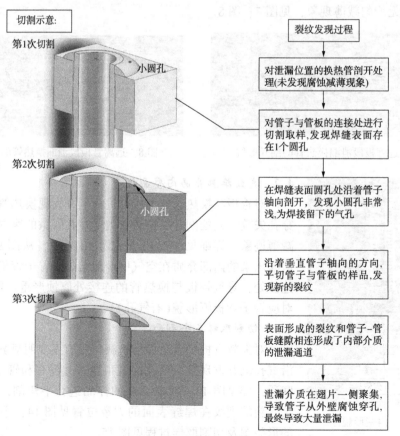

图 14　管板取样步骤

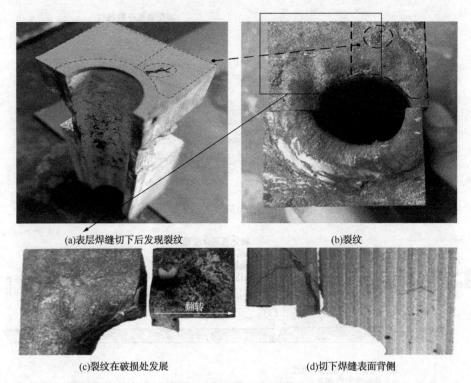

(a)表层焊缝切下后发现裂纹　　　　　　　　　　　(b)裂纹

(c)裂纹在破损处发展　　　　　　　　　　　(d)切下焊缝表面背侧

图15　平切割下来的试样

5　发生泄漏的过程分析

管箱与换热管的焊缝表面萌生了初始裂纹，裂纹的扩展最终与管子—管板缝隙相连，在高压情况下部分介质开始顺着细小的裂纹向管子—管板缝隙处缓慢泄漏，详见图16。此时由于泄漏的量很微量，不容易及时发现。内部介质沿着管子—管板缝隙最终泄漏到翅片一侧换热管与管箱接触处的表面，在空气中结晶形成了如图2、图3所示的腐蚀现象，即翅片一侧管子与管板接触处的四周存在一圈腐蚀产物。管子与管板处硫化氢氨腐蚀产物的聚集与硫化氢气体的共同作用(翅片一侧)导致换热管从外壁开始腐蚀，最终导致换热管在管板连接处腐蚀穿孔泄漏，发生如图1所示的泄漏现象，腐蚀穿孔泄漏示意见图16~图18。

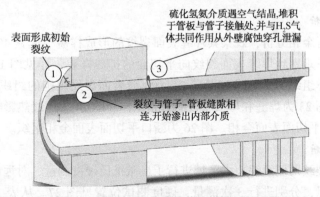

图16　沿着裂纹和胀接缝隙的缓慢泄漏过程

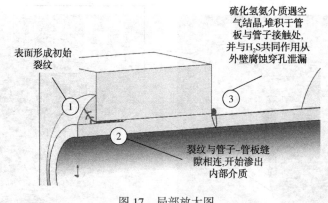

图 17　局部放大图

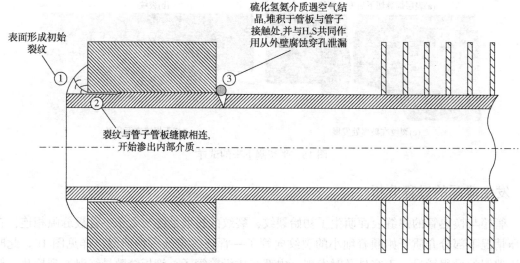

图 18　腐蚀产物的聚集最终导致管子外壁腐蚀穿孔失效

在管板表面上没有发现裂纹,可能原因是管板表面焊缝粗糙,同时表面裂纹很细,着色探伤没有发现;也有可能是在热影响区破损处起裂。

6　泄漏管金相、硬度和扫描电镜断口分析

6.1　泄漏管金相分析

对裂纹试样进行金相分析,观察其环缝表面裂纹的形成样貌。配置4%的硝酸酒精侵蚀剂进行侵蚀,光镜下观察到焊缝表面裂纹向平切面的扩展样貌,详见图19。侵蚀后在高倍下观察到少量贝氏体组织,详见图20。图21为焊缝表面裂纹周围的组织。图22为管子与管板角焊缝组织。图23为焊缝和母板管板的金相试样。图24为焊缝热影响区高倍下的金相组织。图25为断口平切面表面金相。图26为断口平切面表面金相组织。

6.2　失效管硬度分析

对断口平切面裂纹两侧组织粗大区域进行了显微维氏硬度测量,对远离裂纹区域也进行了显微维氏硬度测量,分别进行3次测量,硬度测试位置见图27。从表1中可以看出,裂纹两侧组织粗大区域的显微硬度约为408HV,换算成布氏硬度为394HBS;在远离裂纹的区域显微硬度约为263HV,换算成布式硬度为261HBS,焊缝及焊趾处的硬度均大于200HB。

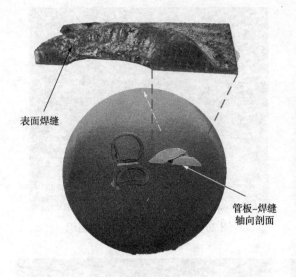

表面焊缝

管板-焊缝
轴向剖面

图19 表面焊缝金相试样

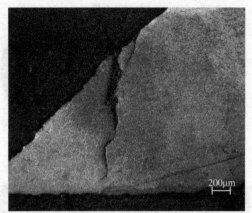

图20 焊缝表面裂纹的宏观形貌(50×)

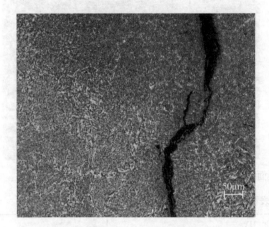

图21 焊缝表面裂纹周围的组织(200×)

图22 管子与管板角焊缝组织(200×)

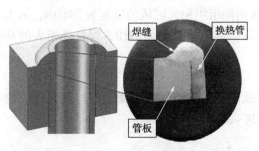

焊缝 换热管

管板

图23 焊缝和母材管板的金相试样

图24 焊缝热影响区高倍下的金相组织(200×)

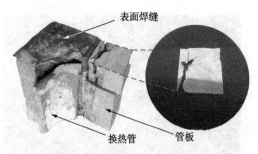

图 25　断口平切面表面金相

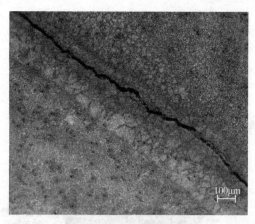

图 26　断口平切面表面金相组织

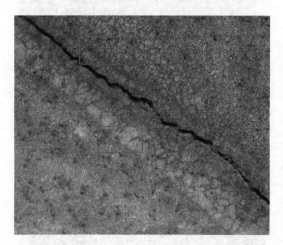

图 27　失效换热管表面硬度测试大致区域

表 1　失效换热管表面焊缝硬度测试

部位	硬度/HV			平均值
	1	2	3	
裂纹两侧组织粗大区域	391.3	406.9	425.9	408
远离裂纹区域	264.6	258.7	265.8	263

　　高压空冷器中的介质为硫化氢，而硫化物应力腐蚀开裂的控制因素之一是硬度不超过200HB，失效换热管 3-1 表面焊缝及焊趾处裂纹两侧组织粗大区域的硬度为 394HB，远大于低于 200HB 的控制要求，远离裂纹处其他均匀组织区域硬度为 261HB，焊趾处粗大的马氏体组织对硫化物应力腐蚀开裂最为敏感。

6.3　断口扫描电镜观察

　　SEM 电镜下观察断口形貌发现断口表面腐蚀严重，腐蚀凹坑聚集，断口表面腐蚀的严重程度与高压空冷器内硫化物介质相关，如图 28~图 30 所示。

6.4　断口表面腐蚀物 EDS 测试

　　对断口进行 EDS 测试半定量分析断口表面主要腐蚀物元素，详细测试结果见表 2，测试区域见图 31，断口表面的腐蚀物主要为硫化物。

表 2 断口表面 EDS 能谱测试

元　素	质量分数/%	元　素	质量分数/%
C	5.51	S	16.87
O	29.17	Fe	48.45

图 28　断口宏观形貌

图 29　断口表面腐蚀形貌

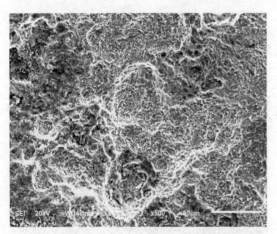

图 30　500 倍下断口表面腐蚀凹坑形貌

图 31　EDS 测试区域

6.5　管板及失效换热管焊缝的化学成分测试

化学成分测试中管板材料 16MnR 符合 GB 713—2008《锅炉和压力容器用钢板》的要求，见表 3。

表 3　管板 16MnR 化学成分测试结果

元　素	分析结果(质量分数)/%	GB 713—2008 规定
C	0.18	≤0.20
S	<0.005	≤0.015
Si	0.36	≤0.55
Mn	1.28	1.20~1.60
P	0.005	≤0.025

元　素	分析结果(质量分数)/%	GB 713—2008 规定
Cr	0.069	—
Ni	0.063	—
Cu	0.24	—

失效换热管表面焊缝的化学成分测试见表4。

表4　失效换热管表面焊缝的化学成分测试

元　素	分析结果(质量分数)/%	元　素	分析结果(质量分数)/%
C	0.087	P	0.008
S	<0.005	Cr	0.062
Si	0.23	Ni	0.032
Mn	0.68	Cu	0.063

7　其他管子金相和硬度测试

对出口的三排换热管焊缝处进行硬度测试，检查其是否也存在高硬度现象，主要测试的管子有 3-2、4-1 和 4-2。

7.1　管子3-2表面焊缝平切面硬度测试

细小裂纹两侧的金相见图32和图33，硬度测试结果见表5，其也存在一条细小的裂纹，裂纹两侧热影响区的硬度为315HV。对管子3-2试样其他位置进行硬度测试，测试位置见图34，测试结果见表6和表7，其他位置的硬度在250HV左右，整体来看管子3-2表面焊缝的硬度均超过200HV。管子3-2热影响区位置的硬度大于焊缝位置处的硬度，详细见表8。

图32　管子3-2细小裂纹处金相形貌

图33　管子3-2硬度测试位置组织形貌

表5　管子3-2细小裂纹两侧的硬度测试(热影响区)

测试位置	硬度/HV			平均值
	1	2	3	
裂纹一侧	306.3	318.7	321.9	315.6
裂纹另一侧	323.5	318.7	307.8	316.7

表6 管子3-2布氏硬度测试

测试位置	硬度/HB			平均值
	位置1/1'	位置2/2'	位置3/3'	
热影响区	199	199	214	204
焊缝	209	190	177	192

表7 管子3-2其他3个位置硬度的测量

测试位置	硬度/HV			平均值
	1	2	3	
区域1	236.8	225.0	226.0	229.3
区域2	272.0	281.0	269.5	274.2
区域3	254.1	241.0	239.9	245.0
区域4	255.2	245.2	285.0	261.8

表8 管子3-2热影响区与焊缝位置的硬度对比

测试位置	硬度/HV			平均值
	1	2	3	
热影响区	306.3	318.7	321.9	315.6
焊缝	236.8	225.0	226.0	229.3

7.2 管子1-1表面焊缝平切面硬度测试

管子1-1与管板连接处的焊缝平切面表面仍然存在裂纹，硬度部分区域也较高，详见图35和表9。

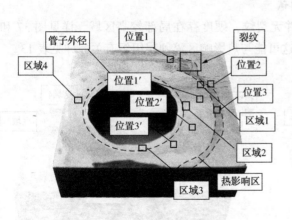

图34 管子3-2硬度测试位置

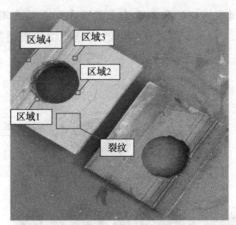

图35 管子1-1宏观形貌

表9 管子1-1硬度测试

测试位置	硬度/HV			平均值
	1	2	3	
区域1	225.0	224.1	231.8	223.5
区域2	272.0	261.0	236.8	254.1

测试位置	硬度/HV			平均值
	1	2	3	
区域3	262.2	250.7	218.6	251.5
区域4	196.8	208.9	202.3	226.8

7.3 入口管子4-1表面焊缝平切面硬度测试

管子4-1与管板连接处的焊缝平切面表面并无裂纹，硬度也存在局部较高区域，详见图36、表10和表11。

表10　管子4-1硬度测试

测试位置	硬度/HV			平均值
	1	2	3	
区域1	218.6	224.1	227.9	223.5
区域2	239.9	254.1	268.2	254.1
区域3	249.6	255.2	249.6	251.5
区域4	239.9	228.9	211.5	226.8

表11　管子4-1布氏硬度测试

测试位置	硬度/HB			平均值
	位置1	位置2	位置3	
热影响区	214	214	214	214
焊缝	209	195	190	198

7.4 入口管子4-2表面焊缝平切面硬度测试

管子与管板连接处的焊缝平切面表面并无裂纹，硬度存在局部较高区域，详见图37和表12。热影响区比焊缝位置处的硬度高，这可能与热影响区淬硬层组织有关，详见表13。

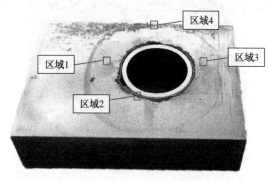

图36　管子4-1宏观形貌

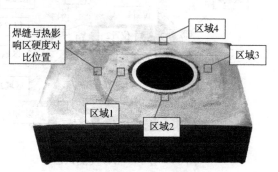

图37　管子4-2宏观形貌

表12　管子4-2硬度测试

测试位置	硬度/HV			平均值
	1	2	3	
区域1	248.5	235.8	231.8	238.7

测试位置	硬度/HV			平均值
	1	2	3	
区域 2	218.6	226.9	239.9	228.5
区域 3	254.1	254.1	258.7	255.6
区域 4	221.3	226.0	211.5	219.6

表 13　管子 4-2 焊缝平切面表面焊缝与热影响区硬度对比

测试位置	硬度/HV			平均值
	1	2	3	
热影响区	290.4	297.5	277.1	288.3
焊缝	263.4	238.9	228.9	243.7

7.5　其他换热管表面焊缝硬度测试小结

对出口换热管 1-1、3-2 和入口 4-1、4-2 进行硬度测试，发现部分焊缝区域会产生高硬度，其硬度值高于 248HV。在 1-1 和 3-2 焊缝平切面表面发现细小的裂纹，裂纹的位置均靠近焊趾处热影响区区域；进口侧 4-1 和 4-2 的硬度局部区域也存在高硬度，但是在入口侧 4-1 与 4-2 的焊缝平切面表面未发现裂纹，抽样检测管子的大致位置示意见图 38。

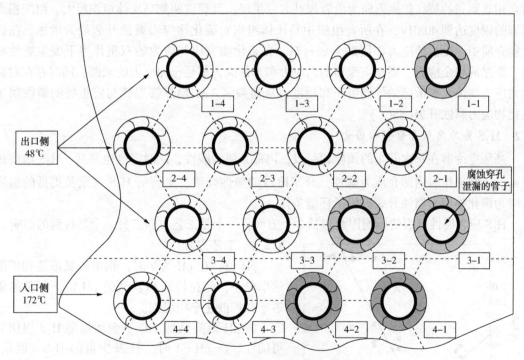

图 38　对空冷器表面焊缝进行抽查

注：深灰色表示发现裂纹，白色表示未发现裂纹

导致这种情况的发生与硫化氢应力腐蚀开裂的敏感温度有关，进口侧温度为 172℃，属于硫化氢应力腐蚀开裂的非敏感温度，硫化氢应力腐蚀开裂裂纹的扩展速率较慢；出口侧温度为 48℃，属于硫化氢应力腐蚀开裂的敏感温度区间，进而在 1-1、3-2 和 3-1 均发现裂纹。

在管子 3-2 和管子 4-2 焊缝平切面表面处焊缝与热影响区硬度测试值对比发现,热影响区硬度均大于焊缝位置处的硬度,热影响区硬度高导致此区域易萌生裂纹,与观察到的裂纹位置基本吻合。

对焊缝和热影响区 HAZ 进行了显微硬度测试和布氏硬度测试,布氏硬度在 200HB 左右,而显微维氏硬度则高达 320HV 左右。这主要是由于硬度区在很小的局部范围,布氏硬度大的压痕无法测出局部微区硬度。

8 讨论

经过上述分析认为发生泄漏的原因为 3-1 换热管与管板连接处的焊缝表面靠近焊趾处萌生裂纹,裂纹扩展与管子-管板缝隙相连,通过管子-管板缝隙内部的硫化物介质泄漏到管子与管板连接处的另一侧(空冷器一侧)。前期由于扩展的裂纹很小,泄漏量很轻微不容易被发现。泄漏出来的硫化物在管子—管板连接处遇空气冷却结晶附着于管子-管板连接处表面,即管子与管板四周围了一圈腐蚀产物。长期服役下,裂纹宽度扩展得越来越大,导致高压空冷器管子-管板连接处腐蚀产物聚集越来越多,最终从管子外壁腐蚀了换热管,导致腐蚀穿孔泄漏的发生。

8.1 裂纹产生机理(SSCC)

通过金相和硬度分析认为焊趾处马氏体组织粗大,且组织粗大区域硬度很高。断口平切面金相观察到的裂纹扩展方向为沿着焊趾方向扩展,且裂纹两侧马氏体组织粗大。组织粗大区域的硬度达到 408HV,在所有组织中马氏体组织对硫化物应力腐蚀开裂最为敏感。在硫化物介质中,受拉伸应力作用的金属材料,在硫化物介质与应力的双重作用下发生脆性断裂。焊接的残余应力、高压空冷器的内应力和工作应力都是拉伸应力的来源,同时存在对硫化物应力腐蚀开裂敏感的焊缝组织和硬度,从而判定 3-1 换热管焊缝与管板处的裂纹属于硫化物应力腐蚀开裂(SSCC)。

8.2 H_2S 应力腐蚀开裂影响因素

高压空冷器在每次开车的预硫化阶段,内部介质为酸性,此时温度也更低,H_2S 浓度也更高。正常工作时内部介质为碱性。开车阶段的酸性介质、更高的 H_2S 含量及更低的温度环境为硫化物应力腐蚀开裂提供了环境条件。

H_2S 应力腐蚀开裂的影响因素包括 2 个方面,一个是工艺方面,另一个是材料的影响。

8.2.1 工艺方面

pH 值:在 pH 为 7 时,钢中的氢渗透和扩散速率最小,而在较高和较低的 pH 值下,氢的渗透率和扩散速率均增加。

将 pH 值降低到 7 以下会增加湿 H_2S 损伤的可能性。在 pH<4 时,只需少量的 H_2S。但是,如果 pH 高于 7,湿 H_2S 损伤也会发生,详见图 39。如果碱性 pH 的环境具有腐蚀性,并且含有 H_2S(如 H_2S 和硫化氢铵)湿 H_2S 损伤仍然可能发生。

H_2S 含量:H_2S 分压增高,氢渗入速度增加,这是由于水中的 H_2S 浓度同时增加。水中的 H_2S

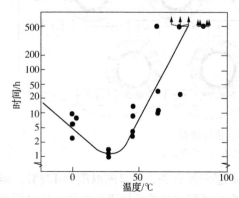

图 39   pH 值对 API 钢抗硫化物
应力开裂性能的影响

浓度达到50wppm通常被认为会造成湿 H_2S 损伤。但是，有时开裂在低浓度条件下发生。SSC在20℃左右最敏感，这可能和温度的氢渗透效率高有关。高压空冷器入口流进的热高分气温度为172℃，流出高压空冷器的高分气温度为48℃，为硫化物应力腐蚀开裂的敏感温度。

8.2.2 材料因素

为了防止硫化氢应力腐蚀开裂，NACE SP0472—2020《腐蚀性石油开采环境中防止碳钢焊接件在线环境开裂的方法及措施》中规定为防止产生过大的焊后硬度，焊缝硬度不高于200HB，热影响区(HAZ)硬度不高于248HV。

碳钢焊缝硬度应控制在200HB以下，通常无须任何特殊预防措施即可达到此目的。碳钢焊缝不易受到SSC的影响，除非存在局部硬度高于237HB的区域——在使用酸助熔剂和高焊接电压的埋弧焊钢管中，焊缝的硬质区域足以引起SSC。

而此失效换热管3-1表面焊缝及焊趾处硬度高达394HB，远大于NACE SP0472—2020对其硬度的要求。

8.3 焊接区局部高硬度的原因

换热管与管板连接处的表面焊缝及焊趾处(热影响区)金相观察发现粗大的马氏体组织，马氏体组织的出现使其显微组织的硬度都相应提高，马氏体的数量越多，局部区域组织的硬度值越高。

高压空冷器管子与管板连接处采用J507焊条进行焊接，其对应的焊条型号为E5015，根据GB/T 5117—1995《碳钢焊条》，J507焊条的最大Mn含量不超过1.6%，Mn含量高会导致焊缝特别是HAZ产生淬硬组织，导致局部硬度升高而对 H_2S 的应力腐蚀开裂变得敏感。

8.4 预防措施

根据以上分析，换热管焊缝和热影响区(HAZ)硬度过高，主要是由于用J507焊条所致，建议改用J427焊条，该焊条Mn含量低，进而可有效降低焊缝和热影响区的硬度。

9 结论

此次高压空冷器换热管泄漏失效机理是硫化物应力腐蚀开裂，导致硫化物应力腐蚀开裂的原因是管板与换热管连接处焊缝局部区域产生高硬度。应力腐蚀开裂产生的裂纹最终与管子—管板缝隙相连形成了高压空冷器内部介质泄漏的通道，泄漏出的硫化物介质遇空气结晶附着于管子与管板连接处(空冷器一侧)，最终从管子与管板连接处(空冷器一侧)腐蚀了换热管，导致穿孔泄漏失效。

9.1 失效换热管3-1分析结论

失效换热管3-1焊缝平切面表面裂纹两侧由于粗大的马氏体组织导致焊趾处热影响区产生高硬度，即管子3-1表面焊缝平切面裂纹两侧硬度高达408HV。焊缝的残余应力和高压空冷器的内压及工作应力提供了硫化物应力腐蚀开裂所需的拉伸应力，开车阶段的酸性介质为硫化物应力腐蚀开裂提供了环境条件，高压空冷器出口侧48℃的温度为硫化物应力腐蚀开裂的敏感温度，J507焊条Mn含量过高焊后产生的淬硬层组织，未经热处理软化显微组织硬度导致焊趾处高硬度现象，这些因素的共同作用为裂纹的萌生与扩展创造了有利条件。

9.2 其他换热管分析结论

经过硬度测试发现其他出口换热管3-2、1-1和入口换热管4-1、4-2均存在维氏硬度大于248HV的区域，表明高压空冷器管子与管板焊接处焊后产生淬硬层组织，导致局部区域的高硬度现象，需要对高压空冷器的焊接工艺及热处理工艺进行改进。出口侧 3-2 和 1-1 表面焊缝平切面均可发现肉眼可见的细小裂纹，而进口侧抽查的 4-1 和 4-2 均未发现裂纹。导致这种情况的发生与硫化氢应力腐蚀开裂的敏感温度有关，进口温度为 172℃，属于硫化氢应力腐蚀开裂的非敏感温度；出口侧温度为 48℃，属于硫化氢应力腐蚀开裂的敏感温度区间，进而在出口侧 1-1、3-2 和 3-1 发现裂纹。

9.3 改进措施

将 J507 焊条更换为 J427 焊条，J427 焊条的最大 Mn 含量控制在 1.25% 以下，比 J507 焊条的 Mn 含量下降了许多，通过降低 Mn 含量来降低焊缝与热影响区的硬度。

建议先采用 J427 焊条与管板进行焊接实验，然后剖开测试显微维氏硬度，如果硬度超过 248HV，则需要进行焊后热处理。GB/T 27866—2011《控制钢制管道和设备焊缝硬度 防止硫化物应力开裂技术规范》标准中指出低碳钢和低合金钢消除焊接残余应力的热处理温度，应大于或等于 620℃，但降低焊缝硬度的焊后热处理温度通常比消除残余应力热处理的温度高。

小口径管道内涂层连续性的机械连接新技术及新工艺

刘月芳　王宪军　吴　阳　李雅男

(中油管道防腐工程有限责任公司)

摘　要　针对国内油田小口径集输管线内补口施工困难，造成内腐蚀严重的问题，开展小口径管道内涂层连续性的机械连接新技术及新工艺研究，保证管道内涂层的连续性，解决焊缝处内腐蚀问题。形成完整的管道机械连接施工技术及工艺是十分必要的。

关键词　小口径；内涂层；连续性；机械连接

目前，国内常用的几种内补口方法有：内补口机法、内衬保护套(管)焊接法、不锈钢接头法、管端喷涂防腐层。

美国在 20 世纪 80 年代末研制出 2 种补口机，一种是"热熔环氧粉末现场内补口装置与工艺"，另一种是"自动推进自动表面处理与涂敷补口装置"。两者都存在不同缺陷。

国内外许多公司都在研究新型的小口径管道内补口技术，突破这一技术难题，形成新产品、新工艺、新技术，为管道建设提供有力的技术支撑。

1　机械连接技术概况

1.1　机械连接技术原理

结合金属力学特性和精密的材料学计算，应用金属塑性变形原理，将连接件主体与管道表面高强度压合，实现耐高压、抗振动、永久性的纯机械连接。在连接过程中增加防腐工艺，使得连接后的管道内防腐层具有连续性，增加内补口处的耐腐蚀性能，从而延长管线使用寿命。

(1) 液压工具推动外套轴向向前挤压，外套内斜面对主体向内环形均匀挤压，造成主体结构塑性变形。同时外套自防脱结构可以永久保持主体结构不回弹。

(2) 主体内部密封环均匀嵌入管体内表面，同时体内表面也与管体表面压接贴合，最终形成耐高压抗振动的高强度纯金属连接。

整体设计构造是将机械连接件类型中的镦粗型与咬合型 2 种类型机械连接件进行结合优化，得到最优的机械连接效果，既保留镦粗型的液压密封结构，也增加了咬合型的内嵌式结构，将两者结构类型合二为一(图 1)。

1.2　机械连接件材质的选择

机械连接件的可适用材质范围为：非脆性材质管道(脆性材质指铸铁等)。

管道连接件材质的选取原则是根据管道材质而定的：

(1) 保持与管道接触的连接件主体材质一致性，或更高等级(确保材质性能和防腐性能等要求)。

(2) 保持连接件主体的硬度参数和其他技术参数需高于或等于管道硬度和其他参数。

管道材质见表 1。

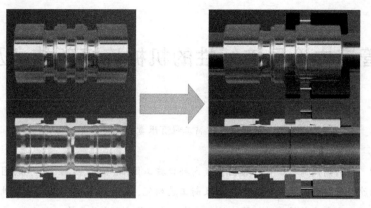

图 1　设计构造

表 1　管道材质

管道材质	全碳钢/全不锈钢		混合型	
	主体	外套	主体	外套
碳钢 Q235B，20#，L245N	45#/L245/40Cr	45#/40Cr	45#/L245/40Cr	45#/40Cr
镀锌碳钢管	45#	45#/40Cr	45#	45#/40Cr
不锈钢 304	304	304	304	45#
不锈钢 316L	316L	316L	316L	45#
双相钢 2205	UNS S2205	UNS S2205	UNS S2205	40Cr

注：混合型连接件的碳钢外套不会与管道本体发生接触。

1.3　机械连接性能测试

机械连接性能测试见表 2。

表 2　机械连接性能测试

序号	测试项目	执行标准	检测结果
1	拉伸至失效试验、静水压及内压至失效试验	GB/T 9711—2017、SY/T 6128—2012	密封静水压 19.32MPa，保压 600s 未泄漏；爆破失效压力 31.9MPa，接头滑脱失效；拉伸失效载荷 167kN，接头滑脱失效
2	快装接头全尺寸疲劳试验	DNV-C203—2012	试验进行 16d，累计循环次数 184418 次，管道发生疲劳失效
3	内防腐层检测		
	10%HCl（常温，90d），3%NaCl（常温，90d），10%NaOH（常温，90d）	SY/T 0442—2010	涂层无脱色、隆起、软化、起泡爆皮、脱落、剥离等现象
	9 个内涂层灰色样品，原油（80℃，90d），油田污水（80℃，90d）	GB/T 9274—1988	涂层无隆起、起泡爆皮、剥离等现象
4	外防腐检测		
	抗冲击、压痕、阴极剥离、剥离强度（黏弹体对钢-最高设计温度 60℃；热缩带对防腐层-最高设计温度 50℃）	GB 51241—2017 表 10.2.4	抗冲击强度（φ25mm 锤头，23℃±3℃）≥15J，压痕厚度（10MPa，60℃±2℃）2.42mm>0.6mm，15kV 电火花检漏无漏点，环氧阴极剥离（6.4mm 缺陷孔，3%NaCl 溶液，60℃±3℃，28d，饱和甘汞参比电极-1.5V）0.9mm<15mm，黏弹体剥离强度/对钢管（10mm/min，90°，23℃±2℃）5.36N/cm>4N/cm，且胶层覆盖率>95%，压敏胶带剥离强度/对钢管（10mm/min，90°，60℃±2℃）0.61N/cm>0.4N/cm，且胶层覆盖率>95%

1.4 机械连接工艺

1.4.1 钢管工厂预制

（1）钢管两端内外壁倒角

在制管厂或者在防腐厂，将钢管两端内外壁做倒角处理。如钢管壁厚为 5mm，内外壁做 1mm 的圆形倒角，钢管端部壁厚余下 3mm。做倒角是更好地密封和防腐。

（2）钢管内防腐

按 SY/T 0442—2010《钢质管道熔结环氧粉末内防腐层技术标准》对钢管进行内防腐施工（不留端），并按此标准进行质量检测。

（3）钢管外防腐

对内防腐合格的钢管按 SY/T 0315—2013《钢质管道熔结环氧粉末外涂层技术规范》进行外防腐施工，并按此标准进行质量检测。

（4）安装管端保护器

对端口防腐好的钢管两端安装管端保护器，避免破坏端口的防腐层。

1.4.2 机械连接现场施工

（1）钢管外预留端除锈

用砂纸或钢丝刷手工去除钢管端部外补口处的表面浮锈。

（2）涂刷环氧涂料

对钢管外预留端及管口端面手工涂刷液体环氧涂料，涂刷后不需检测，涂刷目的是阻隔腐蚀介质的扩散，起双重保护作用。

（3）机械连接件内涂覆

用辊子对机械连接件内表面涂刷液体环氧涂料，涂刷后不需检测，涂刷目的是阻隔腐蚀介质的扩散，起双重保护作用。

（4）钢管固定对接

用专用的小口径钢管对接夹具将钢管夹紧固定。

（5）机械连接件的安装

将机械连接件插入钢管一端，插入深度为机械连接件长度的一半，插入时保证不损坏钢管端部及机械连接件内壁的防腐层。插好后用专用夹具夹紧机械连接件进行压合，看压力表达到合格后松开夹具。将第 2 根钢管的一端插入机械连接件内部，保证 2 根钢管端部对接紧密，不留缝隙。插好后用专用夹具夹紧机械连接件进行压合，看压力表达到合格后松开夹具，完成整个机械连接安装施工。

（6）清理连接部位外表面

用抹布去除连接件表面、钢管预留端表面的灰尘，用丙酮擦连接件外表面。

（7）涂黏弹体

对连接件的中缝、外表面、钢管预留端外表面涂高温型黏弹体，保证被涂部位与相邻表面平滑过渡。

（8）安装热收缩带

在机械连接件安装前先将常温型收缩套套在钢管上，黏弹体涂好后将收缩套找准位置进行热收缩安装。

（9）检测

按 CDP-G-OGP-AC-011—2013-1《埋地钢质管道黏弹体胶带防腐补口技术规定》的要

求进行安装施工及检测。

2 新技术工程应用

2019 年 8 月，防腐公司与中国石油天然气股份有限公司长庆油田分公司第八采油厂签订了现场 2km 试验段项目合同，在陕西省延安市吴起县进行现场施工，施工管径为 φ76.1mm，材质为 L245N，壁厚为 5mm，坡口角度为 32°，连接件材质为 40Cr，输送介质温度在−25~50℃，输送压力为 5MPa，外防腐形式采用黏弹体+热收缩套外护的形式，对接端头用无溶剂液态环氧密封，见图 2。专家进行了现场试验检测，各项技术指标满足要求，连接件性能及机械性能通过现场试压检测。工程施工顺利，为后续市场开拓打下良好基础。

图 2 现场试验段照片

管道运行 1a 后，特邀请局科委会专家到现场鉴证开挖验证工作，确定技术成果可行性。开挖 3 道口，每道口间隔约 10 道口以上。开挖后经目测每道口的外防腐层表面完好，无开裂、褶皱、鼓泡、翘皮等现象。管道机械连接处附近土壤正常，无任何漏油现象。科研成果在长庆油田小口径油田集输管线建设试验段中应用良好。

参 考 文 献

[1] SY/T 0442—2010，钢质管道熔结环氧粉末内防腐层技术标准[S].
[2] GB/T 9711—2017，石油天然气工业 管线输送系统用钢管[S].
[3] SY/T 6128—2012，套管、油管螺纹接头性能评价试验方法[S].
[4] DNV-C203—2012，海上钢结构疲劳设计[S].
[5] CDP-G-OGP-AC-011—2013-1，埋地钢质管道黏弹体胶带防腐补口技术规定[S].
[6] SY/T 0457—2010，液体环氧内防腐涂层技术标准[S].
[7] SY/T 6717—2008，油管和套管内涂层技术条件[S].
[8] GB 51241—2017，管道外防腐补口技术规范[S].

作者简介：刘月芳(1973—)，毕业于大庆石油学院，学士学位，现工作于中油管道防腐工程有限责任公司，高级工程师，科研所所长，从事管道防腐技术工作。

延迟焦化装置重蜡油管线泄漏原因分析

何　峰[1]　刘秀雯　何天歌[2]

(1. 石油化工工程质量监督总站；2. 中国石油化工股份有限公司沧州分公司)

摘　要　延迟焦化装置重蜡油管线介质重蜡油温度为400℃，超过其自燃温度，如果管线泄漏形成，会导致重蜡油自燃起火，从而严重威胁装置安全生产，重蜡油及其他热油管线泄漏会非常不利于装置的稳定和安全运行。重蜡油中硫含量高达1.835%，在此环境下，碳钢材料的腐蚀速率是P9材质的10倍，再加上介质中酸含量及冲蚀使腐蚀加剧，管道材质错用会极易形成腐蚀泄漏。因此应分析管线泄漏的技术原因、管理原因，从根本上消除隐患，从而确保装置的稳定长期运行。

关键词　延迟焦化装置；重蜡油；管线泄漏

某焦化装置重蜡油线P-4159G发生泄漏事故，事故发生后设备管理部门立即组织对该管线进行检查、检测，泄漏段管道设计材质为A335 P9，而现场光谱检测材质为碳钢，属材质错用。设备管理部门高度重视材质错用问题，立即进行事故原因分析，同时安排对焦化优化改造项目及焦化材质升级项目合金钢管道进行100%光谱检测，排查出材质错用部位11处，对错用部位立即组织整改，并举一反三对全厂涉及合金钢材质管道进行排查。

某炼油厂延迟焦化装置外操工巡检至分馏塔下时，发现运行温度400℃重蜡油上返塔弯头(重蜡油抽出阀平台下方)轻微冒烟和保温铁皮有油流出，判断为管线有泄漏点，立即通知车间并采取措施监护运行，车间组织停用重蜡油系统，并对泄漏管线进行吹扫。具备条件后，拆保温发现该段管线腐蚀减薄穿透。

1　管道检查、检测情况

经检查发现重蜡油线P-4159G泄漏处为1段直管，长约1700mm，前后分别连接1个90°弯头和45°弯头，该管段中间有1道焊口。经光谱检测，焊口与90°弯头连接部分约1580mm为碳钢材质，与45°弯头连接部分约120mm材质为P9。该管线设计材质为A335 P9，碳钢段管线为材质错用。

P-G4159G重蜡油自管线P-G4153至分馏塔上回流线(表1)，属焦化优化改造项目，该项目于某年5月实施，同年6月安装施工，7月投入使用，2a后管线泄漏。

表1　重蜡油返分馏塔上回流线

名称	编号	类别	材质	规格	温度/℃ (设计/操作)	压力/MPa (设计/操作)	介质
重蜡油返分馏塔上回流线	80-P-G4159-5AH2-HI	SHB2/GC2	A335 P9	89×8	430/400	1.45/1.00	重蜡油

2　焦化优化改造项目管理情况

焦化装置优化改造项目建设单位按项目管理要求编制了项目管理手册，管理手册明确了管理组织机构及职责，施工管理组、质量管理组对该项目具有管理、检查、督促责任，第三分部对项目进行具体管理。其中，质量管理组负责组织重点部位关键设备检查、改造质量验收；负责制定 1Cr5Mo 等合金材料设备、配件的保管、领取、材质鉴定、使用、验收程序。

3 管道安装情况

3.1 焊接情况

查某施工单位交工技术文件，管线单线图中泄漏管直管段两端焊口为 43#、44#焊口（43#焊口为活动口，44#焊口为固定口），中间无焊口，而现场实际是中间有一道焊口。管道焊接工作记录、无损检测记录都没有中间这道焊口的记录。43#、44#焊口焊接人员为李某，焊工号 3018。中间焊口的焊接时间、焊接人员无从查证。

SH 3501—2011《石油化工有毒、可燃介质钢制管道工程施工及验收规范》7.5.15 规定："焊接工作完成后，应在单线图（轴侧图）上标明焊缝编号、焊工代号、固定焊焊接位置（2G 或 5G）、无损检测方法、返修焊缝位置等可追溯性标识。"该管道交工资料单线图中无中间焊口的相关痕迹，不符合上述规定，说明该施工单位的交工资料未按规范要求进行编制，与现场实际情况不符，交工资料的审核人员未尽到审核责任。

3.2 管道标识情况

项目管理部门要求管道按照 Q/SH 0700—2008《中国石化炼化工程建设标准 管道组成件标记和色标规定》进行管道材质标识，P9 的管道色标应为"中黄-黑色，20#（GB/T 8163—2008《无缝钢管》）的管子无标识色"。

管道色标标识过程涉及 2 个环节：第一环节，材料到货入库前，物资采购中心对合金钢材料逐件进行光谱检测，并按照 Q/SH 0700—2008 进行标识，P9 管道外表面沿纵向刷中黄-黑色，20#（GB/T 8163—2008）的管道无标识色。第二环节，某施工单位领取材料后，将外表面标识移植到内表面，运至除锈场地进行机械除锈并防腐，防腐完工后由施工单位运回至预制场地进行色标标识，外表面沿纵向刷中黄-黑色。

现场检查 P9 材质色标为中黄-黑色，泄漏碳钢管道的色标也为中黄-黑色，说明管道标识错误，将碳钢管道按照 P9 管道进行标识。

4 光谱检测情况

按项目管理要求"新建装置合金钢材质管理规定：要求物资管理部门对入库的合金钢材质进行 100%检验；要求施工单位对安装后的合金钢材质进行 100%检验；施工完成后，施工管理部门再进行 100%检验（螺栓螺母 20%抽查）"。

4.1 第一遍光谱检测情况

物资采购中心委托某检测公司对 10 根 89×8 的 P9 管子进行光谱检测，全部合格。

4.2 第二遍光谱检测情况

按照规定第二遍光谱检测应为安装完成后由施工单位检测。查施工单位交工资料，其中只附有一张材料光谱检测报告，但项目名称是：焦化材质升级项目，与焦化优化改造项目名称不符，且没有 89×8 的 P9 管道检测记录。由于焦化材质升级项目无 P9 管道及管件，分析认为该报告施工单位光谱检测委托单项目名称错误。

按照 SH 3501—2011《石油化工有毒、可燃介质钢制管道工程施工及验收规范》5.2.6 规定：管道组成件中的管子、管件的主要合金元素含量验证性检验，每批（同炉批号、同材质、同规格)抽检10%，且不少于1件。7.5.5规定，铬钼合金钢管道焊缝应对合金元素含量进行验证性抽样检查，每条管道(按管道编号)的焊缝抽查数量不应少于2条。按照规范要求管子、管件、焊缝应进行光谱抽检，但施工单位的交工资料中未见上述光谱分析报告，实际上也未进行光谱检测。施工单位既未按规范要求进行光谱抽检，也未按建设单位管理规定的要求安装后进行100%光谱检测。

4.3 第三遍光谱检测情况

第三遍光谱检测由某无损检测技术公司进行，查检测公司光谱检测报告，报告格式不符合SH/T 3503—2007《石油化工建设工程项目交工技术文件规定》的规定，无可追溯性。泄漏段管道未进行光谱检测，其他部分也无法一一对应。

4.4 光谱检测的程序要求

建设单位管理手册修质量管理相关文件中焊接质量管理程序对光谱检测程序作出明确规定："6.9 PMI检测前质量控制：6.9.1专人协调：施工、总承包、监理、建设单位应有专人负责落实协调PMI工作；6.9.2人员、机具、方案：PMI检测单位应根据Q/SH 0706—2016《金属材料验证性检验导则》和项目要求提前做好检测人员、机具、方案的准备工作；6.9.3仪器校准：检测仪器应经有效校准；6.9.4PMI台账：施工单位应按照区域建立需要进行PMI验证的管路系统台账；6.9.5表面处理：被检测表面在检测前应进行表面处理。6.10PMI检测过程质量控制：6.10.1条件确认：PMI检测前监理、总承包、施工、检测单位应对检测准备工作进行确认；6.10.2检测时机：对于现场安装的管道和设备的PMI检测，应在焊接后，试压前进行；6.10.3检测工艺：检测人员应严格按照检测工艺进行检测；6.10.4监理检查：监理单位应对检测过程进行监督检查；6.11PMI检测后质量控制：6.11.1检测标识：检测完成后检测单位应及时进行检测标识；6.11.2检测报告：根据检测原始记录，出具PMI检测报告；6.11.3不合格品关闭及台账：施工、总承包、监理单位应建立PMI不合格品关闭台账，对发现的PMI不合格品，应立即标识，采取隔离和纠正措施，直至关闭PMI不合格品关闭台账应随时更新，施工结束时应全部关闭；6.11.4《PMI确认表》对于需要PMI检测的管道和设备，均应由施工单位填写《PMI确认表》，总承包、检测及监理单位人员进行确认。《PMI确认表》作为试压前的确认条件之一，并作为交工资料归入交工技术文件中。"

上述文件光谱检测前、中、后都对检测单位、总承包、监理单位、建设方提出了明确质量控制要求，但交工资料和实际调查情况表明，检测方案、检测时机、监理检查、检测标识、检测报告、不合格品关闭及台账、PMI确认表都出现缺失，光谱检测程序未按规定执行。

5 项目监理情况

5.1 监理公司未对合金材料进行复验

某监理公司监理规划中管道专业监理工程师及焊接专业监理工程师职责中都提到核查进场材料的文件，必要时进行平行检验，但监理公司交工资料中无材料复验的证明，实际上监理公司未对合金材料进行复验。

5.2 监理公司交工资料与施工单位的竣工资料不符，存在缺项

监理公司交工资料中无施工单位A335 P9φ89 * 7.5mm的管材的报审资料，监理日志、周报、月报中均未体现此管道的信息。而施工单位的交工资料中有A335 P9φ89 * 7.5mm的

管材的报审记录且有监理审验签字，说明监理公司质量行为管理存在疏漏，对施工单位报审的管材未登记入册。

5.3 监理单位对交工资料审查不严

施工单位的交工资料经监理公司签字确认，但其中焊接记录与实际不符、光谱检测报告出现错误等问题不符合 SH 3501—2011《石油化工有毒、可燃介质钢制管道工程施工及验收规范》、SH/T 3503—2007《石油化工建设工程项目交工技术文件规定》的规定，监理人员未指出并予以纠正。

6 焦化优化改造和材质升级 2 个项目合金钢材质排查情况

经过全面排查检测，发现以下问题(表 2)。

表 2 焦化优化改造和材质升级 2 个项目合金钢材质排查情况

项目名称	管线号	主体材质	存在问题
焦化优化改造	100-P-G4158-5AH2-HI(3A)	A335 P9	分馏区框架平台 EL+7757 处，闸阀配对法兰材质用错，图纸 P9，现场 1Cr5Mo。规格：DN100 CL300 RF SCH80 A182 F9
			FV1406 阀组手阀下配对法兰材质用错，图纸 P9，现场 1Cr5Mo。规格：DN100 CL300 RF SCH80 A182 F9
焦化优化改造	80-P-G4159-5AH2-HI(3)	A335 P9	分馏塔 EL+15944 处横管材质用错，现场为碳钢。规格：DN80 长度：1500mm
			FV5703 阀组跨线材质用错，现场为碳钢。规格：DN80 长度：1700mm
焦化优化改造	80-P-G4160-5AH2-HI(3)	A335 P9	分馏塔 EL+15944 处立管材质用错，现场为碳钢。规格：DN80 长度：3200mm
焦化优化改造	80-P-G4160-5AH2-HI(3)	A335 P9	FV5704 阀组跨线材质用错，现场为碳钢。规格：DN80 长度：1700mm
焦化优化改造	80-P-G4161-5AH2-ST(3)	A335 P9	蜡油泵连接管线 EL+3445 处横管材质用错，现场为碳钢。规格：DN80 长度：3473mm
			FV5701 阀组处 EL+1498 处横管材质用错，现场为碳钢。规格：DN80 长度：400mm

排查出材质用错管线 6 段，合计 11.97m，由此可以推断 1 根 12m 的碳钢管道按照 P9 材质分 6 段用在焦化优化改造项目。

6.1 泄漏的直接原因是材质错用

该管道操作温度为 400℃，介质重蜡油中平均硫含量为 1.835%，为高温硫化物腐蚀环境。GB/T 30579—2014《承压设备损伤模式识别》4.21 条：金属材料通常在 260℃ 开始发生高温硫化物腐蚀，温度越高腐蚀越快。高温硫腐蚀主要表现为均匀腐蚀，高流速部位会形成冲蚀，钢材中随着铬元素含量升高，耐硫化物腐蚀能力增强。

(1)碳钢材质腐蚀速率

该段错用管道为 20# 钢，壁厚 7.5mm，使用 24 个月腐蚀穿透，实际年腐蚀速率为：

$$7.5mm \div 2a = 3.75mm/a$$

按照 SH/T 3096—2012《高硫原油加工装置设备和管道设计选材导则》附录，各种钢在高温硫中的腐蚀速率与温度的关系及腐蚀速率系数计算管道的腐蚀速率：碳钢材质在介质中硫含量为 0.6%，运行温度 400℃ 时的年腐蚀速率约为 1.8mm/a，该焦化蜡油中平均硫含量约为 1.835%，腐蚀速率系数约为 1.8，该管线的理论年腐蚀速率为：

$$1.8mm/a×1.8 = 3.24mm/a$$

按照 API581 中碳钢在高温硫腐蚀和酸腐蚀下的腐蚀速率表，计算 400℃，硫含量 1.835%，酸 0.3mg/g，腐蚀速率为 3.13mm/a。

蜡油线硫含量有超过 2% 的现象，且介质中存在一定酸含量，致使腐蚀速度加快。泄漏位置在临近弯头位置，为介质流向突变部位，也是冲刷腐蚀最严重的部位，所以最早减薄穿透，其他部位剩余壁厚在 1.0mm 左右。

比较碳钢管线实际年腐蚀速率与理论年腐蚀速率情况，实际年腐蚀速率与理论年腐蚀速率基本符合。

（2）P9 材质腐蚀速率

P9 材质在介质中硫含量为 0.6%，运行温度 400℃ 时的年腐蚀速率约为 0.18mm/a，该焦化蜡油中平均硫含量约为 1.835%，腐蚀速率系数约为 1.8，二者相乘该管线的年腐蚀速率为：

$$0.18mm/a×1.8 = 0.324mm/a$$

实际检测同一管线 P9 材质部分壁厚，管线厚度无明显减薄。

上述分析表明：碳钢材料在硫含量 1.835%、温度 400℃ 重蜡油环境下的腐蚀速率是 P9 材质的 10 倍，再加上介质中酸含量及冲蚀使腐蚀加剧，腐蚀速率与实际 3.75mm/a 的腐蚀速率基本一致，计算结果也证明材质错用是发生泄漏的直接原因。

6.2 泄漏的间接原因是管道标识及光谱检测管理不到位

（1）管道标识环节管理不到位

材料除锈前需要在原管道内壁色标移植，除锈完成后重新进行色标移植，色标移植出现错误将导致最终色标错误。该环节由施工单位负责，分析认为施工单位在标识内表面移植、防腐后由防腐场运至预制场重新进行色标标识过程中出现错误。整个环节没有标识错误的预防性措施，存在较为严重的色标管理不到位，同时监理单位存在监管不到位。

（2）管道光谱检测环节管理不到位

施工单位未按建设单位管理规定进行第二遍光谱检测，也未按照 SH 3501—2011《石油化工有毒、可燃介质钢制管道工程施工及验收规范》进行光谱检测，光谱检测环节管理严重不到位。

检测单位光谱分析报告不符合规范要求，没有可追溯性，且与现场实际不符，检验报告不实；6 段管道及部分管件都未检出材质错误，实际检测未起到材质把关作用，虽有检测但严重失实，导致第三遍材质检测形同虚设，光谱检测环节管理极其不到位。

监理单位未检查发现施工单位没有进行第二遍光谱检测，未检查发现第三遍光谱严重失实，监理公司光谱检测环节管理严重不到位。

施工单位、检测单位、监理单位等多重关口全部失效，说明项目质量管理体系未真正有效运行。

7 结论

综上所述，延迟焦化装置重蜡油管线泄漏的直接原因是材质错用，而间接原因是管道标识及光谱检测管理不到位，深层次的原因是各家单位项目质量管理体系未真正有效运行。鉴于此，在后续的相关工作中，扎实运行质量管理体系，有效进行管道标识以及开展光谱检测管理工作，避免错用材质。

参 考 文 献

[1] SH 3501—2011，石油化工有毒、可燃介质钢制管道工程施工及验收规范[S].
[2] SH/T 3096—2012，高硫原油加工装置设备和管道设计选材导则[S].

作者简介：何峰(1971—)，男，1994 年毕业于北京石油化工学院化工设备与机械专业，现工作于石油化工工程质量监督总站，高级工程师，从事工程质量监督工作。

油气田集输管道检测过程中存在的
质量问题及控制措施

张 思

(中石化工程质量监测有限公司郑州分公司)

摘 要 本文以对普光气田集输管道为例，按照 TSG D7005—2018《压力管道定期检验规则——工业管道》规定要求开展检测工作时遇到的壁厚测定与焊接接头无损检测问题进行分析，提出了合乎使用的解决对策。

关键词 压力管道；检测；控制措施

普光气田属于高含硫气田，油气田内的工业集输管道主要输送易燃、易爆、有毒气体介质，按照 TSG D7005—2018《压力管道定期检验规则——工业管道》的规定，普光气田集输管道大部分属于 GC1 级。

检验人员在按照 TSG D7005—2018 的要求开展定期检验工作时，存在一些问题，给工业管道检测数据处理带来困难。本文就普光气田输气管道检测中遇到的一些问题进行分析，以及检验过程中的一些控制措施。

1 壁厚测定问题

1.1 壁厚测定要求

按照 TSG D7005—2018 规定，在用工业管道定期检验时须要停机，并对弯头、三通和异径管壁厚测定抽查比例都做了明确规定，见表 1。规定被抽查的管道组成件，测厚位置不得少于 3 处；被抽查管道组成件与直管段相连的焊接接头的直管段一侧应进行厚度测量，测厚位置不得少于 3 处；检验人员认为必要时，对其余直管段进行厚度抽查。

表 1 弯头、三通和异径管壁厚测定抽查比例

管道级别	GC1	GC2	GC3
弯头、三通和异径管	≥30%	≥20%	≥10%

1.2 存在问题

普光气田集输管道主要采用的敷设方式是埋地、架空、地面 3 种形式。采用埋地敷设主要是输气管道，部分场站内管道采用地面、架空敷设方式。在以埋地敷设为主的输气管道检测时要准确找到埋在地下的弯头、三通和直径突变处存在一定困难，进而对埋地管道进行壁厚测定增加很大难度。下面以输气管道为例介绍存在的具体问题。

1.2.1 管道资料问题

普光气田部分输气管道使用年限长，缺乏较全面的档案资料、管道更换没有记录、安装施工不够规范，使得管道壁厚差异现象较多，更换时直径突变位置较多，导致焊缝多。因此在进行检验时很难确定相关管件的测厚比例，不能很好地执行 TSG D7005—2018 的相关规定。

1.2.2 现场条件存在问题

普光气田集输管道主要经过的地域存在山区、河流、公路等。这些地域的管道有的存在套管，有的在水中浸泡，有的深埋在悬崖下，这样的条件很难开挖进行壁厚测定，进而按照TSG D7005—2018的规定比例进行检测存在很大困难。

2 管道焊接问题

2.1 焊接接头无损检测要求

在TSG D7005—2018中明确规定压力管道检验过程中发现裂纹，检验人员应当扩大表面缺陷检测比例，对于GC1、GC2级管道的焊接接头还要进行超声检测或者射线检测抽查，抽查比例见表2。

表2 管道焊接接头超声检测或者射线检测的抽查比例

管道级别	超声波或射线检测比例	管道级别	超声波或射线检测比例
GC1	焊接接头数量的15%且不少于2个	GC2	焊接接头数量的10%且不少于2个

2.2 焊接接头位置检测

管道焊接接头存在问题是多方面的，埋地输气管道在开展全面检验工作时，首要问题是查找焊接接头。由于埋地管道较多且有防腐保温层，因此焊接接头位置在检测时很难确定，造成检测中不能按照TSG D7005—2018规定焊接接头无损检测抽查的比例来开展检验工作。

3 问题分析与解决对策

TSG D7005—2018中规定的测厚位置、测厚比例，以及无损检测位置、比例，目的是发现管道在运行中存在的薄弱环节，提前做好预防准备，减少事故发生。在检测中采用以下方法达到检测目的。

3.1 腐蚀严重部位的查找

在检测中利用检测设备查找管道防腐层破损点，并对破损原因进行分析，确定是否开挖，进行壁厚测定或者腐蚀坑深测定，这样能够找出管道外部腐蚀的重点部位。

例如，在对普光气田输气管道检测时发现水田中有一处防腐层破损点，信号值强，经初步判断是存在人为破坏或者意外损伤，会形成表面腐蚀，需要开挖检测，开挖后管道外观见图1。

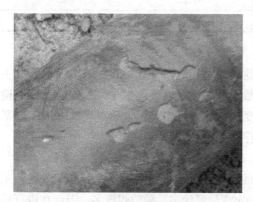

图1 开挖后管道外观

通过破损形貌分析原因是在耕种水田时，犁铧损伤造成的。管道建设时埋深符合要求，但在使用过程中由于水土流失，存在垮塌现象等原因造成埋深变浅，以至于防腐层破损，腐蚀已经开始，需要进行修复。

3.2 开挖后重点测厚位置的查找

管道一般开挖后进行测厚，按照TSG D7005—2018中的有关要求测厚位置一般安排在管道断面的轴心方向上，可是这样未必能发现腐蚀严重部位，因此采用沿管壁顶端开始从两侧不间断地向底部测厚寻找最小值并与测量最大值和资料中的工程壁厚进行比较，计算腐蚀厚度和局部腐蚀速率，判断腐蚀严重位置，并在同一管道的下一个开挖点进行验证发现同一管道上的腐蚀规律，进一步掌握管道的腐蚀情况，预防事故发生。

例如，在普光气田外输管道检测中发现管道腐蚀有特定的规律。在进行壁厚测定时，从顶部至底部分别出现 2 处壁厚明显较小位置，并沿管道抽线方向进行测量，发现在轴线存在延伸现象。现场进行分析可能是内部介质冲刷腐蚀造成管道壁厚减薄现象。通过 3 个开挖点的测量这一规律得到验证，更换后其腐蚀形貌见图 2。

通过对此管道腐蚀规定进行分析后做出图 3 所示的管道断面腐蚀示意。对检测数据进行分析，研究发现，腐蚀严重位置主要出现在管道断面的 2 个位置，形成了如图 3 所示的 α 和 β 角。通过在其他管道上的研究发现 α 和 β 有一定的范围，一般情况下，管径不超过 $\phi 273$ 时，$\alpha \leq 10°$；$\beta \leq 15°$，且管径越大，α 和 β 越小。

图 2　外输管道腐蚀形貌

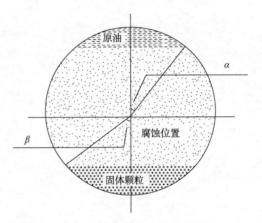

图 3　外输管道断面腐蚀示意

3.3　管道焊缝无损检测

油气田埋地集输管道发现焊缝本身就是很困难的事情，按照 TSG D7005—2018 规定开展无损检测很难满足要求，因此在检测时发现焊缝或者外露的焊缝（包括弯头处）都开展100%的渗透检测，按照 NB/T 47013—2015《承压设备无损检测　第 1 部分：通用要求》，对超标缺陷进行处理，见图 4。这样做虽然没有完全按照 TSG D7005—2018 要求比例开展无损检测工作，但是对管道焊缝检测比例提高了，同样能够降低管道的安全运行风险。

图 4　焊缝表面无损检测

4 结语

在 TSG D7005—2018 中规定的管道壁厚测定和无损检测比例适合常温架空工艺管道，油气田埋地集输管道检测中完全按照 TSG D7005—2018 要求开展检测工作存在一定难度。因此，笔者在开展检测工作中采取了本文中所述合乎使用的一些好的做法后同样能够发现管道运行中的薄弱环节和腐蚀严重部位，从而达到开展管道检验的目的，促进油气田集输管道的安全运行，减少或者避免安全事故的发生。

原油储罐清罐作业风险因素分析与对策

赵 泽

（中国石油新疆油田公司王家沟油气储运中心）

摘 要 介绍原油储罐机械清洗的原理，施工作业步骤，识别分析清罐作业的主要危害及潜在风险，剖析危害产生的根源，提出现有原油储罐清罐作业的安全对策。

关键词 原油储罐；机械清洗；风险因素；对策

原油储罐在使用过程中，进行检修及动火维修等施工作业前，首先要将罐内的原油及油污清除干净。以往采用人工清罐的方式，即由施工人员进入罐内手工进行清理。罐内作业环境恶劣，存在中毒、爆炸等重大安全隐患；并严重损害作业人员身体健康；同时大量的清淤工作及废弃淤渣，易造成罐区和周边地区环境污染；人工清罐的施工周期也较长，影响油库的储存调节能力；人工清罐大量的罐底油进不了油田储运系统，造成资源浪费和经济损失。针对人工清罐的诸多弊端，原油储罐多用机械清洗进行清罐作业。统计机械清洗作业时发生的事故，主要是因清洗、维修操作不当造成的，所以有必要强化风险因素识别，制定防范措施。

1 原油储罐机械清洗技术的工作原理

原油储罐机械清洗技术是通过储油罐机械清洗系统（临时敷设的管道将机械清洗设备与清洗油罐、清洗油供给油罐及原油回收油罐连接在一起）将被清洗油罐底部具有流动性的原油移送至回收油罐中，然后用供给储罐中的原油经加温、加压后通过用设置在清洗油罐单盘上的清洗机搅拌，喷射清洗热油击碎溶解淤渣，溶解被清洗油罐中的剩余凝固油，经过滤器过滤后移送至回收油罐中，最后再用加温后清水对储罐内各部位进行循环清洗，最终清除罐内所有油污，以达到罐内检修及动火条件。

2 原油储罐机械清洗技术施工作业主要步骤

2.1 设备安装

按照临时敷设管道图进行设备及管道安装，进行系统整体试压操作，达到无泄漏密闭状态，同时安装电气系统、氧气及可燃气体检测系统。

2.2 油移送

通过系统的移送模块将被清洗油罐中有流动性的原油移送到回收油罐中，以便进行清洗作业。

2.3 油搅拌

由系统的清洗模块将供给油罐中的原油经加温、加压后通过清洗机对被清洗储罐内部较难溶解的凝固油进行击碎、溶解，使其具有较好的流动性。

2.4 同种油清洗

由清洗系统的清洗模块将供给油罐中的原油经加温、加压后，通过清洗机对被清洗储罐内部各部分的凝固油进行溶解，使其分散、具有流动性，再通过移送模块过滤后移送到回收油罐中。

2.5 温水清洗

由系统的清洗模块对预先加入油水分离槽中的清水进行加温加压后，通过清洗机清洗储罐内部各部位，再利用油水分离槽分离温水清洗循环过程中的油水混合物，分离出的原油由回收泵送至回收油罐，分离出的清水继续进行温水清洗循环作业，直至达到清洗标准要求。

2.6 安全措施

在上述施工作业过程中，为防止罐内产生爆炸环境，始终向被清洗油罐内注入惰性气体，并且投用氧气及可燃气体检测仪，以保证可燃气体浓度合格，氧气浓度控制在 8VOL% 以下的惰性环境。

3 机械清罐的技术指标

清洗过的储油罐经可燃气体检测，罐内无可燃气体，达到工业安全动火条件。油罐内表面均露出罐体本色。

实现储罐全过程密闭清洗，人员不接触油气环境，原油无泄漏、环境无污染。原油回收率可达到98%。

4 原油储罐机械清洗技术与人工清罐的对比

机械清罐与人工清罐对比，具有以下显著优点：

（1）机械清罐施工作业期短，具有较高的工作效率，本次机械清洗仅用24d，而通常采用人工清洗相同储油罐，周期至少要1个半月以上。

（2）机械清罐比人工清罐具有更高的安全保障。首先，本次机械清罐施工过程中，机械清洗系统配有惰性气体发生器和氧气及可燃气体检测，可随时监测罐内情况，确保罐内氧气浓度始终低于8VOL%；其次，由于机械清罐清洗流程无须人员进入罐内作业，整个清洗过程都是在密闭环境下进行，避免了人员因进入罐内清洗所面临的缺氧、中毒等人身安全危险因素和因人为疏忽而发生的爆炸和火灾等事故。同时施工人员不接触油气环境，更加符合安全和健康要求，而采用人工清罐施工人员必须进入罐内进行收油及擦洗等作业，罐内作业环境恶劣，存在中毒、缺氧、爆炸、高空作业等重大安全隐患。

（3）机械清罐采用密闭清洗，最后仅有少量残渣淤泥装袋，不污染环境，同时机械清洗过程不向外排放任何污油，在清洗过程中，将污油经清洗系统的油水分离槽分离后，把分离出的油进行回收；在油移送过程中，被清洗储油罐中的可回收原油全部通过管道移送到其他储油罐，进入油库储运系统。整个工艺流程都在密闭环境下进行，绝对不会对罐外、罐区造成环境污染；由于不再存在罐底油外运，可以彻底杜绝油品流失。而人工清罐，需要处理大量的残油及淤渣，易造成站区环境污染的事故隐患。

（4）清洗效果好，达到工业安全动火条件。机械清罐后，可使罐内金属表面原油得到彻底清除，动火作业不会有油气挥发。而人工清罐清洗后，因焊接等作业加热后，二次挥发出可燃气体，易发生火灾、爆炸等风险。

5 清罐过程危害因素识别

原油罐机械清罐作业常见的流程为：选择具有清罐资质的承包商，签订清罐施工合同和安全协议→作业人员进厂安全培训→编制机械清罐施工方案并审核→现场隔离→罐内倒油→流程隔离→开人孔→通风置换→机械清罐→进罐作业→完工验收。按照清罐施工过程"人、物、法、环"等要素进行风险识别,参照 GB 6441—1986《企业职工伤亡事故分类标准》识别可能导致事故的各种因素,并分析可能导致的后果。

5.1 "人"的相关要素识别

依据 SY/T 6820—2011《石油储罐的安全进入与清洗》中的 4.3.2 条款、8 条款和 12 条款有关规定识别安全风险,共涉及 7 个要素,见表 1。

表 1 "人"的危害因素识别

基本要素	识别内容	可能的后果
劳保穿戴	劳动防护用品穿戴	触电、中毒窒息、机械伤害
工具器具	正确使用安全器具	触电、中毒窒息、机械伤害
现场监控	现场监督监护	触电、中毒窒息、机械伤害、火灾爆炸
标准操作	习惯性违章	触电、中毒窒息、机械伤害、火灾爆炸
安全素质	人员安全技能	触电、中毒窒息、机械伤害、火灾爆炸
应急处置	应急处置能力	触电、中毒窒息、机械伤害、火灾爆炸
职责分工	对自己的职责不清楚	触电、中毒窒息、机械伤害、火灾爆炸

5.2 "物"的相关要素识别

依据 GB 50058—2014《爆炸危险环境电力装置设计规范》中的 5.4 条款和 SY/T 6820—2011《石油储罐的安全进入与清洗》中的 5.4 条款规定识别安全风险,共涉及 9 个要素,见表 2。

表 2 "物"的危害因素识别

基本要素	识别内容	可能的后果
防火防爆	防爆器具配备	火灾爆炸
	清砂泵防爆选型	火灾爆炸、中毒窒息
安全设备	安全防护设施配备	触电、中毒窒息、机械伤害、火灾爆炸
应急设施	空气呼吸器配备	触电、中毒窒息、机械伤害
检测检验	检测仪器配备	火灾爆炸、中毒窒息
通风设施	轴流风机防爆选型	火灾爆炸、中毒窒息
静电接地	设备接地及检测	火灾爆炸
用电配电	临时用电	火灾爆炸、触电
消防设施	消防器材保障	火灾爆炸

5.3 "法"的相关要素识别

依据《中国石化进入受限空间作业安全管理规定》中的 2.3.8 条款和 SY/T 6820—2011《石油储罐的安全进入与清洗》中的 4 条款规定识别安全风险,共涉及 9 个要素,见表 3。

表 3 "法"的危害因素识别

基本要素	识别内容	可能的后果
承包商管理	承包商队伍资质	触电、中毒窒息、机械伤害、火灾爆炸

基本要素	识别内容	可能的后果
培训教育	人员培训资质、取证	触电、中毒窒息、机械伤害、火灾爆炸
施工方案	施工方案编写、审查	触电、中毒窒息、机械伤害、火灾爆炸
安全承诺	安全协议签订、执行	触电、中毒窒息、机械伤害、火灾爆炸
入库作业许可	入库作业人员登记	触电、中毒窒息、机械伤害、火灾爆炸
票证办理	作业票证办理、审核	触电、中毒窒息、火灾爆炸
气体检测	气体连续检测记录	触电、中毒窒息、火灾爆炸
开工验收	清罐作业开工验收	触电、中毒窒息、机械伤害、火灾爆炸
安全确认	现场安全措施确认	触电、中毒窒息、机械伤害、火灾爆炸

5.4 "环"的相关要素识别

依据《中国石化进入受限空间作业安全管理规定》中的 2.3.8 条款和 SY 6320—2008《陆上油气田油气集输安全规程》中的 12.3.3 条款规定识别安全风险，共涉及 5 个要素，见表 4。

表 4 "环"危害因素识别

基本要素	识别内容	可能的后果
消防环境	安全应急、消防通道	触电、中毒窒息、机械伤害、火灾爆炸
安全提示	安全警示设置	触电、中毒窒息、机械伤害、火灾爆炸
现场三标	现场标准化、器材摆放	触电、中毒窒息、机械伤害、火灾爆炸
施工天气	雷电等天气情况	火灾爆炸、窒息
作业环境	作业场地环境	触电、中毒窒息、机械伤害、火灾爆炸

6 危险性因素分析

对原油储罐机械清罐作业的危险因素进行识别，确定影响机械清罐安全作业的主要危害为：火灾爆炸、触电、中毒窒息和机械伤害。

6.1 危险性分析

对火灾爆炸、触电、窒息中毒和机械伤害 4 种危害因素进行辨识：

6.1.1 火灾爆炸因素

点火源和达到爆炸极限的可燃气体是构成火灾爆炸的基本要素。使用非防爆器具、通风不良、违章动火、未穿防静电服是引起火灾爆炸的重要因素。

6.1.2 触电因素

接地不良、接零不良、违章操作、设备不合格是构成触电的基本要素。接地电阻不符合要求、操作设备未戴防护器具、未安装漏电保护器是引起触电的重要因素。

6.1.3 窒息中毒因素

含氧量不足、有毒气体超标和通风不良是构成事故的基本要素。没有强制排风设施、未定期排风、没有开展连续检测是引起事故的重要因素。

6.1.4 机械伤害因素

进入危险部位、防护措施失效、机械设备动作是构成事故的基本要素。违章操作、无防护措施、误操作是引起事故的重要因素。

6.2 潜在的隐患分析

6.2.1 静电

防静电劳保穿戴、进罐触摸静电消除器可以降低人体静电释放能量。但检查发现：施工人员劳保服来源不清，以及长期使用反复清洗，使得劳保服装的防静电能力无法保证；触摸人体静电消除器时间较短，可能导致静电释放不彻底。因此，操作人员进入爆炸危险区域时应先进行静电释放，人体接触镶嵌材料的静电消除器时间应大于3s。

6.2.2 有毒有害气体检测

一是可燃气体（包括爆炸性粉尘）爆炸极限下限小于4%时，体积小于或等于0.2%；二是氧气浓度在19.5%~23.5%；三是硫化氢浓度低于10×10^{-6}。在气体检测方面，满足以上3个条件可以进罐施工。现场有毒有害气体应连续监测，每30min检测记录1次。

6.2.3 硫化亚铁自燃

对于硫化氢含量较高的原油罐清罐时，应考虑硫化亚铁自燃。2010年，某石化企业因设备防腐和监督检查不到位，导致石脑油罐罐壁严重腐蚀，铝制浮盘腐蚀穿孔，引起硫化亚铁自燃，浮盘与罐顶之间的油气与空气混合物发生爆炸。

7 原油储罐机械清罐作业安全对策

7.1 技术方面

（1）轴流风机防爆等级选择隔爆型（D），确保通风效果。根据计算，现场使用的排风扇每小时连续排风次数不少于2次，符合通风要求。轴流风机接地与储罐接地极相连，接地电阻小于4Ω，并在人孔固定处使用胶皮隔离避免金属接触。

（2）抽油泵防爆等级选择本安型（I）正压型（P）IP54，确保防爆效果。机泵有防护罩，且护罩覆盖旋转部位，防止机械伤害。

（3）可燃气体、硫化氢、氧气检测仪器至少配备2台。

（4）根据现场施工情况，需配备正压式空气呼吸器，数量不少于4套。气瓶压力应满足28~30MPa，保证使用时间不低于30min。

（5）拆卸螺栓的防爆器具不少于2套，罐内清罐其他防爆器具不少于3套。建议使用J892铜合金材料制造的防爆器具。使用J892铜合金防爆器具时，不能超载荷使用，不能采用扳手加套管延长臂或在柄部用锤作敲击作业。

（6）清罐操作人员接触消除静电装置时间不小于3s。

7.2 管理方面

7.2.1 清罐承包商的选择

选择具备安全施工资质的承包商施工。施工前开展安全风险培训，考核合格后方可上岗。承包商操作人员应确保使用合格的防静电劳保服，符合《特种劳动防护用品安全标志实施细则》规定，劳保服装有"LA"安全标志。

7.2.2 方案编写及实施

承包商制定施工方案和应急救援方案，组织操作人员进行学习。重点对个人逃生、应急避险能力进行培训。施工前进行全员安全交底。

7.2.3 票证办理

包括：进入受限空间、用火作业、临时用电、登高作业等直接作业票证。施工人员熟悉岗位风险内容和风险防控措施。

7.2.4 过程监护

监护人应清楚施工各环节风险，与罐内人员随时保持通信联系，及时制止违章作业。紧急情况下，监护人员立即组织施工人员撤离。监护人应在施工前 30min 前用 2 台监测仪器，对储罐内部的氧气、可燃气体、有毒气体进行顺序检测，确认安全后方可办理施工许可。施工过程中，每 30min 检测 1 次可燃气体、氧气和硫化氢气体含量，并对每次检测结果进行记录。

7.2.5 停工清理

停工期间，应及时清除现场油污及可燃物。罐内清除的杂物、铁锈、油泥应运往指定地点。完工后原貌恢复，保持罐区清洁、整齐。

为落实安全措施，应制定清罐安全措施确认单。确认单明确部门、单位职责，突出安全风险管控重点，理顺管理流程，由建设单位和承包商在开工前和完工后填写，为作业安全提供保障。

参 考 文 献

［1］黄振华，李建华. 油罐清洗的防火与防爆［J］. 油气储运，2001，20(3)：51-53.
［2］吴建国，方泽波. 浅议加油站清罐作业的 HSE 管理［J］. 安全、健康和环境，2012，12(9)：8-10.
［3］李朝刚，田梅，赵阳. 人体静电放电模型和人体静电消除器参数分析［J］. 安全、健康和环境，2015，15(8)：17-20.

作者简介：赵泽(1989—)，2012 年毕业于长江大学石油工程专业，现工作于中国石油新疆油田公司王家沟油气储运中心，从事石油储运工作。

油田企业投资项目管理提升的体系创新实践

祝传秋

（中国石油新疆油田公司王家沟油气储运中心）

摘　要　介绍发展理念合规化，管理模式效益化，管理手段现代化，"三化"体系创新实践应用效果。

关键词　背景；投资项目；管理；风险因素；对策

1　"三化"体系创新实践的创建背景

2020 年受疫情影响，石油行业遭受了前所未有的双重打击，同时，受油价暴跌和勘探费用化支出、折旧折耗、人工成本刚性增长等因素影响，投资回报率仍处于较低水平，加之高成本产量占比逐年增大，高效措施挖潜空间逐步缩小，产量、投资、效益之间的矛盾日益突出，传统的管理模式对项目管理的需求已不能满足。怎样将现代项目管理理念与固定资产投资项目管理实践相融合，建立一种更加系统、科学、高效的新型投资项目管理模式来提升企业经济效益及竞争力已经迫在眉睫。

1.1　应对低油价挑战的当务之急

面临效益大幅下滑的严峻经营形势，既要降低成本开支实现"节流"，又要提升投资效益实现"开源"。改善投资结构，严控低效无效和非生产性投资，已经开工的项目早投产早有成效，未开工项目按照效益进行排队，缓建无效益原油产能，停止高成本措施作业，充分考虑项目在低油价下的回报，实现投资向高效项目配置。

1.2　补齐项目管理短板的内在需求

近年来，投资项目物采方式发生了较大转变，由以往的乙方包工包料变为甲供，甲供料招标价格超批复导致项目超投资；项目关闭后仍结算甲供料进而挤占成本，管理矛盾日益突出。要保持企业竞争创效能力就必须除弊革新进行项目管理制度和机制创新。

1.3　推进合规化管理的重要步骤

项目管理工作具有"多、广、长、大"4 个特征：参与部门多、涉及范围广、时间跨度长、管理难度大，是一个复杂的系统性工程。需要加强项目全生命周期的管理，规范投资管控流程，是推进项目合规化的重要一环。

2　"三化"体系创新实践内涵特征

人才是企业发展的核心竞争力，现阶段应坚定"油公司"发展方向不动摇，借助公司改革契机，推进项目管理体系创新，培育一批"一专多能"的复合型人才，塑造高素质项目管理人才队伍，加快推动投资治理体系和管控能力现代化，为探索适应作业区发展之路而努力实践。

结合作业区项目管理现状，对标油田公司内部先进单位，取长补短，制订管理提升行动实施计划，推出发展理念合规化、管理模式效益化、管理手段现代化的"三化"管理体系，牢固树立项目合规管理理念，坚持合规底线不逾越，按程序办事、建放心工程；坚持量效兼顾，树立"投资、储量、产量、成本、效益一体化"理念；项目管理工具、方式和方法与信息技术充分融合，线上线下同步管理，提高管理效率，保障工程项目高质量建设。

3 "三化"体系创新实践的主要做法

3.1 发展理念合规化

近年来，由于对固定资产投资项目的验收越来越严格，越来越细致，这就要求我们在项目实施过程中更加规范，合理合法。为避免投资项目实施过程中出现失控及违规风险事件的发生，保证项目建设工作的顺利开展，要进一步完善企业内部资产管理制度，有效防范投资风险，提升精细化管理水平。

（1）施工合同合规管理。①合同及风险交底。合同签订后，合同承办部门应仔细研究合同条款及主要内容，分业务口梳理合同条款风险及履约过程中可能存在的潜在风险，并制定相应化解措施和注意事项，形成合同风险管理清单。及时对项目管理人员进行风险交底，过程中注意风险管理落实，并定期进行督查，确保项目履约风险整体可控。②工期管理。在履约过程中，施工单位应在合同约定时间内完成工作量，项目经理部督促其在施工组织计划中编制施工进度计划表严格执行，遇到影响工期的特殊情况，或确实无法追赶约定工期致使工期延后，提前告知合同管理部门并由项目经理部组织相关会议，以会议纪要、主管领导签字认可的纸质资料向合同主管部门备案，申请合同工期变更。③工程进度款。合同金额在500万元以上的项目，允许办理形象进度款及备料款。由立项、监督、预算单位审核后方可支付，办理业务程序严格按照进度款内控流程执行。施工单位每月编制《工程形象进度报表》，项目经理部查核后编制《工程进度确认单》，经项目主管部门确认后递交财务科，确保在建工程的成本和负债能够及时预估，使工程进度款列支准确。④结算管理。施工单位应在项目履约过程中提前进行结算资料归集整理，分批次报送、审核结算资料。投资项目基本以图纸加签证为主，且图纸工作量审核较复杂且费时，如要认真审核一个项目，图纸部分需审核一周至一月时间，甚至数月。

（2）物资材料合规管理。甲乙供料管理。甲供料、自购料管理问题是现阶段项目管理的难点，也是承包商合规履行物资采购流程的"盲区"，问题主要类型有：①材料计划申报滞后，导致到货时间晚、工程进度开展缓慢，预结、跨年项目逐年增加，影响投资完成率，且年终结算难度大；②应该甲供料的项目，承包商自行乙供后，发现在结算审核时不予认可，再补办审批手续，物资管理部不批，然后转甲供料采购流程；③自购料未先谈判确定价格，而是先供料并在年末结算时进行谈判，导致结算审核不及时。余料管理。项目甲供余料管理规定缺失，部分项目甲供余料比例过大，挤占投资费用。

（3）劳务分包合规管理，劳务分包管理要严格做到4个必须：①劳务分包进场施工前须按照建设单位示范的合同文本签订劳务分包合同，工程量、单价、工期、对方接收函件方式等主要内容必须约定详尽规范，特别是劳务单价，严禁先施工后谈单价，以免发生纠纷争议；②劳务工人施工前，必须要求劳务工人与劳务分包单位签订完成一定工作任务的劳动合同，禁止在未签订合同之前安排进场施工作业；③严格执行考勤机制度管理，要求分包出具书面承诺按照考勤机记录情况计算劳务工人出工工时，并在履约过程中严格执行；④劳务分包、半成品分包、专业分包单位进场施工前必须按相关要求给劳务工人购买意外伤害险并向项目部提供劳动合同备份，直至完全施工完毕。

施工过程中向劳务分包或专业分包下达施工任务单，必须以书面形式要求劳务班组长或专业分包现场授权代表签字确认。对于劳务分包或专业分包未按照计划施工、工期滞后或质量不合格的，要及时现场通过视频、照片形式采集证据，通过书面形式发函要求进行整改，按照合同约定处理。

3.2 管理模式效益化

（1）加强经济评价工作，推进经济评价队伍建设，修订工程造价管理办法、编制、发布工程项目经济评价管理办法，对所有成本投资项目都要按照经济评价管理办法开展工作，构建新技术工艺应用类、增产增效类、降本增效类、保障类效益评价方法，杜绝无效项目投入。完善"全项目覆盖、全过程跟踪、全要素评价"的运行体系。进一步发挥计划经营科事前算盈、事中干赢作用。

强化单井效益评价，建立季度评价机制，发布低效、无效井清单，让研究单位有的放矢。推进油气增产措施、井下作业的事前、事中、事后经济评价，杜绝无效措施、作业。采用"问题倒逼"的思维方式和"项目全生命周期"的评价方法，加大对投资项目经济评价工作的力度，建立内部考核机制，做到常规项目投资回报率必须大于8%、安全环保项目必须大于4%，加强项目立项、建设、运营考核管理，经济评价全生命周期跟踪评价的作用及发挥经济评价在工程项目立项中科学决策的作用。

（2）优选高效回报项目，面临效益大幅下滑的严峻经营形势，既要降低成本开支实现"节流"，又要提升投资效益实现"开源"。改善投资结构，严控低效无效和非生产性投资，已开工项目早投产早见成效，未开工项目按照效益排队，缓建无效益原油产能，停止高成本措施作业，充分考虑项目在低油价下的回报，实现投资向高效项目配置。

以效益为核心，以重点工程建设、工艺及完整性管理为抓手，积极应对成本投资管控和疫情不利影响，全力推进风南4转油站改扩建工程、某油田公司密闭集输系统冷凝水单独回收利用工程、风乌夏采出液密闭改造工程、密闭集输伴生气资源化利用、风城油田稠油开发地面系统热能利用技术研究等重点工程。全面提质提效，提升油气田地面工程建设管理水平和技术经济指标。

（3）深入开展提质增效，继续深入开展提质增效专项行动，紧盯控投降本提质增效任务目标，积极推进成本项目自主维修进程。一是坚持"抱团取暖、共渡难关"理念，积极与承包商沟通，得到承包商的理解与支持并主动签订下浮承诺书，打造合力应对低油价挑战的共赢局面。二是坚持投资全过程管控原则，建立节点管控模式，以计划单督促各部门完成节点工作，同时加强甲乙供料审批、采购、结算及施工中变更管理；推行管控资料信息化，实现一键查询；针对结算资料超审核误差率及迟报资料情况，严格考核加强结算管理。通过强化方案、施工图审核、细化设备、主材梳理、采购管理，降低高价采购、超设计采购，严格对自购料价格核准，节约投资完成投资管控目标。三是加大自主化维修推广力度，借助自助平台，提高操作员工素质，培养复合型人才。充分调研维修单价现场适用情况，梳理价格体系，参考其他单位同类项目价格，深入现场写实工作量，制定维修结算单价，确保结算有价可依。

3.3 管理手段现代化

坚持问题导向，系统性梳理项目全过程管理要素，以制定配套规章制度、建立健全项目管理机制、强化过程管控力度为抓手，实施"2+2+8"管控模式，提升项目管理水平。

（1）建立"2"项制度，规范项目管理流程。对标公司规章制度，建立投资、工程造价管理办法及相关考核细则，明晰部门职责，进一步细化项目管理程序，规范项目申报、前置项及实施过程的"模糊地带"管理行为，强化对承包商造价审核管理。

随着固定资产投资的不断加强，对项目管理提出了更高要求，将现代项目管理理论引入固定资产投资管理中，可以满足项目管理在质量、工期、投资效益和资金管理等方面的要求。企业应根据国家法律法规和公司发展要求，建立分工清晰、管理明确、责任到位、责权一体、高效简洁的投资项目管理制度。面对复杂的市场环境，为了有效提升企业竞争优势，应健全和完善固定资产投资项目管理制度，在现代项目管理理论指导下规范化开展固定资产投资项目管理工作，在保证工期和质量的同时，创造更大的投资效益。同时，企业需要结合法律法规健全和完善固定资产投资项目管理制度，逐渐形成现代化企业固定资产投资项目管理制度及投资项目管理体系，促使后续相关工作有章可循。

（2）推出2种方式，线上线下同步参与。线下：定期跟踪落实项目进展，每月组织项目推进会，研究部署各项工作，督办跟踪重点问题解决进度，每季严格兑现奖惩，充分调动业务部门积极性，重点推进项目管理方式由"链条式"向"矩阵式"转变，加强部门之间横向组织管理。固定资产投资作为一项系统化工作，各个环节联系较为密切，任何一个环节出现问题，都将影响项目整体效益。这就需要加强固定资产投资项目实施情况全面跟踪和预警，保证固定资产投资项目管理活动的顺利展开。整合企业资源，提高固定资产投资项目管理认知和重视；推动项目管理模式创新，优化管理流程，便于提升企业的固定资产投资项目管理水平，实现资金的合理配置，有助于提升企业的经营效益。固定资产项目管理是一项过程性、系统性工作，涉及前期准备阶段、实施阶段、竣工阶段等多个环节，明确每一环节的输出，对固定资产投资项目执行情况进行跟踪、预警和综合分析，可以更好地管控投资管理活动。在前期准备阶段，规范项目建议书、可行性研究报告和设计的编制和报批；在项目实施阶段，建设单位依据批复的内容组织落实；在工程竣工验收阶段，对工程质量进行鉴定，合理控制投资建设成本，确保通过竣工验收。在固定资产交付使用后，切实加强维护管理，发挥投资效益。

线上：借助工程项目管理系统发挥项目监管职责，以实施计划为主线、各节点资料管理为载体，对比验证项目进度，过程资料一键查询，实现从工程立项、施工、竣工交付、后评价全过程信息化管理。项目管理手段单一，管理技术比较落后。油气田工程规模宏大，复杂性高，当前主要依靠现代化的信息管理系统。但是在工程项目管理的应用中，信息管理系统建设不完善，项目信息形式单一，各级主管对信息系统建设和实施不够重视，在信息传递过程中以开会、汇报等方式进行，极易造成信息传递失真与延误，不利于对项目进行科学及时的管理。项目主管单位要建立健全工程建设资料管理制度体系，明确部门、管理人员职责分工，对建设单位、监理单位、检测单位资料管理提出明确要求，按照时间节点细化各阶段资料收集、整理、建档的工作流程和目标任务。总体上构建各单位资料管理人员配备、管理流程到位、阶段任务明确的网络体系，在工作开展中做到责任到人、任务到边、管理可控的良好格局。

（3）强化8项举措，助推项目管理升级。完善组织机构，明确责任分工。投资工作由作业区主要领导亲自负责，涉及"三重一大"的年度投资建议计划及批次建议计划均按流程经党委会讨论确定，项目管理工作会经过半年的运作已趋成熟，组织机构由虚拟项目部各业务部门共同组成，发挥统筹协调作用。

加强培训引导，提升从业能力。加强业务指导与制度宣贯，树立项目管理人员全程参与理念，理清项目管控流程界面，针对管理薄弱环节编制专项资料、分享真实案例，开展大讲堂1次、专业培训3次。

参加方案审核，做好顶层设计。遵循建设项目"二八定律"，坚持"四审"制度，强化设计委托环节审批，重点参与方案投资估算与经济效益审核，加强各专业科室预审、作业区会审管理，凸显设计阶段投资控制的重要作用。

（4）对标节点管控，保障项目工期。严格执行"一单六表"制，重点落实节点管控计划单，督促承办部门严格对照时间节点推进工作，定期落实征地、甲乙供料采购等进展情况，表单、台账同步录入系统，实现关键节点管控。

（5）规范物资审批，严把物料环节。加强甲乙供料审批管理，二、三级物资乙供，必须经物资管理站、物资管理部"两级"审批后方可执行并予以结算；甲供设备招标价格超批复单价不予审批；无计价依据的材料由项目承办部门组织价格谈判确定价格标准。

（6）严抓变更管理，加强风险管控。严格履行变更审批程序，在涉及合同变更、方案变更、施工图纸变更等环节要求项目承办部门以书面形式报备。项目实施过程中变更，由施工单位填写变更联络单，承办部门与设计方沟通，监理现场核实后，经三方签字后确认变更。

4 "三化"体系创新实践应用效果

4.1 管理流程更加合规

一是建立健全投资制度及考核办法后，项目管理各方分工明确、权责明晰，工作流程规范便于操作，项目执行效率大幅提升，打破以往只考核基层不考核机关常规，扭转了项目实施过程中的被动局面，项目合规管理向好发展。

二是梳理工程项目关键风险点流程，确保工程进度账实相符，要求施工单位每月编制《工程形象进度报表》，项目承办部门审核后编制《工程进度确认单》，经计划经营科确认后递交给财务科，保证在建工程成本和负债能够及时预估到，使成本费用列支准确，满足内控管理要求。

4.2 体系优势效能初显

树立项目管理"一盘棋"理念，构建虚拟项目部平台，整合合同签订、专项评价、用地、物采、施工、质监、验收及结算环节资源，形成合力加强协作配合，突出体系整体效应，2020年共督办重点问题36项，合规解决遗留问题3项，涉及金额400余万元，打通"关键症结"，确保工程项目稳步推进。

4.3 过程管控作用突出

一是通过强化方案、施工图审核，细化设备、主材采购管理，降低高价、超设计采购，严格核准自购料价格，7项工程共节约投资1933万元，响应作业区提质增效专项行动号召，完成投资管控目标，赢得公司投资管控项加1分。

二是与2019年对比，2020年项目管理突出问题发生概率呈明显下降趋势，5类问题今年未再发生，项目管控作用突出。

三是提前制定承包商结算大表，指导年终结算工作，保障中小企业款项支付，通过对结算资料迟报、超审核误差率，核减金额50余万元。

参 考 文 献

[1] 陈天奇. 现代租赁对我国实体经济的促进作用[J]. 江西社会科学，2014(11)：32-39.

[2] 李薇. 融资租赁在化工企业中的应用的问题分析及应对策略[J]. 财经界，2017(16)：58.

[3] 王琳. 融资租赁行业现状与问题分析[J]. 中国市场，2015(52)：16-23.

[4] 简建辉. 我国融资租赁行业理论和实践分析[M]. 北京：经理管理出版社，2015.

[5] CHASTEEN L G. Implicit factors in the evaluation of lease vs. buy alternatives[J]. The Accounting Review, 1973, 48(4), 764-767.

[6] BOWMAN R G. The Debt Equivalence of Leases：An empirical investigation[J]. Accountingreview, 1980, 55：237-253.

[7] J. Ang. P. Peterson, The Leasing Puzzle[J]. Journal of Finance, 1984, 39：1055-1065.

作者简介：祝传秋(1983—)，2008年毕业于大庆职业学院油气开发技术专业，2014年毕业于中国石油大学(北京)石油工程专业，现工作于中国石油新疆油田公司王家沟油气储运中心，从事石油储运工作。

非金属管线在塔河油田生产系统中的应用对比分析

徐俊辉　李君华　郜双武

（中国石油化工股份有限公司西北油田分公司）

摘　要　塔河油田采油一厂目前在用站外管线约1700余条，总长达到3700km，其中金属管线1400余条，长度约3100km，非金属管线300余条，长度约600km，非金属管线占比仅16.2%。随着玻璃钢管线、柔性复合管、内衬管等非金属管线对金属管线的修复和替代，非金属管线占比逐渐增多，集输系统刺漏逐年减少，抗腐蚀的非金属管线的应用逐渐得到重视。玻璃钢管线、柔性复合管、钢骨架增强聚乙烯塑料复合管、HTPO管内衬金属管，它们的结构特点、强度、连接方式、应用情况等不尽相同。通过对比发现：玻璃钢管线较其他非金属管线可塑性较好，在抢修维护上较有先天优势，其他金属管线依然有各自的应用价值，具有耐腐蚀、造价低、韧性好等优点。

关键词　金属管线；非金属管；连接方式；强度；耐腐蚀性

目前统计的数据来看，塔河油田单井集油管线现役最早于1995年，服役达27a；多数管线腐蚀严重，刺漏频发，对油田的生产造成颇大损失，非金属管线的修复和替代应运而生，形成了替代金属管线的趋势。非金属管线相较于金属管线有很强的耐腐蚀性能，又能达到金属管线的承压能力，近些年来颇受青睐。而非金属管线种类繁多，生产方式、使用材料、连接方式等有较大差别，在应用中应当加以比较，根据实际情况进行选择符合生产集输需求、符合注水需求等的非金属管材。

1　结构强度

目前柔性管较多采用在塔河油田采油一厂单井集输管线的建设，它韧性好，可使用转盘进行盘绕运输，每盘长度为100~300m，保温采用20mm发泡聚乙烯进行保温，结构如图1所示。

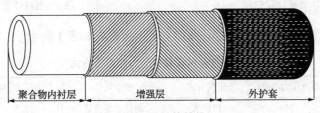

| 聚合物内衬层 | 增强层 | 外护套 |

图1　柔性管结构

内管主要使用材料有聚乙烯、聚氯乙烯、聚丙烯等，使用工具挤出成型；而增强层则采用各类纤维编制或者缠绕成型，主要材料有聚乙烯纤维、聚酯纤维等。内层主要负责输送液体的防腐，而强度主要由纤维提供。

低压玻璃钢管线主要由外层、结构层、内衬层组成，其强度主要由结构层提供，主要以不饱和聚酯树脂、环氧树脂等热固性树脂为基体材料，缠绕成型的复合材料管道，如图2所示。

高压玻璃钢管线主要由外表面酯质层，外结构层、夹砂层、内结构层、内衬层组成，结构层提供强度，主要承受管道液体压力，夹砂层给管道提供刚度同时可降低成本，如图3所示。

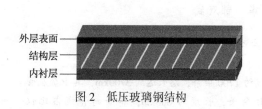

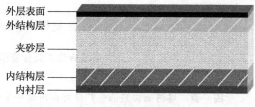

图2　低压玻璃钢结构　　　　　　　　图3　高压玻璃钢结构

钢骨架增强聚乙烯塑料复合管如图4所示，适用于石油、天然气行业油、气、污水输送及混输复合管，也适合于输送饮用水、消防水及腐蚀性液体输送用复合管。骨架主要有钢丝网骨架、钢板网骨架、钢丝缠绕骨架。其中，钢丝网骨架以高强度钢丝左右螺旋缠绕成型的网状骨架为增强体，以高密度聚乙烯为基体，并用高性能的黏接树脂层将钢丝网骨架与内外层高密度聚乙烯紧密地连接在一起。

金属管线修复用内衬管(HDPO、HDPE)高密度聚乙烯(HDPE)塑料管具有极好的化学稳定性、耐老化等突出优点。HDPE内衬管具备优异耐蚀性能，随着非开挖内穿插修复技术在油应用范围的推广。耐高温聚烯烃(HTPO)，适用于稠油高温度集输管道修复用的HTPO内衬管，目前较多用HTPO管进行金属管道修复，如图5所示。

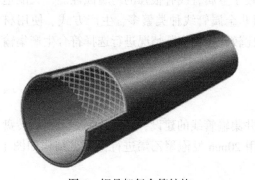

图4　钢骨架复合管结构　　　　　　　　图5　HTPO管

各非金属管线在工区应用的最高压力和主要连接方式如表1所示。

表1　非金属管最高压力和连接方式

非金属管	最高压力/MPa	连接方式	非金属管	最高压力/MPa	连接方式
柔性复合管	25	转换头	钢骨架复合管	2.5	转换头
玻璃钢管	25	螺纹	HDPO修复管	2	热熔

2　连接方式

2.1　柔性管连接方式

柔性复合管的连接方式主要有螺纹连接、法兰连接、扣压连接、对接焊接。目前塔河油田所采用柔性复合管连接方式主要是螺纹连接，连接头如图6所示。

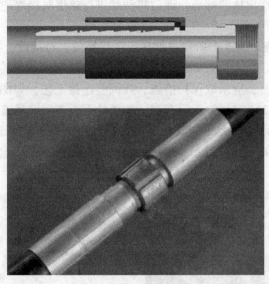

图 6 柔性复合管接头

目前柔性复合管线接头材质主要为不锈钢，随着柔性复合管不断发展，部分厂家生产除了钛合金接头外，这种接头更加耐腐蚀，使用时间更长。

2.2 玻璃钢连接方式

两段玻璃钢连接采用特制的玻璃钢接头，使用与之管径相匹配的带钳将两端固定，扭动中间接头，将两段管线连接，如图 7 所示。施工质量应符合《非金属管道设计、施工及验收规范》等规范。

图 7 玻璃钢接头

2.3 钢骨架柔性复合管

电热熔焊接连接：电热熔焊接连接方式与 PE 管的连接方式相似，采用电热熔管件焊接连接，连接可靠、使用方便。电热熔管件有直接、弯头、变径、等径三通、异径三通等。在钢丝网骨架塑料复合管焊接过程中应使用扶正器，固定接头，有利于对中并能防止接头构件移动，利于保证焊接质量。

热熔对接焊接：钢骨架柔性复合管内部有增强钢丝，而且管壁薄，很难直接进行热熔对接焊接，一般采用先制造出法兰端面，而后将两端进行热熔对接焊连接。

2.4 HTPO 管连接

HTPO 管材焊接一般分为 3 个阶段，加热段、切换段、对接段，根据管子的不同规格和截面积制定其焊接参数。3 个重要参数：温度、压力、时间。在寒冷气候（-5℃以下）和大风环境下进行连接操作时，应采取保护措施，或调整连接工艺，如图 8 所示。HTPO 管材对接焊的最佳焊接温度为 205~210℃，只有在这种条件下，产生熔融流动合物的大分子才能进行相互扩散形成缠绕，得到最大的强度和高质量的焊接结果。结果表明：温度低于 180℃，即使加热时间长，也不能达到质量好的焊接结果。如果温度过高将会使材料结构发生变化，降低焊接质量。

图 8　PO 管连接

3　应用情况

采油一厂柔性复合管较多采用在单井集输建设方面，稀油或含水较高的井多数采油 DN80 规格，相对较稠的井多数采用 DN100 规格；部分注水井少量采用压力等级较高的柔性复合管线，即 DN50、25MPa。长时间的生产过程中，在项目建设、生产运行过程中存在的问题有：

（1）管线转换接头价格较高，且须由厂家专业人员到场使用专业工具进行压接。此种情况会对建设工期造成一定影响，管线损坏（刺漏）维修时间较长，如果没有备用管线，对生产极为不利。

（2）复合管使用的金属接头成为薄弱点，易被腐蚀，部分使用钛合金的转换接头，对焊接材料、焊工技术要求较严苛。

（3）由于复合管的特殊材质，冬天及低温情况下无法施工，大大影响了复合管应用；成品保护较为困难，一旦出现弯折必须整段切除更换。

（4）低压柔性复合管的耐压能力不足，日常使用时发现扫线压力只能达到 4MPa，超过压力会出现爆管现象，会增加抢维修的工作时间及运维成本。

柔性复合管可以弯曲，铺设管道时对机械依赖度较低，布设节省人力且方便，缩短施工周期，且施工面较小。

目前在塔河碳酸盐岩注水片区，使用玻璃钢管线较多，DN65、DN80、DN100、DN120，压力等级为 12MPa、16MPa，约 50km 左右；2004—2022 年玻璃钢管线约 200km，DN65~ DN150。主要存在的问题有：①玻璃钢管道的维护、修补困难，一旦破损泄漏只能停产修复，维护代价较大；②玻璃钢管线随着时间变长，管线酯质结固退化变薄变脆无法承压；③玻璃钢管线接头主要还是螺纹连接、焊接、钢制转换接头连接，连接无固定操作技术说明指导，无相应统一验收规范，导致质量参差不齐。

玻璃钢除在管道中应用以外，由于其性能上的可塑性，可按照生产需求建造成所需形状，目前在塔河油田中，油田水储罐、高效聚结除油器等设备均使用模板玻璃钢材质生产成品投用，目前较金属材质的设备抗腐蚀性能好，使用寿命长。

精细水注水方向，由塔河油田 1 号联处理系统达到 B1 要求后，主要由钢骨架增强聚乙烯塑料复合管输送，此种管线设计压力为 2.5MPa，承压较低，多数使用在干线输水，到达相应站点后通过喂水泵、注水泵、高压管线注水，各种管线综合使用，充分发挥各类管线材质性能。钢骨架增强聚乙烯塑料复合管在其产品结构上、材质使用上决定了它的压力等级和产品属性，耐腐蚀，对水质影响较小，但是其接头方式和强度等级较低，存在剥离现象，且对温度的适应性和气密性较差，所应用范围较窄。

HDPO 管多数使用在非金属管线的修复上，1996—2022 年使用 HDPE、HDPO 管进行内穿插对金属管线修复的约达 660km，通过修复的金属管线接头处加大小头扩径，焊接后连头留口注砂浆，经固化后管线试压后投用。经修复后的管线形成复合结构，外层钢管受力，内层钢管抗腐蚀，使用寿命大大延长。但因砂浆是刚性材料，抗拉性能较差，接头处不易受力，容易造成剪切破坏，造成液体内漏修复失败。

4　总结

金属管线相比较于非金属管线，内防腐较困难，内防主要还是以内穿插 HDPO 管为主，金属的外防腐主要以黄夹克为主，部分金属管线涂刷富锌环氧底漆、云铁中间漆和表层防腐漆进行防腐，而非金属金属管道的最大优点是它的耐腐蚀性，非金属管道不需要进行内防腐和外防腐。针对不同的腐蚀环境和相应的非金属管道特点，编制不同环境条件的非金属管道的选用指南对油田设计人员和经济、安全和可靠应用具有重要意义。非金属管线抗腐蚀性能好，使用寿命长，基本消除了金属管线腐蚀穿孔现象。主要优点有：

① 导热系数小，保温性能好；

② 内壁光滑，抗磨损性能大为提高；

③ 抗结垢和结蜡、效果明显；

④耐腐蚀性能好，使用时间相对于金属管线大大延长。随着非金属管线的应用，采油厂的管线刺漏次数逐年下降，如图 9 所示。

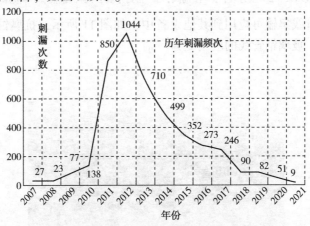

图 9　历年刺漏曲线

目前非金属管材应用目前存在以下 5 个问题：①性能参差不齐；②相关研究和分析缺乏；③质量监督及检验未及时跟进；④售后服务未及时有效跟进。

非金属管线的推广以及普及，必须解决好非金属管线在应用中存在的技术问题：

① 提高非金属管道的接头强度、韧性和压力等级等薄弱点；②开发适用于站及其管件，重点解决站内管道的连接和管件配内使用的非金属管道套问题；③非金属管道的带压快速修复、封堵等问题。除了解决技术问题外，还应解决现状问题，由于不同材质非金属管线的相应标准由相应前列企业领衔制定，不同类型的非金属管道结构特点、连接方式、施工工艺和适用范围等方面都不尽相同，故此有必要针对不同的非金属管线建立各自的生产、验收、维护和施工标准和规范，从原材料到正产过程至施工过程再到验收、和维护都能够标准化，建立健全完善的非金属管道标准化体系，实现非金属管道在生产、产品规格、施工和验收的标准化，有利于非金属管道的推广应用，提高非金属管线的竞争力，有利于不断提高行业竞争力，提高中国非金属管线行业发展。

玻璃钢管线相比较柔性复合管、钢骨架增强聚乙烯塑料复合管、内衬管修复金属管有较大优势，玻璃钢管线因本体刚性大，在较小的刺漏处、管径较大时可采取打钢带方式进行抢维，不耽误生产，其他 3 种管线只能断管修复；在压力较低、管径较小、刺漏点不大时可采用与玻璃钢管线本体相容性较大的酯质进行修复，效果较好。另外，因玻璃本体刚度较大，玻璃钢本体表面处理后可类似于金属管线进行带压封堵，如图 10 所示，但目前仅能在管道压力较小时进行，且依赖特定的工具，目前技术不成熟。

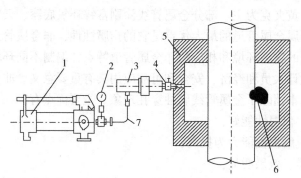

图 10　工艺原理示意

1—液压泵；2—压力表；3—注剂阀；5—密封卡具；6—泄漏点；7—液压胶管

同时，玻璃钢管线集输可应用到其他设备中，如图 11 所示，抗腐蚀效果显著，相信在未来技术成熟以后，玻璃钢管线的应用更为广阔。

图 11　玻璃钢除油器

参 考 文 献

[1] GB/T 21238—2016，玻璃纤维增强塑料夹砂管[S].

[2] GB/T 21492—2019，玻璃纤维增强塑料顶管[S].

[3] JC/T 552—2011，纤维缠绕增强热固性树脂压力管[S].

[4] SY/T 6266—2004，低压玻璃纤维管线管和管件[S].

[5] SY/T 6267—2006，高压玻璃纤维管线管规范[S].

[6] SY/T 6419—2009，玻璃纤维管的使用与维护[S].

[7] SY/T 6769.1—2010，非金属管道设计、施工及验收规范 第1部分：高压玻璃纤维管线管[S].

[8] SY/T 6662.2—2012，石油天然气工业用非金属复合管 第2部分：柔性复合高压输送管[S].

[9] GB/T 14976—2012，流体输送用不锈钢无缝钢管[S].

[10] GB/T 6479—2013，高压化肥设备用无缝钢管[S].

[11] GB/T 5310—2017，高压锅炉用无缝钢管[S].

[12] 郭强，孙阳洋，刘兴茂，等.非金属管在油田的应用及探讨[J].天然气与石油，2012，30(6)：19-21.

[13] 曲炳良.给水管材性能分析及其选择[J].黑龙江科技信息，2009(28)：19.

[14] 屈海宁.管道支吊架在非金属管道中的应用[J].广东化工，2021，48(6)：119~121.

[15] 许艳艳，葛鹏莉，肖雯雯，等.塔河油田非金属管失效分析与评价体系的建立[J].石油与天然气化工，2020，49(4)：78-82.

[16] 冉庆军.油田集输管网用非金属管存在的质量控制问题分析及建议[J].中国石油和化工标准与质量，2016，36(12)：56-57.

[17] 董立伟.浅谈提高油田油气集输效率的方法[J].中国新技术新产品，2016(15)：144.

[18] 余一刚.雅克拉油气集输管材及内层涂料选用评价研究[J].油气田地面工程，2004(5)：13-14.

[19] 杨洋.玻璃钢输油管线不动火带压堵漏技术研究[D].西安：西安石油大学，2016.

作者简介：徐俊辉(1991—)，男，硕士学位，现工作于中石化西北油田分公司采油一厂，主要从事油气田地面集输工程建设工作。

重油催化裂化顶循环系统腐蚀机理及除盐设备效果分析

刘凯琪

(中国石油化工股份有限公司济南分公司)

摘　要　在重油催化裂化装置内，腐蚀相对较为严重。其中分馏塔顶循除盐系统的腐蚀情况尤为突出。本文对重油催化裂化装置顶循环系统腐蚀机理进行分析，并介绍了某重油催化裂化装置应对顶循系统腐蚀措施——顶循除盐设备使用情况。降低顶循系统油内盐含量，对装置长周期运行，保证装置安全平稳运行有实际性的作用。

关键词　顶循环系统；顶循除盐设备；腐蚀；结盐

1　概述

二催化装置最先由中国石化工程建设公司设计，设计的初始规模为140万t/a，装置于1996年建成投产，2022年新上顶循除盐项目，并于当年5月下旬投用。本装置加工的二次原油主要来源为厂内ϕ355mm、ϕ377mm两条输油线，随着近年来加工原油性质的变化，高硫高酸现象尤为突出，造成厂内常减压装置电脱盐设备多次出现故障，原油中盐无法正常脱出，进而影响常减压及后续生产装置设备出现故障。装置内涉及顶循油的设备有多台压力容器和多条压力管道，其中顶循环系统换热器有E-202、E-205，现运行阶段顶循油还作为吸收稳定区域再吸收油使用，涉及压力容器有C-304、E-204、E-210。

2　运行阶段腐蚀现状

140万t/a重油催化裂化装置近几年因顶循环油腐蚀或结盐，导致多台设备出现不同程度的故障。分馏塔因结盐多次洗塔；2020年2月因疫情停工调整检修时发现贫富吸收油换热器E-204/2壳体内侧靠近进出口部位腐蚀严重，出现大面积坑蚀，最小厚度约5mm(原始壁厚12mm)，且壳程出口短节也出现局部坑蚀减薄情况，最小厚度为3.5mm(原始壁厚7mm)。在此次检修期间，将E-204 2台换热器均原样更新管束，但在2021年2月大检修期间，发现E-204/1、2管束仅用1a时间，管束发现不同程度的腐蚀泄漏情况，E-204/1堵管8根，E-204/2堵管3根。堵管后打压合格回装投用；2020年12月14日排查发现顶循除盐水换热器E-205/1.2内漏，将E-205/1.2换热器整体切出，管束抽出清洗后发现，管束外表面有大面积坑蚀现象，后盖头大量的锈蚀物中包含白色晶体的NH_4Cl，清理出的杂物含有硫化亚铁等腐蚀介质。

3　腐蚀机理分析及应对措施设备介绍

3.1　腐蚀机理分析

换热器管束外壁运行环境为H_2S—HCl—NH_3—H_2O类型的腐蚀机理，在酸性环境下铁与其他酸性物质反应极易产生硫化物，并产生该类型的应力腐蚀。其中NH_4Cl主要由原料油中的氮氧化物和氯离子生成，腐蚀产物中的S和Cl主要来源是原料油中的S和Cl，该反应过程为：

$$Fe+H_2S \longrightarrow FeS+H_2$$
$$Fe+HCl \longrightarrow FeCl_2+H_2$$

$$FeS+HCl \longrightarrow FeCl+H_2S$$
$$NO_x+H_2 \longrightarrow N_2+H_2O$$
$$N_2+H_2 \longrightarrow NH_3$$
$$NH_3+HCl \longrightarrow H_4Cl$$

3.2 应对腐蚀措施介绍

从以往检修中对分馏塔的检查发现，分馏塔整体运行情况良好，但塔顶部塔盘、降液管等位置发现结盐现象，严重时会带来腐蚀问题。虽然日常运行中，优化塔顶操作条件可以缓解结盐发生，但并不能从根本上解决结盐和腐蚀问题。在装置运行后期，结盐问题比较严重，不仅影响安全生产，也会导致分馏塔塔顶部塔盘分离效率下降、汽柴油分离效果变差，造成较大的经济损失。想要从根本上解决重油催化裂化装置顶循环系统腐蚀结盐问题，主要的做法是将油中的含盐量降低，对催化裂化装置原料油进行脱盐处理，此时需要用到电脱盐设备，但此方法会增加装置运行成本，增加操作工的操作量，且增加多处易腐蚀泄漏点，对整个装置安全平稳运行产生一定的负面影响。因此，为实现对顶循脱氯脱盐、减少塔顶氯离子对设备腐蚀、降低结盐风险，2022 年增加顶循环油除盐设施，该套设备具有见效快、油中盐脱除率高等特点。顶循除盐设施于 2022 年 5 月 17 日建成交付，2022 年 5 月 25 日开始投用运行，现针对顶循除盐设备投用效果进行介绍。

3.3 顶循除盐设备工作原理介绍

湍流混合器、微萃取分离器和高效分离器，是组成分馏塔顶循环油成套除盐装置的关键 3 部分(工作原理见图 1)。除盐水经过湍流混合器后被均匀分散喷入至顶循环油中，同时也将油品中的部分无机盐充分溶解到水中；利用微萃取分离器的运作原理，对盐类离子进行深度捕获，从而达到对油水初步预分离的效果。最迅速而有效的油水分离过程是在高效分离器中实现的，它运用粗粒化及波纹强化沉降原理，溶水性盐被带出，实现了顶循油在线脱盐的目的。

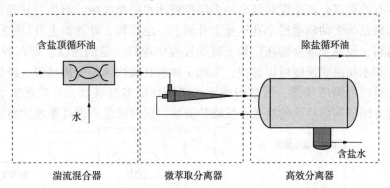

图 1 分馏塔顶循环油在线除盐工作原理

在湍流混合器中，水以液丝的形式通过喷头进入微旋流萃取分离器。微萃取分离器内并联多根萃取-分离芯管，以实现对油中分散的 Cl^- 和 CN^- 盐类离子的二次深度萃取分离，其工作原理为：分离器进口的特殊结构可使液体产生高速旋转，并且由于萃取-分离芯管内 2 个互不相溶液体的密度差，使得分散在油中的水滴螺旋迁移到芯管边壁，从而增大水滴与部分未萃取盐离子的接触。含盐水滴聚结后经由芯管底流口排出，实现了油水的预分离过程，其萃取-分离原理如图 2 所示。

旋流萃取-分离芯管内流体萃取分离原理为：旋流场内任意一点流体的速度都可以被分解为切向分量、径向分量和轴向分量，3 个分量均存在剪切应力、切向剪切应力、径向剪切

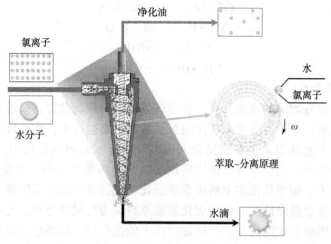

图2 萃取−分离原理示意

应力和轴向剪切应力。高进口流速形成很大的剪切应力，液滴粒径在强剪切力作用下迅速减小，使传质表面积大大增加。水滴经迁移碰撞长大，随后经过超重力离心沉降作用被分离出来。旋流场为动态平衡流场，液滴在旋流场中不断破碎和长大。

表面更新率随液滴不断破碎和长大得以增加，传质系数被提高，液滴尺寸得到细化，使主体浓度差均匀化，从而实现传质强化，并且油水相分离的过程也随着聚结长大得到强化。

经萃取−分离器后，含油水相进入高效分离器下部，油相出口进入高效分离器上部，为了减少入口射流对流场的干扰，高效分离器设置了入口分布管对流场进行分布；然后，油水整流器将紊流油水的流态进行均匀分布，使其保持平稳，变为层流态，扩大主分离区域；最后，采用能够有效提高分离速度和效率的多层折板油水分离区域，折板上开有直径4~12mm的小孔，之前聚结的大油滴通过小孔迅速上升到上一层折板，并逐级上升(图3)。折板采用亲油、疏水材料，使油水混合物在折板上流动过程中保持一定的角度，即在较小的空间中，油相上浮速度和水相沉降速度可以加快，实现了油水高效快速的分离过程。经过萃取后，净化后的循环油返回分馏塔顶部，通过内回流洗涤塔顶的多层塔盘，有效避免了顶部系统结盐，从而实现分馏塔顶循环油的高效在线除盐效果，同时降低顶循环系统的腐蚀速率。

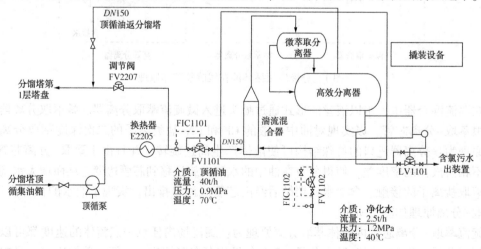

图3 顶循油在线除盐设施流程

按照与第三方公司签署《某炼化企业重油催化装置顶循油增设在线除盐设施技术协议》的要求，顶循除盐脱氯撬装设备建成投用后不影响催化装置规模和年操作时数，且指标达到以下指标。

（1）年腐蚀速率：设备运行稳定（不超过1个月）后，分馏塔顶循环系统腐蚀速率小于0.2mm/a。

（2）脱后油中水含量小于$400×10^{-6}$，水相出口带油小于$200×10^{-6}$。

（3）氯离子脱除率：稳定运行后，无机态氯离子脱除率>80%或油中氯离子小于$2×10^{-6}$。

顶循除盐设施物料见表1。

表1　顶循除盐设施物料

序号	名称	单位	数量	来源与去向
1	顶循油	t/h	40（8FIC207的20%）	8FIC207前，前手阀后
2	除盐水	t/h	油量的3%~7%	P-208/1，2

4　顶循除盐设备试验结果

顶循除盐设备自2022年5月25日起投用，除盐设备油路入口量也一直在摸索中增加，设备用除盐水量也根据每天油、水的化验结果调整试验，见表2。

表2　顶循除盐物料变化调整明细

日期	顶循除盐入口油/（t/h）	除盐水量/（t/h）	除盐水占顶循除盐入口油比值/%	进入除盐系统油占顶循环油比值/%
5-25—5-26	20	1	5.00	16.77
5-26—5-30	22.5	1.2	5.33	18.75
5-30—5-31	25	1.2	4.80	20.83
5-31—6-6	30	1.5	5.00	25
6-6—6-20	34	2.1	6.18	27.20
6-20—6-22	33.5	1.7	5.07	19.70

顶循除盐设施氯离子脱除率：经过近1个月的试验摸索，在对油路流量和除盐水量多次调整后，得到如表3所示的数据。从表中数据可以得出，其氯离子的脱除率基本上可以做到≥80%，符合《某炼化企业重油催化装置顶循油增设在线除盐设施技术协议》的要求。

表3　运行至今较合理的顶循除盐入口油与出口油数据

样品名称	日期	氯含量/（mg/kg）	水分/$×10^{-6}$	氯离子脱除率/%
顶循除盐入口油	2022-5-30	1.9		47.37
顶循除盐出口油	2022-5-30	1	870	
顶循除盐出口油	2022-6-6	1.8	910	90.58
顶循除盐入口油	2022-6-6	19.1		
顶循除盐入口油	2022-6-9	165		99.39
顶循除盐出口油	2022-6-9	1	666	

样品名称	日期	氯含量/(mg/kg)	水分/×10^{-6}	氯离子脱除率/%
顶循除盐入口油	2022-6-13	68		72.06
顶循除盐出口油	2022-6-13	19	935	
顶循除盐入口油	2022-6-15	44	629	85.45
顶循除盐出口油	2022-6-15	6.4	1279	
顶循除盐入口油	2022-6-21	32.3	2280	95.98
顶循除盐出口油	2022-6-21	1.3	860	

由图4可知：即便抽取较合理的数据，但是因未设计采样口，前期利用8FIC207前后入顶循除盐设施与顶循除盐设施返回油的放空进行采样，采样油中有明水存在，样品数据有波动，进而导致化验数据波动。因无原料油氯离子含量数据，尚不清楚是否是因为原料中氯离子含量的波动引起的波动。

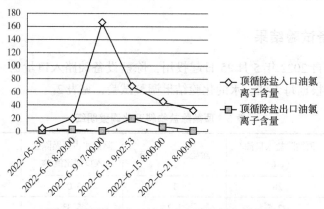

图4　顶循除盐入口油与出口油中氯离子含量

表4为催化装置柴油经罐区去加氢装置加样数据，二催化柴油为全抽出，一定程度上可以反映出原料中氯离子的波动情况，二催化柴油中氯离子含量较平稳，但是二催化柴油经过罐区有静置时间，而顶循环油存在氯离子富集，且顶循环流量越大，其中的水分停留时间越长，富集越多。即便原料油氯离子含量较平稳，顶循环油中氯离子含量依然有波动的可能。

表4　催化柴油经罐区去二加氢加样数据

样品名称	日期	氯离子含量/(mg/kg)
催化柴油	6月10日	0.9
催化柴油	6月13日	0.5
催化柴油	6月14日	0.8
催化柴油	6月17日	0.4
催化柴油	6月20日	0.6

前期采样问题及后期数据的波动，给氯离子脱除率数据带来了些许不确定性，但是从顶循除盐外排水中氯离子含量图中可以看出(图5)，外排水中氯离子含量较高，证明一直有氯离子被洗出，且6月6日开始的数据陡然上升，与调整顶循除盐设施的入口油流量与增加除

盐水注入量的比例有直接关系，除盐系统油占顶循环油比值达到 27.2%，除盐水占顶循除盐入口油比值为 6.18%，加大了洗盐力度。按该结果总结，接近其设计工况，效果可能更好。

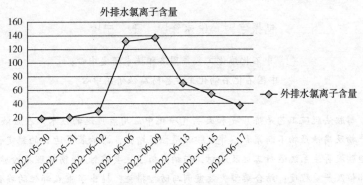

图 5　顶循除盐设施外排水中氯离子含量变化

由图 5 可看出：在运行达到一定条件后，氯离子在外排水中的含量先是突升，在运行一段时间后达到平稳状态。外排水中氯离子含量能证明其洗盐效果，且表 3 中化验数据表明也可达到 ≥80% 的氯离子脱除率。

5　其他防腐蚀措施

在顶循环系统内，换热器管束是腐蚀最为明显的设备，故除使用顶循除盐系统外，更换管束材质也是行之有效的方法之一。经行业内兄弟企业的试用证明，材质为 09Cr2A1MoRe 的稀土合金钢做成的管束在应对 H_2S 应力腐蚀情况有明显效果，在应对类似顶循环系统低温硫腐蚀介质设备腐蚀情况效果明显。

6　结论

经过近 1 个月的试用运行效果来看，经过动态调试后顶循除盐设备达到预期效果。顶循油中氯离子脱除后对缓解顶循系统内腐蚀速率有确切的作用，将油相中的盐脱除可以保证装置长周期运行的根本，重油催化裂化顶循环系统腐蚀和结盐问题也得到解决。顶循除盐设备运行期间无须任何助剂，只需在滤芯达到规定使用寿命后更换即可，可简单高效解决分馏塔顶循环系统腐蚀严重的问题。

参 考 文 献

[1] 郭辉．常压蒸馏装置塔顶系统腐蚀机理分析及措施[J]．石油化工腐蚀与防护，2017，34（4）：62-64.
[2] 陈俊．大榭石化常减压顶循油除盐脱氯设施运行分析[J]．价值工程，2018：141-143.
[3] 侯继承，许萧．延迟焦化分馏塔除盐新技术的工业应用[J]．炼油技术与工程，2014，44（9）：13-16.
[4] 范利．在线除盐技术在常压塔顶循流程的应用[J]．石化技术，2020，27（10）：77-79.
[5] 张新昇，远继福．塔顶注水除盐系统在渣油加氢的应用[J]．炼油与化工，2021，32（4）：45-48.
[6] 束润涛，朱启鹏．耐 H_2S 腐蚀的 09Cr2A1MoRe 钢研制总结[J]．全面腐蚀控制，2001（5）：36-41.

作者简介：刘凯琪（1994—），男，2016 年毕业于青岛科技大学，学士学位，现工作于中国石油化工股份有限公司济南分公司，中级工程师，从事设备管理工作。

硫黄装置胺液再生系统腐蚀防控研究

包振宇[1,2] 段永锋[1,2] 王 宁[1,2]

(1. 中石化炼化工程集团洛阳技术研发中心;

2. 中国石化石油化工设备防腐蚀研究中心)

摘 要 醇胺法脱硫工艺是炼厂气和天然气净化中应用最广泛的技术。在胺液循环使用过程中,降解产物及腐蚀产物不断累积,导致胺液腐蚀性增强,影响装置运行的稳定性和安全性。本文基于典型胺液再生系统运行工况及选材,归纳分析了主要腐蚀/损伤机理及检验方法,明确了重点腐蚀部位及严重程度;结合典型失效案例与防控措施,提出了重点部位的腐蚀控制回路,并提出了关键参数的阈值和超标后的响应策略,为胺液再生系统安全生产和防腐蚀管理提供了参考和思路。

关键词 脱硫;胺液再生;热稳定盐;腐蚀控制回路;损伤机理

炼化企业和天然气净化厂通常使用有机胺水溶液(简称胺液)脱除硫化氢,但胺液能与气体中的其他杂质气,如氯化氢、氰化氢、氧气等,发生化学反应,生成不可再生的热稳定盐或加速胺液降解过程,使得胺液具有强烈的腐蚀性。胺液再生作为脱硫过程的重要环节,其腐蚀损伤除胺液本身腐蚀引起的胺腐蚀、胺应力腐蚀开裂以外,还包括冲蚀、汽蚀、酸性水腐蚀、湿硫化氢损伤等,并且多数情况下,同一部位的腐蚀/损伤机理相互交叉、促进,严重制约了装置的长周期稳定运行。本文基于胺液再生系统工艺流程特点及选材,确定各部位主要腐蚀/损伤机理及其严重程度,并列举典型失效案例进行分析讨论,阐明腐蚀特征、产生原因和应对方案。然后,结合完整性操作窗口和腐蚀回路的理念,在具有相近工况和工艺介质特点的防腐蚀重点区域建立腐蚀控制回路,列举出关键监测参数及其控制指标,并提出参数超标后的响应措施,从而协助企业清晰、直观地实现胺液再生系统的防腐蚀管理。

1 腐蚀/损伤机理及检验方法

胺液再生系统以胺液再生塔为主体设备,内部介质可大致分为2类,即塔顶及冷凝冷却系统的酸性气及酸性水,以及塔底及换热系统的胺液。根据内部介质、工况条件及选材,绘制胺液再生系统的腐蚀/损伤分布如图1所示,主要设备易失效部位及相应的有效检验方法如表1所示。

2 失效案例分析

2.1 再生塔内壁点蚀及减薄

某企业胺液再生塔已服役14年,全塔以胺液进料口为界,分为上部和中下部2段,基本信息如表2所示。上部筒体内壁附着灰黑色垢物,轻微减薄,垢下有大量点蚀坑,最大深度为1.0mm,见图2(a)。中下部筒体内壁有黄褐色锈蚀层,层下遍布密集腐蚀坑,蚀坑最大尺寸为$\phi10mm \times 0.3mm$,见图2(b);重沸器返塔口正对面塔壁发现约$\phi500mm$的明显腐蚀减薄区域,最大减薄量为5mm左右。

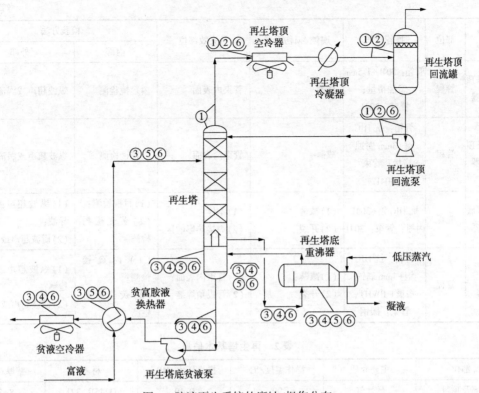

图 1 胺液再生系统的腐蚀/损伤分布

表 1 设备易腐蚀部位及推荐的检验方法

设备名称	部位	推荐材质	腐蚀/损伤形式	易失效部位	检验方法 内部	检验方法 外部
再生塔	塔顶		减薄、点蚀	本体、接管	目视检测、纵波超声	纵波超声或超声导波
再生塔	塔底	筒体：抗 HIC 钢+304L 衬里；内件：304L	(1)减薄、点蚀；(2)开裂	(1)本体、接管；(2)焊接热影响区	(1)目视检测、纵波超声；(2)荧光磁粉检测	(1)纵波超声或超声导波；(2)横波超声或衍射时差法超声检测（TOFD）
再生塔顶回流罐	筒体	筒体：抗 HIC 钢+304L 衬里；丝网：304L	减薄、点蚀	本体、接管	目视检测、纵波超声	纵波超声或超声导波
贫富胺液换热器	管程	抗 HIC 钢+304L 衬里	(1)减薄、点蚀；(2)开裂	(1)管束；(2)管板角焊缝	(1)内窥镜检测；(2)荧光磁粉检测	(1)纵波超声、涡流检测；(2)横波超声或 TOFD
贫富胺液换热器	壳程	抗 HIC 钢+5mm腐蚀裕量+焊后热处理(PWHT)	(1)减薄；(2)开裂	(1)本体；(2)焊接热影响区	(1)目视检测；(2)荧光磁粉检测	(1)纵波超声或超声导波；(2)横波超声或 TOFD

设备名称	部位	推荐材质	腐蚀/损伤形式	易失效部位	检验方法	
					内部	外部
再生塔顶空冷器	管程	管箱：304L+1.5mm腐蚀裕量；管束：304L	减薄	管束内表面	内窥镜检测	纵波超声或涡流检测
再生塔顶冷凝器	管程	管箱：抗HIC钢+3mm腐蚀裕量；管束：304L	减薄	管束内表面	内窥镜检测	纵波超声或涡流检测
再生塔底重沸器	壳程	抗HIC钢+304L内衬；管束：304L	(1)减薄；(2)开裂	(1)本体；(2)焊接热影响区	(1)目视检测；(2)荧光磁粉检测	(1)纵波超声或超声导波；(2)横波超声或TOFD
贫液空冷器	管程	管箱：抗HIC钢+4mm腐蚀裕量+PWHT；管束：碳钢	(1)减薄；(2)开裂	(1)管束内表面；(2)管板角焊缝	(1)内窥镜检测；(2)荧光磁粉检测	(1)纵波超声或涡流检测；(2)横波超声或TOFD

表2 再生塔基本信息

部位	主要介质	操作温度/℃	操作压力/MPa	材质	壁厚/mm
上部及顶封头	酸性气	99	0.19	Q245R+321	8+3
中下部及底封头	胺液	128	0.22	Q245R+321	10+3

(a)再生塔上部筒体内壁点蚀坑

(b)再生塔中下部筒体内壁锈蚀及蚀坑

图2 再生塔筒体内壁腐蚀形貌

垢样分析：①上部筒体灰黑色垢样的高效离子色谱(HPIC)和X-射线衍射(XRD)分析结果分别如表3和图3所示，垢样溶解后呈弱酸性，主要成分为铁的氧化物和硫化物，并含有少量氯化物。②中下部筒体黄褐色垢样的HPIC和XRD分析结果分别如表4和图4所示，垢样溶解后呈弱酸性，主要成分为铁的硫酸盐和氧化物，并含有热稳定盐(有机酸根)和少量氯化物。

表3 再生塔上部筒体垢样水溶液 HPIC 分析结果（浓度：mg/L）（垢样：溶液=1∶50，wt/wt）

pH	SO_4^{2-}	SO_3^{2-}	Cl^-
5.46	441	34.6	7.17

表4 再生塔中下部筒体垢样水溶液 HPIC 分析结果（浓度：mg/L）（垢样：溶液=1∶50，wt/wt）

pH	乙酸根	甲酸根	Cl^-	SO_4^{2-}
6.03	1.93	25.3	6.62	31.78

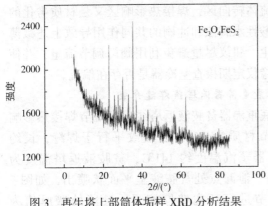

图3 再生塔上部筒体垢样 XRD 分析结果

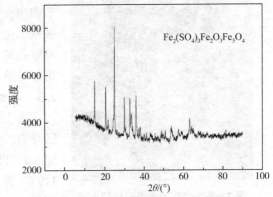

图4 再生塔中下部筒体垢样 XRD 分析结果

腐蚀分析及建议：①上部筒体内衬不锈钢，潮湿的酸性气附着在其表面形成1层液膜，其中溶有硫化氢、氯离子等腐蚀性介质，造成不锈钢腐蚀减薄和点蚀。建议检修期间对内壁进行重点检测，适时升级衬里材质为 316L。②中下部低合金钢筒体受到解吸出来的酸性气的冲击，形成大量蚀坑，同时，胺腐蚀形成的腐蚀产物垢层，也会导致垢下腐蚀。建议控制胺液中热稳定盐和氯离子含量（指标参照表6），并采用离子交换法或电渗析法对胺液进行除热稳定盐的操作，并定期置换新鲜胺液。另外，利用阴离子交换树脂脱除胺液中的氯离子。③重沸器返塔口正对面塔壁减薄主要由胺液冲蚀导致，建议在返塔入口正对面设置防冲板，减缓流体对塔壁的冲刷。

2.2 再生塔顶空冷器出口管道减薄穿孔

再生塔顶空冷器出口短节法兰连接的焊缝部位发生腐蚀穿孔，如图5所示。同时，空冷器出口分支管弯头处减薄严重，最薄处为 2.88mm（原始壁厚为 9.5mm），部位如图6所示。短节及分支管材质均为 Q245R，内部介质酸性气，成分及含量见表5，操作温度为 55℃，压力为 85kPa（g）。

图5 再生塔顶空冷器出口短节腐蚀泄漏部位

图6 再生塔顶空冷器出口分支管弯头处减薄

表5 再生塔顶酸性气(干基)成分及含量(vol%)

硫化氢	二氧化碳	氨	烃类
95.05	1.20	3.61	0.14

腐蚀分析及建议:泄漏发生前2周,因风机故障,企业关闭部分支管出口的阀门,导致泄漏的支管流量偏大。由于支管内介质主要含有硫化氢、氨、二氧化碳和水蒸气等,属于酸性水腐蚀环境,流体流动状态对腐蚀起重要影响。因短节和弯头为流体转向区,焊接热影响区又是材质劣化的多发部位,酸性水腐蚀和冲刷的共同作用导致上述减薄及穿孔的发生。建议尽量避免利用阀门调节流量,并使用红外热成像仪定期检查空冷器是否存在偏流。

图7 再生塔底重沸器返塔线入塔
短节开裂泄漏

2.3 再生塔底重沸器返塔线焊缝开裂

再生塔底重沸器贫胺液返塔线入塔短节焊接热影响区开裂,短节材质为Q245R,裂纹平行于焊缝,长约50mm。再沸器蒸汽温度约141℃,贫胺液返塔温度为119℃(沸点),泄漏点处贫胺液呈平面状喷出,如图7所示。对短节进行环向壁厚测量,最薄处壁厚值为3.42mm(原始壁厚为9.5mm)。贫胺液的化验分析数据如表6所示。

表6 贫胺液分析数据(泄漏前1个月的平均值)

项目	硫化氢含量/ (mg/L)	MDEA含量/ %	酸性气含量/ (mol/mol)	热稳定盐 含量/%	氯化物含量/ (mg/L)	pH
分析数值	316	27.79	0.007	3.04	228	9.25
推荐值/限制值	—	—	—	≤0.5或≤2.0	≤300或≤500	>10.0 或≤9.0

腐蚀分析及建议:①胺液中热稳定盐含量高,低合金钢耐胺腐蚀的能力有限,壁厚的减薄由胺腐蚀和冲刷共同作用导致。建议严格控制热稳定盐含量。②短节材质等级偏低,且焊接后未经PWHT,材质有一定程度的劣化且存在残余应力,最终发生胺应力腐蚀开裂。建议按照API RP945对焊缝进行PWHT,改造时升级304L。

3 腐蚀控制回路

3.1 再生塔塔顶及冷凝冷却系统

再生塔塔顶及冷凝冷却系统腐蚀控制回路如图8所示,主要设备和管道信息如表7所示。设置再生塔塔顶及冷凝冷却系统关键参数及推荐控制范围见表8,关键参数超标后的相关推荐措施见表9。

表7 再生塔塔顶及冷凝冷却系统主要设备和管道信息

序号	设备和管道名称	材质
1	再生塔(上部)	筒体:Q245R+321 内件:304L

序号	设备和管道名称	材质
2	塔顶空冷器	壳程：Q245R 管程：10#
3	塔顶冷凝器	壳程：Q245R 管程：10#/Q345R
4	塔顶回流罐	筒体：Q245R
5	塔顶至空冷器管道、塔顶空冷器至塔顶冷凝器管道、塔顶冷凝器至塔顶回流罐管道、回流罐至回流泵管道、回流泵至再生塔管道	Q245R * +3.2mm 腐蚀余量

* 所有 Q245R 管道均经 PWHT。

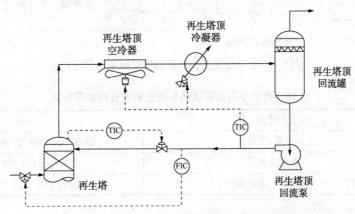

图 8　再生塔塔顶及冷凝冷却系统腐蚀控制回路示意

表 8　再生塔塔顶及冷凝冷却系统关键参数

参数名称	推荐上限值	推荐下限值
塔顶温度/℃	115	95
塔顶回流温度/℃	50	40
塔顶酸性水流速/(m/s)	5 *	—

* 若为不锈钢管道，上限值为 15m/s。

表 9　再生塔塔顶及冷凝冷却系统关键参数超标后推荐操作

参数名称	超标状态	推荐操作
塔顶温度	超上限	增大顶回流流量
塔顶温度	超下限	减小顶回流流量
塔顶回流温度	超上限	增大空冷器、冷凝器换热量
塔顶回流温度	超下限	减少空冷器、冷凝器换热量
塔顶酸性水流速	超上限	降低处理量

3.2　再生塔塔底及换热系统

再生塔塔底及换热系统腐蚀控制回路如图 9 所示，主要设备和管道信息如表 10 所示。设置再生塔塔底及换热系统关键参数及推荐控制范围见表 11，关键参数超标后的相关推荐措施见表 12。

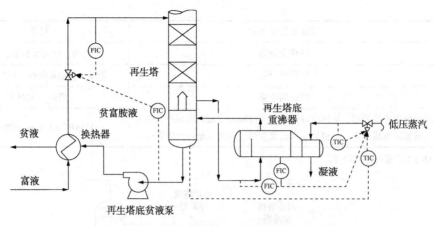

图 9　再生塔塔底及换热系统腐蚀控制回路示意

表 10　再生塔塔底及换热系统主要设备和管道信息

序号	设备和管道名称	材质
1	再生塔（下部）	筒体：Q245R+321 内件：304L
2	塔底重沸器	壳体：Q245R 管程：10#
3	再生塔至重沸器管道、重沸器至再生塔管道	Q245R* +3.2mm 腐蚀余量

* 所有 20# 管道均经 PWHT。

表 11　再生塔塔底及换热系统关键参数

参数名称	推荐上限值	推荐下限值
塔底温度/℃	125	115
重沸器蒸汽温度/℃	145	135
富液流速（管道）/(m/s)	1.5	—
富液流速（管束）/(m/s)	0.9	—
贫液流速（管道）/(m/s)	6	—
贫液流速（重沸器壳程）/(m/s)	1.5	—
热稳定盐含量/wt%	2.0	—
胺液中铁含量/μg/g	3.0	—
胺液中氯含量 μg/g	500	—
富胺液 pH 值/μg/g	—	9.0

表 12　再生塔塔底及换热系统关键参数超标后推荐操作

参数名称	超标状态	推荐操作
塔底温度	超上限	减少重沸器蒸汽量
塔底温度	超下限	提高重沸器蒸汽量
重沸器蒸汽温度	超上限	降低阀后蒸汽压力（关小阀门）
重沸器蒸汽温度	超下限	升高阀后蒸汽压力（增大阀门开度）
富液流速（管道/管束）	超上限	降低处理量

参数名称	超标状态	推荐操作
贫液流速(管道)	超上限	对于再生后贫液采出管道,降低处理量; 对于进重沸器管道,减少重沸器蒸汽量
贫液流速(重沸器)	超上限	减少重沸器蒸汽量
热稳定盐含量	超上限	增大胺液置换量
胺液中铁含量	超上限	增大胺液置换量
胺液中氯含量	超上限	增大胺液置换量
富胺液 pH 值	超下限	降低酸性气负荷或更换胺液

4 结论

（1）胺液再生系统的主要腐蚀/损伤类型包括：胺腐蚀、酸性水腐蚀、湿硫化氢损伤、冲蚀，以及胺应力腐蚀开裂(碳钢)、氯化物点蚀和应力腐蚀开裂(奥氏体不锈钢)。主要发生在：再生塔顶及冷凝冷却系统、再生塔底及换热系统，其腐蚀控制分别从优化选材和工艺防腐蚀 2 方面实施。

（2）对于再生塔顶及冷凝冷却系统，选材方面：塔器和容器选用碳钢+304L/321，设备内件、管道及冷换设备管束选用 304L；若酸性水中氯离子含量高于 5000μg/g，材质应升级为 316L。工艺防腐蚀方面：系统管道内介质流速建议控制在不高于 5m/s(碳钢)或 15m/s(奥氏体不锈钢)。

（3）对于再生塔底及换热系统，选材方面：60℃以上的设备/管道采用碳钢+304L/321或 304L/321，若胺液中氯离子含量高于 500μg/g，考虑升级 316L，所有碳钢焊缝需严格 PWHT。工艺防腐蚀方面：控制胺液在管道内的流速不高于 1.5m/s，在换热器管程中的流速不高于 0.9m/s，进再生塔流速不高于 1.2m/s；胺液中热稳定盐含量不应高于 2%，pH 值不应低于 9.0。

参 考 文 献

[1] 孟繁明，朱建华，董晓坤，等．气体分馏装置重沸器结焦原因剖析[J]．石油炼制与化工，2005，36(7)：15-19.

[2] 叶庆国，李宁，杨维孝，等．脱硫工艺中氧对 N-甲基二乙醇胺的降解影响及对策研究[J]．化学反应工程与工艺，1999，15(2)：219-223.

[3] 孙姣，孙兵，姬春彦，等．天然气脱硫过程的胺液污染问题及胺液净化技术研究进展[J]．化工进展，2014，33(10)：2771-2777.

[4] 荐保志．胺液再生塔重沸器泄漏原因分析及处理[J]．硫酸工业，2020(6)：54-56.

[5] 白洪波．硫黄回收装置再生塔重沸器泄漏原因分析[J]．设备管理与维修，2018(15)：105-107.

[6] 王丽萍．天然气脱硫装置腐蚀控制技术应用[J]．硫酸工业，2016(4)：57-59.

[7] 张强，黄刚华，江晶晶，等．含硫气田天然气净化厂腐蚀控制与监/检测[J]．石油与天然气化工，2018，47(2)：19-25.

[8] 陈平．硫黄回收装置再生系统腐蚀原因及对策[J]．石油和化工设备，2017(3)：85-88.

[9] 胡泽．浅析胺脱硫装置腐蚀与选材[J]．科技经济导刊，2015(8)：202-203.

[10] 王金光．炼化装置腐蚀风险控制[M]．北京：中国石化出版社，2022，242.

[11] 侯斌，孙福洋．MDEA 再生塔塔底重沸器管束腐蚀分析与对策[J]．失效分析与预防，2016，11(3)：

172-175.

[12] 李子甲, 高秋英, 张文博, 等. 天然气脱硫系统中热稳定盐的形成、危害及防控措施[J]. 科学技术与工程, 2022, 22(3): 873-881.

[13] 马永倩. 电渗析净化技术在炼厂胺液系统中的应用[J]. 石油石化绿色低碳, 2021, 6(4): 26-29.

[14] 刘祥春. 再生塔底重沸器出口弯头的腐蚀失效分析[J]. 石油化工腐蚀与防护, 2017, 34(5): 39-41, 64.

[15] API recommended practice 945, Avoiding environmental cracking in amine Units[S]. New York: API Publishing Services, 2008(Reaffirmed 3rd Ed.), 5-7.

[16] 胡敏. 硫黄回收装置腐蚀若干问题探析[J]. 炼油技术与工程, 2020, 50(12): 60-64.

作者简介: 包振宇(1985—), 男, 2015 年毕业于天津大学, 博士, 现工作于中石化炼化工程集团洛阳技术研发中心, 专业副总, 高级工程师。

H储气库集输管线防腐策略分析

张海明[1]　林　敏[2]　邵克拉[1]　王明锋[1]　何　斌[1]　何　林[1]

(1. 中国石油天然气股份有限公司新疆油田分公司；
2. 中国石油天然气股份有限公司储气库分公司)

摘　要　H储气库集输管线为采取埋地方式，输送介质以甲烷为主，其中CO_2占1.89%，采气工况下伴有凝析油和地层水产出，埋地管道易受腐蚀影响。为掌握其腐蚀状况以采取合理防腐措施，通过对腐蚀环境分析研究，确定其腐蚀影响因素以游离水、CO_2分压为主，还包括土壤环境、温度、氯离子浓度和流速等。对此，储气库采取"不锈钢双金属复合管+3PE防腐层+强制电流"的防腐措施，每年检修期间对埋地金属管线进行检测，对个别破损点及时修复维护，保证气库安全平稳运行。

关键词　集输管线；埋地；游离水；CO_2分压；内防腐；外防腐；阴极保护

在天然气的开发生产中，地下储气库发挥季节调峰、应急储备的功能。H储气库为带边底水的贫凝析气藏，工作气量为45.1亿m^3，运行压力为18~34MPa。气库的工作方式为夏注冬采，气源为西气东输二线来气。由于西二线来气中CO_2含量为1.89%，采气期生产中伴随凝析油和地层水，且注采气井位于林地、耕地中，所以较高的运行温度、压力、CO_2，产出水中的Cl^-，土壤中的盐、氧、酸、湿度，都会造成埋地金属管线的腐蚀。

金属腐蚀造成集输管线爆破，天然气处理装置失效，加剧设备结构损坏等，破坏气库平稳供气，影响下游用户的生产和生活。腐蚀不仅给国家和企业造成巨大的直接、间接经济损失，对周边地区造成环境污染，形成资源浪费，严重时也威胁气库员工的人身安全。所以，开展储气库注采气管线腐蚀防范研究具有重要意义。

基于储气库实际运行工况，通过对腐蚀机理的研究，对气库工作环境进行腐蚀因素评价、分析工况条件下埋地金属管线腐蚀的影响程度，制定相对应的防腐措施和技术手段，并定期对埋地管线进行检测，及时修复破损点，保障气库安全平稳运行。

1　腐蚀因素分析

H储气库地面为农田、耕地，夏季气温在15~38℃，年均降水量为200mm。西二线来气气质组分甲烷含量为92.55%，CO_2含量为1.89%，H_2S含量为0，相对密度为0.6070。以储气库第四采气周期产出水取样分析，游离水中含有不同浓度的HCO_3^-、Cl^-、Ca^{2+}、Mg^{2+}、SO_4^{2-}，pH值为6.14，其中Cl^-离子含量为1579mg/L。采气阶段，产出水为酸性环境，矿化度为2974.34mg/L，集输管线内存在游离水，易发生电化学腐蚀；注气阶段，虽然西二线来气为干气，且不含H_2S，不存在H_2S腐蚀，但注气压力高使CO_2分压增大，加剧腐蚀。在天然气集输系统中腐蚀介质包含CO_2、盐、地层水、矿物质，以及埋于地下的管线还受大气、土壤的腐蚀，故H储气库腐蚀因素包括游离水、CO_2分压、Cl^-离子含量、土壤腐蚀、温度、压力、流速等。

1.1　游离水影响

对储气库第四采气周期产出水进行水质分析，属$CaCl_2$水型，化验结果如表1所示。

表 1　水组分分析结果

检测项目	pH 值	HCO_3^-/(mg/L)	Cl^-/(mg/L)	Ca^{2+}/(mg/L)	Mg^{2+}/(mg/L)	SO_4^{2-}/(mg/L)	K^+Na^+/(mg/L)	矿化度/(mg/L)	水型
结果	6.14	227.58	1579.3	156.53	23.59	145.66	955.47	2974.34	$CaCl_2$

油气田生产中遇到的腐蚀问题绝大多数都是电化学腐蚀。当金属与电解质溶液接触时，由于金属表面的不均匀性如金属种类、组织、结晶方向、内应力、表面光洁度等的差别，或者由于与金属表面不同部位接触的电解液种类、浓度、温度、流速等的差别，从而在金属表面出现阳极区和阴极区。金属电化学腐蚀是通过阳极和阴极反应过程而进行的。

（1）阳极反应过程

阳极表面的金属正离子，在水分子的极性作用下进入水溶液，形成水化物，反应公式如下：

$$M + mH_2O \longrightarrow M^{n+} \cdot mH_2O + ne \tag{1}$$

式中　M——金属；

　　　e——电子；

　　　n——金属化合价；

　　　m——水化物配位数。

（2）电子转移过程

电子从金属的阳极区转移到金属的阴极区，同时电解液中的阳离子和阴离子分别向阴极和阳极相应转移。

（3）阴极反应过程

从阳极流来的电子在溶液中被能吸收电子的离子或分子所接受，其反应如下：

$$D + ne \longrightarrow D \cdot ne \tag{2}$$

式中　D——能接受电子的离子或分子；

　　　n——电子的数目。

大多数情况下，溶液中的 H^+ 离子与电子结合生成 H_2 气，O_2 与电子结合生成 OH^- 离子。反应过程如下：

$$2H^+ + 2e \longrightarrow H_2 \uparrow \tag{3}$$

$$O_2 + 2H_2O + 4e \longrightarrow 4OH^- \tag{4}$$

1.2　CO_2 分压影响

CO_2 是非含硫气田主要的腐蚀介质。一般来说，干燥的 CO_2 对管材是不发生腐蚀的，当有游离水环境存在时，CO_2 溶于水产生酸性环境，高的运行压力会增加 CO_2 分压，高的运行温度及其他矿物质离子会加剧管材腐蚀。影响 CO_2 腐蚀管线的因子包括：CO_2 分压、温度、流速、水组分。当游离水出现，CO_2 溶于水生成碳酸：

$$CO_2 + H_2O \longrightarrow H_2CO_3 \tag{5}$$

碳酸使水的 pH 值下降，对钢材发生氢去极化腐蚀：

$$Fe + H_2CO_3 \longrightarrow FeCO_3 + H_2 \uparrow （腐蚀产物） \tag{6}$$

在一定温度下，随着 CO_2 分压增加，溶液 pH 值下降。随着 CO_2 分压的增加，腐蚀加剧。CO_2 分压计算公式如下：

$$P_{CO_2} = P_总 \times CO_2\%$$ (7)

式中 P_{CO_2}——CO_2 分压，MPa；

$P_总$——气体总压（井底压力），MPa；

$CO_2\%$——气体中 CO_2 的百分含量（体积分数）。

根据 CO_2 分压大小判断集输管线是否产生腐蚀，如表 2 所示。

表 2 CO_2 分压腐蚀等级

CO_2 分压/MPa	腐蚀等级	腐蚀速率范围/(mm/a)
<0.021	轻微腐蚀	<0.025
0.21~0.021	中等腐蚀	0.025~0.12
>0.21	严重腐蚀	>0.13

由储气库设计报告可知，H 气田紫泥泉子组 6 口井（表 3）的天然气常规分析资料，天然气具有二低一高和不含硫的特点。天然气相对密度较低，为 0.5921~0.6076，平均 0.5999；非烃含量较低，CO_2 含量为 0.398%~0.728%，平均 0.482%；甲烷含量高，为 90.09%~93.24%，平均 92.14%。西二线来气气质组分甲烷含量 92.55%，相对密度 0.6070，CO_2 含量为 1.89%（表 4）。故在注采气阶段 CO_2 含量在 0.482%~1.89%。

表 3 原 H 气田天然气分析数据

井号	井段/m	相对密度	烃组分/%							CO_2/%	氮气/%
			甲烷	乙烷	丙烷	异丁烷	正丁烷	异戊烷	正戊烷		
呼 2	3561~3575	0.6055	91.670	5.027	0.617	0.161	0.164	0.114	0.088	0.427	1.732
呼 001	3550~3564	0.6105	90.087	4.122	0.644	0.171	0.185			0.728	4.063
HU2002	3536~3572	0.5921	93.242	3.850	0.462	0.080	0.070			0.417	1.879
HU2003	3546~3571	0.5967	92.652	4.004	0.564	0.152	0.142			0.398	2.088
HU2004	3550~3580	0.5953	92.864	3.856	0.538	0.120	0.116			0.449	2.059
HU2006	3575~3582	0.5990	92.335	4.315	0.585	0.150	0.157			0.471	1.984
全区平均		0.5999	92.142	4.196	0.568	0.139	0.139	0.114	0.088	0.482	2.301

表 4 西二线来气天然气分析数据

气源类别	相对密度	烃组分/%							二氧化碳/%	氮气/%
		甲烷	乙烷	丙烷	异丁烷	正丁烷	异戊烷	正戊烷		
西气东输二线	0.6070	92.55	3.96	0.33	0.11	0.09	0.22	0	1.89	0.85

根据 CO_2 含量百分比，计算 CO_2 分压结果如表 5 所示。

表 5 CO_2 分压实际计算结果

管线类型	设计压力等级/MPa	实际运行范围/MPa	CO_2 分压/MPa
单井管线	32	18~28	0.0868~0.529
注气干线	32	20~30	0.0964~0.567
采气干线	12	8.0~11.0	0.0386~0.208

由上表可知：单井管线在注采气期 CO_2 分压为 0.0868~0.529MPa，产生腐蚀为中等或严重腐蚀；注气干线压力等级高，CO_2 分压为 0.0964~0.567MPa，同样也产生中等腐蚀至严重腐蚀；采气干线 CO_2 分压为 0.0386~0.208，压力等级较低产生腐蚀为中等腐蚀。综合来看，储气库埋地金属管线受 CO_2 分压影响产生腐蚀等级至少为中等腐蚀。

1.3 其他因素

（1）土壤腐蚀

土壤腐蚀一般针对管道外层进行，由于土壤中存在复杂而又不均匀的腐蚀介质，金属管道在土壤中腐蚀主要为自然腐蚀和电腐蚀。影响土壤腐蚀的因素包括：含水量、电阻率、pH 值、含盐量、硫化物、透气性、有机质等。

（2）温度影响

温度对管材腐蚀影响主要包括：

① 影响产生酸性环境的物质（CO_2）在集输管线中的溶解度。通过对比不同温度区域即低温区（<60℃）、中温区（<110℃）、高温区（<150℃）下 CO_2 对碳钢的腐蚀程度可以发现，当温度为 107℃时，CO_2 腐蚀速率最大，腐蚀速率随温度升高先增加后减小。

② 温度升高会加快分子运动，加剧其他化学反应速度，加速腐蚀进度。

③ 温度越高，对管道内防腐材料要求越高。一般来说，常规缓蚀剂、内涂层、内衬的适用温度在 80℃左右。

④ 温度不同，腐蚀产物的成膜机制不同。比如，在低温区易发生均匀腐蚀，而到了高温区，局部腐蚀严重。

2 防腐措施

2.1 内防腐措施

目前，国内外油气集输管道内防腐措施主要包括：添加缓蚀剂、涂料、电镀、复合管防腐等。下面对比 4 种内防腐技术，见表 6。

表 6 内防腐技术对比

内防腐技术	防腐机理	优点	要求（缺点）
缓蚀剂防腐	将缓蚀剂加入腐蚀介质中，以抑制金属或合金的腐蚀破坏过程和其机械性能改变过程	用量少、不改变环境；不增加设备投资、操作简便、见效快、同一配方适用不同环境，应用广泛	与地层水和油有良好的相容性，并与水合物抑制剂有良好的配伍性
电镀防腐	阴极性镀层（钢铁表面镀锡）、阳极性镀层（铁上镀锌）	镀层可以隔离腐蚀介质与金属基体	价格高、工艺复杂、难推广
复合管防腐	双金属复合管、玻璃钢内衬复合管、陶瓷内衬复合管	基管高强度和内衬管高耐蚀性	价格昂贵
涂料防腐	在管道内壁和腐蚀介质之间提供 1 个隔离层，减缓腐蚀	节约大量管材和维修费用，减少清管次数	存在针孔、流体及固体杂质的冲刷易造成损伤

H 储气库单井注采管道为基管 L415QB 无缝钢管+内衬管 316L 不锈钢管，采气干线同样是 L415QB+316L，注气干线为 L415QB 无缝钢管（表 7）。

表 7 埋地管道材质规格

管道类别	管道材质	管道规格	管道长度/m	管材耗量/t
注采管道	L415QB+316L	D114.3×10+2	10679.77	322.36
		D168.3×14.2+2	16407.45	997.93

管道类别	管道材质	管道规格	管道长度/m	管材耗量/t
注气干线	L415QB+316L	D273×22.2	4502.98	618.56
		D323.9×25	1651.38	303.39
采气干线	L415QB	D355.6×11+2	4502.98	494.80
		D508×16+2	1651.38	359.18

在注、采气过程中管道内含有一定量的游离水，同时较高的注、采气压力使得管线内的 CO_2 分压较高。易造成管线内腐蚀。相比于其他 3 种内防腐措施，采用双金属复合管具有一次投入，减少操作；避免缓蚀剂、涂料与地层油气水不配伍；使用寿命长、耐高强度腐蚀等特性。不锈钢具有较高的耐蚀能力，特别是对硫酸、硝酸和有机酸的耐蚀性。同时不锈钢中含有的 Mo 能减少氯化物的坑蚀。所以储气库选用双金属复合管作为管线内防腐措施。

2.2 外防腐措施

储气库埋地管线外防腐层结构为 3PE 防腐层，底层为环氧粉末涂层，中间层为胶黏剂层，外层为抗压聚乙烯层。其防腐层等级、结构及厚度如表 8 所示。

表 8　防腐层等级、结构及厚度

钢管公称直径 DN/mm	环氧涂层/μm	胶黏剂层/μm	防腐层最小厚度/mm	
			普通级(G)	加强级(S)
$DN \leq 100$	≥120	≥170	1.8	2.5
$100 < DN \leq 250$			2.0	2.5
$250 < DN < 500$			2.2	2.9
$500 \leq DN < 800$			2.5	3.2
$DN \geq 800$			3.0	3.7

H 储气库埋地管线外防腐层厚度约为 3mm，每年检修都会对埋地管线进行检测，目的是发现管道外防腐层出现破损能及时进行修复。主要检测内容如表 9 所示。

表 9　压力管道检测内容

主要工作内容	注采单井	1#集配站注采干线	2#、3#集配站注采干线
单井管线踏勘及定位			
单井管线 PCM 检测及数据采集			
单井管线 JL-2 漏电点检测	30 口	2 条	2 条
单井管线土壤电阻率测试，土壤电阻测试			
单井管线壁厚测试			

通过对管线检测，发现 HUK7 井管线、HUK2 井管线、1#集配站进、出集注站管线有不同程度破损，现场发现后及时进行管线修复，如图 1 所示。

图 1 管线外防腐层修复前后对比

2.3 阴极保护

阴极保护主要方式包括牺牲阳极和强制性外加电流。由地理位置、埋地管线长等因素决定 H 储气库采用强制电流的阴极保护方式，见表 10。

表 10 阴极保护方式对比

阴极保护方式	原理	优点	缺点
牺牲阳极	将电位为负的金属与被保护金属连接，并处于同一电解质中，使该金属上的电子转移到被保护金属上，使整个被保护金属处于一个较负的相同的电位下	不需要外部电源，对邻近构筑物干扰小；投产调试后可不需要管理，工程越小越经济	高电阻率环境下不宜使用；保护电流几乎不可调；覆盖层质量必须好；消耗有色金属，寿命短
强制电流	利用外加电流，使被保护金属结构的整个表面变为阴极	输出电流连续可调，保护范围大；不受环境电阻率限制；工程越大越经济，保护装置寿命长	需要外部电源，对邻近金属构筑物有干扰；需要定期维护管理

强制电流阴极保护的安装主要包括阳极地床的安装、参比电极、电缆敷设和恒电位仪的安装调试。H 储气库分别在 1#、2#、3# 集配站阴极保护间各配有 2 台恒电位仪（1 用 1 备），集注站 4 台，如图 2 所示。频率为 50~60Hz，输出电压 40V，输出电流 20A。

通过各集配站恒电位仪，调节输出电流为 3A，对每个集配站的单井管线和注采干线施加强制电流，以保护管线。其工作原理如图 3 所示。

图 2　恒电位仪

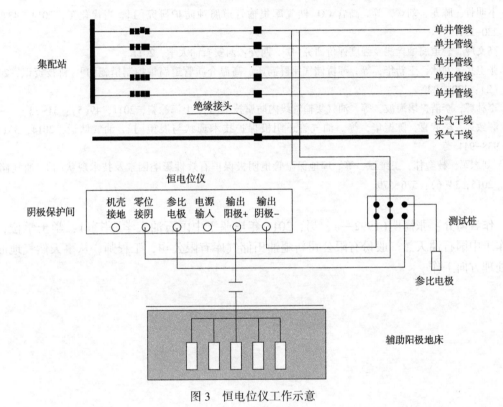

图 3　恒电位仪工作示意

通过辅助阳极把保护电流送入土壤，经土壤流入被保护管道，使管道表面进行阴极极化（防止电化学腐蚀），电流再油管道流入电源负极形成一个回路，这个回路形成了一个电解池，管道为负极处于还原环境中，防止腐蚀。

3　结论

（1）通过对储气库埋地管线输送介质及环境因素分析，腐蚀因素以游离水和 CO_2 分压为主。对产出水样分析化验，注、采管道 CO_2 分压计算，判断管道内会产生中等以上腐蚀。

（2）由于管道内存在游离水和会产生中等腐蚀以上的 CO_2 分压，防腐措施以内防腐为主。对比其余内防腐措施，双金属复合管具有高强度、高耐蚀性，后期操作维护少，使用寿命长的优点，故储气库采用 L415QB+316L 不锈钢复合管。外防腐措施为在管道外表层包裹3PE 防腐层，同时增加阴极保护装置对埋地管道输出外加电流。

（3）每年检修期间通过对压力管道检测，对埋地管线防腐层发生问题的点进行修复维护作业。目前发现问题均为外防腐层轻微破损，现场及时修复，效果良好。

参 考 文 献

[1] 丁国生，李春，王皆明，等. 中国地下储气库现状及技术发展方向[J]. 天然气工业，2015，35(11)：107-112.

[2] 杨琴，余清秀，银小岳，等. 枯竭气藏型地下储气库工程安全风险与预防控制措施探讨[J]. 石油与天然气化工，2011，40(4)：410-414.

[3] 冯鹏，王俊，侯晓莽. 储气库用注采管汇腐蚀因素分析[J]. 腐蚀研究，2013，27(4)：47-50.

[4] 林存瑛. 天然气矿场集输[M]. 北京：石油工业出版社，1997.

[5] 卜明哲，陈龙，刘欢，等. 高含 CO_2 储气库集输管道腐蚀防护研究[J]. 当代化工，2014，43(2)：230-231.

[6] 高文玲. 管道腐蚀检测及强度评价研究[D]. 西安：西安石油大学，2011.

[7] 张卫兵，刘欣，王新华，等. 苏桥储气库群高压、高温介质管道腐蚀控制措施[J]. 科技资讯，2012，(2)：120-122.

[8] 李林辉，李浩，屠海波，等. 油气集输管线内防腐技术[J]. 上海涂料，2011，49(5)：31-33.

[9] 薛致远，毕武喜，陈振华，等. 油气管道阴极保护技术现状与展望[J]. 油气储运，2014，33(9)：938-944.

[10] 刘志军，杜金伟，王维斌，等. 埋地保温管道阴极保护有效性影响因素及技术现状[J]. 油气储运，2015，34(6)：576-579.

作者简介：张海明(1992—)，男，2016 年毕业于中国石油大学(华东)，学士学位，现工作于中国石油天然气股份有限公司新疆油田储气库有限公司，工程师，从事天然气地面工艺处理方向工作。

保温层下防腐蚀涂层体系的性能评价与适用性研究

李晓炜[1]　方瑶婧[2]　骆　惠[2]　刘冬平[2]　张　雷[3]　于慧文[1]　段永锋[1]

(1. 中石化炼化工程集团股份有限公司洛阳技术研发中心;

2. 佐敦涂料(张家港)有限公司;

3. 中海油常州涂料化工研究院有限公司)

摘　要　保温层下腐蚀问题一直以来是炼化企业面临的难题,涂层防护是防止保温层下腐蚀的重要措施之一。目前炼化企业保温层下防腐蚀涂层配套选择不合理,且不同类型涂层体系缺乏保温层下腐蚀工况的评价数据支撑。采用耐温变循环试验、耐循环老化试验方法,模拟保温层下腐蚀工况针对7种防腐蚀涂层体系进行性能评价。结果表明:环氧云铁漆、无机富锌漆和有机硅铝粉耐热漆等不能满足保温层下循环腐蚀试验或耐温变性能要求,而耐磨环氧漆和环氧酚醛漆耐温变和耐循环腐蚀性能优异,且玻璃鳞片加入降低了环氧酚醛漆高温下的开裂风险,同时增强了漆膜屏蔽性能,可更低膜厚下表现出优良的耐温变和耐循环腐蚀性能,为炼化企业保温层下防腐涂层配套的选择提供技术支撑。

关键词　保温层下腐蚀;防腐蚀涂层;涂层配套体系;耐温变性;耐循环腐蚀性

保温层下腐蚀(CUI)是指具有保温结构的设备或管道由于水分进入而引起的一种外腐蚀现象,其主要包括碳钢或低合金钢的均匀腐蚀和奥氏体不锈钢或双相不锈钢的应力腐蚀开裂2种类型。通常,可能发生保温层下碳钢或低合金钢均匀腐蚀的温度为−4~175℃,发生保温层下应力腐蚀开裂的温度为60~175℃。炼化装置中可能发生保温层下腐蚀的温度范围内管道数量占比近70%,图1为国内某炼油装置不同温度范围管道的数量统计。由于保温结构的存在使得保温层下腐蚀具有较强的隐蔽性,难以及时发现,极易导致腐蚀泄漏等事故发生,给装置的安全生产带来巨大隐患。例如,国内某沿海炼化企业2a内由于保温层下腐蚀导致非计划停工高达8次,成为制约装置长周期安全稳定运行的一大难题。此外,保温层下腐蚀引起的设备或管道失效、装置的停工、人身的伤害,以及后期维护费用增加给企业带来巨大的经济损失,严重影响企业经济效益和社会形象。

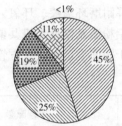

<1%　11%　19%　45%　25%

▨0~100℃　▧100~200℃　▨200~300℃　□300~400℃　▨400℃以上

图1　国内某炼油装置不同温度范围管道的数量统计

保温层下腐蚀的发生受温度、水分、保温材料类型、保温结构设计及污染物等多种因素的影响,其中由于保温结构设计不合理、施工质量不达标或外力破坏,而导致水分进入是发生保温层下腐蚀的最主要原因。通常保温材料多数为无机物,其中不可避免地含有一定量的氯化物、氟化物等盐类,随着分水进入,其中的腐蚀性介质溶解至水中并逐渐渗入设备或管道表面,导致保温层下腐蚀环境较封闭系统和开放系统更加恶劣。图2为不同类型条件下温度对碳钢腐蚀速率的影响。可以看出:保温层下工况碳钢的腐蚀速率最高,且随着温度升高腐蚀速率增大。随着水分的不断蒸发而浓缩,最终在金属表面形成一个含有腐蚀性离子的高

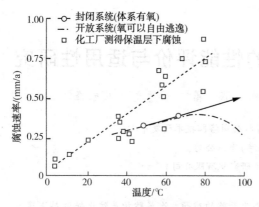

图 2　不同类型条件下温度对碳钢腐蚀速率的影响

温、高湿腐蚀环境，从而加速腐蚀的发生。

目前，炼化企业的保温层下腐蚀控制策略主要通过采取加强施工过程管理、优化保温结构、局部涂覆密封胶等措施保证保温结构的完整性和有效性，同时选择吸水性和腐蚀性低的保温材料，然而上述措施并未起到理想的效果。从炼化企业的现场实际运行效果来看，实施保温层下防腐涂层仍然是控制保温层下腐蚀最为有效的措施。国内关于 CUI 的原因及危害研究较多，但少有专门针对 CUI 工况开展涂层配套的选择。热喷铝涂层具有良好的耐腐蚀性能，但是该涂层要求底材表面处理达到 Sa2.5 级，不适用于炼化企业的涂层维护，因而应用受到限制。目前，炼化企业保温层下工况的防腐涂层配套体系中仍然存在选用富锌类底漆、有机硅耐热漆、环氧云铁漆等情况，为对比考察常用保温层下防腐涂层的耐温和耐腐蚀性能，本文通过选择目前炼化企业保温层下常用的 7 种涂层配套体系，开展耐温变试验和模拟保温层下工况的循环腐蚀试验，对比分析不同涂层配套的耐温变和耐循环腐蚀性能，筛选出合适的涂层配套体系，为炼化企业保温层下防腐涂层的配套选择提供技术支撑。

1　试验

1.1　防腐蚀涂层配套体系

选择耐磨环氧漆、环氧云铁漆、环氧酚醛漆、玻璃鳞片增强环氧酚醛漆、无机富锌漆、有机硅铝粉漆及惰性无机共聚物等涂料类型进行组合，如表 1 所示，并制备出 7 种涂层配套体系及干膜厚度的钢板、方管和圆管试样。

表 1　不同保温层下涂层配套体系明细

序号	涂层配套	干膜厚度	
		干膜厚度/μm	总干膜厚度/μm
配套 1	耐磨环氧漆	100	200
	耐磨环氧漆	100	
配套 2	环氧云铁底漆	100	200
	环氧云铁中间漆	100	
配套 3	玻璃鳞片增强环氧酚醛漆	100	200
	玻璃鳞片增强环氧酚醛漆	100	
配套 4	环氧酚醛漆	150	300
	环氧酚醛漆	150	
配套 5	无机富锌漆	70	110
	有机硅铝粉漆	40	
配套 6	有机硅铝粉漆	40	60
	有机硅铝粉漆	20	
配套 7	惰性无机共聚物	100	200
	惰性无机共聚物	100	

1.2 评价方法

耐温变循环试验：参照 JG/T 25—2017《建筑涂料涂层耐温变性试验方法》执行，各涂层配套体系的耐温变温度范围如表 2 所示，分别经过 5 个耐温变循环后观察涂层的老化程度，若 3 块试板中有 2 块未出现开裂、起泡、剥落、锈蚀等老化现象，说明试样通过耐温变性能测试。

耐循环老化试验：参照标准 HG/T 5178~5180—2017《保温层下金属表面用防腐涂料》的附录 A 和附录 B 分别进行多相横置式循环腐蚀试验和竖立式循环腐蚀试验，均进行 6 个试验周期后，对涂层表面外观检查及老化等级评定，若未划线区域符合起泡 0（S0）、开裂 0（S0）、生锈≤Ri 1，且划线区域腐蚀和剥离均≤2mm，则认为涂层通过模拟保温层下环境的耐循环老化试验。

2 试验评价结果

2.1 耐温变循环性能评价

涂层的耐温变循环评价试验通过将试样置于相应的低温及高温环境各 1h 作为 1 个循环，每组试样共 5 个循环，之后观察涂层外观形貌是否有开裂、剥落、起泡、锈蚀等漆膜弊病，从而评估保温层下涂层在模拟运行和停工状态下的耐温变性能。图 3 为 6 种涂层配套试样的耐温变试验前后宏观形貌对比。可以看出：配套 1、配套 2、配套 3、配套 4 和配套 7 五组试样仅颜色发生了轻微变化，均未出现开裂、起泡、剥落、锈蚀等明显老化现象。而配套 5 和配套 6 两组试样均在 1 个耐温变循环后就出现起泡现象，且在 5 个耐温变循环后，配套 6 的涂层起泡严重，起泡等级为 4（S3）。表 2 为不同保温层下涂层配套试样经过 5 个耐温变循环后试验结果汇总，其中配套 5 和配套 6 未通过涂层的耐温变性能测试。

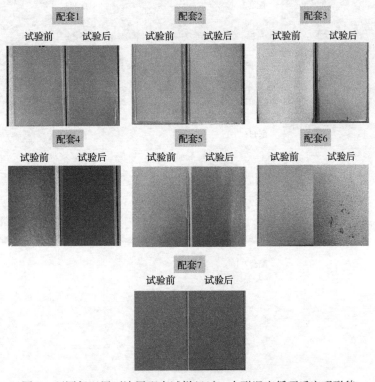

图 3 不同保温层下涂层配套试样经过 5 个耐温变循环后宏观形貌

表 2　不同保温层下涂层配套试样经过 5 个耐温变循环后试验结果

试样编号	温变区间	外观形貌	是否通过测试
配套 1	−40~120	漆膜未失效，仅颜色变化	是
配套 2	−40~120	漆膜未失效，仅颜色变化	是
配套 3	−196~200	漆膜未失效，仅颜色变化	是
配套 4	−196~200	漆膜未失效，仅颜色变化	是
配套 5	−20~540	一个循环后有起泡	否
配套 6	−40~600	一个循环后有起泡	否
配套 7	−196~650	漆膜未失效，仅颜色变化	是

2.2　耐循环老化性能评价——方管试验

方管试验可以得出气相区、液相区和半浸区等不同区域的试验结果，6 种涂层配套中除配套 2 试样气相区表面有轻微裂纹外，其他试样的气相区均未出现明显的起泡、开裂、锈蚀等老。图 4 为不同涂层配套方管试样侧面半浸区（划×面）试验后的宏观形貌。可以看出：各试样侧面均有 1 条较为明显的气液两相的界线，且液相部位较气相部位颜色深。配套 1、配套 2、配套 3、配套 4 和配套 7 五组试样的划×面均未出现明显的老化现象，锈蚀等级小于 Ri 1，且划线处无明显涂层剥落和锈蚀，扩展宽度均<2mm；配套 5 的划×面的液相区出现密集的起泡现象，且划线交叉处有少量的涂层剥落；配套 6 划线处无明显涂层剥落和锈蚀，扩展宽度均<2mm，但液相区有明显的起泡和锈蚀，锈蚀等级大于 Ri 1。配套 7 液相面出现明显的锈水附着情况，用刷子可清洗干净，这类附着在表面的锈蚀与底材生锈可以看出明显的差异，其原因主要是其他配套腐蚀导致液相中铁锈含量增高而受到污染。

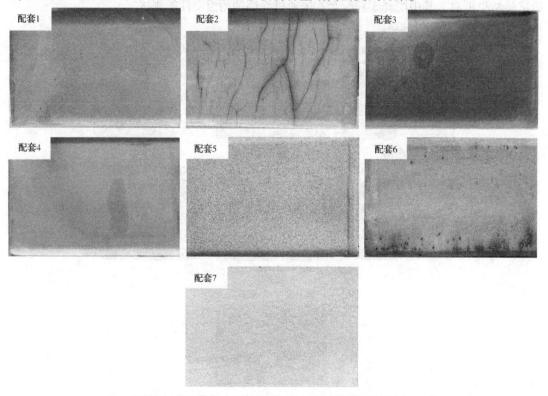

图 4　不同涂层配套方管试样划×面试验后宏观形貌

图 5 为不同涂层配套方管试样液相区试验后的宏观形貌。可以看出：配套 1、配套 3、配套 4 和配套 7 三组涂层试样除颜色发生一定变化外，未出现明显的老化现象；配套 2 出现大面积的涂层开裂，开裂等级为 4(S3)；配套 5 出现较为密集的起泡，起泡等级为 5(S2)；配套 6 出现面积锈点，锈蚀等级为 Ri 4。

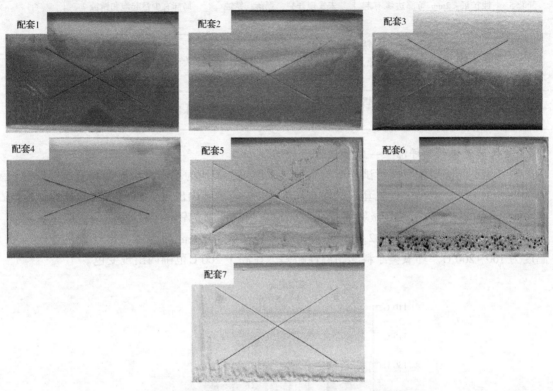

图 5　不同涂层配套方管试样液相面试验后宏观形貌

基于前文中不同涂层配套方管试样气相面、液相面和侧面(划×面)试验后的外观检查结果，汇总如表 3 所示。可以看出，配套 1、配套 3、配套 4 和配套 7 四组试样通过保温层下方管测试。

表 3　不同涂层配套方管试样外观检查结果汇总

试样编号	外观检查结果(方管)			是否通过测试
	划×面	气相面	液相面	
配套 1	划线处涂层剥落<2mm 锈蚀扩展<2mm 锈蚀≤Ri 1	未发现开裂、剥落、锈蚀	未发现开裂、剥落、锈蚀	是
配套 2	划线处涂层剥落<2mm 锈蚀扩展<2mm 锈蚀≤Ri 1	表面有轻微开裂，未发现起泡	表面大面积开裂	否
配套 3	划线处涂层剥落<2mm 锈蚀扩展<2mm 锈蚀≤Ri 1	未发现开裂、剥落、锈蚀	未发现开裂、剥落、锈蚀	是
配套 4	划线处涂层剥落<2mm 锈蚀扩展<2mm 锈蚀≤Ri 1	未发现开裂、剥落、锈蚀	未发现开裂、剥落、锈蚀	是

试样编号	外观检查结果(方管)			是否通过测试
	划×面	气相面	液相面	
配套 5	划线处涂层剥落<2mm 锈蚀扩展<2mm 局部边缘有起泡、锈蚀	未发现开裂、剥落、锈蚀	局部有少量起泡和锈蚀	否
配套 6	划线处涂层剥落<2mm 锈蚀扩展<2mm 大面积有锈蚀，锈蚀>Ri 1	未发现开裂、剥落、锈蚀	大面积起泡、锈蚀	否
配套 7	划线处涂层剥落<2mm 锈蚀扩展<2mm 锈蚀≤Ri 1	未发现开裂、剥落、锈蚀	未发现开裂、剥落、锈蚀	是

2.3 耐循环老化性能评价——圆管试验

图 6 为不同涂层配套圆管试样试验后的宏观形貌，表 4 为不同涂层配套圆管试样外观检查结果汇总。可以看出：仅配套 6 试样在底部 10cm 的区域内出现大面积锈蚀，其他试样均在小于 3mm 的区域内出现轻微剥落，其他部位未出现明显的锈蚀和剥落现象，该区域温度为 180~260℃，配套 1、配套 2 和配套 3 三组试样在底部 20cm 的区域内出现变色，该区域温度为 160~260℃。环氧类涂料的耐温性略差，在高于 200℃ 范围内出现变色。

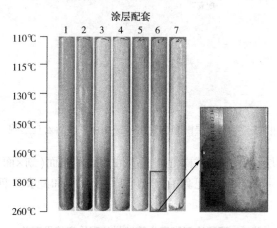

图 6 不同涂层配套圆管试样外观检查结果汇总

表 4 不同涂层配套圆管试样外观检查结果汇总

试样编号	外观检查结果(圆管)		是否通过测试
	底部剥落、锈蚀长度	锈蚀等级	
配套 1	1~3mm	≤Ri 1	是
配套 2	1~3mm	≤Ri 1	是
配套 3	1~2mm	≤Ri 1	是
配套 4	1~3mm	≤Ri 1	是
配套 5	1~3mm	≤Ri 1	是
配套 6	10cm 左右	>Ri 1	否
配套 7	1~2mm	≤Ri 1	是

3 保温层下防腐蚀涂层体系的适用性分析

针对前文中 7 种不同涂层配套的耐温变和耐循环腐蚀试验测试结果进行汇总分析，结果如表 5 所示。可以看出：配套 1 耐磨环氧涂层具有良好的耐温变和耐循环腐蚀性能，而配套 2 环氧云铁涂层未通过横置式循环腐蚀试验测试，通常云母填料的加入可提高涂层在大气腐蚀环境下的屏蔽性能，但是环氧云铁这类产品的配方设计重点在提高固含和干膜厚度，宜作为大气环境经典涂层配套的中间漆使用，并不能满足保温层下高温高湿环境的耐腐蚀性能要求。

表 5　不同涂层配套试样耐温变和耐循环腐蚀试验结果汇总

试样名称	评价试验			是否通过测试
	方管试验	圆管试验	耐温变试验	
配套 1	是	是	是	是
配套 2	否	是	是	否
配套 3	是	是	是	是
配套 4	是	是	是	是
配套 5	否	是	否	否
配套 6	否	否	否	否
配套 7	是	是	是	是

配套 3 和配套 4 两组环氧酚醛涂层中的环氧酚醛结构具有较高的交联密度和更加致密的化学结构，大大提高了涂层的耐温性，同时环氧基团保证了涂层体系优异的黏结力和耐腐蚀性能，因而环氧酚醛类涂层均能满足耐温变和耐循环腐蚀要求。此外，虽然配套 3 玻璃鳞片增强环氧酚醛涂层较配套 4 整体膜厚降低了 30%，但仍然通过各项耐温和耐循环腐蚀性能测试，这是由于其中的玻璃鳞片作为一种功能填料，降低了涂层内聚力、增强柔韧性，同时增加了涂层抗渗透性，使得涂层具有更加优异的耐腐蚀和耐高温开裂性能。

配套 5 为包含无机富锌底漆的涂层配套体系，试样在横置式循环腐蚀试验后液相面出现密集的起泡现象，这是由于在保温层下腐蚀工况中，富锌漆中的锌粉与水发生反应，生成锌盐类络合物后电位升高，导致其相对于碳钢发生了电化学极性反转，反而加剧了底材碳钢的腐蚀，因而在高温高湿的保温层下工况条件，富锌漆不能起到应有的阴极保护作用。

配套 6 有机硅铝粉耐热漆具有优良的耐高温性能，但是该涂层只能薄涂，过厚容易出现漆膜的开裂现象，由于干膜厚度偏低导致其耐腐蚀性能不足，因而不适用于保温层下腐蚀工况。

配套 7 惰性无机共聚物是一类新型的超耐高温涂料，双组分型，陶瓷材料技术，采用钛催化剂，漆膜的致密性较有机硅铝粉大大提升，可在 -196~650℃ 的范围内提供优异的防护效果。

4 结论

基于炼化企业保温层下腐蚀工况及影响因素，采用耐温变循环试验、耐循环老化试验方法，针对 7 种防腐蚀涂层体系进行性能评价，结果表明：

（1）环氧酚醛类涂料在保温层下工况具有优良的耐温变和耐循环腐蚀性能。加入玻璃鳞片后可以分散漆膜的内聚力，降低高温下开裂风险，同时增强了漆膜屏蔽性能，从而更低膜厚下表现出优异的耐循环腐蚀试验及耐温变性能。此外，惰性无机共聚物作为新型厚涂型陶瓷耐高温涂料能够通过耐温变试验及循环腐蚀试验。

（2）常规的中间漆——环氧云铁涂料由于该类产品仅设计用于中间漆，其单独使用防腐蚀性能非常有限；无机富锌涂料在保温层下工况由于出现阴极反转现象；有机硅银粉耐热漆干膜厚度偏低，适用于高温干燥环境，在保温层下腐蚀工况单独使用时耐腐蚀性能明显不足，因而上述 3 类涂层不能满足保温层下腐蚀工况的性能要求。

（3）相比于圆管试验，方管试验条件与现场保温层下工况更相似，针对涂层性能具有更好的筛选性。建议在进行保温层下涂层耐蚀性能评价时，方管试验作为必测项，而圆管试验作为选测项。

参 考 文 献

［1］苏春海，张雷. 保温层下金属表面用防腐涂料——有关标准制定工作的探讨［J］. 涂料技术与文摘，2015，36(10)：16-20.

［2］黄赟. 保温层下金属材料的腐蚀与防护［J］. 石油化工腐蚀与防护，2013，30(3)：15-17.

［3］NACE SP0198-2017，Control of corrosion under thermal insulation and fireproofing materials-A systems approach［S］.

［4］李晓炜，樊志帅，段永锋. 石化装置保温层下腐蚀检测技术进展［J］. 石油化工腐蚀与防护，2020，37(6)：1-5.

［5］丛海涛. 保温层下腐蚀及防腐对策分析［J］. 涂料技术与文摘，2014，35(6)：7-9.

［6］RANA A，YANG M Z，UMER J，et al. Influence of robust drain openings and insulation standoffs on corrosion under insulation behavior of carbon steel［J］. Corrosion：The Journal of science and Engineering，2021，77(6)：681-692.

［7］曾伟. 超低温防腐蚀涂层体系的选择与应用［J］. 涂料工业，2016，46(4)：58-60，65.

［8］WIGGEN F，JUSTNES M，ESPELAND S. Risk based management of corrosion under insulation［C］// SPE International Oilfield Corrosion Conference and Exhibition，2021.

［9］JC/T 25—2017，建筑涂料涂层耐温变性试验方法［S］.

［10］HG/T 5178—2017，保温层下金属表面用防腐涂料［S］.

［11］DAVIS R. Implementing a corrosion-under-insulation program.［J］. Chemical Engineering，2014，121(3)：40-43.

［12］刘强. 耐保温层下腐蚀涂料的制备及性能研究［J］. 涂料工业，2019，49(9)：7-13.

［13］周建龙. 保温层下金属表面的防腐蚀保护［J］. 中国涂料，2017，32(2)：36-43.

作者简介：李晓炜（1987—），男，工程师，2014 年毕业于北京化工大学，硕士学位，现工作于中石化炼化工程集团股份有限公司洛阳技术研发中心，从事石油化工腐蚀与防护方面工作。

脉冲涡流扫查技术在炼化企业隐患排查中的应用

李晓炜[1] 樊志帅[1] 段永锋[1] 宋延达[2] 王雪峰[2]

[1. 中石化炼化工程(集团)股份有限公司洛阳技术研发中心;

2. 中国石化塔河炼化有限责任公司]

摘 要 炼化企业设备和管道的腐蚀检查是一项长期的系统工作,目前常用的方法是超声波测厚检测。然而,对于带保温结果的部位,若全部拆除保温结构后再进行检测,费时费力,并不能达到预期的检测效果,脉冲涡流扫查技术可以在不拆除保温结构的情况下进行减薄程度的初步筛查。结果表明:对于不带保温结构的部位,脉冲涡流扫查技术具有较高的准确度,检测结果与超声波测厚的验证结果基本一致,而对于带保温结构的管道,脉冲涡流扫查结果受保温结构、接管、伴热管、焊缝等多种因素的影响,测得结果与超声波测厚结果存在一定的偏差。建议采用脉冲涡流扫查技术进行筛查,对于腐蚀程度严重的部位(相对减薄量>40%),可拆除保温结果并进行超声波测厚验证。

关键词 脉冲涡流扫查;腐蚀减薄;保温层;定点测厚;隐患排查

为顺应国家高质量发展潮流,炼化企业将提高企业生产效益、降低经济成本、确保装置长周期稳定运行作为一项重点任务。然而,随着原油的劣质化和重质化,使得企业"五年一修"的计划目标面临诸多压力。同时,随着装置服役时间的延长,腐蚀问题出现累积效应,运行初期低风险部位的失效概率也逐渐升高。在此情况下,通过监检测技术手段,摸清设备防腐的薄弱环节,建立监检测机制,是提高装置运行周期的关键。

脉冲涡流检测技术因具有检测速度快、灵敏度高及非接触式检测等优点而被广泛应用在炼油生产装置腐蚀监检测工作中。该技术在设备全过程管理、重点部位腐蚀检测、大检修前易腐蚀部位排查,以及辅助定点测厚部位选定等工作中均取得较好效果,并为装置安全平稳运行提供了有效保障。

为有效查找炼化装置存在的高风险腐蚀隐患,提高腐蚀检测与防护技术水平,完善防腐蚀技术管理手段,降低腐蚀风险,针对国内某企业多套炼化装置开展脉冲涡流扫查工作,检测管道和设备共计 804 处,总面积 860m²。其中最大相对减薄量超过 40% 的 6 处,经拆除保温、超声波测厚验证后,腐蚀减薄量均在 10% 以上,最高达到 26.9%。通过脉冲涡流扫查技术初选、超声波测厚验证的综合检测措施,有针对性地开展现场检查检测工作,及时掌握其运行状态,对工艺防腐、设备与管道选材、腐蚀速率等进行监控,提出防腐蚀与腐蚀监检测建议措施,有效查找腐蚀隐患,实现对风险部位的预知性维修,降低腐蚀风险。

1 脉冲涡流检测技术原理

脉冲涡流检测技术是通过脉冲电流激励,在导体外产生脉冲磁场,使导体内感应出脉冲涡流,通过检测此脉冲涡流电磁场的衰减过程,来测量壁厚的腐蚀程度。该技术可以在保温层外对在役金属构件进行壁厚检测,当被检构件发生壁厚减薄时,会引起壁厚、电导率和磁导率等参数的变化,从而使感应出的脉冲涡流场分布发生变化,反映在检测线圈两端的时域感应电压衰减过程也会发生变化：腐蚀减薄的地方，感应电压衰减得更快，如图 1 所示。通过比较 2 处检测点的信号衰减变化过程，来检测构件尺寸、电磁参数的变化，从而评估腐蚀程度。

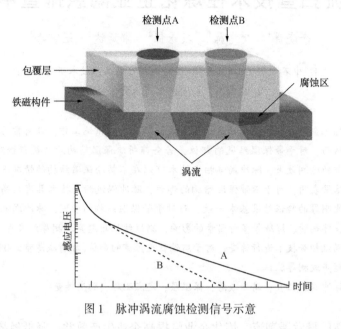

图 1　脉冲涡流腐蚀检测信号示意

2　扫查仪器及方法

采用北京德朗公司 DPEC-17 型脉冲涡流检测仪进行扫查工作。针对管道直管段和弯头部位的扫查方法如下：①直管扫查。轴向沿 12 点、3 点、6 点和 9 点钟方向依次检测，每个 1m 做环向 1 次扫查；②弯头扫查。依次进行外弯、侧面 1、内弯和侧面 2 按顺时针方向依次扫查，弯头部位至少做 1 次环向扫查，如图 2 所示。针对脉冲涡流扫查结果，主要分为 3 类减薄程度，其中相对减薄量<20% 的部位整体减薄程度轻微，相对减薄量在 20%～40% 减薄程度中等，相对减薄量≥40% 减薄程度严重。

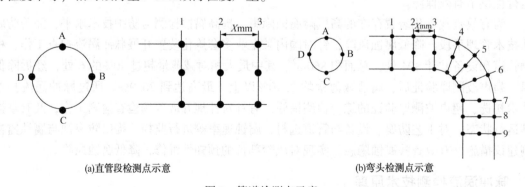

(a)直管段检测点示意　　　　　　　　(b)弯头检测点示意

图 2　管道检测点示意

3　结果与分析

针对国内某企业常减压、焦化、加氢、硫黄等多套炼化装置开展脉冲涡流扫查工作，检测管道和设备共计 804 处，总面积 860m²，其中带保温结构的有 580 处，占比约 72.1%，不带保温结构的有 224 处，占比约 27.9%。总体检测结果统计如图 3 所示，其中最大相对减薄量≥40%（严重减薄）的 6 处，占比约 2.0%；20%≤最大相对减薄量<40%（中等减薄）的 120 处，占比约 14.9%；最大相对减薄量<20%（轻微减薄）的 678 处，占比约 83.1%。

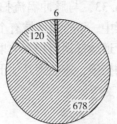

□ 最大相对减薄量<20%　■ 20≤最大相对减薄量<40%　■ 最大相对减薄量≥40%
轻微减薄占比: 84.3%　　中等减薄占比: 14.9%　　严重减薄占比: 0.7%

图 3　脉冲涡流扫查结果统计

脉冲涡流扫查过程中最大相对减薄量超过 40% 的统计明细如表 1 所示，针对这些部位拆除了保温结构，并采用超声波测厚仪进行测厚验证，结果显示，各管道均有不同程度的减薄，但是实际的减薄量与脉冲涡流的扫查结果并非完全一致。

表 1　脉冲涡流扫查中最大相对减薄量超过 40% 的统计明细

序号	装置	部位	是否带保温	最大相对减薄量	拆除保温超声波测厚验证结果
1	焦化	T301F 塔顶放空线出口第 2 直管段	是	41.4%	壁厚: 16.41~13.73mm 下部减薄最严重
2		E5605 壳程入口管道第 2 弯头	是	40.5%	壁厚: 9.19~10.61mm 弯头侧面减薄最严重
3	硫黄	T102 塔底抽出线跨线第 1 弯头	是	40.6%	壁厚: 7.49~8.59mm，外弯减薄最严重
4		T102 塔底抽出线跨线第 1 直管段	是	40.7%	壁厚 6.15~8.41mm，南侧减薄最严重
5		T701 塔底抽出线第 1 弯头	是	48.7%	壁厚: 8.63~10.05mm 外弯减薄最严重
6		P402A 入口第 2 直管段	是	45.9%	壁厚: 5.59~7.01mm 三通入口侧减薄最严重

3.1　带保温结构的脉冲涡流检测案例

（1）焦化装置焦炭塔 T301F 塔顶放空线

焦化装置焦炭塔 T301F 塔顶放空线材质为 12Cr5Mo，介质为油气，操作温度为 400℃，压力为 0.17MPa，管径为 DN250，公称壁厚为 17mm。T301F 塔顶放空线外观形貌及单线示意如图 4 所示。

图 4　T301F 塔顶放空线出口第 2 直管段外观和单线示意

采用脉冲涡流检测仪对该管段进行扫查，结果如图5所示。可以看出：T301F塔顶放空线出口第2直管段下半部管壁明显减薄，最大相对减薄量达到41.4%，环形扫查表征的各方向减薄趋势与轴向扫查一致，均显示为下部腐蚀严重。为此，针对该管段拆除保温结构，采用超声波测厚仪进行测厚验证(图6)，结果显示，管道上方等部位壁厚为16mm左右，而下方最薄处为13.73mm，相对减薄率为16.33，与脉冲涡流扫查结果差别较大。究其原因，可能是由于在进行保温层下涡流扫查的过程中，该管道区域有个热电偶接管，接管的存在对扫查结果产生了影响。因此，对于保温层下管道脉冲涡流扫查结果超过40%的部位，应拆除保温结果进行超声波测厚确认后，再采取相应的措施，避免因其他干扰因素对测试结果的影响。

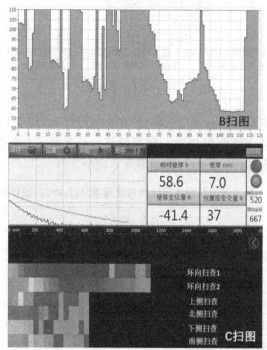

图5　T301F塔顶放空线出口第2直管段脉冲涡流扫查结果

图6　T301F塔顶放空线出口第2直管段拆除保温后测厚结果

（2）硫黄装置 P5602A 出口管道

硫黄装置 P5602A 出口管道材质为 20#，介质为富胺液，操作温度为 70℃，压力为 0.6MPa，管径为 DN200，公称壁厚为 8mm。P5602A 出口第 2 弯头外观形貌及单线示意如图 7 所示。

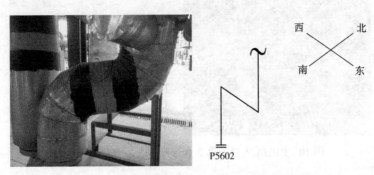

图 7 P5602A 出口管道第 2 弯头外观和单线示意

采用脉冲涡流检测仪对该管段进行扫查，结果如图 8 所示。可以看出：P5602A 出口管道第 2 弯头壁厚整体均匀，局部有轻微减薄，最大相对减薄量为 31.9%，拆除保温结构后进行超声波测厚验证。结果如图 9 所示，最薄处为 6.23mm，较正常部位壁厚（8mm）减薄约 22.2%，超声波测得减薄部位与脉冲涡流扫查出的减薄位置一致，但相对脉冲涡流测得相对减薄量较超声波测得的结果略高。

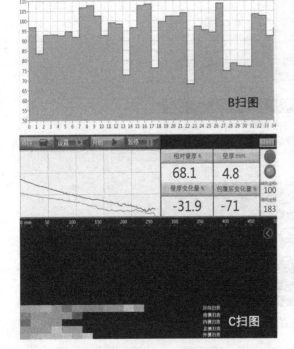

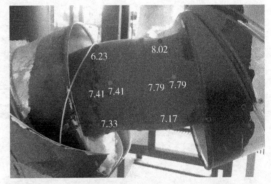

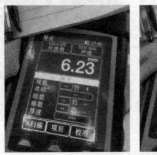

图 8 P5602A 出口管道第 2 弯头脉冲涡流扫查结果　图 9 P5602A 出口管道第 2 弯头拆除保温后测厚结果

3.2 不带保温结构的脉冲涡流检测案例

常减压装置常顶油泵 P103A 入口管道材质为 20#，介质为油气，操作温度为 40℃，压力为 1.55MPa，管径为 DN350，公称壁厚为 10mm。P103A 入口前第 2 直管段外观形貌及单线示意如图 10 所示。

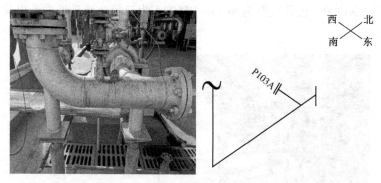

图 10　P103A 入口前第 2 直管段外观形貌及单线示意

采用脉冲涡流检测仪对该管段进行扫查，结果如图 11 所示。可以看出：该管段西侧管壁有一定程度的减薄，最大相对减薄量为 25.5%，之后用测厚仪测试最薄处显示为 7.71mm，正常直管道的壁厚为 10mm，相对减薄量约 23%，与脉冲涡流检测结果一致。从上述结果来看，脉冲涡流检测技术在不带保温的管道上与超声波测厚的测试结果有较好的一致性。

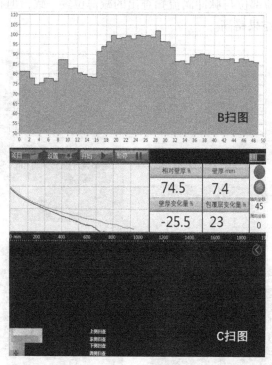

图 11　P103A 入口前第 2 直管段脉冲涡流扫查结果

4　结论与展望

通过采用脉冲涡流扫查技术对国内某炼化企业装置开展隐患排查工作，基于扫查结果用于腐蚀减薄程度的分级并采取针对性措施。其中对于相对减薄量≥40%的部位(减薄程度严重)拆除保温结构并采用超声波测厚仪或电磁超声测厚仪进行验证,并制定补强或更换措施,跟踪完成情况。对于腐蚀减薄量在20%~40%的部位(减薄程度中等)纳入重点检测部位台账中动态管理,对异常减薄情况进行原因分析,提出改进措施并推动实施。而相对减薄量<20%的区域腐蚀程度轻微暂不采取措施。

脉冲涡流扫查技术对于不带保温结构的碳钢/合金钢设备或管道的检测结果,其检测结果与超声波测厚结果基本一致。而对于带保温结构的管道,脉冲涡流扫查结果受保温结构(包括变形、捆丝、搭接)、接管、伴热管、焊缝等多种因素的影响,应在后续的脉冲涡流扫查工作中予以关注。

脉冲涡流扫查技术初选、超声波测厚验证的综合检测措施,有针对性地开展现场检查检测工作,及时掌握其运行状态,对工艺防腐、设备与管道选材、腐蚀速率等进行监控,提出防腐蚀与腐蚀监检测建议措施,有效查找腐蚀隐患,实现对风险部位的预知性维修,降低腐蚀风险。

参 考 文 献

[1] 肖阳,胡洋,田盈. 脉冲涡流扫查技术在炼油装置腐蚀检测上的应用[J]. 石油化工腐蚀与防护,2021,38(2):32-35.
[2] 杨宾峰,罗飞路. 脉冲涡流无损检测技术应用研究[J]. 仪表技术与传感器,2004(8):45-46.
[3] 武新军,张卿,沈功田. 脉冲涡流无损检测技术综述[J]. 仪器仪表学报,2016,37(8):1698-1712.
[4] 王春艳,陈铁群,张欣宇. 脉冲涡流检测技术的研究进展[J]. 无损探伤,2005(4):1-4.
[5] 林俊明,林发炳,林春景. 隔热层下钢管壁厚脉冲涡流检测系统[J]. 无损探伤,2006,30(6):26-27,42.
[6] 杨宾峰,罗飞路. 脉冲涡流检测系统影响因素分析[J]. 无损检测,2008,30(2):104-106.
[7] 辛伟,丁克勤,黄冬林,等. 带保温层管道腐蚀缺陷的脉冲涡流检测技术仿真[J]. 无损检测,2009,31(7):509-572.
[8] 赵亮,陈登峰,卢英,等. 脉冲涡流在金属厚度检测中的应用研究[J]. 测控技术,2007,26(12):22-24.
[9] 付跃文,康小伟,喻星星. 带包覆层铁磁性金属管道局部腐蚀的脉冲涡流检测[J]. 应用基础与工程科学学报,2013,21(4):786-795.
[10] 郑中兴,韩志刚. 穿透保温层和防腐层的脉冲涡流壁厚检测[J]. 无损探伤,2008,32(1):1-4.
[11] 康小伟. 包覆层管道腐蚀脉冲涡流检测机理与方法研究[D]. 南昌:南昌航空大学,2012.
[12] 张震. 脉冲涡流测厚技术研究[D]. 西安:西安理工大学,2007.

作者简介:李晓炜(1987—),男,2014年毕业于北京化工大学,硕士学位,现工作于中石化炼化工程(集团)股份有限公司洛阳技术研发中心,工程师,从事石油化工腐蚀与防护方面工作。

制氢装置中温变换气管道开裂失效分析

刘希武　任　重

（中石化炼化工程(集团)股份有限公司洛阳技术研发中心）

摘　要　西北地区某炼化企业的制氢装置中变气管道靠近弯头处发生开裂泄漏，通过对失效管道进行宏观检查、渗透探伤、硬度测试、化学成分分析、金相组织检查等检测试验，确定裂纹由内向外发展，呈树枝状分布并基本沿晶间区域拓展；裂缝附近区域硬度明显高于基材区域；在裂缝断面处发现氯元素残留。结合材料分析及介质工况，推定管件失效原因应为酸性条件下的氯化物晶间应力腐蚀开裂。建议对失效管件进行材质升级，以便延长维修间隔。

关键词　制氢装置；奥氏体不锈钢；氯离子；晶间应力腐蚀

我国西北地区某大型炼化企业 1# 制氢装置，采用天然气水蒸气转化反应路线，将水蒸气与原料混合加热后，在催化剂作用下原料气变为转化气，其中包含主产物氢气、副产物 CO、未反应的水蒸气。转化气经降温后送入中温变换器发生中变反应，以便将副产物 CO 与水蒸气继续反应生成更多的氢气。中温变换器输出的混合气体即为中变气，经换热降温、分液、变压吸附分离等操作，得到纯净氢气。

该装置的中变气经换热器 E4004 后进入第 1 分水罐 V4002 的输送管道，原设计材质为 0Cr18Ni9(304)，于 2019 年 4 月 16 日在其弯头处发现点状泄漏，有高温高压蒸汽喷射外泄。发现泄漏后厂方直接进行打卡包盒继续生产，至 2020 年 3 月停工检修进行更换。

1　设备概况

该炼化企业 1# 制氢装置于 2010 年投产，经过 9a 运行后，至 2019 年 4 月 16 日发现中变气经换热器 E4004 后进入第 1 分水罐 V4002 的输送管道弯头处出现泄漏，相关工艺流程如图 1 所示。

管内中变气成分主要为 H_2、CO、CO_2、CH_4、水蒸气，表 1 为 LIMS 系统记录的自 2019 年 1 月起至 2019 年 4 月 16 日失效前的中变气干组分含量统计，水蒸气含量为 30%。

表1　中变气干组分统计

组分含量	H_2	CO	CO_2	CH_4
最大值/(%，v/v)	78.08	1.99	23.89	6.48
最小值/(%，v/v)	70.38	0.84	17.42	1.61
平均值/(%，v/v)	74.78	1.37	18.77	5.07

图 2 为 2019 年 1 月 1 日—4 月 17 日管道内中变气的压力记录，大部分时间段操作压力在 1.7~2.3MPa 范围内，平均值为 2.2MPa，始终低于设计值 2.73MPa。

现场压力数据检测点位置见图 3。

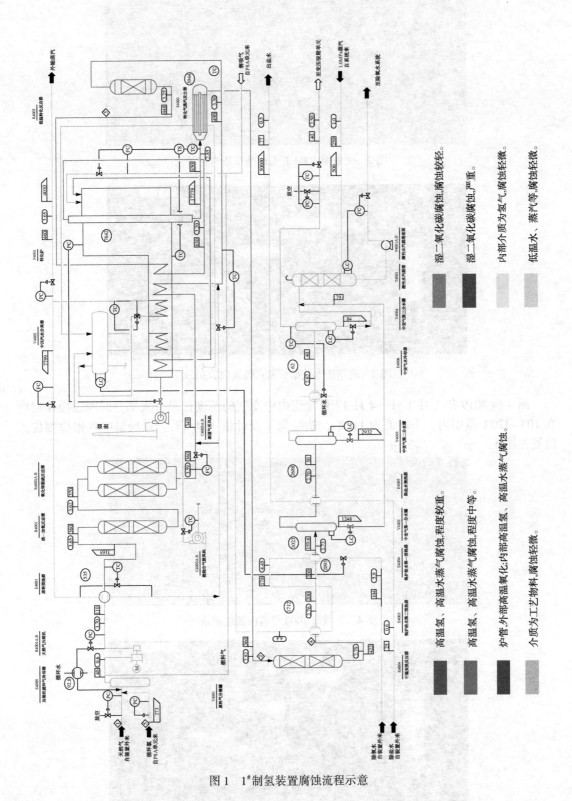

图1　1#制氢装置腐蚀流程示意

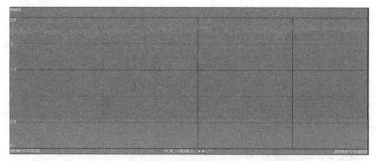

图 2　失效前 100d 管道内操作压力记录

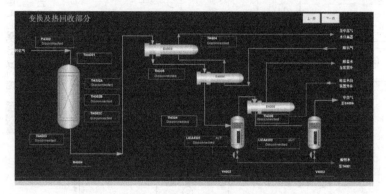

图 3　现场压力数据检测点位置(PI4302)

　　图 4 为 2019 年 1 月 1 日—4 月 17 日管道内中变气的温度记录，大部分时间段操作温度在 103~120℃范围内，平均值为 112℃，始终低于设计值 159.6℃。现场温度数据检测位点位置见图 5。

图 4　失效前 100d 管道内温度记录

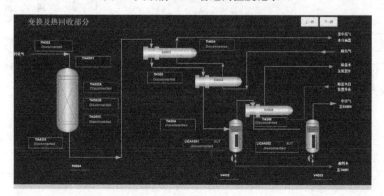

图 5　现场温度数据检测位点位置(TI4304)

2 检测分析

2.1 现场测厚

对焊接热影响区进行测厚,测厚结果如图6所示。结果显示,管壁壁厚不均匀,但测得壁厚均在7.08~7.81mm范围内。

2.2 取样分析

该段管件焊缝走向不直,表面焊纹排布参差不齐、焊缝宽度宽窄不一,焊缝凸起的高度亦不均匀,且焊缝两侧基材错位明显,未能完全对正,表明焊接质量不佳,可能存在较大焊后应力;进行着色渗透后于管道内表面发现3道细微裂缝,包括2道穿透裂缝及1道未穿透裂缝(1、2为穿透裂纹,3为未穿透),3道裂缝均距离焊缝1cm左右,且走向均大体垂直于焊缝,如图7(c)、图7(d)所示。管件内表面有少量积垢,如图7(b)所示。

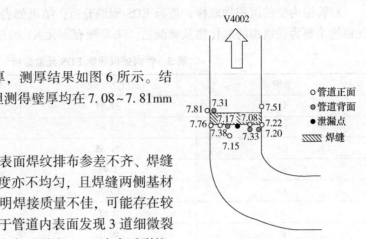

图6 裂缝附近区域测厚结果

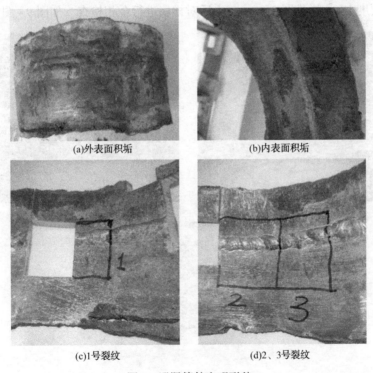

(a)外表面积垢　　　　　　(b)内表面积垢

(c)1号裂纹　　　　　　(d)2、3号裂纹

图7 泄漏管件宏观形貌

分析仪检测管材的关键元素含量,与 GB/T 14976—2002《流体输送用不锈钢无缝钢管》中规定的含量对比,结果如表2所示,可知材质成分为合格的304不锈钢。

表2 管材化学成分分析结果

项目	C	Fe	Cr	Ni	P	S	Si	Mn	N
标准值	<0.08	其余	18.0~20.0	8.0~11.0	≤0.045	≤0.03	≤1	≤2.0	≤0.1
测量值	0.041	67.6~69.0	18.64	8.24	0.031	<0.005	0.354	0.952	0.064

对管道内壁的沉积物取样，进行 EDS 能谱分析，结果如表 3 所示。元素分析结果表明：沉积物主要为铁铬镍的氧化物及碳酸盐，未发现有害元素（如 S、Cl、P 等）的高浓度富集。

表 3　管内壁沉积物 EDS 元素分析

元素组成	质量比/(wt%)	原子比/(at%)
O	27.45	44.46
Fe	24.67	11.45
Cr	24.35	12.13
Ni	4.98	2.20
C	10.79	23.28
S	0.65	0.52
P	0.31	0.26

对 3 个裂缝区域进行切割、抛光、侵蚀，以便观察裂缝的微观形貌。首先对样块进行体视显微拍照，确定裂缝的整体宏观形貌（图 8）并对具有代表性的 3 号未穿透裂缝进行显微硬度测试[维氏硬度 HV，详见图 8(c)]，之后对样块进行金相检查，如图 9~图 11 所示。

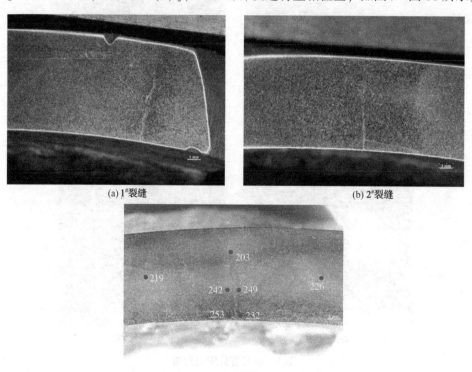

(a) 1#裂缝　　　　　　　　　　　(b) 2#裂缝

(c) 3#裂缝

图 8　裂缝区域体视显微图（6.7 倍）

由图 8 可知：裂纹附近区域相对周围未开裂母材区域，出现了明显的硬度增大的现象，而裂缝尖端区域则硬度下降。

由图 9 可知：1#裂缝呈现管内壁侧宽、管外壁侧窄的特征，说明此裂缝应为由内向外发展；根据裂缝形态及金相结构，此裂缝应为晶间、穿晶混合开裂，且裂纹周围未出现晶粒异常粗大现象。

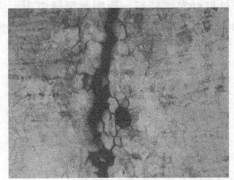
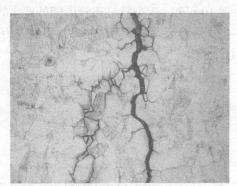

(a)管内壁侧200倍　　　　　　　　　　　(b)管壁厚中部分叉区200倍

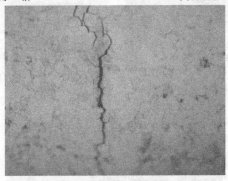

(c)管外壁侧200倍

图9　1#裂缝金相显微图

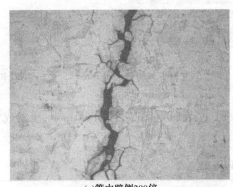
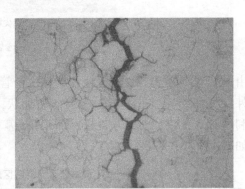

(a)管内壁侧200倍　　　　　　　　　　　(b)裂缝中部200倍

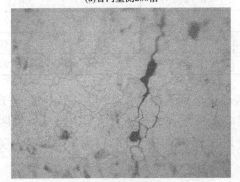
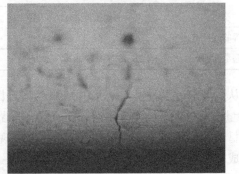

(c)管外壁侧200倍　　　　　　　　　　　(d)管外壁穿透点200倍

图10　2#裂缝金相显微图

由图 10 可知：2#裂缝呈现管内壁处宽、管外壁处窄的特征，说明此裂缝应为由内向外发展；根据裂缝形态及金相结构，此裂缝应为晶间、穿晶混合开裂，且裂纹周围未出现晶粒异常粗大现象。

(a)管内壁裂缝起始处200倍

(b)管壁厚中部的裂缝尖端100倍

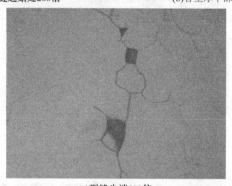
(c)裂缝尖端500倍

图 11　3#未穿透裂缝金相显微图

由图 11 可明显看出：3#裂缝开口处位于管内壁侧，尖端指向管外壁侧，呈现明显的由内向外发展的趋势；图 11(b)中现冰糖块形状，为沿晶脆性开裂的特征。

利用 EDS 能谱，对 3 号裂缝断面、两侧基材、晶界临近区域分别进行了元素组成测量，结果如表 4 所示。

表 4　裂缝区域元素组成

分区	Fe/(wt%)	Cr/(wt%)	Ni/(wt%)	C/(wt%)	Cl/(wt%)
基材	71.74	17.89	9.9	未检出	未检出
晶界临近区域	64.9	15.98	8.76	10.02	未检出
裂缝断面	16.75	5.85	1.6	65.9	0.99

从上表中可以看出：从基材到晶界临近区域，再到裂缝断面，材质成分明显呈现 Cr、Ni 含量不断下降、C 含量逐渐升高，且从晶界临近区域到裂缝断面有显著突变，说明该部位的材质发生晶间敏化。而在裂缝断面处发现了 Cl 存在，说明此裂缝为氯离子应力腐蚀开裂造成。

2.3　腐蚀原因分析

干态中变气主要成分由 H_2 和 CO_2 组成。此外，中变气中还含有 30% 左右的水蒸气。管道泄漏点前 100d，管道内中变气温度平均值为 112℃，平均压力为 2.2MPa。按照工艺设计中水蒸气体积比为 30% 计算，可得到露点温度为 161.4℃。因此，该段管道内可能存在大量液态水流过，且凝结点易集中在焊缝区域的不平整凹陷处。对中变气凝结液取样化验分析，结果如表 5 所示，凝结液由于 CO_2 的存在，呈弱酸性，且液体中含有一定量的氯化物。

表 5　中变气冷凝水化验分析结果

分析项目	分析结果
氯化物含量	4.25 mg/L
铁含量	0.673 mg/L
pH 值	5.62

氯化物应力腐蚀开裂是奥氏体不锈钢的一种主要失效模式。在拉伸应力、温度和含水氯化物环境等条件的共同作用下，奥氏体不锈钢表面萌生裂纹，为穿晶型且呈现高度分叉。氯化物应力腐蚀开裂有以下几个特点：

（1）氯化物含量、pH 值、温度、应力、氧气的存在和合金组成为应力腐蚀开裂的关键因素。

（2）随着温度升高开裂敏感性增加（通常在金属温度大于 60℃ 时发生）。

（3）随着氯化物含量增加开裂的敏感性增加（由于氯化物在露点时存在潜在的聚集可能性，所以不存在氯化物下限值）。

（4）应力腐蚀开裂通常发生在 pH 值高于 2 的情况下，在较低 pH 值下均匀腐蚀通常占支配地位；应力腐蚀开裂的敏感性随 pH 增大而降低。

（5）应力可能是外加应力或残余应力、高应力或冷加工部件，如膨胀波纹管，对开裂非常敏感。

（6）溶解在水中的氧通常加速应力腐蚀开裂。

（7）合金的 Ni 含量对抗氯化物应力腐蚀开裂能力有较大影响，最大敏感性是 Ni 含量在 8%～12%。

由于该处管段材质为 304 不锈钢，并未进行低碳化处理且靠近焊缝高温区域，EDS 检测结果也说明在晶界附近区域发生铬含量下降的敏化现象，并承受内部介质压力及焊后应力的双重应力作用，加之该段管材长年接触弱酸性含氯介质，满足氯化物应力腐蚀开裂所需的电化学条件及其他条件，故此处最终发生氯化物应力腐蚀开裂；金相检查结果也表明，裂纹呈现树枝状分叉且大多为混合型裂纹，符合敏化后的奥氏体不锈钢应力腐蚀开裂的特征。

3　结论

开裂发生于管道弯头焊接附近区域且焊接质量不高。该部位奥氏体不锈钢有可能处于敏化状态，抗晶间腐蚀能力较差，在应力水平较高的部位易发生应力腐蚀开裂。因此在制造过程中应严格把控焊接工艺，并对上游工艺物料中的氯离子尽可能脱除，特别应注意水蒸气或者催化剂中可能夹带进入的氯离子，且在生产运维中应严格检测冷凝液中的氯离子含量。或者可适当进行材质升级，建议将现用 304 不锈钢升级为双相不锈钢。

参　考　文　献

[1] GB/T 14976—2002，流体输送用不锈钢无缝钢管[S].

[2] 柴宝群, 张红梅. 制氢装置中变气不锈钢管件开裂失效分析及对策[J]. 石油化工腐蚀与防护, 2014, 31(1): 59-64.

[3] API 571-2003, American petroleum institute: damage mechanisms affecting fixed equipment in the refining industry[S].

[4] HG/T 20581—2011, 钢制化工容器材料选用规定[S].

[5] GB/T 30579—2014, 承压设备损伤模式识别[S].

作者简介: 刘希武(1974—), 男, 2006 年毕业于太原理工大学应用化学专业, 硕士学位, 现工作于中石化炼化工程(集团)股份有限公司洛阳技术研制中心高级工程师, 技术副总监, 从事能源化工腐蚀防护方面的工作。

西部某油田分离器腐蚀分析及防治技术应用

王　恒[1,2]　高秋英[1,2]　张志宏[1,2]　曾文广[1,2]　李富轩[1,2]　高福锁[1,2]　孙永尧[1,2]　李　鹏[1,2]

(1. 中国石油化工股份有限公司西北油田分公司；
2. 中国石化缝洞型油藏提高采收率重点实验室)

摘　要　针对西部某油田分离器严重腐蚀问题，通过金相分析、化学成分分析、X射线衍射分析、细菌培养、腐蚀产物微观表征、腐蚀模拟试验、泥垢对腐蚀的影响及涂层性能测试等对分离器材质进行腐蚀失效原因分析，并提出了相应的防治对策。结果表明：分离器水线以下内壁首先发生氧腐蚀，并且在由垢层产生的闭塞电池而导致的自催化效应与细菌腐蚀的协同作用下，分离器水线以下罐体内壁发生快速腐蚀。由腐蚀对策研究成果可知，对分离器的材质进行优选，或者改变分离器结构可有效改善腐蚀情况。

关键词　分离器；失效分析；防腐对策

分离器作为油气水分离的压力容器，其内部环境复杂，腐蚀问题易于发生。分离器一旦发生腐蚀穿孔就会造成设备泄漏，无法正常使用，对正常作业具有严重影响，从而对经济造成巨大损失。常见的腐蚀原因有 CO_2 腐蚀、氧腐蚀、细菌腐蚀、缝隙腐蚀、H_2S 腐蚀、垢下腐蚀、冲刷腐蚀、涂层失效等。

西部某油田分离器示意如图1所示，其规格型号为 *PN*0.8*DN*3600×16000，容积为 176m³，工作介质为原油、伴生气与污水，处理量最大为 3500t/d。分离器主体材料为 Q345R、内构件为 20# 和 304 不锈钢，人孔接管材质为 Q345R，内壁采用防腐蚀涂层+内置牺牲阳极的阴极保护进行腐蚀防护，其中防腐蚀涂层为不小于 150μm 的 EP 改性环氧导静电涂料，内置牺

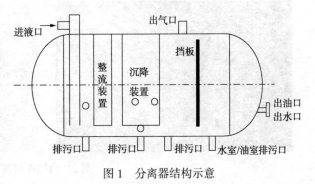

图1　分离器结构示意

牲阳极保护电流密度为 15mA/m²，设计保护年限为 10a。该生产分离器运行温度为 50～60℃，运行压力为 0.6MPa，原油含水率为 30%～50%，伴生气中 CO_2 含量为 2.4%，H_2S 含量为 44.93mg/m³。水样检测如表1所示，其中水样离子矿化度高达 21×10⁴ mg/L，使用溶解氧测试仪检测分离器水样中溶解氧含量为 0.38～0.48mg/L。

表1　水样离子成分

离子种类	Cl⁻	HCO₃⁻	Ca²⁺	Mg²⁺	SO₄²⁻	Br⁻	K⁺+Na⁺	总矿化度
含量/(mg/L)	132125.70	68.24	9023.5	2900.20	125.00	100.00	69932.04	214244.57

1 腐蚀现状描述

该分离器服役不足 2a 发生刺漏，具体位置如图 1 红圈所示。刺漏点主要集中在中下部，腐蚀较为严重，被迫停产检修。开罐检修发现分离器内壁和内构件在水位线以上部位结垢轻微，水位线以下部位结垢严重，内壁和内构件腐蚀严重，罐壁出现局部明显坑蚀，内构件沉降支架腐蚀严重，局部已"腐蚀殆尽"。分离器腐蚀具体信息如表 2 所示。内构件腐蚀和分离器内壁腐蚀宏观形貌如图 2 和图 3 所示。从图 2 中可以看出：内构件出现严重腐蚀，腐蚀形貌均为不规则形状，同时可以看到穿孔边缘有棕褐色疏松的腐蚀产物。从图 3（a）中可以看到分离器波纹板上存在严重的结垢现象，有的孔眼甚至被完全堵塞。在图 3（b）中观察到罐内壁伴随有明显的凹坑形状，整体破损严重，因此可以得到在分离器中的不同位置发生严重的腐蚀情况。

表 2 分离器基本信息及腐蚀情况

分离器介质	投用时间	停用时间	腐蚀情况
油气水混合物	2017-12	2020-03	焊缝位置腐蚀穿孔
			内构件腐蚀
			孔周围蚀坑明显
			T 型焊缝蚀坑明显
			内壁腐蚀

图 2 内构件腐蚀

(a)结垢   (b)罐壁腐蚀

图 3 分离器波纹板内部腐蚀宏观形貌和罐壁腐蚀

2 腐蚀失效分析

对分离器中腐蚀的构件分别进行失效分析，明确腐蚀的具体原因。由于 Q345R 和 20# 均属碳钢，且在分离器内呈现类似的腐蚀特征，因 Q345R 为罐体材质，无法取样进行失效分析，所以后续分析分离器腐蚀进程主要依据分离器沉降装置支架(20#)的测试结果。选择分离器内沉降装置支架 20# 分别使用金相分析、化学成分分析、X 射线衍射分析、能谱分析、垢层细菌培养、腐蚀模拟试验、泥垢对腐蚀的影响和涂层性能分析等分析腐蚀发生的原因。

2.1 金相分析

通过金相组织与化学成分分析分离器内沉降装置支架材质是否符合设备技术规格书及相应标准要求。其中，沉降装置支架的金相组织如图 4 所示。可以看出：分离器沉降装置支架的金相组织为铁素体+珠光体，未见明显异常组织，从金相组织来看，分离器沉降装置支架符合 GB/T 699—2015《优质碳素结构钢》中对 20# 的要求。

2.2 化学成分

分离器内沉降装置支架的化学成分如表 3 所示。将检测得到各元素的质量分数与

图 4 分离器内沉降装置支架金相组织

GB/T 699—2015 中对 20# 的各元素质量分数标准要求进行对比，可知分离器沉降装置支架化学成分符合相关标准要求，即分离器沉降装置支架腐蚀失效并非由于材质本身而导致。后续通过分析结垢层组成及腐蚀产物微观表征，明确分离器腐蚀失效原因。

表 3 分离器内沉降装置支架化学成分

元素种类	C	Si	Mn	P	S	Cr	Ni	Cu
质量分数/%	0.20	0.37	0.62	0.017	0.002	0.02	0.05	0.05
GB/T 699—2015：20#	0.17~0.23	0.27~0.37	0.35~0.65	≤0.035	≤0.035	≤0.25	≤0.30	≤0.25

2.3 腐蚀产物微观表征

分离器沉降装置支架清除结垢层后表面腐蚀产物各元素种类及含量的能谱仪(EDS)测试结果如表 4 所示。可以看出：腐蚀产物主要元素为 Fe、O，结合分离器工况环境可进一步推断存在氧腐蚀。由于集输和生产前端系统均为密闭系统，因此可以判断氧的来源应是大规模注气开采从井下携带所导致的。同时可以观察到 Cl 元素，可能是存在垢层产生闭塞电池而导致自催化效应后，Cl⁻ 通过垢层空隙进入基体表面而导致。后续对分离器沉降装置支架腐蚀产物区域截面进行能谱仪线扫描测试，探究其腐蚀进程。

表 4 分离器沉降装置支架清除结垢层后表面腐蚀产物能谱仪(EDS)测试结果

元素	C	O	S	Cl	Mn	Fe
质量分数/%	0.07	25.38	0.10	5.42	0.44	68.58

分离器沉降装置支架腐蚀区域截面能谱仪线扫描测试结果如图 5 所示。可以看出：能谱

仪线扫描范围包含母材层、腐蚀层和结垢层3个区域。母材层主要元素为Fe；腐蚀层主要元素为Fe、O，对应腐蚀产物为铁的氧化物，说明分离器支架首先发生氧腐蚀；在腐蚀层与结垢层交接处有一定的S元素，对应为铁硫化物，表明结垢层与腐蚀层交接处发生细菌腐蚀；结垢层主要元素为Mg、Ca、C，对应为碳酸钙镁垢层。结合现场取样垢层X射线衍射分析结果、细菌培养结果与分离器沉降装置支架腐蚀区域产物微观表征结果，该分离器发生氧腐蚀、细菌腐蚀、垢下腐蚀。

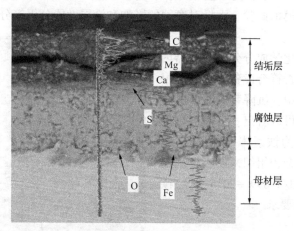

图5 分离器沉降装置支架腐蚀区域截面能谱仪(EDS)线扫描测试结果

2.4 垢层X射线衍射分析

分离器内取样垢层的X射线衍射分析(XRD)结果如图6所示。可以看出：分离器内部垢层主要组成为Fe_3O_4、$Mg_3Ca(CO_3)_4$、FeS、$Fe_{12}S_{11}O_{51}$、Fe_9S_{11}，结合分离器内部工况介质推断铁的氧化物可能为氧腐蚀的产物，碳酸钙镁为结垢层主要成分，铁的硫化物可能为细菌腐蚀的产物。后续通过对取样垢层进行细菌培养以验证是否有细菌腐蚀。

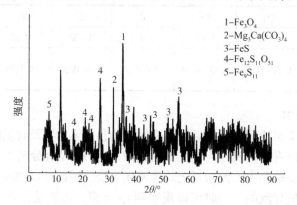

图6 垢层的X射线衍射分析(XRD)结果

2.5 垢层细菌培养

取样垢层细菌培养测试结果如图7和图8所示。从图中可以看出：垢层中存在硫酸盐还原菌(SRB)与腐生菌(TGB)，通过稀释法得到硫酸盐还原菌数量为50个/mL，腐生菌数量为500个/mL，说明在分离器中存在细菌腐蚀。

(a)铁细菌　　　　　　　(b)硫酸盐还原菌　　　　　　　(c)腐生菌

图7　细菌培养前试样瓶

(a)铁细菌　　　　　　　(b)硫酸盐还原菌　　　　　　　(c)腐生菌

图8　细菌培养后试样瓶

2.6　腐蚀模拟实验

腐蚀模拟实验是通过模拟分离器内部腐蚀环境，使用20#材质，试样尺寸为50 mm×25 mm×2 mm，实验溶液为油田现场分离器中水样，实验温度为50℃，常压，实验周期为168h。实验装置如图9所示，其中试样下半部分掩埋在现场取垢样中，实验过程中溶液液面保持在垢层界面上。参照 ASTM G111—1997(2013)《高温、高压或高温高压环境下进行腐蚀试验的标准指南》，待温度达到预设值时开始试验。

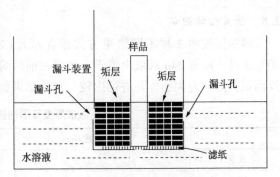

图9　腐蚀模拟实验装置

试验结束后，将取出试样经去离子水冲洗、乙醇脱水、冷风吹干后，清除试样表面垢层后观察试样表面腐蚀形貌。

腐蚀模拟实验结果如图 10 所示。图 10(a)为模拟实验前的试样照片，图 10(b)为经过模拟实验后并清除表面附着垢层后的试样照片。从图中可以看出：模拟分离器水线以下且附着垢层的试样部分腐蚀减薄严重，未被垢层附着的试样表面也有较轻微的腐蚀，但腐蚀程度远小于附着垢层的试样。结果表明：当分离器水线以下罐体(20#)表面附着结垢层时，与未附着垢层处的水线以上罐体相比，腐蚀更加严重。

2.7　泥垢对腐蚀的影响

在对分离器进行开罐检查时发现分离器内泥垢含量较多，因此展开垢下腐蚀测试。取现场水样和垢样，将垢样涂覆在标准试片(20#)表面，在 50℃条件下开展室内腐蚀评价实验，测定腐蚀速率，明确泥垢对腐蚀的影响。

实验结果如表5所示。可知：在实验条件为无涂覆垢层时其腐蚀速率为 0.067mm/a，而在实验条件为涂覆垢层时其腐蚀速率为 0.12mm/a，涂覆垢层时腐蚀速率是无涂覆垢层时腐

(a)实验前   (b)实验后

图 10　腐蚀模拟实验结果

蚀速率的 1.8 倍,极大程度上加速腐蚀进程。其原因是当有垢层存在时会由于闭塞电池而产生自催化效应,可导致发生快速腐蚀。

表 5　腐蚀速率实验结果

	无涂覆垢层	涂覆垢层
腐蚀速率/(mm/a)	0.067	0.12

2.8　涂层性能测试

　　将涂层按照 2 种不同涂覆方式涂在试片(20#)上,浸泡在装有现场水样的广口瓶中,40℃条件下浸泡 24h 后取出晾干,将腐蚀前后的试样用 BGD-500 型数显拉开法附着力测试仪测试其附着力大小,并进行比较。实验结果如表 6 所示。

表 6　涂层厚度及浸泡实验前后附着力测试

	厚度/mm	腐蚀前附着力/MPa	腐蚀后附着力/MPa
蘸涂 1 次 45℃	0.13	6.2	4.8
蘸涂 2 次 45℃	0.37	7.5	6.1
蘸涂 3 次 45℃	0.64	10.3	8.9
蘸涂 1 次 70℃	0.32	7.3	6.3
蘸涂 2 次 70℃	0.42	8.1	7.4
蘸涂 3 次 70℃	0.75	11.7	9.5
刷涂 1 次 45℃	0.34	7.5	5.8
刷涂 2 次 45℃	0.51	8.8	6.2
刷涂 3 次 45℃	0.62	10.2	8.8
刷涂 1 次 70℃	0.19	8.6	6.9
刷涂 2 次 70℃	0.39	10.4	8.6
刷涂 3 次 70℃	0.69	11.2	9.3

　　由表 6 可知:随着涂层涂敷次数增加,膜层厚度也同时增加,相应的附着力也在增加。同时也发现在同样涂敷方式下,在一定温度范围内,温度越高,其涂敷效果越好,附着力越大。且刷涂的效果明显优于蘸涂的方式。在浸泡 24h 后,附着力均有明显下降。说明分离器

中的溶液可加速涂层失效，进而加速腐蚀发生。

3 防治对策研究

3.1 合理选材

（1）腐蚀速率测试

利用腐蚀挂片失重法，取联合站分离器介质，根据现场实际生产参数，在静态温度70℃和动态温度50℃的条件下，按照SY/T 5329—2012《碎屑岩油藏注水水质指标及分析方法》开展腐蚀挂片实验，研究分离器运行介质对20#、Q235R、Q345R、316L和2205的腐蚀行为。

实验结果如图11所示。可知在实验条件下，动态涂覆垢层的腐蚀速率均明显大于静态无涂敷垢层，且2205材质在实验过程中一直保持比较低的腐蚀速率。5种材质的耐蚀性顺序为2205>316L>Q345R>Q235>20#，说明2205材质在此种工况环境下具有很好的耐蚀作用。

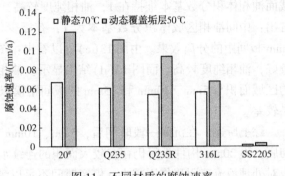

图11 不同材质的腐蚀速率

（2）腐蚀电位

使用电化学方法测试在实际工况温度和更加苛刻环境条件下不同Cl⁻浓度时3种钢材2205、316L和Q345R的腐蚀电位。实验温度分别为50℃、70℃和100℃，Cl⁻浓度分为50000mg/L、100000 mg/L、150000 mg/L和200000 mg/L。结果如图12所示。

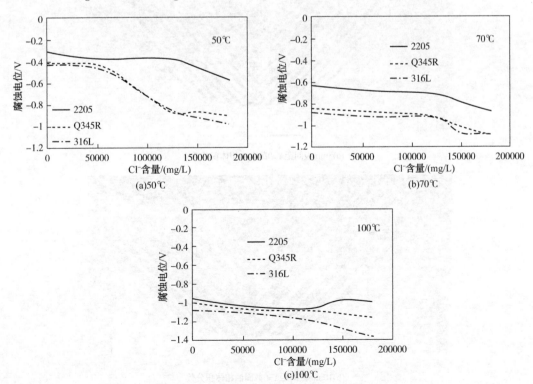

(a)50℃   (b)70℃

(c)100℃

图12 3种材质腐蚀电位随Cl⁻含量变化情况

由图 12 可知：随着实验温度不断增加，同种材料在 Cl⁻相同条件下的腐蚀电位不断减小。3 种材料在测试过程中且都表现出随着 Cl⁻含量增加腐蚀电位逐渐减小的趋势。在同一温度条件下，3 种材料中 2205 的腐蚀电位最大。且在整个实验过程中，随着环境改变，2205 均保持较低的腐蚀速率，因此说明 2205 在此种环境下具有良好的耐蚀作用。

3.2 优化分离器结构

（1）聚结板模拟优化

分别对含不同板间距波纹板分离器流场进行仿真模拟，图 13 为含 5mm、10mm、15mm、20mm 板间距波纹板分离器 $X=0$ 截面油相体积分数分布，可以直观地观察不同板间距构件油水分离过程，进而分析几种情况的不同特点。由图 13（a）可以看出：在模拟仿真后，$X=0$ 截面油相体积分数基本维持在 1，油相纯度较高，说明油水分离程度较好。由图 13（b）可以看出：中间油相区域体积分数基本为 1，有极少位置显示为黄色，表明油水分离效果不如 5mm 板间距的分离效果。由图 13（c）可以看出：图中油相区域均为红色，表明油水分离效果较好，油相纯度较高。而图 13（d）结果显示：油相区域中有多数黄色区域存在，且整个油相的区域面积与 5mm、10mm 和 15mm 的板间距模拟效果中油相的面积相比较小，表明分离效果较差。

综上所述，在沉降一段时间后，5mm、10mm 和 15mm 板间距波纹板板间油水分离较为彻底，而 20mm 构件板间仍存在较大面积的连续水相没有沉降完全。较大的板间距使得波纹板对处理液流速阻碍作用减小，停留时间不足以满足混合液中油水两相的完全沉降要求。

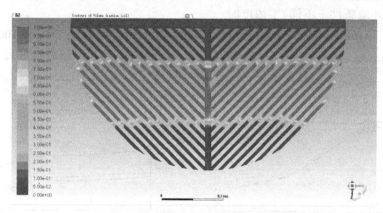

(a)5mm板间距X=0截面油相体积分数

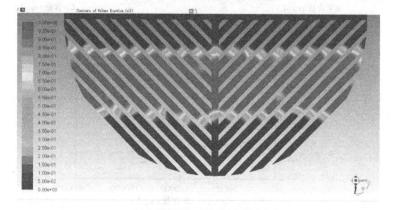

(b)10mm板间距X=0截面油相体积分数

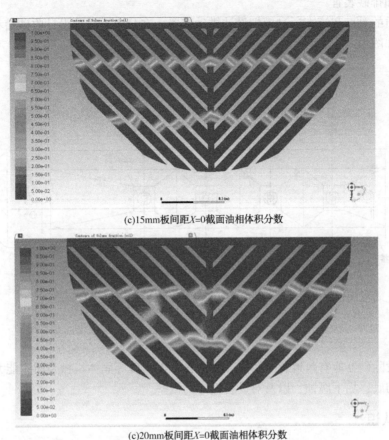

(c)15mm板间距X=0截面油相体积分数

(c)20mm板间距X=0截面油相体积分数

图13　不同板间距聚结构件 $X=0$ 截面油相体积分数

图14、图15为含不同板间距聚结构件分离器油、水出口轴线密度分布。

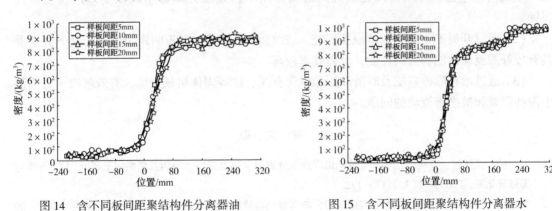

图14　含不同板间距聚结构件分离器油
出口轴线密度

图15　含不同板间距聚结构件分离器水
出口轴线密度

　　从两出口轴线密度分布图可以看出：处理液中的油相和水相实现密度分层，其中10mm和15mm 板间距聚结构件处理得到的油、水两相密度最接近实际数值，说明油相中含水量和水相中含油量均较少，10mm 板间距构件性能最佳。

（2）增加排砂装置

根据介质的黏度和流态通过模拟设计排砂装置，在分离器底部设计收砂槽和除砂器。具体增加位置如图16所示。

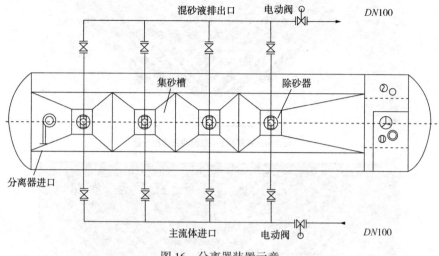

图16　分离器装置示意

通过增设除砂器能有效地及时清除原油中含有泥、砂等固体机械杂质，能大大降低固体杂质分离不彻底、垢下腐蚀，以及对设备损坏的概率。

4　结论与认识

（1）腐蚀失效原因：分离器水线下部内壁首先发生氧腐蚀，垢层堆积为厌氧性细菌繁殖提供便利条件，硫酸盐还原菌（SRB）在代谢中产生 H_2S，发生 H_2S 腐蚀；同时在垢层作用产生的闭塞电池而导致自催化效应的协同作用下，导致分离器水线以下部位发生快速腐蚀。

（2）通过开展 FLUENT 数值模拟研究，波纹板结构倾角45°板间距10mm工况下分离器具有较好的流动性能和分离性能，分离效率较高。

（3）通过增设除砂器能及时清除原油中含有泥、沙等固体机械杂质，有效解决了分离器中泥沙积聚和被携带流动的问题。

参　考　文　献

［1］罗全民，张怀智，罗晓惠，等．宝浪油田联合站分离器加热盘管腐蚀原因及影响因素研究［J］．石油与天然气化工，2003，32（3）：170-172.

［2］罗全民，李文革，高伟昆，等．宝浪油田分离器加热盘管腐蚀特性研究［J］．石油化工腐蚀与防护，20（4）：21-22.

［3］孔磊，刘立红，耿佳明．分离器的腐蚀分析及防护建议［J］．内江科技，2012（10）：71-72.

［4］陈旭，伍永亮．高效分离器腐蚀原因分析与防护建议［J］．化工管理，2014（21）：127.

［5］王秀清，魏建红，杨洪岩，等．高效三相分离器腐蚀原因及防护对策［J］．全面腐蚀控制，2006（5）：34-36.

［6］凌永海．浅谈三相分离器的腐蚀及对策［J］．石油化工腐蚀与防护，2011，28（1）：40-42.

[7] 高秋英，贺三，杨耀辉，等．Q245R 钢在高含 Cl⁻塔河模拟油田水中的腐蚀行为研究[J]．材料保护，2021，54(12)：59-63，78.

[8] 高秋英，管善峰，宫如波，等．塔河油田腐蚀工况下碳钢的硫酸盐还原菌腐蚀行为实验[J]．油气储运，2020，39(10)：1142-1147.

[9] 蒋进忠，牛耀玉，刘丽玲，等．宝浪油田联合站分离器腐蚀与防护技术[J]．腐蚀与防护，2002(8)：352-355.

[10] 唐广荣．某海上油田分离器的失效原因[J]．腐蚀与防护，2015，36(4)：398-401.

[11] 陈强．克拉玛依油田原油集输站分离器检测及其缺陷预防[J]．中国石油和化工标准与质量，2011，31(3)：67.

[12] 晁代强．中原油田分离器垢下腐蚀行为及防护措施研究[D]．重庆：重庆科技学院，2015.

[13] 晁代强，易俊，酒尚利，等．中原油田三相分离器清污作业危害分析及改进措施[J]．重庆科技学院学报(自然科学版)，2015，17(1)：87-91.

[14] 高秋英，孙海礁，刘强，等．塔河油田水套炉盘管腐蚀与防护措施[J]．石油化工腐蚀与防护，2020，37(3)：17-20.

[15] 郭胜学，陈如江，张曼杰，等．分离器涂层失效分析[J]．腐蚀与防护，2016，37(6)：517-521.

[16] GB/T 699—2015，优质碳素结构钢[S].

[17] SY/T 5329—2012，碎屑岩油藏注水水质指标及分析方法[S].

作者简介：王恒(1955—)，男，2021 年毕业与西南石油大学，硕士学位，现工作于中国石油化工股份有限公司西北油田分公司，工程师，从事油气田腐蚀与防护技术研究应用工作。

油气田注水设备腐蚀现状与新材质的应用

魏永辉　申　亮　詹海勇

(新疆油田公司石西油田作业区)

　　摘　要　油气田回注地层的采出水水质情况复杂，具有较高的矿化度和腐蚀性，因此柱塞式注水泵在日常运行过程中，阀组、柱塞等部件腐蚀较为严重、更换频次高，导致注水泵故障率频发、运行时率显著下降，日常的运行维护成本增大，经济效益低下。以石西油田作业区石南31站柱塞式注水泵为研究，通过分析阀组、柱塞腐蚀的原因，探寻采用耐腐蚀性材质，并在现场取得良好的应用效果。

　　关键词　柱塞泵；腐蚀原因；耐腐蚀材质

　　目前油气田地层注水设备多数采用往复式柱塞式注水泵，因而柱塞式注水泵在日常的运行管理方面的重要性日益凸显。特别是在油田开采中后期，含水率升高，采出水量骤增，采出水回注面临较大压力，且采出水水质情况复杂，柱塞式注水泵各部件的材质性能和耐腐蚀性等方面难以满足日常需求，导致故障率频发、运行时率显著下降，日常的运行维护成本增大，经济效益低下。

　　新疆油田公司石西油田作业区石南31站区(以下简称"石南引站")均采用高压往复式柱塞泵，由于采出水对注水泵部件的腐蚀，导致注水泵故障率和维修频次逐年攀升，部件损坏导致更换频繁。在注水泵日常运行过程中，尤其是柱塞、吸排液阀组经常出现腐蚀损坏，故障率频发，是造成材料损耗高、维修频次高、生产运行成本高的主要原因。

　　因此对现场使用的注水泵部件腐蚀现状进行统计分析，总结了注水泵部件的腐蚀现状和具体失效形式，对部件腐蚀原因进行探究，找出部件腐蚀问题的根本原因，并通过对现有部件材质的耐腐蚀性进行分析，结合现状，探索出新型的耐腐蚀性材质，并在现场进行实践和应用，取得了良好的应用效果。结果表明：新型耐腐蚀材质的应用，极大减缓了柱塞泵部件腐蚀速率，有效延长了其使用寿命，降低了注水泵故障率、维修频次和运行成本，取得了很好的经济效益。

1　注水泵工作原理

　　柱塞式注水泵在运行过程中，依靠电动机带动泵体内的曲轴，通过曲轴将旋转运动转换为柱塞的往复式运动，使密封工作空腔的容积发生改变，实现进液和排液。当柱塞向曲轴箱方向运动时，吸液阀板和阀体密封面打开，排液阀板和阀体密封面封闭，液体进入空腔，完成吸液过程；当柱塞向泵头端运动时，吸液阀板和阀体密封面封闭，排液阀板和阀体密封面打开，液体排出，完成排液过程。

2　注水泵常见故障及原因分析

2.1　吸、排液阀组常见故障

2.1.1　吸液阀组故障

　　注水泵吸液阀组主要包括吸液弹簧和吸液阀板，在日常运行和检维修过程中，特别是对吸液阀板和弹簧进行检查时，发现吸液弹簧腐蚀、断裂情况较为突出(图1)，吸液阀板磨损、腐蚀较为严重(图2)，导致注水泵在运行时异响，泵效降低。

图1 吸液弹簧腐蚀、断裂情况

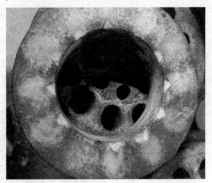

图2 吸液阀板磨损、腐蚀严重

2.1.2 排液阀组故障

注水泵排液阀组主要包括阀体、排液阀弹簧、排液阀板和排液弹簧座等部件。在日常检维修过程中，不定期发现整个排液阀组腐蚀情况严重(图3)，主要表现在阀体密封面存在腐蚀、凹坑(图4)；排液阀板腐蚀、破损(图5)；排液弹簧断裂(图6)等情况较为严重，导致注水泵在运行时异响，泵效降低。

图3 排液阀组腐蚀严重

图4 阀体密封面腐蚀、凹坑

图5 排液阀板腐蚀、破损

图6 排液弹簧断裂

2.2 柱塞故障

常见的柱塞故障如图7所示，主要表现为柱塞表面镀层脱落，划痕、表面拉伤、坑蚀，严重影响了柱塞使用寿命，增加了维修频次，导致生产运行成本增加。

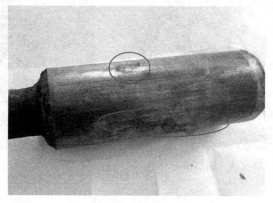

图7 常见的柱塞故障

2.3 注水泵部件腐蚀原因分析

2.3.1 工艺水质原因

因采出水水质成分比较复杂，通过现场取样并对水质进行分析(表1)，得出采出水水质偏硬，具有高矿化度、高腐蚀性的特点。

表1 采出水水质分析结果

样品名称	数值
pH 值	6.82~7.1
氯离子	11835mg/L
钾离子、钠离子	7116.9mg/L
钙离子	1007.3mg/L
矿化度	21305.3mg/L

采用 TESCAN VEGA Ⅱ 扫描电子显微镜对柱塞主体和阀体表面的腐蚀产物进行形貌观察和成分分析，如图8所示。

通过对腐蚀材料的化验分析，腐蚀材料的主要为点蚀，最终确定腐蚀主要为氯离子。

氯离子对金属腐蚀的影响表现在2个方面：一方面降低材质表面钝化膜形成的可能或加速钝化膜的破坏，进而向金属晶体里面渗透，引起金属间的结构形式发生变化从而由点到面的腐蚀；另一方面使得 CO_2 在水溶液中的溶解度降低，从而缓解材质腐蚀。

因为氯离子具有半径小、穿透能力强，并且能够被金属表面较强吸附的特点。氯离子浓度越高，水溶液的导电性就越强，电解质的电阻就越低，氯离子就越容易到达金属表面，加快局部腐蚀的进程。

因此，采出水水质原因是导致柱塞泵零件腐蚀严重，零件使用寿命周期缩短的重要原因。

2.3.2 部件材质原因

石南31站注水泵吸排水阀体和弹簧均采用奥氏体不锈钢(钢中含 Cr 约18%、Ni 8%~

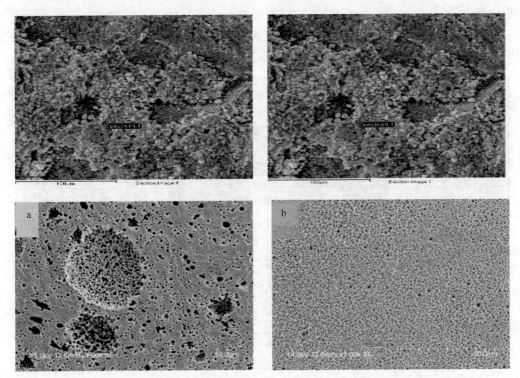

图8 对柱塞主体和阀体表面的腐蚀产物进行形貌观察和成分分析

10%、C 约 0.1%），奥氏体不锈钢无磁性而且具有高韧性和塑性，但强度较低，耐氧化性酸介质腐蚀。

吸排水阀板采用聚四氟乙烯材质，是四氟乙烯经聚合而成的高分子化合物，具有优良的化学稳定性、耐腐蚀性、密封性、高润滑不黏性、电绝缘性和良好的抗老化耐力，但是其抗磨性和抗冲击强度较低。

柱塞表面采用涂层为铬，此材质为油田开发初期地层注入清水时采用的涂层材料，铬虽然也具有较高的耐磨性和耐腐蚀性，但在酸碱性采出水水质中镀层极易脱落，不能满足采出水回注对材质的使用要求。

在石南 31 站转注采出水后，注水泵直接与采出水接触部件的材质未进行重新选材，未能做到与注入介质进行适配，采用原有的奥氏体不锈钢材质对采出水的抗腐蚀性已无法满足使用要求，并且柱塞表面镀层也不能满足防腐蚀要求，故导致在注入介质发生改变时，由于材质的问题，造成吸排水阀组、柱塞等部件腐蚀极为严重，故障率高，配件更换频繁，运行成本居高不下。

综上所述，水质的高腐蚀性和材质的耐腐蚀性较弱，是导致注水设备故障率高的主要原因。

3　耐腐蚀性材质的选型及应用

经过对注水泵故障率高的原因分析，在配件材质上主要是由于配件材质选型问题不满足现有采出水水质耐腐蚀性要求，导致损坏率、更换率高，因此从源头入手，针对现有腐蚀主要是由于采出水水质中含有的氯离子腐蚀，需选择耐氯离子腐蚀的材质，可有效缓解腐蚀问题。

对于常规不锈钢材，大多数适用于低浓度氯离子环境(图9)，针对氯离子含量较高的油气田采出水水质而言，常规不锈钢难以应用到注水设备上。

氯离子含量(mg/L) ＼ 最高温度(℃)	25	50	60	75	80	100	120	130
10	304	304	304	304	304	304	304	316
25	304	304	304	304	304	316	316	316
40	304	304	304	304	316	316	316	904L
50	304	304	304	316	316	316	316	904L
75	304	304	316	316	316	316	316	904L
85	304	316	316	316	316	316	316	904L
100	304	316	316	316	316	316	904L	254
120	316	316	316	316	316	904L	904L	254
130	316	316	316	316	316	904L	254	254
150	316	316	316	316	316	254	254	254
180	316	316	316	316	904L	254	254	TAI
250	316	316	316	904L	254	254	254	TAI
300	316	316	904L	254	254	254	254	TAI
400	316	904L	254	254	254	254	TAI	TAI
500	904L	904L	254	254	254	TAI	TAI	TAI
700	904L	904L	254	254	TAI	TAI	TAI	TAI
1000	904L	254	254	TAI	TAI	TAI	TAI	TAI
1800	254	254	TAI	TAI	TAI	TAI	TAI	TAI
5000	254	TAI	TAI	TAI	TAI	TAI	TAI	TAI
7300	TAI	TAI	TAI	TAI	TAI	TAI	TAI	TAI

图9　不锈钢及钛材质所适用的氯离子环境

由于常规不锈钢不能作为注水设备部件材质的选择，可考虑采用双相不锈钢。根据不锈钢PRE耐腐蚀当量值(图10，耐点腐蚀指数 PRE (Pitting Resistance Equivalent) 数值反映了材料的耐氯离子点腐蚀倾向)，可以看出双相钢的耐腐蚀倾向均大于普通不锈钢，具有良好的耐氯离子点腐蚀特性。

Steel grade	PRE
4307	18
4404	24
LDX 2101®	26
2304	26
904L	34
2205	35
254 SMOO®	43
2507	43

图10　不锈钢 PRE 耐腐蚀当量值

所以针对氯离子含量较高的环境，可优先选用双相不锈钢材质，作为设备主体部件的材质。但是，双相钢强度相较常规不锈钢材而言具有较高的强度，不容易成型和加工，若作为柱塞式注水泵的常规易损部件选材，在其加工过程中，人工和耗材费用会增加，不利于运行成本的控制。

为达到现场注水泵部件的实际耐腐蚀性能使用需求，同时考虑控制成本，可考虑另一种性能较为平衡的不锈钢种类，即沉淀硬化不锈钢，此种材质可通过热处理进行强化，具有高强度、足够的韧性和适宜的耐腐蚀性等良好的综合力学性能。根据石南31站现场实际情况，通过反复试验，探索出其热处理的温度、时间、冷却速度等相关控制参数，在现场实际应用后，达到理想性能。

此外，为更加强化部件耐腐蚀性能，探寻更好的部件表面处理工艺，更满足于现场对部件耐腐蚀性能的需求，对配件材质表面的处置工艺做以下 3 组试验，寻求满足现场耐腐蚀性的材质处理工艺。

（1）合金基体表面镀铬

通过合金基体表面镀铬（图 11），洛氏硬度 64，在使用 20d 左右的柱塞表面明显存在划痕和点蚀，短时间内形成点蚀的主要原因是：因为镀铬为通过电极使铬附着于钢铁表面，表面结构不致密导致短时间的点蚀。

（2）合金基体整体表面氮化处理。

合金基体表面整体氮化（图 12），表面洛氏硬度 63，在现场使用 20d 左右，但因其氯离子对表面氮化层的破坏，表面有轻微划痕，表面轻微点蚀。

图 11　表面镀铬

图 12　合金基体表面氮化

（3）合金基体表面焊接碳化钨合金块。

合金基体表面焊接碳化钨合金块（图 13），表面洛氏硬度 65，通过现场 20d 的试用，解决了表面磨损的问题，但焊接碳化钨合金块，焊缝间存在严重的腐蚀情况。

图 13　焊接碳化钨合金块

通过以上 3 种表面工艺的对比可知，合金基体表面氮化处理在耐磨和耐腐方面优于其余

2种工艺，因此，可考虑采用在合金基体表面热处理后进行氮化处理工艺。

研究表明，针对注水泵的阀组和柱塞可优先采用沉淀硬化不锈钢作为材质基体，同时选用优化后的表面处理工艺，使其材料自身达到最佳的使用状态。

根据石南31站注水泵现场的实际情况，分别对阀组的弹簧、阀体、阀板、柱塞选用3种耐腐蚀性的材质和表面处理工艺，并在现场试验并应用后取得良好效果。

3.1 注水泵阀体材质选择

结合在日常维修过程中，阀体密封面经常出现腐蚀、凹坑的情况，结合试验结果，优先选用沉淀硬化不锈钢，并根据注水泵现场的实际需求情况，经过热处理使其金属结构综合性能提高，同时为提高表面硬度，对阀体进行氮化处理(氮层为0.17mm)。经过热处理和整体氮化处理后，使阀体具有较高的强度和耐腐蚀性。

3.2 阀组弹簧材质选择

结合吸排水阀弹簧经常出现腐蚀断裂的情况，经过筛选，选用316L不锈钢(022Cr17Ni12Mo2)，此类材质具有优秀的耐腐蚀性，耐高温、抗蠕变性能，同时对其表面进行热处理和氮化处理，增强其强度和耐腐蚀性。

3.3 阀组吸排水阀板材质选择

原来使用的阀板经常出现密封面磨损、破损，此次选用PEEK材质(主要成分为聚醚醚酮，为强化其材料性能，添加了其他微量元素)，具有高强度、高硬度、耐腐蚀、耐磨等优点，完全契合吸排水阀板对材料的需求。同时，排水阀板由于和排水阀弹簧无相对固定点，经常造成排水阀板和弹簧接触面磨损(图14)，针对此问题点，也是创新性地改变了排水阀板的结构，在排水阀板上设计弹簧座(图15)，排水阀板在工作过程中与弹簧相对静止，消除弹簧与排水阀板碰撞磨损，从而延长了阀板的使用寿命。

图14　排水阀析和弹簧接触面磨损　　　　图15　在排水阀板上设计弹簧

选型成功后，优先在石南31站进行现场应用，在泵体上安装耐腐蚀性材质阀组，已在现场连续使用8000h以上，而旧材质的阀组寿命仅为700h，极为有效地延长了使用寿命。对使用效果进行验证，发现表面无腐蚀、凹坑，整体光洁度完好，对比同期内使用1个月的旧阀组，效果明显。截至目前现场使用效果良好，无腐蚀、损坏问题产生。

3.4 柱塞材质选择

针对以往柱塞材质及其表面的镀铬层难以符合目前采出水水质防腐蚀要求，对柱塞的防腐涂层进行探讨研究，选择以沉淀硬化不锈钢为基体，同时采用镍60合金对柱塞表面进行涂层处理，能有效提高柱塞的耐腐蚀性。

耐腐蚀性镀层柱塞在现场投入使用后，将柱塞由原来的 1100h 使用寿命，延长至 9000h 以上，有效地节约生产运行费用，极大地减少了维修人员的劳动强度。

4 结论

通过对新疆油田公司石西油田作业区石南 31 站注水泵部件腐蚀现状进行总结分析，找出腐蚀原因，并通过相关试验找出新型耐腐蚀材质及其表面处理方式，在现场实际应用后取得了良好的效果，将阀组使用寿命由原来的 700h 延长至 8000h 以上，将柱塞使用寿命由 1100h 延长至 9000h 左右，有效地延长了注水泵的运行时率，减少了注水泵的故障频次和维修工作量，取得了较大的经济效益和良好的推广应用价值。

同时，此次新型耐腐蚀材质的探索及在现场的成功应用，也为油气田企业在注水设备防腐方面提供了一定的参考性。采出水注水设备腐蚀原因主要有以下 2 点：

（1）造成柱塞泵部件腐蚀的原因是采出水水质的、高矿化度、高腐蚀性造成的。

（2）注水泵部件材质的不耐腐蚀性及未能结合采出水水质进行材质的选型也是造成注水泵腐蚀严重、故障率高、部件更换频次高的主要原因。

对于采出水回注的油气田企业，可根据本次耐腐蚀材质的成功应用实践，针对注水及水处理等处于高浓度氯离子环境的相关设备，可优先选用双相不锈钢作为首选材质；而对于往复式柱塞泵的柱塞、阀体等直接与采出水介质接触的易损部件，综合材质的防腐蚀、成本等因素考虑，可采用沉淀硬化不锈钢，同时对材料进行热处理及表面氮化处理，并且依据现场腐蚀物与腐蚀程度的不同，可在表面喷涂对应的抗腐材料；针对吸排水阀板腐蚀损坏的问题，可优先选用具有高硬度、耐腐蚀、耐磨等优点的聚醚醚酮材质，可显著延长其使用寿命。

参 考 文 献

[1] 李志丹. 往复式注水泵故障诊断研究[D]. 成都：石南石油大学，2007.

作者简介：魏永辉（1991-），男，2015 年毕业于中国石油大学（华东），学士学位，现工作于新疆油田公司石西油田作业区油气集输中心，工程师。

胺液脱碳系统的腐蚀特性与控制对策分析

杜延年　杨琰嘉　包振宇　王　宁　段永锋　韩海波

[中石化炼化工程(集团)股份有限公司洛阳技术研发中心]

摘　要　CO_2捕集是实现碳中和的重要技术途径，其中醇胺法CO_2捕集技术因较高的选择性和捕集效率在CCUS产业中得到广泛应用。目前，胺液脱碳系统因胺液变质而导致设备腐蚀、CO_2捕集效率降低、胺液发泡等一系列问题。本文系统总结了醇胺溶液的降解过程、降解产物种类及影响因素；分析了醇胺溶液的腐蚀特性、影响因素及控制指标；同时基于不同腐蚀控制对策的优劣分析，对脱碳胺液腐蚀控制对策的发展进行展望。

关键词　CO_2捕集；醇胺溶液；腐蚀控制；热稳定盐；胺液净化

CCUS(Carbon Capture Utilization and Storage)是指将CO_2从工业排放或大气中捕集分离后通过利用或封存的形式来实现CO_2减排的过程。作为一项有望实现"碳中和"的新兴技术，对于应对全球气候变化、推进绿色低碳产业的发展具有重要意义。CO_2捕集作为CCUS的龙头单元，现有的捕集技术包括燃烧前捕集、富氧燃烧捕集和燃烧后捕集，其中燃烧后捕集技术具有较高的选择性和捕集效率，气源适用性最广。燃烧后捕集技术包括低温分离法、溶剂吸收法、膜分离法和吸附法，目前工业应用案例较多的是醇胺法CO_2捕集技术，但是胺液在长期使用过程中会因外界杂质的引入或自身发生降解而变质，而变质后的醇胺溶液会失去与CO_2的结合能力并伴随有溶液发泡等问题。此外，变质胺液中的热稳定盐增强了胺液腐蚀性，导致装置的部分设备及管线腐蚀泄漏案例增加，严重影响装置正常运行。为深入认识在CO_2捕集过程中胺液的变质及腐蚀性等问题，本文从胺液的吸收过程、降解过程、腐蚀特性成因和腐蚀控制对策等方面进行系统分析，并提出了未来的腐蚀控制对策发展建议。

1　胺液的CO_2吸收过程

醇胺的分子结构中含有胺基，在水溶液呈碱性，这是与CO_2发生吸收反应的前提。常用的醇胺吸收剂有：一乙醇胺(MEA)、二乙醇胺(DEA)、二异丙醇胺(DIPA)、二甘醇胺(DGA)和甲基二乙醇胺(MDEA)，以上几种吸收剂的特点及参数见表1。其中，甲基二乙醇胺因腐蚀性小、不易降解、发泡倾向小等特点被作为吸收溶剂或主体溶剂广泛使用。

表1　常用的醇胺溶剂特点及参数

醇胺	常见类型	腐蚀性	降解倾向	发泡倾向	吸收速度	酸气负荷/(mol/mol)	再生热量	蒸发损失	醇胺质量分数/% 常用浓度	醇胺质量分数/% 最高浓度	价格
伯醇胺	DGA	中	中	低	中	0.3	小	小	60	65	中
	MEA	强	易	高	快	0.3~0.4	大	大	15	20	低
仲醇胺	DIPA	弱	难	中	中	—	小	小	30~40	60	低
	DEA	中	易	中	快	0.5~0.8	中	小	30~35	55	低
叔醇胺	MDEA	弱	难	中	中	0.5~0.6	小	小	50	50	中

根据醇胺分子中 N 原子上的 H 原子数量可以将其划分为伯醇胺、仲醇胺和叔醇胺。伯醇胺含有活泼 H 原子，与 CO_2 反应生成两性离子，然后两性离子与另一个伯醇胺分子反应生成胺基甲酸盐，反应式见式（1）和式（2）。仲醇胺与 CO_2 的反应过程类似，与伯醇胺相比缺少 1 个 H 原子，因此反应速率略慢。

$$RNH_2 + CO_2 \longrightarrow RNH_2 + COO^- \tag{1}$$

$$RNH_2 + RNH_2 + COO^- \longrightarrow RNHCOO^- + RNH_{3+} \tag{2}$$

叔醇胺与 CO_2 的反应过程不同于伯醇胺和仲醇胺，首先是 CO_2 与水反应生成碳酸，然后碳酸与叔醇胺发生酸碱中和反应，该过程没有生成胺基甲酸盐，反应式见式（3）和式（4）。由于反应（4）受液膜控制，反应速率相对较慢。通常，为了提高以 MDEA 溶液为吸收剂的 CO_2 吸收速率，会加入高吸收速率的组分来活化 MDEA 溶液，如含有伯醇胺、仲醇胺或其他类型组分，能够与 CO_2 直接反应，生成稳定的胺基甲酸盐，反应式见式（5）和式（6），可以看出活化剂的引入改变了 CO_2 的吸收历程，同时增强了 CO_2 的吸收效果。

$$CO_2 + H_2O \longrightarrow H^+ + HCO_3- \tag{3}$$

$$H^+ + R_2NCH_3 \longrightarrow R_2NCH_3H^+ \tag{4}$$

$$R_2NH + CO_2 \longrightarrow R_2NCOOH \tag{5}$$

$$R_2NCOOH + R_2NCH_3 + H_2O \longrightarrow R_2NH + R_2NCH_3H^+ \cdot HCO_3- \tag{6}$$

2 胺液降解过程

外界杂质的引入及胺液使用环境的影响是导致胺液降解的关键诱因。以甲基二乙醇胺为对象，详细描述其发生降解的类型。纯净的甲基二乙醇胺水溶液化学稳定性高，但在在高温、酸性气体、溶解氧和其他杂质的作用下发生一系列的降解反应，主要包括热降解、氧化降解和化学降解。

2.1 热降解

甲基二乙醇胺的热降解主要发生在温度和 CO_2 分压均较高的再生塔内，其热降解程度与加热温度相关性更大。当操作温度大于 160℃，胺液降解率逐渐上升，当操作温度大于 200℃，胺液降解率则增幅愈加明显。甲基二乙醇胺的热降解产物类型主要为醇类、醇胺类、哌嗪类和酮类等，具体有甲醇、环氧乙烷、N-三甲胺、乙二醇、N,N,N-二甲基乙胺、N-甲基乙醇胺、N,N,N-(二甲基)乙醇胺、N-甲基吗啉、二乙醇胺、N,N,N,N-二甲基哌嗪、N-(2-羟乙基)噁唑烷-2-酮、N-(2-羟乙基)-N-甲基哌嗪、三乙醇胺、N,N-双(2-羟乙基)哌嗪、N,N,N-三(2-羟乙基)乙二胺、N-[2-(2-羟乙基甲基氨基)乙基]-N-甲基哌嗪和 N-甲基-N,N,N-三(2-羟乙基)乙二胺等。

2.2 氧化降解

甲基二乙醇胺的氧化降解是指操作环境中的氧或氧化物与醇胺发生的反应，首先是 N 原子上无活泼氢，在水溶液中形成乙二醇，乙二醇在亚铁离子催化作用下与溶解氧反应，最终生成草酸和甲酸。此外，研究发现甲基二乙醇胺的氧化降解会生成一种具有较强腐蚀性的氨基酸，N,N-二羟乙基甘氨酸。氧化降解产物的产物类型主要为有机羧酸类或氨基酸类，具体有甲胺、甲酸、醋酸、草酸、乙醇酸、环氧乙烷、N-甲基乙醇胺、N,N,N-(二甲基)乙醇胺、二乙醇胺、三乙醇胺、N-甲基吗啉-2-酮、N-甲基吗啉-2,6 二酮、2-[甲基(2-羟乙基)胺基]乙酸和 N,N,N-三甲基-N-(2-羟乙基)乙二胺。

2.3 化学降解

甲基二乙醇胺的化学降解是指 CO_2、有机硫化合物（如 COS 和 CS_2）与醇胺反应生成难以再生的热稳定碱性盐。然而，部分研究人员认为甲基二乙醇胺不存在活泼氢，不会与 CO_2 发生化学降解。Chakma 等认为温度对甲基二乙醇胺的化学降解起到很大的助推作用，当温度小于120℃时因 CO_2 导致的化学降解可以忽略，当温度大于120℃时且随着温度升高，化学降解的速度逐渐加快。研究表明：中等物体的量浓度的甲基二乙醇胺溶液在较高的 CO_2 分压条件下更易发生化学降解。化学降解的产物主要有乙二醇、二乙醇胺、二甲基乙醇胺、N,N-二甲基乙胺、甲基乙醇胺、三甲胺、三乙醇胺、环氧乙烷和三(羟乙基)乙二胺2-羟乙基-4-甲基哌嗪和 N,N-二(2-羟乙基)哌嗪等。

3 变质胺液腐蚀性成因

3.1 固体颗粒物

变质胺液中的固体颗粒物主要来自原料气夹带的设备或管道腐蚀产物、活性炭颗粒及析出盐。颗粒物的存在对系统的影响有3个方面：①设备堵塞，尤其是换热器降低设备换热效率；②提高胺液发泡倾向，当颗粒物进入胺液后会降低胺液的表面张力，使形成气泡所需的能量减小，这对于泡沫的形成和稳定有利；③对设备及管道的内壁造成冲刷，在腐蚀介质的加持作用下形成冲蚀，对碳钢和低合金钢材质的腐蚀效果更为明显。

3.2 烃类及表面活性物质

变质胺液中的烃类及表面活性物质主要来自原料气夹带的烃油、非正常混入的动力设备润滑油脂，以及加注的发泡剂和缓蚀剂等。烃类及表面活性物质的引入对系统的影响主要是导致胺液黏度增大，而液膜是由2层表面活性剂中夹1层溶液构成，若液体本身的黏度较大，则液膜中的液体不易排出，液膜厚度逐渐减小，则延长液膜的破裂时间，增加了泡沫的稳定性，最终导致装置运行能耗增加。

3.3 热稳定盐

热稳定盐是醇胺与酸性介质或阴离子反应形成的盐类，在加热条件下不易再生，其生成过程与化学降解密切相关。热稳定盐中的阳离子多为 Fe^{2+}、Ca^{2+}、Ni^+ 和胺基，而阴离子多来自原料气夹带的无机氯盐、硫酸盐，或者加注的药剂如硝酸盐和亚硝酸盐。另外，SO_x 和 H_2S 在有氧和加热条件下会生成多硫化物、硫酸盐及硫代硫酸盐等。热稳定盐对系统的影响体现在3个方面：①增强胺液的腐蚀性。热稳定盐中的草酸盐、甲酸盐和丙二酸盐会促进碳钢和低合金钢发生均匀腐蚀，原因在于这些盐类会在金属表面形成铁的螯合物，从而破坏金属表面保护膜，使其表面不断被更新并进一步腐蚀；值得一提的是，热稳定盐中的氯离子会破坏金属表面的钝化膜，从而发生孔蚀或奥氏体不锈钢应力腐蚀开裂；②提高胺液的发泡倾向，设备及管道腐蚀导致胺液中的金属阳离子增加，泡沫液膜的表面上带有同种电荷，就会产生静电斥力作用阻止液膜排液继续减薄从而使泡沫稳定；③加剧设备及管道的内壁冲刷，胺液的冲刷与热稳定盐浓度呈正相关。为了控制热稳定盐对设备的腐蚀性，研究人员根据碳钢在热稳定盐下的腐蚀情况，给出了多种热稳定盐的控制浓度值，见表2。此外，根据长期研究和实践经验得出热稳定盐总含量不超过胺液总量的0.5wt%。

表 2 胺液系统中热稳定盐的控制浓度

热稳定盐种类	控制浓度/($\mu g/g$)
草酸盐	250
硫酸盐	500
甲酸盐	500
亚硫酸盐	500
氯化物	500
乙醇酸盐	500
丙二酸盐	500
乙酸盐	1000
硫代硫酸盐	10000
硫氰酸盐	10000

4 腐蚀控制对策及分析

胺液在长期使用过程中会不可避免地发生变质，而变质胺液中的热稳定盐是导致胺液腐蚀性增强的重要因素，为减缓变质胺液对脱碳系统的腐蚀，需要采取腐蚀控制措施，相比于传统的加强过滤、更换胺液、添加消泡剂及添加碱液等措施，胺液净化技术具有成本低及效果好等优点，并得到广泛应用。

4.1 离子交换

离子交换的原理是当胺液流经离子交换树脂床层时，胺液中的阴阳离子与树脂上的阴阳离子发生置换，当树脂置换效率下降后，采用酸或碱对树脂床层进行再生，置换和再生反应式如(7)和式(8)所示。

$$置换过程：AmineH^+ + HSS^- + Resin^+OH^- \longrightarrow Amine + H_2O + Resin^+HSS^- \qquad (7)$$

$$再生过程：Resin^+HSS^- + NaOH \longrightarrow Resin^+OH^- + Na^+HSS^- \qquad (8)$$

离子交换技术的核心是树脂材料，用于胺液净化的树脂材料多为苯乙烯与二乙烯基苯的共聚物。研究人员针对在胺液净化工况下离子交换树脂的净化规律及特点进行研究，目的则是优选出结构稳定、吸附容量大和选择性高的树脂材料。Pal 等测试了 4 种不同等级的商业阴离子交换树脂去除有机酸阴离子、硫酸盐和硝酸盐的性能，拟合有机酸阴离子的吸附等温线得出朗缪尔平衡等温线可以很好地描述离子的交换过程。朱磊采用将 SK8 阳离子交换树脂与 SA17 阴离子交换树脂串联的方式来净化高含氯的甲基二乙醇胺溶液，研究发现吸收和再生后的树脂骨架和官能团没有发生明显改变，且净化后的胺液中 Cl$^-$ 含量在 10mg/L 以下。对于部分无法直接通过离子交换净化的变质产物如酰胺或氨基酸，可以先通过化学转化，利用离子交换的方法进行脱除，如酰胺可在 NaOH 作用下发生水解反应生成醇胺与羧酸盐，然后再利用离子交换方法去除羧酸盐，从而达到脱除酰胺的目的。从离子交换技术的工业应用实践来看，该技术具有能耗低及胺液回收率高等优点，但树脂再生过程残留的碱液会随着净化后的胺液进入系统，使系统中的溶液 pH 升高并增加污水量。此外还会导致钠离子富集，其与酸性组分发生反应生成钠盐并结晶析出，严重时会堵塞设备管道，因此离子交换技术的发展需要解决废液排放量大及再生过程的水及金属离子引入等问题。

4.2 电渗析

电渗析的工作过程是在正负电极板之间交替设置阴阳离子选择性透过膜，构成形成盐水室和胺液室，在直流电场的作用下，胺液中的热稳定盐定向移动并通过阴阳离子透过膜，从而实现胺液热稳定盐净化的目的。目前该技术的研发目标主要聚焦于电渗析膜材料及工艺。Grushevevenko等采用两级电渗析技术脱除单乙醇胺溶液中的热稳定盐，浓缩物的总体积比一级电渗析处理过程减少50%，并在保持同样热稳定盐脱除率的情况下，胺液损耗率降低了30%。王俊等采用小型电渗析实验装置脱除甲基二乙醇胺溶液中的热稳定盐，考察了膜电压和流速对脱除热稳定盐的影响。结果表明：当膜电压为0.53V、胺液流速为1.32cm/s时，胺液中热稳定盐浓度可控制在0.9wt%以下，而甲基二乙醇胺的损耗率在0.7%左右，然而电渗析膜在运行过程中容易结垢，需采用一定浓度的盐酸和碳酸钠溶液冲洗才能再生。从目前的电渗析装置运行状况来看，该技术具有设备简单和自动化程度高等优点，胺液净化过程只产生部分浓盐水，无其他危废物产生，同时所需使用的化学试剂量少，不存在向胺液系统中引入杂质等问题，是一种相对绿色环保的技术。但该技术的缺点是电渗析膜材料的抗污性能有待进一步提升，且在工艺流程的前端设置过滤设备以延长电渗析膜的使用寿命。

4.3 蒸馏回收

蒸馏回收技术是通过加热蒸馏出变质胺液中的活性胺，而高沸点的胺变质产物和热稳定盐则留在设备底部。目前该技术的研发重点则集中在设备和工艺。针对蒸馏装置底部的残存胺液回收问题，通过设置填料层，同时将底部残胺液抽出并提升至设备顶部，与塔底蒸发气体进行逆流接触，可进一步回收胺液，该方法将底部的胺液残余量降低至1%以下。Chem Group开发的Wiped-film专利技术，在真空条件下可脱除变质胺液中99%左右的杂质，且只产生相当于变质胺液总量5%的浓缩废液，目前该技术已成功应用于多种醇胺液的净化。Van Grinsven等开发了两级蒸馏专利技术，在第一级蒸馏过程中，先将95%以上的水分从变质胺液中蒸出，在第二级蒸馏过程中，在操作温度为120~200℃，操作压力为2~10kPa的条件下，进一步回收胺液。胺液的蒸馏回收技术经过多年发展，在热回收器设计、减压蒸馏替代及多级回收工艺等方面得到不断优化，从而提升了胺液回收率，减少了污染物排放。尽管蒸馏回收技术不断改进，目前依然存在高胺液损耗、高能耗及废胺液处置困难等问题。

4.4 腐蚀控制对策分析

从工艺防腐和设备及管道选材方面总结出的腐蚀控制对策主要有：①在CO_2捕集系统的工艺前端设置气液分离器或原料气过滤器，深度脱除原料气中夹带的固体、液体及盐类等杂质，从而减少胺液系统中热稳定盐的生成。②对新鲜胺液储罐和部分水罐等设备进行氮封保护，避免氧气进入系统加速胺液的氧化降解变质。③细化工艺操作，重点关注再生塔底部重沸器温度和酸性气负荷，防止胺液的高温氧化降解和化学降解，同时贫液/富液流速需在设计操作范围内，防止形成胺液冲刷腐蚀环境。④密切关注胺液中的热稳定盐含量变化，选取合适的胺液净化技术，目前比较成熟且应用较多的胺液净化技术有离子交换、电渗析及蒸馏回收。但是3种胺液净化技术在工业应用过程中尚存在一些劣势，离子交换技术适用于低浓度热稳定盐胺液处理，可在一定程度上减少再生次数，避免胺液系统的碱液过量带入问题，该技术未来需要解决的问题是在处理高浓度热稳定盐胺液时的树脂寿命、吸附容量、树脂选择吸附性、再生化学药剂消耗及废水减量排放等；电渗析技术在处理高热稳定盐浓度胺液时的脱除效率相对更高，未来要解决的是在提高热稳定盐净化效率的同时，提高电渗析膜的各项物化指标，延长膜的使用寿命并降低能耗。蒸馏回收技术的适用性相对较高，可以脱除全部非挥发性杂质，但该技术存在能耗高、胺液回收率低、外排的废物难处理等问题；3 种胺液净化技术相比，电渗析技术在保证较高胺液回收率的前提下，能耗相对适中，工艺末端产生的污染物含量小且相对容易处理，为了弥补电渗析膜寿命的不足，可以开发胺液净化组合工艺，以实现长周期、低能耗、高回收率及更少污染物排放的目标。⑤针对 CO_2 捕集系统的设备如贫富胺液换热系统、再生系统可采用碳钢内衬不锈钢衬里，重点腐蚀部位如再生塔底再沸器、贫富胺液换热器管束及再生塔塔盘可采用不锈钢材质。

5 结语及展望

醇胺水溶液吸收剂在 CO_2 捕集过程中具有选择性好和捕集效率高等优点，但是在长期使用过程中会因胺液变质而导致设备及管道腐蚀和能耗增加等问题，阻碍了其大规模工业化应用。从工艺防腐、设备选材和胺液净化等方面提出的腐蚀控制对策可一定程度上减缓热稳定盐对装置的腐蚀程度，但还远远不够，针对未来醇胺法 CO_2 捕集技术的发展进行展望。

（1）变质胺液中的热稳定盐是导致装置腐蚀的关键因素，胺液净化技术种类繁多且各有优缺点，未来在不断完善现有单一胺液净化技术的同时，还应该在吸附、沉淀、纳滤以及抽提等其他有潜力的技术上进行更多研究，探索新的解决路线。此外可通过开发胺液净化组合工艺，规避单一技术的劣势，从而实现长周期、低能耗、胺液高回收率和低排放的目的。

（2）水是导致胺液腐蚀性和装置再生能耗较高的关键因素，未来开发新型有机胺非水体系吸收剂是重要的发展方向，而研究有机胺非水体系溶剂与 CO_2 的反应机理、胺液降解过程和变质胺液的腐蚀特性，对解决胺液腐蚀和再生能耗高等问题具有重要的指导意义。

参 考 文 献

[1] 宋亚楠. CCUS 技术的减排作用与应用前景[J]. 金融纵横，2021(9)：65-43.

[2] 秦积舜，李永亮，吴德彬，等. CCUS 全球进展与中国对策建议[J]. 油气地质与采收率. 2020，27 (1)：20-28.

[3] 张艺峰，王茹洁，邱明英，等. CO_2 捕集技术的研究现状[J]. 应用化工，2021，50(4)：1082-1086.

[4] 黄圣，李晋宏. MDEA 溶液中热稳定性盐的影响及消除[J]. 石油石化绿色低碳，2019，4(1)：59-63.

[5] 李超，赵赟立，孙涛，等. MDEA 溶液中热稳定盐和钠离子的脱除试验研究[J]. 硫酸工业，2021(6)：12-15.

[6] 王洋，王秋芳. 胺液质量变质的影响及解决措施[J]. 化工管理，2020(24)：30-31.

[7] 顾光临. 二氧化碳化学吸收剂的复配研究[D]. 北京：北京化工大学，2010.

[8] 冯叔初，郭揆常等. 油气集输与矿场加工[M]. 东营：中国石油大学出版社，2006：375-381.

[9] 徐莉. TETA-MDEA 溶液吸收法脱碳的相关基础问题研究[D]. 天津：河北工业大学，2009.

[10] 付敬强. CT8-5 选择性脱硫溶液在四川长寿天然气净化分厂使用效果评估[J]. 石油与天然气化工，1999，28(3)：3-5.

[11] 苏雪梅. 醇胺溶液吸收 CO_2 的反应原理及试验研究[J]. 化工技术与开发，2015，44(12)：7-9.

[12] 邢海燕. 酸性气回收工艺过程研究[D]. 青岛：青岛科技大学，2012.

[13] 刘华兵，吴勇强，张成芳. MDEA-PZ-H_2O 溶液中 CO_2 溶解度及其模型[J]. 华东理工大学学报，2000，26(2)：121-125.

[14] 周永阳，何金龙. 天然气净化厂醇胺溶液发泡原因与预防措施[J]. 天然气技术，2007，1(4)：62-66.

[15] GOUEDARD C，PICQ D，LAUNAY F，et al. Amine degradation in CO_2 capture. I. A review [J]. International Journal of Greenhouse Gas Control，2012，10：244-270.

[16] HOWARD M, SARGENT. A. Texas gas plant faces ongoing battle with oxygen contamination[J]. Oil & Gas Journal, 2001, 23(7): 52-58.

[17] 王涌、杨兰、王开岳. CO₂所致 MDEA 化学降解的鉴定及研究[J]. 石油与天然气化工, 1999, 28(2): 98-102.

[18] CHAKMA A, MEISEN A. Methyl-diethanolamine degradation mechanism and kinetics[J]. The Canadian Journal of Chemical Engineering, 1997, 75(5): 861-871.

[19] 闫昭, 黄昌猛, 贾浩民, 等. 天然气净化处理中的胺液综合过滤选用[J]. 石油化工应用, 2012, 31(1): 87-91.

[20] 张国君. 天然气脱碳胺液配方发泡特性研究[D]. 青岛: 中国石油大学, 2017.

[21] 段永锋, 张杰, 宗瑞磊, 等. 天然气净化过程中热稳定盐的成因及腐蚀行为研究进展[J]. 石油化工腐蚀与防护, 2018, 35(1): 1-7.

[22] 穆枭. 三相泡沫稳定性与消泡研究[D]. 长沙: 中南大学, 2005.

[23] DUMEE L, SCHOLES C, STEVENS G, et al. Purification of aqueous amine solvents used in post combustion CO₂ capture: a review[J]. International Journal of Greenhouse Gas Control, 2012, 10: 443-455.

[24] ROONEY P C, DUPART M S, BACON T R. Effect of heat stable saltson MDEA solution corrosivity: Part 2[J]. Hydrocarbon Processing, 1997, 76(4): 65-70.

[25] PAL P, BANAT F, AHMED A. Adsorptive removal of heat stable salt anions from industrial lean amine solvent using anion exchange resins from gas sweetening unit[J]. Journal of Natural Gas Science and Engineering, 2013, 15: 14-21.

[26] 朱磊. 氯污染的醇胺脱硫溶剂修复再生技术研究[D]. 上海: 华东理工大学, 2016.

[27] ROONEY PETER C. Process for purifying aqueous tertiary amine and alkanolamine solutions: US6353138[P]. 2002-03-05.

[28] 陈惠, 万义秀, 何明, 等. 离子交换技术脱除胺液中热稳定盐的应用分析[J]. 石油与天然气化工, 2006, 35(4): 298-328.

[29] 葛晓强, 李荣. 强碱离子对 MDEA 溶剂的影响及对策[J]. 云南化工, 2017, 44(5): 49-52.

[30] GRUSHEVENKO E A, BAZHENOV S, VASILEVSKY V, et al. Two step electrodialysis treatment of monoethanolamine to remove heat stable salts[J]. Russian Journal of Applied Chemistry, 2018, 94(4): 602-610.

[31] 王俊, 张运, 陆克平. 电渗析法连续脱除醇胺溶液中的热稳态盐[J]. 石油化工, 2009, 38(10): 1076-1080.

[32] 李超, 王拥军, 陆侨治, 等. 电渗析脱盐热稳定盐技术在天然气净化厂的应用[J]. 石油与天然气化工, 2017, 46(5): 16-19.

[33] IIJIMA M, TATSUMI M, YAGI Y, et al. Reclaiming apparatus and reclaiming method: US13843228[P]. 2013-03-15.

[34] Chem Group, Inc. Amine reclamation Q&A[EB/OL]. [2019-12-21]. https://chem-group.com/services/processing/ethanol-amines.

[35] Van GRINSVEN P F, Van HEERINGEN G J. Process for the purification of an alkanolamines: EP98961130[P]. 2005-02-16.

作者简介: 杜延年(1988—), 男, 2018 年毕业于石油化工科学研究院, 博士, 现工作于中石化炼化工程(集团)股份有限公司洛阳技术研发中心, 高级工程师。

加氢装置碳钢高压空冷器湿 H_2S 腐蚀原因探究

宗瑞磊[1] 吕 伟[2] 李晓炜[3] 尹青锋[1] 段永锋[3]

[1. 中国石化工程建设有限公司；2. 中国石油化工股份有限公司炼油事业部；

3. 中石化炼化工程(集团)股份有限公司洛阳技术研发中心]

摘 要 加氢装置高压空冷器泄漏问题多次发生，严重影响企业安全生产。本文对管接头进行分析，结果显示：焊缝区存在魏氏组织，硬度最高达到250HV10左右；管板侧热影响区中还存在马氏体组织，硬度最高超过330HV10。这主要是由于制造过程中焊后热处理不充分甚至未进行焊后热处理造成的。针对碳钢高压空冷器管接头的制造现状，提出了正确测量焊接接头的显微硬度、进行有效的焊后热处理、加强过程管控等改进措施。

关键词 加氢装置；高压空冷器；碳钢；湿 H_2S 应力腐蚀开裂；显微硬度

石油化工行业中，加氢技术是石油产品精制、改质和重油加工的重要手段，对提高原油的加工深度，保证和提高产品质量有十分重要的作用。高压空冷器作为加氢装置的关键设备，频繁出现堵管、泄漏、爆管等非计划停工事故，严重威胁装置和人身安全，制约企业的安全长周期运行。国内炼油厂目前在役加氢装置和在设计加氢装置的高压空冷器，仍然以碳钢材质为主。通常认为加氢装置碳钢高压空冷器的腐蚀是氯化铵和硫氢化铵的腐蚀导致的。

加氢装置碳钢高压空冷器除考虑铵盐腐蚀外，湿 H_2S 腐蚀也应重视。过去十几年石化系统加氢装置碳钢高压空冷器出现了多起和湿 H_2S 应力腐蚀相关的失效案例。针对湿 H_2S 应力腐蚀开裂问题，通常的做法是对焊接接头进行焊后热处理、消除焊接残余应力、控制硬度等措施。国内外相关标准均为此做出要求：NACE SP0472-2020《在腐蚀性石油炼油环境中防止碳钢焊件在役环境中开裂的方法和控制钢件》要求焊缝和热影响区硬度控制在248HV10，SH/T 3075—2009《石油化工钢制压力容器材料选用规范》和 SH/T 3193—2017《石油化工湿硫化氢环境设备设计导则》要求硬度控制在200HBW。

本文对发生损伤的高压空冷器进行取样，对空冷器管子—管板焊接接头(简称"管接头")进行金相组织分析和显微硬度测试，了解碳钢高压空冷器的制造现状，讨论碳钢空冷器湿 H_2S 应力腐蚀发生的原因，提出具体的改进措施。

1 试验

1.1 试验材料

选择国内2家炼化企业的碳钢高压空冷器进行取样，编号分别为1#和2#。取样位置为空冷器的管接头，并附带一段不少于50cm的翅片管，以避免切割过程中影响管接头的组织结构和性能。现场取样的2家企业空冷器试样的材质信息见表1，管板母材材质为Q345R，换热管材质为10#钢，管板和管子材质的化学成分满足GB 713—2014《锅炉和压力容器用钢板》和GB9948—2013《石油裂化用无缝钢管》的要求。

表1　2家炼化企业高压空冷器材质化学成分

部位	编号	材质牌号	化学元素							
			C	Si	Mn	P	S	Cr	Ni	Cu
管板	GB 713—2014		≤0.2	≤0.55	1.2~1.7	≤0.025	≤0.01	≤0.3	≤0.3	≤0.3
	1#	Q345R	0.170	0.360	1.22	0.010	0.003	0.053	0.036	0.201
	2#	Q345R	0.187	0.347	1.23	0.005	0.005	0.041	0.046	0.012
管子	GB/T 9948	10#	0.07~0.13	0.17~0.37	0.35~0.65	≤0.025	≤0.015	≤0.15	≤0.25	≤0.2
	1#	10#	0.08	0.032	0.55	0.012	0.008	0.010	0.02	0.18
	2#	10#	0.08	0.033	0.58	0.012	0.007	0.013	0.17	0.09

1.2　试验方法

采用德国 ZEISS Axiover 40 MAT 金相显微镜对管接头进行金相显微组织观察，主要包括母材、焊缝及热影响区的金相组织、晶粒尺寸及夹杂物等的分布。金相制样主要包括取样、磨光、抛光和侵蚀等步骤。首先采用线切割方法截取带有焊缝、热影响区和母材3部分的金相试样，并依次 400#、800#、1000#、2000# 金相砂纸磨光，使样品表面平整，无较深划痕，之后采用粒度为 1.0μm 的抛光膏抛至光滑无痕的镜面，最后采用4%的硝酸乙醇溶液进行侵蚀并在金相显微镜下观察。

采用国产华银 HVT-1000 显微硬度计进行管接头的硬度测定，统一采用 HV10（试验力 98.07N），测试环境为室温（23℃±5℃）。管接头显微硬度取点示意如图1所示。测量分为5个区域：管子母材、管板母材、焊缝、管子侧热影响区、管板侧热影响区。

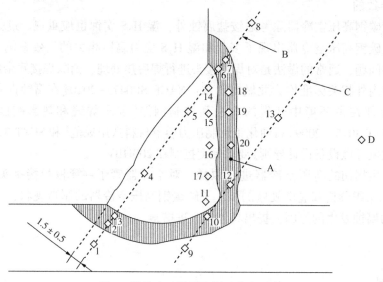

图1　管接头显微硬度测试布点示意

2　试验结果与分析

2.1　焊接接头金相组织

图2为2台空冷器的管接头角焊缝金相组织，可以看出角焊缝为典型的柱状晶。2台空

· 214 ·

冷器角焊缝晶粒较粗大，微观组织均为索氏体+网状铁素体组织，并含有一定量的魏氏组织，其中索氏体为基体，白色铁素体沿柱晶奥氏体晶界分布，呈针状向晶粒内部生长。魏氏组织的出现导致材料的力学性能尤其是塑性和冲击性能显著降低，易产生开裂。

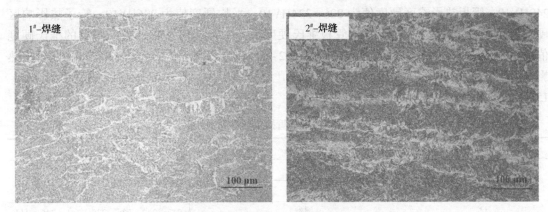

图2　2家企业碳钢空冷器角焊缝金相组织(200×)

图3上部为1#空冷器管接头管板侧热影响区的低倍(50×)金相形貌，从左到右依次为母材、细晶区、粗晶区和焊缝，其中细晶区为均匀细小的铁素体+珠光体组织，粗晶区为贝氏体组织+少量马氏体组织。在焊接热影响区出现贝氏体和马氏体组织将使得该处的强度和硬度显著增加，而塑形和韧性明显下降，湿H_2S腐蚀环境下焊接接头易出现开裂。

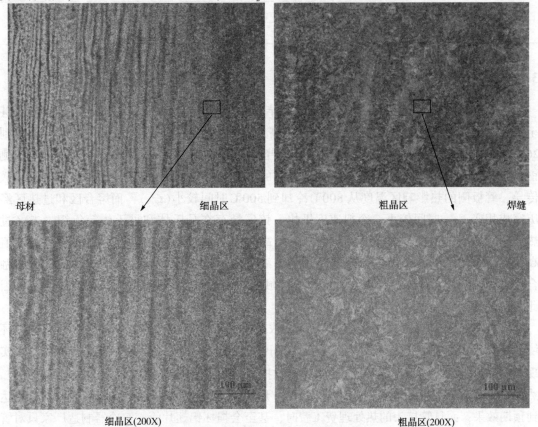

图3　1#空冷器管接头管板侧焊接热影响区金相组织

2.2 显微硬度

表2为2台空冷器管接头显微硬度的测试结果。可以看出：1#空冷器试样管板和管子母材的维氏硬度值为170HV10左右，角焊缝维氏硬度值为226～246HV10，平均硬度值为240HV10，管板热影响区硬度值为226～334HV10，平均硬度值为296HV10，管子热影响区硬度值为156HV10。2#空冷器试样管板维氏硬度值为164HV10左右，管子母材的维氏硬度值为190HV10左右，角焊缝维氏硬度值为192～215HV10，平均硬度值为206HV10，管板热影响区硬度值为232～268HV10，平均硬度值为250HV10，管子热影响区硬度值为145～155HV10，平均硬度值为149HV10。

表2　2台空冷器管接头硬度测试结果

样品编号	测试位置		硬度值/HV10
1#	母材	管板	171、168
		管子	173、178
	焊缝		242、242、226、235、241、246、244
	热影响区	管板	226、272、309、313、334、323
		管子	156、162
2#	母材	管板	165、164
		管子	197、182
	焊缝		202、195、211、215、215、208、192
	热影响区	管板	234、238、268、261、267、232
		管子	155、148

3 讨论

结果表明：2台空冷器的管接头均存在异常：焊缝出现魏氏组织，管板侧热影响区甚至出现马氏体组织；管板热影响区硬度高，最高达到334HV10，2#试样最高值达到268HV10，而管子侧热影响区硬度较管板侧普遍要低很多。分析认为，主要原因为管板侧钢板厚、截面大，焊后散热条件好，小而薄的接头焊接完毕后，热量在管板中迅速扩散传导，管板侧的热影响区温度从800℃冷却到500℃时间较小($t_{8/5}$)，而熔合区和过热区经历完成相变，$t_{8/5}$时间较小，冷却速度极快，该区域存在马氏体和贝氏体等组织，未经过热处理的马氏体和贝氏体组织通常硬度值较高，因此热影响区中靠近熔合线附近硬度值高。而焊缝区经历了焊接过程全热循环，焊缝区域的组织受焊材、管子和管板母材的融合比、焊接工艺及冷却条件等影响，焊缝区域的组织以索氏体+网状铁素体组织为主，因此该区域硬度也较高。

加氢装置高压空冷器的介质中含有较高浓度的H_2S和液相水，形成湿H_2S应力腐蚀环境，且H_2S含量较高，达到2wt%甚至超过5wt%。结果表明：良好的焊后热处理工艺可以实现10#钢管、Q345R钢板的管接头硬度的有效控制，能有效防止发生湿H_2S应力腐蚀开裂。然而，空冷器管箱为尺寸小、中间有隔板的方形特殊结构，导致管接头的焊后热处理难以达到预期效果；而且管接头的热处理费工费时，甚至会损坏铝翅片管，空冷器制造厂家只对管板对接焊缝进行焊后热处理。因而目前在用高压空冷器可能普遍存在管接头硬度超标的问题，导致焊接接头易出现湿 H_2S 应力腐蚀开裂，严重影响装置的生产。

良好的焊后热处理是改善管接头组织结构和控制硬度最有效的方法，另外通过控制焊接工艺和选用特制焊材也能改善焊接接头的硬度分布。因此，应细化管接头的制造要求和过程管控，确保管接头的制造质量：

（1）应要求制造厂家通过焊评、模拟试样分析等，掌握合适的焊接工艺和热处理工艺，确保空冷器产品管接头（包括焊缝和热影响区）的维氏硬度控制在 225HV10 以内。

（2）管接头硬度测定的取样位置、制样方式、测试方法、报告格式均应遵照 GB/T 2654—2008《焊接接头硬度试验方法》进行，且必须使用维氏硬度计。

（3）采购方和监造单位应对空冷器管接头的焊后热处理工序进行重点跟踪，确保热处理的有效性。

（4）空冷器管接头焊接时应采用焊前预热、焊后缓冷等手段，保证管接头区域尽可能少的产生高硬度的组织。

4 结语

（1）对 2 家炼化企业碳钢高压空冷器的管接头进行金相组织分析和显微硬度测试，发现管接头组织结构和性能存在异常：其中焊缝组织中存在魏氏组织，硬度最高达到 250HV10 左右；管板侧热影响区中存在马氏体组织，部分区域硬度甚至超过 330HV10。

（2）管接头的焊缝和管板侧热影响区金相组织异常、硬度偏高是由于制造过程中焊后热处理效果不佳甚至未进行焊后热处理造成的。这个问题可能普遍存在于目前在役的碳钢高压空冷器。

（3）应采取有效措施改善管接头的组织结构，包括：严控焊后热处理方法和过程管控，以降低管接头的应力，控制其硬度；探索如焊前预热、焊后缓冷等其他有效降低管接头湿 H_2S 应力腐蚀敏感性的方法。

参 考 文 献

[1] 王新江，黄卫东．柴油加氢改质装置高压空冷器泄漏原因分析及改进措施[J]．石油和化工设备，2017，20(7)：100-102.

[2] 焦玉瑞，陈鹏，路思．碳钢空冷器硫化过程预防应力腐蚀开裂措施[J]．中国石油和化工标准与质量，2019，39(16)：92-93.

[3] 左超，李宝龙．柴油加氢装置高压热交换器腐蚀泄漏原因分析及预防措施[J]．石油化工设备，2019，48(1)：66-71.

[4] 宋运通，王志坤，宋明瑾，等．柴油加氢高压空冷器泄漏原因分析及改进措施[J]．石油化工腐蚀与防护，2021，38(1)：58-61.

[5] 偶国富，孙利，朱敏，等．基于 pH 值计算的加氢空冷器系统腐蚀风险分析[J]．炼油技术与工程，2015，45(7)：42-46.

[6] 段永锋，赵小燕，李朝法，等．碳钢及合金钢在氯化铵溶液中腐蚀规律研究[J]．石油化工腐蚀与防护，2017，34(1)：8-11.

[7] 代真，郝晓军，牛晓光．空冷器冲刷腐蚀的流动仿真[J]．炼油技术与工程，2008，38(8)：52-54.

[8] 张国信．加氢高压空冷系统腐蚀原因分析与对策[J]．炼油技术与工程，2007，37(5)：18-22.

[9] 顾晶，裴红．高压空冷器管箱的制造[J]．压力容器，2005，22(1)：25-28.

[10] 王权利. 高压空冷器若干技术问题探讨[J]. 科技与企业, 2014(11): 349.

[11] 李东, 尹立孟, 耿燕飞, 等. $t_{8/5}$ 对 X90 管线钢焊接热影响区细晶区显微组织的影响[J]. 焊管, 2016, 39(3): 1-4.

作者简介: 宗瑞磊(1979—), 男, 2009 年毕业于清华大学材料科学与工程专业, 工学博士, 现工作于中国石化工程建设有限公司, 高级工程师。

炼油化工行业防腐蚀技术积累研究

佘　锋[1]　王建军[2]　韩建宇[3]

(1. 中国石化工程建设有限公司；2. 中国石油化工股份有限公司炼油事业部；

3. 中国石油化工股份有限公司茂名分公司)

摘　要　炼化行业属于连续生产的高风险行业，腐蚀问题不仅造成财产损失、停工停产，甚至导致火灾爆炸、人员伤亡等社会问题，传统的技术积累模式已无法满足人民对环保和安全的需求。炼化装置几十年的使用经验，积累了大量的技术知识和技能，但是较为零散，欠缺行业层面结构化、系统化的整合和升华。作者通过多年探索，提出以装置为基础，标准化、模块化的技术积累模式，是实现行业技术积累的基础；通过同类装置和同类腐蚀介质所积累的技术知识、经验和技术能力的集成、积累、对比、量化分析，实现行业层面的技术积累；以行业内大型集团公司为组织单元，实现更严密、高效、具有执行力的技术积累工作模式，将技术积累落到实处，加速行业内技术创新、技术传播和技术传承的效率，提升炼化行业防腐蚀技术的发展速度。

关键词　炼化行业；防腐蚀；技术积累；整合和升华

炼油化工行业属于连续生产的高风险行业，含有易燃易爆、有毒有害介质，并伴随着高温、高压等苛刻环境，腐蚀问题不仅造成财产损失、停工停产，甚至导致火灾爆炸、人员伤亡等社会问题。目前已有大量文献介绍炼化装置的腐蚀问题、分析腐蚀机理和影响因素、提出解决措施，促进了炼化行业防腐蚀技术的进步。但是随着国内炼化产能的增加、装置规模的扩大，以及人民群众环保、安全意识的增强，要求防腐蚀技术水平快速提高，炼化行业传统的技术发展模式已无法满足要求。本文尝试从技术积累的角度，分析炼化行业防腐蚀技术的发展，为相关技术和管理人员提供一种思路。

技术积累是指企业在长期的生产和创新实践中所获得的技术知识和技术能力的递进。防腐蚀技术知识包括介质的特性、腐蚀原理、材料性能等基础知识。防腐蚀技能是基于技术知识的运用方法和手段，如装置的操作、维护、腐蚀问题的处理和研究、紧急问题的决策能力等。

1　技术积累主要问题

随着炼化行业防腐蚀技术的发展，软/硬件设施和管理水平都有大幅度提高，相关行业的发展，也为炼化行业防腐蚀提供更多高性价比的耐腐蚀材料、软件管理系统、监检测技术设施等技术支持，促进了防腐蚀技术的发展。但是防腐蚀技术的发展仍然存在一些短板，形成"木桶效应"，制约了整体的技术水平。因此，找到制约炼化行业防腐技术快速发展的短板最为关键。根据炼化行业的特性，从个体和行业2个层面介绍炼化行业防腐蚀技术发展存在的主要问题。

1.1　个体层面

目前，普遍以技术人员作为装置防腐蚀技术知识和技术能力的载体，是技术积累的微观基础，技术人员随着工作时间增长，积累的技术知识和经验逐渐增加，技术能力更加娴熟，表现为对腐蚀问题的预防、预测能力，更强、更精准的执行力。能够显著降低装置的腐蚀问题，提高装置的可靠性。但是目前存在的主要问题是防腐蚀技术知识获取难度大、消化吸收耗时长，以及防腐蚀技术能力的提升需要大量技术知识和经验积累。

炼化装置防腐蚀技术知识最主要的来源是 NACE 和 API 的国外行业协会，API-581、API-571、API-941、API-584、API-932B 等，以及 NACE-0175、NACE-06576、NACE-0198、NACE-34103 等技术文件，具有非常好的参考价值，但是一线技术人员阅读英文资料需要成本的耗费时间，网络流传的中文翻译错漏百出，容易误导。一些技术人员有时仅需粗略了解相关知识，或者局部某些知识，但是需要浪费大量的时间查找。《炼油装置防腐蚀策略汇总》《石油炼制装置的材料选择(日本)》等书籍非常适合作为入门书籍，但是由于年限较久，很多知识已经过时。

技术人员的防腐蚀技术能力进一步提升，所需的技术知识成倍增加。不仅需要了解腐蚀机理、腐蚀表现形式、材料的物理化学性能、设备和管道等的加工制造过程、设备的结构形式、管道布置方式，还需要全面了解工艺流程，熟知腐蚀介质的来源、分布、转化、特性，以及装置在开停工和正常运行过程中采取的安全措施。这些技术知识涉及工艺、设备、材料、腐蚀等专业知识，涉及多学科交叉，对应用经验依赖度高，需要在"干中学"。

虽然在工作过程时间中能够实现自主积累，但是耗时长、成本高、效率低。企业(同类装置)之间经验交流和学习能够实现技术的快速积累。但是由于技术背景不同、了解的技术资料不同、分析问题的思路不同，在经验交流过程中信息传递效率低下，甚至产生误导。

1.2 行业层面

从行业层面考虑，炼化行业防腐蚀技术积累主要存在以下问题：

(1) 缺少对个体层面技术积累结构化、系统化的整合和升华

个体层面上，技术人员在工作实践中，积累了大量的知识和经验，国内庞大的技术群体，在技术积累的总量上极为可观，但是这些技术知识和经验处于无序、零散的状况，缺少结构化、系统化的整合和升华，无法形成可供技术人员汲取和吸收的技术知识和经验，难以转化为技术能力，无法快速提升炼化行业防腐的技术积累。

以催化裂化装置为例，作者调研和了解了 20 家催化裂化装置的设计资料、相关的技术资料、标准文献及现场使用情况，发现很多问题已有比较清晰的研究结果，但是缺少整合和提炼，没有形成行业共识，提升催化裂化装置整体的防腐蚀技术水平。例如，催化分馏塔底油浆系统的腐蚀，朱根权、何俊辉、杨淑清等人，均已发现油浆中的硫化物为噻吩类硫化物，属于非活性硫化物，现场的腐蚀情况和壁厚检测等信息也能够验证其腐蚀性非常微弱，行业内的专家也认可此观点，但是没有整合和提炼，无法在权威技术 & 管理文件、标准中形成行业共识，不少装置还在花费几百万元甚至上千万元整改，造成极大的浪费。类似的问题催化裂化装置还有很多，其他装置也同样。

(2) 没有形成自己的基础技术体系

虽然国内炼化行业腐蚀技术已有几十年的发展，但是到目前为止，防腐蚀的基础技术仍然是 NACE、API 等国外行业协会、专利商的标准/技术导则。在此基础上形成的国内标准规范、技术导则、技术管理制度、防腐策略和防腐方法等。

NACE、API 等国外标准/技术导则虽然极大地提升了国内炼化行业防腐蚀技术，但是由于国内原油变化频繁、装置的操作检修习惯等诸多方面存在显著差异，在使用过程中发现很

多地方与实际情况存在显著差异，但是没有其他基础技术支持，只能生搬硬套。并且由于国外保密意识非常强，很多文件仅仅是概述或者定性介绍，定量介绍非常少。在这些基础技术上形成的防腐技术方法和管理措施等如同空中楼阁。

由于上述各方面原因，造成了炼化行业防腐蚀技术积累的无意识、无计划、低层次和低效率，防腐技术知识零散，缺少整合和升华，导致国内炼化行业防腐蚀技术积累缓慢。各个装置之间形成技术孤岛，人员技术水平良莠不齐，同样的腐蚀问题在多个装置中重复出现，采取的解决措施五花八门，装置腐蚀问题频出，风险无法有效控制。

2 改进措施

改进措施的总体思路：个体层面上，防腐蚀技术的载体由技术人员转变为装置本身，将技术知识、技术经验显性化处理，通过标准化、模块化的技术积累方式，实现装置技术积累的传承和稳步提升。行业层面上，以同类装置或同类腐蚀环境2条主线，将单个装置积累的技术知识和经验进行集成、积累、对比、量化分析，形成结构化、系统化的技术体系，发现技术壁垒和短板，实现技术创新，逐渐提高行业防腐蚀技术下限。集体层面上，以行业内大型集团公司为组织单元，实现更严密、高效、具有执行力的技术积累工作模式。

2.1 个体层面

一方面，个体层面是实现行业层面技术积累的基础，其发展速度直接影响行业层面技术积累的发展速度；另一方面，个体层面标准化、模块化的技术积累，才能实现行业层面技术知识、经验和技能的集成、积累、对比、量化，实现技术积累的整合和升华。

历时性技术积累没有能够随着装置运行时间的推进稳步提高，而是随着技术人员的更替，装置技术和管理水平周期性的波动，如图1所示。

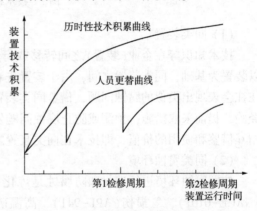

图1 装置技术积累曲线

实现单个装置的技术积累随着时间的稳步提升，需要将装置技术积累的载体由技术人员转度为装置本身，将该装置相关的标准规范、腐蚀机理、设计和加工制造检验验收提取出来，根据装置的进料，调整工艺防腐蚀措施和关键部位的工艺参数等，制定相应的监检测措施，并通过大检修进行检验和验证，通过技改技措改进和完善装置的耐腐蚀能力。在此过程中积累的技术知识和经验，作为技术人员认知该装置的基础资料，实现该装置知识和经验的传承。

建立《装置腐蚀损伤情况统计表》《主要设备腐蚀档案》《装置腐蚀问题技术框架》等模板文件，根据行业内该装置的腐蚀情况和腐蚀机理将装置分为若干个部位，分别分析这些部位的设计条件、操作控制、监检测、腐蚀和检修情况，形成相应的技术文件，并更新和完善。

装置按照标准化和模块化的模板记录装置的各种信息，从而实现装置技术知识和经验的积累和传承，保障装置的技术水平稳步提升，即使出现人员交替，新技术人员也能快速了解装置的历史信息，掌握装置相关的技术知识和经验，并在工作过程中快速转化为技术能力。

同时，单个装置标准化和模块化的技术积累，更容易实现装置之间的技术交流，是技术整合和升华的基础。

2.2 行业层面

很多装置已经有几十年的使用经验，积累了大量的防腐蚀技术知识、经验，但是较为零散，实现个体技术积累的结构化、系统化的整合和升华需要从 2 条主线考虑：同类装置(横向)和同类腐蚀环境(纵向)，如图 2 所示。

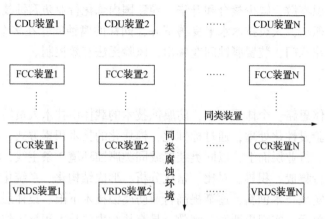

图 2　技术积累的基础框架

（1）同类装置

技术知识等在企业(装置)之间转移或行业渗透，使得企业(装置)技能提升。炼化行业以装置为基础，同类装置之间，由于装置进料、工艺类型、操作和管理习惯等具有相似性，往往会表现出类似的腐蚀问题，借鉴同类装置的运行经验，能够快速积累相关的技术知识和经验，提前采取措施，预测或防止腐蚀问题发生。因此，同类装置之间技术知识和经验具有相互借鉴和使用的价值，即技术在同类装置之间的转移和传播。

（2）同类腐蚀环境

按照腐蚀环境进行选材和防腐蚀是炼化行业防腐蚀最主要的工作方式，如湿 H_2S 腐蚀（NACE-0101）、氢损伤（API-941）、高温硫腐蚀（NACE-34103）等。同类型的腐蚀介质，对设计和材料性能有相似的要求，也会表现出形同的腐蚀机理、腐蚀形貌、腐蚀特征等信息，因此可以根据腐蚀介质，做出相应的选材、提出加工制造技术要求，以及现场监检测措施。因此，同类腐蚀环境之间技术知识和经验具有相互借鉴和使用的价值，即技术在同类腐蚀环境之间的转移和传播。

简言之，将装置在应用过程中积累的知识、经验、技能等进行细分和归类，通过现场应用经验的积累、对比、量化，形成经验性的指导意见；通过实验室研究产生新的技术知识；将应用经验和实验室研究成果与装置的特性结合，形成适用于同类装置和同类腐蚀环境的基础技术知识，在装置使用过程中不断修订和完善。基础技术知识是技术人员分析问题和技术决策的依据，基础技术支持体系越完善，腐蚀问题分析越全面，技术决策越准确。

2.3 集体层面

实现行业层面的技术积累，需要严密、高效、具有执行力的组织机构，国外行业协会的模式不适用于国内现状，大型集团公司更适合成为这种组织单元。以中国石油化工集团有限公司为例，总部、炼化企业、各个车间、装置形成自上而下的管理网络，能够实现严密、高效、具有执行力的技术积累工作模式。工程设计单位具有成熟的专业技术团队，了解国内外先进技术，在科研成果工程化、工程设计和装置现场服务方面积累了大量的经验，有意识或无意识地收集现场应用经验，优化装置技术结构，促进技术交流和传播，具有吸收装置应用技术和经验再反哺的先天条件和能力。

因此构建由集团总部主导，工程设计单位为主体，炼化企业协作、应用和反馈的组织构架。将装置的研发、设计、工程、操作和应用作为一个整体，以工程设计单位为纽带，融合上下游积累的技术、经验和研究成果为一体，实现装置整体技术的积累、优化、传播和传承。

3 展望

（1）炼化行业技术知识和经验的整合和升华，能够提升整个行业技术能力的下限，避免简单低级的问题重复发生，全面提升炼化装置防腐蚀能力。

（2）炼化行业防腐蚀技术积累，能够整合行业内的技术知识和经验，极大地缩短相关技术人员汲取技术知识的时间，缩短技术人员成长周期，加速技术知识和经验向技术能力的转化速率，实现防腐蚀技术快速发展。

（3）技术积累是一个渐进的过程，是装置防腐蚀技术创新的关键。技术知识、经验和技术能力的整合和升华，实现防腐蚀技术的创新，逐步建立适用于国内炼化装置，类似 NACE 和 API，具有中国特色的炼化行业防腐蚀技术基础。

参 考 文 献

[1] 王金光，段永锋，胡洋. 炼化装置腐蚀风险控制[M]. 北京：中国石化出版社，2021.
[2] 刘小辉，胡安定. 石油炼制设备腐蚀与防护综述[J]. 中国设备工程，2010(11)：11-13.
[3] 刘小辉. 石化腐蚀与防护技术[C]//第三届(2018)石油化工腐蚀与安全学术交流会论文集，厦门，2018.
[4] 傅家骥，施培公. 技术积累与企业技术创新[J]. 数量经济技术经济研究，1996(11)：70-73.
[5] 施培公. 我国企业技术积累若干问题探讨[J]. 科研管理，1995(6)：33-37.
[6] 杨菲，安立仁，张清. 区域技术积累能力评价研究[J]. 科技进步与对策，2015，32(17)：129-133.
[7] 朱根权，夏道宏，阚国和. 催化裂化过程中含硫化合物转化规律的研究[J]. 燃料化学学报，2000，28(6)：523-525.
[8] 何俊辉，贾广信，黎爱群，等. 催化裂化油浆中硫化物气相色谱分析[J]. 当代化工，2014，43(1)：80-81，96.
[9] 杨淑清，郑贤敏. 催化裂化液体产品中硫化物的形态分析[J]. 西南石油大学学报(自然科学版)，2012，34(6)：141-146

作者简介：佘锋，毕业于北京科技大学和钢铁研究总院材料专业，硕士学位，现工作于中国石化工程建设有限公司，高级工程师，主要从事炼化装置选材与腐蚀分析工作。

硫黄回收装置尾气焚烧炉余热锅炉腐蚀成因分析与决策

张 杰 张文俊 刘 露 牛卫伟 江 能

(中石化工程质量监测有限公司西南分公司)

摘 要 余热锅炉约80%的故障是由受热面材料的腐蚀引起的。由于腐蚀问题影响因素较多，腐蚀反应相互促进，对应对措施的系统性和全面性提出严格要求。本文以某企业硫黄尾气焚烧炉余热锅炉的腐蚀失效问题为研究对象，通过失效部位形貌观察、材质成分分析、微观分析和固体沉积物成分分析等方式，确定升气管和管屏的穿孔主要由烟气露点腐蚀导致，穿孔后水蒸气泄漏、停工期间保护不充分加剧腐蚀。建议企业加强余热锅炉炉管温度控制和泄漏监测，完善停工期间的保护措施。

关键词 余热锅炉；硫酸腐蚀；失效分析；停工保护

在余热锅炉运行期间，硫黄尾气焚烧炉中的含硫物质会被氧化为 SO_2 和 SO_3，当温度低于露点温度时，SO_2 和 SO_3 会与烟气中的水蒸气结合，形成强酸性液体，造成水冷壁、液包接管等处的严重腐蚀，即通常所说的烟气露点腐蚀。当装置停工保护措施不到位时，空气中的氧气会将冷凝液中的 H_2SO_3 和 $FeSO_4$ 分别氧化成 H_2SO_4 和 $Fe_2(SO_4)_3$，在增强液体酸性的同时，$Fe_2(SO_4)_3$ 还对 SO_3 的生成具有促进作用，且酸性条件下 $Fe_2(SO_4)_3$ 也会腐蚀碳钢生成 $FeSO_4$，形成腐蚀循环。由于余热锅炉的腐蚀问题影响因素较多，腐蚀反应相互促进，管壁减薄破裂问题普遍存在，不仅严重影响装置的安全运行，同时也造成了巨大的经济损失。因此，有必要针对余热锅炉开展腐蚀案例分析，剖析腐蚀失效的根本原因，并提出相应的腐蚀控制措施，为相关企业应对腐蚀问题、保障生产安全提供参考和借鉴。

某企业共有多台硫黄尾气焚烧炉余热锅炉，锅炉由主体、汽包、液包、烟气进口防护管束、三级过热器、三级减温器及进出口烟箱组成。具体工艺参数如表1所示。烟气侧为尾气焚烧炉产生的尾气；蒸汽侧进料为新鲜锅炉水。通过蒸发段翅片管，产生饱和水蒸气。

在装置运行期间和开工准备期间，各余热锅炉相继发生泄漏，且部位和形貌具有共性特征。为探究泄漏原因，避免腐蚀问题再次发生，本研究以发生腐蚀穿孔的升气管和管屏为研究对象，通过宏观形貌观察、化学成分分析、金相组织分析、腐蚀产物分析等方式，明确腐蚀成因，并提出相应的腐蚀控制措施。

表1 余热锅炉工艺参数

参数	温度		压力	介质
	入口	出口		
烟气侧	650℃	260℃	3kPa	N_2、O_2、CO_2、H_2O、SO_2
蒸汽侧	106℃	390℃	4.7MPa	锅炉水、蒸汽

1 腐蚀调查及失效分析

1.1 宏观腐蚀形貌

通过对 E404 进行全面检查发现，人孔处升气管、底部管屏各有一处穿孔，另有 2 根底部管屏有明显腐蚀现象且存在粉末状垢样。升气管穿孔处距离管道底部约 15cm，并且穿孔部位以下及底部管屏表面有明显锈蚀，而穿孔部位以上则没有明显的腐蚀现象。具体形貌如图 1 所示。

升气管穿孔　　　　　管屏(底部水平管)穿孔　　　　管屏(底部水平管)腐蚀

图 1　余热锅炉升气管及管屏穿孔腐蚀宏观形貌

1.2 化学成分分析

根据 GB/T 223—1981《钢铁及合金化学分析方法》对升气管失效部位(母材)及管屏失效部位(焊缝)的金属进行化学成分分析，结果如表 2 所示，管材化学成分基本符合 ASME SA210 GrA-I 标准要求。

表 2　化学成分分析结果　　　　　　　　　　　　　　　　（wt%）

元素		C	Si	Mn	P	S	Fe
测试值	母材	0.099	0.15	0.49	0.006	0.003	ba1.
	焊缝	0.052	0.78	1.42	0.012	0.019	ba1.
标准值(母材)		≤0.27	≥0.10	≤1.35	≤0.035	≤0.035	ba1.

1.3 微观分析

分别选取升气孔穿孔部位附近的金属作为 1# 样品、升气孔穿孔部位上部无明显腐蚀的金属作为 2# 样品、管屏穿孔部位附近的焊缝金属作为 3# 样品，利用 Olympus GX71 金相显微镜开展非金属夹杂物和金相组织分析。

1.3.1 非金属夹杂物

检验面为管壁纵截面，夹杂物级别的判定依据 GB/T 10561—2005《钢中非金属夹杂物含量的测定　标准评级图显微检验法》。1#、2# 样品的显微图片分别如图 2(a)和图 2(b)所示，夹杂物级别均为 D0.5，夹杂物级别正常。

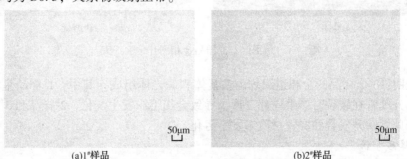

(a)1#样品　　　　　　　　　　　　　　　　(b)2#样品

图 2　升气管样品的显微图片

1.3.2 金相组织

检验面为管壁横截面，金相组织的检验方法依据 GB/T 13298—2015《金属显微组织检验方法》，金相组织具体信息见表 3，1#~3#样品的金相组织图片分别见图 3~图 5。

表 3 金相组织信息

部位		金相组织
1#	母材	铁素体+珠光体
2#	母材	铁素体+珠光体
3#	母材	铁素体+珠光体
	焊缝	铁素体+珠光体

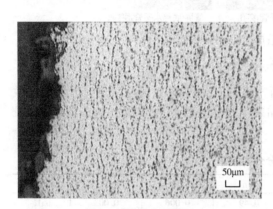

图 3 1#样品金相图片

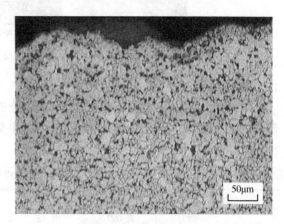

图 4 2#样品金相力片

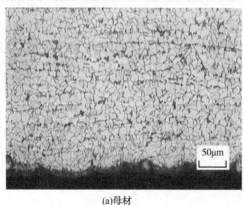

(a)母材

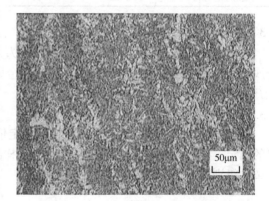

(b)焊缝

图 5 3#样品金相图片

结果表明：3 个样品的金相组织均由铁素体和珠光体组成。其中，1#样品呈现柱状晶体结构，证明升气管在破裂时产生局部变形，导致金相组织发生变化；2#样品和 3#样品组织结构正常，由此可知升气管和屏管材质未发生劣化。

1.4 固体样品分析

1.4.1 形貌观察和成分分析

取底部管屏表面覆盖的粉末状固体作为固体样品，样品的 X 射线衍射（XRF）分析结果如表 4 所示。可以看出：固体样品主要由 Fe、O、S、Si、Al 等元素组成，其中 Fe 元素占多数，可初步推断其主要为 Fe 的腐蚀产物。由现场了解可知，烟气入口前段烟道内壁铺有 Al_2O_3 耐火砖，判断固体样品中的 Si 和 Al 元素主要来自上游耐火砖的脱落。

表 4 固体样品的 XRF 分析结果

成分	Fe_2O_3	SO_3	SiO_2	Al_2O_3	Na_2O	Cr_2O_3	MnO_2	K_2O	CaO	P_2O_5	CuO
含量/%（质量分数）	80.19	15.97	1.41	0.84	0.52	0.20	0.19	0.19	0.13	<0.1	<0.1

为进一步观察固体样品的微观形貌并确定其化学组成，对样品进行了扫描电子显微镜观察(SEM)和能谱(EDS)测定，结果如图 6 和表 5 所示。从图 6 中可以看出，固体样品中有大小不一的颗粒状物质，推测为腐蚀产物和上游烟道内壁脱落的耐火砖颗粒物。图 7 为固体样品的 XRD 分析结果，结合 EDS 测定的元素含量，可知样品中的主要成分为 Fe_2O_3，同时含有一定量的 FeS，两者均为炉管表面脱落的腐蚀产物。

图 6 固体样品微观形貌(SEM)

表 5 固体样品 EDS 分析结查

元素	含量/%（质量分数）
Fe	59.50
O	28.01
S	9.26
Al	1.43
Si	1.09
Cr	0.71

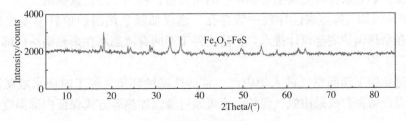

图 7 固体样品的 XRD 分析结查

1.4.2 水溶液分析

称取 10g 的固体样品并研磨，然后溶于 100g 蒸馏水中，充分搅拌后过滤，进行 pH 值、SO_4^{2-}、Cl^- 和氨氮含量的测定，结果如表 6 所示。可以看出：样品水溶液 pH 值低，且 SO_4^{2-} 含量高，初步推测固体样品中含有脱落的腐蚀产物。由于该部位处于滞留区，烟气中的固体颗粒及脱落的腐蚀产物易沉积于此。样品中的 SO_4^{2-} 主要有 2 个来源：一是烟气中的水蒸气在局部冷凝形成液滴并吸收烟气中的 SO_2 和 O_2，导致局部出现露点腐蚀生成铁的硫酸盐；二是装置停工期间，空气进入后将硫化物或亚硫酸盐氧化生成。

表 6　固体样品水溶液的 pH 值及离子含量分析

pH 值	Cl$^-$ 含量/(mg/L)	SO$_4^{2-}$ 含量/(mg/L)	氨氮含量/(mg/L)
2.46	4.4	7015	413.18

2　腐蚀成因分析

由上述分析结果及升气管上部未发生明显腐蚀，可以推断烟气本身环境腐蚀并不剧烈。升气管底部 15cm 处和管屏明显腐蚀变色，是由于升气管穿孔后，水蒸气进入烟气中，加剧了烟气露点腐蚀，主要反应过程包括：

硫酸对碳钢的腐蚀：$Fe + H_2SO_4 = FeSO_4 + H_2$

烟气与腐蚀产物的反应：$4FeSO_4 + 2SO_2 + O_2 = 2Fe_2(SO_4)_3$

硫酸与铁锈的反应：$Fe_2O_3 + 3H_2SO_4 = Fe_2(SO_4)_3 + 3H_2O$

腐蚀产物加速碳钢腐蚀：$Fe_2(SO_4)_3 + Fe = 3FeSO_4$

铁离子和亚铁离子的水解：$Fe^{2+} + H_2O = Fe(OH)_2 + 2H^+$

$$Fe^{3+} + H_2O = Fe(OH)_3 + 3H^+$$

（1）烟气局部冷凝形成硫酸，腐蚀金属产生 $FeSO_4$，并与烟气中的 SO_2 和 O_2 进一步反应生成 $Fe_2(SO_4)_3$，此外，铁锈也会溶解于冷凝液中产生 $Fe_2(SO_4)_3$。

（2）反应产生的 Fe^{3+} 在酸性环境中具有氧化性，进一步腐蚀金属，同时，反应产生的 Fe^{2+} 和 Fe^{3+} 发生水解，产生更多的 H^+（pH 值可降至 2），介质中的酸不会因腐蚀反应而消耗，随着温度升高，部分水分得以蒸发，酸浓度提升，形成自催化反应的恶性循环。

（3）硫酸盐具有强烈的吸湿性，当烟气中的水分增多或停工保护不到位时，会形成硫酸盐浓溶液，附着在金属表面，造成腐蚀变色。升气管底部 15cm 处和管屏表面因存在硫酸盐，腐蚀变色较重。

3　腐蚀控制措施

（1）为防止因炉内滞留区沉积固体导致停工期间发生垢下腐蚀，建议停工时彻底清理余热锅炉各部位，如有条件可更换上游烟道中的耐火材料种类，防止其脱落。

（2）为避免因烟气露点腐蚀导致炉管穿孔，建议加强余热锅炉炉管温度控制和泄漏监测。同时，在余热锅炉底部设计排水口，防止停工期间有液态水在余热锅炉内部聚集，导致腐蚀加剧。

（3）为避免停工期间空气进入炉内产生强酸性腐蚀环境，停工时应采取碱洗、干燥处理，同时加强设备密封或采用氮气保护，也可通过蒸汽加热等方式保证内部温度在露点温度以上。

4 结论

(1) 余热锅炉升气管和底部管屏的穿孔是由烟气露点腐蚀导致的，穿孔后炉管中的水分进入烟气中，加剧了腐蚀过程。装置停工期间保护不充分，导致局部腐蚀严重。

(2) 炉内沉积的固体主要为 Fe 的腐蚀产物，另外含有少量主要来自上游烟道中脱落耐火砖。

(3) 建议加强炉管温度控制，避免烟气露点腐蚀；加强装置停工期间的保护措施，如钝化干燥、隔绝空气或保持炉内温度高于露点温度。

参 考 文 献

[1] 李新博，岳爱欣，王静，硫回收废热锅炉列管损坏原因及处理措施[J]. 化工设计通讯，2018，44（8）：81.

[2] 陈韶范，马金伟，齐兴，等，克劳斯尾气焚烧炉余热锅炉停工腐蚀分析与防护[J]. 石油和化工设备，2019，22（1）：66-69.

[3] 武俊瑞，王斌，魏振军，硫黄回收装置余热锅炉泄漏原因分析及整改措施[J]. 硫酸工业，2017（6）：29-33.

[4] 陈光棋，谢讯富，余热锅炉（翅片管）腐蚀与积灰的防止措施[J]. 中国高新技术企业，2013（7）：167-168.

[5] HALSTEAD W D, LAXTON J W. Equilibria in the $Fe_2(SO_4)_3/Fe_2O_3/SO_3$ system[J]. Journal of the Chemical Society Faraday Transactions Physical Chemistry in Condensed Phases, 1974, 70: 807.

[6] 李志平，常减压装置的腐蚀与应对措施[J]. 安全，健康和环境，2007，7（9）：15-17.

[7] 隋水强，梁成浩，丛海涛，裂解炉对流管硫酸露点腐蚀原因分析和防护措施[J]. 石油化工设备技术，2004，25（6）：48-50.

[8] 刘智勇，李晓刚，张新，等 .SA-178A 余热锅炉换热器管失效分析[J]. 腐蚀科学与防护技术，2007（1）：61-65.

[9] 白贤祥，张玉刚，生活垃圾焚烧厂余热锅炉水冷壁高温腐蚀治理研究[J]. 环境卫生工程，2018，26（3）：68-70.

[10] 王智春，王温玲，蔡文河，等，余热锅炉受热面管泄漏失效分析[J]. 理化检验：物理分册，2018，54（9）：64-68.

[11] 中华人民共和国冶金工业部，钢铁及合金化学分析方法：GB/T 223—1981[S]. 北京：中国标准出版社，1981.

[12] IHS. Specification for seamless medium-Carbon steel boiler and Superheater tubes：ASME SA2IO[S]. New York：American Society of Mechanical Engineers，2019：279-283.

[13] 中华人民共和国国家质量监督检验检疫总局，钢中非金属夹杂物含量的测定—标准评级图显微检验法：GB/T 10561—2005 [S]. 北京：中国标准出版社，2005.

[14] 中华人民共和国国家质量监督检验检疫总局，金属显微组织检验方法：GB/T 13298—2015[S]. 北京：中国标准出版社，2015.

作者简介：张杰(1982—)，男，2007 年毕业于河南科技大学(原洛阳工学院)机械设计制造及其自动化专业，现工作于中石化工程质量监测有限公司西南分公司，正高级工程师，中国石化闵恩泽青年科技人才。

高含硫天然气净化装置胺液冷却器换热管腐蚀失效分析

张 杰 葛贵栋 杨 燕 胡晓丽 周鹏飞

(中石化工程质量监测有限公司西南分公司)

摘 要 某高含硫天然气净化装置的中间胺液冷却器换热管多次发生腐蚀泄漏,采用宏观检查、化学成分分析、金相检验、扫描电镜观察、腐蚀产物成分分析等方法,对换热管进行了失效原因分析。结果表明:管束的失效形式为局部腐蚀减薄,由于管束的内涂层局部破损,在破损部位发生冷却水腐蚀,生成的腐蚀产物覆盖在破损部位表面,引起垢下腐蚀导致管壁局部腐蚀穿孔。

关键词 换热器;冷却水;垢下腐蚀;失效分析

管壳式换热器换热管是实现热量传递的核心部件,因其结构简单、适用性和可靠性强在高含硫天然气净化装置中得到广泛应用。在苛刻的工况下,工作的换热管可能发生如腐蚀减薄、冲刷腐蚀、疲劳断裂及应力腐蚀开裂等,是易失效的换热器部件之一。

某高含硫气田天然气净化厂的中间胺液冷却器用于冷却进入一级吸收塔的半富胺液,提高硫化氢的吸收效率,管程介质为循环水走,壳程介质为半富胺液,其设计参数如表1所示。天然气净化厂自2009年投产运行至今,全厂12台中间胺液冷却器E-105多台次发生腐蚀泄漏,半富胺液窜入循环水系统,严重威胁生产安全,急需开展有针对性的腐蚀研究,找到行之有效的解决方案。

表1 运行及设计参数

部位	介质	压力/MPa		温度/℃		Cl⁻含量
		设计	操作	设计	操作	
管程	循环水	7.52	0.45	70	30/34	—
壳程	半富胺液	9.4	8.48	85	58/36	1017μg/g

1 理化检验及结果

1.1 宏观形貌

对管束外部典型部位进行宏观腐蚀形貌观察,如图1和图2所示,换热管外壁均匀腐蚀,有很浅的点状腐蚀坑存在,腐蚀程度较为均匀,说明换热管外壁存在普遍均匀腐蚀,多根换热管的壁厚测量结果表明换热器管腐蚀速率在0.05~0.1mm/a范围内波动。

图1 截取的管束试样宏观形貌

图2　管外壁腐蚀形貌

如图3所示，换热管局部存在穿透性蚀孔，即失效部位，点蚀孔呈垂直型，最大直径约1mm。

图3　换热管上的穿透性蚀孔

利用CoantecP50内窥镜对管束内部进行观察，同时选取典型部位沿轴线剖开，利用OlympusSZ61体视显微镜观察内壁涂层的完整性。如图4所示，管束内壁对称分布有2条较

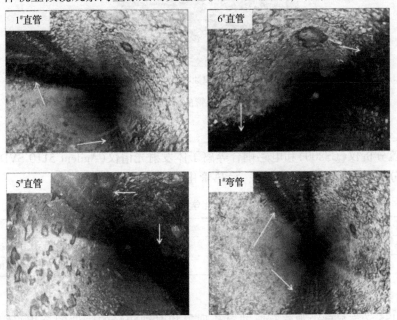

图4　用内窥镜观察到的管束的内部形貌

窄区域的轻微腐蚀带(箭头处)，其他绝大部分区域表面较粗糙，有红褐色锈斑产生，可见内壁发生了局部腐蚀。由图5可知：换热管内壁有防腐涂层，涂层局部破损，破损部位

存在明显的腐蚀坑，内部涂层损伤度大的部位腐蚀凹坑密度增加，腐蚀产物增多，测量残留的涂层厚度发现涂层厚度不均，涂层最厚处约0.18mm，多数位置低于0.05mm；穿孔部位腐蚀凹坑直径从管束内壁向外壁方向逐渐减小，经测量腐蚀凹坑最大直径处4.5mm，远大于外壁穿孔直径，说明腐蚀凹坑起源于管内壁，向外壁方向发展至穿透壁厚，管束内部多个单一的或密集的未穿透壁厚的腐蚀坑也说明了这一点。

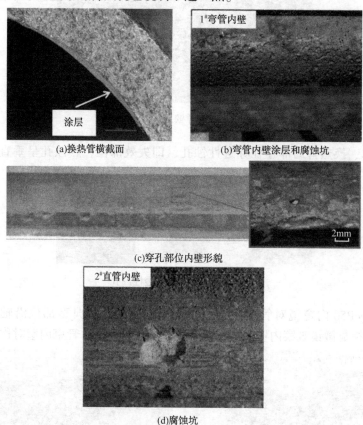

(a)换热管横截面　　　　(b)弯管内壁涂层和腐蚀坑

(c)穿孔部位内壁形貌

(d)腐蚀坑

图5　换热管的内壁形貌

1.2　化学成分

采用碳硫分析仪(CS800)和电感耦合等离子体发射光谱仪(Agilent 5110 SVDV)对材质化学成分进行分析，如表2所示。可知，换热管化学成分满足标准要求。

表2　失效管段的化学成分(质量分数%)

标准及实测结果	C	Si	Mn	P	S	Cr	Ni	Cu
GB/T 699—2015	0.07~0.13	0.17~0.37	0.35~0.65	≤0.035	≤0.035	≤0.15	≤0.30	≤0.25
实测结果	0.086	0.240	0.452	0.021	0.010	0.023	0.026	0.089

1.3　显微组织

利用ZEISS光学显微镜观察有腐蚀穿孔现象和腐蚀较轻的管件的金相组织。由图6可知：腐蚀穿孔的4#管和腐蚀轻微的3#管的金相组织较为相似，均为铁素体十珠光体组织，珠光体弥散分布在铁素体晶界上，金相组织正常。说明换热管在整个工作过程，金属组织未发生转变。

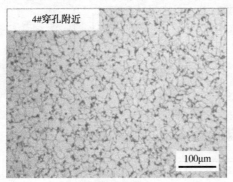
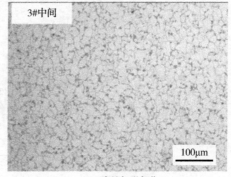

(a)泄露部位附近   (b)腐蚀轻微部位

图6　管束不同位置金相组织

1.4　腐蚀产物

利用日立扫描电子显微镜(SEM)对腐蚀坑内外表面形貌进行微观观察,由图7可见:坑内腐蚀产物疏松,坑外腐蚀产物较致密。腐蚀坑内外表面腐蚀产物EDS成分分析结果见表3。结果表明:坑内外存在的元素主要是O和Fe,元素S、Ca、P、Si少量存在,分布不均,坑内附近有S元素的富集,坑外富集更多的Ca、P、Si、Cr等元素,说明管内部有H_2S腐蚀的腐蚀产物生成,可能是硫酸盐还原菌引起的,坑外杂质元素富集较严重,推测是附生菌尸体或其他杂质引起的。腐蚀形貌和腐蚀产物具有典型垢下腐蚀特征。

(a)腐蚀坑内SEM形貌   (b)腐蚀坑外SEM形貌

图7　失效管段内壁表面微观腐蚀形貌

表3　管内壁腐蚀坑内外表面能谱(EDS)分析结果(质量分数%)

位置	Fe	O	S	Mg	Si	Ca	PCr	Zn	K
坑内	66.22	26.64	2.55	1.10	0.48	0.10	—	—	—
坑外	40.49	28.54	0.42	1.71	1.24	8.63	2.60	2.47	2.25

使用X射线衍射仪(XRD)分析腐蚀产物的物相组成。由图8可知:封头处垢样(水侧)主要物相为Fe_3O_4和FeOOH,还有一定量含有Ca、Mg离子的碳酸盐;管束外表面垢样(胺液侧)主要为结晶不完全的硫化物和单质硫。

2　失效原因分析

从上述理化检验结果和腐蚀形貌可知:换热器外壁胺液侧腐蚀引起的管束均匀减薄,并

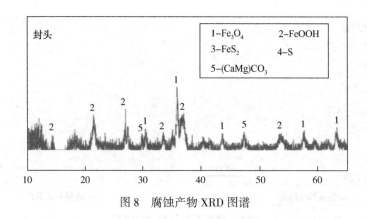

图8　腐蚀产物 XRD 图谱

不是局部腐蚀失效穿孔的主要原因。管束局部腐蚀失效穿孔主要从内壁腐蚀开始，管束内部保护涂层损伤造成管束基体裸露与介质接触发生腐蚀，产生腐蚀坑并进一步发育形成穿孔。

管程介质为循环冷却水，E105 循环水水质监测统计情况表明所有监测项目的平均值都在 Q/SH 0628.2—2014《水务管理技术要求第 2 部分：循环水》控制指标范围以内，发现个别项目（余氯、铁、COD_{Cr}）最大值超过控制值，对这 3 个指标的监测趋势进行分析，发现这些指标异常后短暂时间内就恢复正常水平。

循环水的腐蚀性与水质、温度、流速等因素有关。其中水质是主要因素，根据 API 581-2016 下列公式可对 10# 碳钢在冷却水中的腐蚀速率进行估算：

$$CR = CRB \times F_t \times F_v = 0.15 \times 0.8 \times 1 = 0.12mm/a \qquad (1)$$

根据净化厂循环水质数据估算得到的水侧腐蚀速率值 0.12mm/a > 0.075mm/a（GB 50050—2007《工业循环冷却水处理设计规范》规定的碳钢水侧腐蚀速率），因此需要采取相关保护措施，如涂层保护。一旦涂层损伤，循环水与基材直接接触，出现冷却水腐蚀，并伴随腐蚀产物生成，冷却水腐蚀是一种电化学腐蚀，与水接触的涂层破损部位的金属与周围涂层之间存在电位差，构成微观电池导致发生原电池反应，涂层破损部位金属作为阳极发生氧化反应，Fe 形成二价阳离子进入溶液中，释放出的电子与水中的氧发生作用，生成氢氧根离子，电极反应如下：

$$阳极反应：Fe \longrightarrow Fe^{2+} + 2e \qquad (2)$$

$$阴极反应：2H_2O + O_2 + 4e \longrightarrow 4OH^- \qquad (3)$$

阳极反应形成的亚铁离子和阴极反应形成的氢氧根离子在距阳极区不远的地方进一步结合形成氢氧化亚铁，在中性和弱碱性条件下，部分亚铁化合物被溶解氧氧化成高铁化合物，如 $Fe(OH)_3$、FeOOH 等。

在上述腐蚀过程中形成的 Fe_3O_4 等腐蚀产物在阳极区不远处以沉淀形式析出，形成垢层。

阳极反应形成的亚铁离子同时会发生水解，水解反应为：

$$二价铁水解：Fe^{2+} + H_2O \longrightarrow Fe(OH)_2 + H^+ \qquad (4)$$

水解导致垢下介质的 pH 值进一步降低，腐蚀加速，金属的垢下腐蚀反应具有自催化作用。其结果是在涂层破损部位形成的小蚀坑很快就被疏松的腐蚀产物层所覆盖，腐蚀产物逐渐累积，垢下的蚀坑变深，直至最后出现穿孔。

3 结论

（1）E105 换热器管束腐蚀穿孔由内部的局部腐蚀导致，是由于内部涂层损伤后循环水腐蚀管束金属基材，进而发展成穿孔造成的。

（2）控制水冷器腐蚀的方法是保证涂层施工质量或升级换热管的材质，选用奥氏体不锈钢时，应考察胺液环境中奥氏体不锈钢发生点蚀和氯化物应力腐蚀开裂的氯离子浓度临界值。

参 考 文 献

[1] 龚巍，石化、火电工业用换热管的腐蚀失效分析及其性能评价[D].上海：复旦大学，2012.

[2] 胡建国，罗慧娟，张志浩，等，长庆油田某输油管道腐蚀失效分析[J].腐蚀与防护，2018，39（12）：962-965+970.

[3] 陈兵，樊玉光，周三平，水冷器腐蚀失效原因分析[J].腐蚀科学与防护技术，2010，22（6）：547-550.

[4] 代宁波，蒋克斌，石莉，炼油循环水系统水冷器失效案例分析[J].腐蚀与防护，2004，25（5）：225-227.

[5] 张亚明，李美栓，黄伟，等，高压水冷器的换热管腐蚀原因分析[J].腐蚀科学与防护技术，2002，14（2）：117-119.

[6] 易成，周超.塔顶冷凝器换热管腐蚀原因分析与预防[J].压力容器，2004，35（2）：49-53.

[7] 颜祥，混合冷却器换热管腐蚀破损原因分析及改善对策[J].中国化工装备，2017，35（5）：11-13.

[8] 王纲，张洪喜，王丽艳.E-417 换热器腐蚀机理分析[J].全面腐蚀控制，2012，26（2）：27-31.

作者简介：张杰（1982—），男，2007 年毕业于河南科技大学（原洛阳工学院）机械设计制造及其自动化专业，现工作于中石化工程质量监测有限公司西南分公司，正高级工程师，中国石化闵恩泽青年科技人才。

渤海湾某输油海底管道立管腐蚀穿孔失效分析

李民强　于俊峰　劳海桩

(中国石油化工股份有限公司胜利油田分公司海洋采油厂)

摘　要　某海底输油管道接收端立管段发生腐蚀穿孔，为查明失效原因、避免具有相同结构和工艺的管道及在相同服役条件下的管道发生类似问题，同时更准确地得到这条管道的腐蚀情况，为后续该海管的运行管理提供参考和依据，对维修更换下来的管段进行失效分析。结果表明：腐蚀穿孔失效是由于建设初期海上潮位影响，立管原本应位于大气区的锚固件位于潮差区，且施工过程对管道外防腐层造成损伤，从而引发立管锚固件与上方单层管焊接连接处发生海水氧腐蚀。该失效分析工作为后续隐患排查和治理，以及从源头上预防类似失效时间的发生，指明方向。

关键词　海底管道；腐蚀；风险分析；理化性能检测

某海底输油管道接收端立管段发生腐蚀穿孔，为查明失效原因、避免具有相同结构和工艺的管道及在相同服役条件下的管道发出类似失效问题，同时更准确地得到这条管道的腐蚀情况，为后续该海管的运行管理提供参考和依据，对维修更换下来的管段进行失效分析。通过管道内外腐蚀形貌宏观检查、腐蚀产物分析及理化性能检测等手段，以获取该海管长期服役运行后的腐蚀情况和理化性能数据，并对腐蚀失效原因进行分析，从而针对性提出海管完整性管理方面的建议，保障海上油田安全生产。

1　海底管道基础信息

该海底输油管道长度为1.0686km，设计压力为4MPa，实际运行压力为1.3MPa，实际流量为11.94×10⁴ t/a。双层保温管结构，内外管环形空间充满泡沫黄夹克保温材料，内管管径为219 mm、壁厚为12 mm、材质16Mn无缝钢管，外管管径为325mm、壁厚为12mm、材质16Mn无缝钢管。该海管水平段设2个锚固件，两端立管顶部各设1个锚固件。为抵抗冰载荷，管线两端立管均设抗冰护管。抗冰护管管径为353mm、壁厚为14mm、材质D32无缝钢管。

该海管沿线平均水深为10.0m，海底地形基本平缓。海底管道采用特加强级的防腐结构。防腐涂料选用高氯化聚乙烯特种防腐漆。外管外表面防腐涂层为：底漆2道→面漆2道→玻璃布→底漆2道→玻璃布→底漆2道→玻璃布→面漆2道，干膜厚度分别为：底漆45μm/道，面漆35μm/道。外管采用牺牲阳极的阴极保护方式，阳极采用铝基手镯式牺牲阳极。两端立管在距自然泥面2.0m处各布置1对阳极，其余阳极块沿水平管均匀布置。在所有内管段两端、海上现场接口及锚固件外均包覆热缩材料防腐防水。热缩材料与两端涂层搭接长度应不小于150mm。

2　腐蚀检查分析

该海管腐蚀穿孔点位于接收端立管锚固件与上方直管连接过渡位置的直管段一侧，服役现场环境如图1所示。

图1 海管接收端立管锚固件与上方直管服役现场环境

2.1 外壁宏观形貌

图2为现场维修时拆卸切割回收的失效穿孔管段(长度约1.20m)宏观照片,图2(a)中白圈所示为穿孔位置,图中红色箭头表示输送介质流动方向(从下往上),与该失效穿孔管段在现场的实际结构布置方向一致(锚固件位于下方)。

由图2可知:锚固件上方的直管外表面乌黑油亮、没有腐蚀迹象,这是因为该直管道在现场服役中外壁安装有套管,不直接与海水和海洋大气接触;但锚固件外表面及其与上方的直管道焊接连接处有非常明显的红褐色铁锈,如图3所示,穿孔处附近及锚固件表面有明显的腐蚀脱落形成的断层和坑,表面腐蚀产物比较疏松,可以很容易剥离下来。将穿孔处抵近观察并局部放大,发现穿孔从外壁向内壁呈口大底小的喇叭形,轴向长度约3mm,环向宽度约3mm,呈很规则的圆形。

(a)正面　　(a)背面

图2 海管接收端立管腐蚀穿孔
管段外壁宏观照片

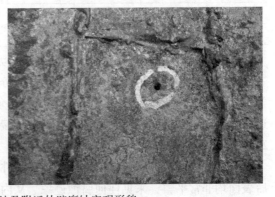

图3 海管接收端立管穿孔处及附近外壁腐蚀宏观形貌

2.2 剩余壁厚测量

对失效穿孔管段外表面进行打磨处理使其裸露金属光泽，并按照轴向每 5 cm、周向每 90°，采用超声测厚仪逐格测量管段的剩余壁厚并记录见图 4 和表 1。

(a)表面处理   (b)超声测厚

图 4　海管接收端失效穿孔管段剩余壁厚检测

表 1　海管接收端立管失效穿孔管段剩余壁厚检测结果(mm)

时钟位置	轴向位置						
	1	2	3	4	5	6	7
12 点钟	11.77	11.54	11.65	11.48	11.43	11.52	11.34
9 点钟	11.68	11.72	11.61	11.47	11.55	11.59	11.45
6 点钟	12.49	11.87	11.73	11.67	11.62	11.57	11.73
3 点钟	12.12	12.20	12.41	12.56	12.52	12.31	12.07
时钟位置	轴向位置						
	8	9	10	11	12	13	14
12 点钟	11.20	11.29	11.35	11.24	11.20	11.12	11.09
9 点钟	11.57	11.51	11.43	11.36	11.29	11.45	11.56
6 点钟	11.89	11.82	11.73	11.69	11.63	11.72	11.76
3 点钟	11.45	11.27	11.25	11.34	11.40	11.25	11.17
时钟位置	轴向位置						
	15	16	17	18	19	20	21
12 点钟	11.06	10.91	10.76	10.62	7.34	6.23	5.12
9 点钟	11.62	11.15	10.81	10.58	7.45	4.39	2.68
6 点钟	11.90	11.66	11.21	11.18	7.26	6.12	5.98
3 点钟	11.02	10.95	10.89	10.86	7.02	6.45	5.74

注：轴向 7# 位置为靠近锚固件一端，穿孔位于 12 点钟方向

由表 1 可知：在远离穿孔的管道上方部分，管道全周剩余壁厚没有明显减薄(名义壁厚为 12mm)，但在穿孔位置附近，管道全周剩余壁厚急剧减小，最小剩余壁厚仅为 2.68mm，这表明腐蚀集中在锚固件及其与上方管道焊接连接过渡区域。

2.3 内壁宏观形貌

将失效管段对剖后，如图 5 所示，锚固件及上方管道内壁均有一层黑色油膜，去除油膜后表面均非常平整，未见任何腐蚀迹象。从内壁向外壁看，穿孔呈非常规则的圆形，穿孔处附近管道内壁也无任何其他腐蚀坑(穿孔处附近红褐色锈迹，为外部水分渗入腐蚀所致)。

穿孔与锚固件环焊缝的距离约 2.5 cm。

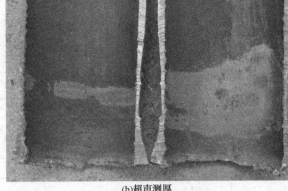

(a)表面处理 (b)超声测厚

图5 海管接收端失效穿孔管段内壁腐蚀宏观形貌

观察失效管段壁厚剖面，发现壁厚减薄是从外向内发生，且只集中在锚固件与上方管道连接过渡区域，上方管道远离连接过渡区域后壁厚几乎没有减薄变化。上述分析充分说明：该输油海管接收端立管腐蚀穿孔是由外腐蚀所导致的。

2.4 腐蚀产物成分分析

取管道穿孔处附近外壁腐蚀产物进行微观形貌和成分分析。如表2所示，外壁腐蚀产物呈块状或片状，元素分析表明，腐蚀产物主要由 Fe、O、C 组成，并含有少量的 Na、Cl、Si等。C 可能来源于泄漏的原油污染或其他有机物污染，Na 和 Cl 可能来源于海水，Fe 与 O 的原子比在 0.43~1.14，而常见的铁的氧腐蚀产物 FeO、FeOOH、Fe_2O_3、Fe_3O_4 的 Fe 与 O 原子比分别为 1、0.5、0.67、0.75，正好处于这一范围内。同时，XRD 分析结果显示腐蚀产物物相成分主要是 Fe_3O_4 和 Fe_2O_3，为铁的氧化物。因此，穿孔处腐蚀为氧腐蚀。

表2 失效管段穿孔附近外壁腐蚀产物微观形貌和元素成分分析结果

分析位置								
	44		45		46		47	
元素	质量分数/%	原子比/(at%)	质量分数/%	原子比/(at%)	质量分数/%	原子比/(at%)	质量分数/%	原子比/(at%)
C	9.03	18.75	4.29	12.17	8.39	18.74	12.15	25.18

元素	质量分数(%)	原子比(at%)	质量分数(%)	原子比(at%)	质量分数(%)	原子比(at%)	质量分数(%)	原子比(at%)
O	34.64	54.03	18.63	39.73	29.85	50.06	30.99	48.20
Na	2.31	2.51	0.59	0.87	1.61	1.88	0.97	1.05
Al	—	—	0.20	0.25	0.18	0.18	0.40	0.37
Si	1.05	0.93	0.46	0.56	0.52	0.49	0.97	0.86
Cl	0.31	0.22	0.23	0.22	0.26	0.20	0.18	0.12
K	0.11	0.07						
Ca	0.18	0.09	0.16	0.14	—	—		
Cr			0.25	0.16				
Mn	0.32	0.15	0.63	0.39	—	—	0.64	0.29
Fe	52.04	23.25	74.13	45.27	59.20	28.44	53.69	23.92
Cu	—	—	0.43	0.23	—	—		

对失效管段内壁黑色油膜物质用石油醚和乙醇溶解去除原油后，未剩下任何固体机械杂质，无法进行物相成分分析。

3 理化性能检测

从该输油海管失效管段上取样进行理化性能试验，检验管道材质及长期服役后的理化性能是否仍满足海管设计技术规格书的要求。

3.1 金相组织检验

采用金相倒置显微镜，按照 GB/T 13298—2015《金属显微组织检验方法》进行金相组织检验，结果见表3及图6。结果表明：该海底输油管道立管腐蚀穿孔管段管体、焊缝区和细晶区均属于正常组织，但热影响区存在危害钢管及焊接接头性能的异常组织——魏氏体组织。

表3 失效管段金相组织检验结果

检验位置		显微组织
锚固件上方管道管体		铁素体+珠光体
锚固件与上方管道焊接区域	焊缝区	针状铁素体+珠光体
	热影响区	魏氏体组织
	细晶区	铁素体+珠光体

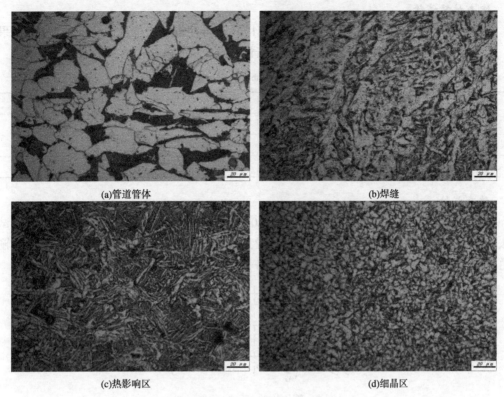

| (a)管道管体 | (b)焊缝 |
| (c)热影响区 | (d)细晶区 |

图6 失效管段金相组织形貌

3.2 化学成分分析

采用直读光谱仪,按照 ASTM A751-14a《钢铁产品化学分析的标准试验方法做法和术语》进行化学成分检验,结果见表4。结果表明:该海底输油管道立管腐蚀穿孔管段的化学成分均符合技术规格书的要求。

表4 失效管段化学成分分析结果(质量分数%)

检验位置	C	Si	Mn	P	S	Cr	Mo	Nb	V
管道管体	0.17	0.30	1.14	0.023	0.032	0.063	0.0048	0.0010	0.0028
单层管管体	0.19	0.31	1.08	0.020	0.031	0.061	0.0045	0.0020	0.0042
技术规格书要求	≤0.20	≤0.50	≤1.70	≤0.035	≤0.035	≤0.30	—	≤0.07	≤0.15

3.3 室温拉伸性能试验

采用万能材料试验机,按照 ASTM A370-19e1《钢铁产品机械性能测试的方法和定义》进行拉伸性能检验,结果见表5。结果表明:该海底输油管道立管腐蚀穿孔管段的室温拉伸性能不符合海管技术规格书的要求(屈服强度低)。

表5 失效管段室温拉伸性能试验结果

检验位置	屈服强度 $R_{t0.5}$/MPa	抗拉强度 R_m/MPa	屈强比 $R_{t0.5}/R_m$	断后伸长率 A/%
锚固件上方管道管体	328	525	0.62	36
技术规格书要求	≥345	470~630	—	≥17

3.4 冲击性能试验

采用摆锤冲击试验机，按照 ASTM A370-19e1 进行冲击性能检验，结果见表6。结果表明：该海底输油管道立管腐蚀穿孔管段的冲击性能符合技术规格书的要求。

表6 失效管段冲击性能试验结果

检验位置	规格/mm	试验温度/℃	冲击功/J			
			单个值			平均值
锚固件上方管道管体	55×10×10	室温	64.3	58.9	55.0	59
技术规格书要求	55×10×10	20	≥34			

3.5 硬度试验

采用维氏硬度试验机，按照 ASTM E92-2017《金属材料维氏硬度和努氏硬度的标准试验方法》进行硬度检验，管体的检验(压痕)位置见图7，结果见表7。结果表明：该海底输油管道立管腐蚀穿孔管段的硬度均符合技术规格书的要求。

图7 管体检验(压痕)位置示意

表7 失效管段管体的硬度试验结果(HV10)

检验位置	压痕位置											
	1	2	3	4	5	6	7	8	9	10	11	12
双层管外管管体	188	185	181	178	185	185	187	171	181	189	179	179
技术规格书要求	≤270(HV10)											

4 腐蚀失效原因分析

综上所述，该海底输油管道接收端立管腐蚀穿孔失效是外壁氧腐蚀导致的(管道内壁无腐蚀，腐蚀集中在锚固件及其与上方直管焊接连接区域的外壁，腐蚀从外壁向内壁扩展，环焊缝与母材的腐蚀形貌一致)，腐蚀产物成分为 Fe_3O_4 和 Fe_2O_3。该海管腐蚀穿孔失效位置处外壁原来有热收缩带防腐层，正常情况下会隔绝海水和大气，不会发生腐蚀，这说明该海管此处位置的防腐层遭到破坏。

查阅该海管接收端立管设计、施工资料和记录发现：原设计要求立管锚固件应高出水面6.5m，受潮位影响及建设初期施工条件影响，立管施工时水下未入管卡，造成预制立管仅高出水面1.0m左右(其中锚固件仅高出水面0.5m)。在现场施工中。为了使立管能在水面以上1.5m的位置悬挂在固定管卡内，临时在锚固件上方的单层管外增加了2.5m长的套管，但套管与单层管下端并未封堵，导致高潮位时海水会浸入两者之间的环空，从而对锚固件和单层管外壁产生腐蚀。套管安装过程中对锚固件外壁的热缩套防腐材料也可能造成损伤(机械损伤或掉落的高温焊渣熔融破坏)，进一步加速腐蚀过程。此外，该海底输油管道接收端立管腐蚀穿孔失效管段的管材拉伸性能低于标准要求值，材质也存在不合格。

5 结论与建议

5.1 结论

（1）该海底输油管道接收端立管腐蚀穿孔失效是原本应位于大气区的锚固件位于潮差区，且施工过程对管道外防腐层造成损伤，从而引发立管锚固件与上方单层管直管道焊接连接附近位置发生海水氧腐蚀。

（2）该海底输油管道接收端立管锚固件上方单层管的室温屈服强度低于技术规格书要求，且焊缝热影响区存在魏氏体组织。

（3）该海底输油管道接收端立管内壁分布有一层油膜，管道内壁无明显腐蚀迹象，表明该海管立管内腐蚀风险很小。

5.2 建议

（1）对具有与该海底输油海管立管相似结构的海管立管进行排查，检查是否按照设计进行施工和完工，是否存在外防腐层损坏或老化失效，发现隐患及时进行维修或改造。

（2）定期对海管进行必要的内检测和/或外检测，掌握海管壁厚及防腐层变化情况，以便及时采取措施防止失效泄漏事件的发生。

（3）新建海管时要进一步加强对入场海管的质量复检，以及现场施工过程的监督和质量控制，如入场海管随机抽检复验，以及现场焊接和节点的防腐层施工、立管施工等复杂施工过程的监督检查，避免因海管本身的质量缺陷、不按照设计施工和施工质量差导致海管在投产运行前就存在隐患，引起海管在后续运行服役中发生失效。

参 考 文 献

[1] 金磊. 某海底输气管道回收段的腐蚀评价[J]. 腐蚀与防护, 2017, 38(4): 301-305.

[2] 冯胜, 曲伟首, 金磊, 等. 某海底油水混输管道回收管段的腐蚀检测评价[J]. 腐蚀与防护, 2019, 40(11): 838-844.

[3] GB/T 13298—2015, 金属显微组织检验方法[S].

[4] 刘超, 张星星, 刘泉林, 等. 魏氏组织对焊接接头缝隙腐蚀的影响[J]. 金属热处理, 2018, 43(2): 111-115.

[5] 王志超, 孙维连, 孙铂. 45 钢筋连接套筒开裂失效分析[J]. 热加工工艺, 2018, 47(12): 248-251.

[6] ASTM A751-14a, 钢铁产品化学分析的标准试验方法、做法和术语[S].

[7] ASTM A370-19e1, 钢铁产品机械试验的标准试验方法和定义[S].

[8] ASTM E92-2017, 金属材料维氏硬度和努氏硬度的标准试验方法[S].

海底管道腐蚀风险检测与评估

崔永涛 于俊峰 杨 光

（中国石油化工股份有限公司胜利油田分公司海洋采油厂）

摘 要 海底管道内腐蚀风险作为海底管道失效的重点关注风险，其检测技术与评估方法直接影响海底管道的安全生产。本文对常见的海底管道内检测技术进行阐述与对比，并将其应用到管道内腐蚀评估中，为海底管道工程与管理人员提供参考，为降低安全生产风险提供依据。

关键词 海底管道；内腐蚀检测；内腐蚀评估

海底管道铺设于海底且多为埋设状态，给管道的腐蚀检测与维护带来困难。海底管道输送介质中的酸、碱、腐蚀酸性气体、盐、细菌和积砂等都会造成管道内腐蚀。

管道在设计阶段对壁厚留有腐蚀裕量，且设置有牺牲阳极保护，在生产运营过程中，一般采取注入化学药剂方式来控制腐蚀，包括脱水药剂、脱酸药剂、脱盐药剂及加注防腐药剂等防腐方法。但是受管道本体缺陷、药剂使用不当、介质腐蚀和服役时间超出设计年限等因素的影响，海底管道面临着严峻的内腐蚀失效风险。

综上所述，对海底管道内腐蚀情况进行监测与评估，及时发现潜在的失效风险，可以有效避免管道泄漏造成的环境污染和经济损失。

1 海底管道腐蚀监测与检测

海底管道作为水下长输封闭结构，其服役环境较陆地管道复杂得多，大大提高了对海底管道内腐蚀情况的监测和检测难度。

按照腐蚀情况的监测和检测范围，监测和检测手段可分为全覆盖腐蚀监检测技术和局部腐蚀监检测技术。全覆盖腐蚀监检测技术包括漏磁内检测技术、超声内检测技术、涡流内检测技术、远场应力检测技术，即 MTM 检测等。这类技术涵盖整条海底管道，不论是对直观了解管道当前内腐蚀情况，还是依据检测结果进行后续进一步的腐蚀评估，都有一定参考价值。局部腐蚀监检测技术包括腐蚀挂片法、电阻探针法、电感探针法、氢通量监测技术、场指纹内腐蚀监测(FSM)、线性极化法等。这类技术相较成本较低，可用于检测腐蚀重点区域，检测频率也更为灵活，可获取的管道信息也更为丰富。

1.1 全覆盖腐蚀监检测技术

1.1.1 漏磁内检测技术

漏磁内检测技术可检测出管道所有缺陷的长度、深度，以及缺陷对应的参考距离、距离焊缝的位置、周向位置等。

1.1.2 超声内检测技术

超声内检测技术是依据从管道内、外表面之间测量的超声波反射时间差来确定管壁厚度，从而得到腐蚀程度。超声内检测对管道内介质存在限制，需要在液体环境中进行。

1.1.3 涡流内检测技术

涡流检测技术是在探头线圈中施加高频交变电流激励，产生高频交变电场，探头附近的待测导体受交变电场的影响产生电涡流，接收线圈获取反馈信号。通过处理反馈信号处理得到待测导体厚度。海底管道中常用的涡流内检测是将激励线圈和接收线圈集成在通管球上，通过通管球移动产生的数据可得到海管的腐蚀缺陷。

1.1.4 远场应力检测技术

远场应力检测技术需要管道材质具有铁磁性。腐蚀缺陷会导致管道形成应力异常区域，在正常环境中，管道的应力异常区域周围的磁场分布也表现出异常。通过磁力计拾取磁场分布信息，分辨筛选磁场异常信号，再通过管道磁场异常信号的反向解算，即可得到管道的应力状态，再借助软件分析得到每个缺陷的危险等级。

1.2 局部腐蚀监检测技术

1.2.1 腐蚀挂片法

将与管材相同材质具有特定质量和尺寸的挂片置于管道内，一段时间后，将挂片取出，经过除锈和干燥后称其质量，根据挂片前后的质量差以及表面的变化来判断管道腐蚀程度与类型。

1.2.2 电阻探针法

电阻探针法是将与管材相同材质的金属丝置于管道内腐蚀环境中，金属丝发生腐蚀会使恒压回路中的电流下降。当金属丝表面发生腐蚀时，其电阻会发生变化，通过计算电阻变化即可推算出金属丝横截面积减薄量，从而获取管道的均匀腐蚀速率。

1.2.3 电感探针法

电感探针法是将与管材相同材质的试片暴露在腐蚀环境中，通过持续监测其电感和感抗信号来监测管道内的腐蚀情况。

1.2.4 氢通量监测技术

氢通量监测技术是一种免开孔介入的监测技术，它通过监测设备设施外壁氢渗透量分布，来确定活跃腐蚀区域。

1.2.5 场指纹监测(FSM)技术

场指纹监测技术是使用恒电流仪动态调节流经待监测对象两端馈入点的电流，根据电位变化和电极点位置，通过数据处理来判断缺陷信息。

1.2.6 线性极化探针法

线性极化探针法是基于电化学原理的一种监测方法，可用于持续跟踪管道腐蚀速率，用于评价管道工艺调整后的实际效果或加注药剂。

1.3 内检测技术对比

随着海底管道服役年限的增加，管道的介质流量、含水率和酸性物质持续变化，管道内无机物结垢、原油析蜡、微生物聚积、砂砾沉积、腐蚀产物沉积附着等的影响，内腐蚀诱因变得十分复杂。现有内腐蚀检测技术的检测精度与可靠性都受到挑战。无损检测技术与内腐蚀监测技术融合应用将是海底管道内腐蚀监测的发展方向。通过对比各检测技术的优点和劣势，从而评估出海底管道的内腐蚀状态。本文列出的内腐蚀监测技术的优劣势对比如表1所示。

表1 内腐蚀监测技术的优劣势对比

内检测技术	主要优势	主要劣势
漏磁内检测技术	对检测环境要求不高，自动化水平较高，具有较高准确性和稳定性	受管壁厚度影响大，不适用于管内沉积复杂及流动性差的管道，价格较高
超声内检测技术	具有较高精度，应用广泛	需要连续耦合剂，主要用于检测液体管道

内检测技术	主要优势	主要劣势
涡流内检测技术	可有效获取缺陷位置和尺寸信息	缺陷信号的分辨率差，不能区分内壁和外壁缺陷；适用管道规格范围狭小，不能覆盖所有常见管道规格；多用于陆地管道
远场应力检测技术	无须停产，可检测出腐蚀、裂纹、变形、焊缝缺陷和应力集中，高危缺陷检测较准确，不受管道规格限制，适用于具有铁磁性的管道	检测海管水平管段时，信号拾取仪器与管道间隔距离不能超过管道直径的15倍，需要借助潜水设备进行作业；其他对管道的作用应力会影响检测结果，检测结果可靠性较差，适合与其他内检测技术互补，根据 MTM 检测结果判定是否有需要开展其他内检测作业
场指纹监测技术	缺陷检出灵敏度高，监测数据采集速度快，可用于异形部位腐蚀监测	尚不够成熟
电感探针法	适用范围广，监测精度高、灵敏度高，响应时间短，性能稳定，密封性好、耐高压、耐腐蚀能力强	若要反映管道历史腐蚀情况，需要监测数据较多
腐蚀挂片法	综合反应腐蚀因素造成的影响，监测结果较为直观	所需试验周期较长，无法反映管道瞬时腐蚀信息
线性极化探针法	反应灵敏、可用于实时监测，持续跟踪管道腐蚀速率，可快速评价工艺调整后或加注药剂的实际效果	不能用于电导率较低的腐蚀环境，不适用于海底油水混输或天然气管道，极大限制其在海底管道腐蚀监测上的应用
电阻探针法	对应用环境没有严苛的要求，装置组件制作简单，成本低	在腐蚀环境中温度变化范围较小，使得腐蚀速率监测的灵敏，受温度效应影响，回路电阻也浮动变化。这就需要金属丝腐蚀到一定程度，才会使引起的回路电阻增量被数据处理系统认定为发生腐蚀；均匀腐蚀与局部腐蚀均会造成回路电阻增大，因此无法判断腐蚀是局部腐蚀还是均匀腐蚀；无法量化监测局部腐蚀
氢通量监测技术	适用于高温高压设备的腐蚀监测	成熟产品比较少

2 海底管道内腐蚀评估

结合管道基础参数与检测数据，常见的内腐蚀评估方法包括：管道内检测评估、腐蚀挂片分析、室内腐蚀试验分析及内腐蚀直接评价等。

2.1 管道内检测评估

对于进行过内检测的海底管道，可以直接依据管道内检测结果，分析管道的实际腐蚀和结构强度等情况。

由于内检测结果中包括管道腐蚀缺陷的具体信息，依据 DNV-RP-F101 可对重点关注的缺陷进行评估，也可以评估缺陷间的相互作用影响，是最为直观准确评估管道腐蚀情况的方法。

2.2 腐蚀挂片分析

腐蚀挂片分析是定期对腐蚀挂片进行检测，确定管道腐蚀程度。因此结合腐蚀挂片的检测结果，将管道壁厚扣除历年检测的腐蚀厚度，按照均匀减薄参照设计流程重新校核管道强度。

关注要点包括：

(1) 当腐蚀量超过设计留有的腐蚀余量开始相关计算。

(2) 通常设计阶段计算的 UC 值小于 1，表明管道仍有一定裕度，计算管道在设计压力下的临界壁厚。

(3) 当管道剩余壁厚小于临界壁厚时，反算管道的临界内压。

2.3 室内腐蚀试验分析

室内腐蚀试验是指在实验室中进行的模拟海管实际操作工况的腐蚀试验，它是一种均匀腐蚀全浸试验。试验选择与模拟管道材质相同的试样，以氮气加压模拟管道的运行压力，并控制试验试剂流速与温度。可选择直接提取管道内介质或者根据介质检测报告数据调制试验溶液的方式得到试验试剂。室内腐蚀试验检测可通过对比腐蚀前后试样壁厚，得到管道腐蚀参考速率，以此判断管道的腐蚀情况。

2.4 内腐蚀直接评价

内腐蚀直接评价(ICDA)是一种评价输送干气、湿气、输油管道结构完整性的方法。该方法的优点之一是可在无法采用其他检测方法的管段开展评价。内腐蚀直接评价方法无须设备进入管道内部。

对于海底管道如果无法提供内检测数据，可以采用 ICDA 的方法，但需提供腐蚀挂片数据。

3 结语

海底管道所处环境复杂多样，管道内腐蚀类型较多，影响腐蚀程度的因素存在交互影响，海底管道内腐蚀速率普遍高于陆地管道。水下检维修成本昂贵，这就需要选择合理的腐蚀监测手段，以准确掌控海底管道的内腐蚀状态，并依据检测数据对管道内腐蚀状态进行分析评估，以达到通过管道腐蚀评估给出运行与管理建议的目的。

海底管道输送介质腐蚀影响因素及检测方法

于俊峰　薛　峰　郑震生

(中国石油化工股份有限公司胜利油田分公司海洋采油厂)

　　摘　要　海底管道输送介质是导致管道内腐蚀的主要原因。本文阐明海底管道输送介质检测的必要性，并以胜利油田埕岛海底管道输送介质现状为例，分析了管道面临的主要内腐蚀危害、腐蚀机理和影响因素。介绍了针对不同影响因素有效的检测方法。结合海底管道输送介质检测结果，提出相应的腐蚀防控措施建议。

　　关键词　海底管道；输送介质；腐蚀；检测方法

　　海底管道是海上油气田开发生产系统的主要组成部分，也是目前最快捷、最安全和经济可靠的海上油气运输方式。同陆上管道相比，海底管道工作环境复杂苛刻，运行风险更大，失效概率更高。据统计，在所有的失效类型中，腐蚀导致的失效占比 50% 以上，是最主要的失效类型之一。

　　输送介质是引起海底管道内腐蚀的主要原因。随着海洋油气田开发年限的增加，海底管道输送介质会发生相应变化。此外，平台增产、新井开发、钻修井、封存等作业，也会导致海底管道输送介质发生显著改变。随之而来，内腐蚀风险管控难度也相应增加。目前，海底管道常用的检测技术有内检测技术和外检测技术。管道内检测方式包括超声、远场涡流、三轴漏磁等技术；管道外检测方式包括侧扫声呐技术、多波束测深技术、潜水员水下检测、磁涡流检测等技术。通过海底管道的内外检测，可以明确管道内外腐蚀情况，并定位到缺陷位置，从而及时对管道进行修复。相较于管道的内外检测，管道输送介质检测的重要性往往被忽视。而实际上管道输送介质检测难度小、成本低、检测周期短，且不需要停线停产。定期对管道输送介质检测，是从预防的角度出发，及时掌握内腐蚀数据波动规律和数据基线，结合管道建设情况、工况信息、内外检测结果等，快速有效掌握海管腐蚀发展趋势，从而制定更加具有针对性的防腐措施，减缓甚至避免管道发生严重的腐蚀，在一定程度上降低生产运营成本。

1　海底管道内腐蚀主要影响因素

　　由于海底管道铺设区域、输送介质、运行工况、生产特点等不同，引起腐蚀的因素差异较大。以胜利油田埕岛油田海底管道为例，海底管道的输送介质主要有原油、污水、天然气。主要的腐蚀形式有 CO_2/H_2S 腐蚀、垢下腐蚀、硫酸盐还原菌腐蚀(SRB)等。下面就 3 种典型腐蚀形式的机理和影响因素分别进行介绍。

1.1　CO_2 和 H_2S 腐蚀

　　随着对石油与天然气资源需求量的不断增大，很多含酸性气体(CO_2 和 H_2S)较高的油气田逐渐投入开发，导致采出原油及天然气中会含有大量的 CO_2 和 H_2S。这些气体随着油田采出液流入原油集输管道中，不仅会带来严重的全面腐蚀，还会发生氢致开裂(HIC)和应力腐蚀开裂(SCC)等局部腐蚀，使管道存在穿孔及断裂的风险，进而给油田的正常生产带来严重威胁。国内外研究者对 H_2S、CO_2 单独存在时的腐蚀规律进行深入研究，取得很多有应用价值的研究成果。研究表明：影响 H_2S、CO_2 腐蚀的主要因素为 H_2S、CO_2 分压和温度，且三者对管道腐蚀速率的影响存在竞争和协同关系，三者对腐蚀程度的影响能力由强到弱依次为：温度、H_2S、CO_2。随着温度升高，管道腐蚀速率上升；当运行温度为 70℃ 左右时，腐蚀速率达到最大；之后随着温度上升，腐蚀速率呈下降趋势。腐蚀性气体分压越高，管道越易发生腐蚀。除此之外，Cl^- 等腐蚀性离子的存在，介质 pH 低，流速大等因素也会促进腐蚀加重。但这些因素对于腐蚀速率的影响程度不如温度和 H_2S、CO_2 分压大。

CO_2 和 H_2S 的腐蚀主要分为阳极部分和阴极部分，腐蚀机理化学反应过程如式(1)～式(10)所示。

CO_2 腐蚀阳极反应：

$$Fe+OH^- \longrightarrow FeOH+e \tag{1}$$

$$FeOH \xrightarrow{RD} FeOH^- +e \tag{2}$$

$$FeOH^+ \longrightarrow Fe^{3+}+OH^- \tag{3}$$

CO_2 腐蚀阴极反应：

$$2H_2CO_3+2e \longrightarrow 2HCO_3^-+H_2 \tag{4}$$

H_2S 腐蚀阳极反应：

$$Fe+H_2S+H_2O \longrightarrow FeSH_{ads}^-+H_3O^+ \tag{5}$$

$$FeSH_{ads}^- \longrightarrow FeSH_{ads}^+ +2e \tag{6}$$

$$FeSH_{ads}^+ \longrightarrow FeS+H^+ \tag{7}$$

$$FeSH_{ads}^+ +H_2O \longrightarrow Fe^{2+}+H_2S+H_2O \tag{8}$$

H_2S 腐蚀阴极反应：

$$H_2S+H_2O \longrightarrow +H_3O^++HS^- \tag{9}$$

$$HS^-+H_2O \longrightarrow +H_3O^++S^{2-} \tag{10}$$

在实际海底管道的环境中，通常是 2 种气体共存的情况，其腐蚀过程比 CO_2 或 H_2S 单独存在时更加复杂。当 2 种气体共同存在时，CO_2/H_2S 分压比决定 CO_2/H_2S 共存条件下的腐蚀状态(图1)。当 CO_2 分压/H_2S 分压<20 时，H_2S 控制整个腐蚀过程，FeS 是主要腐蚀产物；当 20<CO_2 分压/H_2S 分压<500 时，CO_2 和 H_2S 混合交替控制，FeS 和 $FeCO_3$ 是主要腐蚀产物；当 500<CO_2 分压/H_2S 分压，CO_2 控制整个腐蚀过程，$FeCO_3$ 是主要腐蚀产物。丁杰对不同 CO_2 和 H_2S 分压比情况下，X65 钢的腐蚀速率进行研究，随着 CO_2 与 H_2S 分压比逐渐降低，即 H_2S 分压逐渐增大，X65 钢片的腐蚀速率呈先减小后增大的趋势，且在不同的分压比条件下，钢片的腐蚀速率均比在单独 CO_2 环境下腐蚀速率小。这是由于在 CO_2 存在的情况下，加入少量的 H_2S 后，腐蚀产物沉积在钢片表面，阻碍了腐蚀进程加剧，而继续增大 H_2S 分压，腐蚀产物层会变得较疏松，且容易剥落，进而诱发金属基体表面发生电偶腐蚀，减弱了腐蚀产物膜对钢片的保护效果。

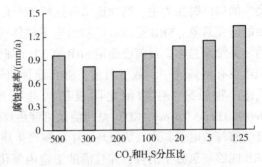

图1　CO_2 与 H_2S 分压比对腐蚀速率的影响

图 2　CaCO₃ 典型形貌

1.2　垢下腐蚀

结垢是油气田生产过程中常见问题，会造成管道不同程度的堵塞和腐蚀，使油气产量下降，注水压力上升，现场设备使用效率降低甚至报废，从而带来巨大的经济损失，影响油气田的正常生产。油气田管道中常见由输送介质导致的结垢包括碱土金属（Ca、Mg、Ba、Sr）的碳酸盐和硫酸盐等，主要成分为 $CaCO_3$、$MgCO_3$、$BaSO_4$ 或 $SrSO_4$ 等。其中，$CaCO_3$ 是油气田中最普遍的水垢垢层，其主要晶型为方解石，典型形貌为块状，如图 2 所示。针对 $CaCO_3$ 的形成机制研究相对较多。通常认为，$CaCO_3$ 的形成是由于环境内部温度和压力的变化所导致的，一般产生于压力降低和温度升高的位置。从地下储层到海底管道，生产系统内的压力会显著下降，$CaCO_3$ 溶解度也会降低，促进 $CaCO_3$ 沉淀的形成。此外，升高温度、增加 pH 值等也可促进 $CaCO_3$ 沉淀。

垢下腐蚀的发展过程见图 3。一般认为垢下腐蚀的发生是由于垢层覆盖金属与周围裸露出的金属基体相互作用，导致电偶腐蚀加剧，最终造成严重的局部腐蚀。在垢层部分覆盖的工况下，垢层下的金属作为阳极，无垢层覆盖的裸金属作为阴极，两者耦合导致垢下的金属发生优先腐蚀，造成局部腐蚀。电偶驱动力来源于垢层内外化学环境的差异。此外，由于垢层的扩散障层作用，垢层下方金属腐蚀产生的 Fe^{2+} 不易扩散至外部溶液中，

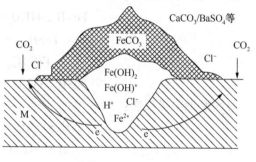

图 3　垢下腐蚀机理

会在垢下的局部环境内发生水解，导致该环境内呈酸性，导致垢下金属的腐蚀进一步加剧，这类似于"酸化自催化"机制。

1.3　硫酸盐还原菌（SRB）腐蚀

SRB 属于厌氧型微生物，与其他腐蚀性微生物相比危害更大。SRB 腐蚀形态多以高度集中的局部腐蚀为主，腐蚀速率可达每年十几毫米，是目前国内外微生物腐蚀和防控领域主要的研究对象。SRB 是以有机物为电子供体将 SO_4^{2-}、SO_3^{2-} 为受体还原为 S^{2-} 同时获得能量的一类细菌总称。目前已确定 SRB 有 12 个属约 40 个种。国内外学者对 SRB 的腐蚀机理认识还没有得到统一。截至目前，SRB 腐蚀机理主要有：阴极去极化机理、浓差电池机理、代谢产物机理、生物催化阴极硫酸盐还原机理等。其中阴极去极化理论（Cathodic Depolarization Theory，CDT）是目前认可度最高的机理之一。可以简单地理解为：金属作为阳极能够释放电子，水在厌氧环境中电解产生质子，质子接收该电子以氢分子形式存在。随后 SRB 能够将氢分子消耗，并且借助细胞内氢化酶使 SRB 获得电子，从而使细胞周围环境中的硫酸盐发生还原反应生成硫化氢类物质。该过程发生的反应见式（11）～式（16）和图 4。

$$阳极反应：4Fe \longrightarrow 4Fe^{2+}+8e \qquad (11)$$

$$水解反应：8 H_2O \longrightarrow 8 H^+ + 8O H^- \tag{12}$$

$$阴极反应：8 H^+ + 8e \longrightarrow 8H \tag{13}$$

$$硫酸盐还原反应：\quad 8H^+ + SO_4^{2-} \longrightarrow S^{2-} + 4 H_2O \tag{13}$$

$$沉积反应：F e^{2+} + S^{2-} \longrightarrow FeS \tag{14}$$

$$3F e^{2+} + 6OH^- \longrightarrow 3Fe(OH)_2 \tag{15}$$

$$总反应：4Fe + SO_4^{2-} + 4 H_2O \longrightarrow FeS + 3Fe(OH)_2 + 2OH^- \tag{16}$$

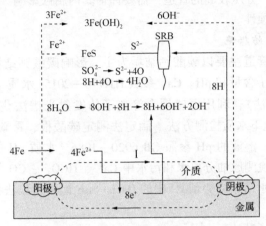

图 4　SRB 阴极去极化机理反应示意

SRB 的生长和繁殖受温度、pH 值、Cl^- 浓度影响。SRB 适宜的存活温度为 20~60℃，适宜生长的 pH 值为 7~7.5。Cl^- 在一定浓度下可以起到杀菌作用，研究发现，当 Cl 离子质量浓度高于 100g/L 时，SRB 不易存活。另外，由于 SRB 是厌氧型微生物，更易在垢下缺氧的环境下生存，所以通常垢下腐蚀会伴随 SRB 腐蚀，2 种形式的腐蚀联合作用，加剧局部腐蚀发生。

2　检测方法和预防措施

2.1　气体检测方法和预防措施

常用的气体检测方法有比色管法、传感器分析法、色谱分析法、电化学分析法等。传感器分析法、色谱分析法、电化学分析法等具有灵敏度高、抗干扰性好、检测结果精确等优点，但设备昂贵、检测时间较长，难以适用于现场快速检测。考虑管道采集气体量不大，且气体在送检过程可能发生泄漏，更适合在现场直接检测。比色管检测法由于其简洁易操作、检测成本低、检测数据稳定，作为 CO_2/H_2S 气体检测首选方法（图 5）。气体检测用的比色管是一个充满硅胶、活性铝或其他介质的短玻璃管。其中的介质可以与特定的气体成分发生反应而改变颜色。使用时，按照操作要求，将气体缓慢持续通入比色管中，检测气体会同管内介质发

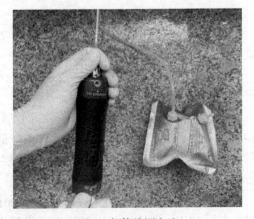

图 5　气体检测方法

生化学反应出现一个颜色带，颜色带对应刻度即为该气体含量。通常不同气体检测管根据其测量的气体与管内介质不同，通入的气体积、时间和取样次数不同。

整理胜利油田埕岛160余条海底管道历年检测数据，H_2S气体含量很少或者未检测到，则管道均属于CO_2腐蚀或CO_2控制整个腐蚀过程。根据油气工业关于CO_2腐蚀经验规律：当CO_2分压<0.021MPa时，认为不产生CO_2腐蚀；当0.021MPa<CO_2分压<0.21MPa，发生中等腐蚀；当CO_2分压>0.21MPa时，发生严重腐蚀。根据现场气体检测结果，结合管道运行压力可得到对于CO_2分压，分压较高的管道，需要评估其内腐蚀影响，必要时可使用缓蚀剂来降低其对管道内壁的腐蚀性。

2.2 结垢趋势预测和预防措施

胜利油田埕岛海底管道主要以碳酸钙结垢为主。影响碳酸钙结垢的因素主要有介质中Ca^{2+}、HCO_3^-、CO_3^{2-}离子含量和pH。Ca^{2+}参照HJ 776—2015《水质　32种元素的测定电感耦合等离子体发射光谱法》，利用电感耦合等离子体发射光谱法获得；HCO_3^-、CO_3^{2-}参照DZ/T 0064.49—1993《地下水质检测方法　滴定法测定碳酸根、重碳酸根和氢氧根》，利用酸碱指示剂滴定法测得；溶液的pH参照GB 6920—1986《水质 pH值的测定玻璃电极法》，利用酸度计测得。通过检测原油分离水和污水中Ca^{2+}、HCO_3^-、CO_3^{2-}离子含量和pH，依据SY/T 0600—2009《油田水结垢趋势预测》中的Davis-Stiff饱和指数法和Ryznar稳定指数法来预测$CaCO_3$的结垢趋势。

2.2.1 Davis-Stiff饱和指数法

$CaCO_3$饱和指数可按照式(17)计算。

$$N_{sl} = -\lg c(H^+) - K - \lg \frac{1}{c(Ca^{2+})} - \lg \frac{1}{2c(CO_3^{2-}) + c(HCO_3^-)} \tag{17}$$

式中　　　　　　　　　N_{sl}——$CaCO_3$饱和指数，无量纲；

　　　　　　　　　　　K——修正系数，可在标准中查得；

$c(Ca^{2+})$、$c(CO_3^{2-})$、$c(HCO_3^-)$——Ca^{2+}、CO_3^{2-}、HCO_3^-的浓度，mol/L。

当$N_{sl}>0$，水样有结垢趋势；当$N_{sl}=0$，水样处于结垢与不结垢的临界状态；当$N_{sl}<0$，水样无结垢趋势。

2.2.2 Ryznar稳定指数法

$CaCO_3$稳定指数可按照式(18)计算。

$$N_{SAI} = 2\left[K - \lg c(Ca^{2+}) - \lg \frac{1}{2c(CO_3^{2-}) + c(HCO_3^-)}\right] + \lg c(H^+) \tag{18}$$

式中：N_{SAI}为$CaCO_3$的稳定指数，无量纲。

当$N_{SAI} \geq 6$，水样无结垢趋势；当$N_{SAI}<6$，水样有结垢趋势；当$N_{SAI}<5$，水样结垢趋势严重。

根据结垢趋势预测结果，结合实际管道结垢情况，针对结垢严重的海管，需要定期进行清管处理，必要时可通过使用阻垢剂来降低垢层的影响。清管作业时，对于有内涂层的海管，还需要注意选用的清管器不能对内涂层产生破坏。

2.3 SRB检测方法和预防措施

硫酸盐还原菌检测参照SY/T 0532—2012《油田注入水细菌分析方法　绝迹稀释法》标准进行。使用一次性无菌注射器吸取待测水样，将待测定的水样逐级注入SRB培养瓶中，进行接种稀释，在37℃环境下的恒温培养箱中培养7d(图6)。培养结束后，如果加入原液的培养基颜色改变，则证明细菌存在。然后根据标准中细菌计数方法，计算得到检测细菌的数量。

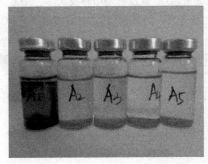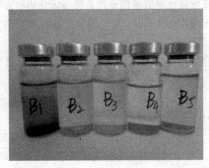

图 6　SRB 检测方法

由胜利油田垠岛海底管道介质 SRB 检测结果可知，少数管道面临 SRB 腐蚀的风险。当 SRB 含量超出 10 个/mL 时，需要进行杀菌处理。目前国内外主要的杀菌方式是加注杀菌药剂，如常用的季铵盐杀菌剂等。若管道内壁结垢严重，腐蚀产物较多，SRB 会在垢下缺氧环境下繁殖，还可结合清管作业，通过破坏 SRB 的生长环境，降低 SRB 对管道内部的腐蚀。

当通过加入的缓蚀剂、阻垢剂和杀菌剂等化学药剂进行管道防腐时，应考虑加入药剂的配伍性，避免药剂间发生化学反应而影响各自的使用效果。可根据实验室和现场实验结果、生产实践经验和产品性能来确定防腐效果、加注浓度和加注量等要求。

3　结论与建议

海底管道内腐蚀环境复杂，各种腐蚀类型和影响因素互相影响，定期对海底管道输送介质进行检测，可以及时了解管道内腐蚀性影响因素和变化情况。尤其对于新建管道和生产工艺发生变化的管道，更需要掌握输送介质对于管道的腐蚀性。介质检测结果结合海底管道内外检测技术、海底管道失效分析等，可以更加全面评价管道内腐蚀发生的风险，采取相应的防护措施。

通过定期的介质检测和分析，结合管道服役情况和生产情况，建立海底管道输送介质检测数据库，对于分析生产工艺对管道腐蚀影响，以及管道的腐蚀变化趋势预测具有重要意义。

参 考 文 献

[1] 姚康，孙东杰. 原油集输管道 H_2S/CO_2 内腐蚀影响规律的试验研究[J]. 材料保护，2020，53(1)：91-95，113.

[2] 姜锦涛. 靖边气田集输管材在含 H_2S、CO_2 环境下腐蚀行为研究[D]. 成都：西南石油大学，2012.

[3] 周计明. 油管钢在含 CO_2/H_2S 高温高压水介质中的腐蚀行为及防护技术的作用[D]. 西安：西北工业大学，2002.

[4] 丁杰. 原油集输管道在 CO_2 和 H_2S 环境下的腐蚀规律研究[J]. 能源化工，2021，42(4)：68-71.

[5] 王伟华，龙永福，徐艳丽等. 红井子作业区腐蚀结垢机理及阻垢缓蚀剂研究[J]. 长江大学学报(自然科学版)，2016，13(16)：11-17.

[6] 樊荣兴，闫化云，仇朝军，等. 海洋石油海底管道面临的内腐蚀风险及对策[J]. 全面腐蚀控制，2019，33(12)：102-107.

[7] 张润杰，曹振恒，张贵雄，等.SRB 对油气管道腐蚀影响的研究进展[J].腐蚀与防护，2021，42（10）：68-73，108.

[8] 陈悟.硫酸盐还原菌多相分类系统与综合防治方法研究[D].武汉：华中科技大学，2006.

[9] 张斐，王海涛，何勇君，等.成品油输送管道微生物腐蚀案例分析[J].中国腐蚀与防护学报，2021，41（6）：795-803.

[10] 李杰，李东博，杜燕雯，等.温度对钢质管道 SRB 腐蚀行为的影响[J].全面腐蚀控制，2021，35（12）：132-138.

[11] 辛征，于勇，王元春，等.Cl⁻浓度对硫酸盐还原菌体系中 316L 不锈钢腐蚀行为的影响[J].材料保护，2014，47（5）：57-60.

[12] 吕建波.一种嵌入式毒气检测仪的结构设计与光谱分析研究[D].重庆：重庆大学，2009.

[13] 孙萍.质量敏感型有毒有害气体传感器及阵列研究[D].成都：电子科技大学，2010.

[14] 赵映.红外吸收型 CO_2 气体浓度测量技术研究[D].苏州：苏州大学，2015.

[15] 李晶宇，张影微，李文哲，等.气相色谱法测定沼气气体成分及含量的研究[J].农机化研究，2015，37（6）：255-257.

[16] 公金焕.气相色谱法测定混合气体中一氧化碳、二氧化碳、甲烷含量[J].化工设计通讯，2019，45（1）：124.

[17] 林敏.天然气中硫化氢测定方法的比对[J].化学分析计量，2018，27（3）：92-95.

新北油田垦东 34 区块管线腐蚀机理研究与防护

单 蔚 闫 鹏 边 瑞

（中国石油化工股份有限公司胜利油田分公司海洋采油厂）

摘 要 新北油田垦东 34 区块 2005 年投入整体开发，2007 年陆续发现井下油管及地面配套存在腐蚀穿孔现象，投产以来共发生 19 井次油管漏失情况。通过管线腐蚀机理研究，结果表明 CO_2 腐蚀形成的轻微腐蚀膜（$FeCO_3$）是地面管线腐蚀加剧的诱因，高含量的氯离子在高温环境下出现的局部点蚀是垦东地面管线腐蚀的主要原因，针对腐蚀原因进行了管线材质优选及防范措施的实施。

关键词 管线腐蚀；氯离子点蚀；二氧化碳腐蚀

1 油井设施腐蚀情况

新北油田垦东 34 区块 2005 年整体投入开发，2007 年陆续发现井下油管及地面配套存在腐蚀穿孔现象，投产以来共发生 19 井次油管漏失情况，穿孔位置主要分布在油管本体、丝扣连接处和提升短节等。从统计情况看，KD34A 井组油井穿孔比例较高，其中 KD34A-5-8 井截至 2022 年共出现 8 井次管柱穿孔；采油树的油嘴套、油嘴、丝堵腐蚀严重，需频繁更换；地面管线出现 6 次腐蚀穿孔，2016 年后流程腐蚀有加剧的趋势（表 1）。

表 1 垦东平台腐蚀情况统计

平台	腐蚀部位	使用年限/a	材质	壁厚/mm	备注
KD34A	过电缆封隔器及油管（KD34A-5-8、KD34D）	1	外径 73mmEU N80 新	5.5	上提升短节处、本体及丝扣腐蚀
	油嘴套（KD34A-5-8）	1	镀渗钨		丝扣处腐蚀
	地面流程立管（KD34A-5-8）	3	20# 碳钢	6	
KD34B	井下油管及接箍（KD34B-2-4）	4	外径 73mmEU N80 新	5.5	
	油嘴套（KD34B-2-4）	1	镀渗钨		丝扣处腐蚀
	立管流程（KD34B-2）	3	20# 碳钢	7.6	
	工艺混输管线弯头	3	20# 碳钢	6	直径 2mm 砂眼
KD34C	井下油管及接箍（KD34C-2-ZP1）	4	外径 73mmEU N80 新	5.5	
	油嘴套（KD34C-ZP1）	1	镀渗钨		丝扣处腐蚀

1.1 井下管柱腐蚀情况

2010 年发现井下管柱腐蚀穿孔（下井 3a），腐蚀现象主要分为 2 类：一是 KD34A-5、KD34A-8 等井（图 1），主要是由于过电缆封隔器上提升短节未防腐导致；二是其他油井井下油管未进行防腐处理，腐蚀位置主要集中在本体及丝扣位置。

(a)KD34A-5   (b)KD34A-8

图1　过电缆封隔器提升短节公扣腐蚀穿孔

研究分析主要为 CO_2 腐蚀。垦东34区块 CO_2 含量为0.4%～1.3%，在泵效好、油压较高井中 P_{CO_2} 一般大于0.21MPa，因此得出结论腐蚀机理为 CO_2 腐蚀。井下及油嘴套等高压位置通过采用镀渗钨处理技术，腐蚀程度有所缓解；之后推广采用镀渗钨油管，油管腐蚀穿孔次数由2010—2014年10次降到2014—2022年8次（其中KD34A-5-8腐蚀穿孔6次）。

1.2　采油树设施腐蚀

2014年 KD34A-5-8、KD34C-ZP1 等8口油井井油嘴套、油嘴、丝堵出现腐蚀情况，油嘴套的使用寿命平均不足60d(图2~图4)。2015年管理区在垦东34区块改用镀渗钨油嘴套、合金钢油嘴，使用寿命延长到1a左右，更换频率已大幅度下降。

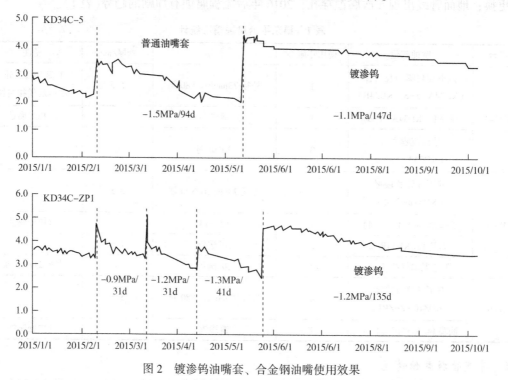

图2　镀渗钨油嘴套、合金钢油嘴使用效果

图3　油嘴套腐蚀　　　　　　　　图4　油嘴套丝堵腐蚀

1.3　地面工艺流程腐蚀

2019年KD34A、KD34B 2座平台先后6次发现地面管线腐蚀，其中局部腐蚀严重1次（腐蚀率80%），5次地面管线腐蚀穿孔。

由于KD34A-5-8井下管柱存在腐蚀情况，在2019年4月KD34A-8井作业期间将该井地面流程立管及KD34A-5立管部分流程带回进行解剖，均发现流程管壁内部凹凸不平，存在明显的内腐蚀（图5）。局部腐蚀明显处检测壁厚仅为1.8mm，腐蚀率达到70%（2016年4月更换、20#碳钢、壁厚6mm）；管线横截面均存在明显的不规则腐蚀面（图1）。

图5　管线剖面

2019年10月，发现KD34B工艺平台6寸混输管线进生产电加热器前弯头出现渗漏，随后对该弯头进行整体更换。弯头拆除后目测渗漏点为直径2mm砂眼，弯头外表面完好，无外腐蚀现象，但内部有4cm×5cm的明显腐蚀减薄地带（图6）。弯头两端管线内部管壁表面平滑，未见腐蚀现象。对弯头进行解剖，发现减薄地带周围零星存在10余处局部减薄孔（直径0.2~0.5cm），横切、纵切断面照片（图7），减薄地带周围15cm×15cm范围内有较为明显的腐蚀层。

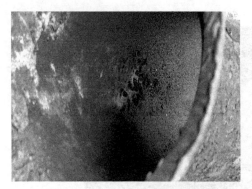

图 6　弯头内部照片

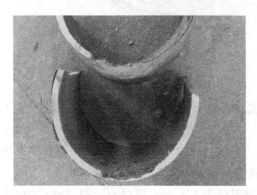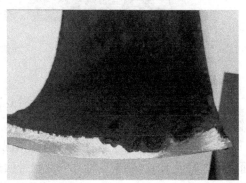

图 7　腐蚀面横切、纵切照片

2　垦东 34 区块腐蚀机理

2.1　油井矿化度分析

2016—2017 年垦东 34 区块开展了大泵提液工作，油井油压、液量、井温均较提液前有明显上升，2016 年后 KD34A、34B 腐蚀速率明显加快，分析 2016 年前后的数据变化情况（表 2）。根据垦东 34 区块 15 口油井的水性分析监控分析，地层水矿化度呈整体上升趋势，其中 2016 年后 KD34A-5-8、KD34B-2、KD34C-5-ZP1 在内的 5 口油井地层水矿化度上升明显，由投产初期的 11886mg/L 上升为目前的 21547mg/L 左右，氯离子含量由 5714mg/L 上升为 10471mg/L 左右（表 3）。

表 2　KD34A 井组 2016 年前后腐蚀因素对比

时间	油井资料	地面流程材质	矿化度/（mg/L）	氯离子/（mg/L）	气体组分	水型
2015-04	未开展大泵提液	20#碳钢	11158	5982	稳定	氯化钙
2016-06	大泵提液后，油井资料变化明显	20#碳钢	21826	11227	稳定	氯化钙
对比	油压 5.2↑5.8MPa，单井日液 77.6↑100.1t，井温 51℃↑57℃，地面回压 0.85↑1.1 MPa	未变化	↑10668	↑5245	未变化	氯化钙

表 3 2009—2017 年 KD34A-5 矿化度分析统计

井号	层位	分析日期	pH值	钾钠	钙	镁	阳离子总值	氯离子	硫酸根	碳酸氢根	碳酸根	氢氧根	阴离子总值	总矿化度	水型
XBKD34A-5	Ng233233	2009/1/21	8.30	4289.34	561.85	76.40		7017.25	601.62	630.81	0.00			13177.26	氯化钙
XBKD34A-5	Ng233233	2009/1/21	8.30	4289.34	561.85	76.40		7017.25	601.62	630.81	0.00			13177.26	氯化钙
XBKD34A-5	Ng233233	2009/7/1	8.30	5336.00	543.73	103.33		7900.54	1733.19	529.69	0.00			16146.47	硫酸钠
XBKD34A-5	Ng233233	2007/11/14	8.30	3956.03	439.51	84.10		6722.82	0.00	683.78	0.00			11886.24	氯化钙
XBKD34A-5	Ng233233	2010/6/4	8.30	4987.44	516.54	291.31		8559.50	831.84	476.72	0.00			15663.35	氯化钙
XBKD34A-5	Ng233233	2014/5/30	8.30	2121.96	672.83	93.71		2762.03	1739.20	1184.57	0.00			8574.32	硫酸钠
XBKD34A-5	Ng243233	2011/10/9	8.30	5464.27	560.04	102.78		8804.86	771.03	582.66	0.00			16285.63	氯化钙
XBKD34A-5	Ng233233	2015/9/22	8.30	6051.47	712.70	94.92		10462.35	188.73	452.70	0.00			17962.88	氯化钙
XBKD34A-5	Ng233233	2015/4/8	8.30	3245.25	732.64	136.64		5982.25	618.75	443.07	0.00			11158.60	氯化钙
XBKD34A-5	Ng(2(4(2))), Ng(3(2)), Ng(3(3))	2017/7/31	8.30	7002.47	1425.41	194.07	8621.96	12210.47	1693.81	529.75	94.74	0.00	14528.77	23150.73	氯化钙
XBKD34A-5	Ng233233	2016/6/30	8.30	7344.90	707.72	120.31	8172.93	11227.00	1825.21	601.75	0.00		13654.20	21826.77	硫酸钠
XBKD34A-5	Ng(2(4(2))), Ng(3(2)), Ng(3(3))	2017/9/19	8.30	6105.00	1425.40	272.10	7802.50	12034.80	532.70	510.50	0.00	0.00	13078.00	20880.50	氯化钙
XBKD34A-5	Ng(2(4(2))), Ng(3(2)), Ng(3(3))	2019/4/26	8.30	6682.31	611.03	174.12	7467.46	11595.55	9.56	491.39	0.00	0.00	12096.50	19563.96	氯化钙

2.2 管线腐蚀因素分析

针对垦东地面管线出现腐蚀加剧现象，通过对垦东 34 区块油井采出液腐蚀机理及腐蚀防护研究，除了管材材质局部存在质量问题外，现已取得初步结论：

（1）CO_2 及氯离子为主要的腐蚀环境影响因素

H_2S、CO_2、O_2、Cl^- 的水溶液是主要腐蚀环境，H_2S、CO_2、O_2 是氧化剂，水是载体，Cl^- 是催化剂。根据本研究可以确定垦东 34 区块不含硫化氢及氧气，CO_2 含量为 0.4% ~ 1.3%，地层水为弱碱性，pH 值 8.0 左右，地层水中氯离子含量较高，CO_2 及氯离子为主要的腐蚀环境影响因素。

（2）高含量氯离子形成的局部点蚀为垦东地面管线腐蚀的主要因素

CO_2 腐蚀形成的轻微腐蚀膜（$FeCO_3$）是地面管线腐蚀加剧的诱因，高含量氯离子在高温环境下出现的局部点蚀为垦东地面管线腐蚀的主要原因。由于 Cl^- 具有较强的渗透能力，当环境中的 Cl^- 浓度达到一定临界值后，其容易穿越产物膜进入点蚀源内部，接触到金属基体，构成腐蚀原电池，最终形成点蚀坑。即 $FeCO_3$ 不溶于水，而 $FeCl_2$ 溶于水，易发生水解，从而造成腐蚀加剧（图 8）。

$$Fe^{2+} + 2Cl^- + 4H_2O \longrightarrow FeCl_2 \cdot 4H_2O$$

$FeCl_2 \cdot 4H_2O$ 从低碳钢阳极区向溶液移动，分解为 $Fe(OH)_2$：

$$FeCl_2 \cdot 4H_2O \longrightarrow Fe(OH)_2 + 2Cl^- + 2H^+ + 2H_2O$$

$Fe(OH)_2$ 沉积于阳极区，同时放出 H^+ 和 Cl^- 产生局部酸化，氯离子给腐蚀起催化。

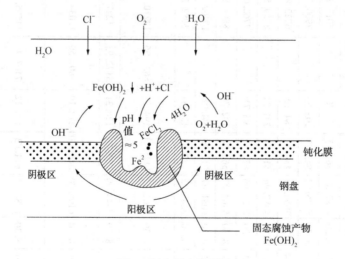

图 8　氯离子点蚀原理

（3）KD34B 工艺失效弯头管材分析

该失效管段为典型的局部点蚀，根据 XRD 分析（图 9）：腐蚀产物中存在 $FeCO_3$，可以判断油管内部存在 CO_2 腐蚀；未发现钙镁化合物的存在，排除结垢加剧腐蚀的可能；密闭管线检测不含氧气，可以判断 Fe_2O_3、Fe_3O_4 是解剖后空气的氧化产物。

（4）选材结果

目前项目已完成现场检测、取样化验和腐蚀机理分析，正在开展地面管材选型工作。下一步计划对 $20^{\#}$、16Mn、Q235、X56、镀渗钨管共 5 种常见管材进行腐蚀评价，确定适合垦东34区块的地面管材。初步检测结果如表4所示(20#钢镀渗钨正在做试验)。

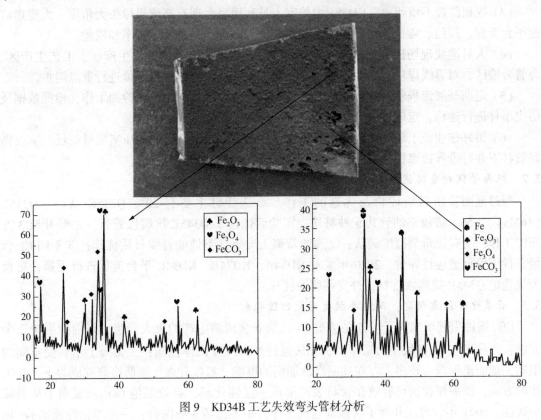

图9　KD34B工艺失效弯头管材分析

表4　KD34A井组2016年前后腐蚀因素对比

检测结果		腐蚀速率检测结果/(mm/a)			
	4种材料独立实验	20#	Q235	Q345E	X56
		0.4424	0.4385	0.3896	0.4005
	说明	耐蚀性排序			
		Q345E>X65>Q235>20#			

结果显示：Q345E(16Mn)耐蚀性最佳。但实验室内腐蚀试验程度低于现场，需继续进行试验，确认是否存在细菌腐蚀等其他腐蚀原因。

3　腐蚀防护措施

垦东34区块已经注水开发13a，目前油井平均单井日液能力121.1t/d，油井平均井温59.8℃，部分油井属于"高油压、高液量、高含水"特殊型"三高"井。针对该区块腐蚀加剧的现状，重点从制定平台特护措施、视频监控完善、紧急连锁关断、趋势分析预警、防腐研究、管材优选、更换流程等方面采取措施，确保该区块的安全稳定生产。

3.1　加强监控，实现早预警、早发现和早处理

（1）掌握油井资料动态变化。KD481中控室人员做好油井压力和井温等重点资料的曲线分析，及时掌握井下和地面的异常工况变化，指导日常巡护工作的开展。

（2）做好油井水性分析工作。每季度进行1次重点油井的水性分析工作，重点跟踪地层

水矿化度和氯离子含量的变化，做好分析和对比工作。

（3）视频监控不留死角。KD481中控室人员利用平台现有高清摄像头大角度、大变焦监控平台流程、阀门、弯头和变头等流态改变的重点部位，提高监控频率和质量。

（4）人员巡线现场排查落实。对泄漏风险区进行细化，分为井口生产区、工艺生产区、海管外输区，对管线焊口、法兰连接、金属软管等流态变化的重点部位进行重点巡护。

（5）定期开展流程壁厚检测。每月进行1次流程重点部位的壁厚检测工作，检测数据及历史事件进行建档，定期进行分析对比，实现数据的有效及连续监控。

（6）做好作业施工质量监督。实行班站承包负责人项目负责制，压实质量责任，重点做好管柱下井时带有镀渗钨涂层的丝扣连接，以及流程焊口质量的监督。

3.2 地面管线材质的优选及更换

通过地面管线材质评价及优选的工作。参选管材主要有 20#、Q235E（A3）、Q345E（16Mn）、X56、镀渗钨油管共5种材质，实验后优选了Q345E抗腐蚀管材。主要开展3方面的工作：①腐蚀苛刻温度确认；②腐蚀苛刻工况条件下地面管线材质优选；③不同 Cl^- 含量条件下管材适应性评价。2020年底对KD34A、KD34B、KD34C平台流程进行更换，更换为优选的Q345E抗腐蚀管材，并安装腐蚀挂片。

3.3 开展化学防腐研究，筛选并投用有效的缓蚀剂

CO_2 腐蚀引起的氯离子点蚀是垦东34区块安全清洁生产的重大隐患，目前受限于2个方面：一是垦东34区块主力层单一，无法通过换层改变流体性质；二是海上平台受空间的限制，地面流程弯头较多，存在冲刷腐蚀加剧的可能，所以开展化学防腐研究成为下一步工作的方向。添加缓蚀剂可有效在管材表面形成一层钝化膜，有效隔绝 CO_2 及氯离子从而减少腐蚀，2021年管理区开展了缓蚀剂优选工作，主要包括3项内容：一是理化性能实验（包括水溶性、乳化倾向等）；二是电化学方法初级筛选；三是高温高压动态模拟实验浓度梯度筛选。之后在KD34平台开展了加缓蚀剂降低腐蚀的试验。

3.4 科学分析判断腐蚀趋势，为下一步决策提供依据

根据油井工况资料、水性分析数据、流程壁厚检测数据综合考虑，对历史事件和数据进行立体分析，科学判断流程腐蚀趋势，实现流程壁厚预警。提前编制整改方案，超前运作甲供料的备料工作，始终将流程腐蚀隐患控制在萌芽状态。在隐患治理中，垦东34区块的KD34A、KD34B、KD34C3座平台的地面流程（电加热器等设施）已更换完成。

4 建议

在做好日常防范措施的基础上，建议从腐蚀机理研究、化学防腐、海管检测、提高流程施工质量入手，由面及里开展进一步工作，做到科学有效地应对垦东34区块流程腐蚀安全生产隐患。

4.1 继续开展垦东海管腐蚀检测及防腐研究

垦东的海底输油管线材质为X56合金钢，壁厚为12~14mm，按照管材分类X56合金钢属于普通低碳钢，其中含有少量的铬、镍等成分，且含量较少，只能增强管线的强度及硬度，无法有效防止 CO_2 腐蚀及氯离子点蚀，在底部弯头流态变化位置也存在腐蚀风险，建议继续对垦东34区块的海管开展腐蚀检测及相关防腐研究。

4.2 施工抓好管材材质，实施流程整体预制，减少防腐薄弱点

施工前核实施工管材，检查管壁有无氧化现象，确保管线、弯头、三通、盲肠等物料的

材质统一、防腐完好；实施流程整体预制防腐，优化流程路由布置，减少现场管线焊缝数量；对所有海上施工焊缝进行超声检测，对陆地预制管线焊缝进行 X 射线检测；焊缝检测合格后及时进行防腐，防腐油漆优选低表面处理厚膜型环氧涂料，涂层厚度保障在 $220\mu m$ 以上。

4.3 弯头等重点部位进行特殊防护

流程上的弯头为流态变化明显部位，该位置易产生冲刷，加快氯离子腐蚀，建议平台流程改造时采取以下措施：一是对弯头部位的管材壁厚进行加强；二是弯头采用镀渗钨防腐处理，减少 CO_2 腐蚀；三是弯头部位加装护管，巡线时可根据外壁温度判断内壁是否穿孔，缺点是不能进行壁厚检测；四是做好弯头处保温层接缝防水处理，减少外部腐蚀。

综上所述，油井管线腐蚀与防护仍然是石油开采过程中的一个重要问题，目前虽然采取了许多措施防止油井管线的腐蚀，但仍需进行大量而深入的研究来解决这一问题，特别是在 CO_2、H_2S、Cl^- 共同存在时造成的腐蚀问题更加严重，机理更为复杂，这是今后研究的一个重要方向。

作者简介：单蔚(1976—)，男，1999 年毕业于重庆石油高等专科学校，现工作于中国石油化工股份有限公司胜利油田海洋采油厂海三采油管理区平台，工艺主管，主要从事油气开发及注采输控管理工作。

油气田集输管道修复技术

潘 晨

（中石化江汉石油工程设计有限公司）

摘 要 油气田集输管道内腐蚀日趋严重，为修复管道，减少管道腐蚀穿孔造成停产、污染环境，本文主要介绍了环氧玻璃纤维复合内衬、内穿插聚烯烃管、内衬承压软管3种管道修复技术的技术原理、施工流程、工艺参数、技术特点等。并通过经济技术比较、优缺点分析，总结了3种修复技术的适用范围，为国内油气田集输管道的修复提供参考和借鉴。

关键词 管道；腐蚀；修复；内衬；内穿插

1 概述

随着我国油气田不断开发，大多数油气田进入高含水阶段，管道内腐蚀日趋严重，导致油气田集输管道进入腐蚀穿孔高发时期。目前，常用的管道修复措施有：内衬水泥砂浆、环氧玻璃纤维复合内衬、内穿插聚烯烃管、内衬承压软管等。

水泥砂浆内衬涂层较厚，影响管道输量，防腐效果稍差。下面主要介绍应用较多、防腐效果较好的环氧玻璃纤维复合内衬、内穿插聚烯烃管、内衬承压软管3种管道修复技术。

2 环氧玻璃纤维复合内衬

环氧玻璃纤维复合内衬技术是利用挤涂球和封堵球携带涂料，在空压机的推动下，将预制完成的涂料均匀涂覆于管道内壁表面，达到管线内防腐的目的。

该工艺可在穿孔孔径≤1cm×1cm旧管道上使用，对于管道腐蚀严重的管道，修复后需降低管道承压级别。

该技术在长庆油田、青海油田及中国石油化工股份有限公司西北油田分公司的管道内防腐工程中均已开展推广应用。

2.1 技术原理及施工工艺

对新建或已投用的旧管道经过严格的清洗、除锈，在管道两端安装收发球装置，先将挤涂球和封堵球安装在发球装置中，将配制好的防腐涂料通过涂料泵加入2个球中间，启动空压机推动挤涂球前进，复合后整体厚度达到1mm。可形成具有防腐性能优良、力学性能加强的复合衬里结构，能对管线内部坑蚀、穿孔点进行修复，阻止输送介质中的腐蚀性物质对钢管的侵蚀。其工艺原理如图1所示。

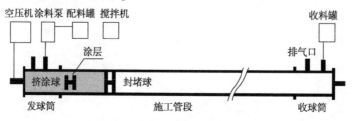

图1 涂层风送挤涂工艺示意

该工艺施工流程如下：

施工准备→管道整体检查→除垢/热洗→试压→吹扫→通清管器→在线喷砂除锈、除尘→通清管器→风送挤涂→现场检验→补口。

施工执行 SY/T 4076—2016《钢质管道液体涂料内涂层风送挤涂内涂层技术规范》标准。施工关键点如下：

（1）弯头曲率半径 $R \geqslant 6D$。

（2）管道焊接口不能有严重错口，为避免发生卡球，需进行严格的清洗作业。

（3）管道主体有三通、阀门等，需要进行单独处理。

2.2 工艺参数

环氧玻璃纤维复合内衬性能指标见表1。

表1 环氧玻璃纤维复合内衬性能指标

序号	项目		性能指标	试验方法
1	外观		表面应平整、光滑、无气泡	目测或内窥镜
2	硬度（3H 铅笔）		表面无划痕	GB/T 6739—2006
3	附着力/MPa		≥10	GB/T 5210—2006
4	耐化学稳定性（常温，90d）	10%NaOH	防腐层完整、无起泡、无脱落	GB/T 9274—1988
		10%H_2SO_4		
		3%NaCl		
5	耐油田污水性（80℃，1000h）		防腐层完整、无起泡、无脱落	GB/T 1733—1993（乙法）
6	耐盐雾性（500h）		1 级	GB/T 1771—2007
7	耐原油性（80℃，30d）		防腐层完整、无起泡、无脱落	GB/T 9274—1988
8	耐弯曲性（1.5°，25℃）		涂层无裂纹	SY/T 0442—2010 附录 E

管道内衬表面为纤维增强涂层，表面光滑平整，绝对粗糙度为 0.01mm，是新金属钢管管壁绝对粗糙度 0.1mm 的 1/10，是腐蚀严重钢管管壁绝对粗糙度 3mm 的 1/300。

环氧玻璃纤维复合内衬挤涂施工的主要技术指标如下。

（1）金属管线内表面处理等级 St2.5 级。

（2）涂层结构：底漆+面漆复合结构，厚度≥1mm；涂层耐温 80℃。

（3）通过的弯头数≥10 个/km。

2.3 技术特点

（1）防腐性能：涂层防腐性能良好，耐腐蚀性强。

（2）寿命：增强了管道防腐性能，可提高原管线的使用寿命 10a 以上。

（3）弯头处理：弯头不需要单独断管处理。

（4）施工难易程度：施工方便，一次挤涂距离长（最长可达到 5.0km）。

（5）使用范围：适用于 $DN60mm \sim DN600mm$ 的铸铁管、水泥管、钢管等各种材质的管线，适应介质设计温度不高于 90℃，工作温度不高于 75℃。

（6）地面影响：可原位治理，地下穿越，避开地面建筑物、障碍物对工程施工的影响。

（7）承压性能：可保持原管道设计压力或降压使用。

3 内穿插聚烯烃管

内穿插技术是利用非金属材料良好的化学稳定性和耐腐蚀性能，将高密度聚乙烯管内穿插在原有金属管道中，形成非金属内衬管和原金属管线包裹在一起的"管中管"结构。

该技术可用于新建管道及已使用的旧管道。可在穿孔孔径≤4cm×4cm旧管道上使用，修复后管道承压级别不变。

该技术已在国内各个油田推广应用。

3.1 技术原理及施工工艺

在主管道内通过"O"型或"U"形穿插技术插入 1 条高密度聚烯烃管（HDPE、HTPO、HBPE）方法。该技术是在一定的环境温度下将外径比主管道内径稍微大些的聚烯烃管或（按

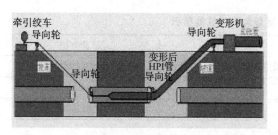

图 2 PE 管内穿插工艺示意

设计要求）经过多级等径压缩装置等径压缩并在拉伸力的合力作用下暂时减少聚烯烃管的外径，由牵引机将缩径后的聚烯烃管拉入经过清理后的被衬主管道内，经过 24h，带有记忆特点的聚烯烃管外壁与主管道内壁紧紧地结合在一起，形成内穿插管的防腐性能与原管道的机械性能合二为一的一种"管中管"的复合结构，达到防腐的目的。聚烯烃管内穿插和连头工艺见图 2。

施工流程与方法：其穿插工艺流程见图 3。

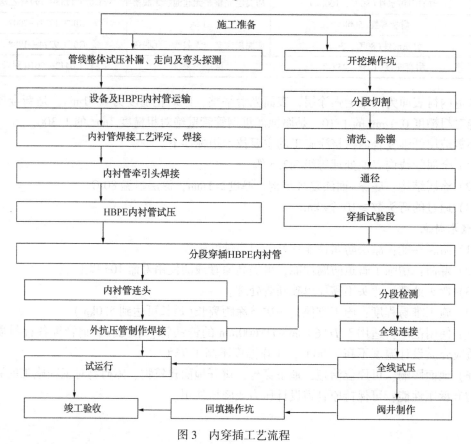

图 3 内穿插工艺流程

施工执行 SY/T 4110—2019《钢质管道聚乙烯内衬技术规范》标准。施工关键点如下：

（1）聚烯烃管热熔对接：聚烯烃管热熔对接质量是施工过程中的重中之重。应严格执行程序确保其质量。

（2）管道清洗：采用管线清洗机具，清洗后应达到无明显附着物、无尖锐毛刺，避免聚烯烃管穿插施工过程被划伤。

（3）试拉检测：采用试拉段检验，确定管道内无焊瘤焊渣，防止聚烯烃穿插施工过程被焊瘤焊渣划伤。

（4）弯头、三通、阀门等需要进行单独处理。

3.2　工艺参数

（1）内穿插聚烯烃管管材选择

内穿插聚烯烃管的管材主要为 HDPE、HTPO、HBPE 3 种。

HDPE 管基材为高密度聚乙烯，适用于运行温度低于 60℃ 的油水介质。

HTPO 管基材乙烯、丙烯和丁烯共聚而成的一种烯烃共聚物。HTPO 管相对于 HDPE 管提高了其在油气水环境下的溶胀软化、耐温低等缺陷，长期运行温度可达 75℃。

HBPE 管以 HDPE、HTPO 管为基础，在 HDPE、HTPO 管内壁增设 1 层 EVOH 高阻隔层，将 HDPE、HTPO 管的抗其他渗透性降低 2 个数量级以上。可降低其他渗透至聚烯烃管与钢管之间，防止管道停运减压形成负压造成管道坍塌现象。

（2）外径及壁厚选取

聚烯烃管在用作内穿插层时，应考虑张开效果和承压能力。等径压缩内衬管的外径应比钢质管道的内径大，且不能超过钢质管道内径的 4%。U 形压缩内衬管的外径宜比钢质管道的内径小。

根据 SY/T 4110—2019 标准，内穿插聚烯烃管最小壁厚和外径详见表 2。

表 2　内衬管最小壁厚和偏差

公称外径 DN/mm	100	150	200	250	300	350	400	500	600	700
最小壁厚/mm	4	5	6	7	8	8.5	9.6	12.5	14	16
壁厚偏差/mm	+0.6	+0.7	+0.9	+1.1	+1.3	+1.5	+1.7	+2.4	+2.5	+2.8

3.3　技术特点

（1）防腐性能：充分发挥了主管（金属钢管）和辅管（非金属管）各层材料的特点，耐腐蚀性强。

（2）寿命：彻底解决了管道防腐问题，可延长管道使用寿命 15a 以上。

（3）弯头处理：弯头需要单独断管处理。

（4）施工难易程度：施工方便，施工速度快，一次施工长度最长可达到 1.5km。

（5）使用范围：适用于 DN50mm～DN1000mm 的铸铁管、水泥管、钢管等各种材质的管线，适应介质工作温度不高于 75 ℃。

（6）地面影响：可原位治理，地下穿越，避开地面建筑物、障碍物对工程施工的影响。

（7）承压性能：可保持原管道设计压力使用。

4　内衬承压软管技术

内衬承压软管内防腐技术是在原金属管道内衬入 1 条非金属高压连续软管，也是形成非金属内衬管和原金属管线包裹在一起的"管中管"结构。

该技术可用于新建管道及已使用的旧管道。可在穿孔孔径≤4cm×4cm旧管道上使用，修复后管道承压级别不变。因内衬管本身具有一定的承压能力，多用于湿气管道。实施后可延长管道服役寿命15a以上。该技术已在国内多个油田推广应用。

4.1 技术原理及施工工艺

承压连续软管内衬修复技术是将承压复合软管"U"形折叠压缩后衬入原金属管道内，形成内衬承压连续复合软管防腐性能与原金属管道机械性能合二为一"管中管"复合结构，技术原理见图4。

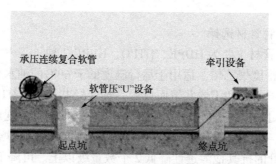

图4　承压复合软管内衬修复技术原理

施工流程与方法：其穿插工艺流程见图5。

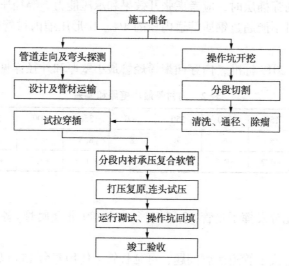

图5　承压连续复合软管内衬修复工艺流程

施工关键点如下。

（1）管道清洗：采用管线清洗机具，确保管线清洗后达到St2级。钢材表面应无可见的油脂和污垢、附着不牢的氧化皮、铁锈，并且没有焊瘤焊渣，避免连续软管穿插施工过程被焊瘤焊渣划伤。

（2）试拉检测：采用试拉段检验，确定管道内无焊瘤焊渣，防止软管穿插施工过程被焊瘤焊渣划伤。

（3）扭矩释放：高压连续复合软管与钢丝绳连头处安装旋转环，释放施工过程中钢丝绳与软管扭矩传递，避免软管内穿插施工过程扭矩传递集中发生扭转，无法打压复原。

4.2 工艺参数

承压连续复合软管基本性能参数见表3。

表3 承压连续复合软管基本性能参数

序号	项目	单位	指标	测试标准
1	工作压力	MPa	≤6.0	GB/T 15560—1995 根据纤维材料确定
2	工作温度	℃	−40~100	GB/T 1633—2000 根据树脂材料确定
3	最小轴向拉伸强度	T	2~200	GB/T 1040—1992
4	涂层剥离强度	N/cm	≥80	GB/T 2791—1995
5	抗弯折性	次	≥4×10⁴	GB/T 3903
6	耐磨性	cm³	0.5~1.2	GB/T 1689—2014
7	耐刮擦	次	≥260	企标
8	气密性	cm³ CH₄ lN×mm/(bar×m²×h)	5	企标
9	气体渗透性	cm³ CH₄ lN×mm/(bar×m²×h)	0.5	企标
10	单根连续长度	m	≤5000	可按需定制

承压连续复合软管规格参数见表4。

表4 承压连续复合软管规格参数

内径/mm	裸管设计压力/MPa	裸管爆破压力/MPa	米重/(kg/m)	壁厚/mm	拉伸强度/t
DN80	6.0	12/18	1.85	6.2	31.0
DN100	6.0	12/18	2.30	6.5	36.2
DN127	6.0	12/18	2.86	6.5	39.9
DN150	5.0	10/15	3.42	6.5	89.3
DN200	4.5	9/13.5	4.56	6.5	91.2
DN250	4.2	8.4/12.6	5.70	6.8	168.5

4.3 技术特点

（1）防腐性能：充分发挥主管（金属钢管）和辅管（非金属管）各层材料的特点，耐腐蚀性强。

（2）寿命：彻底解决了管道防腐问题，可延长管道使用寿命20a以上。

（3）弯头处理：可一次通过 $R=4D$ 弯头（>90°），$R<4D$ 的弯头需要单独断管处理。

（4）施工难易程度：施工方便，施工速度快，施工速度为300~400m/h，一次直线施工距离可达5.0km。

（5）使用范围：适用于DN70400mm的铸铁管、水泥管、钢管等各种材质的管线，适应介质设计温度不高于90 ℃，工作温度不高于75 ℃。

（6）地面影响：可原位治理，地下穿越，避开地面建筑物、障碍物对工程施工的影响。

（7）承压性能：裸管承压为6.0MPa、最高爆破压力为18MPa（DN100mm）。

5 经济及实用性比较

以 DN200 管道为例, 3 种措施的经济及实用性比较如表 5 所示。

表 5 3 种内防腐技术性能比选 (价格为 DN200 管道/km)

项目	环氧玻璃纤维复合内衬	内穿插聚烯烃管	内衬承压软管
价格	26 万元	HDPE 30 万元 HTPO 33 万元 HBPE 39 万元	54 万元
优点	(1) 价格较低; (2) 施工距离长, 一次涂层挤涂距离大于 1.5km, 最长 5km; (3) 对管径无影响; (4) 使用温度高, ≤75℃	(1) 防腐性能好; (2) 价格较低; (3) 一次穿插最长 1.5km; (4) 施工不受环境天气限制; (5) 使用寿命长, >15a; (6) 表面粗糙度为 0.001 mm, 具有一定绝热性能; (7) 不影响清管; (8) HBPE 具有高阻隔性能	(1) 防腐性能好; (2) 裸管可单独承压; (3) 施工速度快, 一次直线施工距离可达 5.0km; (4) 施工不受环境天气限制; (5) 使用寿命长, >20a; (6) 表面粗糙度为 0.001mm, 具有一定绝热性能; (7) 不影响清管
缺点	(1) 涂层较薄, 防腐性能稍差; (2) 施工受环境天气限制; (3) 清管对涂层有影响; (4) 使用寿命相对较短, 10a; (5) 管线停运需要液体浸泡养护	(1) 异形管需单独预制; (2) 弯头需要单独断管处理; (3) 使用温度低, ≤75℃; (4) 管径缩小	(1) 价格较高; (2) 小倍率弯头需要单独断管处理; (3) 使用温度低, ≤75℃; (4) 管径缩小

6 结语

环氧玻璃纤维复合内衬、内穿插聚烯烃管、内衬承压软管 3 种管道修复技术均具有防腐效果好、施工简单、快捷等优点。可根据管道的弯头状况、输送介质、运行温度、清管需求等状况合理选用。

对于弯头数量多、不需要清管的管道, 可采用内衬纤维增强涂层。

弯头数量少、运行温度低于 60℃ 的油水管道, 可采用内衬 HDPE 管。

弯头数量少、运行温度低于 75℃ 的油水管道, 可采用内衬 HTPO 管。

弯头数量少、运行温度低于 60℃ 的油、气、水管道或湿气管道, 可采用内衬 HDPE 为基底的 HBPE 管或承压软管。

弯头数量少、运行温度低于 75℃ 的油、气、水管道或湿气管道, 可采用内衬 HTPO 为基底的 HBPE 管或承压软管。

参 考 文 献

[1] 毛升好, 唐勇, 雷晓青, 等. HCC 纤维增强复合防腐内衬集输在长庆油田集输管道中的应用[J]. 石油工程建设, 2016, 42(4): 76-79.

[2] SY/T 4076—2016，钢质管道液体涂料风送挤涂内涂层技术规范[S]. 北京：石油工业出版社，2016.

[3] SY/T 4110—2019，钢质管道聚乙烯内衬技术规范[S]. 北京：石油工业出版社，2019.

[4] 朱原原，羊东明，刘玲，等. 内腐蚀管道承压复合软管内衬修复技术研究与应用[J]. 非开挖技术，2019，12(6)：25-28.

作者简介：潘晨(1986—)，女，2011 年毕业于南京工业大学，硕士学位，现工作于中石化江汉石油工程设计有限公司，高级工程师。

230万吨/年延迟焦化装置设备防腐蚀现状

赵 晨

(中国石油化工股份有限公司天津分公司)

摘 要 自2021年8月以来，2#延迟焦化装置渣油进料硫含量高频次超装置进料硫含量设计值，装置的设备管线腐蚀风险急剧增加，严重影响了延迟焦化装置的使用寿命，降低装置产生的效益，制约企业又好又快发展。通过对延迟焦化装置的原料进行监控，对于腐蚀性介质含量具体量化分析，分析识别重点腐蚀点位并且对重点点位进行监检测，合理利用缓蚀剂降低设备管线腐蚀速率以及相关的应对措施，最终达到降低设备腐蚀速率保障装置安稳运行的目的。

关键词 焦化；防腐蚀

230万t/a延迟焦化装置于2007年10月20日开工建设，生产原料为炼油新建1000万t/a常减压装置来减压渣油，年处理减压渣油能力为230万t。装置占地24780m²，约合37亩(1亩≈667平方米，15亩=1公顷全书同)，位于炼油新装置区最北端，西侧为系统管架，北侧为工厂铁路，东侧为成品油装车栈台，南侧为20万t/a硫黄回收装置。装置由中国石化集团洛阳石油化工工程公司(LPEC)设计，采用目前国内先进的"可灵活调节循环比"工艺流程。

延迟焦化属于炼厂二次加工方式，其流程简单，投资少，是提高炼油厂轻质油收率的重要手段之一，石油焦又是炼钢、炼铝工业电极的主要原料，同时还可以在一定条件下处理废油、废渣，解决环保问题。相对于催化裂化、重油加氢精制、加氢裂化难于加工的重质高含硫、高金属含量的渣油，采用延迟焦化加工手段是一项最好的技术，延迟焦化的产品容易处理。焦化干气可做制氢原料，焦化汽油加氢后可做重整或乙烯裂解原料，加氢后的焦化柴油十六烷值高、焦化蜡油可做催化裂化或加氢裂化的原料。

延迟焦化装置作为唯一采用"间歇—连续"生产形式的重油加工炼油装置，具有以下几方面的典型生产特点：①原料性质差、腐蚀性强。它通常既可以加工渣油、油浆，也可以加工脱油沥青、污油和污泥，本装置设计原料是高含硫(含量5.29%)、高残炭(含量25.85%)的减压渣油，设备的腐蚀异常剧烈；②现场操作调整最频繁、现场维护与管理难度最大；③工艺流程长。装置涵盖反应单元、分馏单元、吸收稳定单元，另外附属有吹汽放空、水力除焦、切焦水、冷焦水密闭处理等单元；④生产的产品全。装置有干气、液态烃、汽油、柴油、蜡油和石油焦等产品；⑤加热炉出口温度高。装置正常生产时加热炉出口温度一般控制在495~505℃；⑥高压水泵的出口压力大。水力除焦过程中，高压水泵的工作压力通常在31MPa左右；⑦设备的类型最多。装置内有炉、塔、机、泵、罐、气压机组、切焦器、除焦池、电梯、抓斗和行车等，设备类型繁杂，特种设备多；⑧工种多。从工作性质上讲，有工艺操作、除焦操作和装车操作等工种。

市场加工原油总的变化趋势为重质化、劣质化，延迟焦化作为炼油工艺末端，所处理的渣油品质受其影响，劣质化的表现尤为明显。以渣油的硫含量作为重要表征数据，2#延迟焦化装置设计进料硫含量≤5.29%，2022年1月1日—2022年6月30日，减压渣油累计化验硫含量 72 次，超标 52 次(图 1)。

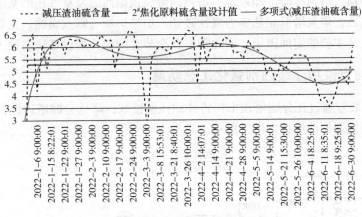

图 1　2#焦化渣油进料硫含量趋势

　　针对以上延迟焦化装置渣油硫含量超标的实际情况，目前主要采取以下措施来监控装置设备腐蚀情况，确保高进料硫含量情况下的装置安稳运行。

1　掌握装置内部硫分布及相应腐蚀机理

　　以化验分析手段对装置的产品及重点腐蚀点位的油品进行化验分析，掌握装置内部腐蚀介质(以下分析具体以硫作为腐蚀介质)的实际分布，以便于针对性地做出防护措施(表 1)。

表 1　2#延迟焦化装置硫分布化验数据

样品名称	分析项目	单位	指标	2022-02-17	2022-04-02	2022-05	2022-06
减压渣油	硫含量	%(m/m)	≤5.29	6.176	6.68	5.947	5.553
稳定汽油	硫含量	%(m/m)	≤0.6	0.856	0.967	0.905	0.897
焦化柴油	硫含量	%(m/m)	≤2.5	3.566	3.517	2.822	3.215
焦化蜡油	硫含量	%(m/m)	≤4.1	4.535	4.551	3.986	4.198
焦炭	硫含量	%(m/m)	≤7.9	6.81	6.92	6.23	6.24
干气	硫含量	mL/m³	≤120900	66000	114200	108600	112000
液化气	硫含量	mL/m³	≤19500	19000	56000	18000	50000
分馏塔顶冷凝水	硫含量	mg/L	实测	6412	6412	3990	5770
燃料气	硫含量	mL/m³	实测	<20	<20	<20	<20
循环油	硫含量	%(m/m)	实测	5.435	无样	无样	无样
粗汽油	硫含量	%(m/m)	实测	1.2	1.1	1.22	无样
放空塔底油	硫含量	%(m/m)	实测	4.545	4.5	无样	无样

　　注：①分馏塔底循环油及放空塔底油本月无数据，数据以最近的已有化验数据为准。
　　②表中指标数据出处为装置设计资料。

　　由上表可以看出：2#焦化装置的进料硫含量高于设计值，装置产品除焦炭的硫含量在设计值以内，其余产品(稳定汽油、焦化柴油、焦化蜡油、干气及液化气)的硫含量均高于设计值。延迟焦化装置的主要腐蚀机理为：高温 S-H_2S-RSH 腐蚀，所涉及主要部位为焦炭塔内壁、分馏塔底部高温内壁及重油管线等；高温 S-H_2S-RSH-RCOOH 腐蚀，所涉及主要部位为装置内部高于220℃的含环烷酸油管道设备；低温 $H_2S-HCl-NH_3-H_2O$ 腐蚀，所涉及主要部位为分馏塔顶、塔顶冷凝冷却系统、塔顶回流和顶循回流及富气压缩系统；辐射炉管的高温氧化及硫腐蚀；焦炭塔低频热应力腐蚀破坏；加热炉烟气露点腐蚀。主要产品硫含量均高于设计，硫又是主要的腐蚀因子，因此需要在全装置内部开展设备防腐蚀工作。

2 对重点腐蚀点位加注缓蚀剂强化工艺防腐

2#延迟焦化装置通过在分馏塔顶出口管线加注缓蚀剂，降低分馏塔顶设备管线的腐蚀速率，分馏塔顶缓蚀剂加注流程如图2所示。

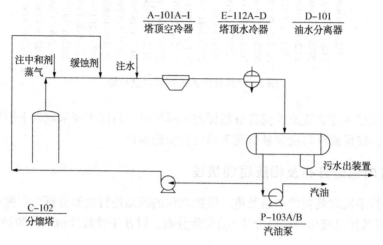

图2　分馏塔顶缓蚀剂加注流程

就目前的监控情况来看，缓蚀剂加注泵 P-125 运行状态正常，确保延迟焦化装置工艺防腐药剂的正常加注；对于装置内部分馏塔顶冷凝水每周化验2次，根据化验结果及时对缓蚀剂加注量进行调整，满足塔顶冷凝水 pH 值小于8.5、铁离子含量不大于3mg/L 的控制要求。2022年1月1日—2022年6月30日，分馏塔顶缓蚀剂平均注入量为 $20×10^{-6}$，属于工艺卡片控制上限，分馏塔顶冷凝水重点分析项目铁离子含量和 pH 值2项累计化验52次，合格率100%（图3和图4）。

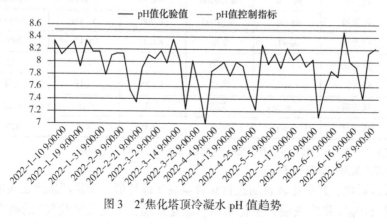

图3　2#焦化塔顶冷凝水 pH 值趋势

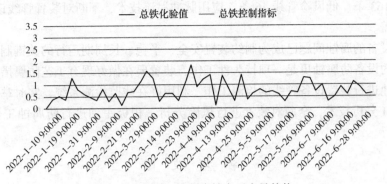

图4 2#焦化塔顶冷凝水铁离子含量趋势

3 强化装置内部腐蚀监检测系统

2#焦化装置安装设有腐蚀探针6支,在线测厚探头4个,分布在分馏塔顶、顶循、富气线、加热炉进料线、稳定塔底重沸器蜡油线等多处关键易腐蚀部位实施监控。在确保监测设备运行正常的前提下,每天关注腐蚀速率变化,每周定期对外通报监控数据,确保腐蚀监测系统的时效性,第一时间指导工艺防腐措施的调整。

4 开展腐蚀风险排查

在装备研究院的大力配合下,依据2#焦化装置设防值评估报告和2#焦化装置RBI评估报告进行风险定性分析,识别高温硫腐蚀部位及风险,形成腐蚀风险台账(表2)。结合延迟焦化装置2020年大修检验数据和腐蚀监检测数据对腐蚀风险台账进行调整,形成风险清单,并利用脉冲涡流扫查技术完成高温硫腐蚀风险管道检测。

表2 2#焦化高温管道检测结果统计

序号	高温管线	检测管件总数	10%~20%	20%~30%	30%以上	最大减薄率/%
1	高温渣油管线	193	28	5	0	24.40
2	高温蜡油管线	181	26	2	1	30.32
3	高温循环油管线	71	12	0	0	15.85
4	高温放空塔底油管线	51	3	0	0	17.00
5	高温柴油管线	36	7	1	0	21.38

从上述检测数据分析,各高温管道管件检测情况正常,未发现因装置硫含量的升高造成大面积高温管道腐蚀减薄加剧的情况,高温硫腐蚀风险可控。

5 建立腐蚀回路促进设备防腐蚀

根据腐蚀回路的具体定义:腐蚀回路指在一个工艺流程中的设备和管线,具有相同工艺介质、相近的操作温度和压力(温度差<13℃,压力差<0.4MPa)、相同或相近损伤机理的结构材料,以及相同的相变状态,建立延迟焦化装置的腐蚀回路,共计建立41套腐蚀回路涉及375条管线,其中高风险管线202条、中风险173条。经过脉冲涡流检测并且对其数据进行统计分析后,对腐蚀回路中的管线腐蚀风险做相应的变更后,高风险管线变为166条、

中风险管线 163 条、低风险管线 46 条，应用脉冲涡流技术，不断对装置管线设备进行检测，做到全面覆盖。

目前，设备的腐蚀问题已成为制约装置安全、平稳、长周期运行的关键制约因素，而延迟焦化装置的设备防腐蚀更是一项持久性工作，装置要在做好现有工艺防腐措施的同时，还要持续不断地进行装置设备管线的检测工作、利用好在线监检测系统，实时掌握装置腐蚀速率，结合 RBI 分析技术，全面对装置进行风险分析，积极主动进行防腐蚀工作，切实保障装置安稳运行。

<h2 style="text-align:center">参 考 文 献</h2>

[1] 杨跃进，王乐毅. 延迟焦化装置腐蚀分析及探讨[J]. 中外能源，2018，23(1)：80-84.

[2] 翁敦机. 延迟焦化装置的硫腐蚀与防腐措施[J]. 化工管理，2017(21)：207.

[3] 邓福新. 延迟焦化装置常见腐蚀部位分析及防腐措施[J]. 云南化工，2016，43(6)：49-52.

[4] 关玲. 浅析燕山石化延迟焦化装置腐蚀与防腐[J]. 石油化工安全环保技术，2008，24(5)：35-37.

[5] 王金光. 炼化装置腐蚀风险控制[M]. 北京：中国石化出版社，2021.

作者简介：赵晨(1994—)，男，2017 年毕业于中国石油大学(华东)化学工程与工艺专业，学士学位，现工作于中国石油化工股份有限公司天津分公司炼油部联合八车间，从事延迟焦化装置设备管理工作，工程师。

260万吨/年渣油加氢装置氯分布研究

赵　耀　李春树

（中国石油化工股份有限公司天津分公司）

摘　要　原油中总氯含渣油馏分富集，渣油加氢装置的氯源90%以上来自原料渣油，其总氯转化率可达到86.71%，超过79%的HCl进入含硫污水系统，而侧线馏分液态烃、石脑油、柴油、精制渣油的氯含量分别为0.10%、0.06%、0.43%和12.63%。当渣油原料中总氯含量大于3μg/g时，反映在含硫污水中Cl⁻含量超过30μg/g，空冷器、水冷器等腐蚀速率随着渣油原料中的总氯含量升高而升高。

关键词　渣油加氢；氯分布；腐蚀；富集

渣油是石油蒸馏加工后剩余的残渣，约占50%，由于渣油质量差，杂质和非理想组分含量高，加工难度大。渣油加氢工艺就是在高温、高压和催化剂存在的条件下，使渣油和氢气发生化学反应，除去渣油中的硫、氮、重金属等有害杂质，将渣油部分转化为汽油和柴油，剩余部分可通过催化裂化进行加工处理，进一步转化为汽油和柴油。渣油加氢装置与下游催化裂化装置深度耦合，可以改善渣油加氢装置原料性质，提高催化裂化装置汽油收率，降低催化裂化油浆收率。

原油加工过程中氯化物的存在具有巨大的危害性，特别是近几年来，国内原油中的有机氯化物不断增加的趋势。有氯化物导致的Cl⁻腐蚀已由常减压装置扩展到石脑油加氢、催化裂化、加氢裂化、蜡油加氢、渣油加氢等二次加工装置。氯已成为影响加氢装置稳定运行的一个重要因素，加氢装置中氯的来源主要为原料油、新氢、注水和注化学药剂等，氯对加氢装置的危害主要表现在氯化铵的堵塞危害、氯的腐蚀以及氯化氢对催化剂的危害。同加氢裂化、蜡油加氢等装置类似，渣油加氢装置涉及的换热器、空冷器、油水分离罐等也经常受到$HCl-H_2S-H_2O$露点腐蚀和NH_4Cl结晶堵塞腐蚀问题。开展渣油加氢单元氯分布规律的研究具有重要意义。

1　渣油加氢工艺简介

某石化260万t/a渣油加氢装置采用固定床加氢工艺(图1)，包括反应部分、分离系统、脱硫系统及公用工程4个单元组成。在适当的温度、压力、氢油比和空速条件下，原料油和氢气在催化剂的作用下进行反应，渣油加氢装置的操作条件见表1。经过加氢反应器后的反应产物经过换热器、热高压分离部分、冷高压分离部分进入后续分离系统。

表1　渣油加氢操作条件

工况参数	设计工况	实际工况
处理量/(t/h)	325	270
进料温度/℃	347.3	323.45
汽提蒸汽量/(t/h)	3	2.54

工况参数	设计工况	实际工况
注剂量/10⁻⁶	12.3	27.8
反应注水量/(t/h)	55	58
反应温度/℃	370	370
氢油比	R1: 235R2 R3 R4 R5: 816	
反应压力/MPa	18	18
空速/h⁻¹	0.78	0.78

如图 1 所示，从常减压蒸馏装置等过来的渣油，经过高压泵升压，与新氢直接混合，换热后至 330℃ 进入加热炉；混氢原料油在加热炉内加热至 360~370℃ 进入上流式加氢保护反应器，在催化作用下，脱除大部分的重金属杂质。从上流式加氢保护反应器顶部流出的反应产物先与已经预热的循环氢混合，再从顶部进入串联的 4 台下行式固定床反应器，在催化剂的作用下脱除剩余的重金属杂质及大部分硫、氮、残炭等。

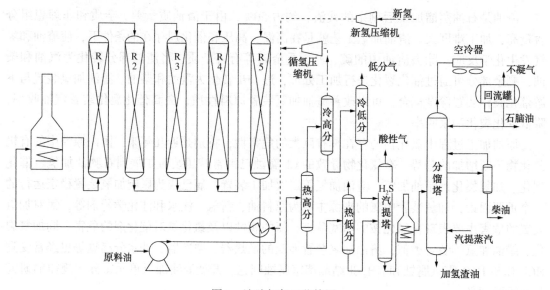

图 1 渣油加氢工艺简图

表 2 为原料渣油的基本性质。可知：该 260 万 t/a 渣油加氢装置处理的原料渣油总氯含量为 8.06μg/g，以有机氯为主，推测其各个馏分中氯化物含量也较高，是渣油加氢系统的主要氯来源。

表 2 渣油原料的性质

项目	混合渣油
密度(20℃)/(kg/m³)	995.8
运动黏度(100℃)/cSt	175
残碳/%	13.8
S/%	5.6
N/%	0.45

项目	混合渣油
Cl/(μg/g)	8.06
Ni+V/(μg/g)	188.00
平均相对分子质量	680
族组成/%	
饱和分	21.9
芳香分	48.3
胶质	2.9
沥青质	8.9

2 渣油加氢装置的氯源分析

关于氯在原油中的分布规律，早期研究认为原油中的氯以无机氯和有机氯的形式存在，无机氯 NaCl(约占75%)、$MgCl_2$ 和 $CaCl_2$(约占25%)存在于原油中的微量水中，有机氯主要分布在原油轻馏分中(在204℃之前)，为原油开采、处理、运输等过程外加助剂所带入的含氯化合物。近年来研究表明：原油各馏分中均存在不同质量浓度的氯含量，其中原油的重馏分中也含有大量的氯化物，包括胶质、沥青质中包裹的无机氯盐和天然存在的大分子含氯有机化合物。

电脱盐工艺可以把原油中的大部分氯盐脱除，其中总氯含量降至 1~2μg/g，经过常减压装置原油中的总氯在渣油中得到富集。现有资料表明催化、焦化、重整、抽提等各种工艺路线均难以圆满脱除该类有机氯化物，只有通过加氢具有良好的转化率，进而脱除。图2为某混合原油各个馏分中的有机氯含量分布。

由图2可知：有机氯在该原油的各个馏分中都含有，且分布整体呈哑铃形(两头高，中间低)，尤其在大于520℃的馏分中有机氯含量超过 10μg/g。渣油馏分的氯化物形式复杂，包括

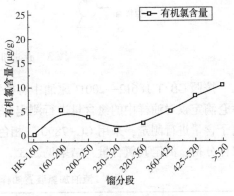

图2 原油中有机氯分布

DL-对氯苯丙氨醇、2-氯苯基乙酯、甲基氯苯基四氢恶嗪等，这些氯化物在高温、高压、临氢条件下很容易产生 HCl。刘英斌等在原油加工过程中氯化物分布的调查分析中明确了蜡油加氢装置酸性水的氯主要来源于蜡油原料。此外，渣油加氢装置的注水(除氧水、除盐水及酸性水汽提后的净化水)中均含有微量的氯离子，质量浓度一般小于 0.1μg/g。

渣油原料中的无机氯主要以 NaCl、$MgCl_2$、$CaCl_2$ 等碱金属或碱土金属形式存在，有机氯主要以复杂的络合物形式浓缩在沥青质和胶质中。渣油原料中的有机氮化物和含氯有机化物在高温高压临氢条件下，有机氮化物和氯化物脱除率分别在50%、80%以上，产物 NH_3 和 HCl 在特定条件下反应生成铵盐 NH_4Cl，造成"垢下腐蚀"、点蚀、堵塞等，特别是在加工高氯、高氮原油时，这种情况尤为严重。

3 渣油加氢装置原料氯平衡

为了更好地探索渣油加氢装置中氯的分布规律，在该石化企业 260 万 t/a 渣油加氢装置设置 17 个采样点(图3)，其中原料样品 5 个，中间物料 3 个，出装置物料 9 个，各个采样点的位置如图中彩色圆圈标记，从左至右依次为混合渣油、循环氢、含硫污水、低分气、新氢、蒸汽、阻垢剂、缓蚀剂、循环氢、冷低分油、热低分油、低分气、酸性气、含硫污水(D-201)、含硫污水(D-202)、含硫污水(D-106)、液态烃、石脑油、柴油、精制渣油。

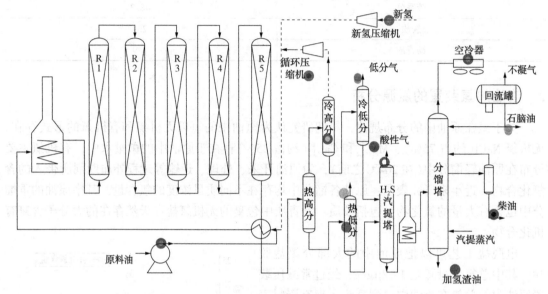

图 3 渣油加氢工艺简图(含采样点)

按照 GB/T 18612—2001《原油中有机氯含量的测定 微库仑计法》，采用 KY-200 型微库仑滴定仪对油样中的氯含量进行测定，采用 EClassical 3200 高效液相色谱仪对水相中的氯离子含量进行测定，采用 GC-7890 气相色谱对气相中的 HCl 含量进行分析。从上述采样点取样分析，测定其氯含量，结果见表3。

表3 渣油加氢装置油样、水样及气体样的氯含量分析结果

序号		物料	总氯含量/(μg/g)	介质流量	总氯流量/(g/h)	百分比/%
原料	1	原料渣油	8.06	266t/h	2314	99.47
	2	新氢	0	0		
	3	蒸汽	0	0		
	4	阻垢剂	708.46	16.67kg/h	11.81	0.51
	5	缓蚀剂	60.02	8.33kg/h	0.50	0.02
中间物料	6	循环氢	0	24 万 Nm³/h	0	
	7	冷低分油	0.96	28.6t/h	28.3	
	8	热低分油	1.6	230t/h	377.4	

序号	物料	总氯含量/(μg/g)	介质流量	总氯流量/(g/h)	百分比/%
	9	低分气	0	5043Nm³/h	0	
	10	酸性气	0	1244Nm³/h	0	
	11	含硫污水(D-201)	73.9	1535kg/h	113.4	4.87
出装置物料	12	含硫污水(D-202)	10.56	5844kg/h	61.71	2.65
	13	含硫污水(D-106)	33.1	55700kg/h	1843.7	79.25
	14	液态烃	0.80	2876kg/h	2.3	0.10
	15	石脑油	0.42	3466kg/h	1.4	0.06
	16	柴油	0.78	12.8t/h	10.0	0.43
	17	精制渣油	1.30	212t/h	293.8	12.63

由表3可知：该石化企业260万t/a渣油加氢装置各物流的总氯流量与进装置物流的总氯流量基本相当(均为2326g/h)，渣油加氢装置氯的来源主要为原料渣油，原料渣油中的氯化物转化率为86.71%，超过79%的HCl进入含硫污水系统，侧线馏分液态烃、石脑油、柴油、精制渣油的氯含量分别为0.10%、0.06%、0.43%和12.63%。如果注水量不足或者水洗效果较差，会导致加氢装置(换热器)中铵盐结晶堵塞，垢下腐蚀。

4 渣油加氢装置原料氯含量与H_2S汽提塔塔顶腐蚀速率的关系

渣油中含有较多的硫、氮、氯等杂原子，经加氢后生成H_2S、NH_3和HCl气体，在适应的条件下，这些气体发生反应生成相应的铵盐，对加氢装置管道和设备造成一定的危害。尤其对高压空冷器和高压换热器危害较大。其中氯化铵主要对换热器等造成垢下腐蚀，其生成量取决于渣油装置原料的氯含量。因此，要控制渣油加氢装置的氯含量，需找到氯源并尽量将氯含量控制在最低水平。

图4为根据历史数据拟合出的渣油加氢装置腐蚀速率与氯离子含量的关系。可知：渣油加氢装置腐蚀速率与氯离子含量存在正相关性，渣油加氢换热器中Cl^-含量越高，腐蚀速率越大，该石化企业H_2S汽提塔塔顶含硫污水分离罐D-201中氯离子高达73.9mg/L，根据图4可预测对应部位的腐蚀速率为6.25mm/a，该数据与再生腐蚀探针的腐蚀速率高度吻合。加氢反应流出物中存在NH_3、H_2S和HCl，当冷却到水的露点温度时，设备或管道表面会出现水

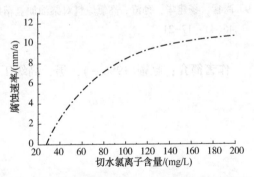

图4 渣油加氢装置腐蚀速率与氯离子含量的关系

滴，吸收流出物中的HCl或H_2S，形成高浓度的酸，迅速腐蚀设备表面，出现大大小小的坑蚀，严重部位会出现穿孔。在Cl富集且有外应力或参与应力的部位，Cl会穿透不锈钢表面的钝化膜，进入材料内部的孔隙中，使不锈钢发生裂纹，从而将腐蚀引向金属深层，加剧破坏。

该石化企业渣油原料中的总氯含量为8.06μg/g，由前述可知渣油原料中总氯转化率为86.71%，超过79%的HCl进入含硫污水系统，反映到含硫污水中的Cl^-含量为70~80mg/L

（根据注水量有所变化），因此可近似认为渣油原料中的总氯含量与含硫污水中的 Cl⁻ 含量存在 1：10 的线性比例关系。当渣油原料中总氯含量大于 $3\mu g/g$ 时，反应在含硫污水中 Cl⁻ 含量超过 30mg/L，空冷器、水冷器等腐蚀速率快速上升，最高可达 10mm/a 以上。

5 结语

该石化企业 260 万 t/a 渣油加氢装置各物流的总氯流量与进装置物流的总氯流量基本相当（均为 2326g/h），渣油加氢装置氯的来源主要为原料渣油，原料渣油中氯化物转化率为 86.71%，超过 79% 的 HCl 进入含硫污水系统，侧线馏分液态烃、石脑油、柴油、精制渣油的氯含量分别为 0.10%、0.06%、0.43% 和 12.63%。如果注水量不足或者水洗效果较差，会导致加氢装置（换热器）中铵盐结晶堵塞，垢下腐蚀。在今后的研究中，仍应把如何控制渣油原料中总氯含量作为渣油加氢装置换热器露点腐蚀、铵盐结晶腐蚀的重要方向。

参 考 文 献

［1］赵宁. 渣油加氢生成油中含硫化合物分布研究［J］. 石油炼制与化工，2018，49（5）：39-42.

［2］高国玉，李立权，陈崇刚. 加氢装置中氯的危害及其防治对策［J］. 炼油技术与工程，2013，43（9）：52-56.

［3］赵耀，李玉松. 原油加工过程的氯腐蚀问题［J］. 中文科技期刊数据库（文摘版）工程技术：249-251.

［4］元慧英. 原油及其馏分中有机氯化物的形态鉴定与转化规律分析［D］. 西安：西安石油大学，2019.

［5］刘英斌，花飞，龚朝兵，等. 原油加工过程中氯化物分布的调查分析［J］. 山东化工，2015，44（2）：63-66.

［6］张会成，颜涌捷，齐邦峰，等. 渣油加氢处理过程中氮分布与脱除规律的研究［J］. 石油炼制与化工，2007（4）：43-46.

［7］侯雨薇. 柴油加氢装置的氯分布规律及 NH_4Cl 结盐条件研究［D］. 北京：中国石油大学（北京），2016.

［8］刘美，白泽，刘铁斌，等. 中东渣油加氢处理过程中硫的脱除规律研究［J］. 石油化工高等学校学报，2015，28（2）：41-45.

［9］尚猛，杨建华，孙涛. 高氯原料对柴油加氢精制装置的影响及应对措施［J］. 炼油技术与工程，2016，46（4）：17-21.

作者简介：赵耀（1986—），男，高级工程师。

炼油部 1# 酸性水汽提装置汽提塔底重沸器管束腐蚀分析

单婷婷

（中国石油化工股份有限公司天津分公司装备研究院）

摘　要　换热器广泛应用于石油化工企业中，换热器腐蚀问题严重影响了石油化工企业安全生产。本文对某酸性水汽提装置汽提塔底重沸器管束腐蚀泄漏进行失效分析，得出损伤模式结论，并提出材质升级等建议保障换热器长周期安全运行。

关键词　换热器；重沸器；腐蚀；失效分析；损伤模式

2022 年 3 月底，炼油部渣油加氢装置换剂停工，1# 酸性水汽提等装置陪停，并对部分设备进行腐蚀调查，发现汽提塔底重沸器 E-3409（以下统称为 E-3409）管束腐蚀泄漏，车间随即对 E-3409 进行更换。

装备院受炼油部委托对 E-3409 腐蚀泄漏原因进行分析，详细分析内容如下。

1　设备情况介绍

设备概况：汽提塔底重沸器 E-3409 为浮头式换热器，规格型号 BJS1600-2.5-905-6/19-4，管程介质 1.0MPa 蒸汽，壳程介质为半净化水。设计压力：管壳程均为 2.45MPa；操作压力：管程 1.0MPa，壳程 0.5MPa；设计温度 200℃；操作温度：管程 180~160℃，壳程 160~180℃。筒体材质 16MnR，管束材质 10#，换热器规格 DN1600mm×8181mm×18mm，换热管规格 ϕ19mm×6000mm×2mm。

E-3409 在此之前使用寿命约 3a，每个大修周期更换 1 次。上次管束更换时间是 2019 年 9 月 5 日，装置停循环水，汽提塔波动调整，发现凝结水中进入原料水，判断管束泄漏，立即停工检修，检修打压上水即发现管束大量泄漏，堵管约 500 根。蒸汽入口程最为严重，出口程相对较轻，检修后于 9 月 24 日更换新制作的管束。

本次 E-3409 自 2019 年 9 月投入使用，至 2022 年 3 月底更换，共运行约 2.5a。

工艺操作：E-3409 日常无操作，工艺参数相对平稳，基本未出现过超温、超压、超负荷现象。通过观察装置停工前近半年工艺参数趋势（图 1、图 2），E-3409 壳程蒸汽入口温度波动为 180~210℃；管程净化水入口温度波动范围为 150~160℃；操作压力未超设计值。

工艺流程：原料酸性水经原料水泵加压后的酸性水分两路进入主汽提塔，其中一路经冷进料冷却器冷却后作为冷进料进入主汽提塔顶填料段上部，另一路经原料水-净化水一级换热器、一级冷凝冷却器、原料水二级换热器，分别与净化水、侧线换热至 150℃后，作为热进料进入主汽提塔的第一层塔盘，塔底用 1.0MPa 蒸汽通过重沸器加热汽提。侧线气由主汽提塔第 17 层塔盘抽出，经过三级冷凝冷却和三级分凝后，得到浓度高于 97% 的粗氨气送至氨精制系统。汽提塔底净化水与原料水换热后，经过净化水空冷器、净化水冷却器冷却至40℃，一部分经净化水泵加压后送至装置外，回用于工厂其他装置，其余部分排至含油污水管网。汽提塔顶酸性气进入酸性气脱液罐，分液后气体送至脱硫制硫装置。

　　单塔加压侧线抽出汽提工艺，不仅净化了酸性水，同时侧线抽出的富氨气经分凝、精制、压缩得到副产品液氨，塔顶酸性气作为脱硫制硫装置的原料，回收硫黄，汽提后的净化水回用其他装置。

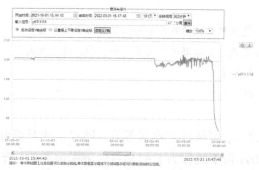

图1　蒸汽入口温度　　　　　　　　　　图2　净化水入口温度

　　工艺流程如图3和图4所示。

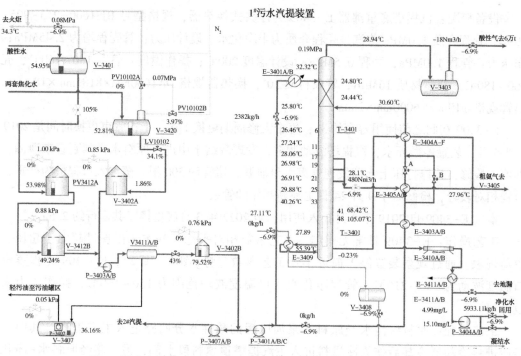

图3　污水汽提工艺流程-单塔加压侧线抽出汽提工艺(拷自DCS)

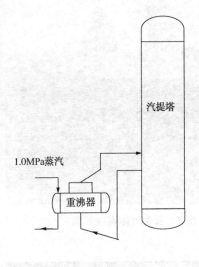

图4 污水汽提工艺流程

2 检测与分析

2.1 宏观检查

本次对 E-3409 管束进行外观检查，发现管板、管箱及部分管束外壁无明显腐蚀迹象，部分管束外壁腐蚀严重，管束最大减薄处多位于管束中段。从整体看，严重腐蚀管束均分布在管束上部蒸气进口附近区域，下端腐蚀情况相对较轻。

图5为管束刚抽出时，可见运行中有堵管情况，图6为管束打压后多根换热管泄漏。进行堵管，此次堵管270根，共2690根，占比10%。从图7可见，外腐蚀较为严重，上部管束外面覆盖一层深黑色腐蚀产物，较硬，用锉刀不易去除。从图8所示管束上部取样管，取表面深黑色垢样进行分析。将样管剖开并对样管内外进行宏观检查，主要为管束外壁腐蚀，管束内壁腐蚀轻微(图9和图10)。

图5 管板腐蚀形貌　　　　　　　　　　　　图6 管板腐蚀形貌

图 7 管束整体腐蚀形貌

图 8 管束上部腐蚀形貌

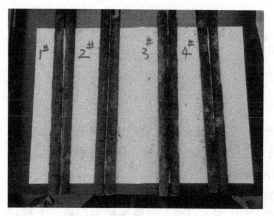

图 9 剖管外部腐蚀形貌

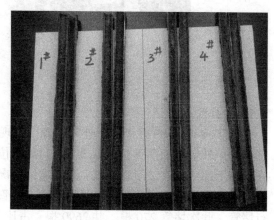

图 10 剖管内部腐蚀形貌

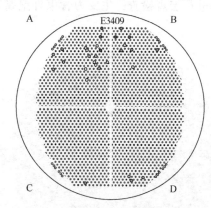

- ○ 轻微腐蚀　　○ 中度腐蚀　　○ 重度腐蚀
- ● 严重腐蚀　　● 阻塞管束

图 11 脉冲涡流检测管束示意

2.2 脉冲涡流检测

E-3409 换热器共检测管束 30 根，发现严重腐蚀管束 5 根，重度腐蚀管束 6 根，中度腐蚀管束 9 根（图 11）。其中 B-5-2 严重腐蚀管束程度超过 80%，且存在多处腐蚀，其余严重腐蚀管束程度为 60%~80%，该类管束最大减薄处多位于管束中段（图 12）。从整体来看，严重腐蚀管束均分布在管程上方区域，下端腐蚀情况相对较轻，但腐蚀程度大于 40% 的管束占检测管束超过 36%，占比较大，建议条件成熟时及时更换。

2.3 介质分析

在 LIMS 系统中，分别查询了近半年原料水和净化水的化验分析结果。

净化水的 LIMS 分析数据统计表（2021-10-01—2022-03-31）见表 1，pH 值、氨氮和硫化物等均无超标，氨氮含量为 7.32~77.79mg/

L，硫化物含量为 2.38~42.97mg/L。

管束编号	明显腐蚀位置	腐蚀形貌	腐蚀程度	建议	备注
A-1-8	0~2m	大面积减薄缺陷	严重腐蚀(>60%)	立即堵管	
A-5-6	0~5.4m	大面积减薄缺陷	中度腐蚀(20%~40%)	监控使用	
A-5-12	2~3m	大面积减薄缺陷	严重腐蚀(>60%)	立即堵管	
A-9-13	2~2.7m	大面积减薄缺陷	重度腐蚀(40%~60%)	建议堵管	
A-9-10	0~2.4m	大面积减薄缺陷	中度腐蚀(20%~40%)	监控使用	
A-11-15	2~3m	局部坑蚀缺陷	严重腐蚀(>60%)	立即堵管	
A-11-11	0~3.8m	大面积减薄缺陷	中度腐蚀(20%~40%)	监控使用	
A-11-4	—	未发现中度减薄	轻度腐蚀(0~20%)	继续使用	
A-14-14	2.7~3.8m	大面积减薄缺陷	重度腐蚀(40%~60%)	建议堵管	
A-14-12	1~4.7m	大面积减薄缺陷	重度腐蚀(40%~60%)	建议堵管	
A-14-2	—	未发现中度减薄	轻度腐蚀(0~20%)	继续使用	
A-17-19	5~5.4m	局部坑蚀缺陷	中度腐蚀(20%~40%)	监控使用	
A-17-15	0~4.8m	大面积减薄缺陷	中度腐蚀(20%~40%)	监控使用	
A-17-6	—	未发现中度减薄	轻度腐蚀(0~20%)	继续使用	
A-20-17	2~4m	大面积减薄缺陷	重度腐蚀(40%~60%)	建议堵管	
A-20-13	1.1~2.2m	大面积减薄缺陷	中度腐蚀(20%~40%)	继续使用	
A-20-4	2~2.8m	局部坑蚀缺陷	重度腐蚀(40%~60%)	建议堵管	
A-25-15	2~3.4m	大面积减薄缺陷	中度腐蚀(20%~40%)	继续使用	
B-1-4	—	未发现中度减薄	轻度腐蚀(0~20%)	继续使用	
B-5-6	2.7~3.2m	大面积减薄缺陷	严重腐蚀(>60%)	立即堵管	
B-5-2	0.8~1.7m、2~2.8m、5.1~5.4m	大面积减薄缺陷	严重腐蚀(>60%)	立即堵管	
B-9-5	2.8~3.2m	大面积减薄缺陷	中度腐蚀(20%~40%)	监控使用	
B-11-4	—	未发现中度减薄	轻度腐蚀(0~20%)	继续使用	
B-11-7	—	未发现中度减薄	轻度腐蚀(0~20%)	继续使用	
B-11-14	—	未发现中度减薄	轻度腐蚀(0~20%)	继续使用	
B-19-7	0~4.2m	大面积减薄缺陷	中度腐蚀(20%~40%)	监控使用	
D-35-7	—	未发现中度减薄	轻度腐蚀(0~20%)	继续使用	
D-33-6	2.3~2.8m	局部坑蚀缺陷	重度腐蚀(40%~60%)	建议堵管	
D-33-10	—	未发现中度减薄	轻度腐蚀(0~20%)	继续使用	
D-36-5	—	未发现中度减薄	轻度腐蚀(0~20%)	继续使用	

图 12　脉冲涡流检测结果

原料水的 LIMS 分析数据统计表(2021-10-01—2022-03-31)见表 2，pH 值、氨氮和硫化物等均无超标，氨氮含量为 253.02~9733.45mg/L，硫化物含量为 793.49~4443.52mg/L。

表1　净化水的 LIMS 分析数据（2021-10-01—2022-03-31）

分析项目	最大值	最小值	平均值	监测次数	超标次数	合格率
COD(Cr)/(mg/L)	1488	335	978.062	81	0	100.00
COD/(mg/L)	1485	255	805.083	96	0	100.00
pH 值	9	6.06	7.8	23	0	100.00
pH 值(6.00~9.00)	8.55	6.55	7.852	28	0	100.00
备注	0	0	0	8	0	100.00
备注 COD	0	0	0	6	0	100.00
备注 PH	0	0	0	1	0	100.00
备注氨氮	0	0	0	6	0	100.00
备注石油类	0	0	0	6	0	100.00
备注硫化物	0	0	0	6	0	100.00
氨氮/(mg/L)，≤100.00	77.79	7.32	29.927	163	0	100.00
氨氮/(mg/L)，≤70.00	51.39	6.9	32.785	13	0	100.00
石油类/(mg/L)	49.5	2.2	17.856	176	0	100.00
硫化物/(mg/L)，≤25.00	14.72	1.64	7.665	13	0	100.00
硫化物/(mg/L)，≤50.00	42.97	2.38	11.19	163	0	100.00
钙硬(以 $CaCO_3$ 计)/(mg/L)	34.03	34.03	34.03	1	0	100.00
				合计：790	合计：0	

表2　原料水的 LIMS 分析项目数据（2021-10-01—2022-03-31）

分析项目	最大值	最小值	平均值	监测次数	超标次数	合格率
COD(Cr)/(mg/L)	9890	1250	5083.119	84	0	100.00
COD/(mg/L)	12510	4430	7899.438	96	0	100.00
pH 值	12.3	12.3	12.3	1	0	100.00
备注	0	0	0	1	0	100.00
备注 COD	0	0	0	1	0	100.00
备注氨氮	0	0	0	1	0	100.00
备注石油类	0	0	0	1	0	100.00
备注硫化物	0	0	0	1	0	100.00
总铁/(mg/L)	0.35	0.35	0.35	1	0	100.00
挥发酚/(mg/L)	37.6	37.6	37.6	1	0	100.00
氨氮/(mg/L)	9733.45	253.02	4050.737	181	0	100.00
硫化物/(mg/L)	990.4	990.4	990.4	1	0	100.00
氰化物/(mg/L)	0	0	0	1	0	100.00
石油类/(mg/L)	464	24.1	125.451	181	0	100.00
硫化物/(mg/L)	4443.52	793.49	2154.713	181	0	100.00
				合计：733	合计：0	

3 腐蚀泄漏原因分析

从宏观检查看，腐蚀完全发生在壳程管束外壁净化水侧。原料水、净化水的 LIMS 化验分析结果表明，介质含有氨氮（NH_4HS）、硫化物、氯化物等。

换热器管束为 10# 材质，实时数据显示，换热器管程入口实际操作温度为 180~210℃，壳程为 150~160℃，在该条件下换热管的损伤模式主要有：硫氢化铵（NH_4HS）腐蚀、氯化铵盐垢下腐蚀。

在 pH 值大于 7 的硫氢化铵（NH_4HS）酸性水中会引起碱式酸性水腐蚀，反应如下：

$$NH_3 液 + H_2S 液 \longrightarrow NH_4HS$$

$$NH_4HS + H_2O + Fe \longrightarrow FeS + NH_3 \cdot H_2O + H_2$$

在重沸器操作温度条件下，介质中存在氯和氨时，气相中会析出氯化铵盐，引发铵盐垢下腐蚀。

以上腐蚀都能反应形成 FeS 膜，膜较厚，但疏松多孔，不能起到保护作用，会促进垢下腐蚀。一般地，硫氢化铵浓度小于 2% 时，腐蚀不明显，但高流速冲刷易使 FeS 膜被破坏，从而促进腐蚀。氯化物的存在促进点蚀。

换热器管程入口操作温度高于出口温度，此部位净化水介质在 180~210℃ 作用下在换热管外壁局部浓缩，腐蚀较重。

4 结论

重沸器 E-3409 管束的损伤模式主要为硫氢化铵（NH_4HS）腐蚀和氯化铵盐垢下腐蚀。材质偏低是管束腐蚀泄漏失效的主要原因。

5 措施和建议

（1）管束材质升级为 304L 或 316L。

（2）严格控制工艺操作防止压力、温度大幅波动，严格控制介质中腐蚀组分含量不超标。

（3）采用表面涂料防腐。文献中有对新更换换热管外表面做高温环氧改性漆酚酞防腐涂料防腐。

参 考 文 献

[1] 王国昇. 汽提塔底重沸器换热管腐蚀研究[J]. 中国特种设备安全, 2021(9)：33-36.

作者简介：单婷婷（1983—），女，2007 年毕业于湖南大学化学化工学院，硕士学位，现工作于中国石油化工股份有限公司天津分公司装备研究院，高级工程师，从事装置风险分析、腐蚀检测分析、检验检测工作。

加氢裂化装置高换的氯离子腐蚀

刘洪生

（中国石油化工股份有限公司天津分公司）

摘　要　针对中国石油化工股份有限公司天津分公司炼油部 1# 加氢裂化装置出现的高压换热器氯腐蚀及氯化铵盐结晶堵塞问题，全面分析原料混合蜡油、补充氢中氯离子来源及影响情况，阐述原油中氯的来源、分布和类型，对 1# 加氢裂化装置的高压换热器氯腐蚀机理及高压换热器氯化铵盐结晶原理进行探讨，提出缓解 1# 加氢裂化装置高压换热器氯腐蚀建议。

关键词　氯腐蚀；氯分布；腐蚀机理

1　概述

原油中的氯化物可分为无机氯和有机氯 2 类，生产实践证明这 2 种类型存在的氯化物均能造成设备的腐蚀及催化剂中毒。原油中存在的氯化物已不仅仅威胁常减压装置的安全生产，而且对原油的二次加工设备也产生较大危害。1# 加氢裂化装置的原料蜡油为 2#、3# 常减压装置的减压蜡油混合组分，根据设计文件，1# 加氢裂化装置要求原料蜡油 $Cl^- \leqslant 1\mu g/g$。若运行过程原料油氯离子含量超标，其对设备的腐蚀影响非常严重，同时若新氢或循氢氯离子超标也会形成氯化铵盐对设备造成腐蚀，影响装置正常运行。本文主要通过对加氢裂化原料中的氯分布规律进行研究，试图从原料中氯离子来源、炼制过程中的传递规律、氯腐蚀发生的过程等方面进行阐述，找出避免加氢裂化氯腐蚀的可行方案。

2　加氢裂化原料中的氯分析

2.1　原料中氯化物的来源、分布及形态

原油采出时含有一定天然形成的盐和水，大部分盐以 $NaCl$、$MgCl_2$ 和 $CaCl_2$ 等碱金属和碱土金属盐形式存在，并溶解于原油含有的微量水中，或以乳状液、悬浮颗粒的状态存在。在原油加工过程中，常减压装置采用电脱盐工艺，可以脱除原油中 99% 的无机氯化物，但无法完全脱除原油中的氯化物，以致氯化物进入二次加工装置。

加氢裂化装置中新氢或循环氢也含有氯离子组成，主要来源为部分炼油厂加氢裂化装置补充氢来源为重整装置重整氢气，重整氢气中含有氯离子组分，从而进入加氢裂化反应系统，与 NH_3 在一定条件下形成氯化铵盐造成设备腐蚀与系统压降骤增。

2.2　原料中氯化物的危害

在临氢工艺条件下，原料中的氯将转化为 HCl，氮将转化为 NH_3，2 种气体化合形成的 NH_4Cl，结晶点较低，当温度低于其结晶点时即可形成结晶，导致管线或装置堵塞、腐蚀、系统压降骤增，严重威胁装置平稳长周期运行。

2.3　氯化物腐蚀机理

有机氯不容易被电脱盐脱除，但对设备危害不大，由于加氢裂化过程中，有机氯被加氢反应生成无机氯；无机氯对金属设备造成的腐蚀巨大并且其腐蚀机理比较复杂，且氯离子本

身就对不锈钢有腐蚀行为，易造成金属表面孔蚀与裂纹，属于阳极电化学腐蚀，腐蚀机理如下：

$$Fe+Cl^-+H_2O \longrightarrow [FeCl(OH)]^-ad+H^++e^-$$
$$[FeCl(OH)]^-ad \longrightarrow FeCl(OH)+e^-$$
$$FeCl(OH)+H^+ \longrightarrow Fe^{2+}+Cl^-+H_2O$$

氯离子有利于不锈钢表面氧化膜的形成，从而使金属在腐蚀液中稳定存在。结果表明：氯离子产生的腐蚀与溶液的流速有关，当溶液的流速大于 1.5m/s，对于 304L 和 316L 等不锈钢就能满足设备的耐腐性，当溶液的流速小于 1.5m/s 或者更低，腐蚀生产物等沉积物就能附着在金属表面，从而致使钢表面钝性丧失，特别是当金属溶液系统处于临界电位以上时，由于钝化活化电位的存在，使得不锈钢活性区收到阳极的电流极化，更进一步加剧孔蚀的形成。

加氢裂化反应流出物在高压换热器管束内稳定流动时，气相主要分布在管束顶部和侧部，而油相和水相主要分布在管束底部和侧部。铵盐结晶反应主要发生在管束气相中，生成的晶体颗粒随气体流动。并且管束底部存在液相，铵盐被溶解后及时带走，避免了 NH_4HS（或 NH_4Cl）盐沉积。所以，管束顶部最易发生铵盐沉积堵塞及垢下腐蚀。

2.4 高换腐蚀与高换铵盐堵塞系统压降上升案例分析

高压换热器腐蚀泄漏案例分析：1#加氢裂化装置 2011 年 12 月 4 日凌晨，脱丁烷塔顶操作压力突然上升至 1.82MPa，塔顶安全阀瞬间起跳，同时上游低压分离器液位快速上升，脱丁烷塔底液位快速下降，回流罐液位快速下降归零，回流终止，塔顶超温。操作人员结合现象立刻汇报车间怀疑 E106 管束内漏（E106 换热器壳层为低分油进脱定烷塔，管程为反应流出物料），车间经过研判确定为 E106 高压换热器内漏，装置采取紧急停车处置。

原因分析：高压换热器经打压检修统计，E106A 堵管 87 处，E106B 堵管 38 处，多在管板和管束焊接的焊逢和热影响区部位，其中 E106B 一根管束出现明显的蚀孔。后经原因分析，2#、3#常减压来的混合蜡油 S、N、Cl 等杂质含量不断升高，6—9 月原料油检测结果中 Cl- 含量经常超标，杂质转化形成的 NH_4Cl（200℃ 以下）、NH_4HS（120℃ 以下）在 E106 处结晶，形成铵盐垢下腐蚀，且在氯离子存在的情况下，奥氏体不锈钢焊缝及热影响区易形成氯离子应力腐蚀开裂，双重影响造成 E106 管束腐蚀穿孔。

氯化铵盐堵塞造成反应系统压降上升案例分析：1#加氢裂化装置 2019 年曾发生过反应系统压降上升现象，当时为反应系统压降上升，反应器床层压降升高，氢油比下降，但精致反应器入口压力并无明显上升趋势，经车间研判分析与现场排查发现压降主要存在于 E104 高压换热器区域（E104 高压换热器为循环氢与反应流出物高压换热器），并经后续车间分析压降增大原因为该高压换热器壳层局部部位存在氯化铵盐结晶，造成循环氢流动不畅引发压降增大，后续车间对该高压换热器壳层采取注水操作，注水后反应系统压降明显好转且氢油比逐渐恢复至正常水平。

原因分析：装置补充氢有部分来源于重整装置，重整氢中含有氯离子组分，补充氢与循环氢（循环氢含有 NH_3 组分）混合后进入 E104 高压换热器进行升温，循环氢在该高压换热器由 50℃ 升温至 250℃ 左右，一定条件下形成的氯化铵盐在壳层累积造成系统压降上升氢油比下降，且伴随产生局部的铵盐腐蚀。

3 减缓加氢裂化氯腐蚀措施

3.1 控制原料油氯含量

对进厂原油进行氯含量监控，调整合理原油掺炼比例；对进厂原油进行预脱氯处理，具体手段包括加入氯转移剂或进行设施脱氯，确保加氢裂化原料中的氯含量≤1μg/g。

3.2 控制氢气氯含量

对新氢、循氢做好脱氯，新氢中氯化氢含量≤1μg/g。若加氢裂化装置有单独纯氢线可引部分纯氢进装置，来降低循氢系统形成氯化铵盐的可能性，本车间在循环氢高压换热器压降增大案例的后续装置操作中引入纯氢进入反应氢气系统，装置得到明显好转。

3.3 加强腐蚀管理

目前，控制原油中的氯腐蚀有很多方法，其中添加缓蚀剂是行之有效的途径。缓蚀剂是指能够抑制金属腐蚀的一些物质，又称为腐蚀抑制剂，通过添加缓蚀剂在腐蚀介质中产生保护金属的作用；由于缓蚀剂用量较少，腐蚀介质的本身性质不会发生改变，因此在石油化工领域，使用缓蚀剂是一种经济有效的内部防腐手段。

3.4 其他可采取措施

定期排凝、排气，防止设备管道低点及排空处富集氯离子。

参 考 文 献

[1] 张晓静. 原油中氯化物的来源和分布及控制措施[J]. 炼油技术与工程，2004(2)，14-16.

作者简介：刘洪生(1992—)，男，2015年毕业于沈阳工业大学，学士学位，现工作于天津石化炼油部联合三车间，设备员。

催化再生器至三旋烟道膨胀节泄漏分析及处理

陈俊芳　娄锡彬　刘科文　张　旭

（中国石油化工股份有限公司石家庄炼化分公司）

摘　要　在催化裂化装置中，反再系统高温管道普遍应用金属波纹管膨胀节以补偿其膨胀变形位移。其中，再生器至三旋烟道膨胀节常出现泄漏问题，严重影响催化裂化装置安全平稳运行。本文介绍了催化裂化装置再生器至三旋烟道膨胀节应用的概况，概述了膨胀节发生泄漏的原因，并以某催化装置膨胀节泄漏故障为例进行原因分析，明确了烟道降温喷水的主要影响，阐述了在线包盒子临时处理方法及后续处理措施。

关键词　催化裂化；再生器；三旋；烟道；波纹管膨胀节；泄漏

在催化裂化装置中，反再系统高温管道普遍应用金属波纹管膨胀节以补偿其膨胀变形位移。膨胀节应用部位如再生斜管、待生斜管、外取热器下斜管、再生器至三旋烟道、三旋至烟机烟道、烟机出口烟道、三旋至降压孔板烟道、降压孔板至余锅烟道等。对于再生器至三旋烟道这一部位应用的膨胀节，由于烟气介质温度高、流速快、且易形成腐蚀环境，常出现泄漏问题，严重影响催化裂化装置安全平稳运行。

1　催化裂化装置再生器至三旋烟道膨胀节应用概况

再生器至三旋烟道膨胀节应用类型有复式铰链型、复式拉杆型、复式拉杆带比例连杆型、万向铰链型等。膨胀节波纹管材质多选用 Inconel、Incoloy 耐蚀合金钢或 18-8 系奥氏体不锈钢。表 1 为部分催化裂化装置再生器至三旋烟道膨胀节应用的概况。

表 1　部分催化裂化装置再生器至三旋烟道膨胀节应用概况

序号	装置处理量/(Mt/a)	直径/mm	工作温度/℃	工作压力/MPa	波纹管材质	结构形式
1	1	1200	680	0.32	Incoloy800	复式铰链型
2	2.9	2600	680	0.27	Incoloy825	复式拉杆带比例连杆
3	2	2400	650	0.2	Inconel625	复式铰链型
4	2.1	1600	700	0.29	Incoloy825	复式拉杆型
5	1	1600	680	0.21	Inconel625	复式铰链型
6	2.2	2400	700	0.23	Inconel625	复式拉杆带比例连杆
7	1	1700	700	0.36	Inconel625	复式铰链型
8	2.8	2600	700	0.26	Incoloy825	复式拉杆型
9	3	2100	700	0.21	Inconel625	复式铰链型
10	1.8	1600	600	0.15	321	复式铰链型
11	1.4	2300	700	0.18	Incoloy800	复式铰链型
12	2	2000	710	0.3	Inconel625	复式铰链型
13	1.2	2200	690	0.3	Incoloy800	万向铰链型
14	0.3	1100	700	0.15	321	万向铰链型
15	0.8	1460	700	0.2	Inconel625	复式铰链型

再生器至三旋烟道管系一般为平面"Z"形弯管型式,如图1所示。这种管系的热膨胀变形常通过复式铰链型、万向铰链型膨胀节的角位移或复式拉杆型、复式拉杆带比例连杆型膨胀节的横向位移来吸收。其中,复式铰链型膨胀节由中间管连接的2个波纹管及销轴、铰链板和立板等结构件组成,只能吸收1个平面内的横向位移及角位移并能承受波纹管压力推力。万向铰链型膨胀节由1个波纹管及销轴、铰链板、万向环和立板等结构件组成,能吸收任一平面内的角位移并能承受波纹管压力推力,这里通常设置2个或多个万向铰链型膨胀节。复式拉杆型膨胀节由中间管连接的2个波纹管及拉杆、端板和球面、锥面垫圈等结构件组成,能吸收任一平面内的横向位移并能承受波纹管压力推力。复式拉杆带比例连杆型膨胀节(图2)是复式拉杆型和比例连杆复式自由型膨胀节的结合,由中间管连接的2个波纹管、复式拉杆、比例连杆等结构件组成;比例连杆起到平均分配2组波纹管位移的作用,中间管的质量也由比例连杆来支承,此外比例连杆装置还有一个非常重要的作用就是改善管道的振动特性;而波纹管的压力推力则由拉杆装置来吸收;复式拉杆带比例连杆型膨胀节只能吸收横向位移。

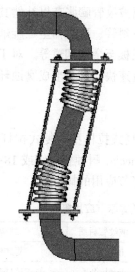 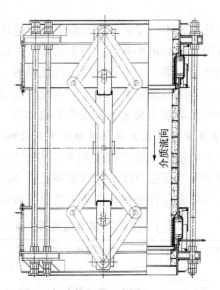

图1　再生器至三旋烟道管系　　图2　复式拉杆带比例连杆型膨胀节

对于再生器至三旋烟道,由于烟气温度高、组分复杂,波纹管既要承受高温下的化学腐蚀(氧化及敏化),又要面对潜在的低温烟气电化学腐蚀及应力腐蚀。再生器至三旋烟道膨胀节波纹管材质多选用 Inconel625、Incoloy825、Incoloy800 或 321 奥氏体不锈钢。表2为膨胀节波纹管不同材质的化学成分。

表2　膨胀节波纹管材质的化学成分(质量分数%)

	C	Cr	Ni	Mo	Cu	Ti	Al	Nb	Co
321	0.08	17~19	9~12	—	—	0.7	—	—	—
Incoloy800	0.1	19~23	30~35	—	0.75	0.15~0.6	0.15~0.6	—	—
Incoloy825	0.05	19.5~23.5	38~46	2.5~3.5	1.5~3	0.6~1.2	0.2	—	—
Inconel625	0.1	20~23	58~66	8~10	—	0.4	0.4	3.15~4.15	1

理论上，随着含镍量提高，抵抗硫、氯离子的应力腐蚀抗力也相应提高，因此制造膨胀节波纹管的材料，在满足高温性能的基础上，从含镍9%~12%的18-8系奥氏体不锈钢，含镍30%~35%的Incoloy800，含镍38%~46%的Incoloy825到含镍大于60%的Inconel625，逐步升级。因此，Inconel625和Incoloy825是其中综合性能最优的材料。Inconel625是Ni基Cr-Ni-Mo高温合金，并加入稳定化元素Nb，具有良好的耐高温、抗敏化和抗硫酸、连多硫酸及氯离子应力腐蚀的能力；Incoloy825是钛稳定化处理的全奥氏体Ni-Cr合金，并添加了Cu和Mo，具有良好的耐应力腐蚀开裂、耐点腐蚀和缝隙腐蚀、耐氧化性和非氧化性热酸等性能。在高温性能方面，Inconel625适用于催化裂化装置650℃以上高温部位，如再生斜管、待生斜管、外取热器下斜管、再生器至三旋烟道、三旋至烟机烟道、三旋至降压孔板烟道等；相比之下，Incoloy825更适用于550℃以下的部位，如烟机出口烟道、降压孔板至余锅烟道等。

研究发现，再生器至三旋烟道膨胀节易发生泄漏问题。一旦发生泄漏，装置将被迫降低处理量和再生压力，采取在线包盒子的方法进行临时堵漏处理，带缺陷运行至装置停工检修时对该膨胀节进行更换。例如：2014年某100万 t/a 催化装置再生器至三旋烟道膨胀节（复式铰链型）波纹管出现泄漏，在线包盒子处理，装置检修时进行更换；2010年、2015年某100万 t/a 催化装置再生器至三旋烟道膨胀节（复式铰链型）波纹管出现泄漏，在线包盒子处理，装置检修时进行更换；2020年某220万 t/a 催化装置再生器至三旋烟道膨胀节（复式拉杆带比例连杆型）波纹管出现泄漏，在线包盒子处理，装置检修时进行更换。

2　再生器至三旋烟道膨胀节波纹管泄漏原因概述

分析膨胀节波纹管泄漏的原因，除了设计选型不当、制造缺陷、安装施工质量、蠕变失稳、疲劳破坏等原因外，还有腐蚀破坏、冲刷侵蚀等。

烟气中含有一定量的水蒸气，烟气进入波纹管与导流筒的空隙后，可能在波纹管内部降到其露点温度以下，形成冷凝水。而烟气中的 SO_4^{2-}、SO_2、NO_x 等极性气体极易溶于水，形成酸性溶液，构成产生应力腐蚀裂纹的腐蚀介质和电化学反应条件，从而使波纹管发生腐蚀。烟气露点温度的高低取决于烟气中水蒸气分压和 SO_4^{2-}、SO_2、NO_x 等的浓度，当烟气中的 SO_4^{2-}、SO_2、NO_x 等与水蒸气结合形成酸蒸汽，可将烟气露点温度提高到180℃。而且，膨胀节内表面还可能处于干湿交替环境，腐蚀性液体经过反复浓缩，其离子浓度、酸度大大提高，构成了波纹管低温电化学腐蚀（含应力腐蚀）的液体环境。实际上，Inconel625、Incoloy825等高镍奥氏体合金对硫、氯离子的应力腐蚀也并非是免疫的，在特定条件下仍无法避免应力腐蚀的发生。此外，当导流筒与波纹管之间的封堵填充物脱落或导流筒发生破损后，烟气将更加容易与波纹管接触，造成腐蚀；同时，携带催化剂粉尘颗粒的、高速流动的烟气也会对波纹管产生冲刷侵蚀。

3　某催化装置再生器至三旋烟道膨胀节波纹管泄漏情况

某220万 t/a 催化裂化装置再生器至三旋烟道膨胀节采用复式拉杆带比例连杆型，通

图 3 膨胀节上波纹管泄漏情况

径为2400mm，设计温度为760℃，工作温度为700℃，设计压力为0.43MPa，工作压力为0.23MPa，波纹管材质选用Inconel 625（Grade 2）（固溶），波纹管设置为双层结构，1.5mm厚，上下波纹管均为三波，波高66mm，波距80mm，设计横向位移70mm，设计疲劳寿命3000次。该膨胀节于2014年8月投入使用。

2020年6月11日，该膨胀节上波纹管发生泄漏（自上波纹管外保护罩缝隙中喷出烟气、水汽），见图3。

之后，又发现该膨胀节上波纹管—拉杆加强板透气孔处漏烟气，判断为端板与筒体焊缝部位发生泄漏，见图4、图5。

图 4 拉杆加强板透气孔处泄漏

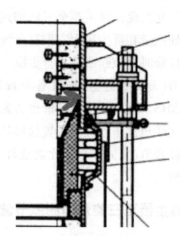

图 5 拉杆加强板处结构

4 膨胀节波纹管泄漏原因分析

该膨胀节泄漏的原因，排除设计选型不当、制造缺陷、安装施工质量、蠕变失稳、疲劳破坏等因素后，分析为腐蚀破坏、冲刷侵蚀共同作用的结果。该膨胀节上部3m处设置有2台烟道降温喷嘴（图6），由于该装置再生器为单段再生型式，生产中再生器稀相常出现尾燃现象，造成再生器出口烟气温度超标，操作上采用喷水、喷汽降温的方式进行控制，喷水量最大达到20t/h。这样，再生器出口烟气中水汽含量大大增加，就可能在膨胀节波纹管处形成烟气低温露点腐蚀的环境。其次，烟道降温喷嘴距离膨胀节距离非常近，降温水喷入烟道后急剧汽化，对烟气流动状态产生扰动，可能对膨胀节内部导流筒产生冲刷侵蚀；若喷嘴雾化效果不佳，烟气夹带着局部大量水、汽下行，对喷嘴下方的烟道衬里、膨胀节导

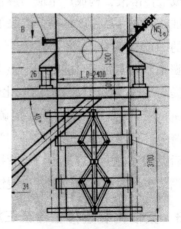

图 6 烟道降温喷嘴与膨胀节

流筒产生冲刷侵蚀，导流筒一旦破坏后，波纹管就直接暴露在烟气腐蚀和冲刷作用下，更容易发生泄漏。

后来，装置停工检修时的设备鉴定情况也验证了以上原因分析：烟道降温喷嘴下部衬里被冲刷出宽约20cm的沟槽，并一直延伸至膨胀节上波纹管导流筒处（图7）；膨胀节上波纹管导流筒局部破坏严重，露出波纹管（见图8，侧拉环处为破损的导流筒，Ω保温钉处为波纹管）；烟道降温喷嘴喷口破损严重，成为不规则形状（图9）。

图7　喷嘴下部衬里冲刷　　　　　　　　　图8　波纹管导流筒破坏

图9　喷嘴喷口破损

5　膨胀节波纹管泄漏处理措施

5.1　膨胀节包盒子堵漏并补强

该膨胀节泄漏后，采用在线包盒子并外部加固的方法进行临时处理，待装置停工检修时对该膨胀节进行更换。

首先，对上波纹管进行包盒子处理。使用10mm厚316L钢板卷筒后，分割为若干块，设置在上波纹管外护罩与膨胀节拉杆、比例连杆之间的空隙中，焊接生根在膨胀节上端板和上波纹管下部护罩环板上。

因膨胀节上下端板、护罩环板和中间筒节均为碳钢材质，为防止烟气对端板、护罩环板和中间筒节腐蚀后再次造成泄漏，决定对膨胀节中间筒节、下波纹管使用 10mm 厚 316L 钢板整圈包盒子。在此之前，在膨胀节上下端板及上下波纹管护罩环板外侧均贴焊 1 层 10mm 厚 316L 钢板。

盒子主体焊接完毕后，还剩余两侧比例连杆处局部无法焊接。这是由于波纹管外护罩与比例连杆之间空隙较小，设置包盒子用钢板后，无法将焊把伸入钢板与比例连杆之间。因此需将比例连杆临时拆除以补全焊缝。比例连杆在装置运行状态下的位移量虽已达到最大状态，但由于比例连杆还承受着膨胀节中间筒节的质量，因此在拆除前还需要对中间筒节和膨胀节整体进行临时固定，以防止波纹管产生过度变形。临时固定使用 8 根加固槽钢，按圆周等分排列，槽钢两端焊接生根于膨胀节上下端板上，中部增加固定鞍座焊接生根于膨胀节中间筒节盒子外表面。这样就将膨胀节整体进行了临时固定。拆除比例连杆时，将上中下 3 个鞍座组件中的立板在方便操作处同一高度进行割除（共计 12 块立板），可将比例连杆整体取下。切割过程需保证切割表面平整，方便后续焊接。两侧比例连杆处盒子焊缝焊接完毕后，先在切割后留在膨胀节筒体上的鞍座组件立板上满焊加装一块垫板，再将比例连杆组对到位后与加装垫板进行满焊，以保证比例连杆的固定强度。

5.2 操作调整措施

为了降低烟气中水汽含量，减缓烟气对膨胀节的腐蚀，操作上一方面采取调节装置原料油性质、再生器藏量，添加助燃剂等措施减缓再生器稀相尾燃程度；另一方面调整烟道降温蒸汽、水的开度，尽可能关小降温蒸汽、水开度，必要时优先开大降温蒸汽，当蒸汽全开时再开降温水。装置停工检修时，一方面在再生器内增加强化烧焦格栅，对待生剂分布器进行改造，以降低再生器稀相尾燃发生的概率和程度；另一方面将烟道降温喷嘴更新为 CS-ⅡA 型喷嘴，蒸汽侧设置孔板，始终保持全开状态，以保证雾化效果，操作上仍按照尽可能关小降温水的原则进行控制。

6 结束语

某催化装置再生器至三旋烟道膨胀节波纹管发生泄漏故障，究其原因主要是烟道降温大量喷水对膨胀节内套筒和波纹管造成的腐蚀破坏和冲刷侵蚀。故障发生后，采用在线包盒子补强的方法进行临时处理，操作上采取降低降温喷水流量的方法进行调整，坚持运行到装置停工检修后对该膨胀节和烟道降温喷嘴进行更换，在再生器内增加了强化烧焦格栅，对待生剂分布器进行改造，以改善再生尾燃状况。总之，对于该膨胀节，降低烟气温度，减少降温喷水对其不利影响，才能保证它能够安全平稳长周期运行。

参 考 文 献

[1] 李永生，李建国．波形膨胀节实用技术——设计、制造与应用[M]．北京：化学工业出版社，2000：122.
[2] 国家市场监督管理总局，中国国家标准化管理委员会．金属波纹管膨胀节通用技术条件：GB/T 12777—2019[S]．北京：中国标准出版社，2019.

[3] 傅向民，罗杰英，王雷，等.RFCC波形膨胀节腐蚀成因及对策[J].压力容器，2006，23(7)：49-52.

[4] 中华人民共和国工业和信息化部.耐蚀合金冷轧板：YB/T 5354—2012[S].北京：中国标准出版社，2012.

[5] 张海，谢圣利.3.5Mt/a重油催化裂化装置膨胀节开裂原因分析[J].石油和化工设备，2011(14)：55-58.

作者简介：陈俊芳(1981—)，男，毕业于河北经贸大学工程管理专业，硕士学位，现工作于中国石油化工股份有限公司石家庄炼化分公司，高级工程师，从事设备管理工作。

芳烃装置水冷器泄漏分析及应对措施

张 军

（中国石化股份有限公司天津分公司）

摘 要 本文介绍了加氢重整装置水冷器泄漏事故，系统分析了水冷器泄漏原因，并提出了应对措施，为以后水冷器的管理积累了宝贵经验。

关键词 水冷器；腐蚀；泄漏；循环水

某厂加氢重整单元开车过程中发现循环水回水 COD 超标，逐台水冷器回水取样，排查发现 5 台水冷器（E215、E209、E211、E204A/B）泄漏，由于 COD 太高，必须对换热器进行检修，E204A/B 不能单独切出系统检修，所以加氢重整延迟开车 4d，对换热器进行抢修，严重影响了开车进度。

1 换热器基本情况

1.1 E-204A/B 2 号再接触水冷器

E-204A/B 2 号再接触水冷器设备参数见表1。

表1 E-204A/B 2 号再接触水冷器设备参数

编号	操作压力/MPa		操作温度/℃		材质		介质		投用日期
	管	壳	管	壳	壳	管	管	壳	
E-204A/B	0.4	2.5	42	56	16MnR	10	水	油气+氢气	2000 年

已经投入使用22a，使用年限相对较长。

E-204A/B 流速监测见表2。

表2 E-204A/B 流速监测

设备位号	循环水管径/mm	循环水管壁厚/mm	检测时间	检测流量/（m³/h）	检测流速/（m/s）	入口温度/℃	出口温度/℃
E-204/A	200	25	4.25	80.3	0.71	30.4	36.8
E-204/B	200	25	4.25	80.3	0.71	30.4	36.8

由表2可知：流速为 0.71m/s 时相对较低，腐蚀速率可能会相对较高。

存在的腐蚀机理如下。

（1）壳程：输送介质含有硫化氢，H_2S+水的环境腐蚀；含有硫化氢且 pH 值在 4.5~7.0 的酸性水引起的金属腐蚀，介质中也可能含有 CO_2。阳极反应：$Fe \rightarrow Fe^{2+} +2e$，阴极反应：$2H^+ +2e \rightarrow H_2$

（2）管程：冷却水腐蚀，冷却水中由溶解盐、气体、有机化合物或微生物活动引起的碳钢和其他金属的腐蚀。

剖管分析：

管束剖开后发现管束内壁存在明显腐蚀坑（图9、图10），腐蚀坑布满内壁。

宏观检查：

E-204/A 管束情况（已更换）：2000 年投入使用，2020 年大检修时对 E-204/A 进行堵管约 12 根，本次泄漏后直接进行更换，是否已泄漏需再做打压实验。管束外壁存在较多腐蚀垢物，但去除垢物后表面较为平整，未发现严重腐蚀坑。管板表面附着一层泥垢，垢物去除后，表面不平整存在腐蚀坑，部分管口腐蚀缺肉。

E-204/B 管束情况(已更换)：2000 年投入使用，本次调查未发现 E-204/B 堵管，是否已泄漏需再做打压实验，管束外壁存在较多的腐蚀垢物，但去除垢物后表面较为平整，未发现严重腐蚀坑。管板表面附着一层泥垢，垢物去除后，表面不平整存在腐蚀坑，部分管口腐蚀缺肉。

2 号再接触水冷器 E-204A/B 的外观检查情况如图 1~图 10 所示。

图 1　管板腐蚀形貌

图 2　管板腐蚀形貌

图 3　管束腐蚀形貌

图 4　管束腐蚀形貌

图 5　B 管板腐蚀形貌

图 6　B 管板腐蚀形貌

图 7　管束腐蚀形貌

图 8　管束腐蚀形貌

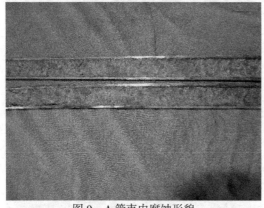

图 9　A 管束内腐蚀形貌

图 10　A 管束外腐蚀形貌

1.2　液化气产品冷却器 E-209

液化气产品冷却器 E-209 设备参数见表 3。

表 3　E-209 设备参数

编号	操作压力/MPa		操作温度/℃		材质		介质		投用日期
	管/MPa	壳/MPa	管/℃	壳/℃	壳	管	管	壳	
E-209	0.4	1.7	42	50	16MnR	10	水	液化气	2000 年

已经投入使用 22a，使用年限相对较长。

E-209 流速检测见表 4。

表 4　E-209 流速检测

设备位号	循环水管径/mm	循环水管壁厚/mm	检测时间	检测流量/（m³/h）	检测流速/（m/s）	入口温度/℃	出口温度/℃
E-209	50	25	4.25	12.3	1.74	28.5	29.9

流速相对较高，腐蚀速率应相对较慢。

存在的腐蚀机理如下。

（1）壳程：氯化铵腐蚀，氯化铵在一定温度下结晶成垢，在无水情况下发生均匀腐蚀或局部腐蚀，以点蚀最为常见，可出现在氯化铵盐或胺盐垢下。

损伤形态：①腐蚀部位多存在白色、绿色或褐色盐状沉积物，若停车时进行水洗或吹扫，会除去这些沉积物，等到目视检测时沉积物可能已不明显；②垢层下腐蚀通常为局部腐蚀，如点蚀；③腐蚀速率可能极高；④受影响的材料：按耐腐蚀性增加的顺序为碳钢、低合金钢、300系列不锈钢、合金400、双相不锈钢。

（2）管程：冷却水腐蚀，冷却水中由溶解盐、气体、有机化合物或微生物活动引起的碳钢和其他金属的腐蚀。

剖管分析：

样管剖开检查：管束剖开后可以看到管束内壁存在明显腐蚀坑（图19、图20）。

内窥镜检查：

管束内壁高压水清洗后内窥镜检查，发现仍然存在较多泥垢，部分区域存在腐蚀坑（图15）。

涡流扫查结果：

该换热器共检测管束29根，除换热器加压过程中发现的4根已泄漏管束外，新发现严重腐蚀管束6根，重度腐蚀管束13根，中度腐蚀管束6根。多数已泄漏管束和严重腐蚀管束均存在大面积减薄区域，腐蚀减薄区已占整根管束长度50%以上，部分管束整体减薄。问题管束腐蚀减薄最严重部位位于管束近两侧管口的管束段。

宏观检查：

液化气产品冷却器E-209管束情况（已经更换）：管束外部存在局部腐蚀，但相对于内壁腐蚀较轻（见图21、图22）；管束内壁高压水清洗后内窥镜抽检，未发现明显的严重腐蚀坑但仍存在局部腐蚀，管板局部存在局部腐蚀坑本次堵管11根，共计堵管11根。

其外观检查及内窥镜检查情况如图11~图18所示。

图11　管板腐蚀形貌

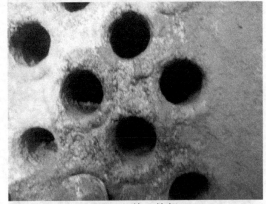

图12　管口外部

图13　管箱腐蚀形貌

图14　管板腐蚀形貌

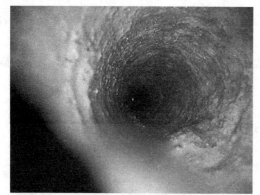

图 15　管束内壁

图 16　样管外壁

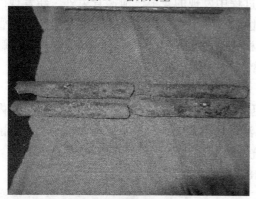

图 17　样管外壁

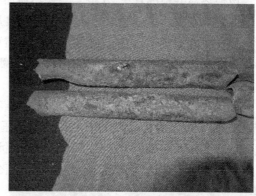

图 18　样管外壁

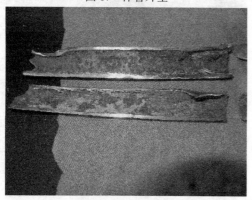

图 19　样管内壁

图 20　样管内壁

图 21　管束外壁

图 22　管束外壁

1.3 戊烷冷却器 E-211

E-211 设备参数见表 5。

表 5　E-211 设备参数

编号	操作压力/MPa		操作温度/℃		材质		介质		投用日期
	管	壳	管	壳	壳	管	管	壳	
E-211	0.4	1	42	60	16MnR	10	水	戊烷	2000 年

由于换热器管束已经投用 22a，今后使用重点关注并做好更换计划。

E-211 流速监测见表 6。

表 6　E-211 流速监测

设备位号	循环水管径/mm	循环水管壁厚/mm	检测时间	检测流量/（m³/h）	检测流速/（m/s）	入口温度/℃	出口温度/℃
E-211	25	25	4.26	2.86	2.54	28.5	29.9

流速相对较高，腐蚀速率应相对较慢。

存在的腐蚀机理：

腐蚀机理和 E209 相同。

内窥镜检查：

管束内壁高压水清洗后内窥镜检查，发现仍然存在较多较硬泥垢，部分区域存在腐蚀坑（图 26）。

涡流扫查结果：

该换热器共检测管束 17 根，发现重度腐蚀管束 1 根，中度腐蚀管束 12 根，轻度腐蚀管束 4 根。问题管束主要存在多处小面积减薄或坑蚀缺陷，腐蚀减薄最严重部位多位于近两侧管口管束段。通过脉冲涡流检测及内窥镜观察，初步判断管束腐蚀减薄主要由管程介质造成。

宏观检查：

戊烷冷却器 E-211 管束情况（只打压不抽管束）：局部观察管束外壁存在较厚一层腐蚀产物，表面存在局部腐蚀。本次堵管 1 根，共堵管 1 根。

其外观检查及内窥镜检查情况如图 23~图 26 所示。

图 23　管束腐蚀形貌

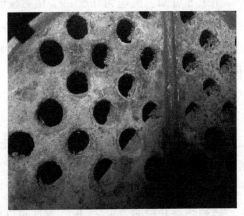

图 24　管板腐蚀形貌

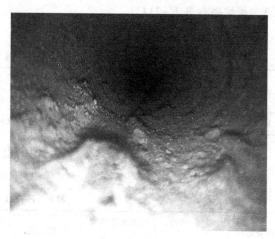

图 25　管板腐蚀形貌　　　　　　　　图 26　管束内壁

1.4　重整开停工水冷器 E-215 腐蚀原因分析

E-215 设备参数见表 7。

表 7　E-215 设备参数

编号	操作压力/MPa		操作温度/℃		材质		介质		投用日期
	管	壳	管	壳	壳	管	管	壳	
E-215	0.4	1.7	42	177	16MnR	10	水	重组分油	2004 年

换热器管束已经投用 18a，今后使用重点关注并做好更换计划。

E-215 流速检测见表 8。

表 8　E-215 流速检测

设备位号	循环水管径/mm	循环水管壁厚/mm	检测时间	检测流量/(m³/h)	检测流速/(m/s)	入口温度/℃	出口温度/℃
E-215	250	25	4.26	93.66	0.53	28.6	29.6

由表 8 可知：流速为 0.53m/s 相对较低，易产生垢下腐蚀。

内窥镜检查：

内窥镜检查发现管束内部存在堆积垢物，高压水清洗后堆积垢物部位存在明显腐蚀坑（图 31、图 32）。

宏观检查：

E-215 管束情况（只打压不抽管束）：管束外壁无法检查；西侧小浮头内循环水接触管板附着一层泥垢，去除后管板表面存在明显垢下腐蚀坑，部分管口缺肉。已堵管 1 根，本次堵管 2，共计 3 根。

涡流扫查结果：

该换热器共检测管束 25 根，发现重度腐蚀管束 3 根，中度腐蚀管束 22 根。所检测管束均为问题管束，主要存在多处小面积减薄或坑蚀缺陷，腐蚀减薄最严重部位多位于管束中段或近东侧管口位置。通过脉冲涡流检测及内窥镜观察，初步判断管束腐蚀减薄主要由管程介质造成。

重整开停工水冷器 E-215 的外观检查及内窥镜检查情况如图 27~图 32 所示。

图 27 东管板腐蚀形貌

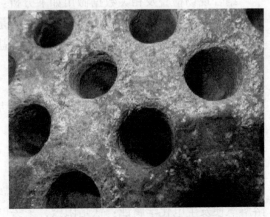

图 28 西管板局部腐蚀形貌

图 29 西管板腐蚀形貌

图 30 小浮头形貌

图 31 管束内壁

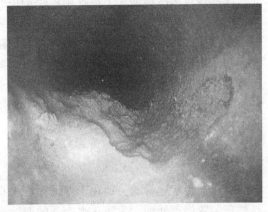

图 32 管束内壁

2 分析结论

2.1 直接原因

结合现场检查及相关数据做出如下分析：芳烃车间水冷器泄漏直接原因是管束管程循环水侧发生腐蚀导致管束由内而外穿孔。主因是循环水的垢下腐蚀以及溶解氧腐蚀，同时微生物腐蚀，以及壳程对外管束得的硫化物、铵盐等腐蚀也起到一定作用，在多种腐蚀共同作用下，导致管束发生泄漏。

（1）垢下腐蚀

从换热器管束内部照片观察管束内壁有大量污泥、硬质垢块，以及管箱侧大量的其他杂物，管程循环水流速在这种情况下大大降低，导致大量微生物开始繁殖，产生大量的硬质垢块，最终发生严重的垢下腐蚀。

（2）溶解氧腐蚀

由于循环水中伴随有大量溶解氧，而金属电动机电位低于氧的电极电位，管束与水中的溶解氧便发生电化学腐蚀：铁是阳极，失去电子成为亚铁离子，氧为阴极进行还原，溶解氧的这种阴极去极化的作用，造成对锅炉铁的腐蚀，此外氧还会把溶于水的氢氧化铁沉淀，使亚铁离子浓度降低，从而使腐蚀加剧。

2.2 间接原因

水冷器超期服役，在水冷器正常使用过程中，管束的使用寿命为10a左右，但是上述水冷器使用年限都在20a左右，使用过程中已经出现过管束泄漏，通过检修进行堵漏，这也大大降低了使用寿命，致使管束很容易发生腐蚀泄漏。

监测数据显示E204/E215流速偏低，造成管束内部结垢严重，为细菌的大量滋生提供了有利条件，长期腐蚀积累，导致严重的垢下腐蚀。同时，水厂在开工阶段添加了除垢剂，在垢下腐蚀严重发生的情况下，垢无脱落后更容易导致泄漏的发生。

3 防腐对策

通过对此次循环水换热器泄漏进行深刻分析与反思，提出了以下应对策略：

（1）通过其他炼化企业的实践证明，通过牺牲阳极保护块能够延长管束的使用寿命，因此这次检修对水冷器增加了牺牲阳极保护块的防腐手段，以此来延长管束使用周期。

（2）协调生产专业控制水冷器水侧流速不低于1m/s，对流速过低水冷器要及时调流并做风险评估；同时对循环水的水质进行数据跟踪，发现异常及时协调解决。

（3）重新制定水冷器分级管控方案，对备用超10a、使用超20a管束进行统一梳理建立台账，结合工艺循环水检测情况，提报备用管束（增加防腐涂层），择机进行更换。对有条件的水冷器增加反冲洗设施，定期进行反冲洗，减少泥沙等杂质对管束的影响，保证循环水的流速，延缓垢下腐蚀与微生物腐蚀速率。

4 结语

水冷器稳定运行的关键在于保证循环水水质，发生泄漏后对装置的影响非常大，甚至需要整套装置停车处理，为防止水冷器的腐蚀泄漏发生，要从设计、选材、操作运行、防腐保护等多方面采取有效的预防措施。

参 考 文 献

[1] 杨德钧. 金属腐蚀学[M]. 北京: 冶金工业出版社, 1999: 257-261.

作者简介: 张军, 男, 毕业于辽宁石油化工大学过程装备与控制工程专业, 学士学位, 现工作于中国石化股份有限公司天津分公司化工部, 工程师, 从事设备管理工作。

苯抽提装置 A 系列腐蚀原因分析及控制措施

蔡志超

（中石化股份有限公司天津分公司）

摘 要 针对苯抽提装置 A 系列设备、管线腐蚀问题，阐述原料中氯的来源、氯在系统中的分布和类型及磺酸的形成。对苯抽提装置 A 系列环丁砜降解进行探讨，并对环丁砜脱氯设施的脱氯效果进行对比分析。

关键词 氯腐蚀；磺酸；环丁砜脱氯

1 装置工艺运行概况

1.1 原料性质

苯抽提装置 A 系列的原料全部为重整油分馏塔塔顶油，其中非芳烃含量在 41% 左右，苯含量在 26% 左右，甲苯含量在 33% 左右，密度为 809kg/m³，装置年产甲苯 2.3×10^5 t，年产苯 2.75×10^5 t。

1.2 工艺流程

重整油分馏塔塔顶油 C6/C7 作为苯抽提装置 A 系列的原料，先进入抽提蒸馏塔，通过溶剂环丁砜将芳烃与非芳烃进行分离。非芳烃进入非芳烃蒸馏塔进行进一步提纯，塔顶非芳烃采出装置，塔底少量溶剂返回抽提蒸馏塔。芳烃经过抽提蒸馏塔塔底泵输送到溶剂回收塔进行溶剂与芳烃分离，塔顶芳烃为下游提供原料，塔底溶剂进行循环使用，其中一少部分溶剂进入溶剂再生塔，通过汽提将溶剂中降解的环丁砜与杂质去除并留在溶剂再生塔中，将品质好的溶剂输送至溶剂回收塔，溶剂再生塔底降解物定期清理。2020 年增加环丁砜在线脱氯设施，并于 11 月投用。

2 腐蚀原因分析

2.1 氯离子腐蚀

苯抽提装置 A 系列原料中含有一定量的氯，一般氯含量在 1mg/kg，氯会随着原料进入抽提蒸馏塔，由于溶剂中含有一定的水，大部分氯会随着溶剂在系统中循环并不断富集，通过贫溶剂样品分析结果中发现溶剂循环管线中存在一定量的氯离子，并且氯离子含量随开车时间增长而有所增加，因此在苯抽提装置 A 系列系统中存在不同程度的氯腐蚀。

根据往年经验，A 系列系统开工 4 个月以后，氯含量将从最初的 3mg/kg 左右逐渐上涨到 30mg/kg 以上，见表 1。

表 1 2018 年抽提 A 系列环丁砜净化后的系统氯含量

采样时间	样品名称	氯含量/（mg/kg）
2018-01-02 9：05：37	A 系列贫溶剂	3.6
2018-01-23 9：05：02	A 系列贫溶剂	4.2

采样时间	样品名称	氯含量/(mg/kg)
2018-02-06 9：05：03	A系列贫溶剂	6.4
2018-02-20 9：04：58	A系列贫溶剂	7.3
2018-03-06 9：04：50	A系列贫溶剂	9.6
2018-03-20 9：04：58	A系列贫溶剂	14.5
2018-04-03 9：05：00	A系列贫溶剂	14.9
2018-04-17 9：05：07	A系列贫溶剂	25.1
2018-04-24 9：04：59	A系列贫溶剂	35.2
2018-05-01 9：05：27	A系列贫溶剂	27.2
2018-05-15 9：05：38	A系列贫溶剂	46.2
2018-05-22 9：05：28	A系列贫溶剂	28.5

氯离子对金属设备造成的腐蚀巨大并且其腐蚀机理比较复杂，且氯离子本身对不锈钢有腐蚀作用，易造成金属表面孔蚀与裂纹，属于阳极电化学腐蚀。氯离子长期在水溶液中可以加速促进腐蚀反应，并容易穿透金属表面的保护膜，造成缝隙腐蚀和孔蚀。

2.2 环丁砜降解物腐蚀

环丁砜溶剂在循环使用过程中，降解生成二氧化硫和不饱和可聚合物质，在有氧存在的条件下会加速分解形成一些酸性聚合物，而且还发生水解，生成有腐蚀性的磺酸，再与乙醇胺作用生成盐类等高沸点的杂质。环丁砜降解有以下几种情况：

2.2.1 高温分解

环丁砜溶剂在220℃条件下缓慢产生硫氧化合物和不饱和聚合物，230℃以上高温会加速环丁砜溶剂分解，超过240℃即可分解产生大量的硫。240℃释放的硫远大于220℃时的释放量。温度越高，环丁砜溶剂分解越严重。

2.2.2 过多的氧加速环丁砜溶剂分解

罐区的氮封不正常，设备、仪表的检修，负压系统密封性差都会造成系统中氧含量增加。环丁砜溶剂中氧含量增大会加速其分解，因此环丁砜溶剂中氧含量的多少是抽提原料优劣的重要指标。

环丁砜降解受到操作温度影响，在开工或者正常操作时，塔底再沸器蒸汽的波动容易造成环丁砜温度过高发生降解形成磺酸，对设备造成酸腐蚀。而环丁砜的劣化速率随pH值降低而增大，其被水解和开环生成磺酸的反应会受酸的催化作用而加剧。随着系统水含量增加，pH降低、腐蚀速率增加、热稳定性下降。并且当氯离子和磺酸共同作用时，设备腐蚀速率大大增加。

2.3 腐蚀危害

系统中腐蚀环境主要为$HCl+H_2O$+磺酸型，在氯离子腐蚀和磺酸共同作用下，贫溶剂管线以及换热器出现腐蚀泄漏情况，对输送溶剂的机泵叶轮以及蜗壳均有不同程度的腐蚀减薄，严重威胁装置长周期平稳运行。

例如，抽提A系列贫溶剂/汽提水换热器在2017年初出现内漏，造成装置局部停工检修。2020年设备检修时发现，抽提A系列多台换热器出现腐蚀，为确保长周期稳定运行，在贫溶剂侧增加换热器切出跨线。

3 减缓腐蚀措施

3.1 控制操作温度不超温

严格控制各塔底再沸器操作温度，调节蒸汽量时减少波动，从而降低环丁砜降解速率。同时优化溶剂再生塔汽提操作，将塔底温度进行下限控制。

3.2 溶剂再生塔定期去除劣质环丁砜

溶剂再生塔的再生原理是优质环丁砜溶剂在再生塔被高温汽提气以雾沫状夹带回系统，而劣质环丁砜溶剂则被塔顶破沫网沉留在塔釜。再生塔的定期清理排放，可以有效保证环丁砜溶剂的质量。

3.3 增加环丁砜在线脱氯设施

自 2020 年 11 月，A 系列增加环丁砜在线脱氯设施。基本工艺流程是从贫溶剂进料调节阀前引出一小部分贫溶剂去环丁砜在线脱氯设施进行在线脱氯，然后返回贫溶剂调节阀后再进入塔内。通过对环丁砜溶剂的连续过滤，有效降低氯含量，见表 2。

表 2　2021 年 2 月，抽提 A 系列环丁砜溶剂中氯含量

样品名称	采样时间	氯含量/（mg/kg）
A 系列贫溶剂	2021/02/02 21：00：00	4.8
A 系列贫溶剂	2021/02/09 21：00：00	5.6
A 系列贫溶剂	2021/02/16 21：00：00	5.8
A 系列贫溶剂	2021/02/23 21：00：00	8.0
A 系列贫溶剂	2021/03/02 21：00：00	5.9

4 结论

苯抽提 A 系列系统内的管线及设备腐蚀问题对装置安全稳定运行构成了极大威胁，通过优化温度控制方案，定期进行溶剂再生清理，增设环丁砜在线脱氯设施等，有效降低系统氯含量，使苯抽提装置 A 系列管线及设备腐蚀问题得到良好控制。自 2020 年大修改造后，本系统从未发生过一起因腐蚀导致的停工检修事件，从而使装置长周期安全稳定运行得到保证。

参 考 文 献

[1] 滕伟峰. 环丁砜抽提装置腐蚀分析及控制[J]. 石油化工技术与经济，2018(4)：51-53.

作者简介：蔡志超(1994—)，男，2017 年毕业于常州大学，学士学位，现工作于天津石化炼油部联合七车间，设备员。

ACME 聚合物涂层在油田储酸罐的应用

唐 明

(中石化西南石油工程有限公司油田工程服务分公司)

油田勘探、钻井和输油的过程中都会用到盐酸，尤其是钻井过程中的解卡和酸化，用酸的量非常大，油水井酸化时，一般使用 6%～15%（质量分数）的盐酸，由于高效缓蚀剂的出现，盐酸浓度已达到 37%（质量分数），它可溶解堵塞注水井的腐蚀产物（如 Fe_2O_3 和 FeS），也可溶解油层中的碳酸盐［如 $CaCO_3$、$MgCO_3$ 和 $CaMg(CO_3)_2$］。盐酸属于能够很快进行还原的强酸，具有非常强烈的腐蚀性质，大部分的金属体（如碳钢）在碰到盐酸液体时，金属体便会以最快的速度跑进液体中，组成具有很强性质的腐蚀体。油田储酸罐如果缺少有效的防护措施则易引起设备老化、腐蚀甚至泄漏，发生跑酸事故，不仅影响安全生产，对环境造成污染，甚至危害人身安全，造成经济损失。

1 背景

中石化西南某子分公司 2022 年 $100m^3$ 大型重叠碳钢储酸罐内壁防腐工程项目，储酸罐容量为 $50m^3$，每组 2 个罐重叠，合计 $100m^3$，合计 20 组，介质大部分时为盐酸，浓度为 20%～35%，偶尔土酸（氢氟酸 3%+盐酸 12%），常温差压。按项目技术要求，储酸罐内壁涂层需达到耐强酸腐蚀寿命 5a 以上，局部涂层失效后需能进行防腐维修，所使用防腐材料需安全环保。

2 盐酸储罐防腐现状

通过多方市场调研及实地走访，科研人员了解到，目前国内应用较多的盐酸罐系统腐蚀解决方案，主要有 316L 不锈钢复合板，玻璃钢内衬，耐蚀鳞片胶泥内衬，橡胶内衬，以及 ACME 聚合物防腐涂层。

2.1 316L 不锈钢复合板

316L 不锈钢即奥氏体不锈钢并不是真的不锈，由于 Cl^- 的原子半径非常小，当氯离子含量大于 $25×10^{-6}$ 时，金属当中的任何非金属夹杂物以及焊接缺陷都将成为 Cl^- 渗透的腐蚀源头，这些在材料表面的非金属化合物在 Cl^- 的腐蚀作用下将很快形成坑点腐蚀形态，这时 Cl^- 是腐蚀的催化剂，加速了酸碱盐腐蚀的速率，在闭塞电池的作用下，奥氏体不锈钢就会发生应力腐蚀、孔蚀、晶间腐蚀。

2.2 玻璃钢内衬

储酸罐玻璃钢内衬通常耐常温下的各种酸、碱、盐腐蚀，但由于液态稀释剂及固化剂的挥发使内衬层遍布微孔，尤其是设备焊缝部位，涂层很难连续完好，玻璃纤维残留的空儿、卵泡，在时差变迁的环境下，微裂纹和界面效果下，会被腐蚀扩展。特别是浓度超过 30% 的酸碱盐，会产生气相环境，在气相状态下会有一部分酸碱盐微小分子因为剧烈的活动，慢慢地渗入到罐体玻璃纤维的空隙或者缺陷处里面，经过长时间的凝集，会产生应力集中，日积月累会产生裂纹，尤其是人孔和封头处，更容易造成损坏，发生泄漏。可口可乐（四川）饮料有限公司砼基厌氧池和中间池玻璃钢防腐层使用不到1a就已腐蚀剥落。

2.3 耐蚀鳞片胶泥内衬

耐蚀鳞片胶泥内衬理论上玻璃鳞片"平铺"交替重叠排列起到屏蔽和抗渗透性作用，但实际工程上涂层涂覆比较厚，玻璃鳞片"平铺"与"竖立"重叠排列，"竖立"鳞片反而增加了渗透性，达不到理想设计效果；因玻璃鳞片胶泥的耐高温性能差、施工水平参差不齐，经常有施工半年到一年时间即发生空鼓、起泡，大面积剥落的现象，有效防腐时间短；另外目前人们常用的玻璃鳞片胶泥普遍使用挥发性较差的苯乙烯作为稀释剂，且该成膜物自身就是可燃有机物，用于受限空间安全隐患极大。

2.4 橡胶内衬

储酸罐橡胶内衬具有优良的耐腐蚀性能，除浓硫酸、铬酸等强氧化性酸和芳香烷烃之外，几乎对所有介质都有具有良好的抗腐蚀性．且弹性好的软质橡胶衬里可以吸收机械震动。但是橡胶的耐热性较差，一般硬质胶的使用范围为0～85℃，硬质胶衬里的设备不宜在-5℃下使用，软质胶为-25～75℃；氧、臭氧、空气中的水汽、酸碱盐等也会加速橡胶的老化；溶剂能使胶层溶胀，如氢氟酸是橡胶的强腐蚀化学试剂，几乎所有橡胶制品都会腐蚀；衬胶层易被硬物损伤；硬质胶的膨胀系数比金属大3～5倍，在温度剧变时胶层会开裂、脱层，另外橡胶拉伸，会有一些看不到的小孔，实际案例华能大庆新华电厂的盐酸罐就发现橡胶衬里底层发现渗透过去的酸液，中沙（天津）石化有限公司的盐酸罐使用顺丁橡胶内衬，大面积部分完好，附着力很好，但在接头处破损、开裂、张开分离。橡胶内衬一旦失效不容易维修，废物料不易处理，且衬胶时所用的物料易燃、有毒、容易引发安全事故。

2.5 ACME聚合物防腐涂层

ACME聚合物防腐涂层是市场上新兴的一种重防腐专用无溶剂液体涂层材料，该涂层具有大的交联密度，涂层致密，高耐渗透，超耐强酸腐蚀，而且该涂层材料不易燃易爆，整个施工过程及固化过程无任何溶剂挥发，对环境及施工人员健康没有危害，环保安全，特别适合受限空间施工；涂层整体无缝，形成一个统一体，不存在缝隙处腐蚀渗透问题，能够完全屏蔽强酸介质的腐蚀和渗透；抗高温下的各种酸、碱、盐、高矿化水腐蚀，耐渗透性卓越，而且涂层黏结力强，不脱落，对原基体具有补强防护的作用；特别是材料中添加了纤维材料，设计匹配的膨胀系数，有机无机杂化，刚柔相济；耐磨抗冲刷；防腐寿命长、性价比高；易检查，易维修，如有性状变化处、磨损减薄处需进行局部修补即可。

3 盐酸储罐防腐涂层选材思路

作为盐酸的主要贮存设备油田储酸罐来说，其所处的腐蚀环境根据ISO 12944-2的定义属于重腐蚀环境中的C5-I强腐蚀介质环境。重腐蚀工况环境下的储酸罐防腐涂层必须具备3个核心参数：

（1）黏得牢：无论干燥状态、还是有腐蚀介质湿附着力都有大的黏结强度，不至于涂层失效脱落。

（2）穿不透：就是腐蚀介质不能渗透过涂层，否则就会形成腐蚀通道，导致涂层起泡、开裂剥落。

（3）涂层的功能性及工艺安全性：方便使用及施工，安全环保无毒、不易燃易爆，适合受限空间使用。

科研人员从涂层的黏结性能、耐强酸腐蚀性能、耐硫酸条件加速老化性能、耐磨性及安全环保性能等技术指标对 ACME 聚合物防腐涂层进行了试验分析，试验结果如下：

3.1 黏结性能

科研人员针对不同基材的 ACME 聚合物防腐涂层试件，采用拉拔法测试了涂层的黏结强度，测试结果见表1。

表1 涂层的黏结强度测试结果

基材	Q235 钢	Q235 钢	Q235 钢	316L 不锈钢	锰铜合金 6J12
测试结果	32.21MPa	24.95MPa	28.15MPa	16.68MPa	19.45MPa
测试图片					

测试结果表明，ACME 聚合物防腐涂层与钢板黏接强度 ≥20MPa（拉拔法测附着力），与不锈钢板、锰铜合金等难黏金属的黏接强度 ≥15MPa（拉拔法测附着力）。

3.2 耐强酸腐蚀性能

针对耐强酸腐蚀性能，科研人员制作 ACME 聚合物防腐涂层钢板试件，进行了三组不同强酸溶液浸泡试验：第一组试件浸泡在 5%盐酸+10%硫酸的混合酸溶液中，温度 60℃±2℃，浸泡 30d；第二组试件浸泡在 9%HCl+6%HF 的混酸溶液中，温度 60℃±2℃，浸泡 30d；第三组试件浸泡在 30%盐酸溶液中，室温，浸泡 130d，试验结束后，涂层均表现完好，无起泡和脱落现象。

3.3 耐硫酸条件加速老化性能

科研人员制作 ACME 聚合物防腐涂层钢板试件，在常温下 20%H_2SO_4 溶液中浸泡 1h，取出后晾干 15min，放入 177℃±2℃烘箱中 16h，再在 23℃±2℃放置 4~6h，以此流程为一个循环，共计试验循环次数 30 次，涂层依然完好，无开裂、起泡、剥落等涂层破坏现象，且涂层的黏结强度保持率能达到 80%以上。

3.4 耐磨性

科研人员分别采用磨耗法 CS-10W-1000g 和落砂法（SY/T 0315）对涂层的耐磨性进行检测，发现 ACME 聚合物防腐涂层的磨耗法（CS-10W-1000g）耐磨性测试结果一般都在 20mg 以下，落砂法（SY/T 0315）耐磨性测试结果在 3.0L/μm 以上。

3.5 安全环保性能

ACME 聚合物防腐涂层材料固含量检测结果 97%，属于无溶剂液体聚合物涂层材料；闪点测试结果分别为 103℃和 105℃，不属于易燃液体（根据 GB 30000.7—2013，闪点 93℃以下为易燃液体）。ACME 聚合物防腐涂层材料不易燃不易爆，无溶剂挥发，安全环保。

4 盐酸罐内壁涂层应用试验

根据客户需求，科研人员选择了一个与项目同类型的旧盐酸罐，采用 ACME 聚合物防腐涂层材料对其进行内壁防腐修复，并模拟现场最苛刻的使用条件，即用浓盐酸对罐内壁进行浸泡。2020 年 12 月 6 日改良后酸罐中装入 31% 高浓度盐酸 22m³ 浸泡，至 2021 年 2 月 20 日立式酸罐重防腐涂层实验罐装酸浸泡测试第 76d，罐体及附件无腐蚀、无滴漏。2021 年 2 月 22 日开罐检查情况发现：①罐内壁涂层光滑如初，未见起泡和腐蚀情况，颜色和外观几乎无变化；②检测涂层厚度没有变化；③电火花检测没有漏点。涂层的实罐应用检测结果见表 2。

表 2　涂层的实罐应用检测结果

| 防腐施工前 | ACME 聚合物防腐涂层防腐施工后 |

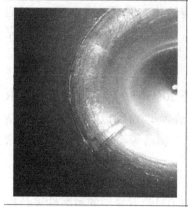  

| 浓盐酸浸泡 76d 后，涂层外观检查，完好如初 | 厚度检查，没有变化 | 电火花检测：无漏点 |

5 涂层同步挂片试验

科研人员用 ACME 聚合物涂层内防腐材料涂层试件，与现场应用同步进行了样片酸液浸泡实验，分别浸泡在 33% 浓度盐酸、土酸和现场酸液中，浸泡时间从 2020 年 10 月 28—2021 年 4 月 5 日，共计浸泡 158d，2021 年 4 月 5 日从酸液取出样片观察，样片与没有浸酸液的样片对比，无论是颜色和外表，均没变化，说明内防腐涂层抗腐蚀和老化能力优良(图1)。

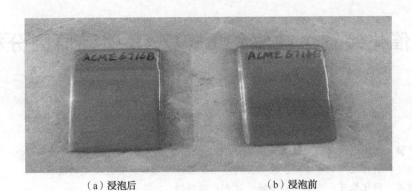

（a）浸泡后　　　　　　　　　　　（b）浸泡前
图1　涂层的挂片检测对比结果

6　ACME 聚合物涂层在储酸罐的应用情况

该 100m³ 大型重叠碳钢储酸罐内壁防腐项目实施于 2021—2022 年，采用 ACME 聚合物涂层材料作为防腐主材，完成防腐施工。该项目所有储酸罐于 2022 年 4 月一次性全部投入中石化某大型酸化施工现场，现场储酸 2000m³，罐体不渗、不漏，保证了施工安全，截至 2022 年 10 月 20 日，每个罐内还有 4~6m³ 余酸，酸液已连续浸泡罐内壁 200 余天，罐体不渗、不漏。同时 2020 年 12 月改造的 28m³ 应用试验酸罐已连续使用 600 余天，罐体不渗、不漏，涂层完好。

7　结论

经过上述试验检测及应用结果，可以确认 ACME 聚合物涂层材料是目前国内性能最好的液态重防腐材料，不仅安全环保，不易燃不易爆，而且其防腐性能远远优于目前市场上流行的环氧树脂、乙烯基玻璃鳞片和其他树脂材料，ACME 聚合物涂层完全能够满足中石化西南油气田分公司技术服务公司 100m³ 大型重叠碳钢储酸罐内壁防腐项目技术需求，同时也能够满足油田大多数储罐、储池防腐需求。

参　考　文　献

［1］庞法拥．基于盐酸储罐内衬玻璃钢防腐蚀技术的研究［J］．研究与开发，2016（03）．

［2］李成超，张诚栋，崔云龙，等．不锈钢夹层锅在氯离子环境中的腐蚀及预防措施［J］．化工装备技术，2017（02）．

［4］季杰．玻璃钢盐酸储罐泄漏原因分析及防护对策［J］．河北化工，2009（12）．

［5］刘换英，吴希革，陈双铜，等．高耐渗透耐温聚合物涂层在湿法脱硫塔上的应用［J］．区域供热，2019（02）．

［6］ISO 12944-2：2017，色漆和清漆-防护涂料体系对钢结构的防腐蚀保护-第 2 部分：环境分类［S］．北京：中国标准出版社，2017．

［7］GB 30000.7—2013，化学品分类和标签规范　第 7 部分：易燃液体［S］．北京：中国标准出版社，2013．

作者简介：唐明，现工作于中石化西南石油工程有限公司油田工程服务分公司，高级项目管理师。

2# 催化装置余热锅炉 B501/AB 泄漏原因分析

张海宁

(中国石油化工股份有限公司天津分公司装备研究院装置风险分析室)

摘　要　本文通过对催化装置余热锅炉 B501/AB 省煤器管子现场检查、壁厚检测、垢样分析、金相分析、硬度检测等方法，全面分析了省煤器泄漏原因，并提出建议措施。

关键词　催化装置；省煤器；泄漏；冲刷；酸腐蚀

某公司炼油部 2# 催化装置补燃式 CO 余热锅炉 B501/AB(以下简称 B501-A/B)，2020 年 11 月 8 日开始运行，2021 年 10 月 1 日发现除氧水泵出水压力由 6.3MPa 掉至 5.9MPa，B501-A 上水量 FI50101 由 134t/h 增至 159t/h，高温省煤器处炉内温度 TI50611 由 181℃ 降至 88℃，判断出余热锅炉高温省煤器发生泄漏，详细泄漏原因分析内容如下。

1　设备工艺介绍

设备信息：省煤器结构采用外护板(护板内侧 200mm 耐火浇注料)加内部螺旋翅片管蛇形管受热面，集箱采用外置形式，全密封结构。

省煤器受热面采用规格 φ38mm×4mm，螺旋翅片管形式，管子弯头半径为 R50 和 R130，蛇形管支撑采用角钢支撑方式，受热面蛇形管和支撑及其他零部件无直接焊接，部件制造完毕后整体水压合格出厂。

管子规格：φ38mm×4mm；材质：20G；输送介质：除氧水；外部介质：再生烟气；高省操作温度：350℃/250℃；中省操作温度：250℃/210℃；低省操作温度：210℃/170℃；除氧水：140℃/250℃。

工艺简介：催化烟气自上向下由高温省煤器、中温省煤器、低温省煤器进行外部换热，管子内部除氧水由低温省煤器、中温省煤器、高温省煤器进行内部换热。

炼油部 2# 催化裂化装置反再系统流程简图见图 1。余热锅炉总图见图 2。

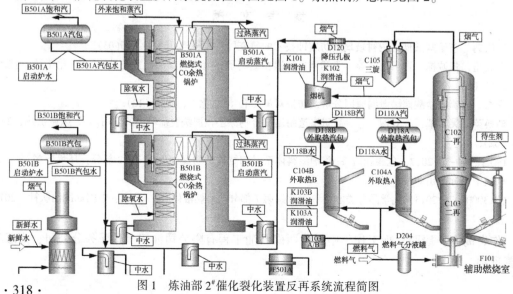

图 1　炼油部 2# 催化裂化装置反再系统流程简图

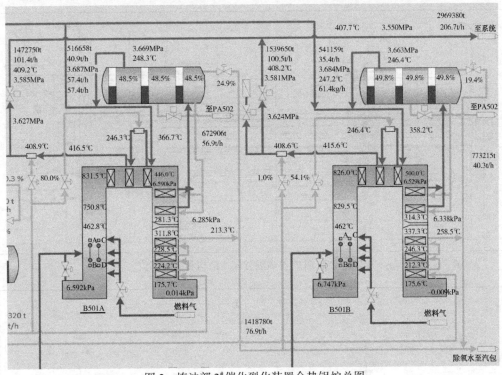

图 2　炼油部 2# 催化裂化装置余热锅炉总图

2　检测与分析

2.1　宏观检查

B501/AB 内部弯头泄漏部位存在 1 个共性，主要发生在靠近进/出水直管的第 1 个弯头。

（1）余热锅炉 B501/A

高温省煤器（编号自东向西数）：

进水管存在腐蚀泄漏点，但现场未找到泄漏孔（简称 H 泄漏孔），仅对第 5、6、7、8 排堵管处理，打压检查。其他外部检查未发现明显腐蚀。第 5、6、7、8、61（减薄）排弯头堵管，共计堵 5 排 10 根管子（图 3~图 8）。

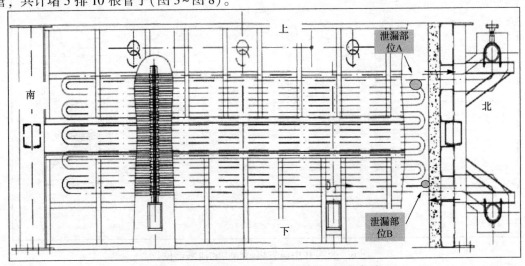

图 3　余热锅炉 A 中温省煤器结构和泄漏部位

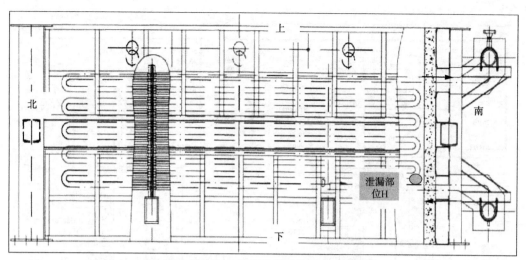

图 4　余热锅炉 A 高温省煤器结构和泄漏部位

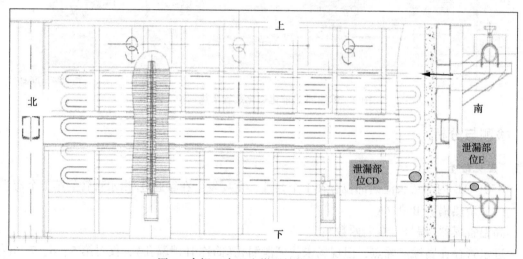

图 5　余锅 B 高温省煤器结构和泄漏部位

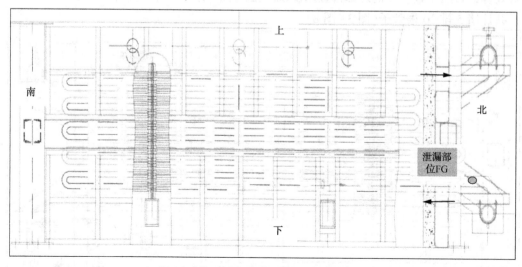

图 6　余锅 B 中温省煤器结构和泄漏部位

图 7　余锅 A 内部总体形貌

图 8　弯头总体形貌

中温省煤器（编号自西向东数）：

管子共泄漏 2 处：第 1 处为第 18 排出水 R130 弯头（简称 A 泄漏孔，见图 9~图 12）。第 2 处位于其下方，第 22 排进水管直管（简称 B 泄漏孔，见图 13）。A 泄漏孔外壁未见明显腐蚀，但其内壁泄漏孔附近存在较小腐蚀坑，并有一条明显的冲刷凸起线条。其下方第 4 排至第 29 排，靠近衬里处的管子外壁存在腐蚀坑（图 14、图 15）。B 泄漏孔外壁附近存在严重的局部腐蚀，内壁未见明显腐蚀。其余管子外表面附着一层白灰，未发现明显外部腐蚀（图 16）。第 5~10、12~13、15~24、31（减薄）、41（减薄）、56~80 排管子堵管处理，共计堵 44 排 88 根管子。

低温省煤器（编号自东向西数）：

外部检查未发现明显腐蚀，第 3、16、18、66 排弯头减薄堵管。共计堵 4 排 8 根管子。

其他情况：

余热锅炉使用过程中，余热锅炉壁板间隙不断增大，特别是在中温省煤器和低温省煤器之间，烟气穿过衬里，对壁板及吹灰器造成了腐蚀穿孔（图 17~图 20）。

（2）余热锅炉 B501/B（图 21、22）：

高温省煤器（编号自西向东数）：

南侧进水管最下方第 26 排弯头泄漏（简称 C 泄漏孔，见图 23、图 29）和第 27 排弯头泄漏（简称 D 泄漏孔，见图 24、图 30），泄漏孔 C/D 内壁未发现明显腐蚀，但外壁有一条明显的冲刷凸起线条；南侧进水管最下方第 24、25、26、27、28、29、30 排直管外表面存在明显腐蚀坑（图 26~图 28）；南侧进水集箱第 28 排管子根部存在泄漏孔（简称 E 泄漏孔，见图 21）。共计堵 7 排 14 根管子。

中温省煤器（编号自西向东数）：

进水管北侧进水集箱第 6 排接管根部焊缝泄漏（简称 F 泄漏孔）、7 排根部焊缝泄漏（简称 G 泄漏孔），其他部位外部检查未发现明显腐蚀。第 15、22、29、30、31、32、34 排等减薄堵管，共计堵 9 排 18 根管子。

低温省煤器（编号自西向东数）：

其他部位未发现明显外部腐蚀。第 1、3、4、5、6 北侧出水弯头减薄堵管，共计堵 5 排 10 根管子。

其他情况：

余热锅炉使用过程中，余热锅炉壁板间隙不断增大，特别是在中温省煤器和低温省煤器之间（图 31）。

余热锅炉 B501/A 情况：

图 9　中省泄漏孔 A 位置

图 10　中省泄漏孔 A 位置

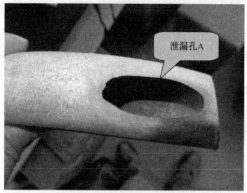

图 11　中省泄漏孔 A 形貌

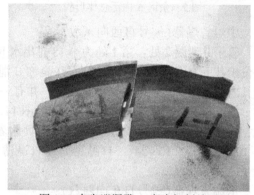

图 12　中省泄漏孔 A 弯头切割处理

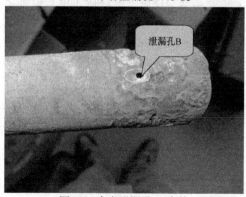

图 13　中省泄漏孔 B 直管

图 14　中省泄漏孔 B 附近管子

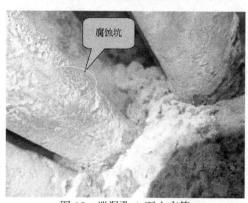

图 15　泄漏孔 A 下方直管

图 16　其他较好直管

图 17　泄漏孔 A 腐蚀形貌

图 18　中省进水集管

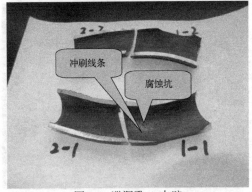

图 19　泄漏孔 A 内壁

图 20　壁厚检测

余热锅炉 B501/B 情况：

图 21　高省进水集箱泄漏形貌

图 22　直管总体腐蚀形貌

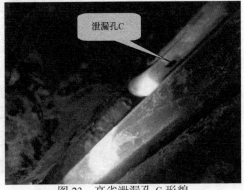

图 23　高省泄漏孔 C 形貌

图 24　高省泄漏孔 D 形貌

图 25　直管局部腐蚀形貌

图 26　C/D 孔下方直管腐蚀形貌

衬里沟槽

图 27　C/D 孔下方直管

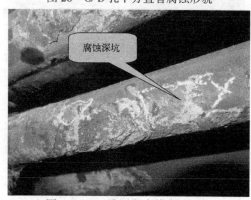

腐蚀深坑

图 28　C/D 孔下方直管腐蚀形貌

图 29　高省泄漏孔 C 腐蚀形貌

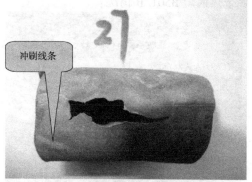

冲刷线条

图 30　高省泄漏孔 D 腐蚀形貌

壁板缝隙

图 31　内部壁板缝隙形貌

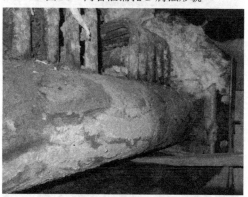

图 32　中省进水集箱

2.2 壁厚检测

（1）现场测厚抽查：

每台省煤器抽查 9 排管子和弯头。（管子规格 ϕ38mm×4mm，R130/R50 成型后壁厚为 ϕ38mm×3.7mm）

余热锅炉 B501/A：

高温省煤器：直管：3.7~4.0mm；R130 弯头：3.4~3.9mm；R50 弯头：3.1~3.2mm（抽 2 处）。

中温省煤器：直管：3.7~4.1mm；R130 弯头：3.4~3.8mm。泄漏孔 A 下方直管壁厚 3.2~3.7mm。

低温省煤器：直管：3.8~4.0mm；R130 弯头：3.4~3.7mm。

在泄漏孔 A 下 R50 弯头存在 16% 的壁厚减薄以及泄漏孔 A 下方直管存在 20% 的壁厚减薄，其他部位未发现明显减薄。

余热锅炉 B501/B：

高温省煤器：直管：3.6~3.9mm；R130 弯头：3.4~3.6mm。

中温省煤器：直管：3.7~4.0mm；R130 弯头：3.4~3.7mm。

低温省煤器：直管：3.7~3.9mm；R130 弯头：3.3~3.7mm。

在其他部位未发现明显减薄部。

（2）脉冲涡流检测（车间提供数据）：

对余热锅炉 B501-B 高省出/入口集箱接管进行检测，未发现明显减薄。

对余热锅炉 B501-A/B 的高、中、低省内部直管和弯头进行脉冲涡流检测，中省和低省存在减薄 20%~30% 的情况（直管原始壁厚 4mm/弯头原始壁厚 3.7mm），从检测结果来看，并不是普遍问题（图 33~图 36）。

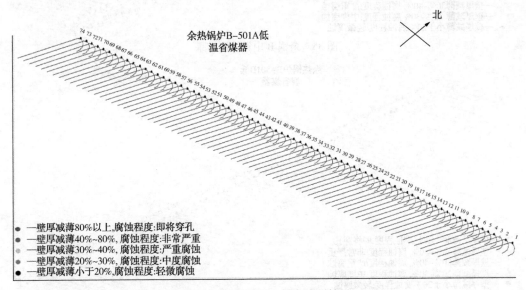

图 33　余热锅炉 A 低省检测结果

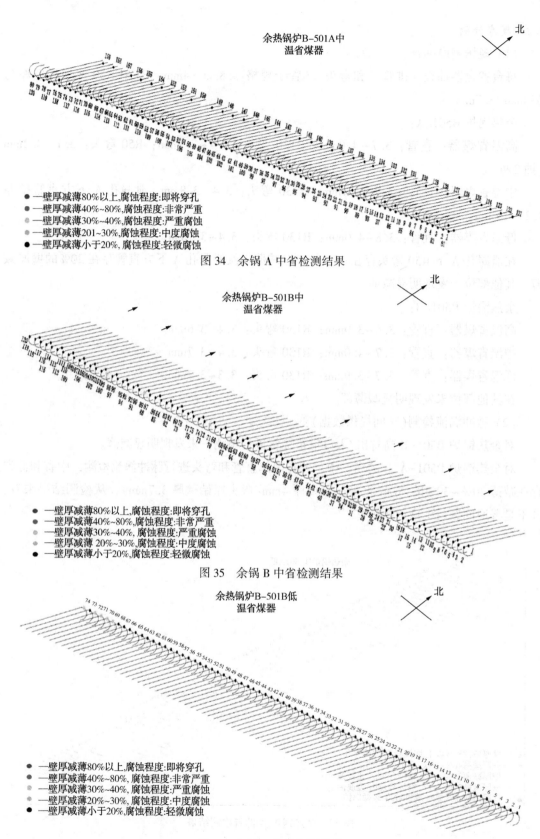

余热锅炉B-501A中
温省煤器

北

● —壁厚减薄80%以上,腐蚀程度:即将穿孔
● —壁厚减薄40%~80%,腐蚀程度:非常严重
● —壁厚减薄30%~40%,腐蚀程度:严重腐蚀
● —壁厚减薄201~30%,腐蚀程度:中度腐蚀
● —壁厚减薄小于20%,腐蚀程度:轻微腐蚀

图 34　余锅 A 中省检测结果

余热锅炉B-501B中
温省煤器

北

● —壁厚减薄80%以上,腐蚀程度:即将穿孔
● —壁厚减薄40%~80%,腐蚀程度:非常严重
● —壁厚减薄30%~40%,腐蚀程度:严重腐蚀
● —壁厚减薄 20%~30%,腐蚀程度:中度腐蚀
● —壁厚减薄小于20%,腐蚀程度:轻微腐蚀

图 35　余锅 B 中省检测结果

余热锅炉B-501B低
温省煤器

北

● —壁厚减薄80%以上,腐蚀程度:即将穿孔
● —壁厚减薄40%~80%,腐蚀程度:非常严重
● —壁厚减薄30%~40%,腐蚀程度:严重腐蚀
● —壁厚减薄20%~30%,腐蚀程度:中度腐蚀
● —壁厚减薄小于20%,腐蚀程度:轻微腐蚀

图 36　余锅 B 低省检测结果

（3）对 A、B 泄漏孔附近管子壁厚检测：

A 泄漏孔周围壁厚变化较为明显，B 泄漏孔周围壁厚变化不明显（图37、图38）。

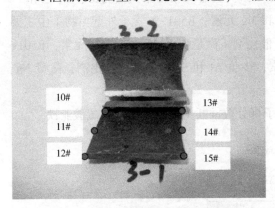

图37　B 泄漏孔管子剖开及测厚示意图

测厚数据：

$10^\#$: 3.34mm，$11^\#$: 3.36mm，$12^\#$: 2.98mm，

$13^\#$: 3.70mm，$14^\#$: 3.34mm，$15^\#$: 3.54mm

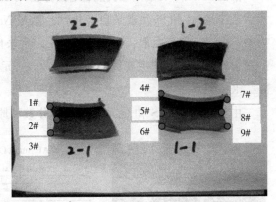

图38　A 泄漏孔管子剖开及测厚示意图

测厚数据：

$1^\#$: 3.54mm，$2^\#$: 3.60mm，$3^\#$: 3.68mm

$4^\#$: 4.10mm，$5^\#$: 3.80mm，$6^\#$: 2.20mm，

$7^\#$: 3.90mm，$8^\#$: 3.78mm，$9^\#$: 2.10mm

2.3　介质分析

在 LIMS 系统中查询 B501-A 炉水、B501-B 炉水和再生烟气化验分析结果见图39～41。pH 和二氧化硅存在超标情况。

分析项目	最大值	最小值	平均值	监测次数	超标次数	合格率
pH值,9.00～11.00	10.95	7.62	9.504	119	2	98.32
二氧化硅,mg/L,≤3.00	6.145	0.042	0.423	84	1	98.81
备注	0	0	0	2	0	100.00
备注PO_4^{3-}	0	0	0	1	0	100.00
备注pH	0	0	0	1	0	100.00
备注SiO_2	0	0	0	1	0	100.00
磷酸根(以PO_4^{3-}计),mg/L	14.98	5.01	9.209	118	0	100.00
				合计:326	合计:3	

图39　B501-A 炉水分析项目统计表（2022.02.01—2022.04.15）

分析项目	最大值	最小值	平均值	监测次数	超标次数	合格率
pH值,9.00～11.00	10.96	7.37	9.428	135	9	93.33
二氧化硅,mg/L,≤3.00	4.56	0.05	0.439	94	1	98.94
备注	0	0	0	1	0	100.00
备注pH	0	0	0	1	0	100.00
备注磷酸根	0	0	0	1	0	100.00
磷酸根(以PO_4^{3-}计),mg/L	14.99	5	10.037	130	0	100.00
				合计:362	合计:10	

图40　B501-B 炉水分析项目统计表（2022.02.01—022.04.15）

分析项目	最大值	最小值	平均值	监测次数	超标次数	合格率
一氧化碳,%(体积分数)	7.69	0	3.474	24	0	100.00
二氧化碳,%(体积分数)	14.96	5.25	9.193	24	0	100.00
氧含量,%(体积分数)	8.33	2.53	4.961	24	0	100.00
氮含量,%(体积分数)	83.6	79.64	81.578	24	0	100.00
				合计:96	合计:0	

图41　再生烟气分析项目统计表（2022.02.01—2022.04.15）

2.4 垢样化验分析

由图 39~图 41 显示的垢样化验分析结果可知，吹灰器口垢物中主要为 O、C、S 和 Fe 元素，少量 Al 和 Si 元素来自催化剂，微量 Na 和 Mg 元素；B501-A 管子外壁垢物 1 中主要为 O、C、Fe 和 S 元素，少量 Al 和 Si 元素来自催化剂，微量 Na、Mg、K、Ca 元素；B501-A 管子外壁垢物 2 中主要为 O、S、C 和 Fe 元素，少量 Al 和 Si 元素来自催化剂，微量 Na、Mg、K、Ca 元素。

由垢样中 Na、S 和 O 元素质量百分数和原子百分数推断主要为硫酸铁和硫酸亚铁。

eZAF Smart Quant Results

Element	Weight %	Atomic %	Net Int
C K	26.55	38.05	195.31
O K	44.78	48.19	821.56
FeL	9.5	2.93	55.39
NaK	0.02	0.01	0.48
MgK	0.21	0.15	10.14
AlK	3.62	2.31	202.62
SiK	1.6	0.98	94.4
S K	13.73	7.38	728.92

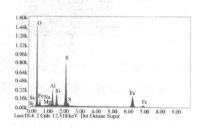

图 39　B501-B 吹灰器垢物

eZAF Smart Quant Results

Element	Weight %	Atomic %	Net Int
C K	14.43	24.39	199.64
O K	44.05	55.9	1940.73
NaK	0.37	0.33	16.03
MgK	0.19	0.16	14.75
AlK	0.95	0.72	90.7
SiK	0.19	0.14	20.19
S K	14.14	8.96	1422.15
K K	0.12	0.06	8.35
CaK	0.4	0.2	23.65
FeK	25.15	9.14	546.51

图 40　B501-A 管子外壁垢物 1

eZAF Smart Quant Results

Element	Weight %	Atomic %	Net Int
C K	3.92	6.92	17.44
O K	48	68.53	784.64
NaK	0.39	0.36	8.97
MgK	0.12	0.1	4.6
AlK	6.29	4.94	294.23
SiK	4.84	3.64	233.63
S K	20.06	13.25	873.87
K K	0.63	0.34	19.19
CaK	6.34	3.35	161.67
FeK	9.41	3.57	90.64

图 41　B501-A 管子外壁垢物 2

2.5 金相及硬度分析

（1）对 B501-A 中温省煤器 A 泄漏孔附近端面金相检测 2 处，材料组织为"铁素体+珠光体"，未见异常；对 B501-B 高温省煤器 C 泄漏孔附近端面金相检测 3 处，材料组织为"铁素体+珠光体"，未见异常（图 42~图 46）。

（2）对 B501-A 中温省煤器 A 泄漏孔附近管子端面硬度检测 4 处，数值范围 121~129HB，未见异常。对 B501-B 高温省煤器 C 泄漏孔附近管子端面硬度检测 3 处，数值范围 119~125HB，未见异常（图 47~图 50）。

 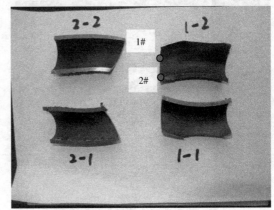

图 42　B501-A 泄漏孔 A 管子剖面及检测部位示意

图 43　1#-50 倍处

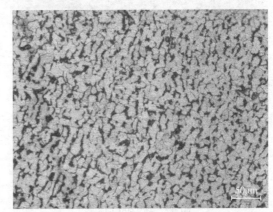

图 44　1#-200 倍处

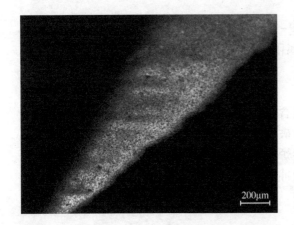

图 45　2#-50 倍处

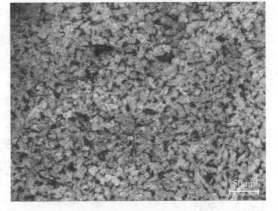

图 46　2#-200 倍处

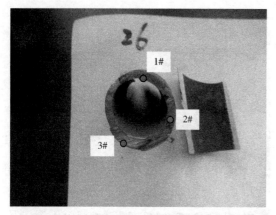

图 47　C 泄漏孔管子金相取点

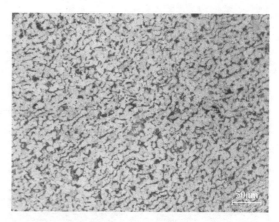

图 48　1#-200 倍处

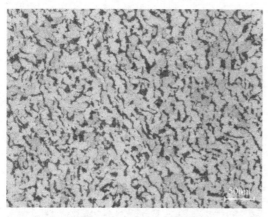

图 49　2#-200 倍处

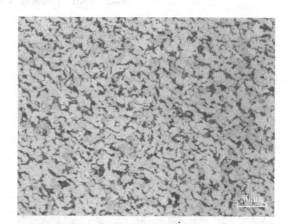

图 50　3#-200 倍处

2.6　影响因素分析

2.6.1　给水水质

余热锅炉使用的除氧水，pH 一般控制在 9~11，呈微碱性，如果水质 pH 偏低即 H^+ 浓度增大，H^+ 作为去极剂在阴极上放电，会使金属阳极溶解。这个过程持续进行，使钢铁产生析氢腐蚀。

2.6.2　氧腐蚀

另一个影响因素是锅炉水中的溶解氧，其含量如果过高，铁和氧以及水发生化学反应生成氢氧化铁，氢氧化铁脱水生成三氧化二铁，破坏氧化膜，造成金属的溶解氧腐蚀。

在弯头处，由于差压和流速的变化，使锅炉水中的溶解氧在此浓缩，造成局部氧浓度升高，氧腐蚀更为强烈。同时，腐蚀产物在水力冲击下发生剥离，加剧腐蚀，容易造成弯头处和弯头与水平管焊接处的管壁减薄。

2.6.3　冲刷

损伤描述及损伤机理：

固体、液体、气体或其任意之间组合发生冲击或相对运动，造成材料表面层机械剥落加速的过程。

损伤形态：冲刷可以在很短的时间内造成材料局部严重损失，典型情况有冲刷形成的坑、沟、锐槽、孔和波纹状形貌，且具有一定的方向性。

受影响的材料：所有金属、合金和耐火材料。

2.6.4　结构形式

省煤器蛇形管直管和弯头都放在炉膛内部，当某根管子出现泄漏时，泄漏出的炉水喷洒在周围的炉管上，并与烟气中的硫化物形成酸。造成周边炉管表面因酸腐蚀而出现凹坑及减薄。在烟气气流的冲刷作用下，往往在投用后很短的一段时间内，就出现泄漏。

3　腐蚀泄漏原因分析

3.1　余热锅炉 B501-A

（1）中省泄漏孔 A/B 形成原因：泄漏孔 A：以内部冲刷减薄为主，同时可能存在制造缺陷，在弯头处加剧冲刷腐蚀，造成弯头 A 处泄漏。

泄漏孔 B：泄漏孔 A 泄漏后，除氧水喷射在北侧衬里上。最初为小孔，经长时间的泄漏冲刷孔径变大泄漏量不断增多。泄漏除氧水与烟气混合形成硫酸，沿着北侧衬里流到下部 4 排至 29 排的进水管外壁，形成腐蚀。介质在管子外壁不断蒸发浓缩，加剧局部腐蚀，最后穿孔，形成 B 泄漏孔。

（2）高省泄漏孔 H 形成原因：由于没有切割相关样管，暂时不做分析，持续跟踪，后续再补充分析。

3.2　余热锅炉 B501-B

（1）高省泄漏孔 CD 形成的原因：泄漏孔 CD 内壁未发现明显腐蚀，宏观检查发现外壁存在一条明显的冲刷凸起线条，弯头在周围夹杂固体颗粒烟气的冲刷下不断减薄，减薄到一定程度后，在内部 6MPa 的压力下，爆管泄漏。泄漏除氧水与烟气混合形成硫酸，对周围管子造成严重腐蚀。

（2）中、高省集箱泄漏孔 EFG 形成的原因：由于现场集箱管子泄漏相关信息收集较少，暂不做详细分析，持续跟踪，后续再补充分析。

作者简介：张海宁（1984—），男，2008 年毕业于河北工业大学化学工程与工艺专业，学士学位，现工作于中国石油化工股份有限公司天津分公司装备研究院，高级工程师，从事装置风险分析、腐蚀检测分析、检验检测工作。

2#常减压装置低温部位腐蚀速率超标分析与防护

王兆旭

(中国石化股份有限公司天津分公司)

摘　要　常减压装置低温部位腐蚀是炼油厂腐蚀最严重的部位之一，针对在线监控设备腐蚀速率超标的情况，从原料、腐蚀原理、腐蚀环境、一脱三注等因素进行分析，根据现场实际情况对 2#常减压常顶换热器入口腐蚀速率超标情况进行针对性整改，从而对 2#常减压常顶换热器入口在线测厚腐蚀速率超标进行研究分析，研究其腐蚀形式和影响因素加快此种现象处置流程。

关键词　原油；腐蚀在线监控；塔顶注水

1　概述

天津石化 2#常减压蒸馏装置于 1994 年建成投产，原设计加工伊朗轻、重混合原油(硫含量为 1.5%wt)，装置属于燃料型装置，采用初馏—常压—减压及初、常顶油→脱 C4→脱 C5 流程。2008 年，根据炼油化工一体化项目总加工流程的安排，2#常减压装置需加工 250 万 t/a 沙轻、沙重混合原油(混合比为 1∶1)，混合原油的硫含量为 2.56%(质量分数)。现加工沙轻、科威特、艾斯希德尔(混合比为 48∶40∶12)的混合原油设计，其中硫含量小于 2.56%(质量分数)。该装置于 2020 年 3 月停工大检修，至 2020 年 9 月正式投料开工。

装置运行至 2021 年 10 月 5 日—11 月 15 日 2#常减压装置 E1-101/1(常顶换热器)入口腐蚀速率超标且现在还处在上升阶段，现腐蚀速率已达到 4.1mm/a，进过调整到 11 月 16 日 2#常减压装置 E1-101/1(常顶换热器)入口弯头在线测厚 3 个月腐蚀速率下降，直至恢复正常。

进行检测时发现 $E_2 101/1，2$ 台换热器入出口弯头显示有减薄现象，最薄部位已接近 12.62mm，同时发现常压塔顶换热器入口总管管线最薄处达到 11.09mm 情况。

操作现状：常压塔顶操作压力为 0.03~0.05MPa(设计压力为 0.13MPa)，操作温度为 120~140℃(设计温度为 144℃)，见图 1。

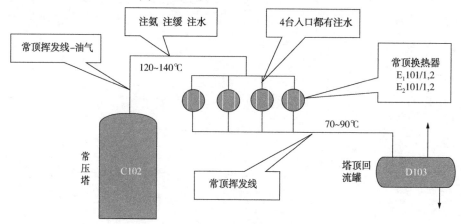

图 1　2#常减压装置常顶低温系统流程

2 腐蚀机理及原因分析

2.1 腐蚀机理

原油在加热过程中生成 HCl 和 H_2S，随着轻组分一同挥发至塔顶，当它们以气态存在时腐蚀性很小，但是在低于露点温度的冷凝区出现液体水后，便形成了腐蚀性很强 HCl—H_2S—H_2O 腐蚀环境，主要以 HCl 的腐蚀为主。腐蚀过程简要描述如下：

$$Fe+H_2S \longrightarrow FeS+H_2 \uparrow \quad H_2S \text{ 与设备中的 Fe 发生反应}$$

$$Fe+2HCl \longrightarrow FeCl_2+H_2 \uparrow \quad HCl \text{ 与设备中的 Fe 发生反应}$$

$$FeS+2HCl \longrightarrow FeCl_2+H_2S \uparrow \quad HCl \text{ 与反应的产物发生反应。}$$

由此可见，HCl 除本身与铁发生反应外，还可以溶解 H_2S 与 Fe 的产物 FeS(附着在金属表面起到一定的保护作用)。因此在 HCl 与 H_2S 同时存在时，会使腐蚀速率大大增加，超过二者单独腐蚀速率之和。

常压塔顶系统最先冷凝区域(初凝区)，尤其是气、液两相转变的露点部位，剧烈腐蚀是由于低 pH 值盐酸引起的。当温度低于其露点时，这种溶解度极高的氯化氢气体会溶解于冷凝水中生成盐酸。由于在塔顶初凝区水量极少且饱和了大量 HCl，其 pH 值可达到 1，会形成腐蚀性十分强烈的"稀盐酸腐蚀环境"。反应如下：

$$Fe+2H^+ \longrightarrow Fe^{2+}+H_2 \uparrow \quad FeS+2H^+ \longrightarrow Fe^{2+}+H_2S \uparrow$$

H_2S 来源：原油中存在活性硫化物，加工过程中受热分解出，当有水存在时形成氢硫酸，与设备本体发生反应。在 $130 \sim 160℃$ 时，硫醚及二硫化物受热分解成 H_2S 和硫醇。在大于 250℃ 时，硫化物会大量受热分解转化为 H_2S 和单质 S。

HCl 来源：溶解在原油中的氯化镁、氯化钙、氯化钠等盐类在常减压条件下水解产生氯化氢。在 120℃ 时 $MgCl_2+H_2O \rightarrow Mg(OH)_2+2HCl \uparrow$、在 175℃ 时 $CaCl_2+H_2O \rightarrow Ca(OH)_2+2HCl \uparrow$、在 300℃ 及环烷酸存在时，$NaCl+H_2O \rightarrow NaOH+HCl \uparrow$。同样原油中存在的天然的或采油中加入的有机氯(如 $CHCl_3$、CCl_4)助剂，当原油加温至 225℃ 和 250℃ 过程中也都会水解出 HCl。

HCl 对铁素体设备的腐蚀主要为均匀腐蚀，且腐蚀速度很大，而其电离出的 Cl^- 和盐类水解出的 Cl^- 的腐蚀主要表现为点蚀和缝隙腐蚀。点蚀和缝隙腐蚀对设备的腐蚀具有隐蔽性，通过常规的测厚监测很难检测出减薄的部位(点)来，测厚结果正常时发生腐蚀穿孔。

此外，氯离子容易在金属缺陷部位发生富集现象，即溶液氯离子浓度在较低水平时在某个局部发生氯离子的浓缩现象，尤其是在奥氏体不锈钢材质中更容易发生。在狭小的缝隙内，氯离子容易富集并因水解形成较强的酸性而导致缝隙腐蚀，缝隙中的 pH 值可达到 1(强酸)左右。

由此可见，原油含盐高是塔顶腐蚀的根源，氯离子在腐蚀中起巨大作用，应尽可能降低脱后原油含盐量(包括无机盐和有机盐类)。

2.2 原因分析

2.2.1 加工原油劣质化

2021年10月—2021年11月，2#常减压装置加工原料切换频繁，原油不断变稠、变重，其中硫含量及盐含量逐渐上升。详细数据见表1，由于硫和氯含量上升，无疑加剧了塔顶系统的腐蚀。

表1 原油含量数据

原油脱前分析项目	时间	10-01	10-04	10-06	10-08	10-11	10-13	10-15	10-18	备注
硫含量	wt%	1.8	1.9	1.9	1.9	1.82	1.69	2.1	1.92	最大值硫含量2.24%盐含量178.2%
盐含量	mgNaCl/L	178.2	79.1	40.4	63.6	67.5	52.4	27.1	42.4	
原油脱前分析项目	时间	10-20	10-22	10-25	10-27	10-29	11-01	11-08	11-12	
硫含量	wt%	1.91	1.88	1.99	2.02	2.01	2.03	1.61	2.24	
盐含量	mgNaCl/L	78.9	57.2	53.6	67.3	50.4	20.3	49.2	58.1	

2.2.2 电脱盐系统运行的影响

根据现场实际情况，2#常减压装置电脱盐系统自开工以来运行状况比较理想，原油脱后数据详见表2。从分析数据来看，脱后原油含盐量基本满足工艺指标（≤3mgNaCl/L）要求。2021年10月、11月原油脱后平均含盐量未超标。因此，电脱盐操作运行并不是造成塔常顶管线腐蚀减薄的主要原因。

表2 原油脱后数据

原油脱后分析项目	时间	10-01	10-04	10-06	10-08	10-11	10-13	10-15	10-18	备注
含水量	wt%	0.1	0.1	0.1	0.1	0.1	0.1	0.1	0.1	最大值含水量0.1%盐含量2.9%
盐含量	mgNaCl/L	2.5	2.0	2.0	2.3	2.4	2.0	2.0	2.0	
原油脱后分析项目	时间	10-20	10-22	10-25	10-27	10-29	11-01	11-08	11-12	
含水量	wt%	0.1	0.1	0.1	0.1	0.1	0.1	0.1	0.1	
盐含量	mgNaCl/L	2.5	2.0	2.9	2.4	2.5	2.0	2.4	2.4	

开工初期前几个月原油脱后含水量不高，都超过<0.22%的指标要求，这些水会携带大量溶解的盐类，加温后被带到塔顶，对塔顶系统造成腐蚀。

目前，电脱盐工艺只能脱除原油中的无机氯，对于其中的有机氯并没有脱除能力，因此原油电脱盐脱后含盐未达到指标，脱后原油含氯量就很低。

2.2.3 三注的影响

（1）常压塔顶顶注水从以前的3t/h现已增加到5t/h以上，由于使用的流量计没有改造不能准确地观察注入量，现已将常顶注水开到最大且已经超过流量计量程。

（2）常顶换热器注水由1.3t/h提至1.5t/h，由于使用的流量计没有改造不能准确地观察注入量，现已流量计量程。

（3）常顶缓蚀剂注入泵行程由50%提高到85%，现注入量已基本达到最大值。

（4）常顶中和胺注入泵行程由60%提高到80%，注入量由70kg/d提高到100kg/d，月消耗 3t，现每月计划 2t。

腐蚀监测系统运转正常腐蚀速率未达标，对在线测厚图进行分析如图 2 所示。

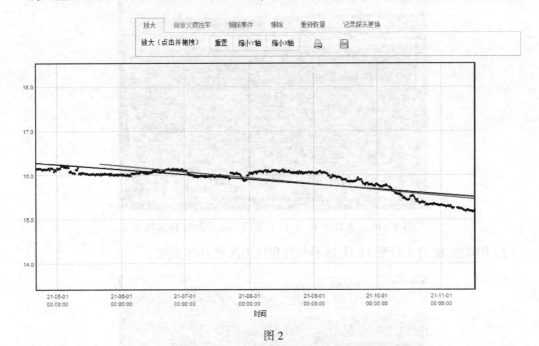

图 2

由图 2 可以看出 2 从 10 月 5 日开始监测到的数据显示出常顶换热器入口管道的壁厚开始腐蚀减薄至 10 月 15 日监测到壁厚不在减薄，且减薄速度非常快，这段时间分别调整中和胺、缓蚀剂、塔顶注水量，但没有起到太大作用。后期经与格鲁森沟通分析此处可能存在点蚀坑。

从 10 月 18 日至今常顶换热器入口管道一直在腐蚀减薄中，前期对常顶三注的调整腐蚀速率相较于 10 月 15 日之前已有缓和，但还是处在一个较高的水平上。从 10 月 25 日开始车间制定周检表每周车间人员进行检测，现已联系脉冲涡流检测人员对其进行检测。

2.2.4 常压塔顶参数变化

（1）图 3 为 10 月 5 日至 11 月 15 日常塔顶温度曲线 DCS 截屏。

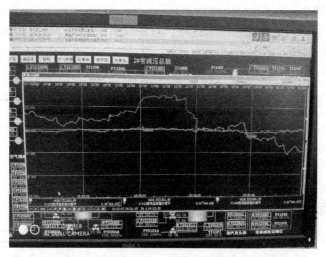

图3 10月5日至11月15日常塔顶温度曲线 DCS 截屏

（2）图4为10月5日至11月15日常塔顶压力曲线 DCS 截屏。

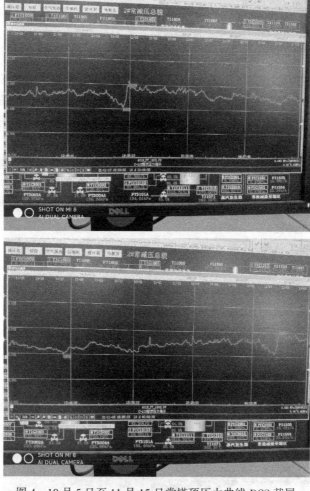

图4 10月5日至11月15日常塔顶压力曲线 DCS 截屏

从常顶的温度、压力曲线上可以看出常顶的操作环境没有发生过太大的波动。

根据 2021 年 10 月—2021 年 11 月常压塔顶切水分析数据看，pH 值不合格大都是超过工艺指标(pH 值控制在 7~9)上限要求，碱性偏大，说明注氨量已经超过工艺要求。这样由于氨水过剩会形成 NH_4Cl 结晶，导致结垢，造成垢下腐蚀，因此应加以控制。

但是根据 Fe^+ 数据分析，合格率接近 100%，说明塔顶注缓蚀剂的效果比较理想。因此，塔顶注氨、注缓蚀剂的影响并不是造成塔常顶管线腐蚀减薄的主要原因。

2.2.5 腐蚀原因的结论

从工艺防腐上看，常压塔顶注氨水、缓蚀剂、水同时注入，注入点为 120~140℃，这时注入的氨水、水都发生汽化。塔顶油气在盐酸的露点温度(约 100℃)，水蒸气(初凝区)先冷凝下来，由于 HCl 极易溶于水且在水中的溶解度很大，大量 HCl 溶于水中，形成局部区域(初凝区)pH 值很低的盐酸环境，根据 HCl 含量的不同，pH 值在 1~3 的范围内。随后不断有水冷凝，并且注入的氨水也开始冷凝进入水相(约 90℃)，起到中和作用，使得 pH 值不断升高，腐蚀性开始减弱。而缓蚀剂是水溶性，在保证有大量冷凝水的部位才能起到缓蚀保护作用。

由于常压塔顶注水量的不足，导致换热器出口管线温度刚好处于初凝区域，此区域 pH 值较低，同时由于其中的介质流速较高，冲刷掉 FeS 的保护层及缓蚀剂膜，导致腐蚀不断发生。

因此有效抑制初凝区的腐蚀成为塔顶腐蚀控制的关键。

(1) 加工原油劣质化。

(2) 常压塔顶注水量不足，初凝区后移。

3 整改及防护措施

3.1 优化原油采购及掺炼比例，降低塔顶负荷

在采购原油时应尽量选择氯含量低的原油，从源头减少加工原油中的氯含量，包括有机氯含量(因有机氯不能由电脱盐脱除)。在生产安排上结合原油总体计划安排，做好新油种的原油评价，优化原油掺炼比例，将含硫、含盐较高的原油与其他低硫、低盐原油进行混炼，使原油硫含量和酸值及盐含量有较大降低。尽量稳定原油品种，避免原油品种高频率的变动，不利于破乳剂的筛选。品质比较恶劣、氯含量较高的原油要单罐存放，少量掺炼。

为减小因冲刷造成的常顶换热器出口管线的腐蚀，需要严格控制常压塔顶馏出量，满足设计要求。当加工量及原油品种有所变化时(如当掺炼轻质原油的比例加大，会导致常压塔顶负荷变化较大)，应实时测算常顶换热器出口管线流速，避免常压塔顶负荷超设计值，控制常压塔顶介质流速，减少冲刷腐蚀。

3.2 优化电脱盐操作，提高电脱盐达标率

电脱盐脱后原油含盐量高是塔顶腐蚀的根源，应进行电脱盐系统结构和工艺条件的优化，从原油分配器的结构设计、原油进入电场的位置、破乳剂种类和注入量、注水量等参数进行优选，找出最佳工艺条件，提高脱后含盐达标率，使脱后原油含盐量严格控制在 3mg/L 以下，减缓冷凝冷却系统的腐蚀。

(1) 随着加工原油品种的变化，随时优化调整电脱盐工艺操作参数。

(2) 优选广谱性较高的破乳剂、脱盐剂，药剂的加入量应由静态向动态转变，即根据原油性质及电脱盐工况做出相应的调整。

（3）提高电脱盐注水水质，防止 pH 过高造成原油乳化脱盐困难。

（4）加强电脱盐的脱水，严格控制脱后水含量，因为水中溶解的盐类最高。

3.3 优化塔顶三注，完善注水系统，提高塔顶注水量

对注水设施进行完善，将常顶换热器入口管线注水点前移，或加大其主水管线直径，增大常顶换热器入口注水量，保证 4 台换热器不间断地进行水冲洗，将塔顶初凝区前移，大大减缓稀盐酸腐蚀环境及胺盐沉积造成的垢下腐蚀。注意注水量的多少主要参考 pH 值是否在合适的范围内，用量一般控制在 5%～7%（相对于塔顶总流出物，连续注入）。经过调整，常减压装置常顶系统注水量由原来的 3.9%（相对于常顶系统总馏出量）提高到 7.8%，满足设计要求。

3.4 结论

通过采取上述措施，天津分公司第 2 套常减压装置常顶系统腐蚀速率由原来的 4.1mm/a 降至 0.2mm/a 以下，防腐效果良好。

参 考 文 献

[1] 王金光. 炼化装置腐蚀风险控制[M]. 北京：中国石化出版社，2021.

作者简介：王兆旭（1994—），男，2017 年毕业于内蒙古工业大学，学士学位，现工作于天津石化炼油部联合二车间，设备员（防腐专员），助理师。

炼油装置主要腐蚀问题分布及应对策略

沈万能

（中国石化股份有限公司天津分公司）

摘要 原油劣质化是国内经济发展的必然趋势。劣质原油密度大、胶质和沥青质含量高，易于结焦、结垢，腐蚀性杂质含量高，引起设备和管道的过快腐蚀，甚至引起火灾、爆炸及次生安全事故，严重影响设备长周期运行。本文以实际设备腐蚀问题数据分类统计分析，旨在阐述长期加工高硫、高酸原油的生产装置易发生腐蚀问题的具体部位及统计分析，并通过管理经验采取有效措施解决或抑制设备腐蚀问题的发生，为设备长周期运行创造实质条件。

关键词 硫腐蚀；环烷酸；劣质原油；脉冲涡流；检测

1 主要腐蚀因子

原油中的硫、酸是发生设备腐蚀的主要腐蚀因子，高硫、高酸原油对装置安全生产的冲击按照温度划分主要表现为高温硫腐蚀、高温环烷酸腐蚀、低温湿硫化氢环境腐蚀等。此外，硫和酸在石油炼制过程中会相互作用腐蚀，不论是高酸高硫原油，还是含酸高硫原油、高酸低硫原油，都会因酸、硫的相互作用，腐蚀性更加强烈。一些耐硫腐蚀的合金钢，如12Cr或更高的合金，酸的存在可以破坏其已经形成的硫化物钝化膜，加快腐蚀的发生。尤其在流速大的部位或涡流、紊流等区域，腐蚀更加剧烈。

加工高硫原油高温部位的腐蚀主要来自元素硫和 H_2S，当原油中硫含量为 0.2% 时，在 230~455℃ 高温下会对碳钢产生很强的腐蚀，随着硫含量升高（高硫油>1.5%）会加剧腐蚀的发生。碳钢或其他合金在高温下与硫化物反应发生的腐蚀机理：

$$Fe+RS \longrightarrow FeS+R$$

高温硫腐蚀多为均匀腐蚀，有时表现为局部腐蚀，高流速部位会形成冲蚀。介质中含氢会加速高温硫化物腐蚀，又称高温硫化氢/氢气腐蚀。

图 1 为高温硫腐蚀爆管案例。

图 1 高温硫腐蚀爆管案例

当原油总酸值(TAN)大于 1.0mgKOH/g 为高酸值原油。在炼制高酸原油期间，由于在 240~400℃高温下，环烷酸与金属铁发生反应生成油溶性的环烷酸铁，腐蚀产物脱落或溶解，或被冲刷产生的剪切力剥落，露出新的金属表面将继续产生新一轮的腐蚀，不断腐蚀循环，设备壁厚陆续发生减薄，直至失去强度破裂或穿孔破坏。腐蚀反应机理如下：

$$2RCOOH+Fe \longrightarrow Fe(RCOO)_2+H_2 \uparrow$$
$$2RCOOH+FeS \longrightarrow Fe(RCOO)_2+H_2S \uparrow$$

可以看出，环烷酸除了与铁直接作用产生腐蚀外，还能与腐蚀产物如硫酸亚铁反应，生成可溶于油的环烷酸铁，当环烷酸与腐蚀产物反应时，不但破坏了具有一定保护作用的硫化亚铁膜，同时游离出硫化氢又可进一步腐蚀金属：

$$H_2S+Fe \longrightarrow FeS+H_2 \uparrow$$

加工高酸原油还应重点关注介质流速、流态，如高流速、有阻碍液体流动从而引起流态变化的地方，包含弯头、三通、大小头、泵壳、阀门(包含经常通过阀体调节流量部位的阀后管道)、小接管、盲端等，当流体中气体量大于 60%，汽流速度大于 60m/s 时腐蚀最为严重。图 2 为设备内壁高温环烷酸腐蚀案例：

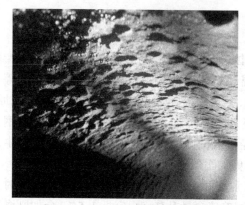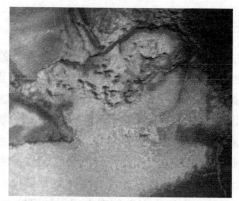

图 2　环烷酸对设备内壁的坑蚀及局部冲刷

低温区域的腐蚀主要以湿硫化氢露点腐蚀、盐酸腐蚀、结盐冲刷及垢下腐蚀为主，低温硫腐蚀重点部位主要分布在常减压装置塔顶冷凝冷却系统 $HCl+H_2S+H_2O$ 腐蚀环境、分馏塔顶及吸收解吸系统的 $HCN+H_2S+H_2O$ 腐蚀环境、加氢装置反应流出物高压空冷器 $H_2S+NH_3+H_2O$ 腐蚀环境、脱硫装置再生塔顶冷凝冷却系统的 RNH_2(乙醇胺)$+CO_2+H_2S+H_2O$ 腐蚀环境等(图 3)。

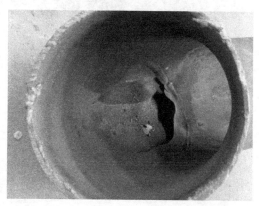

图 3　低温湿硫化氢环境管道腐蚀

2 炼油装置主要腐蚀问题的分布

脉冲涡流壁厚精确扫查是一项非常有效的可以准确检测设备缺陷的技术，它以实现面扫描的优势取代超声波测厚技术的局限性，成为消除制约设备长周期运行瓶颈问题的一项行之有效的措施。炼油装置长期掺炼劣质原油，其中巴士拉重油硫含量达 4.180%，后期掺炼锦州原油酸值评价高达 1.35mgKOH/g，通过掺炼比例的调配，将进常减压装置原油硫含量控制在 2.56%，酸值<0.5mgKOH/g，即将进装置原油调控为低硫含酸原油。以其 24 套运行装置 2a 检测数据为基础，包含常减压、焦化、催化、加氢裂化、柴油加氢、脱硫、硫黄回收、污水汽提及油品储运系统等，对各区域重点腐蚀风险管件组织检测(弯头、直管、三通、变径、小接管及非标件等)，累计检测 18257 处，以减薄 30%以上标注为严重腐蚀减薄，对问题进行归类统计分析如下。

减薄 20%~30%问题 754 项(腐蚀减薄)，减薄 30%以上问题 542 项(严重腐蚀减薄)，对严重腐蚀减薄的 542 项问题归类统计如下：

(1) 低温硫腐蚀问题 447 项，占据比例最大为 82%。

(2) 高温硫腐蚀问题 48 项，占比 9%。

(3) 介质冲刷腐蚀问题 26 项，占比 5%。

(4) 铵盐垢下腐蚀问题 17 项，占比 3%。

(5) 碱液环境腐蚀问题 4 项，占比 1%。

分布如图 4 所示。

在 447 项低温硫腐蚀问题中，249 项集中在各塔、罐顶低温区湿硫化氢环境，并以露点区域、汽液两相、流动性差、盲端、小接管等部位为主要分布特点，腐蚀机理主要有 H_2S—H_2O 腐蚀、H_2S—HCl—H_2O 腐蚀、H_2S—HCN—H_2O 腐蚀、RNH_2—H_2S—CO_2—H_2O 腐蚀、H_2S—CO_2—H_2O 腐蚀、NH_3—H_2S—H_2O 腐蚀等，其中露点区域腐蚀问题 110 项，占比 31.5%。

按照装置类别划分 542 项严重腐蚀减薄问题分布如图 5 所示。

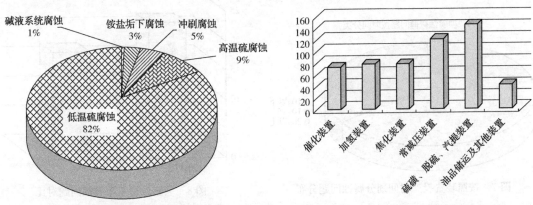

图 4 严重腐蚀减薄问题腐蚀机理分布　　　图 5 严重腐蚀减薄问题装置分布

从 48 项高温硫腐蚀问题的分布特点来看，主要集中在加氢裂化分馏进料泵出口、分馏炉进料线、焦化分馏塔热蜡返回线、焦炭塔底进料线、常减压常四线回流控制阀阀组、常减压减渣换热器入口等部位。其分布特点除了典型高温硫腐蚀(氢气及无氢环境)外，还存在管道内介质相对较轻，在管道存在变径扩大的情况下内部介质汽化形成相变，加剧了高温部位碳钢管道的腐蚀。

在严重腐蚀减薄问题中，减薄 40%~50% 范围内总计 141 项，减薄 50%~60 范围内总计 54 项，减薄 60% 以上部位 44 项，图6为腐蚀减薄 60% 以上部位分布。

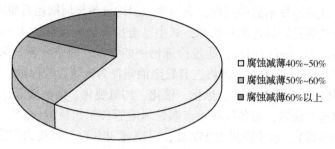

图6　减薄 60% 以上部位腐蚀程度划分

□ 腐蚀减薄40%~50%
▨ 腐蚀减薄50%~60%
■ 腐蚀减薄60%以上

44 项减薄 60% 以上部位主要为低温硫腐蚀、冲刷腐蚀、碱液环境腐蚀 3 类，其中低温硫腐蚀 39 项，冲刷腐蚀 4、碱液环境腐蚀 1 项。

按照生产装置投产运行时间分类，见表1。

表1　装置投产时间与问题

序号	装置投产时间	发现问题数量/项
1	20a 以上	349
2	10~15a	190
3	10a 以下	3

分布如图7所示。

在减薄 60% 以上 39 项低温硫腐蚀问题中，以装置运行时间划分，20a 以上运行装置 22 项，15~20a 装置 17 项(图8)。

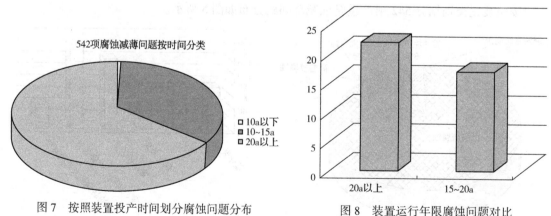

图7　按照装置投产时间划分腐蚀问题分布

542项腐蚀减薄问题按时间分类

□ 10a以下
▨ 10~15a
■ 20a以上

图8　装置运行年限腐蚀问题对比

由图4、图5、图8及表1可以看出炼油装置发生的腐蚀问题存在以下特点：

（1）随着装置运行时间的增加，发生腐蚀问题的概率变大。

（2）低温硫腐蚀占比远大于高温硫腐蚀、环烷酸腐蚀及其他腐蚀问题(但一般情况下低温部位泄漏的风险低，好控制)。

（3）按照问题数量进行对比，常减压装置和硫黄、脱硫、汽提等环保装置发生腐蚀部位的数量最多，主要原因是原油分馏过程中常减压装置的被动腐蚀和分馏后高浓度硫化氢介质的聚集使设备长期处于牺牲材质确保长周期的状态。

3 腐蚀问题应对策略

腐蚀是客观存在的，在管控范围内的设备腐蚀可以接受，但对于腐蚀速率异常、过快腐蚀就需要对其产生因素加以抑制，达到腐蚀可控的目的。

（1）加工高硫油的设备，随着钢材中 Cr 含量的增加，腐蚀率明显降低。可见，材质防腐是治硫腐蚀的重要手段。在确保设备选材准确的前提下，充分利用材质腐蚀损耗保障设备长周期运行。以检测为手段，以控制腐蚀速率低于标准值(如所选材料的腐蚀速率不宜超过0.25mm/a)为实际管控措施，按照压力管道使用寿命 20a 作为参考依据，在使用寿命内的管道构造良性的、可持续改进的 PDCA 管理循环；超出使用寿命的管道力争实现整体更换，为下一个生命周期做好铺垫，确保完整性体系管理的系统性、统一性和规范性。

（2）提高生产工艺管理人员防腐蚀工作意识，保障设备运行参数长期处于一个稳定区间。严格把控劣质原油掺炼比例，及时掌握原油性质(硫、环烷酸、盐、水、重金属等)变化规律，研究原油混兑调合技术和原油电脱盐优化技术，从源头上进行控制，有效降低设备高腐蚀风险。

（3）加强工艺防腐管理。对装置低温部位注剂工艺防腐措施进行研究、分析，对注剂类型、注剂部位、注剂量和注入口的形式等进行经验交流、分析，优化工艺防腐方案。对主要装置高温部位缓蚀剂进行分析研究，对需要采用高温缓蚀剂进行保护的区域进行分析，缓蚀剂注入位置优化选择和缓蚀效果评估。

（4）强化对腐蚀特性的研究。研究加工劣质原油后，腐蚀性介质在主要加工装置中的分布，装置各部位的腐蚀机理和腐蚀风险，综合分析原油的腐蚀特性，形成有针对性的某特种劣质油的防腐蚀管理经验，并定期对发生的腐蚀问题区域的设备进行有效寿命评估。

（5）强化腐蚀监检测管理。通过腐蚀探针监控并指导工艺防腐操作，是非常有效的工艺防腐监测技术；关注在线测厚探头的布点及周期性调整；强化脉冲涡流壁厚精确扫查技术的应用，按照相同或相似工艺工况绘制单线图，以一个腐蚀回路作为一个独立单元，以一个生产周期为时限，实现腐蚀回路范围内所有管件检测的全覆盖。

参 考 文 献

[1] SH/T 3096—2012,高硫原油加工装置设备和管道设计选材导则[S].
[2] SH/T 3129—2012,高酸原油加工装置设备和管道设计选材导则[S].
[3] GB/T 30579—2014,承压设备损伤模式识别[S].
[4] 炼油装置防腐蚀策略[D].青岛：中国石化青岛安全工程研究院,2008.
[5] 徐钢,刘小辉,许述剑.炼化企业设备完整性管理体系基本知识问答[M].北京：中国石化出版社,2020.

作者简介：沈万能(1982—)，男，2007 年毕业于河北工业大学机械设计制造专业，学士学位，现工作于中国石化股份有限公司天津分公司炼油部，工程师，从事设备防腐蚀管理工作。

某天然气处理装置循环水系统腐蚀因素分析及解决对策

邵勇华　任广欣　牟飞云　张　超　张　贺　关　磊　宫如波　何兴林　陈　阳

（中国石化西北油田分公司采油二厂）

摘　要　某天然气处理装置承担着油井伴生气和联合站分离伴生气的脱硫、脱水、轻烃回收和产品外输(销)任务。天然气处理装置中设置1套循环冷却水系统，通过换热器给各类介质进行降温。循环水系统缓冲池为非密闭的水泥池，由于循环水长期曝氧等原因，导致循环水系统换热器、管线腐蚀较为严重。结合现场调研，对循环水系统腐蚀因素进行分析，并制定解决对策予以实施，现场应用取得较好的效果，有效减缓了循环水系统的腐蚀速率。

关键词　循环水；腐蚀因素；解决对策

图1　循环水池非密闭运行

1　循环水系统运行简况

　　某天然气处理装置有10余台循环水换热器对原料气、轻烃、液化气等介质进行冷却。换热后的循环水通过汇管进入表面蒸发器冷却降温，经过敞口循环水池缓冲后借助循环水泵增压将循环水输送至各换热器中，以此实现站内冷却水循环使用的功能(图1)。

2　存在问题

　　循环水系统在前期运行中主要存在以下两方面问题：

　　(1) 循环水池无法实现完全密闭，导致循环水长期曝氧，携冷量降低的同时加快循环水对换热器的腐蚀速率，仅2018年站内循环水管线累计腐蚀穿孔8次。对于化工设备而言，换热器是十分重要的仪器设备，但是由于循环水换热器中相应的腐蚀现象以及泄漏现象的出现，在一定程度上降低了换热器的使用性能以及使用寿命，并且严重影响了化学工程的工序正常进行。

　　(2) 由于南疆沙尘天气较多，环境中的灰尘等杂质极易进入循环水池，污染循环水，导致循环水管线及换热器管束结垢严重，影响换热效果。循环水中大量的无机盐，如碳酸钙、硫酸钙等，它们会随着循环水温度升高而溶解度降低从循环水中析出，或者由于循环水蒸发达到过饱和程度而析出，这些盐类析出后会附着在循环水管线内壁凹凸不平的小坑上(管线内壁有一定的粗糙度)，并以此为基础逐渐增长。

　　针对以上问题，前期主要通过在检修过程中对换热器进行清理以达到维持换热效果的目的，但是在清理约3个月后换热效果明显下降，介质升温2~3℃，无法从根源解决问题(图2)。

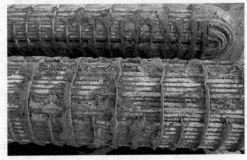

图2 换热器管束腐蚀严重

3 腐蚀因素分析

3.1 循环水物性

针对循环水系统腐蚀较为严重的现象，从源头入手，采集循环水样品进行水质分析(表1、表2)。

表1 天然气处理装置循环水分析数据

序号	水样名称	离子浓度/(mg/L)					总矿化度/
		Ca^{2+}、Mg^{2+}	Cl^-	Na^+、K^+	SO_4^{2-}	HCO_3^-	(mg/L)
1	系统循环水	8.7	455.1	755.7	639.6	106.7	1970
2	缓冲池水	10.7	203.1	465.9	639.7	106.7	1426
3	软化水	5.9	180.8	393.5	511.8	100.6	1200

表2 天然气处理装置循环水细菌数据

序号	硫酸盐还原菌	腐生菌	铁细菌	备注
1	0	0	微量	—

结合分析数据可以看出 Cl^-、SO_4^{2-}、HCO_3^- 较软化水分别高出 151.7%、24.9%、6.1%。同时循环水中细菌含量较少。由于天然气处理装置冷却循环水处于一个开放的环境，循环水直接暴露在空气中，因此水中溶解有大量的氧和 CO_2，由于溶解氧的去极化作用和 CO_2 的弱酸性，造成钢铁腐蚀。其中溶解氧是主要腐蚀因素，CO_2 和细菌腐蚀比较轻微。

3.2 结垢物性

天然气处理装置软化水 Ca^{2+}、Mg^{2+} 离子浓度很低，本来没有结垢趋势，但是系统循环水和缓冲池水的 Ca^{2+}、Mg^{2+} 离子浓度(Ca^{2+}、Mg^{2+} 离子含量高出软化水 32.2%~81.36%，总矿化度高出 18.8%~64.2%)却有升高现象，在冷却水中，若其中 Ca^{2+}、Mg^{2+} 离子浓度过高，则易出现污垢，进而引起腐蚀现象出现。缓冲池的循环水随着水蒸发，离子浓度有所增大；另外由于缓冲池的密封性不好，砂土也进入水中(排出水很浑浊)，这两方面原因导致在冷热剧烈变化的换热器上出现泥沙淤积和结垢现象。热介质与冷却循环水间的热量相互交换，就会形成结垢和温度降低的后果，温度降低越明显结垢的量就越多。

固体的溶解度随温度而变化，其中绝大多数的无机盐的溶解度是随温度升高而增加，但有些盐类的溶解度却随温度升高而降低(表3)。

表 3　钙化合物溶解性

序号	化合物	在 0℃时的溶解量/(mg/L)	说明
1	$Ca(HCO_3)_2$	2630	随着温度上升而降低，并分解出 $CaCO_3$
2	$CaCO_3$	27	随着温度上升而降低
3	$CaSO_4$	2120	在 100℃时，溶解度为 1700mg/L

小上表中分析可得，$Ca(HCO_3)_2$ 的溶解度比 $CaCO_3$ 要大 100 倍左右，因此水中的钙硬主要是指 $Ca(HCO_3)_2$。

$$Ca^{2+}+HCO_3^- \xrightarrow{\text{加热、pH↑、CO}_2\text{↑、浓缩}} CaCO_3\downarrow +CO_2+H_2O$$

在非密闭循环冷却水系统中，上述方程式的平衡会随着循环过程向右移动，主要原因为：

（1）水中 CO_2 的溶解度随温度升高而降低，0℃时的溶解度为 1710mg/L，30℃时为 665mg/L，CO_2 因受热而溶解度降低，在冷却装置中逸出，使平衡向右移，形成 $CaCO_3$ 沉淀。

（2）$CaCO_3$ 本身的溶解度随水温升高而降低，在受热过程中 $CaCO_3$ 沉淀析出，也使平衡向右移动。

（3）由于水的浓缩，使水中的 Ca^{2+} 和 HCO_3^- 浓度增加，促使平衡向右移动，形成 $CaCO_3$ 沉淀。

综上所述，结垢与水中溶解盐的浓度、温度等因素有关，循环水比直流水的结垢要严重得多。结垢的部位主要在热交换器管壁，结垢必然会影响传热效果，从而降低生产效率。腐蚀和结垢是危害循环冷却水系统运行的主要因素，而且腐蚀会产生结垢，结垢又会导致垢下腐蚀，两者相辅相成，互为影响。

4　解决对策

4.1　对策一

循环水换热器能否正常使用关键在于水冷器能否高效平稳运行，因此保护水冷器不受腐蚀至关重要。针对天然气处理装置冷却循环水腐蚀和结垢情况，对防腐和阻垢药剂开展筛选工作，通过试验选出一种合适的缓蚀阻垢药剂（TPHZ-1），同时兼有缓蚀、阻垢、杀菌的功能（表4）。

表 4　天然气处理装置循环水腐蚀试验

试验介质	天然气处理装置循环水	试验温度	90℃	
试验周期	7d	挂片类型	A3(76×13×1.5mm)	
药剂名称	加药浓度/10^{-6}	挂片失重/g	缓蚀率/%	腐蚀速率/(mm/a)
空白	0	0.0156		0.0465
TPHZ-1	70	0.0023	85	0.0069

腐蚀挂片对比如图 3 所示。

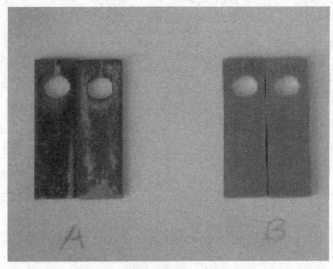

图 3　腐蚀挂片对比（其中 A 为空白挂片，B 为加入 TPHZ-1 药剂的挂片）

天然气处理装置循环水阻垢试验见表 5。

表 5　天然气处理装置循环水阻垢试验

试验介质	天然气处理装置循环水	试验温度	80℃
试验周期	3h	加药浓度	$70×10^{-6}$
阻垢率	94.3%		

细菌试验使用 TPHZ-1 取得良好的效果，细菌杀灭率为 100%。

由以上试验数据可以看出：TPHZ-1 药剂具有良好的缓蚀、阻垢和杀菌功效，可以很好地解决天然气处理装置循环水的腐蚀、结垢问题。

4.2　对策二

鉴于目前循环水系统未实现密闭运行，确定了将循环水系统进行密闭改造的整体思路，计划增加 1 具容器代替循环水缓冲池，实现冷却水密闭循环，解决循环水曝氧及环境中杂质污染循环水的问题，彻底解决循环水系统腐蚀问题。

通过对气囊式膨胀罐及容积式膨胀罐的对比分析，结合现场生产运行实际，分析认为气囊式膨胀罐在现场应用可能存在以下 4 方面问题：①系统循环水量达到 250m³/h，且压力波动相对较大，气囊在循环水不断充压、失压的过程中存在疲劳失效、破裂；②受重力影响，气囊与罐内法兰接口处承压较大，补水时产生撕裂效应易致使接口处破裂；③依靠自动控制系统实现补水，无现场液位计，气囊失效时无法及时发现；④气囊补水能力有限，运行时稳定性较差。因此确定在现场加装容式膨胀罐 1 座。

该项目利旧热媒系统原 25 方膨胀罐 1 具，在投用前对储罐内壁进行打磨、做内防腐及检修探伤，修复液位计，并连接循环水进、出口管线（图 4~图 6）。改造后的膨胀罐直接使用罐体内气相空间进行压力调节，系统内压力可稳定保持在 0.6MPa，并进行自动补水。

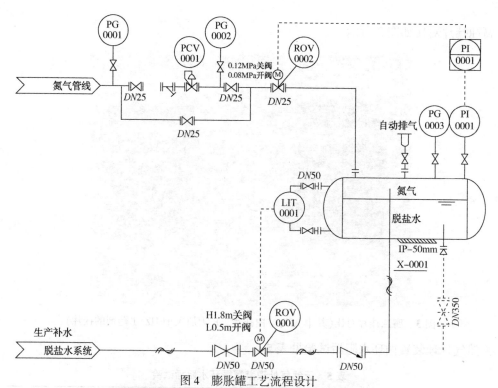

图 4 膨胀罐工艺流程设计

图 5 膨胀罐现场安装效果

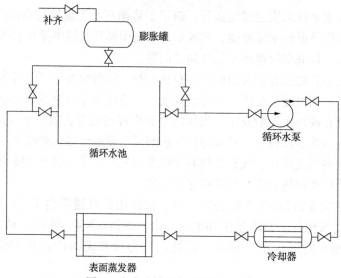

图 6 改造后循环水系统流程示意

综合考虑，目前循环水系统腐蚀较为严重，问题症结在于循环水系统未实现密闭，本着源头治理、经济高效的理念，采取对策二。

5 效果评价

该项改造实施后，循环水系统腐蚀、结垢现象显著缓解，管线内水质明显改善，介质温度可长期保持在原有水平(图7)，在以下4个方面取得显著效果。

图7 改造前后循环水水质对比

5.1 装置运行效果提升明显

（1）装置制冷效果有所提升，由于装置密闭运行，冷却水携冷量明显提升，低温分离器进口温度降低约0.5℃，进入分馏单元的液量明显提升，日均增加轻烃产量0.1t，液化气产量0.3t，合计创效29.2万t/a。

（2）设备运行故障率降低，由于水换热器效果改善，压缩机气阀故障率明显下降，气阀更换数量环比下降13%，年节省气阀更换成本3万元。

5.2 管线腐蚀现象显著改善

该项目消除了冷却水曝氧引起的换热器结垢、管束腐蚀等问题，减少换热器异常引起的非计划停机，减少资源浪费、节约抢修成本，年节约金额达到38.95万元。

5.3 轻烃产品品质保障有力

前期由于轻烃后冷器管束穿孔，致使2罐轻烃产品带水，需回炼后方可外销，直接经济损失7万余元。该工程投用后，轻烃后冷器尚未发生穿孔，产品质量得到有力保障。

5.4 系统调节能力整体提升

相较敞口式循环水池，密闭式改造在保留压力控制稳定优点的同时，实现自动补水等功能，系统调节能力整体得到提升。

6 效益评价

通过该项目的实施，采用旧设备，投资约3万元，实现冷却水密闭循环，消除冷却水曝氧引起换热器结垢、管束腐蚀等问题，减少换热器异常引起的非计划停机，减少资源浪费、节约抢修成本，年节约金额达到68.15万元，投资回报比高达22:1，取得良好的经济效益。

参 考 文 献

[1] 周锋. 化工设备中循环水换热器的腐蚀与防护技术[J]. 设备管理与维修, 2019(10)：136-138.

[2] 石福琛, 冯李杨, 蒋毅. 浅谈循环水换热器的腐蚀与防护[J]. 化工设计通讯, 2017, 43(11)：132~135.

[3] 文朋. 浅谈循环水冷却器腐蚀与防护[J]. 中国石油和化工标准与质量, 2017, 37(14)：129-130.

[4] 邵和东. 探析工业循环冷却水系统水质防腐及控制方法[J]. 环境与发展, 2017, 29(5)：106~108.

[5] 王瑶. 探析循环水结垢和腐蚀机理与控制对策[J]. 石化技术, 2017, 24(7)：43.

[6] 武志民, 朱宏. 循环水换热器腐蚀原因分析及改进措施[J]. 中国设备工程, 2019(13)：85-87.

作者简介：邵勇华(1993—)，男，2017年毕业于兰州理工大学油气储运工程专业，学士学位，现工作于中国石化西北油田分公司采油二厂，助理工程师，从事油气集输技术管理工作。

某重整装置预加氢进料换热器管束失效分析

汤士英

（中国石化股份有限公司天津分公司）

摘　要　对发生腐蚀泄漏的预加氢进料换热器管束，进行宏观检查、壁厚检测、垢样分析，查询 LIMS 化验分析系统，发现多次硫含量超标。综合分析，预加氢进料换热器管束泄漏，主要原因是铵盐结晶形成垢下腐蚀，在管束内壁形成严重点蚀，其次是硫含量超标引起硫腐蚀加速。铵盐垢下腐蚀和硫腐蚀共同作用，使管束腐蚀加剧，最终导致管束泄漏失效。根据分析结果，提出了合理的运行维护建议。

关键词　腐蚀；加氢；换热器；失效；铵盐；垢下；硫腐蚀

由于原油中硫含量较高，加氢反应的原料中硫、氮和氯等腐蚀介质含量的增加，在加氢反应流出物的换热器、空冷等设备的腐蚀问题日益严重。某重整加氢装置预加氢进料换热器 E-101C/D，2022 年 3 月，因 SN201 精制石脑油（预加氢反应产物，即 E-101C/D 的管程介质）检验不合格，推测预加氢进料换热器 E-101A~D 发生管束泄漏，其中，E-101C/D 曾发生过管束泄漏，结合当时的工艺操作参数，故对 E-101C/D 进行管束更换。

1　设备情况介绍

E-101C/D 于 2009 年同期投入使用，2021 年 10 月 4 日进行抢修，原因是 SN201 精制石脑油检验不合格，推测是预加氢混合进料换热器内漏。本次抢修，E-101C 堵管 12 根，E-101D 堵管 23 根。2022 年 3 月 2 日，SN201 精制石脑油进料检验再次不合格，抢修时直接更换换热器管束。

E-101C/D 设计参数详见表 1。

表 1　预加氢进料换热器 E-101C/D 设计参数

	操作压力设计值/MPa	操作温度设计值/℃	介质	材质	管径/mm	换热管/根	管长/mm	换热面积/m²	投用日期
管程	2.7	241/198	预加氢反应产物	15CrMo	25×2.5	700	6000	634	2009 年
壳程	3.3	156/218	预加氢原料	15CrMoR(H)	—	—	—	—	

在 E-101C/D 的日常操作中，工艺参数相对平稳，未出现过超温、超压、超负荷现象。E-101 管程实际的入口温度为 90℃，出口温度为 192℃，壳程实际入口温度为 161℃，出口温度为 52℃。操作温度和操作压力均在设计值范围内。

E-101C/D 的管程介质为预加氢反应器 R-101~102 的反应产物石脑油，经 E-101A/B 管程，与壳程的预加氢原料换热后，进入 E-101C/D 管程，再进入预加氢反应产物的空冷器 A-101A/B 进行冷却。E-101C/D 的壳程介质为从预加氢原料换热器 E-416 来的预加氢原料，与 E-101C/D 的管程介质预加氢反应产物石脑油换热后，进入 A-101A/B 的壳程，换热升温后，进入预加氢加热炉 F-101。工艺流程如图 1。

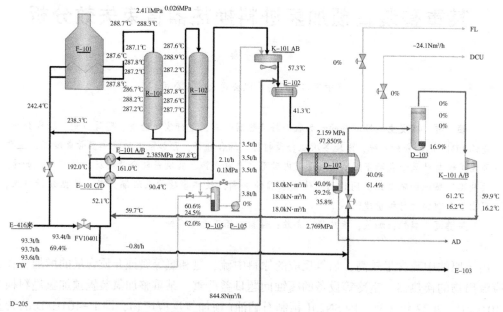

图 1　预加氢反应系统 E-101C/D 工艺流程

2　检测与分析

2.1　宏观检查及壁厚检测

本次对预加氢进料换热器 E-101C/D 抽出的管束进行外观检查。E-101C 共堵管 12 根。E-101D 共堵管 26 根。换热管规格为 φ25mm×2.5mm，无明显减薄。换热管外壁有较均匀的绿褐色、黑褐色薄、硬实的腐蚀层及脱落的垢样。

管板管口部分外观完好，其余均有黄褐色垢层、白色结盐，部分管板管口垢层厚，换热器散发刺鼻氨味，在废料场放置多天后仍氨味极重。换热管口内有密集的绿色盐状晶体、黑褐色垢样，如图 2~图 4 所示。

图 2　E-101D 管板堵管、结盐、结垢形貌

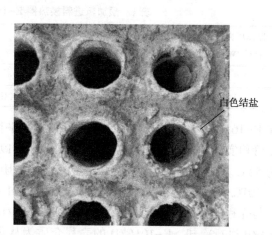

图 3　E-101D 管板管口白色结盐、褐色结垢

截 1 根完整的换热管，分多段，剖管，检查管内壁腐蚀情况。直管段，有绿色结盐、褐

色硬垢，离管板的距离远近不同，管内壁的腐蚀结垢不同，远端的内壁垢层比较厚，可去掉约 1mm 厚的坚硬腐蚀垢层。腐蚀坑较多较深。弯管段内壁，有坚硬的黑褐色垢层，去除后内壁腐蚀轻微，如图 5 所示。

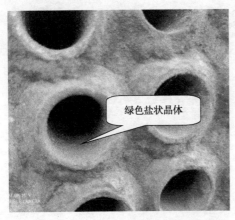

绿色盐状晶体

图 4　E-101D 管板内壁密集的绿色盐状结晶　　　图 5　E-101D 直管内壁，绿色、褐色坚硬及去除 1mm 左右垢物、有蚀坑图

2.2　介质分析

从 LIMS 化验分析系统，查询 2022 年 2 月 18 日—2022 年 4 月 8 日的预加氢进料 SN101、精制石脑油进料 SN201 及 SN201 临时加样的分析化验数据。其中，硫含量分析表及超标 23 次的统计表，如表 2、表 3 所示。

表 2　精制石脑油（管程）硫含量分析表

采样名称	采样时间	硫含量≤0.5mg/kg
精制石脑油（管程）	2022-03-10	0.63
	2022-03-11	0.6
	2022-03-11	0.58
	2022-03-11	0.67
	2022-03-11	0.67
	2022-03-13	0.52

表 3　精制石脑油（管程）硫含量超标统计

采样分析项目	最大值	最小值	平均值	监测次数	超标次数	合格率/%
硫含量≤0.5mg/kg	1.43	0.21	0.451	96	16	83.33
硫含量≤800mg/kg	1122.08	361.46	702.039	29	7	75.86

2.3　管程和壳程垢样的化学成分分析

自管程和壳程取壳程垢样，呈绿褐色、橙红色。做 EDS 能谱元素分析和 XRD 化合物分析。

（1）EDS 能谱元素分析

在化学成分分析前，先对垢样做清洗、干燥、研磨预处理。先把垢样放溶剂里清洗，以去除垢样的油泥。然后放器皿里干燥，温度在 105～110℃，1h 或若干小时，前后 2 次质量差在 10mg 左右即可，目的是除去垢样水分。之后是研磨，将不同形状、大小的垢样研磨成粉末状。最后在不同位置取样本，每个样本取 10μm，对各样本做能谱元素和 XRD 化合物分析。E-204 管程和壳程的垢样，在燃烧后，分别取 9 个位置的样本进行分析。管程、壳程各选 1 个样本的分析图谱，如图 6、图 7 所示。其质量分数和原子分数在样本检测中，其含量如表 4、表 5 所示。

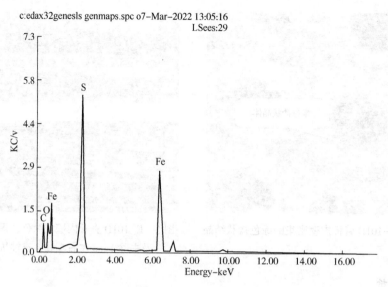

图 6　管程 Fe、S、C、O 等元素含量图谱

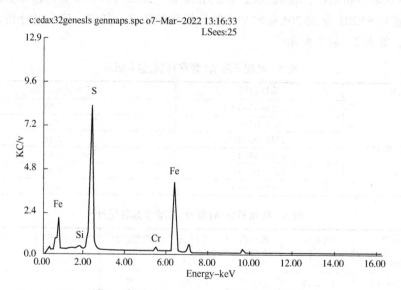

图 7　壳程 Fe、S、Si、Cr 等元素含量图谱

表 4　管程样本元素含量

元素	质量分数/%	原子分数/%
CK	20.49	45.25
OK	06.68	11.08
SK	25.73	21.29
FeK	47.10	22.38
Matrix	Correction	ZAF

表 5　壳程样本元素含量

元素	质量分数/%	原子分数/%
SiK	01.12	01.71
CrK	02.13	01.77
SK	37.97	51.10
FeK	58.78	45.42
Matrix	Correction	ZAF

从能谱元素分析看，管程垢样主要含有 Fe、S 元素，较少的 C、O 等元素。壳程垢样中主要含有 Fe、S 元素，较少的 Si、Cr、C、O 等元素。管程垢样主要是 Fe 的化合物，壳程垢样也主要是 Fe 的化合物。

（2）铁元素的 XRD 衍射图谱分析

对（1）中处理过的垢样，做 XRD 衍射图谱（测 Fe 的化合物）检测。检测结果如图 8、图 9 所示。Fe 化合物包括 FeS、Fe 和 S 的其他价态化合物等。

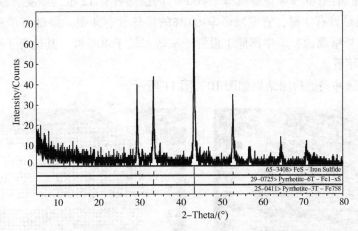

图 8 管程垢样的 XRD 晶体结构图（Fe、S 化合物）

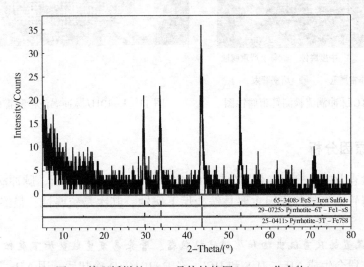

图 9 管程垢样的 XRD 晶体结构图（Fe、S 化合物）

由图 8 可知：在衍射角为 43°~44°时，垢样的能量密度较高，接近 70，推测其主要组分是 FeS。

由图 9 可知：在衍射角 2θ 为 $43°\sim44°$ 时，垢样的能量密度较高，接近 35，其主要组分也是 FeS。

2.4 脉冲涡流检测

2021 年 10 月 4 日对 E-101C/D 做脉冲涡流检测。脉冲涡流检测结果表明，换热器 E-101C/D 的管壁，腐蚀比较严重。

对换热器 E-101C，共检测换热管 55 根，发现非常严重腐蚀(管壁减薄率≥60%)的换热管有 32 根，严重腐蚀(40%≤管壁减薄率<60%)的换热管有 6 根，中度腐蚀(20%≤管壁减薄率<40%)的换热管有 16 根，管壁减薄率<20% 的换热管有 1 根。局部有严重坑蚀、孔蚀或减薄缺陷，多为内、外壁腐蚀并存，下半部管壁减薄率全部超过 60%，比上半部腐蚀严重，当时实施堵管。

对换热器 E-101D，共检测管束 34 根，发现非常严重腐蚀(管壁减薄率≥60%)的换热管有 14 根，严重腐蚀(40%≤管壁减薄率<60%)的换热管有 12 根，中度腐蚀(20%≤管壁减薄率<40%)的换热管有 4 根，管壁减薄率<20% 的换热管有 4 根。局部有严重坑蚀、孔蚀或减薄缺陷，多为外壁腐蚀，下半部除 1 根管子减薄率低于 40% 外，其他管子减薄率全部超过 60%，也实施了堵管。

E-101C/D 脉冲涡流检测结果如图 10、图 11 所示。

● 轻微腐蚀 ○ 中度腐蚀 ● 严重腐蚀
● 非常严重 ● 堵塞管束

图 10 E-101C 脉冲涡流检测管束腐蚀图   图 11 E-101D 脉冲涡流检测管束腐蚀图

3 管束失效原因分析

上述宏观检查及壁厚检测、介质分析、管内外垢样化学成分分析、脉冲涡流检测等数据表明，该换热器管束失效的原因主要是铵盐垢下腐蚀，其次是硫腐蚀，最终造成管束泄漏失效。

3.1 重整加氢装置的反应流出物和原料的换热器，管束易发生铵盐垢下腐蚀

预加氢反应段会生成 NH_3、H_2S 和 HCl，经 E-101C/D 冷却后，因 NH_3、H_2S 和 HCl 有较高分压，可能合成 NH_4HS(结晶温度在 $27\sim66℃$ 以下)、NH_4Cl(结晶温度为 $177\sim232℃$)盐，在一定温度段以固体结晶析出，形成铵盐垢下腐蚀。如遇少量水存在，会发生严重的局

部腐蚀。

NH₄HS 的腐蚀机理：

$$H_2S+NH_3 \longrightarrow NH_4HS$$
$$Fe+H_2S \longrightarrow FeS+H_2$$

NH₄Cl 的腐蚀机理：

$$HCl+NH_3 \longrightarrow NH_4Cl$$
$$Fe+2HCl \longrightarrow FeCl_2+H_2$$
$$FeS+2HCl \longrightarrow FeCl_2+H_2S$$

E-101C/D 的管程从 C 到 D，C 的进口温度为 192℃，D 的出口温度为 90℃。该工作温度正好在 NH₄Cl 的结晶温度范围内，在介质进入 E-101C 入口后，逐渐进入铵盐结晶温度，在管束内壁形成铵盐。注水口在 E-101C 管程入口前，连续性注水，占比 3% 左右。如注水不能及时有效稀释、溶解管内壁铵盐，则易形成铵盐垢下腐蚀。壳程实际入口温度为 161℃，出口温度为 52℃，有一段温度是 NH₄HS 的结晶温度。

铵盐垢下腐蚀通常为局部腐蚀，如点蚀。管束抽出后有刺鼻氨味，外观检查时，管板结盐、管口内有绿色晶体、剖管内壁有绿色垢层，都说明有铵盐腐蚀。管程垢样的 XRD 检测表明，管程垢样除 FeS 外，也含一定量 Fe 和 S 的其他价态化合物（如 NH₄HS 腐蚀产生的 Fe₂S）。脉冲涡流检测表明，E-101C/D 下半部管束，被检测的换热管减薄都超过 60% 壁厚，类型主要是点蚀。宏观检查发现管内壁的铵盐垢样形貌，剖管内壁垢层下密布 1mm 的腐蚀坑。这些数据及腐蚀形貌，足以说明管束内壁铵盐垢下腐蚀非常严重。

3.2 铵盐垢下腐蚀

铵盐垢下腐蚀引发该部位金属溶解，产生的 Fe^{2+} 吸引外部的 HS^- 和 Cl^-，进一步引起 HS^- 和 Cl^- 富集，使该部位溶液的 pH 值下降，加速腐蚀。

3.3 硫腐蚀

管束内外壁存在 HCl+H₂S+H₂O 腐蚀。

① 公司的 LIMS 化验分析系统显示，E-101C/D 管程侧介质为预加氢反应器 R-101~102 的产物石脑油，即 SN201 精制石脑油，硫含量有 16 次超标，壳程侧介质为预加氢原料，硫含量有 7 次超标。管程材质为 15CrMo，该材质具有耐热、抗氧化、抗氢腐蚀能力，但抗硫离子腐蚀能力不足。当硫含量超标时，为硫腐蚀加速提供条件。硫腐蚀化学式为：

$$S^{2-}+Fe \longrightarrow FeS$$

生成的 FeS 为管壁保护膜。当介质流速稳定，FeS 对管壁是很好的保护膜，坚硬、紧实贴在管壁，当介质流速较高，有可能引发冲蚀，使 FeS 保护膜脱落。积久成垢，引起垢下腐蚀。宏观检查时发现换热管内外壁都有这样的腐蚀层。

② 管束内外壁坚硬的垢层，其 EDS 和 XRD 分析结果表明，垢样主要成分为 FeS。这足以说明管束内外壁存在硫腐蚀。

③ 此外，NH₄HS 和 NH₄Cl 会通过化学腐蚀破坏 FeS 保护膜，形成垢下腐蚀，使腐蚀进一步加剧，从剖管内壁 FeS 垢层下，有密布的腐蚀坑可以证明这点。

4 结论

预加氢进料换热器 E-101C/D 管束失效的原因：预加氢反应段会生成 NH₃、H₂S 和 HCl，在进料换热器管内发生铵盐腐蚀，生成 NH₄HS 和 NH₄Cl，进而发生铵盐垢下腐蚀，管内壁形成严重点蚀，遇少量水，局部腐蚀加重。其次，较长时间硫含量超标，在管壁发生硫腐蚀，在管壁形成硫化亚铁垢层。同时，NH_4HS 和 NH_4Cl 会通过化学腐蚀破坏 FeS 保护膜，加剧铵盐垢下腐蚀。换热管在铵盐垢下腐蚀和硫腐蚀共同作用下，最终导致换热管泄漏失效。

5 建议

（1）严格控制原料中硫、氯含量不超标，并保持工艺稳定。

（2）注水量保证注水点剩余水相≥25%，以较好地缓解铵盐结晶。

（3）E-101C/D 于 2009 年投产到 2021 年泄漏，使用期限 12a，腐蚀速率为 0.21mm/a，2022 年 3 月更换新管束。建议下次大检修彻底清洗，并检测管束减薄情况。必要时考虑材质升级。

参 考 文 献

[1] 莫广文．炼油装置腐蚀概况及对策[J]．石油化工腐蚀与防护，2008，25(1)：31-36.

[2] 孙卫华．重整预加氢换热器腐蚀失效分析及对策[J]．中国设备工程，2012(5)：40-42.

[3] 王志坤，张昕．重整装置预加氢反应产物换热器腐蚀原因分析[J]．腐蚀与防护，2005，26(5)：225-227.

[4] 楼剑常，张映旭．中压加氢裂化装置原料油换热器传热系数下降的原因及对策[J]．石油炼制与化工，2005，36(12)：21-23.

[5] 陈国平，张军．氯化铵盐对连续重整装置的影响与对策[J]．广州化工，2010，38(11)：175-176.

[6] 刘新阳．加氢反应流出物中铵盐腐蚀与预防[J]．石油化工腐蚀与防护，2014，31(2)：17-20.

[7] 马立光，闫晓荥，钱眄，等．重整预加氢进料换热器的腐蚀原因及对策[J]．石油化工腐蚀与防护，2013，30(5)：54-57.

作者简介：汤士英(1973—)，女，1995 年毕业于华东理工大学石油化工学院，现工作于中国石化股份有限公司天津分公司装备研究院，高级工程师。

浅谈管线阴极保护

祝富饶

（中国石油化工股份有限公司天津分公司）

摘　要　本文介绍了阴极保护的概念，工作原理及在实际长输管道中的应用。

关键词　阴极保护；长输管道；日常维护；故障原因

1　阴极保护的工作原理

阴极保护是一种用于防止金属在电介质（海水、淡水及土壤等介质）中腐蚀的电化学保护技术。

金属在电解质溶液中，由于金属本身存在电化学不均匀性或外界环境的不均匀性，都会形成腐蚀原电池。在原电池的阳极区发生腐蚀，不断输出电子，同时金属离子溶入电解液中。阴极区发生阴极反应，视电解液和环境条件的不同，在阴极表面上析出氢气或接受正离子的沉积。如果给金属通以阴极电流，腐蚀原电池体系的电位将向负方向偏移，使金属阴极极化，这就可以抑制阳极区金属的电子释放，从根本上防止金属腐蚀。

给管道实施阴极保护时，用金属导线将管道接在直流电源的负极，将辅助阳极接到电源正极。看当电路接通后，有外加电子流入管道表面。当外加电子流入管道表面。当外加电子来不及与电解质溶液中的某些物质起作用时，就会在金属表面聚集，导致阴极表面金属电极电位向负方向移动，即产生阴极极化。这时，微阳极区金属释放电子的能力就受到阻碍。施加的电流越大，电子积聚就会越多，金属表面的电极电位就会越负，微阳极区释放电子的能力就越弱，换句话说，就是腐蚀电池两极间的电位差变小，阳极电流越来越小，当金属表面阴极极化到一定值时，阴极、阳极达到等电位，腐蚀原电池作用就被迫停止。此时，外加电流 I_p 等于阴极电流 i_c，即 $i_a = 0$。这就是阴极保护的基本原理。

2　阴极保护的类型

在管道及储罐电法保护工程中，经常使用的电法：外加电流阴极保护、牺牲阳极阴极保护、杂散电流保护等。

（1）外加电流阴极保护又称强制电流阴极保护。它是根据阴极保护的原理，用外部直流电源作阴极保护的极化电源，将电源负极接至被保护构筑物，将电源正极接至辅助阳极。在电流作用下，使被保护构筑物对地电位向负方向偏移，从而实现阴极保护。

外加电流阴极保护主要应用于淡水、海水、土壤、海泥、碱及盐等环境中金属设施的防腐蚀。它适范围比较广，只要有便利的电源，邻近没有不受保护的金属构筑物的场合几乎都适合选用外加电流阴极保护。

（2）牺牲阳极阴极保护。在腐蚀电池中，阳极腐蚀，阴极不腐蚀。根据这一原理，把某种电极电位比较负的金属材料与电极电位比较正的被保护金属构筑物相连接，使被保护金属构筑物成为腐蚀电池中的阴极而保护的方法称为牺牲阳极阴极保护。

为达到有效保护，牺牲阳极不仅在开路状态（牺牲阳极与被金属保护之间的电路未通过）有足够负的电位，而且在闭路状态（电路接通后）有足够的工作电位。这样，在工作时即可保持足够的驱动电压。

3 管道实施阴极保护的基本条件

（1）管道必须处于有电解质的环境中，以便能建立在连续的电路，如土壤、海水、河流等介质中都可以进行阴极保护。

（2）管道必须电绝缘。首先，管道必须要采用良好的防腐层尽可能将管道与电解质绝缘，否则会需要较大的保护电流密度。其次，要将管道与非保护金属构筑物电绝缘，否则电流将流失到其他金属构筑物上，造成其他金属构筑物的腐蚀，阴极保护效果的降低。

（3）管道必须保持纵向向电连续性。

4 阴极保护的优缺点

阴极保护的优缺点见表1。

表1 阴极保护的优缺点

方法		优点	缺点
阴极保护	外加电流	（1）输出电流，电压连续可调 （2）保护范围大 （3）不受土壤电阻率的限制 （4）工程量越大越经济 （5）保护装置寿命长	（1）必须要有外部电流 （2）对邻近金属构筑物有干扰 （3）管理、维护工作量大
	牺牲阳极	（1）不需要外部电源 （2）对邻近金属构筑物无干扰或较小 （3）管理工程量小 （4）工程量小时，经济性好 （5）保护电流均匀，自动调节，利用率高	（1）高电阻率环境不经济 （2）防腐层差时不适用 （3）输出电流有限

5 阴极保护系统的管理目标

（1）保护率等于100%：

$$保护率 = \frac{管道总长 - 未达有效阴极保护管道长}{管道总长} \times 100\%$$

（2）运行率（开机率）大于98%：

$$开机率 = \frac{全年小时数 - 全年停机小时数}{全年小时数} \times 100\%$$

（3）保护度大于85%： $$保护度 = \frac{G_1/S_1 - G_2/S_2}{G_1/S_1} \times 100\%$$

式中 G_1——未施加阴极保护检查片的失重量，g；

S_1——未施加阴极保护检查片的裸露面积，cm^2；

G_2——施加阴极保护检查片的失重量，g；

S_2——施加阴极保护检查片的裸露面积，cm^2；

（4）管道保护电位：一般为-0.85~-1.5V，当土壤或水中含有硫酸盐还原菌且硫酸根含量大于0.5%时为-0.95V或更负（应考虑IR降的影响）。

6　天津石化阴极保护目前现状

尽管管道的绝大多数表面都被涂层有效地保护着，但是在漏点处或是剥离区中将产生较高的腐蚀速率，很可能导致穿孔或开裂。所以埋地管线的涂层系统少有不与阴极保护共同使用的。目前天津石化长输线使用外加电流措施保护长输管线。

6.1　对阴极保护设施的日常维护内容

（1）电气设备定期技术检查。电气设备的检查每周不得少于一次，有下列内容：

① 检查各电气设备电路接触的牢固性，安装的正确性，个别元件是否有机械障碍。检查接阴极保护站的电源导线，以及接至阳极地床、通电点的导线是否完好，接头是否牢固。

② 检查配电盘上熔断器的熔断丝是否按规定接好，当交流回路中的熔断器熔断丝被烧毁时，应查明原因及时恢复供电。

③ 观察电气仪表，在专用的表格上记录输出电压、电流、通电点电位数值，与前次记录（或值班记录）对照是否有变化，若不相同，应查找原因，采取相应措施，使管道全线达到阴极保护。

④ 应定期检查工作接地和避雷器接地，并保证其接地电阻不大于10Ω，在雷雨季节要注意防雷。

⑤ 搞好站内设备的清洁卫生，注意保持室内干燥，通电良好，防止仪器过热。

（2）恒电位仪的维护

① 阴极保护恒电位仪一般都配置2台，互为备用，因此应按管理要求定时切换使用。改用备用的仪器时，应即时进行一次观测和维修。仪器维修过程中不得带电插、拔各插接件、印制电路板等。

② 观察全部零件是否正常，元件有无腐蚀，脱焊、虚焊、损坏、各连接点是否可靠，电路有无故障，各紧固件是否松动，熔断器是否完好，如有熔断，需查清原因再更换。

③ 清洁内部，除去外来物。

④ 发现仪器故障应及时检修，并投入备用仪器，保证供电。每年要计算开机率。

（3）测试桩的维护

① 检查接线柱与大地绝缘情况，电阻值应大于100kΩ，用万用表测量，若小于此值应检查接线柱与外套钢管有无接地，若有，则需更换或维修。

② 测试桩应每年定期刷漆和编号。

③ 防止测试桩的破坏丢失，对沿线城乡居民及儿童做好爱护国家财产的宣传教育工作。

（4）绝缘法兰的维护

① 定期检测绝缘法兰两侧管地电位，若与原始记录有差异时，应对其性能好坏作鉴别。如有漏电情况应采取相应措施。

② 对有附属设备的绝缘法兰（如限流电阻、过压保护二极管、防雨护罩等）均应加强维护管理工作，保证完好。

③ 保持绝缘法兰清洁、干燥，定期刷漆。

6.2 强制电流阴极保护系统故障的原因

（1）设备故障

由于恒电位仪、参比电极、辅助阳极等设施的故障引起阴极保护系统运行故障是阴极保护系统故障的主要原因，其中恒电位仪故障占很大比例。表现为设备不能正常工作，无输出电流等，导致系统运行中断。只要操作人员细心就能发现这类异常，排除也比较容易。

（2）防腐层失效

由于老化或严重破损等原因使防腐层绝缘性能大幅度下降，使阴极保护站输出最大电流时，管道保护点位仍然达不到最小保护点位的要求。

（3）外部施工引起的故障

由于站场或管道的技术改造项目施工中，破坏了阴极保护设施或使未加保护的金属结构与受到阴极保护的管道接触等，会使原有的阴极保护系统运行失常。

（4）外部交流、直流杂散电流的干扰

当管道所在地区出现较强的杂散电流，特别是直流杂散电流时，会强烈干扰阴极保护系统的运行，恒电位仪几乎不能自控运行，这种情况需要调研、判断杂散电流的干扰情况，采用相应有效的排流措施。

7 发展前景

阴极保护行业在国内的发展已日趋成熟，随着行业及国家标准的日趋完善，阴极保护专业技术与实际性能也越来越被长输管线及储油罐大型项目的投资者所青睐，投资过的项目通过几年的检测与评估确实达到良好效果，相信将成为控制腐蚀的有效手段。

作者简介： 祝富饶(1986—)，男，2008 年毕业于辽宁石油化工大学油气储运工程专业，学士学位，现工作于中国石油化工股份有限公司天津分公司，工程师。

青宁输气管道杂散电流干扰评价与防护

李 柳

（中石化中原石油工程设计有限公司）

摘 要 青宁输气管道途经山东、江苏两省，线路全长 531km，存在杂散电流干扰源多、管道与高电压等级输电线路多次并行或交叉的问题。为保障管道安全稳定运行，使用数字万用表及储存式数据采集仪，通过沿线阴极保护测试桩对青宁输气管道（江苏段）进行数据采集，结合相关标准进行管道沿线受杂散电流干扰情况分析，针对性提出排流措施建议。

关键词 青宁输气管道；杂散电流干扰；检测评价；排流建议；杂散电流防护

随着国家经济的快速发展，长输管线与城市管网的应用越来越广泛，长输管线与高压输电线路、电气化铁路等设施平行或交叉情况逐渐增加，因此管道受到的杂散电流干扰日益严重。大量研究表明，杂散电流干扰会引起管道沿线阴极保护电位的波动，影响阴极保护系统的有效性。同时，存在杂散电流干扰的区域，管道加速腐蚀，管壁因腐蚀而逐渐减薄，甚至发生腐蚀穿孔与泄漏事件，这会对管道周边环境造成破坏乃至威胁到居民的生命安全。为减轻、消除杂散电流的影响，保障埋地长输管线的安全稳定运行，宜通过现场检测分析管道实际所受干扰情况，制定合理的防护措施。

青宁输气管道北起山东 LNG 接收站，南至川气东送南京支线南京输气站，线路全长 531km，管径规格为 1016mm。管道途经山东、江苏两省。管道采用 3 层 PE 外防腐层，并全线实施强制电流阴极保护。

青宁输气管道沿线干扰源分布 7 个地市，15 个县区，有 140 条与管道位置近距离交叉或平行的高压输电线路，其中电压规格在 110kV 以上的高压输电线路共有 110 条，与管道长距离平行的高压输电线路共有 40 条。针对青宁输气管道存在的杂散电流干扰源多、并行长度长、高压输电线路电压等级高、且存在多条高压线多次与管道交叉并行的问题，为保证其阴极保护系统正常运行，及时定位存在杂散电流干扰的区域并进行整改至关重要。

1 检测依据

1.1 交流干扰防护

依据 GB/T 50698—2011《埋地钢质管道交流干扰防护技术标准》的规定，当管道上的交流干扰电压不高于 4V 时可不采取交流干扰措施，高于 4V 时应采用交流电流密度进行评估。交流电流密度的计算公式：

$$J_{AC} = \frac{8V}{\rho \pi d} \tag{1}$$

式中 J_{AC}——评估的交流电流密度，A/m²；

V——交流干扰电压有效值的平均值，V；

ρ——土壤电阻率/$\Omega \cdot m$；

d——破损点直径，m，按发生交流腐蚀最严重考虑，取 0.0113。

管道受交流腐蚀风险判断见表 1。当交流干扰程度判定为"强"时，应采取交流干扰防护措施，判定为"中"时，宜采取交流干扰防护措施；判定为"弱"时，可不采取交流干扰防护措施。

表 1　交流干扰程度的判断指标

交流干扰程度	弱	中	强
交流电流密度/(A/m^2)	<30	30~100	>100

1.2　直流干扰防护

依据 GB 50991—2014《埋地钢质管道直流干扰防护技术标准》的规定，对于已投运阴极保护的管道，当干扰导致管道不满足最小保护电位要求时，应及时采取干扰防护措施。

2　检测方法及检测结果

青宁输气管道目前在稳定运行中且阴极保护系统已经投运，本次使用的检测方法分为沿线测试和重点调查。沿线测试可初步定位存在杂散电流干扰的区域；重点调查则采用储存式测试记录仪，进行 24h 数据采集，综合分析该区域的杂散电流干扰程度，根据结果制定合理的排流措施。

2.1　沿线测试

通过沿线测试桩对青宁输气管道(江苏段)全线进行数据采集，所需的数据包括通电电位、断电电位和交流干扰电压等。

使用 Fluke289C 真有效值工业用记录万用表，一端与管道测试电缆相连接，另一端连接便携式饱和硫酸铜参比电极(对于智能测试桩，连接自带极化探头参比电缆)，这种测试方法可高效地记录测试桩处通电电位和交流电压值。

本次沿线测试共采集 200 处数据，初步筛选出青宁输气管道(江苏段)交流干扰电压大于 4V 的位置，共计 46 处，其余 154 处测试点满足"可不采取交流干扰措施"的范围。

表 2 为 46 处交流干扰电压大于 4V 位置的测试值及现场勘查该位置存在的干扰源情况。

表 2　青宁输气管道(江苏段)交流干扰电压大于 4V 的位置

序号	桩号	通电电位/V	交流干扰电压/V	干扰源情况
1	BYZ047	-1.160	4.800	500kV 仪征线、110kV 高压线平行
2	BYZ035	-1.150	4.300	110kV 临电线交叉
3	BYZ031	-1.160	5.200	——
4	BYZ027	-1.160	6.100	——
5	BYZ018	-1.150	6.300	500kV 高压线、110kV 高压线交叉
6	BYZ011	-1.140	7.800	附近 500kV 高压线、110kV 高压线交叉
7	BYZ006	-1.100	8.600	500kV 高仪 5880 线、500kV 仪江 5241 线交叉

序号	桩号	通电电位/V	交流干扰电压/V	干扰源情况
8	BYZ000	−1.100	8.700	500kV 高仪 5880 线、500kV 仪江 5241 线、2 条 110kV 高压线交叉
9	BHJ020	−1.100	8.500	2 条 110kV 高压线交叉
10	BHJ015	−1.100	8.800	2 条 500kV 高压线平行
11	BHJ010	−1.130	7.700	2 条 500kV 高压线平行
12	BHJ001	−1.130	4.200	—
13	BGU422	−1.150	4.800	—
14	BGU420	−1.200	4.500	—
15	BGU418	−1.130	5.500	2 条 520kV 高压线拐点处交叉
16	BGU255	−1.180	5.300	
17	BGU249	−1.170	4.870	220kV 高压线交叉
18	BGU244	−1.190	4.000	
19	BGU239	−1.170	5.100	500kV 邮江线平行交叉
20	BGU237	−1.200	7.900	500kV 邮江线平行
21	BGU234	−1.170	9.400	500kV 邮江线、220kV 澄王线交叉
22	BGU232	−1.190	7.600	220kV 王新线、220kV 澄王线交叉
23	BGU230	−1.260	4.500	220kV 高压线交叉、高压线较密
24	BGU227	−1.170	3.200	4 条 220kV 高压线交叉
25	BGU225	−1.190	4.450	220kV 国纪线交叉
26	BGU220	−1.200	4.200	
27	BHA077G	−1.140	4.080	110kV 楚戴线拐点交叉
28	BHA072	−1.140	12.47	110kV 楚戴线平行、拐点交叉
29	BHA068	−1.130	12.330	—
30	BHA062	−1.130	18.100	—
31	BHA060	−1.150	20.050	—
32	BHA054	−1.140	23.600	500kV 伊上线平行、交叉
33	BHA050	−1.160	11.990	500kV 伊上线平行
34	BHA035	−1.190	10.080	500kV 伊上线平行交叉、110kV 牌艾线平行

序号	桩号	通电电位/V	交流干扰电压/V	干扰源情况
35	BHA031	−1.190	15.170	500kV 伊上线平行交叉、110kV 艾钦平行
36	BHA024	−1.180	22.840	500kV 伊上线、110kV 牌艾线平行交叉
37	BHA021	−1.170	20.300	220kV 牌艾线交叉(2 条高压线)
38	BHA017	−1.180	18.300	—
39	BHA015	−1.170	17.000	—
40	BHA010G1	−1.190	13.900	—
41	BHA003G1	−1.150	8.200	—
42	BHA002G1	−1.150	7.600	110kV 高压线平行
43	BHA001G1	−1.180	6.800	110kV 高压线平行
44	BKF001	−1.097	5.890	—
45	BLS214	−1.099	4.157	—

断电电位是判断管道阴极保护效果是否满足标准的重要依据,使用 YH-DL1 阴保数据记录仪可进行断电电位测试。采用极化探头法,数据记录仪与埋设于测试点处的自腐蚀探头、极化探头、参比电极及管道测试电缆分别连接。本次测试的全部检测点断电电位值均满足 GB/T 21447—2018《钢质管道外腐蚀控制规范》中的阴极保护准则。

在使用交流电流电流密度判断法则[式(1)]时,需代入土壤电阻率值。本次测试采用"四极法"进行土壤电阻率测试,参照 GB/T 21447—2018 的规定,表3 为 40 处测试点土壤电阻率实测值,青宁输气管道江苏段土壤腐蚀等级主要为"强腐蚀"范围。

表3 青宁输气管道(江苏段)土壤电阻率实测值

序号	位置	土壤电阻率/($\Omega \cdot m$)	土壤腐蚀等级
1	仪征段	12.5664~32.6726	中~强
2	邗江段	16.3363	强
3	高邮段	12.5664~13.1947	强
4	淮安段	13.1947~17.5929	强
5	宝应段	11.3097~12.5664	强
6	东海段	10.0531	强
7	赣榆段	36.4425	中
8	淮安经济开发区	18.8496	强
9	涟水段桩号	54.0355	弱

2.2 杂散电流重点调查

对测试结果中交流干扰电压值大于 4V 的区域,使用 YH-DL1 阴保数据记录仪、uDL-2

高精度杂散电流数据记录仪进行持续复测，并整理出 24h 数据曲线(图 1)，包括通电电位、断电电位、自然电位和交流干扰电压曲线。

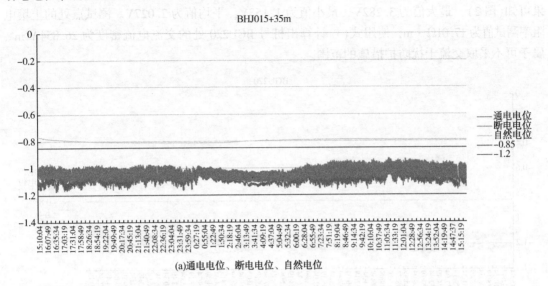

(a)通电电位、断电电位、自然电位

(b)交流干扰电压

图 1　桩号 BHJ015 处 24h 测试数据曲线

3　数据处理与分析

对重点调查区域的 24h 数据记录曲线进行数据分析，在此选取具有代表性的 2 处作进行分析。

（1）桩号 BHJ015 处（管道与 2 条 500kV 高压线平行，间距约 200m）。

24h 持续检测结果显示，该测试点处的断电电位值在 -0.85 ~ -1.2V，满足阴极保护准则，阴极保护效果符合规定。

针对交流干扰电压值，最大值为 13.491V，最小值为 3.726V，平均值为 7.673V。测试点处的土壤电阻率测试值为 13.23Ω·m，使用式(1)计算出桩号 BHJ015 处的交流电流密度为 117.626A/m²，应采取交流干扰防护措施。

（2）桩号 BGU220 处(附近无明显干扰源)。

桩号 BGU220 测试点的单次采集数据中，交流干扰电压值为 4.2V。其 24h 持续检测结果可知(图 2)，最大值为 3.282V，最小值为 1.153V，平均值为 2.027V。测试点处的土壤电阻率测试值为 17.01Ω·m，使用式(1)计算出桩号 BGU220 处的交流电流密度为 26.854A/m²，属于可不采取交流干扰防护措施的范围。

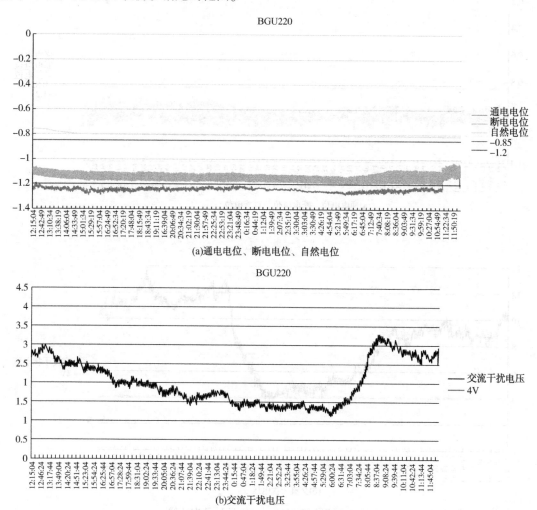

(a)通电电位、断电电位、自然电位

(b)交流干扰电压

图 2　桩号 BGU220 处 24h 测试数据曲线

根据现场采集数据进行数据处理，对 45 处交流干扰电压大于 4V 的区域，采用交流电流密度[式(1)]判断依据进行杂散电流干扰程度分析(表 4)，计算得出 2 处可不采取交流干扰防护措施，25 处宜采取交流干扰防护措施，而 18 处应采取交流干扰防护措施。

表 4　青宁输气管道(江苏段)目前存在杂散电流干扰情况

序号	区域	位置：桩号范围	交流电流密度/(A/m²)	交流干扰程度
1	仪征段	BYZ000~BYZ047	44.254~99.488	中
2	邗江段	BHJ010~BHJ020	41.466~117.626	中~强
3	高邮段	BGU418~BGU422	81.979~106.317	中~强

序号	区域	位置：桩号范围	交流电流密度/(A/m²)	交流干扰程度
4	高邮段	BGU225～BGU255	34.602～7.265	中
5	高邮段	BGU220	26.854	弱
6	淮安段	BHA001G～BHA035	99.546～334.358	强
7	淮安段	BHA050～BHA077G	70.365～342.434	中～强
8	淮安经济开发区	BKF001	70.417	中
9	涟水段	BLS214	17.337	弱

4 结论

（1）当交流干扰源与管道并行或交叉时，所产生的交流杂散电流干扰具有高随机性，不易进行判断和保护，管道建设完成后应进行完整的杂散电流专项干扰防治测试。

（2）将沿线测试和重点测试相结合，检测点共计200处，应用YH-DL1阴保数据记录仪及uDL-2高精度杂散电流数据记录仪，综合分析青宁输气管道（江苏段）所受杂散电流干扰情况。

（3）青宁输气管道（江苏段）所受杂散电流干扰主要为交流杂散电流干扰，直流杂散电流干扰程度均在标准GB 50991—2014规定的"可不做处理"范围内。

（4）在杂散电流重点测试的45处中，桩号BLS214和BGU220处可不采取交流干扰防护措施，但宜增加检测频率；桩号BYZ000～BYZ047、BHJ001、BGU422、BGU420、BGU244～BGU255、BGU225～BGU255、BHA077G、BHA060、BHA001G1、BKF001共计25处宜采取交流干扰防护措施；桩号BHJ010～BHJ020、BGU418、BHA062～BHA072、BHA002G1～BHA054共计18处应采取交流干扰防护措施。

5 建议

本次检测于2021年5—6月进行，结果显示：青宁输气管道（江苏段）沿线在仪征段、邗江段、高邮段、淮安段及涟水段部分管段存在杂散电流干扰情况，主要为交流杂散电流干扰，直流杂散电流干扰程度均在标准GB 50991—2014规定的"可不做处理"范围内。建议根据本次检测结果及标准GB/T 50698—2011的判定原则，对沿线存在杂散电流干扰的地段采取排流防护措施。推荐采用"去耦合器+接地极排流法"的排流方式，固态去耦合器具有"隔直通交"的特点，排流接地体采用牺牲阳极。这种方式也是目前长输管道应用较广泛的排流方法。

综上，杂散电流干扰防护工作无法在管道设计阶段一次性完成，在管道建成后，应进行全面的杂散电流干扰测试，对受干扰段线路管道的阴极保护情况和防护效果进行测试及评价，根据测试评价结果对已设防治措施进行优化调整，以保证管道的安全运行。

参 考 文 献

[1] 中华人民共和国住房和城乡建设部，中华人民共和国国家质量监督检验检疫总局. 埋地钢质管道交流干扰防护技术标准：GB/T 50698—2011[S]. 北京：中国计划出版社，2011.

[2] 中华人民共和国住房和城乡建设部，中华人民共和国国家质量监督检验检疫总局. 埋地钢质管道直流干扰防护技术标准：GB 50991—2014[S]. 北京：中国计划出版社，2014.

［3］中华人民共和国国家质量监督检验检疫总局、中国国家标准化管理委员会．钢质管道外腐蚀控制规范：GB/T 21447—2018［S］．2018.

［4］李伟，郭艳伟，刘礼良，等．杂散电流干扰下埋地管道阴极保护有效性检测与评价［J］．石油化工设备，2021，50(3)：23-28.

［5］刘健，汪海波，郭勇．某航煤长输管线与高铁交叉处杂散电流干扰检测［J］．全面腐蚀控制，2018，32(3)：33-36.

［6］郭艳伟．埋地钢质管道交流杂散电流检测及防护措施［J］．中国特种设备安全，2017，33(10)：32-34，38.

［7］陈晓宇，刘启坤，李鼎．埋地天然气管道杂散电流检测与评价［J］．管道技术与设备，2021(4)：53-57.

［8］于立军．浅谈油气长输管道杂散电流干扰评价与防护［J］．中小企业管理与科技，2018(22)：161-162.

作者简介：李柳(1996—)，女，2019年毕业于曼彻斯特大学，硕士学位，现工作于中石化中原石油工程设计有限公司，助理工程师。

钛纳米重防腐涂料在原油储罐中的应用

林德云[1] 梁婷婷[1] 屈 坤[2] 王 瑶[2]

(1. 中石化西北油田分公司采油三厂；2. 西北大学)

摘 要 采油×厂×联合站在内的储油罐基材局部腐蚀频发，腐蚀穿孔及非合理停产检修制约了油田的高效发展。钛纳米重防腐涂料由酚醛环氧树脂和特种树脂作为成膜物，形成耐酸互穿网络结构；引入新型钛纳米组分，基于纳米颗粒独特的化学-物理综合机制，饱和填充 IPN 结构的空隙，提高涂层的屏蔽致密性和稳定性。同时，腐蚀介质使纳米颗粒体相增大，进一步阻止腐蚀介质的渗透。钛纳米重防腐涂料在×号联合站原油储罐的应用，提高了储罐整体的抗 HCl—H₂S—H₂O 腐蚀环境的能力，延长了储罐的使用寿命，保障了原油储罐长期稳定运行，节约检维修成本。

关键词 原油储罐；钛纳米重防腐涂料；腐蚀防护；应用效果

地面钢制原油储罐、油水混合储罐是石油行业油品生产、储运必不可少的重要设施，因介质及工艺条件等因素的影响，储油罐腐蚀现象日益严重，受到油田企业的关注。塔河油田主力油区为奥陶系碳酸盐岩溶缝洞型块状油藏，原油物性特征复杂。部分区块伴生气含有大量的 H_2S、CO_2 及高矿化水，这些都加速油田联合站储油罐的腐蚀速率。一旦发生腐蚀事故不仅造成联合站的重大经济损失，还给周边生态环境和人身安全造成严重威胁，尤其一些局部腐蚀(如腐蚀穿孔或应力腐蚀开裂)常常是突发性的，极易引发安全事故。

近年来，X 联合站在内的储油罐均受到基材腐蚀的影响，其中 7# 储油罐于 2015 年罐顶板发生腐蚀，其平均点腐蚀速率达到 0.4mm/a，按照 NACE 标准，为极严重腐蚀，储油罐腐蚀穿孔、非合理停产检修影响正常的原油生产，制约了油田的高效开发。原油储罐内涂层防腐技术作为一项材质保护技术在国内外油气田得到广泛应用。塔河油田先后在压力容器内涂层方面应用传统的溶剂型环氧树脂涂料、双组分环氧玻璃磷片涂料、无溶剂环氧涂料，整体应用效果不理想，受涂层老化剥离、金属基材与腐蚀介质接触电化学腐蚀等因素制约，储油罐在未达到服役年限内即可能发生腐蚀穿孔。

通过对市面上几种重防腐涂料的实验筛选，选用北京中石新源科技有限公司生产的分子基因 IPN 树脂钛纳米防腐涂料在 X 号联合站进行原油储罐内壁的腐蚀防护试验，使用效果良好。

1 腐蚀原因分析

X 号联合站目前使用的原油储罐是典型的地面钢制储罐，储罐容积有 5000m³ 和 10000m³2 种常用规格，其中 4#、7# 储油罐均为 2005 年建成投用，目前已服役 17 年，2015 年罐顶发生腐蚀，如图 1 所示。

由于油田增油上产需要，酸化压裂等增油上产作业不断增加，酸化压裂残液与原油形成酸化油，酸化油含有一定的表面活性剂、泥沙及少量无机酸，导致油水形成更为稳定的乳状

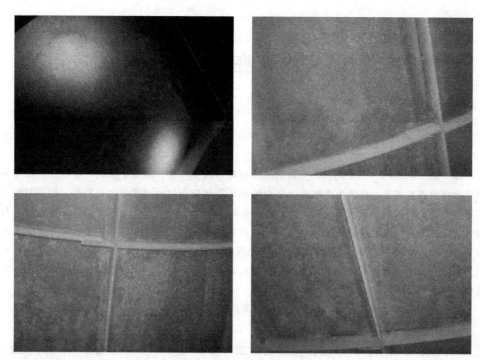

图1 X号联合站4#储油罐板顶腐蚀

液，难于脱水，其中残余的无机酸及水相pH值、大量的表活剂、细小的固体颗粒状杂质、酸化淤渣等对储罐造成严重的腐蚀侵害。表1为7#原油储罐组成。

表1 X号联合站7#原油储罐原油组成

油样编号	原油密度/(g/cm³)	pH	320℃馏分有机氯/(μg/g)	原油含水率/%	饱和分/%	芳香分/%	沥青质/%	胶质/%
采油×厂	0.92~0.95	5.8~6.8	2.09	10~60	30.18	20.83	5.22	43.77

根据原油的物性可以看出，7#储油罐中的原油属于酸化重质原油，且原油胶质含量较大，原油黏稠，整体波动较大，腐蚀环境主要体现在高含水率、高有机氯含量及较低的pH。具有高含水率、高氯离子和低pH值的"两高一低"特点。水汽凝结在罐顶，形成电化学腐蚀环境导致腐蚀，同时在强腐蚀环境下罐底因收发油负重不同变形，存在涂层出现细微裂纹或局部脱落的腐蚀风险；在水线下的壁板，而由于传统涂层难以消除的针孔缺陷，老化后又易出现龟裂、剥离等瑕疵。涂层失效后裸露的金属与腐蚀介质接触，腐蚀介质中的高Cl^-一方面增加了电解质的离子强度，促进管材的局部腐蚀，降低腐蚀过程中钝化的可能性，在阳极区导致一般坑蚀蔓延，加速腐蚀发生的进程；另一方面由于Cl^-半径较小，极性强，易穿透保护膜，在腐蚀产物膜未覆盖的区域，使得阳极活化溶解，在大范围腐蚀产物膜未破坏区域和小范围活性区域之间形成大阴极、小阳极的"钝化-活化腐蚀电池"，使腐蚀向基体纵深发展而形成蚀孔，Cl^-作为腐蚀的催化剂，使金属基体发生严重点蚀。Cl^-催化机制使得阳极活化溶解过程，如图2所示。

$$Fe+Cl^-+H_2O \longrightarrow [FeCl(OH)]\text{-ads}+e+H^+$$

$$[FeCl(OH)]\text{-ads} \longrightarrow FeClOH+e$$

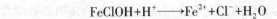

$$FeClOH+H^+ \longrightarrow Fe^{2+}+Cl^-+H_2O$$

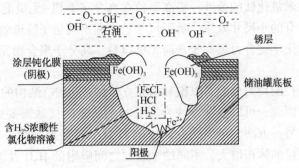

图 2　X 号联合站储油罐腐蚀穿孔机理

所以原油储罐在 HCl—H_2S—H_2O 共存的腐蚀体系中，基材表面发生腐蚀穿孔的速率加剧，需要尽快采取有效的涂层防护。

2　钛纳米重防腐涂料的组成及防腐机理

2.1　涂料组成

基于 X 号联合站原油储罐 H_2S 和 CO_2 共存、高矿化度（Cl^-）的腐蚀环境，依照材料"基因工程"原理，制备新型高性能钛纳米重防腐涂料。由酚醛改性环氧树脂、特种树脂、纳米功能性填料、助剂及有机溶剂和固化剂等配制而成的双组分防腐涂料，涂料配方如表 2 所示。

表 2　钛纳米重防腐涂料配方

序号	原料名称	规格	质量分数/%
1	酚醛改性环氧树脂	70%	15
2	特种树脂	100%	13.4
3	分散剂	ZW-2	1.5
4	有机膨润土浆	15%	4.0
5	纳米钛粉	60nm	2.0
6	气相二氧化硅	R972	0.3
7	防腐颜填料	混合物	36.8
8	混合溶剂	混合物	27

其中，纳米功能性填料为纳米钛粉，通过化学改性方法对其进行表面改性，改善其在有机高分子树脂中的分散性均匀性，促进涂层的致密性；由于环氧树脂固化后内应力大，脆性大，所以钛纳米重防腐涂料使用环氧酚醛改性树脂作为主要成膜物，和特种树脂通过共混技术实现分子水平互穿，与纳米增强材料产生协同作用，共同达到保护金属基体的作用。

2.2　涂层防腐机理

钛纳米重防腐涂料具有不同于常规环氧防腐涂层的防腐机理，其采用先进的环氧酚醛改性技术合成新型改性树脂，通过共混技术实现分子水平互穿，形成耐酸互穿网络（IPN）结构，产生协同效应；特点是引入新型纳米组分，基于纳米颗粒独特的化学-物理综合机制，有效促进涂层致密化，杜绝 H^+ 与 Fe 的接触，发挥特殊自愈合作用。

由于纳米颗粒独特的化学行为导致的防腐效应与常规涂层的物理阻隔效应有所不同。如图3所示，通过对纳米氧化钛的改性，提高颗粒在高分子有机–无机混合体系中的分散均匀性，由于纳米钛粉具有的小尺寸效应、量子尺寸效应和宏观量子隧道效应等特殊性质，纳米钛粉与有机物之间的化学键合力远高于普通无机填料，高分子聚合物完全固化后可生成稳定的网络结构。

一方面，纳米颗粒的均匀分散可以饱和填充立体网阵（IPN）结构的空隙，提高涂层的屏蔽致密性和稳定性，因此，可以推测腐蚀介质要和金属基底接触需要突破的"层障"比普通防腐涂料更加困难。另一方面，当腐蚀介质中的 H_2O、H^+ 接触到涂层表面时会吸附于纳米颗粒周围，使纳米颗粒的体相增大，不同纳米颗粒之间吸附的 H_2O 及 H^+ 相互吸引，使得颗粒间形成稳定的混合结构，最终阻止溶液中的 H_2O 和 H^+ 的进一步渗透，从而可达到保护金属基体的作用。

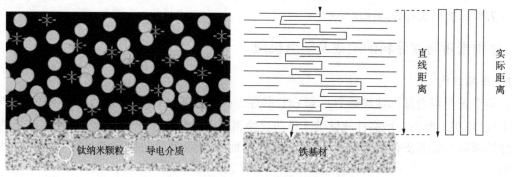

图3　钛纳米重防腐涂料防腐机理

3　钛纳米重防腐涂料的理化性能

通过实验室对 IPN 树脂钛纳米重防腐涂料基本理化性能进行检测，包括干燥时间、固含量、附着力、硬度、弯曲性能、耐冲击性能、耐磨性、耐盐雾性、耐盐水、耐油性、耐酸性、耐碱性、油田污水等。涂层检验结果满足技术指标要求，如表3所示。

表3　钛纳米重防腐涂料性能指标

序号	检测项目		检验结果	备注
1	单道成膜厚度/μm		75 左右	涂层厚度检测分析
2	干燥时间 （25℃±1℃）/h	表干/h	≤2	GB/T 1728—1979（1989）
		实干/h	≤24	
3	固体含量/%		81.4	GB/T 1725—1989
4	附着力测试（级）		0	GB/T 9286—1998
5	硬度		4H	GB/T 6739—1996
6	弯曲试验/mm		2	GBT 6742—2007
7	耐磨性（20 次，400#水砂纸打磨）		易打磨，不沾砂纸	GBT 1768—2006
8	耐冲击（25℃，cm）		50	GB/T 1732—1993 附录 F
9	耐盐雾性（2000h） （干膜厚度＝300μm）		涂层完好，无鼓泡，无脱落	GB/T 1771—2007

序号	检测项目		检验结果	备注
10	耐化学稳定性（90d）（干膜厚度=300μm）	10%NaOH	涂层完好，无鼓泡，无脱落	GB/T 9274—1988
		10%H₂SO₄	涂层完好，无鼓泡，无脱落	
		10%HCl	涂层完好，无鼓泡，无脱落	
		3%NaCl	涂层完好，无鼓泡，无脱落	
11	耐油田污水（80℃，90d）		涂层完好，无鼓泡，无脱落	GB/T 9274—1988
12	耐原油性（80℃，30d）		涂层完好，无鼓泡，无脱落	GB/T 9274—1988
13	涂层表面电阻率		$7.18×10^{13}Ω$	HG/T 3331—2012

通过表 3 可以得出，钛纳米重防腐涂料具有良好的物理性能，涂层划格法附着力测试结果为 0 级，涂层具有良好的硬度、耐磨性及抗冲击性能。通过 90d 的耐化学介质稳定性测试中，涂层完整、无鼓泡及脱落情况。此外，在模拟塔河工况（80℃、30d 的大罐油水界面实验）腐蚀环境测试中，钛纳米涂层整体完好，表现出良好的抗腐蚀性。

4 钛纳米重防腐涂料在 X 号联合站生产中的应用

4.1 钛纳米重防腐涂料施工工艺

结合 X 号联合站储罐的具体材质、类型、储存介质、内腐蚀环境，依据 GB 50393—2008《钢质石油储罐防腐蚀工程技术规范》，对储罐采取合理防腐材料保护设计。施工工艺采用无气喷涂方式，局部内构件刷涂，鉴于室内涂层耐腐蚀性能评价结果，设计涂层防腐等级为普通级干膜厚度≥300μm。

（1）基材处理

罐内壁进行机械喷砂处理。按 SY/T 0407—2012《涂装前钢材表面处理规范》技术要求，在喷涂清理前应去除所有的油、脂、水、灰等污染。经喷射清理后的表面清洁度应达到 Sa 2.5 级，对于不便于喷射清理或达不到要求的部位，可用动力工具处理达到 St 3 级，不应残存浮锈、氧化皮、型砂、焊渣、油污等，表面粗糙度为 40~100μm。

（2）涂料喷涂

表面处理完工后，建议在 2~4h 内进行涂料施工。涂刷前首先用吸尘器把金属表面的灰尘处理掉，确保金属表面干净。依据 SY/T 0319—2012《钢制储罐液体涂料内防腐层技术标准》。储罐内壁首选无气喷涂、防腐蚀结构层见表 4。

表 4　涂层施工结构层

腐蚀防护等级	涂料名称	施工道数	涂层厚度（干膜）/μm
普通级	分子基因 IPN 树脂钛纳米防腐涂料	4	75μm/道

钛纳米防腐涂料为底面合一防腐涂料，干膜总厚度≥300μm，单膜厚度平均约 75μm，需涂覆 4 次达到设计要求。

（3）保养使用

喷涂时间间隔要求第 1 次喷涂完成后 2h 涂层达到表干进行第 2 次喷涂，第 2 次喷涂完毕涂层达到实干后进行第 3 次、第 4 次喷涂。涂层施工完后检查完成会后，固化 7d 可投入使用。

4.2　钛纳米重防腐涂料防腐施工及应用效果

目前钛纳米重防腐涂料已经分别于 2019 年 10 月、2020 年 7 月、2021 年 8 月完成在 X 号联合站 4#、1#、5# 等原油储罐的内防腐施工。

其中，X 号联合站 4# 储油罐（稀油罐）为 2005 年建成投用，目前用于处理进站含水原油，同时也按需承担中质、重质原油的混配任务。之前管壁整体采用无溶剂环氧涂层腐蚀防护，但防腐效果有限，涂层服役 1a 后出现局部点蚀的现象。通过将钛纳米重防腐涂料在 4# 原油储罐内壁的涂覆施工，大大提高了储罐整体的抗 HCl—H_2S—H_2O 腐蚀环境的能力，延长了储罐使用寿命。涂层服役 3a 后开罐检测，涂层整体完整、未发现局部点蚀出现，防腐效果优良。

5　结论及展望

（1）分子基因 IPN 树脂钛纳米防腐涂料具有抗腐蚀性强、涂层附着力高、耐冲蚀性好、耐温性优异、抗渗透性强等优点，涂层可长期服役于 50~100℃ 含油水、H_2S—CO_2、高含矿化度（Cl^-）的原油储罐腐蚀环境。

（2）IPN 树脂钛纳米涂料成膜性好，长期使用涂层稳定，涂料底面合一，施工便捷，涂料施工成型速度快。

（3）采用 IPN 树脂钛纳米涂层对 X 号联合站原油储罐进行内防护，延长原油储罐使用寿命，保障生产安全长效运行。

参 考 文 献

[1] 曹振明，朱承飞，徐峰. 原油储罐内壁腐蚀研究[J]. 石油工程建设，2006，32(2)：41-43.

[2] 王敏. 原油储罐内壁腐蚀防护[J]. 石油化工腐蚀与防护，1998(2)：17-18.

[3] 贾书杰，董斌. 塔河油田腐蚀现状及认识[J]. 油气井测试，2009，18(5)：70-71.

[4] 战征，蔡奇峰，汤晟，等. 塔河油田腐蚀原因分析与防护对策[J]. 腐蚀科学与防护技术，2008，20(2)：152-154.

[5] 刘杨宇，刘杨君，康绍炜，等. 新型复合结构防腐层在沿海大型油罐罐底边缘板的应用[J]. 涂层与防护，2018，39(6)：1-7.

[6] 罗慧娟，孙银娟，成杰. 长庆油田原油储罐腐蚀现状与防腐蚀技术[J]. 腐蚀与防护，2015，36(6)：577-581，598.

作者简介：林德云（1989—），男，2013 年毕业于重庆科技学院，学士学位，现工作于中石化西北油田分公司采油三厂，工程师。

涂层测厚容易存在的争议与应对方案

何天水

（中石化机械四机公司）

摘　要　涂层厚度是涂层的最重要参数之一。由于膜厚这个概念易理解，测厚仪操作容易上手，涂层厚度通常会成为客户或监理方检查涂装质量的最主要项目。关于涂层厚度的验收，有多个标准可以作为依据，不同标准规定的采样计划，判定依据存在差异，业主与监理方容易与制造商产生分歧，甚至陷入没完没了的争论和整改中。因此，制造商为了规避这种风险，在和业主签订合同时，需将与涂层测厚相关的技术要求作全面澄清，避免后期发生分歧。

关键词　涂层厚度；测厚；抽样计划；接受准则

中石化机械四机公司在 2020 年承接过 1 个俄罗斯用户的机械设备制造订单，且有监理公司负责监督制造过程。由于以前承接的国内外订单，即使有监理公司参与，也未在涂层厚度这个问题上产生严重分歧，因此，在与该国外公司签订技术协议时，也按照一般技术协议模板的要求，在涂层厚度的要求中，只规定了额定干膜厚度，并没有进行更充分说明。

但是在这个项目的推进过程中，在涂层厚度检测方法，最大可接受膜厚，各道漆分别的厚度，原子灰厚度对膜厚的影响，粗糙度对有效膜厚影响，粗糙度的验收等多方面，中石化机械四机公司与监理方及中间商均产生了较大分歧，导致项目推进十分艰难。造成这种局面的原因是多方面的，下面将从纯技术层面，对涂层厚度的设计与验收进行全面的梳理。

1　概念澄清

涂层厚度是一个笼统的说法，包含多种常用的膜厚概念，业主方往往不能区分这些概念，因此，先必须将相关的概念进行澄清，这是后续讨论的基础。

干膜厚度：当涂层硬干后，涂层的膜厚。

单个读数：膜厚测量仪上直接显示的数值。

单个干膜厚度测量值：在不同的标准中，这个概念的含义是不一样的，在 ISO 19840 中，单个干膜厚度测量值是指单个读数-修正值。在 SSPC-PA2 中，单个干膜厚度是指在一个直径 1.5in（约 3.8cm）的范围内，测量 3 次得到 3 个读数后求得平均值，平均值可能需修正，也可能不修正。

平均干膜厚度：在某检测部位（区域）的所有单个干膜厚度值的算术平均值。

额定干膜厚度：设计规定的单个涂层或整个涂层体系的干膜厚度。

最大干膜厚度：不会导致涂层体系的性能受到损害的可接受干膜厚度的上限。

最小干膜厚度：不会导致涂层体系的防护性能不足的可接受干膜厚度的下限。

修正值：经磨料喷射清理或其他方式处理而获得的粗糙表面，考虑粗糙度对干膜厚度测量读数的影响，对测量读数进行修正而采用的一种修订值。

2 常用涂层测厚标准差异解析

涂层测厚相关的常用标准分为 2 类，分别是测厚方法相关标准与膜厚验收相关标准。

2.1 测厚方法相关标准

ISO 2808—2007《清膜涂料和清漆 涂层厚度的测定》，GB/T 13452.2—2008《色漆和清漆 漆膜厚度的测定》规定了涂层厚度测定的方法。需特别注意的是，这两个标准都只是规定了通过不同的原理对涂层进行测厚，如磁性法、超声法、辐射法等，并未规定具体的抽样计划和验收准则。因此，如果在技术协议中只是引用这两个标准，对膜厚验收的意义不大。若要引用，至少还应规定使用标准中规定的哪种方法。

最常见的无损测厚仪有以下 2 种。

（1）诱导磁性测试仪：对于最常用的铁磁性材料，如碳钢与合金钢，一般采用 GB/T 13452.2—2008 中 5.5.7 中定义的方法 7C-诱导磁性测试仪，其原理为：磁性金属基体表面的涂层厚度与磁阻和磁通之间存在一定的关系。可以利用这一关系来计算磁性金属基体表面的涂层厚度。利用测头经过非磁性涂层流入磁性金属基体的磁通的大小来测量涂层厚度。一般情况下基体表面的涂层越厚，则磁阻越大磁通量就越小。

（2）涡流测试仪：对于最常用的导电非铁磁性材料，如铝合金与不锈钢，一般采用 GB/T 13452.2—2008 6.3.5 中定义的方法 12B-涡流测试仪，其原理为：利用高频交流信号在测头线圈中会产生电磁场，当测头靠近导体(一般为金属)时会形成涡流。而涡流的大小与测头和导电基体之间的距离存在一定关系，当测头距离导电基体越近时涡流会越大，反射阻抗也会越大。当测头距离导电基体越远时涡流就会越小，反射阻抗也会越小。这个量值直接表明了测头与导电基体之间的大小，也就是涂层厚度。

常用的有损测厚仪为托克仪：这是一种有损测厚装置，常用于有争议时的仲裁过程，依据 GB/T 13452.2—2008 5.4.4 定义的方法 6A-截面法。其原理是：由于各道漆通常存在明显的颜色差异，使用一种装置将已经完工的漆面划出一个标准角度的剖面，再通过带刻度的放大镜观察剖面，即可判断该测量点各道涂层厚度。

2.2 膜厚验收相关标准

常用的标准为国际标准 ISO 19840-2012《色漆和清漆—防护涂料体系对钢结构的防腐蚀保护—粗糙面上的干膜厚度测量与验收准则》，以及美国标准 SSPC-PA2-2015《使用磁性膜厚仪测量干膜厚度》。这类标准规定了涂层厚度抽样计划与验收准则。涂装行业最知名的行业协会为美国腐蚀工程师国际协会(NACE)，该协会培训涂装检验员时采用的涂层测厚标准为 SSPC-PA2-2015。这两个标准的主要区别见表 1。

表 1 ISO 19840-2012 与 SSPC-PA2-2015 的区别

对比项目	ISO19840-2012			SSPC-PA2-2015		对比与说明
适用范围	粗糙表面			各种表面		

抽样计划部分：

对比项目	检测区域的面积/长度/（m²/m）	最少测量点数	最多重复测量点数	检测区域的面积	抽样计划	对比与说明
抽样计划	≤1	5	1	≤10	取 5 个位置测量（共计 15 个读数，算出 5 个测量值）	ISO 19840—2012 是直接使用测得的读数减去修正值，作为单个涂层厚度的测量值，采用去除不超过 20% 过高或过低测量点的方法，排除偶然因素的干扰
	1~3	10	2			
	3~10	15	3			SSPC-PA2-2015 根本不对读数提明确要求，而是将一个测量点的 3 个读数的平均值作为该点单个涂层厚度的测量值。通过取 3 读数平均值，来排除偶然因素的干扰。
	10~30	20	4	10~30	每 1 个 10m² 都应取 5 个位置测量	
	30~100	30	6	30~100	应任取 3 个 10m² 作为测量区域	
	>100	每增加 100m² 或 100m 增加 10 个	最少测量点数数量的 20%	>100	第 1 个 100m² 应取 3 个 10m² 测量膜厚，超过 100m² 部分每个 100m² 应选取 1 个 10m² 测厚	

接受准则部分：

对比项目	ISO19840-2012	质量等级	项目	单个测量点	测量区域平均	对比与说明
接受准则	（1）所有测量值的算术平均值应当等于或大于额定干膜厚度值；（2）所有测量值应当等于或高于额定干膜厚度值的 80%；（3）所有测量点中，低于额定干膜厚度但不低于 80% 额定干膜厚度的测量点应不超过总测量点的 20%；（4）所有测量值应低于或等于规定的最大干膜厚度值，如果没有规定，不超过额定膜厚的 3 倍	1	最小值	大于规定最小值	大于规定最小值	在 ISO 19840—2012 中，未对涂层厚度均匀性进行分级，有只有合格与不合格的区别。且是以额定干膜厚度作为对比的依据。关于最大膜厚，若技术规格书中没有规定，则要求不超过额定膜厚的 3 倍（此要求来源于 ISO 12944-5-2007）。在 SSPC-PA2-2015 中，没有明确提出额定干膜厚度的概念，而是要求涂装规格书要明确涂层的最小厚度与最大厚度，并将测得数据与之对比。SSPC-PA2-2015 中，还首次对涂层厚度的均匀性进行分级，级别数值越小要求越严格，默认级别为 3 级
			最大值	小于规定最大值	小于规定最大值	
		2	最小值	大于规定最小值	大于规定最小值	
			最大值	小于规定最大值的 120%	小于规定最大值	
		3	最小值	大于规定最小值的 80%	大于规定最小值	
			最大值	小于规定最大值的 120%	小于规定最大值	
		4	最小值	大于规定最小值的 80%	大于规定最小值	
			最大值	小于规定最大值的 150%	小于规定最大值	
		5	最小值	大于规定最小值的 80%	大于规定最小值	
			最大值	无要求	无要求	

对比项目	ISO19840-2012	SSPC-PA2-2015	对比与说明
是否修正	默认需修正，并且规定了详细的修正方法。包括	修正作为非强制项目，只是参考 ISO 19840-2012，给出了修正建议	

可见，标准中对测厚点抽样数量与接受准则有非常清晰的规定，但是实际执行过程中，经常会发生以下情况：

用户，或者专业性较差的监理方不依据任何标准，一旦发现某处测厚仪读数不合格就判定该处漆膜厚度不合格，要求整改。而正确做法是，漆膜测厚得到的数据不应该是一个数，而是一张表，记录下各处的数据，综合判断是否合格。

监理方对2个标准混合使用，从严要求。这就给生产带来更大的压力。而正确做法是，约定好，执行上述2个标准中的某一个即可。

3 底材粗糙度与膜厚修正

大型钢结构通常采用的前处理工艺为喷砂，目的是去除钢材表面氧化皮与锈蚀，并提升粗糙度。喷砂工艺相当于房屋建设过程中的地基基础，因此喷砂质量对涂层防护性能的影响与涂层厚度同等重要，但是目前各方往往重视粗糙度对涂层附着力的影响，而较少关注粗糙度对涂层有效厚度的影响。

在ISO 19840-2012中，明确规定需对采用的磁性测厚法测得的涂层厚度进行修正，其修正规则为：如已知基材表面粗糙度，且符合ISO 8503-1-1988《喷射清理后钢材表面粗糙度的ISO表面粗糙度比较样块的技术要求和定义》，可以采用表2给出的修正值。

表 2　喷射处理粗糙度等级及膜厚修正值

	对应的粗糙度范围/μm	表面粗糙度等级	修正值/μm
丸粒磨料喷射比较样板	25~40	细（S）	10
砂粒磨料喷射比较样板	25~60	细（G）	
丸粒磨料喷射比较样板	40~70	中（S）	25
砂粒磨料喷射比较样板	60~100	中（G）	
丸粒磨料喷射比较样板	70~100	粗（S）	40
砂粒磨料喷射比较样板	100~150	粗（G）	

上表中提到的粗糙度等级，是指采用比较样板法对喷砂件表面粗糙度进行评定。这是一种定性的粗糙度评定办法，根据喷砂时采用的磨料类型的不同，又分为喷砂与喷丸2种情况。砂粒由于表面带棱角，更容易产生粗糙度，因此同等级粗糙度对应的粗糙度数值更大一些。

除了粗糙度等级这种定性判定方法外，还有多种定量判定方法，常用的有触摸针法与复制胶带法。触摸针法的灵敏度很高，并且对基材表面平整度有较高要求，通常不适用于现场检测，更多用于试验与评定。

复制胶带法是现场使用较多的方法，依据GB/T 13288.5—2009《涂覆涂料前钢材表面处理　喷射清理后的钢材表面粗糙度特性　第5部分：表面粗糙度的测定方法　复制带法》，原理为复制带表面有一层可以被压缩的，厚度非常均匀的微孔塑料薄膜，当把这层膜贴在粗糙表面，用力挤压时，微孔塑料膜会发生坍陷，从而复制下波峰与波谷，用千分尺记录下坍陷后的高度，即可得到表面的真实粗糙度。

目前，还没有任何标准明确规定了涂装前表面粗糙度检查的取样计划与验收准则。因此，若要求定量检测粗糙度，需进一步约定取样计划与验收准则，以免后期再起争执。

4 其他需要注意的事项

4.1 各道涂层的膜厚要求

一个完整的涂层体系，通常包含底漆/中间漆与面漆，技术规格书中通常会明确各道漆的膜厚。各道漆的功能有明显区别，底漆主要功能是防腐，中间漆的主要功能的填充，确保面漆的饱满程度，面漆的主要功能是实现需要的颜色，且耐候性较好，不易变色，外观更加细腻。

根据 ISO 12944-5-2007《色漆和清漆防护涂料体系对钢结构的防腐蚀保护 第 5 部分：防护涂料体系》中 7.3 的要求，干膜厚度的检查通常在整个涂层体系上进行，但为了判断方便，底涂层或涂料体系其他部分的厚度也可以分别测量。

可见，标准中对漆膜测厚的时间点要求很模糊。

因此，技术协议中应规定涂层测厚的时间点，明确若前道涂层已经验收合格，后期不应再对前道涂层膜厚再次进行检测。

若客户坚持这个权利，则需约定破坏性检测取样点的数量，以及如果发现前道涂层膜厚不合格后应当如何处置。比如，如果前道漆在某些区域厚度不足，是否可通过增加后道漆的厚度，使总膜厚达标？如果前道漆在某些区域膜厚超标，是否可通过适度降低后道漆的厚度，使整个涂层体系的膜厚不超标呢？如果可以，那在什么范围内可以，如果不可以，需采用什么办法修正膜厚后再进行后续涂装。

4.2 原子灰对涂层的影响

钢材在轧制过程中可能有表面缺陷；长时间储存后可能产生锈蚀坑；焊接时焊缝可能不够美观；薄壁件焊接时会收缩变形；运输时也可能会磕碰。这些因素会导致涂装时产品表面会有仅靠涂层难以掩盖的缺陷。

通常情况下，这些部位会通过刮原子灰进行修饰，但会带来两方面的问题：

(1) 原子灰的机械性能通常不如涂层，客户允许刮原子灰吗？

(2) 刮原子灰部位的涂层厚度大概率会超标，原子灰厚度是否计入干膜厚度？

5 结语

站在设备制造商的角度，如果客户同意按制造商自身的工艺规范验收涂层，那无疑是最便捷的。但是如果客户不同意此要求，为避免争议，建议充分考虑上文提到的多种因素，对漆膜厚度验收的约定中注意以下几点：

(1) 关于设计膜厚。如果验收标准采用 ISO 19840-2012，则应当规定额定干膜厚度。若验收标准采用 SSPC-PA2-2015，则应当规定最小干膜厚度与最大干膜厚度，并明确需达到的级别。

(2) 关于修正值与粗糙度，首先应明确是否需要修正。如果需要修正，则还应明确是直接采用默认修正值 $25\mu m$，还是根据实测粗糙度，按细中粗 3 个级别进行修正。如果粗糙度超出"粗级"对应范围，应当重新处理降低粗糙度，还是按 ISO 19840-2012 中附录 D 的要求，确定实际修正值即可。

(3) 需明确采用何种原理的测厚方法，尤其需明确是否需采用破坏性方法进行测厚。

(4) 需确定漆膜的测厚时间，是在整体涂层完工后测厚还是每道涂层完成后均测厚。若选择后者，则需进一步明确后期再次发现前道涂层不合格后的处理方法。

（5）需明确是否允许使用原子灰，若可使用，建议明确原子灰使用区域不检查最大漆膜厚度，否则大概率会超出。

（6）需明确外购件的漆膜厚度是否需要测量。建议外购件保持原厂漆不需要再次处理。若约定外购件如果膜厚达不到自制件的标准需不足的，还应约定如何不足，建议在进行兼容性测试后直接补足厚度即可，无须去除原厂漆。

参 考 文 献

［1］GB/T 13452.2—2008，色漆和清漆涂层厚度的测定［S］.

［2］ISO 19840-2012，色漆和清漆—防护涂料体系对钢结构的防腐蚀保护—粗糙面上的干膜厚度测量与验收准则［S］.

［3］SSPC-PA2-2015，使用磁性膜厚仪测量干膜厚度［S］.

［4］ISO 8503-1-1988，喷射清理后钢材表面粗糙度的ISO表面粗糙度比较样块的技术要求和定义［S］.

［6］ISO 12944-5-2007，色漆和清漆 防护涂料体系对钢结构的防腐蚀保护 第5部分：防护涂料体系［S］.

［5］GB/T 13288.5—2009，涂覆涂料前钢材表面处理 喷射清理后的钢材表面粗糙度特性 第5部分：表面粗糙度的测定方法 复制带法［S］.

作者简介： 何天水（1986—），男，2009年毕业于西南石油大学，学士学位，现工作于中石化机械四机公司，防腐专业副主任师。

待生酸再生装置焚烧裂解单元焚烧炉的腐蚀控制

叶凯

（中国石油化工股份有限公司天津分公司化工部）

摘　要　分析了待生酸装置焚烧裂解炉的腐蚀部位，评估了关键设备潜在和存在的腐蚀，研究了典型的腐蚀案例。提出了对该设备采取腐蚀检测的策略以及日后操作上的维护和注意事项，便于装置的日常腐蚀风险分级管理，保证了控制设备风险的同时，达到生产效益的最大化。

关键词　待生酸；焚烧裂解炉；废硫酸；酸枪；腐蚀

本装置是中国石油化工股份有限公司天津分公司汽油质量升级项目 30 万 t/a 烷基化装置所配套建设的 3 万 t/a 待生酸再生处理装置。本装置主要原料为烷基化装置所排出的废硫酸，主要产品为浓硫酸，返回烷基化装置作为烷基化反应催化剂。装置设计规模为 3 万 t/a 硫酸产品，年开工时数为 8400h。装置采用的工艺技术为中石化南化集团研究院"干法"酸再生技术。由于焚烧裂解炉内会生成二氧化硫、水蒸气以及极少量的三氧化硫等其他气体和单质，在低温部位容易存在露点腐蚀的风险，腐蚀会影响设备的使用寿命以及装置的安全运行，因此进行腐蚀风险的预测和防控就显得尤为重要。

1　装置建设的目的

3 万 t/a 烷基化待生酸处理单元主要以中国石化天津分公司的烷基化单元所生产的待生酸（88%~90%的含有机物硫酸）为原料，以酸性气和天然气为燃料，通过焚烧裂解再生工艺，将烷基化待生酸在高温下分解生成 SO_2 气体，其中的有机物同时被燃烧成为 CO_2 和 H_2O，然后将制得的高温含 SO_2 气体经过冷却干燥后进入反应器在催化剂作用下将 SO_2 转化成 SO_3，并最终生成 99.2% 的浓硫酸供烷基化单元循环使用，净化后的制酸尾气完全可达到环保排放指标。烷基化单元的待生酸再生处理不仅解决了环保问题，同时使硫元素得到循环再利用，一举两得。

2　焚烧裂解单元工艺原理和流程简介

2.1　工艺原理

待生酸与净化压缩空气一起经过待生酸喷枪喷入焚烧裂解炉内，酸性气、燃料气与热空气经过主燃烧器喷入焚烧裂解炉内燃烧，生成二氧化硫、二氧化碳和水蒸气等，同时放出大量热量，将焚烧裂解炉内温度维持在 1100℃ 左右；待生酸在高温下裂解为 SO_2、SO_3（微量）和 H_2O，反应方程式为：

$$H_2SO_4 \Longrightarrow H_2O + 0.98SO_2 + 0.02SO_3 + 0.49O_2 - Q$$

$$2H_2S+3O_2 \xrightarrow{\quad\quad} 2H_2O+2SO_2+Q$$
$$C_nH_m+(n+m/4)O_2 \xrightarrow{\quad\quad} nCO_2+m/2H_2O+Q$$

2.2 工艺流程简介

待生酸(88%~90%的废硫酸)经降压后进入废酸喷枪,与压缩空气充分接触雾化后喷入焚烧裂解炉 F-101,由燃料气和含硫化氢酸性气作为燃料气燃烧产生高温,为废酸裂解提供能量,使得废硫酸始终在高达 1050~1150℃的高温下分解,废硫酸中的硫几乎全部变成 SO_2,采用氧表控制废硫酸焚烧裂解炉出口氧含量,根据焚烧裂解炉内的温度、氧含量对进入焚烧裂解炉的燃料气量、压缩空气量进行自调,把温度控制在最佳工艺范围内。从焚烧裂解炉尾部出来的炉气经过蒸汽发生器 E-103 产蒸汽后,炉气温度降至约 560℃,进入空气预热器 E-102 对入炉空气进行预热,炉气温度降至约 380℃后进入净化部分。汽包 D-101 产生的中压蒸汽经降压后一部分蒸汽用于蒸汽加热器 E-101 对空气进行预热,多余部分送至烷基化部分蒸汽分水罐。入炉空气经过蒸汽加热器 E-101 和空气预热器 E-102 预热至约 500℃后进入焚烧裂解炉 F-101 作为助燃空气。工艺流程见图 1。

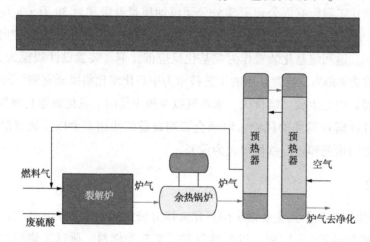

主要特点:
1.裂解炉为南化集团研究院专利技术设备。能实现废酸完全裂解、自动化程度高、运行安全平稳。
2.采用空气预热方案,节省燃料消耗,提高 SO_2 浓度。

图 1   待生酸再生工艺流程

3   焚烧裂解炉简介

焚烧裂解炉结构是钢制卧式圆筒形结构,长 19m,外径 3.8m,衬里结构为复合结构,内衬保温砖和耐火砖衬里,靠近炉壁板为 280mm 厚的隔热浇注料,靠近迎火面为 280mm 厚的耐热砖,里面共有 6 道墙,即上面有 3 道,下面有 3 道,下面这 3 道墙分别隔开一个人孔,方便检查和检修,6 道墙交错排列,使烟气流动比较均匀,为南化集团研究院专利技术设备。为满足废酸、空气和燃料气能充分混合燃烧,焚烧裂解炉头外部有 3 个待生酸(废酸)喷枪,主副燃烧器各 2 个,焚烧炉体中后部设有二次进风口、二次燃料气进口。废酸喷枪采用机械雾化,喷枪设计应保证形成易于雾化的微粒,喷雾角度大且分散均匀的结构。炉体设置多个鞍式支座,其中出口处的一个支座设为固定端,其他支座均为滑动支座。焚烧裂解炉外部结构如图2、图3所示。

图2 焚烧裂解炉

图3 焚烧裂解炉外部结构

4 腐蚀分析

焚烧裂解炉及炉气进入废热锅炉的管道及跨线内壁衬里，在高温下会出现劣质化(开裂、脱落等)，导致炉壁局部超温，在停工期间产生露点腐蚀。进料废酸喷枪存在冲刷腐蚀和高温蠕变而产生裂纹，另外，耐火衬里损坏易导致钢材的高温硫化和高温蠕变，在低温时产生露点腐蚀，废硫酸、有机物、硫化氢酸性气等在焚烧过程中也会产生多种产物，包括S、COS、CS_2、SO_2、NO、NO_2、CO_2、H_2O 和 SO_3 等，接触这些产物的设备及管线存在潜在的腐蚀隐患。

4.1 焚烧裂解炉的重点腐蚀部位及案例分析

(1) 焚烧裂解炉 F-101 壳体材质为 Q235B，炉壁厚度为12mm，设计寿命为20a，设备衬里设计寿命为10a，钢壳内衬保温砖和耐火砖，在衬砖和烘炉过程中，砖与砖之间不可避免会有一些孔和缝隙，烟气会扩散到钢壳内表面产生露点腐蚀。根据待生酸装置设计的运行参数，计算烟气露点温度为189℃，焚烧裂解炉技术协议中给的炉体外表面温度为 200～250℃，与计算的露点温度相符。

焚烧裂解炉从投用至今已有4a，目前发现炉外壁温度普遍低于200℃，判断炉内衬里有设计偏厚的可能，焚烧裂解炉在投用后第3年出现炉尾壁板个别处穿孔腐蚀的情况(图4)。

初步分析认为漏点形成原因为接火侧刚玉莫来石出现裂纹或拼接处存在缝隙，SO_2、SO_3 气体通过缝隙渗透进入浇注料衬里，SO_2、SO_3 气体在温度较低的区域形成结露，对炉壁形成露点腐蚀。目前已对泄漏处壁板进行贴板补焊，因炉壁板与衬里之间，安装有3mm厚石棉板，衬里裂穿后，发生烟气结露部位将形成低温空腔，仅对腐蚀孔洞进行修补后，内部仍将继续发生腐蚀现象，因此将石棉板与壁板件空腔也进行弥缝处理。之后委托公司装备研究院对焚烧裂解炉外壁泄漏处补板位置及烟气出口下侧进行红外检测，红外成像发现：在泄漏部位上部，出现一处170℃点，判断内部衬里出现开裂，烟气窜入引起温度升高。

由于出现露点腐蚀，为方便对东侧炉尾壁板厚度及温度进行日常监控，公司部室、科室、车间相关人员对其采取相应措施：借鉴筒体防雨罩的方式，安装铝板保温罩，保温罩内安装保温棉(图5)，提高炉尾壁板温度，以每月1次的频度，拆卸监测温度；每半年进行1次脉冲涡流检测壁厚监测腐蚀部位的情况。同时，要求日常运行过程中，应严格避免炉膛温度大幅波动的操作，保证衬里膨胀均匀，根据日常检测情况，发现异常部位，随时进行弥缝封堵处理。如有必要，也可以考虑采取对炉尾壁板增加伴热的措施，减少出现露点腐蚀的机会。

图4　穿孔腐蚀　　　　　　　　　图5　保温罩内安装保温棉

（2）焚烧裂解炉炉头有3个待生酸（废酸）喷枪，喷枪是待生酸从内枪管进入后经接头、混流器喷入外混室，而净化压缩空气则经外枪管、接头、混流器分级高速喷入一二级外混室。净化压缩空气在一级外混室中与待生酸充分混合并使待生酸在一级外混室中形成巨大数量的待生酸气泡，而待生酸气泡经过运动、变形、加速等一系列过程后，在待生酸喷枪（以下简称酸枪）二级外混室处薄气泡与二级净化压缩空气因压差作用而破裂，从而形成液滴非常小、尺寸均匀度大、与压缩空气混合充分而又均匀的液滴。二级外混室表面始终有二级净化压缩空气流动，保证经过雾化后的液滴随净化压缩空气一同喷枪而出，避免被雾化后的微小液滴因碰壁又形成大的液滴而造成滴液的现象。

待生酸喷枪从投用后第3年出现了喷枪枪头穿孔腐蚀，主要表现在3个喷枪里位置处于横向排布最中部的B酸枪，更换新酸枪4个月后又出现穿孔腐蚀，再次更换新酸枪9个月后同样又出现穿孔腐蚀（图6），而B酸枪两侧的A、C酸枪几乎没有出现穿孔腐蚀的情况。

新酸枪　　　　　　第一次更换4个月后的酸枪　　　　　第二次更换9个月后的酸枪

图6　更换酸枪后又出现穿孔腐蚀

近一年来，结合工艺生产操作分析，是由于进入待生酸喷枪的净化压缩空气压力控制相对较低，没有使废酸雾化达到一个好的效果，使得废酸液滴没有完全雾化停留在酸枪外壁与炉内的水蒸气长时间形成了稀硫酸造成穿孔腐蚀。经过相关人员的长时间数据摸索发现，酸枪的净化压缩空气压力正常控制在 0.35~0.4MPa 范围内，当酸枪净化压缩空气进酸枪前的压力降低至 0.3MPa 后，酸枪就可能出现穿孔腐蚀。由于 B 酸枪处于横向中间部位，两侧的 A、C 酸枪雾化后的酸滴因雾化效果不稳定有可能会喷溅到 B 酸枪枪头外壁长时间停留形成稀硫酸腐蚀，间接造成 B 酸枪的使用寿命不如另外两个。

针对酸枪腐蚀的情况，日常操作维护上要求现场巡检严格监控好净化压缩空气压力的变化，发现有下降及时调整措施。同时利用装置停工检修期间对净化压缩空气管路进行改造，保证压力足够稳定的净化压缩空气气源，适当可以增加管路压力的补给线。由于待生酸再生装置上游负荷不稳定，在待生酸运行负荷较低时，结合单台酸枪的设计能力，合理投用或停用部分酸枪，尤其是待生酸负荷在 50%~70%，应优先考虑将处于中部的 B 酸枪停用。

（3）焚烧裂解炉炉尾烟道膨胀节也是一个需要关注的部位，膨胀节外壳为 304 材质，有耐高温浇注料衬里。设备运行三年半多后膨胀节也出现局部穿孔腐蚀和减薄，基本可以判定是由于因为浇注料衬里之间存在缝隙，而且膨胀节外壁无保温，SO_2、SO_3 气体通过缝隙渗透进入浇注料衬里，SO_2、SO_3 气体在温度较低的区域形成结露，对膨胀节外壁形成露点腐蚀。

车间目前已经对腐蚀部位区域进行了扩区域贴板补焊（图7），同时要求日常工艺操作平稳保证焚烧裂解炉炉尾温度不得低于下限值 1050℃，从而间接减小出现露点腐蚀的机会。

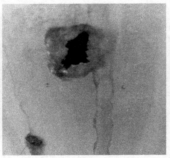

图 7　贴板补焊

4.2　腐蚀控制方法

常见的腐蚀控制方法有：选材优化、涂层防腐、阴极保护、工艺防腐、腐蚀监检测及腐蚀控制操作窗口等。对于焚烧裂解单元的关键重点设备焚烧裂解炉，可采取腐蚀监检测策略：①利用停工目视及红外线检测，全面检查设备壁面是否存在热点；②利用 IR（红外）扫描，检测运行中耐火材料的损失情况等；③利用在装置大修长时间全面停工的机会，进入焚烧裂解炉内部进行检查腐蚀情况。

5　结语

通过对待生酸再生装置焚烧裂解单元焚烧炉进行腐蚀分析，明确了该单元中关键设备的潜在腐蚀，便于装置的日常腐蚀风险分级管理，保证控制设备风险的同时，达到生产效益最大化。通过炉气参数计算露点，明确了焚烧裂解炉外壁温度不得低于 189℃；通过对部分腐蚀案例的分析，确定焚烧裂解炉关键设备腐蚀可能性较高的部位，由此建立了相应的应对措施，为焚烧裂解炉的长周期运行具有操作指导意义。

参 考 文 献

[1] 周飚. 硫黄制酸装置露点腐蚀问题的分析[J]. 硫酸工业，2002(5)：23-25.

作者简介：叶凯，男，2011年毕业于河北工业大学化学工程与工艺专业，学士学位，现工作于在中国石化股份有限公司天津分公司化工部，工程师，从事设备防腐管理工作。

油品长输管道缺陷在线维修方法探讨

洪旭鹏

(中国石油化工股份有限公司天津分公司)

摘 要 油品长输管道作为油品输送的载体，目前已广泛应用于石油化工企业。长输管道运行的缺陷会对管道安全运行带来极大威胁。本文探讨的主要是长输管道缺陷的在线维修方法，维修前的各项准备，具体的维修工序和技术要求。

关键词 长输管道；腐蚀；缺陷；在线维修

油品长输管道因其管道直径大、运输容量多、承载能力强、运输距离远等优点，被广泛应用于成品油输送。油品是易燃易爆介质，一旦发生泄漏问题，会给企业和人民群众生命财产带来极大损失，同时造成许多不可逆的环境污染。长输管道本体缺陷是威胁管道安全运行的主要影响因素，运行过程中的本体缺陷在线维修经常是石化化工企业所面临的难点。如何实现长输管道在线抢维修资源的合理配置，降低管道安全运行成本是管道所属企业的重要课题。

1 背景

1.1 缺陷描述

某公司至码头方向的273#汽油长输管道投用于1992年10月，总长42.75km，埋地段长度37.25km，穿越河段长度0.48km，码头架空管段长度3.3km，厂区内架空管线1.72km。管道规格为 $\phi273mm×8mm/\phi273mm×11mm$ 无缝钢管，材质为20#钢，强制电流阴极保护方式。2021年10月，企业发现273#汽油长输管道2#阀门井穿墙管部位出现弯曲变形，且1#、2#井两侧各有1台隔断阀腐蚀严重无法开关。

1.2 缺陷原因分析

油品长输管道产生本体缺陷的主要原因有三方面：①外力损伤缺陷，由于外力应力作用于管道上，造成管道弯曲变形甚至开裂泄漏；②腐蚀减薄缺陷，管道在使用过程中由于外部或内部介质腐蚀引发的减薄等缺陷，使得管道的承压能力不足引发泄漏；③制造安装缺陷，由于设计缺陷、材料原始缺陷或施工质量问题使管道不能满足安全运行要求，造成原始或本体缺陷。本文探讨的管道变形缺陷主要是由于阀门井整体下沉，产生外力挤压造成变形，符合第一条原因。2台隔断阀腐蚀缺陷主要是因为常年受到海水侵蚀造成，符合第二条原因。

2 在线维修方法

2.1 维修内容及难点

由于生产调配和油品损失的原因，需短暂停输油但不清管带压作业。2#井穿墙管段和2#井壁出口处前期因管线泄漏制作的一段套管需要割断拆除。2座沉井两侧的隔断阀需更换，但阀门在狭小的阀门井内，无操作空间，需要拆除后拓宽阀门井施工。需设置3处在线封堵点隔断管道内油品，其中一处施工操作坑在某公司绿化带内，需要移树3棵，草木恢复

$100m^2$。封堵点的地下水位较高，为防止直接用大型挖掘机械可能对长输管道造成损坏，挖掘时需采用人工探挖和小型挖掘机结合的方法。

2.2 在线维修前的各项准备

2.2.1 技术准备

（1）管道开孔技术：管道开孔是指在密闭状态下，以机械切削方式在运行管道上加工出圆形孔的一种作业技术。当在役管线需要加装支管、加装阀门、带压封堵时，可采用管道开孔技术完成，既不影响管线的正常输送，又能保证安全、高效、环保的完成新旧管线切改、加装或更换阀门等工作。

（2）本次封堵施工采用塞式封堵和囊式封堵2种封堵工艺：塞式封堵是指在管道上焊接等径封堵三通，然后开出与管道内径相同或相近的孔，再利用封堵器主轴将悬挂式封堵头送入管道的封堵方法，此方法的优点是可以封堵高压介质，对管道的损伤小。

（3）管道允许带压施焊的压力核算。根据 SY/T 6150.1—2017《钢制管道封堵技术规范第1部分：塞式、筒式封堵》计算管道施焊压力。根据管线具体参数计算出 $\phi273$ 汽油管线允许带压施焊压力为4.63MPa，满足带压施焊要求。管道允许带压施焊的压力计算如下：

$$p = \frac{2\sigma_s(t-c)}{D}F$$

式中　p——管道允许带压施焊的压力，MPa；

σ_s——管材的最小屈服极限，MPa；

t——焊接处管道实际壁厚，mm；

c——因焊接引起的壁厚修正量参见表1，mm；

D——管道外径，mm；

F——安全系数参见表2，mm。

表1　推荐修正量

焊条直径/mm	<2.0	2.5	3.2	4.0
c	1.4	1.6	2.0	2.8

表2　推荐安全系数

t	$t \geq 12.7$	$8.7 \leq t < 12.7$	$6.4 \leq t < 8.7$	$t < 6.4$
F	0.72	0.68	0.55	0.4

表3为管道允许带压施焊的压力计算。

表3　管道允许带压施焊的压力计算

规格	σ_s	t	D	F	c	p（管道允许带压施焊的压力）
码头 $\phi273$ 汽油线	245	7.1	$\phi273$	0.55	2.4	4.63MPa

2.2.2 材料准备

（1）施工所需的封堵管件预制完成，配套密封材料配备齐全。

（2）阀门、封堵管件、平衡孔管件应具有制造厂产品合格证，无产品合格证书的材料不得使用。其材质、规格、型号、质量应符合设计规定，并应按国家现行标准进行100%外观检验，不合格者不得使用。

（3）封堵管件不应有裂纹、磨损、气孔、褶皱、重皮、夹渣等缺陷，无锈蚀和凹陷。

（4）施工中使用的焊材、辅材应提供质量证明文件，符合国家相关规范的要求。

（5）更换阀门的外观质量应符合产品标准的要求，不得有裂纹、氧化皮、粘砂等影响强度的缺陷、并经过第三方检测单位打压试压合格后，方可使用。

2.2.3 机具准备

（1）按照施工技术方案的要求，准备相应规格、型号和数量的开孔机、封堵器、液压站等施工机具，并检查确认设备处于完好状态及时进行工机具报验。

（2）进入现场的施工机具必须经过甲方的检查合格后，贴上标识方能使用。安装、验收过程中必须使用计量检定、校准合格的测量工具。

（3）检查开孔刀的尺寸，检查开孔刀和中心钻的刀齿是否完好及检测同心度。

（4）检查封堵器皮碗完好，封堵头滚轮灵活好用。

2.2.4 人员准备

（1）依据工程的特点配备相关的人员。主要为：管理人员、电焊工、电工、起重工、普工。

（2）所有人员必须经三级教育（入厂教育、车间教育、项目部教育）培训合格后、配有入厂合格证及车间教育合格证的施工人员才能进入现场。

（3）现场从事特种作业的作业人员应持与作业内容相符且在有效期内的资质证件，持证上岗作业。

（4）根据本次施工焊接工序的特殊要求，本次施工的电焊工必须按此次焊接要求组织培训。

2.3 具体维修工作流程及技术要求

2.3.1 挖掘封堵作业坑

（1）封堵点 1 位置设在 2# 阀门井南侧 15m 处，挖出地埋码头 φ273mm 汽油线后，选择合适位置作为封堵点，封堵作业坑为 6m×4m×3m。

（2）封堵点 2 设在 1# 井院内 1# 阀门井北侧 8m 处，需破水泥地面后挖掘操作坑，挖掘作业坑时注意保护地面管道支护及装置设备，封堵作业坑为 6m×4m×3m。

（3）封堵点 3 设在 1# 井院墙南侧 10m 处，在绿化地处动土挖掘作业坑，提前做好各项协调工作，挖掘作业坑时尽量减少破坏绿化面积及绿植，封堵作业坑为 6m×4m×3m。

2.3.2 拆除阀门井、搭设操作平台

（1）需更换的 2 处 DN250 阀门井内空间狭窄，拆除和安装 DN250 阀门无作业空间，1# 和 2# 阀门井都需动土拆除后才能更换 2 处 DN250 阀门。

（2）2# 井需在井内码头 φ273 汽油线弯头下方 1m 位置开气囊孔安装气囊，可从 2# 井原顶棚处上次施工遗留下的天窗位置吊装下方开孔设备，但需扩大至直径 2.5m。

（3）在 2# 井内搭设圆形作业平台 1 座，直径 6m、高度 20m，为开气囊孔、抽油孔、注氮孔提供操作平台

2.3.3 焊接封堵孔、气囊孔、平衡孔、抽油孔及注氮孔管件

（1）封堵点 1 焊接 1 套 DN250 封堵管件，1 套 DN200 气囊孔管件、1 套 DN50 平衡孔管件。

（2）封堵点 2 焊接 1 套 DN250 封堵管件，1 套 DN200 气囊孔管件、1 套 DN50 平衡孔管件。

（3）封堵点 3 焊接 1 套 DN250 封堵管件，1 套 DN200 气囊孔管件、1 套 DN50 平衡孔管件。

（4）2#井内码头 φ273 汽油线弯头下方 1m 位置焊接气囊孔管件，气囊孔下方 700mm 位置焊接 DN50 注氮孔管件，注氮孔下方 500mm 位置焊接 DN50 抽油孔管件

2.3.4　安装夹板阀、球阀，带压开孔作业

（1）在三处封堵管件上安装 DN250 夹板阀和 DN250 开孔机，在四处气囊孔管件上安装 DN200 夹板阀和 DN200 开孔机，在三处平衡孔、一处抽油孔、一处注氮孔管件上安装 DN50 法兰球阀和 DN50 开孔机。

（2）所有开孔封堵管件设备安装完成后，都需进行氮气试压检测工作，试压合格后完成所有开孔作业，开孔作业完成后，拆除开孔机。

2.3.5　带压封堵作业

（1）在 3 处封堵点夹板阀上安装 DN250 封堵器。

（2）安装完成后需进行氮气试压检测，合格后按计算尺寸下封堵头至到位尺寸。

（3）通过抽油后检测管线内液面高度，判断封堵严密性，封堵不严密情况下，拆除封堵器更换封堵皮碗，再次下封堵头，直至封堵严密为止。

2.3.6　抽油作业

（1）2#井抽油：40 立油罐车现场提前就位，抽油管线一端接至 DN50 抽油孔球阀上，另一端接至油罐车自带抽油泵接口，打开抽油孔 DN50 球阀，通过油罐车上抽油泵将管线内汽油抽至油罐车内。

（2）1#井抽油：利用封堵点 2 处 DN50 平衡孔作为抽油孔，抽油方法与 1#井相同。

2.3.7　安装气囊

（1）在封堵点 1 气囊孔处安装 φ250 气囊 1 个，在封堵点 2 气囊孔处安装 φ250 气囊 1 个，在封堵点 3 气囊孔处安装 φ250 气囊 1 个。

（2）在 2#井内气囊孔处，安装 φ250 气囊 2 个(气囊管件上下方各安装 1 个气囊)。

2.3.8　冷切割断管

使用管刀对 2 处需更换管段进行冷切割断管，1#井断管长度为 12m，2#井断管长度为 25m。

2.3.9　安装黄油墙、充氮保护

（1）在 2#井断管位置安装 1 道黄油墙作为焊接新建管线第 1 道保护措施。

（2）2#井内气囊孔气囊为焊接新建管线第 2 道保护措施。

（3）气囊孔下方注氮孔持续注氮，阻挡下方管道内油气为焊接新建管线第 3 道保护措施。

（4）抽油孔位置使用抽油泵抽走管道内油气为焊接新建管线第 4 道保护措施。

2.3.10　更换阀门、焊接新建管线

使用防爆工具更换 2 处 DN250 阀门，焊接 2 处新建管线采用 24h 加班制尽快完成管线的焊接及焊口的检测工作。

2.3.11　解除封堵、取出气囊

确认新建管线焊口射线检测合格，新阀门更换完成可正常使用后，取出 4 处气囊孔 φ250 气囊，平衡 3 处封堵点前后压力，解除封堵，拆除封堵器。

2.3.12 管件下塞堵、安装盲板

3 处 *DN*250 封堵管件、3 处 *DN*50 平衡孔管件、4 处 *DN*200 气囊孔管件、1 处 *DN*50 注氮孔管件、1 处 *DN*50 抽油孔管件、安装塞堵器下塞堵后加盖同型号配套盲板。

2.3.13 拆除脚手架、新建阀门井

拆除 2# 井内脚手架，新建拆除的 2 处阀门井，恢复封堵作业坑原有地貌。

3 预防性维护管理措施

3.1 加强长输管道日常巡护管理

发现的各类设备完整性缺陷应及时上报并处理，如标识缺失、防腐保温缺陷、腐蚀泄漏缺陷等，防止长输管道缺陷进一步扩大。同时做好引发泄漏缺陷的预防性监控工作，包括防盗油系统、压力报警系统、阴极保护系统的监控与维护，做好相关记录。

3.2 做好管道预防性检测

依法合规做好长输管线的日常检查和定期检验检测（包含内检测）工作。通过检验检测，能够准确定位管道泄漏和腐蚀等缺陷位置，以便采取针对性的措施进行维修。由于长输管道内检测相对于外部检查检测的缺陷检出率高，推荐在具备条件时采取管道内检测。目前长输管道常用的内检测方法主要有以下 4 项：

（1）管道漏磁检测。该技术通常是周向均匀布置永磁铁，对管壁进行饱和磁化，当管壁没有缺陷时，磁力线被约束在管壁内；当管壁存在缺陷时，磁力线穿出管壁产生漏磁。利用传感器采集漏磁信号，可检测出缺陷位置。漏磁检测速度快、技术成熟、检测结果可靠、检测经济性高，是目前国内外长输管道检测应用较多的一种方法。

（2）管道超声波检测。管道超声检测与漏磁检测一样，管道内壁均匀布置超声检测探头，由超声探头发射一定角度或垂直的超声波，超声波在遇到缺陷或裂纹将返回至探头收集数据。超声波检测对管道内壁的清洁度要求高，而且需要耦合，其检测成本相对较高。

（3）管道中心线 IMU 检测。此技术利用内检测器载体，可在管道运行状态下，使用惯性测量器件测绘管道的三维坐标，配以地面参考点和里程计修正，可描绘管道中心线三维坐标的轨迹变化，结合历史管道轨迹，对比判断管道的移位变形情况。

（4）管道几何变形检测。采用机械臂接触管道内壁，管道内壁如果存在缺陷变化，机械臂的角度和位移就会变化，通过电磁技术转换为电信号，记录并分析、量化缺陷数据。此项技术可检测直管、弯头、斜接及焊缝等部位的变形程度。

3.3 重视管道外防腐层的检测与修复管理

外防腐层是长输管道腐蚀防护的重要屏障，防腐层的完好性直接关系到长输管道的安全运行。对于长输管道外防腐层上的各类缺陷，必须及时修复，保障其完好的腐蚀防护功能。目前较为常用的外防腐层检测方法有电流-点位法、PCM 法、变频-选频法等，由于每种方法都存在一定局限性，因此实际中采取综合利用多种方法，用于检测结果。

按照长输管道完整性管理要求，应根据防腐层检测结果，结合管道运行时阴极保护记录等情况，对缺陷部位开挖验证，按照相关防腐标准开展修复。对于损坏外防腐层的修复，要结合管道布置环境、使用状况和防腐层材料设计选型，以便确定更为适合的修复方案。修复后的防腐层应符合管道长周期的运行要求，按照《中国石化防腐绝热质量提升工程规定》，检维修的管道防腐层设计使用年限不应低于 10a。

4 结束语

长输管道存在的缺陷不容忽视，应采取各类有效的管理和维修方法确保长输管道的安全运行。

长输管道的在线维修会面临很多难点，应组织专业团队制定详细的维修方案，最大限度实现各类抢维修资源的合理配置，保障长输管道的安全运行，消除对周边人民生命财产安全和生态环境的影响。

参 考 文 献

[1] 郭爱玲. 成品油长输管道完整性评价与维修响应[J]. 石油库与加油站，2018，27(3)：11-15.
[2] 刘胜，马云修. 油品长输管道泄漏事故原因分析及防范措施[J]. 安全健康和环境，2015，15(6)：7-9.
[3] SY/T 6150.1—2017，钢制管道封堵技术规范 第1部分：塞式、筒式封堵[S].

作者简介：洪旭鹏(1990—)，男，2012年毕业于沈阳工业大学化学工程与工艺专业，学士学位，现工作于中国石化股份有限公司天津分公司设备管理部，静设备主管，工程师。

体积压裂气井细菌综合腐蚀规律与防控对策

肖　茂　郭　琴　刘　通　姚麟昱

(中国石化股份有限公司西南油气分公司石油工程技术研究院)

摘　要　针对体积压裂气井地面腐蚀刺漏频发问题，首先根据气井腐蚀特征，优选不同时段、不同位置失效管样，建立了"流体介质/工况环境、宏/微观形貌、腐蚀产物检测、相似工况模拟实验印证"的四步协同分析法，对腐蚀原因进行分析；其次建立了以"绝迹稀释、厌氧腐蚀评价"为核心的细菌腐蚀综合检测法，确定了气井细菌含量范围，分析了水质井况与细菌腐蚀的关系；最后提出了"杀菌缓蚀+配套除砂器"的腐蚀防控措施，并在18平台、4条外管实施。结果表明，研究成果将某气田腐蚀刺漏频率由29次/月降到3~10次/月。结论认为：①体积压裂井地面腐蚀刺漏主要为细菌、CO_2和冲蚀的综合作用结果，主要发生在弯头、三通等部位；②细菌含量超标是引起地面长期持续点蚀的主因，而压返液重复利用为细菌增长提供了营养等适宜环境；③采用"杀菌缓蚀+配套除砂器"有效降低了体积压裂井地面腐蚀刺漏频率，可以持续推广。

关键词　体积压裂气井；硫酸盐还原菌；腐蚀；杀菌剂

体积压裂技术攻克了天然裂缝总体欠发育等地层复杂问题，有效地提高气井产量。相较于其他采用常规压裂技术的气藏，体积压裂井单井入井液量更高，有的高达2万~5万 m^2，求产15~30d内排液增加到最大，日排液在200~700m^2，随后逐渐降低，为降低污水处理成本，压返液将作为后续气井压裂液水源，实施重复利用。

体积压裂入井液量大、气井生产工况变化大，采出流体含大量的砂、SRB、CO_2等多种腐蚀介质，地面流程出现严重的管道刺漏，影响气田的安全、平稳生产，也将影响体积压裂技术推广。针对体积压裂井地面腐蚀刺漏频发问题，优选了失效管件，建立了四步协调分析法分析腐蚀原因，并建立了细菌腐蚀综合检测法分析水质与细菌腐蚀的关系，提出腐蚀防控总思路，现场成果应用，有效减缓集输系统的腐蚀失效，提升安全运行水平。

1　腐蚀现状及规律

某气田采用体积压裂工艺，随着开发气井数的增加，地面泄漏频率出现爆发式增长，最高达29次/月，实施杀菌剂、缓蚀剂防腐措施，气田泄漏得到有效缓解，但仍未清零，截至2022年7月31日，统计某气田不同时间、不同位置、不同环节的泄漏比例，发现总体具有腐蚀快、周期长、迎流面和焊缝风险高的特点，具体在空间和时间上有以下特点：

1.1　空间分布特点

气田共发生195次泄漏，18个平台发生平台覆盖率高达85.7%，站场流程位置中弯头、三通、焊缝泄漏占比约83%(图1)，高压环节占比19.6%、节流环节占比29.2%、计量分离环节占比34%(图2)。气田泄漏在空间上,具有分布广泛、流程部位集中的特点,主要集中迎流面焊缝部位。

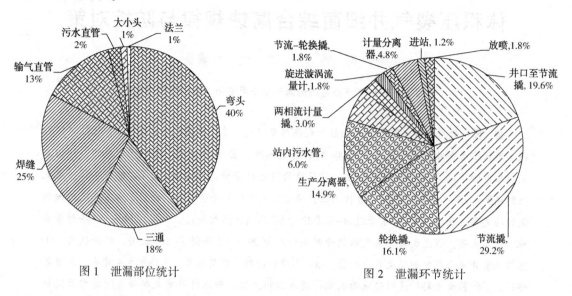

图1　泄漏部位统计　　　　　　　　　图2　泄漏环节统计

1.2　时间分布特点

气井泄漏发生在投产后0~43个月(图3),最短时间不到2d,最长约43个月。某气田气井压力、产量递减快,12~18个月进入生长中后期,反映了气井泄漏风险是全生命周期。需要注意的是,某气田因采取防腐措施而降低泄漏频率,不能因图3中的生产中后期气井泄漏次数较少,而认为气井生长中后期泄漏风险低。

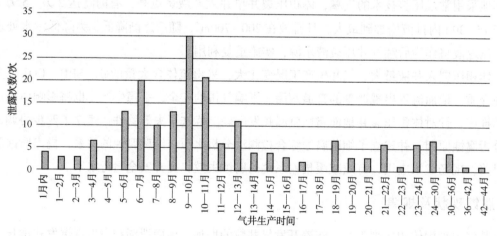

图3　不同生产时间泄漏次数统计

2　腐蚀原因分析

杨长华针对涪陵气田管道泄漏原因,分析了腐蚀环境、工况、腐蚀产物、腐蚀介质,明确了存在细菌腐蚀;刘乔平等在针对某气田管道穿孔失效,分析了宏观形貌、微观形貌、失效位置、腐蚀产物、腐蚀介质,并开展腐蚀模拟实验;毛汀等针对某气田输气管道失效原因，采用宏观检测、机械性能测试、腐蚀产物分析法；岳明等针对某区块油管、站场工艺管道，以及集气干线的管道进行失效分析、腐蚀产物能谱分析，结合现场生产数据，认为腐蚀的原因是SRB腐蚀是主因，CO_2、Cl促进腐蚀；罗凯等针对邵通气田穿孔，开展了腐蚀产物、腐蚀形貌、工况分析。

本文针对某气田腐蚀分布广、位置集中、周期长、形貌多样的特点，借鉴以往学者的研究方法，建立了系统分析方法——"流体介质/工况环境、宏/微观形貌、腐蚀产物、相似工况模拟实验"的四步协同分析法，按步骤进行腐蚀原因分析。

2.1 流体介质/工况环境

腐蚀介质/工况是形成腐蚀的源头、必要条件，包括流体气、液、固等组分和含量，以及温度、压力、流速、流态等工况及环境。统计了气质、水质检测、投产至生长中后期工况，结果见表1~表3。结果显示：Cl⁻含量高、CO_2分压范围宽、普遍高含SRB、气井前期/后期出砂、井口温度范围宽。

表1 气质组分(%)

气样	甲烷	乙烷	二氧化碳	氧	硫化氢
范围	97~99	0.1~0.5	0.95~1.97	0.01~0.06	0

表2 水质组分

水样	pH值	总铁/(mg/L)	阳离子/(mg/L)			阴离子/(mg/L)			总矿化度/(mg/L)	SRB(个/mL)
			$K^+ + Na^+$	Ca^{2+}	Mg^{2+}	Cl^-	SO_4^{2-}	HCO_3^-		
范围	6~6.8	0.45~39	4588~13248	28~905	5~123	4774~20203	0~82	190~881	6713~35857	2.5~1.1×10⁶

表3 地面流程运行工况

时间段	井口		节流-分离器		出站
	温度/℃	压力/MPa	温度/℃	压力/MPa	温度/℃
投产初期	80~95	<70	40~80	2.0~5.0	20~40
正常生产期	30~35	<30	20~30		15~20

(1) CO_2腐蚀风险

CO_2单因素下对碳钢的腐蚀风险研究较多，基于普遍认识形成CO_2腐蚀风险版图(图4)。某气田高压区从投产到中后期的CO_2分压从约0.45MPa下降到0.03MPa，温度从80℃以上下降到30℃，即从CO_2腐蚀版图中的C3区到A区，腐蚀风险从重度局部腐蚀降为可忽略的腐蚀风险；中压区的CO_2分压处于B、A区，处于轻度均匀腐蚀或可忽略腐蚀风险。总体而言，CO_2腐蚀风险在高压区具有从严重到可忽略的转变、中压区均不严重的特点。

(2) 细菌腐蚀风险

细菌腐蚀在油田输送、污水系统、回注研究较多，普遍认为细菌温度为25~60℃、pH值在6~9时可能发生腐蚀，且随着细菌含量的增加腐蚀风险增加，但具体的细菌含量并未有明确指标，仅在回注系统中普遍要求 SRB 控制在 25 个/mL 以内。显然，细菌含量高，在中后期满足温度等条件，具有细菌腐蚀风险。

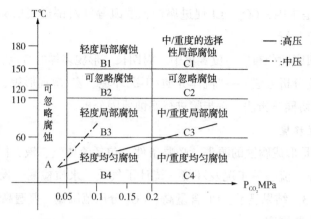

图 4　CO_2 腐蚀参数版图及气田地面 CO_2 工况

图 5　携砂泡沫

（3）冲蚀风险

气井投产初期气量大，携砂能力强，中期产量下降后携砂能力减弱，但后期泡排等采气工艺加剧出砂，特别是泡排泡沫携砂（图 5）。砂粒均匀分布泡沫上，也更容易受到湍流影响，随着气液波动，加强对金属的切应力，形成较强的犁销作用，在具有湍流动的区域，携砂泡沫能造成更严重的冲蚀。弯头、三通前期受到高速砂粒冲击腐蚀，后期受携砂泡沫犁销磨蚀。

2.2　宏/微观形貌检测

腐蚀形貌是腐蚀的综合反应，腐蚀介质在一定工况下形成特点形貌，国内外学者对典型介质的腐蚀形貌具有一定研究。采用目测和电子显微镜 2 种手段，对 12 个管件的腐蚀形貌进行检测，并与典型腐蚀形貌进行对比，发现主要存在冲蚀、细菌、CO_2 的单一腐蚀形貌特征，但弯头、三通、焊缝等位置多为复杂形貌，如图 6 所示。

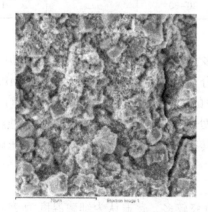
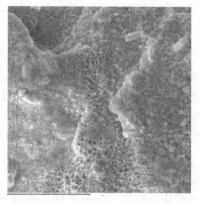

图 6　现场典型的 CO_2 腐蚀棱角晶体、晶丝

（1）CO_2 腐蚀形貌

CO_2 局部腐蚀形貌宏观上有点蚀、台地侵蚀、流动侵蚀 3 类，微观下产物为有棱角的晶体、丝状，如图 6 所示。点蚀表现为金属出现凹坑、坑周边光滑；台地侵蚀会出现较大面积的凹台，底部平整，周边垂直凹底；流动侵蚀诱使局部腐蚀形状如凹沟，即平行于物流方向的刀型线槽沟。

（2）SRB（硫酸盐还原菌）腐蚀形貌

细菌以点、坑蚀为主，形成的腐蚀点、坑为规则圆形，包括同心圆，也有点蚀坑内部呈空洞状，仅在表面覆盖有一层腐蚀产物；微观上腐蚀产物主要是规则球形结构，SRB 细菌成杆状（图 7）。

图 7　现场的典型细菌腐蚀同心圆蚀坑

（3）磨损类腐蚀形貌

冲击腐蚀一般形成点、片，会有明显的冲刷流向（图 8）；湍流，流体流态变化大的流动状态，腐蚀形貌常常呈现深谷或马蹄形凹槽，一般按流体的流动方向切入金属表面层，蚀谷光滑没有腐蚀产物寄存（图 9）；空泡腐蚀下，金属表面会形成空穴，并不断发展，形成海绵状，如图 10 所示。

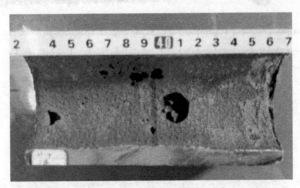

图 8　现场典型的冲蚀坑

2.3　腐蚀产物检测

腐蚀产物是腐蚀的直接结果，不同的介质腐蚀后形成的腐蚀产物不同。取 11 节失效管件，采用 XRD 检测分子、EDS 检测元素，结果见表 4、图 11、图 12。结果表明：腐蚀产物主要为 $FeCO_3$，局部腐蚀坑有 FeS，高压、中压各环节都有 S 元素，且靠近基体 S 元素含量更多，认为腐蚀产物主要来自 CO_2 腐蚀，部分来自 SRB 细菌腐蚀，且细菌腐蚀发生时间更晚。

图9　现场的规则圆形蚀坑的蜂窝状形貌

图10　现场的沟壑交错的海绵状

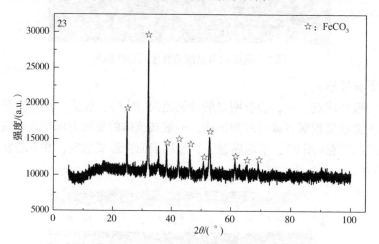

图11　某平台失效管件产物耐磨后 XRD

Chlorine Ka1, Sulfur Ka1, IronKa1, OxygenKa1, CarbonKa1-2

300μm　　　　　电子图像1

图12　某平台失效管件截面能谱分析

表4　11个失效管件XRD、EDS能谱检测结果汇总

样品		XRD	EDS
高压区	39-8弯头	表面浮渣：FeCO₃	腐蚀层均有S，1样靠近基体S最高，2样腐蚀中层S最高
	24-1(三节直管)	表面浮渣：FeCO₃	腐蚀产物层有S，基体无S，含有Cl，最高达18%
	41-5(进节流撬弯头)	表面浮渣：FeCO₃、Al₂O₃	部分含有S
节流撬上	23-4三通	表面浮渣：FeCO₃	S含量最大值为4.8%(质量分数)，位于产物中层
	35-5节流后弯头	表面浮渣：FeCO₃	部分含有S，产物表面更高
	41-5方弯头	—	均有S，1#最大值0.45%(质量分数)，靠近产物表层；2#最大值1.02%(质量分数)，靠近基体
	43-2二级下三通1#	表面FeCO₃、Fe₂O₃ 蚀坑FeCO₃、Fe₂O₃	无S
	43-4二级后三通2#	表面FeCO₃、Fe₂O₃、FeS 蚀坑FeCO₃、Fe₂O₃	S含量最大原子0.84%
分离器	39分离器进口弯头		S最大值0.25%(质量分数)，靠产物表层
	23计量器入口3#	表面FeCO₃、Fe₂O₃； 蚀坑FeCO₃、Fe₂O₃、FeS	S含量表面原子1%、蚀坑0.37%
	35生产器入口4#	表面FeCO₃、Fe₂O₃ 蚀坑FeCO₃、Fe₂O₃	S含量蚀坑原子0.65%

2.4　相似工况模拟实验

模拟现场工况的实验，特别是人为控制腐蚀的影响因素参数，可有效辅助还原、探索现场腐蚀、腐蚀界限。采用高温高压动态釜，在2种细菌含量、35℃细菌生长温度、CO_2分压0.07MPa、冲蚀与未冲蚀、损伤焊缝3种挂片条件下，测试点蚀腐蚀速率(表5)。

表5　模拟试验参数

CO_2分压/MPa	SRB含量/(个/mL)	温度/℃	压力/MPa	试验周期/d	材质
0.07	100000；10000	35	4.5	7	20#冲蚀样/正常样、焊缝样(地面4#)

模拟采出水环境中各元素含量/(mg/L)

pH	K	Na	Ca	Mg	Fe	Sn	Ba	Cl^-	SO_4^{2-}	HCO_3^-	矿化度
6.8	165	7700	140	30	55	60	230	14560	30	490	21300

模拟结果表明：SRB含量10万个/mL实验组的最大点蚀速率高于SRB含量1万个/mL的实验组，细菌含量越高，腐蚀速度越快，即细菌对腐蚀有促进作用；冲蚀样的腐蚀速率高于正常样，发生冲蚀后的点蚀速率更高，即冲蚀破坏后，细菌腐蚀更加严重(图13)。

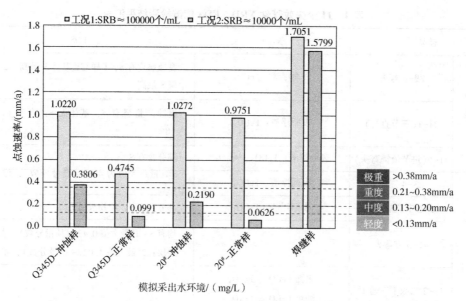

图 13 $P_{CO_2} = 0.07MPa$、不同 SRB 含量下 Q345D、20# 及焊缝试样点蚀速率

2.5 泄漏原因及腐蚀过程

综上所述，认为页岩气腐蚀来源于冲蚀+CO_2+细菌的综合作用，不同阶段表现出不同的主要矛盾：初期高温阶段，出砂多，冲蚀严重，同时井口温度高于 60℃，CO_2 腐蚀活跃，以冲蚀+CO_2 腐蚀为主；中后期低温阶段，出砂变少，冲蚀减弱，同时井口温度低于 60℃，细菌腐蚀活跃，以细菌腐蚀为主(图 14、图 15)。

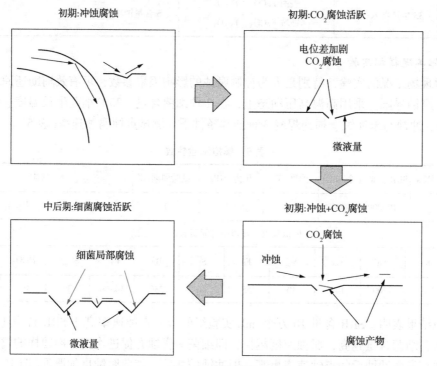

图 14 腐蚀过程

初期:威页23冲蚀形貌

初期:威页43平台CO$_2$腐蚀形貌

中后期:威页24细菌腐蚀形貌

初期:威页41冲蚀+CO$_2$腐蚀形貌

图15　气田腐蚀过程形貌变化

3　细菌腐蚀影响因素分析

细菌含量和代谢活性决定代谢产物总量、腐蚀程度，围绕细菌含量、代谢活性影响因素开展了腐蚀的关联性分析。

3.1　气田细菌含量及其腐蚀影响

采用绝迹稀释法，从2018年初至今，检测了16个平台分离器或排污口位置100余组细菌含量，在6万~110万个/mL，平均为10万个/mL，普遍超过回注水细菌防控标准25个/mL(图16)。

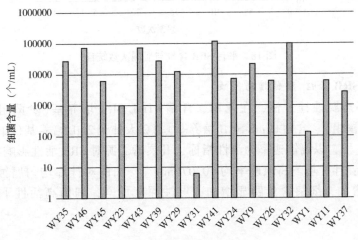

图16　平台细菌最高含量统计

跟踪某井投产后细菌含量，发现单井细菌含量变化规律：从压裂返排至生产中后期，细菌含量呈先降低、再升高的现象，投产1周后，细菌含量由几万个/mL迅速陡降至接近0个/mL，气井到生产中后期，细菌含量由接近0个/mL增加几万个/mL及以上（图17）。

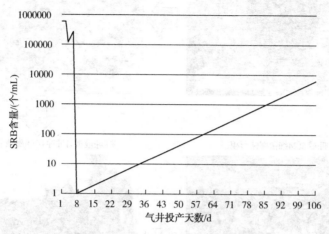

图17　某井SRB含量随投产时间统计

统计分析了现场细菌含量与泄漏次数的关系，结果表明，细菌含量高，总体腐蚀刺漏次数多，细菌含量低，泄漏次数少（图18）。

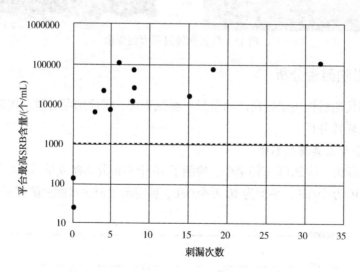

图18　平台SRB含量与泄漏次数统计

3.2　营养源对SRB活性/腐蚀性的影响

采用常压静态腐蚀挂片法，在无菌、含菌+1mL SRB培养基（少菌组）、含菌+9mL SRB培养基（多菌组）、含菌+9mL SRB培养基+每2天补充2mL培养基（加营组），35℃细菌生长温度条件下，以腐蚀速率为活性指标，开展营养源对SRB活性影响实验（图19~图21）。结果表明：挂片均匀腐蚀速率均<0.076mm/a，细菌对挂片均匀腐蚀程度有限，但随着营养源的增加，细菌含量明显增加，点蚀深度加剧，细菌高活性下明显加剧点蚀腐蚀。

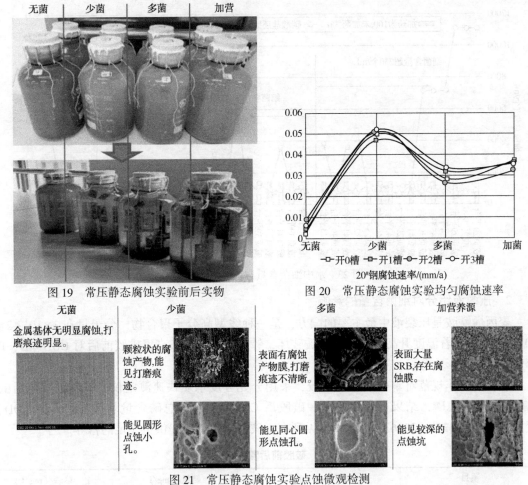

无菌　　少菌　　多菌　　加营

图19　常压静态腐蚀实验前后实物

图20　常压静态腐蚀实验均匀腐蚀速率

无菌　　　　　少菌　　　　　　多菌　　　　　　加营养源

金属基体无明显腐蚀,打磨痕迹明显。

颗粒状的腐蚀产物,能见打磨痕迹。

表面有腐蚀产物膜,打磨痕迹不清晰。

表面大量SRB,存在腐蚀膜。

能见圆形点蚀小孔。

能见同心圆形点蚀孔。

能见较深的点蚀坑。

图21　常压静态腐蚀实验点蚀微观检测

3.3　气田水质对细菌含量的影响

3.3.1　气田水质组分对细菌含量的影响

收集了 14 个平台 39 个水样组分含量,采用灰色理论、统计分析法分析了水质中细菌含量与营养源的关系,其中,灰色关联无量纲采用均值化、分辨系数取 0.1,统计是以 250 个/mL 为界,关联度结果(图 22)显示碳源与细菌含量相关性较强,统计结果(图 23)表明细菌多时营养源少,细菌会明显消耗营养源,两者呈负相关。

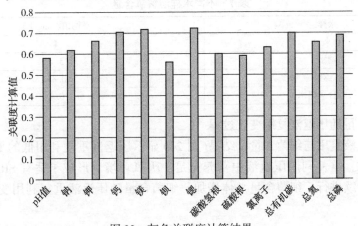

图22　灰色关联度计算结果

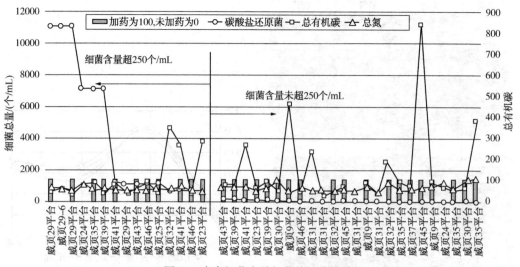

图 23　水中细菌含量与营养组分统计

3.3.2　压裂液组分对细菌含量的影响

聚丙烯酰胺是压裂液中最主要的配方，是一种线型高分子聚合物，分子量在 $1 \times 10^4 \sim 2 \times 10^7$ 范围内，随着温度升高而分子结构被破坏，针对聚丙烯酰胺高温破胶前后对 COD、N、P 等营养源进行影响分析。

（1）按操作规范对聚丙烯酰胺破胶，采用分光分度水质快速测定仪，测定破胶前后的 COD、氨氮、总磷，结果（表 6）显示，破胶后 COD、氨氮、总磷含量均增加，其中 COD、氨氮分别增加 33%、22.63%，总磷由无到有，破胶能为细菌提供更充足的营养。

表 6　破胶前后营养物含量

项目	COD/（mg/L）	氨氮/（mg/L）	总磷/（mg/L）
降阻水 0.1%计	207.33	1.67	0
破胶水 0.1%计	276.80	39.47	0.03

（2）采用便捷溶氧量测试管、在 26℃、大气压下，测试了自然水体、压返液中细菌含量，结果（表 7）显示，采出水、压返液溶解氧浓度远低于自然水体，更适宜厌氧菌 SRB 繁殖。

表 7　不同水样溶解氧含量

水样	平均值/（mg/L）
自来水	4
湖水	3.7
压返液	0.83
某平台采出水	0.4

（3）细菌含量随压返液复用变化过程

统计了压返液复用与细菌含量，结果（图 24）显示压返液重复利用低的平台细菌含量总体低。综上所述，重复利用压返液中营养充足、厌氧环境，形成了适宜 SRB 繁殖的环境，随着复用利用持续进行，细菌含量总体增加，细菌含量随压返液重复利用变化过程如图 25 所示。

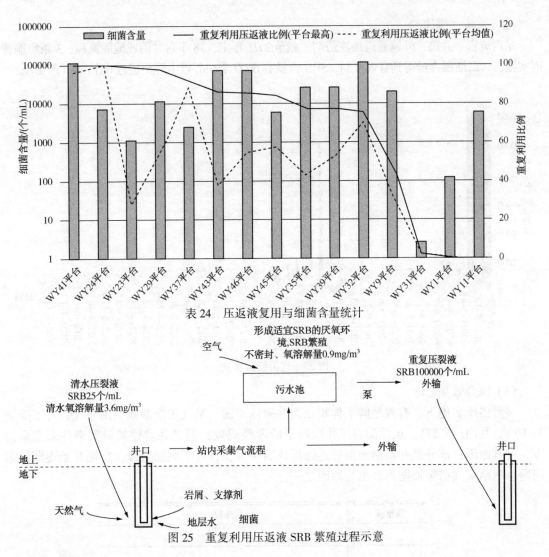

表 24 压返液复用与细菌含量统计

图 25 重复利用压返液 SRB 繁殖过程示意

4 防控措施

4.1 应用措施及效果

针对冲蚀-CO_2-细菌的综合腐蚀，某气田采用"除砂器+杀菌缓蚀剂"的防治措施。

（1）除砂器

统计了 5 套除砂器应用情况，结果（表 8）显示除砂器有效降低了泄漏风险。

表 8 除砂器运行及泄漏统计

序号	气井	安装位置	运行情况	泄漏情况
1	43-6	井口	停用	1 次泄漏
2	37-8		正常应用	未发生
3	29-7		未投用	未发生
4	29-8			7 次泄漏
5	24	节流撬后	正常应用	未发生

（2）杀菌、缓蚀剂

站内流程、井筒、外输管道加注药剂，截至2021年末，18平台井筒或地面流程、3条集输管道实施，气田细菌含量得到有效控制，SRB含量有6000个/mL以上降至接近0个/mL(图26)。

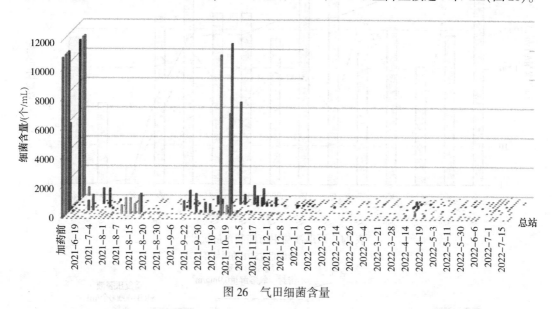

图26　气田细菌含量

（3）综合效果

多种措施实施下，有效缓解了体积压裂井腐蚀泄漏，某气田泄漏频率由29次/月下降至3~10次/月内(图27)。虽然防腐工作取得了阶段性成效，但老井腐蚀刺漏频率并未完全清零，究其原因，部分老井前期地面管道已形成腐蚀损伤，处于刺漏边缘，后期开始逐渐暴露问题，后期采气措施加剧携砂也是原因之一。

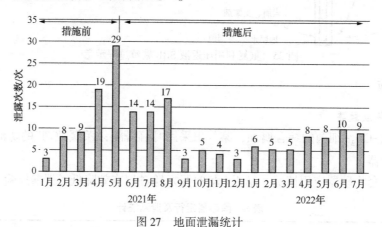

图27　地面泄漏统计

4.2　措施优化建议

针对站场内已受损部位，可采用超声测厚/导波、X射线拍片等措施，全面检测摸清受损部位和程度，然后进行整体更换。

针对弯头、三通等迎流面部位，可采用耐蚀耐冲材料、盲三通(图28)等措施，盲板宜耐蚀材质并涂耐冲涂层；针对弯头、三通附近焊口易损，可延长弯头直管段、采用耐蚀耐冲材料等措施。

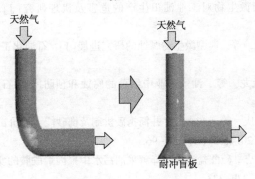

图28 弯头改为盲三通

5 结语

（1）体积压裂井地面泄漏为细菌-CO_2-冲蚀的综合作用，具有全生命周期性，随着生产工况的变化主因也在改变，发生位置集中在弯头、三通等流体改变部位及其两端焊缝。

（2）细菌含量高是引起地面长期持续点蚀的主因，而压返液重复利用为细菌增长提供了较为丰富的营养环境和适宜 SRB 的厌氧条件。

（3）"杀菌缓蚀+除砂器"有效降低了地面腐蚀刺漏频率，可以持续推广，但生产后期泡排采气加剧出砂风险，降低了措施的防治效果，提出的优化措施将提高系统防腐性能。

参 考 文 献

[1] 曹学军，王明贵，康杰，等．四川盆地威荣区块深层页岩气水平井压裂改造工艺[J]．天然气工业，2019，39（11）：127-134.

[2] 杨长华．涪陵页岩气田管道泄漏风险分析及预防措施[J]，科学管理，2019（2）：70-72.

[3] 刘乔平，冯思乔，李迎超，等．页岩气田集输管线的腐蚀原因分析[J]，中腐蚀与防护，2020，41（10）：69-73.

[4] 毛汀，杨航，石磊．威远页岩气田地面管线腐蚀原因分析[J]．石油与天然气化工，2019，48（5）：83-86.

[5] 岳明，汪运储．页岩气井下油管和地面集输管道腐蚀原因及防护措施[J]，钻采工艺，2018，41（5）：125-127.

[6] 罗凯，朱延著，张盼锋，等．页岩气集输平台管线腐蚀原因及 CO_2 来源分析：以昭通国家级页岩气示范区为例[J]，天然气工业，2021，41（增刊1）：202-206.

[7] 卢绮敏．石油工业中的腐蚀与防护[M]．北京：化学工业出版社，2001.

[8] 李玉萍，马凯侠，刘爱双，等．中原油田污水细菌生长规律研究[J]．石油化工腐蚀与防护，2004，21（1）：9-11.

[9] 孟章进，吴伟林，祁建杭，等．井筒环境因素对 SRB 生长及腐蚀影响分析[J]．石油化工应用，2015，34（1）：13-15.

[10] 山丹，王晨，马放．生态因子对油田注水系统中硫酸盐还原菌生长的影响[J]．大庆石油学院学报，2007，31（1）：51-54.

[11] 刘勇，尹相荣．含油污水回注时 pH、COD 对细菌生长及杀菌性能的影响[J]．新疆石油科技，2004，14（2）：19-31.

[12] 吴文菲，刘波，李红军，等．pH、盐度对微生物还原硫酸盐的影响研究[J]．环境工程学报，2011，5

（11）：2527-2531.

[13] 潘月秋，张迪彦. 细菌微生物对工业油田生产的危害及机理研究[J]. 安徽化工，2014，40(4)：43-45.

[14] 蒋波，杜翠薇，李晓刚，等. 典型微生物腐蚀的研究进展[J]. 石油化工腐蚀与防护，2008，25(4)：1-4.

[15] 张学元，王凤平，杜元龙，等. 油气工业中细菌的腐蚀和预防[J]. 石油与天然气化工，1999，28(1)：53-66.

[16] 董长银，陈新安，阿雪庆，等. 产水气井井筒携砂机制及携砂能力评价试验与应用[J]，中国石油大学学报(自然科学版)，2014，38(6)：90-96.

[17] 任广萌，徐冬羽，颜朝忠. 硫酸盐还原菌降解采油污水中聚丙烯酰胺的实验研究[J]，黑龙江科技大学学报，2018，28(3)：329-333.

作者简介：肖茂(1986—)，男，2010年毕业于西南石油大学油气储运专业，现工作于中国石化股份有限公司研究院，助理研究员，主要从事气田地面腐蚀及污水处理专业方向的研究工作。

1000m³ 碳四球罐裂纹分析及预防

官 辰

（中国石油化工股份有限公司燕山分公司合成橡胶厂）

摘 要 某公司合成橡胶厂 R302 混合碳四球罐担负着厂内 2 套抽提装置原料、产品储存与输送任务，在橡胶生产过程中起到相当重要的作用。在 2020 年压力容器定期检验中，发现 R302 球罐内表面有 11 处裂纹，该球罐 1976 年安装投用，材质为 16Mn。球罐形成裂纹的原因较多，R302 罐盛装的是烯烃厂送来的混合碳四，不存在含 S 及 H_2S 的情况，基本排除了 H_2S 应力腐蚀。且本次检验球罐的材料和无损检测都合格，故推断裂纹是因应力腐蚀引起的。同时提出预防措施，保证设备的安稳运行。

关键词 混合碳四球罐；裂纹；应力；预防

某公司合成橡胶厂罐区装置始建于 1976 年，共包含 7 个球罐，其中 R301～R304 罐储存烯烃厂裂解碳四，R305～R307 储存丁二烯。该罐区的主要作用有 2 个：一是接收、储存并向厂内罐区及 2 套抽提装置转送裂解碳四原料；二是接收、储存厂内转来的产品丁二烯及西庄罐区外购丁二烯并向顺丁橡胶回收装置输送。在橡胶生产过程中起着相当重要的作用。在使用过程中，操作人员严格执行工艺指标，做到不超温，不超压，但是在近几年的压力容器定期检测中，多数球罐均出现过裂纹现象，通过检测分析，进行修复，保证了安全平稳生产。今年 R302 球罐检测后，共发现 11 处裂纹，现对该罐裂纹产生的原因进行全面分析。

R302 球罐示意见图 1。

R302 罐由北京胜利化工厂设计，容积 1000m³，1976 年安装投用。主要设计参数如下：

直径为 12300mm，设计压力为 0.9MPa；设计温度为 50℃，介质为碳四，壁厚为 22mm，操作压力为 0.6MPa，操作温度为常温，材质为 16Mn，液位控制为 5%～80%；腐蚀余量为 1.0mm。

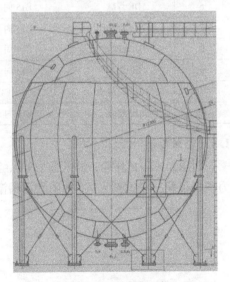

图 1　R302 球罐示意

检测方法：超声波检测、渗透检测、壁厚测定、磁粉检测、金相检测、硬度检测。

1 全面检验结果及修复后复查

1.1 超声波检测

位置：R302 罐内壁对接焊缝 100%；总长度：504600mm；检测未见异常。

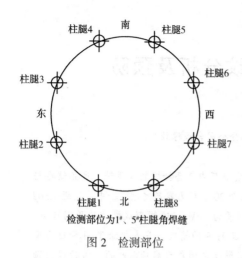

柱腿4　南　柱腿5

柱腿3　　　　柱腿6

东　　　　西

柱腿2　　　　柱腿7

柱腿1　北　柱腿8

检测部位为1#、5#柱腿角焊缝

图2　检测部位

1.2　渗透检测

位置：外壁，接管 c、b、e、M2 角焊缝，柱腿 1#、5# 角焊缝；总长度为 10000mm；检测未见异常（图2）。

1.3　壁厚测定

筒体名义厚度为 22mm；实测最小壁厚为 19.4mm；检测正常。

1.4　磁粉检测

位置：内壁对接焊缝 100%，接管 c、b、e、f、M1、M2 角焊缝；总长度为 514600mm；经检验发现裂纹缺陷（表1）。

表1　缺陷明细

序号	焊缝编号	具体位置	长度/mm	深度/mm
1	FG 焊缝	G13 向 G12 方向 980mm	10	4
2	FG 焊缝	G13 向 G12 方向 1200mm	5	3
3	DE 焊缝	E15 向 E16 方向 30mm	5	4
4	DE 焊缝	E15 向 E16 方向 180mm	5	4
5	DE 焊缝	E15 向 E16 方向 300mm	5	4
6	DE 焊缝	E15 向 E14 方向 430mm	5	3
7	DE 焊缝	E15 向 E14 方向 900mm	6	3
8	DE 焊缝	E13 向 E14 方向 950mm	10	4
9	DE 焊缝	E13 向 E14 方向 690mm	5	4
10	DE 焊缝	E11 丁字口上	6	4
11	DE 焊缝	E10 向 E11 方向 470mm	5	4

1.5　金相检测

对 R302 罐 1# 环缝、2# 纵缝、3# 纵缝的母材、热影响区、焊缝进行金相检测，检测方式为现场覆膜，浸蚀剂采用 4% 硝酸酒精溶液，显示进行组织状态正常（图3）。

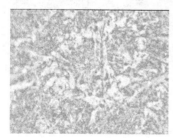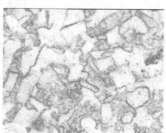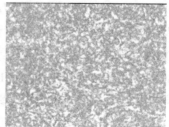

图3　金相组织检测结果

1.6　硬度检测

对内表面抽检 75 处进行硬度测定，测点包括母材、焊缝和热影响区，其硬度值在 HB140~175，具体数值见表2。

表 2　硬度明细

检件名称		混合碳四罐 R-302		检件规格		φ12300×22.0mm		设备型号		Timc5302	
检件材质		16Mn		验收规范		GB/T 30579—2014		检验标准		GB/T 17394—2014	
检测方法		布氏硬度		检验比例		抽检	热处理状态	—		检验数量	75 点
检验部位	编号	测点硬度值 □HLD　☑ HBHLD								备注
		①	②	③	④	⑤	—			
母材 1	环缝 1#	146	155	155	156	142	—			
热影响区		169	167	162	165	175	—			
焊缝		173	170	169	171	172	—			
热影响区		167	169	158	170	171	—			
母材 2		149	147	150	146	149	—			
母材 1	纵缝 2#	154	156	154	158	151	—			
热影响区		158	153	153	167	164	—			
焊缝		173	170	172	169	171	—			
热影响区		159	160	163	159	165	—			
母材 2		154	153	155	153	155	—			
母材 1	纵缝 3#	146	145	146	149	143	—			
热影响区		161	154	157	160	159	—			
焊缝		161	174	172	172	169	—			
热影响区		157	155	149	154	152	—			
母材 2		143	148	142	140	152	—			

所检部位硬度值符合 GB/T 30579—2014《承压设备损伤模式识别》，检测结果合格。

1.7　修复后复查

发现裂纹缺陷后对其进行修复。首先，进行无量纲计算。最长裂纹消除后形成 1 个长 50mm，宽 25mm，深 4mm 的凹坑，凹坑处壁厚为 16mm。根据无量纲参数 G_0 值判断，应同时满足以下条件：

$$T/R<0.1；C<1/3T；C<12mm；A \leqslant \sqrt{RT}；B>3C$$

（T 为凹坑所在部位的壁厚；R 为球罐平均半径；A 为凹坑半长；B 为凹坑半宽；C 为凹坑深度）

经计算：该凹坑条件适合进行无量纲参数 G_0 计算。因此，计算无量纲常数：

$$G_0 = C/T \times A/\sqrt{RT} = 4/16 \times 25/\sqrt{6150 \times 16} = 0.02 < 0.1$$

经无量纲计算可以不进行补焊。因最大凹坑在允许范围内，其余较小凹坑也应在允许范围内，故 11 出凹坑均可以不做补焊处理。但为了提高设备安全平稳性，在与检测单位沟通下，仍然对凹坑做了修补处理。

由于 R302 罐母材材质为 16Mn，属于低合金高强度结构钢。在低合金高强度钢压力容器补焊时，必须进行热处理消除应力。如补焊部位有多处，宜采用整体热处理或局部采用环带热处理。热处理温度通常不高于原来的焊后消除应力处理温度。因此，所有焊缝均做了表面热处理，修复后时隔 48h 进行复检，防止出现延迟裂纹。复检结果均显示正常。

2 裂纹成因分析

由于影响裂纹的因素很多，该球罐盛装的是烯烃厂送来的混合碳四，基本不存在含 S 及 H_2S 的情况，因此排除 H_2S 应力腐蚀的因素。故从材质、组装过程、应力腐蚀等方面进行分析。根据对球罐无损检测、焊接返修、热处理等检测、试验及分析结果，并结合 16Mn 钢材料的特性及实践经验，对裂纹成因进行如下分析。

2.1 材料方面的因素

16Mn 钢属于碳锰钢，碳含量在 0.16% 左右，屈服点等于 343MPa（强度级别属于 343MPa 级），16Mn 钢的合金含量较少，综合性能好，低温性能好，冷冲压性能，焊接性能和可切削性能好。其化学成分见表 3。

表 3   16Mn 钢的化学成分   ［%（质量分数）］

成分	C	Si	Mn	Cr	P	S	Ni	Cu
含量	0.13~0.19	0.2~0.6	1.2~1.6	≤0.3	≤0.03	≤0.03	≤0.3	≤0.25

和 A3 号钢相比，成分上仅多了一点锰，除具有同样好的塑性和焊接性外，屈服强度却提高 50% 左右，耐大气腐蚀提高 20%~38%，低温冲击韧性也比 A3 钢优越。Si 作为还原剂和脱氧剂，能显著提高钢的弹性极限、屈服点和抗拉强度。Ni 能提高钢的强度，而又保持良好的塑性和韧性。镍对酸碱有较高的耐腐蚀能力，在高温下有防锈和耐热能力。Cr 能显著提高强度、刚度和耐磨性。Cu 能提高强度和韧性，特别是抗大气腐蚀性能。综上，材料满足标准要求，排除材料不合格因素。

2.2 组装因素

球罐在组装过程中，如果各种尺寸达不到规范要求而进行强行组装，就会产生约束应力，焊后应力无法释放，是产生裂纹的重要因素。在结构复杂和十字缝等部位常会出现这种情况。由于该球罐制造较早，焊工焊接技能和焊接质量无法达到很高水平，焊接形成的小缺陷，就容易产生微裂纹，在球罐加压使用时裂纹容易扩张。焊接次序的不合理，易使球体内的应力不能最大地释放，而后的残余应力就很大，从而比较容易形成冷裂纹、热裂纹。球罐焊接采用的焊接方法、焊接线能量的大小、焊接的预热、后热对裂纹的产生也起到很大作用。从实际检测结果看，不完全排除这种可能。

2.3 应力腐蚀因素

应力腐蚀开裂属于电化学腐蚀，由于 R302 罐内盛装的是混合碳四，当介质中含有微量水及其他杂质时，形成微量的电解质溶液，它与钢铁中的铁和少量的碳恰好形成无数微小的原电池。在这些原电池中，铁是负极，碳是正极。铁失去电子而被氧化，因而发生电化学腐蚀，造成局部应力腐蚀裂纹。

3 预防措施

由于 R302 罐已经投用，因此，为减小裂纹产生的可能性，提高设备运行安全平稳性。首先，在使用过程中要加强对设备的巡检，认真做好设备的外罐检查和维护保养。做到不超温、不超压，合理控制液位，平稳操作。发现问题要及时进行处理。其次，在定期检测过程中，对返修的部位重点关注，确保缺陷消除后不再产生。最后，对原料成分进行分析，严格控制原料中水及杂质含量，避免应力腐蚀裂纹，保证设备安稳运行。

参 考 文 献

[1] 中国焊接协会. 锅炉压力容器焊接实用手册[M]. 北京：机械工业出版社，2016.
[2] 赵慧萍，赵文娟，张晓芳，金属电化学腐蚀与防腐浅析[J]. 化学工程与装备，2013(10)：135-136.

PIA 装置腐蚀分析及对策探讨

吴多杰

（中国石油化工股份有限公司北京燕山分公司化学品厂）

摘 要 介绍了 PIA 装置在 2018 年机会检修期间进行的腐蚀检查情况，结合装置近些年来的腐蚀事例，根据装置腐蚀环境，分析腐蚀机理。针对腐蚀原因，探讨防护对策。

关键词 PIA 装置；点蚀；晶间腐蚀；腐蚀分析；对策

　　某公司间苯二甲酸(PIA)生产装置是在原年产 36000t 精对苯二甲酸(PTA)装置上改造而成的。原 PTA 装置采用美国阿莫科(AMOCO)化学品公司的专利技术，成套引进工艺及设备。该装置于 1982 年初投料试生产，1999 年 PTA 装置转产为间苯二甲酸。

　　PIA 装置接触高浓度醋酸、溴离子、间苯二甲酸等腐蚀性介质，在高温、高压环境下运行，设备的使用条件极为苛刻，在温度高于 135℃ 的场合下，工艺设备均选用钛材，而在其他场合，根据介质特性和经济合理的原则，选用多种牌号的奥氏体不锈钢。即使这样，在设备的运行过程中仍然会发生严重的腐蚀破坏。

1　主要内容

　　2018 年 10 月间苯二甲酸装置机会检修，对装置进行腐蚀检查。本次腐蚀检查共 20 台设备，包括塔器 1 座，容器储罐 14 台，换热器 5 台。通过腐蚀检查，共发现 9 台设备腐蚀严重，见表 1。

表 1　PIA 装置腐蚀检查情况

序号	位号	设备名称	主 要 问 题
1	HD-403	第三结晶器	底部液位计探头测壁厚 4mm，腐蚀坑深度 2mm；下环缝有一处长 20mm、深 5mm 腐蚀坑；下筒体深约 3mm 腐蚀坑；设备整体腐蚀坑比较密集
2	HD-501	再打浆槽器	筒体下半部分和下封头腐蚀严重；人孔盖发现严重腐蚀；下环焊缝腐蚀严重；设备下半部分密集腐蚀坑
3	HD-602	母液槽	筒体内壁轻微腐蚀，物料进出口局部有腐蚀坑
4	HD-604	汽提塔再沸器	防冲板开裂，$L=400mm$
5	HF-003	氮气过滤器	内部腐蚀严重，下封头处有泄漏
6	HM-606	薄膜蒸发器	发现一圈宽 20mm 密集性腐蚀坑
7	HE-301	反应器第一冷凝器	外表面防腐层脱落，轻微腐蚀；封头内表面发现裂纹；南部封头一处磕伤
8	HE-302	反应器第二冷凝器	封头外表面轻微锈蚀；法兰面凹坑，5mm×50mm(深×长)
9	HE-604	汽提塔再沸器	焊缝上发现表面裂纹；外表面防腐漆脱落，轻微锈蚀

　　通过对间苯二甲酸装置的腐蚀检查，发现装置的腐蚀设备较多，20 台腐蚀检查设备中有 11 台设备有腐蚀问题，占本装置腐蚀检查设备的 55%。

检查发现装置腐蚀形态虽然不尽相同，但大都属于不锈钢含溴醋酸腐蚀，主要破坏形式有不锈钢在含溴醋酸中的点腐蚀、晶间腐蚀、冲刷腐蚀及制造缺陷引发泄漏等。针对这些设备的腐蚀现状，结合历年来装置腐蚀事例，分析造成腐蚀和泄漏的原因，提出防护措施。

2 PIA 装置腐蚀检查情况及历年腐蚀事例

2.1 HD-403 结晶器

HD-403 是 PIA 装置氧化单元第三结晶器，材质 317L，操作温度为 105℃，操作压力为 0.1MPa，介质为醋酸、四溴乙烷、间苯二甲酸。检查发现：含溴醋酸腐蚀导致筒体有多处腐蚀坑，最深处约 3mm，封头有密集点腐蚀，下环缝有腐蚀坑长约 20mm、深 5mm，底部液位计探头有腐蚀坑深约 2mm(原始壁厚 4mm)，腐蚀情况如图 1 所示。

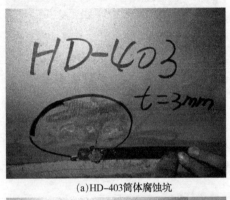
(a)HD-403筒体腐蚀坑

(b)HD-403液位计探头腐蚀坑

(c)HD-403下封头环焊缝腐蚀坑

(d)HD-403下封头点腐蚀

图1 HD-403 第三结晶器腐蚀

2.2 HD-501 再打浆罐

HD-501 是位于氧化单元过滤机前的再打浆罐，材质为 316L，温度为 108℃，压力为 0.1MPa，介质为间苯二甲酸、醋酸。检查发现：HD-501 筒体下半部分及下封头由于含溴的醋酸对不锈钢造成腐蚀严重，密布腐蚀坑，人孔盖塞焊点也有深 2.5mm 的腐蚀孔，腐蚀情况见图 2。

2.3 HM-606 薄膜蒸发器

HM-606 为溶剂回收单元薄膜蒸发器，主体材质为 C-276，操作温度为 235℃，操作压力为 0.09MPa，介质为间苯二甲酸、醋酸、水等。检查发现：在内表面筒体上半部存在一圈宽约 20mm 的密集型腐蚀坑，成疏松多孔状如图 3 所示。

(a)HD-501内壁腐蚀坑(1)　　　　　　　(b)HD-501内壁腐蚀坑(2)

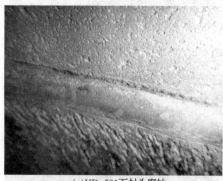

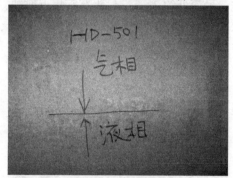

(c)HD-501下封头腐蚀　　　　　　　　(d)HD-501气液相界面腐蚀

图2　HD-501再打浆罐腐蚀

图3　HM-606薄膜蒸发器腐蚀

2.4　HF-003氮气过滤器

HF-003主体材质为S31603，操作温度为49℃，操作压力为0.98MPa，介质为反应尾气，腐蚀检查发现内表面腐蚀严重，下封头焊缝处有腐蚀泄漏痕迹，见图4。

2.5　HM-503干燥机筒体腐蚀泄漏

HM-503是氧化单元干燥机，结构为蒸汽列管回转圆筒形，列管内通蒸汽将管外的PIA浆料加热烘干为粉料。HM-503干燥机规格为ϕ1600mm×10000mm×12mm，筒体和列管材质均为316L，介质(筒体/管)为PIA、水/蒸汽，工作温度(管/壳)为104℃/161℃。

2016年5月干燥机筒体泄漏，拆开保温层发现筒壁被腐蚀成较大的蚀坑，周边筒壁均匀减薄。为此，在筒体上衬贴10mm厚316L的板，临时修复。腐蚀情况见图5。

(a)HF-003接管内壁腐蚀　　　　　　　　　　　(b)HF-003内壁腐蚀

图4　HF-003过滤器腐蚀

图5　HM-503干燥机筒体点腐蚀

2.6　HT-605塔腐蚀

HT-605塔是氧化回收单元溶剂汽提塔，主体材质为316L，检查发现焊缝热影响区部位同时存在比较严重的晶间腐蚀，腐蚀深度达到3~4mm，见图6。汽提塔折流板内部件侧面均发现有很多腐蚀沟槽，冲刷痕迹明显。

2.7　HD-401第一结晶器腐蚀泄漏

HD-401是氧化单元第一结晶器，材质为钛材与316L不锈钢复合。2018年5月发现罐体距顶部以下2m处(罐体支撑右侧)泄漏点。HD-401开罐后，检查发现罐内壁第三带板中间部位有长度约为10mm的弧状裂纹并伴有轻微隆起，已露出不锈钢基层，泄漏部位表面及周边无明显缺陷。对HD-401内壁泄漏部位采用焊接贴附钛板修复。

图6　HT-605塔焊缝腐蚀

分析原因为：钛材复合板在加工过程中存在制造缺陷，开停车过程中，压力温度变化造成裂纹增大。制造过程中用于排气部位塞焊后存在微小裂纹，经介质冲刷造成裂纹扩大导致介质泄漏至不锈钢基层，发生点腐蚀穿孔。

2.8　HR-301反应器罐口法兰腐蚀泄漏

HR-301是PIA装置带搅拌的立式氧化反应器，该反应器由法国B.S.L公司制造，在反应器内直筒壁上均布4块钛制折流板。反应器主要技术参数见表2。

表2 PIA氧化反应器主要技术参数

容器类别	Ⅲ	公称壁厚/mm	29+2.1	封头型式	碟形
主体材质基层+复合	16MnR+Ti	罐口法兰材质基层+复合	16MnR+Ti	总高/mm	7300
容积/m³	52	设计压力/温度/(MPa/℃)	3.1/252	操作压力/温度/(MPa/℃)	1.15/190
工作介质	MX, HAC, CIA, H₂O, BST, Co(COOH)₂, Mn(COOH)₂				

注：MX—间二甲苯；HAC—醋酸；CIA—粗间苯二甲酸；BST—四溴乙烷；Co(COOH)₂—醋酸钴；Mn(COOH)₂—醋酸锰。

图7 HR-301反应器罐口法兰腐蚀

2009年5月，反应器罐口法兰密封垫处泄漏，检查发现腐蚀部位为金属缠绕垫区域，在 $\phi480\sim540mm$ 范围，平均深度为2.6mm，局部已穿透钛复合层，见图7。

针对罐口法兰的腐蚀情况，用铣床铣去上表面钛合金锈蚀部分，直到完全露出钛合金。用车床在钛合金表面车出深2.8mm，外径 $\phi450mm$，内径 $\phi573$ 的槽（腐蚀区域 $\phi480\sim540mm$）。制作2件镶块（1Cr18Ni9Ti），将碳钢层两坑洼区域按镶块尺寸铣出凹槽，将镶块镶入凹槽后与法兰焊接、打磨。再制作衬环 $\phi450mm\times573mm\times3mm$（钛合金），把衬环镶配在法兰环槽内进行焊接，再加工达到使用要求。

2.9 JR-202加氢反应器腐蚀

PIA装置精制单元JR-202为加氢反应器，其工作压力为2.3MPa，工作温度为234℃，操作介质为CIA、H₂O、H₂、PIA，设备材质为304L，上部分配管材质为00Cr19Ni10，筒体尺寸为 $\phi1100mm\times7516mm$，壁厚为32mm，封头壁厚为20mm，内壁均做酸洗钝化处理；下部出口强生网过滤器材质为C276哈式合金。

2011年检修发现在反应器筒体内壁，主要集中在分配管下部有腐蚀麻坑，环焊缝上有腐蚀坑，蚀坑深度为2mm左右；另外上部进料分配管腐蚀严重，下部人孔及出口法兰密封面有腐蚀沟，见图8。后将反应器整体送回制造厂对筒体内壁及焊缝的蚀坑进行打磨处理，对人孔及法兰进行修复处理。

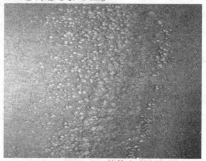

(a)JR-202筒体内壁蚀坑

(b)JR-202人孔腐蚀沟痕

(c)JR-202接管腐蚀

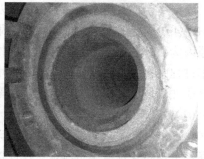

(d)JR-202底部法兰面腐蚀

图8 JR-202加氢反应器腐蚀

3 PIA 装置腐蚀环境分析

PIA 装置主要腐蚀介质有两种：一是氧化单元含溴醋酸；二是精制单元高温间苯二甲酸。

3.1 含溴醋酸

氧化单元设备大多处于含溴醋酸的腐蚀环境，腐蚀部位分布图如图9所示。Br^- 是根据生产工艺需要添加的。在氧化反应中，Br^- 浓度为 $(1.3 \sim 1.5) \times 10^{-5}$ 克原子/克醋酸。Br^- 比 Cl^- 活性更强，对腐蚀影响更大，能强烈破坏钢表面钝化膜。在该环境中，对设备的腐蚀与温度、Br^- 浓度、醋酸浓度、固体颗粒冲刷等因素有关。温度对含溴醋酸腐蚀影响很大。结果表明：常温下含 Br^- 醋酸冷凝液沉积会使 316L 管子在几个月烂穿，而 100℃ 以上的含 Br^- 醋酸腐蚀更为严重，对含 Mo 不锈钢不仅产生严重点蚀，而且大大加速均匀腐蚀。在氧化单元除反应器外，氧化单元凡是接触温度 >105℃ 含 Br^- 醋酸的设备与管线多采用钛材。温度 <105℃ 的，多选用 317L、316L 不锈钢。对 IA 分离干燥与醋酸回收单元，凡接触醋酸，含少量 Br^- 和 IA 的物料，温度 >135℃ 设备多选用钛材，残渣薄膜蒸发器选用 HastelloyC-276，温度 <135℃ 设备多选用含钼不锈钢。

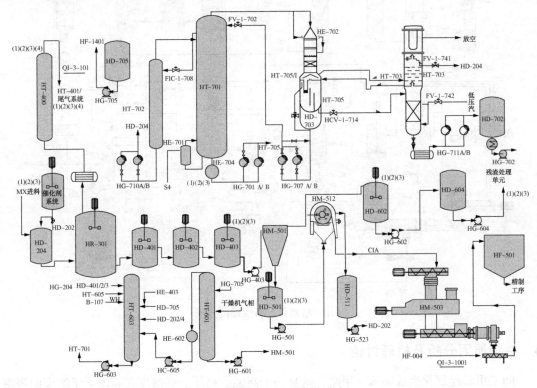

图9 氧化单元腐蚀部位分布

3.2 高温间苯二甲酸

精制单元设备大多处于高温 PIA 腐蚀环境，腐蚀部位分布图如图10所示。280℃ 下的 PIA 溶液呈还原性，对不锈钢有不大的腐蚀性，约 0.02mm/a。但在与钛混合结构中，与钛邻接的不锈钢腐蚀加速，温度增高，影响更大。如 150℃ 时，Ti/304L 不锈钢腐蚀率为 0.0019mm/a，而在 280℃ 时，则达到 0.0582mm/a，即增大了 30 倍。在 280℃，6.72MPa 的 $PIA + H_2$（0.49 ~ 0.685MPa 氢分压）环境中，304L 腐蚀率为 0.762mm/a，钛腐蚀率为

0.0025mm/a，腐蚀性虽小，但已构成氢脆危险。在>100℃的分离干燥工序设备中，由于PIA 物料因生产工艺需要，碱洗与中和难免会带入微量 Cl⁻，不锈钢有可能发生应力腐蚀破裂。

精制加氢反应器 20 世纪 80 年代引进时均选用 3 层复合材料，即外层碳钢，中层 304L，内层纯钛。这样设计是解决腐蚀、污染与钛氢脆问题。但 90 年代阿莫科公司认为加氢工艺环境并不像氧化单元那样苛刻，对产品质量影响最有害元素是钼，304L 完全可以应用，钛复层成本较高也是一个因素，所以 2009 年 PIA 装置扩能改造精制加氢反应器采用 304L 板制造，下部强逊过滤器改用 HastelloyC-276。但在 2011 年大检修期间，检查发现内壁及接管腐蚀严重，已影响设备的安全运行，2012 年设备再次更新为内层为钛材，外层为 304L 的复合材料。对 PIA 分离干燥工序，凡接触 PIA 物料，为防止腐蚀和保证产品色译，一般均采用304L、304 不锈钢。

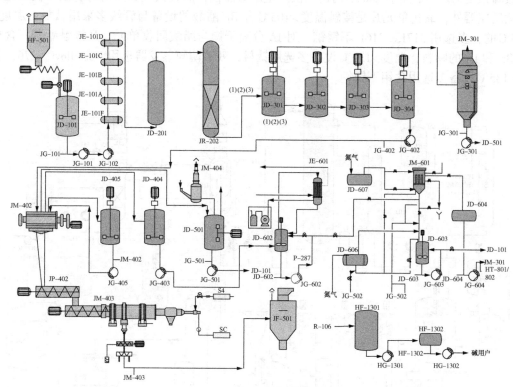

图 10　精制单元腐蚀部位分布

4　腐蚀原因分析及机理讨论

间二甲苯经氧化生成间苯二甲酸，这是一个高温、高压、高酸度和高溴离子浓度的强腐蚀性反应系统。在 PIA 氧化单元中，最常见的腐蚀类型有点腐蚀、晶间腐蚀、均匀腐蚀、缝隙腐蚀和冲刷等。在 PIA 精制单元，最常见的腐蚀类型有氢腐蚀、电偶腐蚀等。

4.1　Br⁻和 Cl⁻引起的点腐蚀

PIA 装置氧化生产工艺采用催化促进剂四溴乙烷，氧化反应工艺控制在 700～900mg/L Br⁻，因而 Br⁻是不可避免的，对钛设备影响很少，但对不锈钢影响很大，虽然后续设备物料中 Br⁻质量浓度每升逐渐减到数百至数十毫克，但同样会对不锈钢设备造成点蚀；在催化剂制备及其回收系统的不锈钢设备上，由于介质中的 Br⁻ >1000mg/L，对不锈钢的点蚀更加严重。

PIA 装置中的 Cl^- 主要来源于碱洗、氧化和精制单元。为了消除系统中设备物料的沉积，尤其是加氢反应器碳钯催化剂再生需不定期采用质量分数为 1%~2% 的 NaOH 溶液碱洗。NaOH 产品中总含有一定量的 NaCl，由于碱洗不当，冲洗不净，残余的 Cl^- 可能沉积在设备死角、缝隙、焊缝缺陷及已有的蚀坑等处。此外，Cl^- 还可能来自上游冷却器泄漏导致循环水中的 Cl^- 进入物料系统中，虽然残余的 Cl^- 可能只有几十个 mg/L，但在垢下浓缩，就可产生点蚀。

不锈钢的点腐蚀在氧化单元是最成问题的腐蚀，前面列举的腐蚀事例中，HD-403 罐、HD-501 罐、HF-003 过滤器等腐蚀都属于点蚀。点腐蚀是一种特殊的、比较严重的局部腐蚀。腐蚀只发生在金属表面很小范围内，而深入金属内部的蚀孔却直径小、深度深，其隐患性、破坏性比较强，因此在一定的条件下，设备会很快锈蚀穿透。点蚀破坏形貌如图 11 所示。

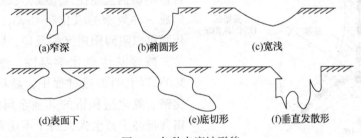

图 11 各种点腐蚀形貌

在 PIA 氧化单元中，不锈钢对卤素离子(如 Br^-、Cl^-)特别敏感，因为和阳极区相比，阴极区比较小，奥氏体不锈钢防止腐蚀在表面覆盖 1 层氧化膜，如 Cr、Ni、Fe 或 Mo 的氧化物。这层薄氧化膜将金属与溶液隔离开，但这层薄膜会因为外界的环境而改变，卤族离子(Br^-、Cl^-)的存在会导致薄膜被破坏。这层薄膜的破裂会产生电流，其中基体金属为阳极，被腐蚀产生的卤化物为阴极，这时表现出的小阳极、大阴极就是典型的点蚀特征。

Br^- 离子可以使不锈钢遭受点蚀。当溶液中含有 Br^- 离子时，尤其是在高温下，对设备具有强烈的腐蚀性，Br^- 有着较强的活性，对腐蚀影响很大，它能强烈地吸附在钢表面，破坏钢表面钝化膜，使设备形成点蚀。在氧化单元物料中含 Br^-，侵蚀性很强，首先把钢表面的夹杂物，如 MnS 蚀去，使氧化膜破坏，产生大蚀孔。在蚀孔内 Br^- 进一步浓缩，点蚀就会向深处发展。而且含溴醋酸不仅会产生点蚀，同时在醋酸环境下也加速均匀腐蚀的发生，因而危害性很大。316L、317L 钢的含 Mn 量为 ≤2.0%，且含 S≤0.03%，在表面会形成 MnS 夹杂，夹杂处最易成为点蚀的起点。刘国强等用极化法对 254SMO 不锈钢点蚀行为研究发现，点蚀萌生处有元素 O、S 和 Si，点蚀形成处有元素 O 和 Si，没有发现 S 元素，说明夹杂物主要是硫化物为点蚀的敏感部位。在点蚀的开始阶段，硫化物发生反应：

$$(Mn, Fe)S + 2H^+ \longrightarrow (Fe, Mn)^{2+} + H_2S$$

S 以 H_2S 的形式溶于溶液中，$(Fe，Mn)^{2+}$ 也溶于溶液中，导致点蚀的产生。同时，H_2S 进行电离，生成 H^+，使溶液的 pH 值进一步降低，加速材料基体溶解，促进点蚀的形成。点蚀一旦形成，金属在蚀孔的溶解就成为一种自催化过程。铁在蚀孔内溶解，生成亚铁离子 Fe^{2+}，引起蚀孔内产生过量的正电荷，结果使卤族离子(X^-)迁移到蚀孔中以维持蚀孔内溶液的电中性。因此，蚀孔内会有高浓度的 FeX_2。FeX_2 水解产生高浓度 H^+ 和 X^-，pH 值也会随之降低，X^- 和 H^+ 能促进多数金属和合金溶解，且整个过程随时间加速。而溶解氧的阴极还原过程是在蚀孔附近的表面上进行的，故这部分表面成为腐蚀电池的阴极区而不受腐蚀。

在 HD-501 罐中，介质中卤素离子易在垢下、物料沉积处、缝隙、焊缝缺陷、干湿交替处、气液交界面及露点以下部位发生积聚浓缩，形成局部高含卤素离子的酸性环境，在上述部位更易发生含卤素离子的醋酸腐蚀。

4.2 焊缝区的晶间腐蚀

晶间腐蚀是一种在特定的腐蚀介质中，晶粒基体、晶界或是晶间化合物间形成微电池效应，导致晶粒间结合力的丧失，使金属表面沿晶界发生局部性腐蚀。虽然金属外表没有腐蚀迹象，但在金相组织中仍表现出晶界的网状腐蚀现象，大大降低了金属强度及塑性，导致在较小的载荷作用下金属材料发生破裂。

奥氏体不锈钢耐腐蚀的根本原因在于它含有铬、镍等提高金属电极电位的元素。在金属基体中，当铬含量达到 11.7%（质量分数）时，含铬不锈钢就能在其阳极（负极）区的基体表面形成一种致密的氧化膜 Cr_2O_3，即钝化膜。钝化膜可以阻碍阳极区的反应，同时增加阳极电位，减缓基体电化学腐蚀。然而，不锈钢在 300℃ 以上的加热过程中，晶粒边界会析出碳化铬、氮化铬和铬的其他金属间的化合物等。铬含量高于甚至大大高于不锈钢平均铬含量的高铬相，致使晶界高铬相与晶粒外缘相邻接的狭长区域的铬含量大大下降，称为贫铬区。图 12 为晶界析出及贫铬示意。

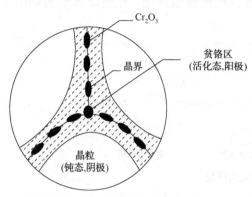

图 12 晶界析出及贫铬示意

当热过程较短时，晶粒本体的铬原子来不及充分向贫铬区扩散补充，温度下降后，贫铬区得以保持。在以后接触到某些具有晶间腐蚀能力的介质时，贫铬区的溶解速度会大大超过晶粒本身。在实际生产过程，由于现场操作条件的限制，在焊接过程中难以对焊接部分进行固溶处理，这就造成在焊接部位周边存在贫铬区，这些部位长期与含酸介质接触，极易发生晶间腐蚀。尽管在金属表面仍能保持一定的金属光泽，也看不出破坏的迹象，但是晶粒间的结合力已显著减弱，强度下降，在一定的压力下就有可能发生泄漏。

HT605 塔腐蚀特点是焊缝腐蚀严重，呈明显晶间腐蚀特征。由于焊接接头的化学成分不均匀，各部分存在电极电位差，组织不均匀，各部分耐蚀性能有差异，加上焊接残余应力的影响，以及载荷下焊接接头形状引起的应力集中的影响，使得整个焊缝金属的电极电位比母材低，焊接接头成为容器上易发生腐蚀的薄弱部位。

防止焊缝晶间腐蚀的根本办法是从材料本身着手，选用超低碳不锈钢。对只经受短时焊接加热的钢材而言，应减少母材及焊缝含碳量，含碳量不大于 0.03% 的超低碳奥氏体不锈钢，基本上能消除敏感化态晶间腐蚀的倾向。

4.3 醋酸的均匀腐蚀

醋酸作为溶剂，在氧化单元工艺过程中几乎存在于每个部分，只是不同的设备中，醋酸含量有所不同，并且或多或少含有溴离子。醋酸本身的腐蚀表现为均匀腐蚀，当含有溴离子时情况就变得复杂。

醋酸腐蚀性与其浓度、温度、流速及存在于醋酸中的杂质有关。纯醋酸溶液虽然有一定的腐蚀性，不过对含钼不锈钢的腐蚀并不严重。在低温醋酸溶液中，几乎所有的不锈钢均具有较好的耐腐蚀性能，特别是当醋酸溶液中含有少量氧化性物质时，耐腐蚀性能更为优异。但醋酸浓度增加，温度升高接近沸腾或沸腾时，特别是当醋酸溶液中含有还原性物质时，不锈钢腐蚀变得加剧。

在 PIA 氧化单元中，醋酸浓度和温度都比较高，不锈钢在此环境中发生均匀溶解腐蚀。醋酸腐蚀是一个典型的电化学反应过程。腐蚀反应开始于金属铁进入液相而留下自由电子在金属表面，电子从金属阳极或氧化部分移动到附近的阴极或还原部分，在酸溶液中与 H^+ 反应生成氢气。同时，金属离子或保留在溶液中，或从阳极扩散到阴极后反应生成不溶的金属氧化物，如锈或其他沉淀物，从而造成金属的腐蚀损伤。其反应为：

阳极反应：$Fe \longrightarrow Fe^{2+} + 2e$

阴极反应：$2H^+ + 2e \longrightarrow H_2$

总反应：$Fe + 2H^+ \longrightarrow Fe^{2+} + H_2$

均匀腐蚀的危险性较小，一般可通过选材及壁厚设计加以解决。

4.4 法兰等密封面的缝隙腐蚀

缝隙腐蚀是金属与金属或金属与非金属之间存在特别小的缝隙，造成缝内介质处于滞流状态而发生的一种局部腐蚀形态。缝隙腐蚀一开始就在缝隙条件下受闭塞电池的作用。由于几何形状的限制或腐蚀产物的覆盖，腐蚀介质的扩散受到很大限制，从而形成了局部平衡的"闭塞电池(Occluded Cell)"。同时，闭塞电池内部介质的成分与整体介质有很大差异，这种介质的不均匀性导致缝隙腐蚀。

CIA 系统中高浓度的溴离子(Br^-)会在很大程度上增加缝隙腐蚀速率，裂缝是由于氧化或者由垫片、法兰端面固体沉积或接头金属离子的浓度梯度造成的。裂缝腐蚀对不锈钢来说特别严重，并且对部分钛材也存在腐蚀。从 HR-301 反应器罐口法兰(钛材)可以看出，腐蚀部位在缠绕垫片附近，由于法兰表面氧化膜的损坏，在 190℃ 有溴离子的环境下，在垫片与法兰面之间发生缝隙腐蚀。观察 JR-202 加氢反应器筒体中下部人孔密封面及出口法兰密封面的腐蚀沟痕，均发生在密封垫片支撑环后侧(该缝隙为 0.1~0.6mm)，而真正起到密封作用的石墨缠绕垫圈后却没有发生腐蚀。容器长期运行中，缝隙内介质停滞难以流动，这样在缝隙间金属表面会形成一种微电池，从而产生电化学腐蚀。

4.5 介质的冲刷腐蚀

不锈钢在静止的含溴离子的醋酸介质中主要发生均匀腐蚀和点蚀，而在 PIA 生产装置体系中，介质的出入口、折流板及搅拌桨叶处于高速冲刷作用下，流动介质破坏了钢表面锈层或腐蚀产物层，从而使新基体露出表面，又被腐蚀，这种周而复始的冲刷作用加速腐蚀，因此冲刷作用加剧腐蚀的发生。多数情况下，流速增加，到达金属表面的反应物质增加，同时也使反应产物离开金属表面的速度增加，金属均匀腐蚀速率增加。当流速继续增加时，高流液体击穿紧贴金属表面、几乎静止的边界层，并对金属产生切应力。这种切应力可以使保护膜或表面腐蚀产物开裂和剥落，使腐蚀增加。剥除掉腐蚀产物或保护膜还会使金属表面裸露出来，从而使裸区与腐蚀产物区或膜区构成电偶腐蚀，使裸区发生严重的腐蚀。HT-605汽提塔折流板内部件侧面均发现有很多腐蚀沟槽，产生的腐蚀主要是冲刷腐蚀，由于汽液由下向上沿折流板缺口呈蛇形流动，汽液通过折流板处时，流动方向发生变化，流速加快，剧烈地冲刷折流板，从而在折流板处冲刷腐蚀出沟槽。

4.6 氢腐蚀

氢腐蚀是钢暴露在高温高压氢气中，温度为 200~600℃，压力为 1~73.5MPa，因氢侵入而使钢受到破损的现象。由于氢在奥氏体晶格中扩散速度很小，所以，一般认为氢向奥式体不锈钢内的渗透、扩散、富集化比较困难。但奥氏体不锈钢由于使用条件不同也具有氢腐蚀的危险性。在应力加载状态下，因为加载促进氢的扩散，则加速氢腐蚀。

JR-202加氢反应器在高温高压临氢条件下长期运行，特别是管口堆焊层等在金相组织变化的部位，造成氢的聚集，因此，加氢反应器不锈钢部位易出现氢脆腐蚀现象。同时，进入反应器的氢气是与蒸汽混合后进入的，而且温度难免会出现波动。氢气与蒸汽混合气的温度波动对分配管会产生应力和疲劳，对存在缺陷的接管更有不利的影响。反应器介质中含有溴离子，00Cr19Ni10不锈钢在应力和溴离子的作用下，极易产生应力腐蚀开裂（SCC）。一般认为奥氏体不锈钢应力腐蚀开裂是由于阳极溶解扩展的，但对组织不稳定的奥氏体不锈钢来说，加工或氢侵入会形成马式体，这种马氏体不锈钢的局部腐蚀使SCC不断扩大。在临氢环境下，应力腐蚀开裂和氢致开裂相互作用加速腐蚀的产生，所以靠近氢气进气口的分配管，主要是由于运行过程中介质中含溴离子在临氢状态下局部应力集中产生的氢至应力腐蚀开裂。

4.7 电偶腐蚀

间苯二甲酸在水中的溶解度随着温度升高而增加，304L不锈钢、316L不锈钢、钛材和哈氏合金在各个温度点下，间苯二甲酸溶液中腐蚀速率均很小，但在精制单元，由于采用较多的钢+钛复合材料，以及不锈钢+钛复合结构，容易发生电偶腐蚀。比如，加氢反应器采用钛内件，与反应器复合衬里304L连接处形成电位差，就有可能造成电偶腐蚀，加速不锈钢的腐蚀速度。

事实上，在PIA装置中并不是简单地只发生一种或两种类型的腐蚀，冲刷腐蚀、点蚀、均匀腐蚀及其他腐蚀类型是共同存在、交互作用、相互促进的，增加了对设备的腐蚀破坏作用。

5 防腐对策探讨

5.1 设计中充分考虑选材

建议对频繁出现腐蚀问题部位，要从原始设计选材中提高材质等级。300系列不锈钢在纯醋酸中的使用温度通常低于135℃，在含溴醋酸中，316L的最高使用温度不应高于110℃。在有晶间腐蚀的部位，应选用超低碳不锈钢。在易发生点蚀和缝隙腐蚀的部位应选用含钼不锈钢，但尽量选用Mo含量低的不锈钢，以防Mo对产品产生不良影响。在有应力腐蚀的部位，应选用双相不锈钢。同时，为了保证产品质量，在腐蚀性不强的场合下，与工艺物料接触的部位（如工艺水、精制物料系统）通常选用304/304L。根据耐腐蚀性能的要求，一般按304、304L、316、316L、317、317L、SAF2205、904L、254SMo、钛材、镍基合金由低到高依次考虑。其中部分场合重点考虑镍基合金，如HastelloyC-276是HastelloyC的改进型，它是含16%Mo、16%Cr、5%Fe、4%W的镍基合金，再通过降低C与Si，显著降低了碳化物与L相析出，可减少晶间腐蚀、应力腐蚀与缝隙腐蚀，对氧化性介质与还原性介质均具有优异的耐蚀性能，尤其是抗冲蚀性能，在PIA装置中作为残渣蒸发器的结构材料，使用良好。HastellyB-4是HastelloyB的改进型，含68%Ni、28%Mo、1.5%Fe等，低C低Si，该合金主要抗强还原性介质腐蚀，但不耐氧化性介质腐蚀，一般不宜用于氧化单元，但可用于精制单元不锈钢不耐腐蚀的场合，如加氢反应器至第一结晶器大口径管道的高温高流速PIA物料的冲蚀环境。

5.2 材料的选用、加工过程实行全过程监督

（1）在与设备制造厂家签署协议时，要将正常的设计温度、压力、接触介质，介质的腐蚀状况及选用材质等详细注明。

（2）对于特殊材质，要注明各个元素的含量，不仅要有产地、产品合格证，而且要加强第三方检验。

（3）在技术协议中注明加工工艺、焊接工艺、热处理工艺等。

（4）在设备制造过程中要求第三方监造，加大对隐蔽工程、中间质量验收的治理。

5.3 通过设备更新、维修进行材料升级

（1）对腐蚀较为严重的设备及管线进行更新或材料升级，如近几年对装置 HT-701 塔由 316L 升级为 SAF2205 双相不锈钢，HD-403 罐由 316L 升级为钛材，JR-202 出口管线升级为 317L 不锈钢，氧化尾气管线升级为钛材等，材质升级后运行至今未发生腐蚀、泄漏情况，运行良好。

（2）将输送四溴乙烷等的管道、备件、设备材料由 316L 或 317L 升级为 Ti 材。

（3）选择高一个等级的不锈钢焊条。由于焊缝部位容易造成成分偏析，因此焊条选择要比母材高一个等级。而生产中常用的 316L 设备，一般焊条需用 317L 焊条或哈式合金焊条。

5.4 新防腐工艺的研究与应用

（1）安装腐蚀检测探针。在腐蚀突出部位安装腐蚀监测探针，随时了解设备的腐蚀速率，通过测厚等手段，推测设备的使用寿命。

（2）法兰面的阳极化处理。垫片部位容易在法兰面局部形成液体聚集，聚集的腐蚀性介质加大了对该部位的腐蚀。而法兰面通过阳极保护处理，可以在金属面表面形成一层保护膜，大大降低腐蚀速率。

（3）不锈钢表面镀钯技术。钯是一种贵金属，自身热力学稳定性很高。在不锈钢表面镀上一层钯，可以提高不锈钢的表面电位，有效地促进不锈钢表面的钝化，使不锈钢在非氧化性介质中表面也能形成钝化膜，提高耐腐蚀能力。

5.5 优化工艺操作条件

（1）控制系统内溴离子浓度：装置系统内多处易发生溴离子的点蚀，溴离子在酸性环境下呈腐蚀性，对设备及管线产生腐蚀，因此控制系统内溴离子浓度，是装置防腐工作的重点。

控制系统内溴离子浓度的主要手段为监控氧化反应器进料混合罐 HD-204 内四溴乙烷浓度，控制值为四溴乙烷浓度≤0.09%（质量分数），如表 3 所示。

表 3　HD-204 内四溴乙烷控制指标

采样点	样品名次	组分	单位	指标	分析频次
HD-204	反应进料	四溴乙烷	%（质量分数）	0.050~0.090	6h/次

装置根据 LIMS 分析数据，实时调整四溴乙烷进入 HD-204 的流量 FIC-1-1402，保证 HD-204 内四溴乙烷浓度处于指标范围内。

（2）控制尾气单元带液情况：控制尾气单元气体带液情况是控制尾气单元腐蚀的有效手段，装置应控制尾气系统气体干燥，无带液现象。对尾气单元活性氧化铝干燥剂剂量进行增加并进行定期检查，确保干燥效果良好。

（3）稳定生产，避免大幅度调节操作参数，减少设备受到热应力和交变应力的作用。

（4）减少设备的高温碱洗次数。控制碱洗温度、碱洗频率及碱液浓度，减轻对设备的腐蚀。

6 结论

实际上，PIA 装置的腐蚀情况相当复杂，不仅随着流程中强腐蚀的乙酸、Br^- 及 Cl^- 等的浓度和温度的变化而变化，而且还与工艺控制情况、设备的结构设计和制造加工有密切关系。但只要得到各方的一致重视，在各个环节进行预防、控制、治理，就能够使腐蚀所带来的危险、危害最小化，保证装置的长周期稳定运行。

参 考 文 献

[1] 董立文. 间苯二甲酸国内生产分析[J]. 辽宁化工，2005，34（2）：78-79.

[2] 余存烨. PTA 装置腐蚀与防护分析[J]. 化工设备与管道，2000，37（4）：54-58.

[3] 余存烨. PTA 装置不锈钢点腐蚀综述[J]. 石油化工腐蚀与防护，2009，26（6）：1-6.

[4] 刘国强，朱自勇，柯伟，等. 不锈钢在含有溴离子的醋酸溶液中的腐蚀[J]. 中国腐蚀与防护学报，2001，21（3）：167-171.

[5] 亓晨达，李浩波. 浅析不锈钢晶间腐蚀形成原因及预防措施[J]. 宁波化工，2019（1）：26-28.

[6] 黄魁元. 醋酸的腐蚀特性及缓蚀剂[J]. 应用化工，2001，30（2）：1-6.

[7] 李明，李晓刚，杜翠薇，等. PTA 氧化设备腐蚀失效分析[J]. 腐蚀科学与防护技术，2005，17（4）：282-285.

[8] 贾益军，王正强. 压力容器缝隙腐蚀破坏原因分析及防止措施[J]. 中国化工装备，2011（4）：26-27.

[9] 谭集艳. 对苯二甲酸装置设备的腐蚀与选材原则[J]. 炼油技术与工程，2007，37（5）：27-29.

作者简介：吴多杰（1981—），男，2004 年毕业于北京石油化工学院过程装备与控制工程专业，学士学位，现工作于中国石油化工股份有限公司北京燕山分公司化学品厂，从事设备管理工作。

PIA 装置换热器泄漏故障分析及解决措施

黄　玲

（中国石油化工股份有限公司北京燕山分公司化学品厂）

摘　要　某 PIA 装置反应器二级冷凝器为固定管板式换热器，在历次检修中均发现该设备存在不同程度的腐蚀，2020 年 7 月设备腐蚀泄漏失效。本文根据设备运行工况、泄漏特点，从工艺物料特点、设备结构、管理过程等多方面分析腐蚀泄漏发生的原因，认为物料中含有醋酸、Br 离子是导致腐蚀的根本原因，受换热器密封面结构设计和工艺条件限制，溴离子在垫片和管板狭小缝隙处形成缝隙腐蚀，破坏钛氧化膜，高温醋酸蒸汽又加剧腐蚀是设备腐蚀泄漏的直接原因。为彻底解决设备腐蚀泄漏问题，采取了优化设备结构设计、提升设备材质、设备分级管控、严格控制工艺操作条件等措施来提高设备的抗腐蚀性能，避免设备泄漏失效导致装置非计划停工。

关键词　冷凝器；泄漏；醋酸；Br 离子；缝隙腐蚀；结构优化

1　工艺流程简介

间二甲苯高温氧化反应，以间二甲苯为原料，醋酸（HAC）为溶剂，醋酸钴、醋酸锰作催化剂，四溴乙烷作促进剂，将间二甲苯进行液相空气氧化，得到粗间苯二甲酸，反应器顶部的醋酸蒸汽通过换热器 HE-301、HE-302、HE-303 三级冷凝。第一级冷凝器 HE-301 中约有 70%的醋酸蒸汽冷凝下来，将醋酸蒸汽温度冷却到 165℃，然后在第二级冷凝器 HE-302 中继续冷却冷凝，未冷凝的气体进入第三级冷凝器 HE-303 进一步冷却到 40℃。HE-301 的物料凝液回流到 HR-301，HE-302/303 中的冷凝液部分回流到 HR-301。流程详见图 1。HR-302 操作温度趋势见图 2。

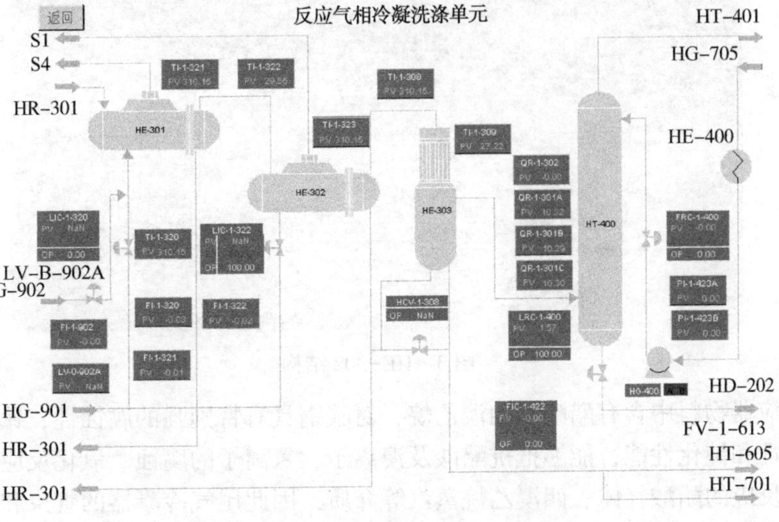

图 1　反应器顶部气体三级冷却流程

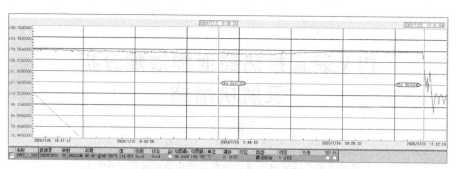

图 2　HE-302 操作温度趋势（在设计参数 165℃附近操作）

2　HE-302 设备和工艺参数情况

HE-302 为氧化反应器第二级冷凝器，该设备 2009 年投用，规格为：φ1200/2100×18×7606，TA2/Q345R，管板密封面、管口密封面均为碳钢衬钛复合材质，其中管板衬钛为 10mm，密封面衬钛为 5mm，管板为 16MnⅢ+TA2，换热管为 TA2。详细参数见表 1，设备管板处结构见图 3。

表 1　HE-302 设计及运行参数

HE-302	管程	壳程
介质	醋酸、水、尾气	蒸汽凝结水
设计压力	1.8/~0.1	0.6/~0.1
操作压力	1.5/1.219	0.3/0.14
设计温度	215	180
操作温度	164.9 进口/135 出口	102 进口/125 出口
设备材质	TA2（管板衬钛）	Q345R（管箱衬钛）

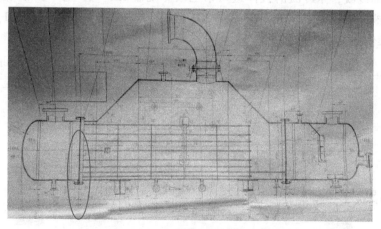

图 3　HE-302 结构

氧化反应器物料中含有醋酸和四溴乙烷，对碳钢具有特别强的腐蚀性，钛材因为自身氧化膜的致密性和钝化性能，能够抵抗醋酸及溴离子、氢离子的腐蚀。氧化反应器顶部气体中含有未参与反应的醋酸气体、四溴乙烷蒸汽等介质，因此尾气冷凝器的管束和其他物料侧管口、管箱等均采用钛材或衬钛复合材料。图3中红色标识为设备历次发生腐蚀泄漏的部位。

3 设备历史运行情况

3.1 2016年设备腐蚀情况

HE-302 于 2009 年投用，在 2013 年检修时未发现有明显腐蚀问题，2016 年检修时，发现物料出入口法兰和管束管板密封面有蚀坑，其中管板密封面腐蚀最为严重，腐蚀凹坑深 5mm 长 5cm(图 4)。

管板密封面、管口密封面均为碳钢衬钛材质，经腐蚀风险评估，密封面清理腐蚀产物后补焊修复，同时将封头密封垫由原来的缠绕垫改为波齿垫，增大密封面宽度以加强密封。运行期间封头处未发生过泄漏，但物料管口曾发生泄漏，打卡具处理。

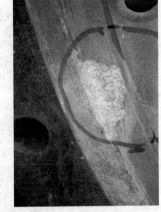

图 4 2016 年管束密封面腐蚀凹坑

3.2 2019年设备腐蚀情况

2019 年 10 月停车检修期间，拆除物料进出口法兰卡具，发现管口密封面衬板腐蚀严重、所衬钛材已腐蚀穿孔甚至已腐蚀到基材。腐蚀情况如图 5 所示。检修期间对设备本体物料进出口法兰制作衬钛翻边，更换入口管线翻边短节。综合考虑设备腐蚀情况及装置长周期运行需求，设备封头未打开，运行期间加强设备巡检，做到有问题早发现早处理，同时提报 HE-302 换热器设备更新计划。

 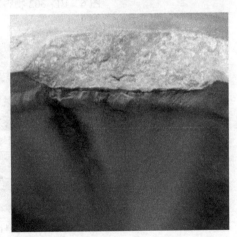

图 5 2019 年物料入口法兰腐蚀情况

3.3 2020年设备腐蚀情况

HE-302 换热器 2020 年 7 月 22 日下午 14：00，操作人员巡检发现换热器 HE-302 管箱处有酸汽泄漏，经现场确认，发现 HE-302 物料入口侧管箱封头法兰密封面斜下方部位泄漏，在两条螺栓之间有宽约 5cm 的酸气喷出。结合设备以往运行情况判断，密封面腐蚀泄漏的可能性较大，有可能已腐蚀到碳钢基材，因此装置紧急停车，检修设备。

经过工艺清洗、置换处理后，拆检 HE-302 发现物料入口管箱封头法兰密封面附近钛层腐蚀严重，泄漏部位在管板右下方，清理后发现已腐蚀至碳钢基材，酸气由钛层下的碳钢基材穿孔泄漏至大气。进一步检测最大腐蚀孔深约 50mm，长度 150mm，管箱左下方亦有不同程度的腐蚀坑,坑深为20~50mm,长度为10~60mm,部分钛材换热管腐蚀30mm长度,整个管板靠近密封面部位腐蚀严重,如图6所示。换热器物料出口侧管板及密封面亦有轻微腐蚀,管板腐蚀影响一根换热管,如图7所示。

图6　HE-302物料入口端管板腐蚀情况

图7　HE-302物料出口端管板腐蚀情况

经与设备制造专家技术交流后,制定详细的设备加工修复方案,8月10日设备修复完成后返回现场,安装运行。1个月后设备原修复密封面处再次发生渗漏,经热紧并采取必要的防控措施监护运行,计划设备到货后择机安装。

4　泄漏原因分析

4.1　腐蚀环境分析

4.1.1　介质中含醋酸及溴(Br)离子

氧化反应过程中有四溴乙烷参与,物料含有Br离子。Br离子对具有自钝化性能的金属(包括钛材)或合金具有点蚀作用,且通常发生在静滞的溶液中,在静滞的溶液中,Br离子具有鲜明的点蚀特性，穿透性腐蚀能力强，会在金属表面形成点状局部腐蚀，蚀孔随时间的延续不断加深，即腐蚀向内部纵深发展，甚至穿孔。但在有流速或者提高流速的情况下通常可减轻或不发生点蚀，是因为加大流速有助于减少沉积物及溴离子在金属表面的沉积和吸附，从而减少点蚀发生的概率。

在氧化反应过程中醋酸作为溶剂。醋酸对铁及碳钢具有较强的腐蚀作用，尤其是在高温条件下，任何浓度的醋酸溶液均对碳钢产生剧烈的腐蚀作用。醋酸对不锈钢也有不同程度的腐蚀，与醋酸浓度、温度、杂质、气液相变、流动冲刷、加热面积冷凝液膜等有关。其中，高温醋酸特别是含有一些特定杂质的高温醋酸对设备和管道的腐蚀十分严重。在无氧或少氧条件下，醋酸呈还原性，金属发生阴极反应为析氢反应。对于表面能形成致密氧化膜的金属如钛、锌等放入非氧化性介质中，不会马上发生剧烈的腐蚀反应，会出现诱导期，在诱导期内金属表面钝化膜缓慢溶解，随着醋酸浓度、温度升高，将增大对表面钝化膜的溶解速度。

4.1.2 HE-302 管板结构分析

HE-302 管板基材为碳钢材质，上部爆炸贴合 10mm 厚 TA2 材质钛板，在外圆车削 37.5mm 宽密封面，密封面处厚度为 5mm（图8）。波齿垫内圈尺寸为 φ1202，管板尺寸为 φ1200，即在安装未压缩的情况下，波齿垫内圈与密封面台阶间隙仅为 1mm，在螺栓紧固，垫片受压缩后，该部位形成狭小的缝隙，凝液沉积滞留。

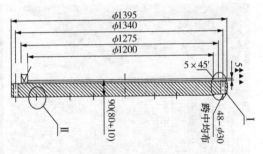

图 8　HE-302 管板图纸

缝隙腐蚀是 2 个连接物之间缝隙处发生的腐蚀，金属和金属间的连接（如铆接、螺栓连接）缝隙、金属和非金属间的连接缝隙，以及金属表面上的沉积物和金属表面之间构成的缝隙，都会出现局部腐蚀。缝隙腐蚀是由缝隙内外介质间物质移动困难所引起的。因此，发生缝隙腐蚀的宽度通常在 0.01~0.02mm。缝隙腐蚀的发展也是一个闭塞区的自催化过程，在闭塞区形成小阳极-大阴极的活化-钝化电池体系，形成电化学腐蚀。

本次对第一级冷凝器 HE-301 下线检修排查腐蚀情况，发现 HE-301 管板密封面亦存在不同程度腐蚀。HE-301 在 2011 年、2013 年、2017 年均发生过管板密封面腐蚀问题（处理措施为密封面车削和现场阳极化处理，钛层由 8mm 车削至 3mm），大部分发生在密封面的中下部液相区域内（图9~图11）。

图 9　2011 年 HE-301 管板密封面腐蚀情况

图 10　2013 年 HE-301 管板密封面腐蚀情况

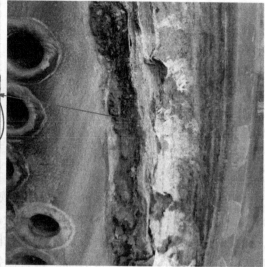

图 11　2017 年 HE-301 管板密封腐蚀情况

　　通过观察密封面腐蚀状况及部位分布，总结历次腐蚀规律，发现腐蚀严重部位均发生在垫片和管束管板的狭小缝隙内，而相对间隙大的位置，因存在流动或扰动，腐蚀情况较轻，管箱侧法兰密封面钛材基本无腐蚀。

　　从现场设备可以看出 HE-302、HE-301 换热器的腐蚀严重点均发生在管板与垫片间狭小缝隙的部位，缝隙相对宽的地方腐蚀较轻或无腐蚀。这是因为狭小的缝隙为缝隙腐蚀创造条件。此时，醋酸液(含有微量 Br 离子)滞留在此处，随着时间增长，Br 离子渗入密封面，形成点蚀或孔蚀，进而形成一种小阳极-大阴极的活化-钝化电池体系，使点蚀急速发展。这是一个自催化的过程，在闭塞的蚀孔内，溶解的金属离子浓度大大增加，为保持电位平衡，Br 离子不断迁入蚀孔，导致 Br 离子富集，高浓度的金属 Br 化物水解，产生氢离子，由此造成孔蚀内的强酸性环境，进一步加快金属溶解和环境酸化。

　　当 Br 离子渗入钛板发生点蚀及孔蚀时，形成的闭塞狭小空间又再次形成了缝隙腐蚀。当腐蚀点越来越大，钝化膜被破坏进而腐蚀至碳钢基材时，醋酸溶液对碳钢的腐蚀也起到推波助澜的作用，在 102～165℃的温度条件下，设备很快腐蚀，穿透法兰发生泄漏。

4.2 原因确认

综上所述，本次 HE-302 换热器发生失效泄漏的原因如下：

（1）根本原因

工艺物料中含有腐蚀性介质醋酸和 Br 离子是设备发生腐蚀的根本原因。

（2）直接原因

因换热器密封面结构设计和工艺条件限制，溴离子在垫片和管板狭小缝隙处沉积浓缩，破坏钛氧化膜，腐蚀到碳钢基材后在高温醋酸蒸汽作用下，快速腐蚀发生穿孔泄漏。因此缝隙腐蚀是本次设备泄漏的直接原因。

（3）管理原因

间苯二甲酸装置是国内唯一一套生产精间苯二甲酸的装置，在设备设计尤其是换热器设计方面缺少腐蚀技术数据支撑，从目前 HE-301、HE-302 结构设计和工艺参数上进行分析，垫片安装后必然会形成 Br 离子缝隙腐蚀的条件。从 2009 年 PIA 装置扩能改造后，HE-301、HE-302 一直存在腐蚀问题，进行了多次密封面修复处理，但在技术管理上，没有充分结合腐蚀机理，从根本上研究改善密封结构，尽早实施设备更新处理，使换热器一直存在较高的腐蚀泄漏风险，这是在技术层面管理上导致设备腐蚀的原因。

5 解决措施

5.1 换热器机加工修复

将换热器物料入口端管板密封面 $\phi1275$mm 向内车铣 80mm 宽度，车铣 TA2 复合层至露出碳钢层，深度为 12mm 左右，将所有半孔上的 TA2 层单铣掉至碳钢层（图 12）。将所有露出碳钢的 TA2 换热管用碳钢堵头塞焊，将腐蚀出坑的位置清理并堆焊，略高于加工掉 TA2 的板面。将堆焊后的管板面车平，按照加工后的管板凹台高度加工 1 个碳钢垫板。理论尺寸为 $\phi1275/\phi1115$，$\delta=12$。垫板靠近内径 20mm 的直径上钻 8 个 $\phi15$ 的塞焊点。焊接碳钢垫板，使碳钢垫板高度与原 TA2 复合层高度一样。将下好料的钛板放在管板表面，焊接钛板与原钛复合层，3 次加工管板密封面。加工另一侧管板密封面，去掉被腐蚀层，保证密封面基本平。

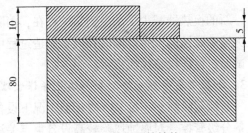

图 12　管板原始结构

加工两侧管箱密封面保证密封面基本平。所有工序必须渗透检测 I 级合格后方可进行下一步工序，管程、壳程严格水压合格后方可出厂。管板修复后状态见图 13。

5.2 改进设备结构和材质升级

HE-301、HE-302 两台换热器管束管板与管箱管板之间采用法兰连接，对于醋酸和四溴乙烷之类具有强烈腐蚀特性的介质来说，要尽量减少密封点的存在以减少静密封泄漏。另外，波齿垫内圈与密封面台阶间隙仅为 1mm，在螺栓紧固，垫片受压缩后，该部位形成狭小的缝隙，凝液沉积滞留，为缝隙腐蚀提供了更加便利的条件。因此，该换热器结构设计需要进一步改进优化。

设备更新，管板处改进设计。将两侧管箱法兰密封点取消，管箱端部增加人孔，管箱和管束壳体改为焊接，减少密封点降低泄漏风险。同时设备材质升级，由原先的衬 TA2 升级为衬 TA8，提高设备抗蚀性能(图 14)。

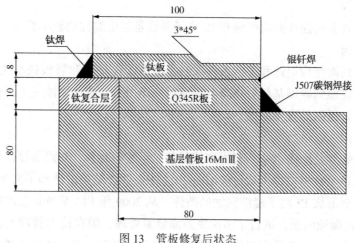

图 13　管板修复后状态

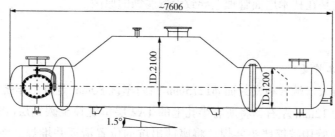

图 14　HE-302 新设备外形

　　新的换热器减少了法兰密封的存在，消除了形成缝隙腐蚀的必要条件之一，从而有效地避免缝隙腐蚀的发生。同时在设备制造过程中，加强过程监督检查和验收，制造过程中做氦气试漏，保证设备优质出厂。

5.3　加强设备腐蚀风险识别和工艺操作管理

　　对泄漏故障举一反三，对相似工况下设备重新进行腐蚀风险识别，编制防腐蚀策略，对设备分级管控，对腐蚀风险较高设备重点关注，在装置大检修期间检修验证。加强工艺操作管理，严格控制工艺参数，避免温度、压力等生产波动。

6　结论

　　物料中含腐蚀性介质醋酸和 Br 离子是设备发生腐蚀的根本原因，Br 离子在管板密封面处形成缝隙腐蚀是设备发生泄漏的直接原因，设备设计缺乏腐蚀技术及数据支撑，对腐蚀风险识别不够充分是设备故障发生的管理原因。

　　为避免该设备再次出现腐蚀泄漏，设备结构应尽可能减少静密封点，避免出现缝隙而导致物料沉积，进而降低缝隙腐蚀风险。通过改进优化 HE-302、HE-301 换热器的设备结构，取消管板与管箱处法兰密封面，减少 2 处最大的静密封泄漏点，彻底消除管板处形成缝隙的可能性，将有效降低设备腐蚀泄漏的风险。通过材质升级，将原先管板所衬钛材 TA2 升级为 TA8，提高设备本身的抗腐蚀性能。

参 考 文 献

[1] 章建华，凌逸群，张海峰．炼油装置防腐蚀策略[M]．北京：中国石化出版社 2013.

[2] 辛湘杰，薛俊峰，董敏．钛的腐蚀、防护及工程应用[M]．合肥：安徽科学技术出版社，1988.

[3] 丁丙华，李顺龙，于存烨．不锈钢密封面在醋酸中的缝隙腐蚀及对策[J]．石油化工腐蚀与防护，2005，22(6)：7~22.

作者简介：黄玲(1984—)，女，2003 年毕业于北京石油化工学院过程装备与控制工程专业，学士学位，现工作于中国石油化工股份有限公司北京燕山分公司化学品厂至今，从事设备管理工作。

奥氏体不锈钢封头裂纹成因分析

高 健

（中国石油化工股份北京燕山分公司化学品厂）

摘 要 异丙苯碱洗槽材质为奥氏体不锈钢，封头在停车过程中发生泄漏，检查后发现封头存在大量裂纹，对装置安全生产影响较大。为分析封头裂纹产生原因，及时采取有效措施，避免再次发生类似故障，对异丙苯碱洗槽封头裂纹进行了多方面分析。结果显示：异丙苯碱洗槽的裂纹属于设备制造缺陷及介质腐蚀导致的奥氏体不锈钢应力腐蚀，并提出了相应的改进措施。

关键词 封头；奥氏体不锈钢；应力腐蚀

1 异丙苯碱洗槽工况及工艺流程

某装置异丙苯碱洗槽于 2003 年 11 月投用，规格为 ϕ3200mm×14920mm×6mm，材质为奥氏体不锈钢 0Cr18Ni9，介质为异丙苯和碱液。来自异丙苯储罐的新鲜异丙苯、来自过氧化氢异丙苯 CHP 提浓塔塔顶的异丙苯冷凝液、氧化尾气冷凝液、密排系统收集异丙苯及来自回收工段 a-MS 加氢产品一起进入氧化进料异丙苯碱洗槽。在异丙苯碱洗槽 PD-5 中用稀氢氧化钠碱液循环洗涤，除去其中的酸性物质。异丙苯碱洗槽 PD-5 内设置盘管，用 0.3MPa 的低压蒸汽作为热源，控制异丙苯的碱洗温度。异丙苯碱洗槽 PD-5 中分为油水两相，水相大部分循环，少部分废碱（含微量有机物）排至 MHP 分解系统处理后送至回收废水罐处理，也可以排至回收酚水处理单元和分解液中和单元，油相溢流至异丙苯进料罐。异丙苯碱洗槽具体工况如下：介质为异丙苯、NaOH，操作温度为 43～46℃，操作压力为 0.06MPa。2018 年 4 月 20 日，装置停车处理期间发现该罐两侧封头附近有物料渗出，储罐发生泄漏，拆开保温发现两侧封头有多处穿透性裂纹。

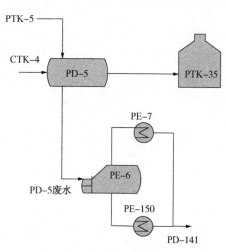

图 1 异丙苯碱洗槽 PD-5 流程

（PTK-5：回收异丙苯槽；CTK-4：异丙苯产品罐；PD-5：异丙苯碱洗槽；PTK-35：异丙苯加料罐；PE-7：MHP 分解器冷凝器；PE-6：MHP 分解器；PE-150：MHP 分解器冷却器；PD-141：酚水罐）

PD-5 流程如图 1 所示。

2 裂纹检查及分析

2.1 材料理化分析

对异丙苯碱洗槽封头、罐体的材料进行化学成分分析，结果如表 1 所示。

表 1 异丙苯碱洗槽材料化学成分分析

检测部位	元素含量/%											
	C	Si	Mn	P	S	Cr	Ni	Mo	Ti	V	Nb	Cu
封头	—	—	1.42	—	—	18.29	7.87	0.28	—	—	—	—
焊缝	—	—	0.87	—	—	19.29	9.10	—	—	—	—	—
筒体	—	—	1.20	—	—	17.78	8.05	0.06	—	—	—	—

结果显示：异丙苯碱洗槽的材料成分均符合 ASTM A276 标准。储罐所使用的不锈钢材料化学成分正常，因此缺陷的产生与使用环境和其他因素有关，需做进一步分析。

2.2 着色检查

拆开保温对两侧封头外壁、焊缝及筒体部分进行着色检查，发现封头外部折弯处有多处裂纹(图 2)，筒体部分未见裂纹。

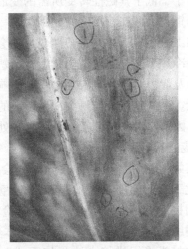

图 2 两侧封头着色检查结果

对封头与罐体焊缝及两侧本体内部进行打磨着色检验，发现封头母材直边处有大量裂纹，裂纹呈直线型，且均垂直于环焊缝。裂纹沿焊缝遍布整个封头，且均集中在封头焊接热影响区。对封头的拼接焊缝进行着色检测，在热影响区发现 2 处环向裂纹。着色检测共发现 12 处穿透性裂纹，多数集中在封头拼接焊缝及封头与筒体环向焊缝交汇处，此处为封头应力最大处。

2.3 金相检测

对封头侧本体和焊缝进行金相检测，结果表明：封头侧硬度为 370，较筒体侧硬度明显偏高，远大于奥氏体不锈钢的正常值 HB≤187，分析认为硬度偏高的原因是在冲压制造过程中封头侧的金相组织发生畸变，由单一的奥氏体组织转变成奥氏体和马氏体两相组织并存状态，形成了较大的组织内应力。

3 裂纹成因分析

3.1 力学因素

一般直径超过 1200mm 以上的封头比较大，需要拼接，再经过冲压成型。在封头冲压过程中，力的反复作用使其发生冷作硬化现象，并产生金相组织的变化和位错的堆积。由于一些不锈钢材料的 C 含量偏高，在变形量大于15%时，可产生马氏体组织，体积会发生膨胀，转变过程中体积变化不可能在钢体表层、里层之间同时均匀地进行，因此，必然造成体积变化的不均匀，从而在材料内部造成很大的残余应力。

3.1.1 冷加工残余应力分析

奥氏体不锈钢在经过固溶处理后，具有良好的韧性，如若固溶处理不当或经过其他工艺后，部分奥氏体发生组织变化，使材料含有马氏体且具有磁性，材料强度加大，韧性降低，影响材料的冷拉伸性能，即使化学成分和力学性能均在标准范围内，也不一定完全满足封头冷拉伸成型的需要。在经过封头压制过程中，经过冷拉伸后，部分奥氏体又转化为马氏体或铁素体，材料强度进一步加大，韧性变差。

异丙苯碱洗槽封头在冲压制造过程中，由于模具的挤压作用使容器封头直边段的变形量变大，加工时会产生形变马氏体，引起加工硬化、应力集中和产生铁磁性，而筒体形变均匀，塑性变形小，低于其磁性转变所需的变形量，故呈非磁性或弱磁性。形变马氏体的存在是奥氏体不锈钢封头存在较大应力的因素之一。

由于冷加工过程中不均匀的塑性变形，会产生冷加工残余应力，内表面受拉，外表面受压。冲压封头冷加工成型，加工硬化使材料塑性降低，而此时的残余应力将对封头的脆断倾向、疲劳寿命及应力腐蚀开裂产生较大的影响，尤其是对奥氏体不锈钢，还将使其耐晶间腐蚀的性能降低。异丙苯碱洗槽封头冲压形成的过度圆弧及直边段为塑性变形最大处，存在大量的拉应力，因此在封头外部折弯处发现多处裂纹。

3.1.2 焊接应力影响

封头在装配时，各个装配件在施焊时会引起焊接残余应力，又因为内压引起的膜应力，以及因化工工艺的要求，加温和冷却经常交替引起的热应力等，均会在焊缝附近区域造成较大的拉应力。异丙苯碱洗槽着色检测出的裂纹起始于靠近环焊缝母材上，而非焊缝裂纹。裂纹处组织经金相分析为奥氏体变形及焊接过程中诱发相变而形成的马氏体。异丙苯碱洗槽封头采用拼接方法焊接而成，且封头直径过大，为现场组焊安装，焊接后未对封头进行消除应力退火处理，导致焊缝热影响区存在大量马氏体结构，硬度大。由于设备在制造过程中存在制造缺陷，焊接时产生的局部高温及不均匀塑性变形，导致焊缝冷却到常温后在焊接接头中产生残余应力(图3)，焊缝及热影响区处金属抗腐蚀性能会下降，在接触介质时，因介质腐蚀会导致焊缝底部金属出现沟形微缝，引起应力腐蚀开裂。焊接接头中热影响区的材料性能最差，而检验中已发现封头母材存在晶粒度粗大、强度下降的问题，因此热影响区材料性能下降肯定更为显著，着色检测发现的裂纹均集中在封头焊缝的热影响区。

在工作状态下，封头焊缝受到工作应力、热应力、封头加工残余应力、焊接残余应力等多种应力，这些应力在封头内壁焊缝与母材交界处集中和叠加，在腐蚀介质存在的条件下将引起封头应力腐蚀。

3.2 环境因素

一般情况下，固溶态奥氏体不锈钢对弱碱具有优良的耐蚀性能。通过氢氧化钠溶液腐蚀试验发现，0Cr18Ni9 不锈钢在 NaOH 质量分数低于 50% 的水溶液中，在 104℃ 下一般只发生轻度腐蚀。在更高的温度和 NaOH 质量分数更高的水溶液中，其腐蚀趋向严重(表2)。

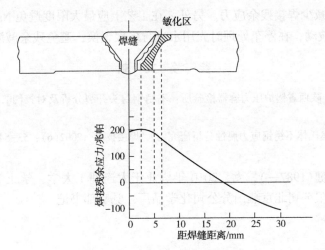

图 3 不锈钢焊接残余应力分布

表 2 304 不锈钢在 NaOH 溶液中使用温度上限

NaOH 溶液/%（质量分数）	2	3	5	10	15	20	40	60
温度上限/℃	90	88	85	76	70	65	48	40

从介质环境来看，容器中的介质以异丙苯、NaOH 为主，通过 NaOH 碱洗除去异丙苯中的酸性物质。储罐内部介质分为上下 2 层，下部水相液体含碱约为 3%，pH 值>7，上部油相液体 pH 为 6~7。

在装置停车过程中，会对设备进行蒸汽蒸煮处理，短时间内碱液富集，形成高浓度高温区，引起局部碱腐蚀。

4 结论与措施

通过一系列分析可以看出，异丙苯碱洗槽的腐蚀裂纹属于碱性条件引起的奥氏体不锈钢应力腐蚀。奥氏体不锈钢应力腐蚀的原因主要是介质中存在引起腐蚀的成分和拉应力。奥氏体不锈钢在冷加工过程中可发生相变，产生形变马氏体，由于相变的发生将会在材料中产生应力，而这一应力如果不采取措施处理将一直存在；在焊接过程中，由于焊接热循环的作用，将产生热应力；热处理过程中，结构设计不合理时同样可以导致应力集中或残余应力。同时，奥氏体不锈钢对几种离子如 Cl、S、OH 最敏感，这些离子能在裂纹尖端聚集，一旦材料表面钝化膜在机械加工或使用过程中出现微量缺陷，这些离子将在此处聚集浓缩。

异丙苯碱洗槽容器内表面裂纹的产生和扩展与介质中的 NaOH 浓度、冲压封头制造中产生的残余应力、形变马氏体及焊接过程中产生的焊接应力有关，裂纹属于拉应力和 NaOH 共同作用引起的应力腐蚀。

针对上述造成封头应力腐蚀的因素，可通过以下措施消除应力腐蚀。首先，对不锈钢封头材料的成分进行严格控制；其次，采用多层焊，防止柱状结晶组织产生，减少偏析，以提高焊缝的综合力学性能；再次，用冲压法制造奥氏体不锈钢封头时，控制冲压变形量在 15%以下，以减少马氏体组织的产生，冷加工成型后应严格按 JB/T 4746—2002《钢制压力容器用封头》相关要求进行热处理，以此来降低硬度和残余应力以及消除形变马氏体；最后，严格执行焊接工艺，减少焊接残余应力。另外，在工艺上应最大限度避免 NaOH 浓度的富集和控制 pH 值及温度波动，在停车处理时先用水进行多次置换，避免残余碱浓度过高。

参 考 文 献

［1］支泽林，王富岐. 陕西省锅炉压力容器检验所：不锈钢封头开裂分析及对策［J］. 中国特种设备安全，2014（2）：62-64.
［2］张国华，李敬. 奥氏体不锈钢应力腐蚀分析研究［J］. 焊接技术，2002（6）：53-54.

作者简介：高健（1987—），女，2010 年毕业于大连理工大学，学士学位，现工作于中国石油化工股份有限公司北京燕山分公司化学品厂，党支部书记。

苯酚丙酮装置脱烃塔 305E 失效分析

李镇华　王金洋

（中国石油化工股份有限公司北京燕山分公司化学品厂）

摘　要　苯酚丙酮装置脱烃塔 305E 为精制岗位苯酚精制塔，2016 年大检修期间发现塔体出现裂纹，此塔对苯酚产品质量影响明显，因此分析脱烃塔失效原因，对装置长周期运行及降本减费工作具有重要意义。本文通过对失效脱烃塔 305E 进行光谱分析、能谱分析、金相 SEM 分析，以及其他力学性能实验。结果表明：305E 塔体母材开裂为超高周振动疲劳开裂，其中失效塔壁振动主要激振力为回流液入口的回流液对塔壁的冲击力。最后结合分析结论，对新 305E 进行了回流口改造以防止塔体开裂延长使用周期，同时达到降本减费的目的。

关键词　双相钢；腐蚀机理；影响因素；力学性能

双相不锈钢兼具奥氏体与铁素体不锈钢的特点，其突出特点是耐晶间腐蚀和氯化物应力腐蚀性能优越。研究表明，双相钢抗氯离子应力腐蚀性能，仅在一定条件下才能充分显现，超出相关条件，特别是高应力下，双相钢也会发生严重的应力腐蚀开裂问题。二苯酚装置苯酚脱烃塔 305E 为双相钢材质苯酚精馏塔，于 2005 年进行改造，上部塔体由 316L 材质更换为双相钢 SAF2253，2016 年检修时发现塔顶塔体出现裂纹，在经过内外补焊后，沿用至 2021 年大检修。

305E 塔体总长 32m，直径 1.22m，安装有 65 层高效塔盘，塔釜液含 99% 以上的苯酚，操作温度为 208℃左右，进料为粗苯酚塔（304E）的塔顶物流与来自苯酚精制塔（306-E）的塔顶切除物流汇合，从第 5 块塔盘进入 305E。该塔利用中水做共沸剂，在上部的 45 块塔盘从苯酚中分离烃类，塔顶操作温度为 113℃左右，塔顶操作压力为 0.08MPa，具体设备参数见表 1。在该塔中将进入苯酚精制工序的轻质烃和来自 306-E 的塔顶物一起脱除。少量补充的软水（蒸汽凝结水，含有一定量 Cl 离子）加入塔顶回流罐中，以提供共沸精馏所用的水见图 1。

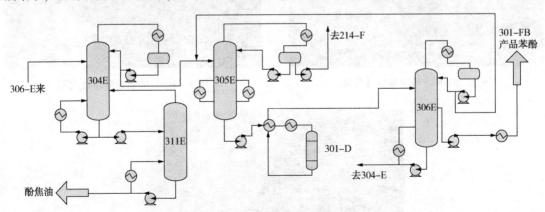

图 1　305E 精制单元工艺流程

本文通过对脱烃塔材料基体及断面进行深入检测分析，探索塔体出现裂纹的原因，进而提出有效的预防解决措施。

表 1　305E 工艺控制参数

名称	单位	数值
设计压力	MPa	0.246
工作压力	MPa	0.08
塔顶/回流压力	MPa	0.08/0.16
设计温度	℃	230
工作温度	℃	110/230
塔顶/回流温度	℃	115/40
腐蚀裕量	mm	0
焊缝系数	1	—
壳体材料		SAF2253
介质		粗苯酚
介质特性		腐蚀/中度危害

1　脱烃塔失效检验分析

1.1　塔体宏观检查

为了进行缺陷分析,在 305E 下线后对泄漏点进行宏观检查,图 2 为塔顶泄漏位置的外观图,泄漏位置位于该设备管口 B 回流液入口顺时针方向 10°的位置。从泄漏位置附近人孔进入塔内检查,发现引起直接泄漏的失效部位位于管口 B 回流液入口连接三通的 2 个入口靠近第 1 层塔圈的位置(图 3),塔体其他部位未发现泄漏情况。图 4 为截取试验位置,内部三通管为回流出料口。

图 2　305E 塔顶泄漏位置外观

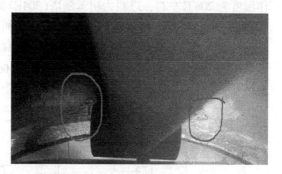

图 3　305E 塔顶泄漏位置内部

图 4　截取试样位置

(a)裂纹　　　　　　　(b)泄漏处内表面宏观形貌

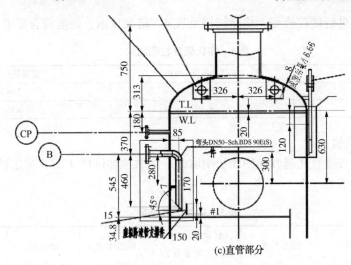

(c)直管部分

图5　泄漏处内表面宏观形貌及图纸

由顶部人孔进入塔体内部，检查泄漏开裂部位。在管口B回流液入口连接三通2个出口附近，有明显的2016年大检修补焊痕迹，见图3；出口附近均存在较多裂纹，裂纹分布不均，比较平直，长短不一，见图5(a)、(b)；与原图纸对比，回流液入口管(管口B)出口三通设置与图纸上标示的直管不符，距离、角度均与图纸有偏差[图4与图5(c)]，塔体与三通连接的筋板被人为切断。内表面未见明显的锈蚀、坑蚀痕迹。

1.2　基体材质检测

1.2.1　光谱法化学成分检测

用X射线荧光光谱检测对焊缝部位进行化学分析，参考值引用GB/T 24511—2017《承压设备用不透钢和耐热钢钢板和钢带》中对材质的要求，检测结果见表2。

表2　化分分析结果

位置	合金元素质量分数/%								
	C	Si	Mn	P	S	Ni	Cr	Mo	N
参考值	<0.030	<1.00	<2.00	<0.03	<0.02	4.5~6.5	21.0~23.0	2.5~3.5	0.08~0.20
焊缝	—	—	1.21	—	—	5.98	22.58	3.08	—

1.2.2　湿法化学成分检测

用湿法分析对本体和支撑圈进行化学成分分析，参考值引用GB/T 24511—2017中对材质的要求，检测结果见表3。

表3　化学成分分析结果

位置	合金元素质量分数/%								
	C	Si	Mn	P	S	Ni	Cr	Mo	N
参考值	<0.030	<1.00	<2.00	<0.030	<0.020	4.5~6.5	21.0~23.0	2.5~3.5	0.08~0.20
本体	0.023	0.61	1.41	—	0.0035	5.88	22.14	3.02	—

经过对泄漏位置处进行检测，结果显示筒体化学成分满足要求。

1.3　力学性能检测

1.3.1　硬度检测

对本体和焊缝进行硬度检测，检测结果见表4。结果显示，硬度符合要求。

表4　布氏硬度检测结果

检测点	GB/T 24511—2017	实测值（HB）
本体	≤293	246
焊缝	≤293	246

1.3.2　力学性能检验

对切取的样板按垂直轧制方向用线切割取样，切取拉伸试样1件，冲击试样1组3件，检测结果见表5和表6。

表5　拉伸试验结果

试样编号	试样热处理状态	试验温度/℃	规定非比例延伸强度 $R_p0.2$/（N/mm²）	抗拉强度 R_m/（N/mm）	断后伸长率 A/%	断面收缩率 Z/%
参考值	S	—	≥450	≥620	≥25.0	—
φ5	—	室温	545	753	37.0	79

表6　冲击试验结果

试验温度(℃)：室温　　缺口类型：V_2　　试验尺寸(mm)：5×10×55		
试样编号	试样热处理状态	冲击功/J
EN 10028-7	S	≥100
1	—	107
2	—	112
3	—	118

1.4　铁素体含量检测

用铁素体测量仪对试样进行铁素体含量检测，检测结果见表7。检测结果显示铁素体含量满足要求。

表7　铁素体含量检测

检测部位	1	2	3	4	5
GB/T 24511—2017	铁素体含量 40%~60%				
塔体	FN 52.7	FN55.1	FN55.8	FN 50.1	FN 44.8

1.5 金相检测

在裂纹处及其附近进行金相覆膜，金相组织检验，金相照片显示：母材组织为铁素体+奥氏体，母材裂纹为穿晶开裂，裂纹较平直，未见应力腐蚀特征迹象，见图6(a~c)。

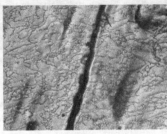

(a)塔体母材200×　　　　　(b)塔体裂纹100×　　　　　(c)塔体裂纹100×

图6　母材金相检验

1.6 能谱检验

对塔体本体母材断口局部进行标记，进行能谱成分分析，见图7。结果显示：金属化学元素成分与基体成分基本一致；[C]、[O]含量偏高，应为介质物料或环境污染所致；成分中未见明显的氯离子检测，检验结果见图8。氯离子腐蚀是不锈钢腐蚀的常见形式，塔体断口面未见 Cl 元素，塔体母材和支撑圈母材裂纹及断口面未见应力腐蚀特征。

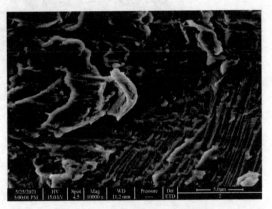

图7　本体断口能谱检验位置

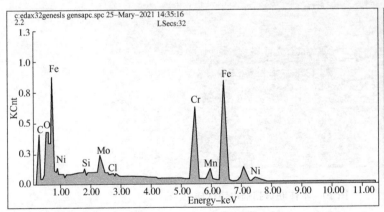

Element	Wt%	At%
CK	03.58	13.26
OK	04.78	13.30
SiK	00.49	00.77
MoL	04.02	01.87
ClK	00.16	00.20
CrK	24.17	20.69
MnK	01.43	01.16
FeK	57.01	45.44
NiK	04.36	03.31

图8　本体断口能谱检验结果

1.7 塔体及支撑圈断口检验

1.7.1 塔体母材断口宏观检验

在塔体本体典型裂纹处制取断口检验试样，取样位置、形状及断口形貌见图9。宏观检验断口显示：断口边沿较平直，无可见塑性变形，裂纹在外壁处剪切唇较小，断口面较平滑，有明显的贝纹线，疲劳开裂特征明显，第1次开裂疲劳源在塔体内壁，裂纹由塔内壁向外扩展，裂纹扩展速度不一致，断口无明显的应力腐蚀特征。补焊熔覆金属断口为韧性材料的脆性开裂，断口有解理特征，裂纹由内向外瞬时开裂。

(a) 本体断口取样位置图　　　　　　(b) 本体断口的试样

(c) 断口形貌

图 9　脱烃塔本体断口

1.7.2　扫描电镜检验

制取塔体本体断口和支撑圈断口 2 块试样(图 10)进行扫描电镜检验。

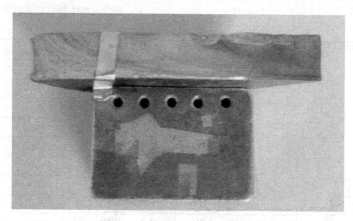

图 10　本体断口扫描电镜试样

扫描电镜下塔体本体断口扫描电镜检验显示：低倍放大断口阶段性扩展特征明显，高倍视场中有明显细密的疲劳辉纹、有明显的扩展方向特征、有明显的剪切滑动痕迹等超高周疲劳特征，见图 11。

1.7.3　塔体焊缝断口扫描电镜检验

塔体修复补焊焊缝断口扫描电镜显示：低倍放大焊缝熔合线明显，断口解理特征明显，断裂扩展方向由内向外发展；高倍视场下解理特征明显，未见明显的韧窝，见图 12。

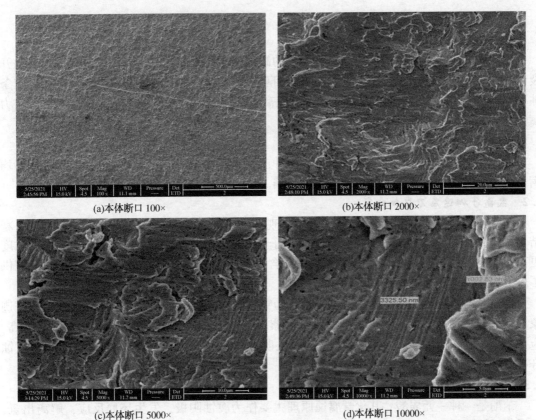

(a)本体断口 100× (b)本体断口 2000×

(c)本体断口 5000× (d)本体断口 10000×

图 11　塔体本体母材断口

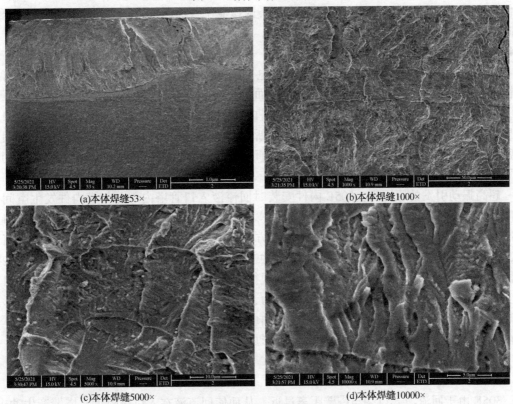

(a)本体焊缝53× (b)本体焊缝1000×

(c)本体焊缝5000× (d)本体焊缝10000×

图 12　本体焊缝断口扫描电镜照片

2 脱烃塔裂纹成因分析

化工设备生产中常见裂纹除了材料本身的缺陷，主要失效原因为介质腐蚀及应力腐蚀开裂(SCC)。应力腐蚀开裂是机械应力与腐蚀相互作用的结果，双相不锈钢构件只有在特定条件下(较低的应力水平、较低的温度、含有氯离子的中性溶液中)，其突出的抗氯离子应力腐蚀开裂性能才能充分显现。

2.1 脱烃塔基体质量

通过化学成分检测、硬度测试、拉伸与冲击试验及铁素体含量检测证明，其各项指标均满足各项相关标准要求，设备材质本身无缺陷。

2.2 氯离子加速应力腐蚀开裂

在工艺生产中，305E需要补加软水以实现共沸精馏，软水来源为装置凝结水，在对凝结水做氯离子含量监测后，发现软水中氯离子含量在 5.7×10^{-6} 左右，塔顶可能富集后浓度更高(无法实现塔顶氯离子监测)，同时塔顶含有一定量的小分子有机酸，酸性条件下提供了应力腐蚀开裂的可能。

通过对塔体裂纹处进行金相检测，裂纹为穿晶开裂，裂纹较平直，未见应力腐蚀特征迹象，随后能谱检测结果显示塔体金属化学元素成分与基体成分基本一致；C、O含量偏高，应为介质物料或环境污染所致；成分中未见明显的氯离子，排除氯离子导致的应力腐蚀开裂。

2.3 苯酚介质腐蚀

苯酚是一种一元弱酸，其化学腐蚀原理主要作为腐蚀阴极，发生还原反应，解离出氢，其反应活性极低，双相钢材质完全可以抵抗弱酸腐蚀。同时对塔体进行宏观检查发现，塔体整体未见明显的腐蚀、凹坑、鼓包、变形，未见其他位置泄漏痕迹，也未出现整体减现象，排除介质腐蚀的可能。

2.4 超高周振动疲劳开裂

通过对塔本体进行端口宏观检测及扫描电镜SEM检查，发现断口边沿较平直，无可见塑性变形，裂纹在外壁处剪切唇较小，断口面较平滑，有明显的贝纹线，疲劳开裂特征明显，第1次开裂疲劳源在塔体内壁，裂纹由塔内壁向外扩展，裂纹扩展速度不一致，断口无明显的应力腐蚀特征。SEM电镜下低倍放大断口阶段性扩展特征明显，高倍视场中有明显细密的疲劳辉纹、有明显的扩展方向特征、有明显的剪切滑动痕迹等超高周疲劳特征，同时未见明显韧窝。

超高振动引发的原因为：305E内件安装时回流液入口管塔内部分与塔内件发生空间位置冲突为保证塔内件不变，切断回流管与塔体之间的固定筋板，同时将回流液入口管出口端强制向塔壁偏移，从而保证塔内件的结构和方位；使用中由于回流液入口端与塔壁距离过近，从而使回流液在入口端附近对塔壁产生冲击，且有较大的冲击力，由于塔体局部结构的刚性不足，回流液冲击力使塔体局部产生不规律的振动，塔体局部振动使特定部位母材自身产生局部弯曲运动形成的拉伸应力和剪切应力，疲劳源在塔体母材内表面形成，且逐步形成宏观裂纹产生。持续振动形成母材持续的弯曲应力加载和剪切应力加载，裂纹逐渐由塔体母材内表面向外表面扩展，裂纹扩展至外表面形成塔体母材泄漏失效。

3 结论

305E由于回流液入口端与塔壁距离过近，从而使回流液在入口端附近对塔壁产生冲击，且有较大的冲击力，塔体局部振动使特定部位母材自身产生局部弯曲运动形成的拉伸应力和剪切应力，最终超高周振动导致塔本体出现疲劳开裂。

4 改进措施

根据以上检验、实验及塔壁开裂分析，对新305E塔进行如下改造提升：

（1）将回流口出液方向改为内侧出液，回流口向塔内侧，防止流体冲击塔壁，减少振动对塔壁影响。

（2）每季度对塔顶上部进行测厚检查及振动检测，将塔顶压力纳入工艺卡片控制指标，稳定操作。

（3）对塔运行受力状况进行模拟分析，为下次优化改造提供理论依据。

参 考 文 献

[1] 钟春雷，谭文一，张颖，等．酸性介质中双相不锈钢与铁素体不锈钢的应力腐蚀研究[J]．机械，2008，35(6)：56-58.

[2] 王军，靳彤，马一鸣，等．高残余应力下2507双相不锈钢应力腐蚀开裂行为[J]．压力容器，2020，37(3)：50-55，78.

[3] 黄建中，左禹．材料的耐蚀性和腐蚀数据[M]．北京：化学工业出版社，2003：166-180.

[4] 吴玖．双相不锈钢[M]．北京：化学工业出版社，2000：148-150.

[5] 刘民．双相不锈钢(2205)换热管短期泄漏失效原因分析与讨论[J]．压力容器，2018，35(6)：52-56.

[6] 魏仁超，陈学东，范志超，等．湿H_2S及Cl^-环境下FV520B不锈钢的应力腐蚀行为研究[J]．流体机械，2017，45(1)：1-7.

作者简介：李镇华(1991—)，男，2018年毕业于苏州大学，硕士学位，现工作于中国石油化工股份有限公司北京燕山分公司化学品厂，从事生产管理工作。

延迟焦化装置的腐蚀分析与防护

张 塞

（中国石油化工股份有限公司北京燕山石油化工有限公司）

摘 要 2021 年大检修期间发现干气冷却器 E2301 壳体腐蚀，常减压液化气预碱洗罐 D2304 壳体裂纹，焦炭塔 C2101 环焊缝开裂，富气压缩机级间水冷器 E2901 小浮头螺栓断裂等。对腐蚀现象和原因进行分析，并提出了相应的防护措施。E2301 壳体腐蚀为湿硫化氢环境下发生的氢鼓包，需要更换壳体或者加强原料中硫含量监测和控制；D2304 壳体裂纹为碱脆的应力腐蚀下产生裂纹，需要对罐体进行更换和定期对容器进行检验；C2101 环焊缝开裂为生焦周期缩短，温度梯度所产生的热应力等导致，需要做好定期检验工作和优化日常操作；E2901 小浮头螺栓断裂为湿硫化氢应力腐蚀断裂，应做好螺栓材质升级和水冷器日常运行检查等。大检修后运行至今情况表明，采取的防护措施得当，确保了设备长周期安全平稳运行。

关键词 氢鼓包；应力腐蚀；开裂；防护

延迟焦化装置自 2007 年 7 月投产，运行至今，随着原料中硫含量的日益增加，装置面临巨大的腐蚀风险压力。2021 年大检修期间发现干气冷却器 E2301 壳体腐蚀，常减压液化气预碱洗罐 D2304 壳体裂纹，焦炭塔 C2101 环焊缝开裂，富气压缩机级间水冷器 E2901 小浮头螺栓断裂等，对装置安全生产有很大的安全隐患。本文主要对 4 处腐蚀现象和机理进行分析，并提出相应的防范措施，为装置长周期安全生产提供保障。

1 腐蚀分析与防护

1.1 干气冷却器 E2301 壳体腐蚀

1.1.1 案例描述

干气冷器 E2301 的壳体材质为 16MnR，换热管材质为 10# 钢，管程设计压力为 1.3MPa，换热面积 53.7m²，容积 1.36m³，质量 2945kg，换热管外径 25mm，管长 6.9m，4 管程。管程介质为循环水，工作温度 58℃，工作压力为 0.5MPa；壳程介质为干气，工作温度 66℃，工作压力为 1.68MPa。干气再从再吸收塔 C2204 顶进去干气冷却器壳程，通过管程循环水冷却后进入干气分液罐 D2301 后，再进入后部脱硫系统，如图 1 所示。

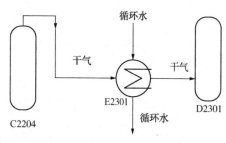

图 1 干气冷却器 E2301 示意

宏观检验发现：干气冷却器 E2301 壳程筒体内表面有不同程度的鼓包和开裂，其中最大的鼓包位于下偏东约 230mm 处，距离南侧法兰约 1230mm。同时对距离南侧法兰 740mm 处为起点，长约 720mm，宽约 700mm 的区域进行打磨，并对该区域进行超声扫查，发现鼓包多位于距离外表面 4～7mm 处，并且多处开裂扩展至焊缝附近，磁粉检测发现在 2 处鼓包顶部有大量裂纹。E2301 壳体腐蚀情况如图 2 所示。

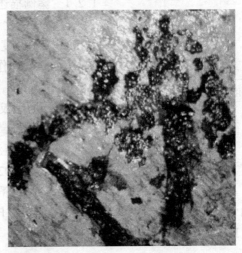

图 2   E2301 壳体腐蚀情况

1.1.2   腐蚀机理分析

对 E2301 壳体鼓包内气体进行元素分析，氢气含量为 72.39%，空气含量为 27.61%。鼓包内的气体多为氢气，即氢鼓包。壳程介质工作温度为 66℃，干气携带一部分 H_2S，这样在壳体内易产生低温湿硫化氢环境，H_2S 在水中发生水解反应：

$$H_2S \longrightarrow HS + H^+ \longrightarrow H^+ + S^{2-}$$

硫化氢水溶液和壳体表面接触而发生电化学反应：

$$Fe \longrightarrow 2e + Fe^{2+}$$
$$S^{2-} + Fe^{2+} \longrightarrow FeS \downarrow$$
$$H^+ + 2e \longrightarrow 2H \longrightarrow H_2 \uparrow$$

电化学反应产生的原子状态的氢在 E2301 壳体表面不断富集，氢原子体积极小，由于两侧浓度差，氢原子不断渗透到壳体内部，在壳体内部不连续处聚集形成氢气分子，氢气分子比氢原子体积大而无法继续向壳体内部渗透，逐渐产生氢分压，当氢气压力逐渐增大超过壳体材料表面的屈服强度时，在壳体内部产生沿钢轧制方向引发裂纹的萌生和扩展，由壳体部宏观发现的裂纹可以验证该机理。这些裂纹在壳体近表面，则表面很容易发生凸起，引起鼓包，即氢鼓包。

从腐蚀物元素组成、工艺流程、无损检测等方面分析干气冷却器 E2301 壳体内鼓包和部分开裂为湿硫化氢环境下发生的典型的氢致开裂和氢开裂导致的氢鼓包。

1.1.3   防范措施建议

根据腐蚀机理分析结果，针对 E2301 筒体腐蚀提出以下防护措施建议：

（1）压力容器定期检验，发现氢鼓包、开裂等缺陷时及时修复，确保压力容器安全运行。

（2）加强原料中硫含量监测和控制，降低干气 H_2S 浓度，控制 H_2S 对压力容器的应力腐蚀。

（3）采用打磨和补焊，堆焊的方法较为困难，将壳体材质 16MnR 升级为耐腐蚀材料Q345R 进行更换。

1.2　常减压液化气预碱洗罐 D2304 壳体裂纹

1.2.1　案例描述

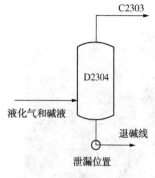

图 3　常减压液化气预碱
洗罐 D2304 示意

常减压液化气预碱洗罐 D2304 为立式罐，介质为液化气和碱液，设计温度为 60℃，设计压力为 1.98MPa，操作温度为 40～50℃，操作压力为 1.5～1.8MPa，规格为 1600mm×9000mm×18mm，容积 19.17m³，重量 11163kg，主体材质为 20R(容器用钢板)。D-2304 罐底下封头部位材质为 20R，壁厚 18mm，2019 年罐体下封头与罐底退碱线弯头焊缝处出现裂纹，如图 3 所示，泄漏介质为碱液、液化气及硫化氢，为彻底根除泄漏风险，将 D2304 整体切出，动火更换其退碱线弯头。大检修期间，MT 检测下封头内部环焊缝，从下至上第 1 纵焊缝，接管角焊缝及母材均有大量裂纹，裂纹为垂直于环焊缝的密集裂纹，壁厚检查正常，无减薄现象。D2304 下封头裂纹情况如图 4 所示。

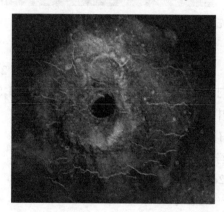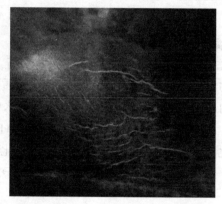

图 4　D2304 内部裂纹情况

1.2.2　腐蚀机理分析

自脱硫部分来的常减压液化气和 10% 碱液混合后进入 D2304 反应，洗去液化气中的 H_2S，脱去 H_2S 的液化气至常减压液化气脱硫醇抽提塔 C2303 下部，因为碱液密度大，将沉于罐底部，这样在下封头处容易形成碱液环境，碳钢在高温和浓度大的情况下会发生如下化学反应：

$$3Fe+7NaOH \longrightarrow 7H^+ + Na_3FeO_3 \cdot 2Na_2FeO_2$$

$$Na_3FeO_3 \cdot 2Na_2FeO_2 + 4H_2O + \longrightarrow H^+ + 7NaOH + Fe_3O_4$$

反应生成的 Fe_3O_4 覆盖在壳体内表面，形成一层保护膜，焊缝焊接残余应力的存在，使金属表面缺陷部位的保护膜破坏，产生裂纹，在长期和碱液接触下，裂纹不断向内部扩展，形成严重的宏观裂纹，即碱脆裂纹。

从宏观检查、工艺流程、磁粉检测等方面分析常减压液化气预碱洗罐 D2304 下封头裂纹为碱脆的应力腐蚀裂纹。

1.2.3　防范措施建议

根据腐蚀机理分析结果，针对 D2304 下封头裂纹提出以下防护措施建议：

(1) 加强对碱液或其他腐蚀介质的压力容器定期检验，不定期对焊缝进行内磁粉探伤，确保压力容器安全运行。

（2）采用打磨消除裂纹的方法较为困难，将罐体进行原材质整体更换。

1.3 焦炭塔环焊缝开裂

1.3.1 案例描述

焦炭塔 C2101 共 2 台，为装置焦化原料的反应器，规格 $\phi8800\text{mm} \times 38764\text{mm}$，容积 1907m^3，总重 $261900\ \text{kg}$，操作介质为渣油、油气、焦炭、冷焦水。设计压力为 0.35MPa，设计温度为 495℃，焦炭塔结构由顶部封头、筒体、底部封头、裙座及附属管线组成。顶部封头为椭圆形封头，材质为 14Cr1MoR+410S，厚度为 27mm，底部封头为锥形封头，材质为 14Cr1MoR，厚度为 40mm，壳体由 5 组筒体组成，筒体 1 和筒体 2 材质为 14Cr1MoR+410S，厚度分别为 25mm 和 27mm，长度分别为 5m 和 7.5m。筒体 3、筒体 4、筒体 5 选用 14Cr1MoR，厚度分别为 30mm，32mm 和 36mm，长度分别为 7m、5m 和 2.5m。筒体 2 和筒体 3 之间为过渡段，过渡段采用分片锻造后焊接成型，经整体热处理制造。裙座分两段，材质为 14Cr1MoR 和 16MnR，附属管线包括顶部大油气线，上进料线、消泡剂线、安全阀出口线、除焦口线等，以及底部进料线、底部排焦口线，如图 5 所示。

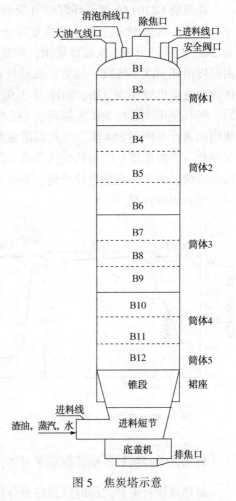

图 5 焦炭塔示意

焦炭塔 C2101/A 内部宏观检查发现锥段、筒体 3、筒体 4、筒体 5 内部基本无焦粉，筒体 2、筒体 1 内部焦粉呈不连续状，上封头处焦粉呈块状。筒体 3 上环焊缝 B7、B8、B9 均有开裂，其中 B7 开裂深度约 2mm，开裂长度约 12mm，环焊缝 B8 几乎整圈开裂，开裂长度约 23m，最深处约 12mm，环焊缝 B9 环开裂长度约 15m，深约 5mm（图 6）。渗透检测发现过渡段环焊缝 B6 有多处线性缺陷最长约 3600mm 开裂部位，开裂部位焊缝硬度值在 228~245，未开裂焊缝部位硬度值在 190 左右。测试部位金相组织正常，均为贝氏体组织，未发生球化现象。

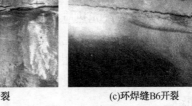

(a)环焊缝B8开裂　　　(b)环焊缝B7开裂　　　(c)环焊缝B6开裂

图 6 焦炭塔环焊缝开裂情况

1.3.2 腐蚀机理

焦炭塔 C2101/A 筒体环焊缝开裂部位均在筒体 3 区域，开裂部位集中在过渡段 B6 下方，距离上封头 18m 左右，开裂方向呈环向。从操作特点方面分析，焦炭塔设计生焦周期为 24h，1 年经历 365 次循环使用，焦炭塔筒体 3 塔壁温度曲线如图 7 所示，筒体内部温度由温度循环 60℃-450℃-60℃，长期反复冷却和加热，形成温差应力（图 8）。2013 年节能优化改造生焦周期为 22h，2016 年生焦周期变为 20h，生焦周期缩短，导致各工序时间缩短，循环使用次数从 365 次提高至 438 次，自 2007 年投用至今累计使用 5574 次，比 24h 生焦周期累计多使用 664 次。使焦炭塔温差应力变化加剧，导致筒体环焊缝及焊缝热影响区受交变热应力的作用，产生热疲劳裂纹，随着时间变化逐步转变为开裂。筒体 3 上 B6 为过渡段环焊缝，内表面衬里焊缝开裂，是由于焦炭塔已累计使用 14a，衬里与基材热膨胀系数不同，导致焊缝开裂。

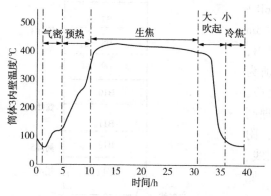

图 7 焦炭塔筒体 3 塔壁温度曲线

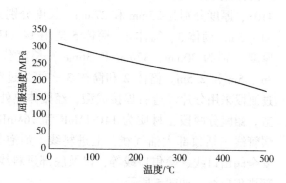

图 8 14Cr1MoR 材料屈服强度随温度变化曲线

根据薄壁圆筒和厚壁圆筒定义可知：$\dfrac{t}{R} = \dfrac{0.03}{4.4} < 0.1$ 焦炭塔筒体 3 区域为薄壁圆筒。

对焦炭塔自重和内压时进行应力分析，焦炭塔主体和附件重量产生的压应力为：

$$\lambda = \frac{G}{\pi h d} = \frac{2647267 \times 9.8}{3.14 \times 0.026 \times 8.8} = -36.1 \text{MPa}$$

内压 $P = 0.23$MPa 时产生的薄膜应力：

$$\text{轴向应力} \quad \lambda = \frac{PD}{4t} = 14.7 \text{MPa}$$

$$\text{周向应力} \quad \lambda = \frac{PD}{2t} = 29.3 \text{MPa}$$

由图 8 可知：自重和内压产生的应力远远在屈服强度之下。根据相关文献同种规格，运行参数一致的焦炭塔有限元热应力分析结果可知，温度梯度所产生的热应力远大于焦炭塔自重和介质产生的应力，内压产生的薄膜应力。过渡段在不同生焦阶段中热应力最大，焦炭塔 C2101/A 过渡段焊缝线性开裂很好地证明了过渡段是热疲劳破坏的最危险部位。同时在焦炭塔生焦周期内，给水冷焦阶段，焦炭塔内部温度迅速降低，筒体热应力值最大，焦炭塔塑性应变也最大。

1.3.3 防范措施及建议

根据腐蚀机理分析结果，针对焦炭塔提出以下防护措施建议：

（1）通过补焊、消氢和焊后热处理等工序，对发现的缺陷进行有效修复，为减缓焦炭塔运行中出现的各种损伤和缺陷，应做好焦炭塔的定期检验工作，根据检验结果预测损伤发展趋势。

（2）延长焦炭塔的生焦周期至24h，优化日常工艺操作，特别是优化升温和冷却速率，以减少疲劳损伤和裂纹扩展，防止生焦周期偏短导致热应力过大。

1.4 压缩机级间水冷器小浮头螺栓断裂

1.4.1 案例描述

E-2901型号为$\phi902\times5169\times16$，壳体材质为20R，换热管材质为304钢，壳程设计压力为1.6MPa，操作温度为108℃，介质为富气；管程设计压力为0.6MPa，介质为水，公称换热面积174m^2。2021年6月11日对E2901循环水回水采样时发现循环水有异味，同时循环水厂反映回水池水质pH降低、氨氮及硫化物含量高。判断E2901内漏，对E2901进行检修，拆检内部发现小浮头螺栓有断裂现象，其中小浮头共有36条螺栓，其中断裂的螺栓数量有26条，把螺栓分别编号为$1^{\#}$~$26^{\#}$，如图9所示。

图9　螺栓断裂情况

1.4.2 腐蚀机理

从水冷器工艺流程来看，分馏塔顶来的富气经过压缩机压缩后进入E2901进行冷却，介质中含有硫化氢、氮气、液化气、干气、氧等，其中硫化氢含量高，采样检测数据约为32000×10^{-6}，经压缩后富气中含有汽态水，即小浮头螺栓所处环境为湿硫化氢环境。按照GB 150—2011《压力容器》标准计算，为实现小浮头处密封，单根35CrMo螺栓需要的最小载荷为33982N，根据检修时法兰预紧力校核数据，螺栓紧固载荷约为屈服极限的45%，单根螺栓载荷为135208N。远大于最小载荷，螺栓紧固力偏大。

宏观检查发现螺栓上覆盖黑色污垢，螺纹部分腐蚀严重，螺杆部分出现局部的腐蚀坑，最大腐蚀坑长约30mm。螺栓的断裂位置没有规律，断口无可见塑性变形，断口与螺栓轴线垂直，脆性断裂特征明显，如图10所示。对所有螺栓螺母和螺杆进行渗透检测，未发现裂纹。对所有螺栓螺母和光杆部分分别覆膜取样进行金相检测，螺母和螺栓组织均为回火索氏体，平均晶粒度分别为9级和7.5级；螺栓金相检验组织、晶粒度正常，未见微观裂纹，如图11所示。对所有螺栓用X射线荧光光谱进行化学分析，螺栓和螺母的化学成分符合35CrMo的化学成分。对所有螺栓用布氏硬度仪进行硬度检测，根据SH/T

3193—2017《石油化工硫化氢环境设备设计导则》，材质为 35CrMo 的螺栓标准上限值为 237HBW，检测螺栓的最小硬度值为 337 HBW，超标准上限值，螺母最小硬度为 341 HBW，超标准上限值。

根据工艺流程、宏观检查、化学成分、硬度检测、无损检验、金相检验、螺栓扭矩校核等结果分析，认为螺栓断裂时湿硫化氢应力腐蚀断裂，是螺栓预紧拉应力偏高、硬度偏高、湿硫化氢环境共同造成的。

图 10　螺栓断口处情况　　　　　　　　图 11　螺栓金相组织

1.4.3　防范措施及建议

根据腐蚀机理分析结果，针对 E2901 提出以下防护措施建议：

（1）将小浮头处螺栓材质由 35CrMo 升级为 304 钢，保证螺栓硬度小于 237HBW，利用每年机械清焦检修强制更换水冷器小浮头螺栓。

（2）在工艺条件允许下，通过将介质脱硫再进水冷器来防止硫化氢应力腐蚀断裂，同时每周做好水冷器运行状况检查，循环水采样等检查工作。

2　结论

随着原料劣质化、高硫化和工艺操作特点，腐蚀问题已成为影响焦化装置安全平稳运行的因素之一，对大检修期间发现的 4 处典型腐蚀问题进行腐蚀机理分析分析和采取有效防护，为类似腐蚀案例的判断提供借鉴依据，经过一个五年运行周期后，对于装置容易发生腐蚀的部位有了基础数据支撑，为新的运行周期提供相关参考，保证了装置长周期安全平稳运行。

参 考 文 献

[1] 张野. 气液聚结器鼓包失效分析[J]. 石油化工设备，2013，42（5）：101-104.

[2] 张恒，曹红蓓. 氢鼓包产生机理及防治措施的研究综述[J]. 制造业自动化，2014，36（9）：23-25.

[3] 孙毅. 催化装置汽油碱洗罐的裂纹分析[J]. 石油化工高等学校学报，2000，13（2）：57-60.

[4] 王丽华. 碱罐报废原因分析[J]. 石油化工腐蚀与防护，1999，16（3）：23-24.

[5] 郑津洋，董其伍，桑芝富. 过程设备设计[M]. 北京：化学工业出版社，2010.

[6] 张海洪，伍耐明，李佳威. 焦炭塔运行过程热应力有限元分析[J]. 天然气化工，2017，42（1）：44-48.

[7] 赵志阳，栾江峰，谢腾腾，等. 焦炭塔热应力分析计算[J]. 当代化工，2017，46（9）：1910-1912.

[8] 陈孙艺. 焦炭塔的变化温度场及其应力分析[J]. 石油化工设备，1996（5）：11-16.

[9] 陈晓玲，李多民，段滋华．焦炭塔过渡段区域的热应力有限元分析[J]．化工装备，2009，11（1）：45-48.

[10] 宋晓江，王春生，宣培传，等．焦炭塔温度场及热应力场的有限元计算[J]．石油化工设备，2007，36（2）：28-32.

[11] 张塞．延迟焦化装置分馏塔顶循环线腐蚀与防护[J]．石油化工与防腐，2020，37（5）：59-62.

[12] 幕希豹．压缩富气冷却器浮头螺栓断裂失效分析[J]．石油化工设备，2006，35（4）：79-80.

[13] 张亚明，杨东光，董晓宏，等．冷却器内浮头螺栓断裂原因分析[J]．腐蚀科学与防护技术，2010，22（3）：251-254.

[14] 王立忠，夏春友，郝天真，等．贫富水换热器浮头螺栓断裂原因分析及对策[J]．一重技术，2006（4）：101-102.

[15] 张塞，田晓冬．延迟焦化装置的典型腐蚀与防护[J]．石油炼制与化工，2021，52（7）：76-80.

一种新型相变微胶囊材料有效热物性研究

（中国石油化工股份有限公司北京燕山分公司合成橡胶厂）

摘　要　管道保温对于管道运行的重要性不言而喻，传统管道保温技术存在成本高、不环
保等缺点。本文提出一种将相变微胶囊填充于保温层的新型复合材料保温结构，通过相变过程
实现对能量的储存与释放，从而达到管道保温层根据管道内温度进行自动保温的效果。

　　本文借助 COMSOL 等软件构建出复合材料的模型，从微观尺度的密度、比热容、导热系数
等热物性参数入手，研究影响这些参数变化的因素，并通过改变复合材料微观结构来调节复合
材料宏观导热性能。

关键词　相变微胶囊；有效热物性参数；COMSOL

　　传统的保温材料在实际生产运行过程中，保温性能与生产需求存在较大差距，固定的保温材料对于温度变化不具有敏感性，对于输送介质改变与工艺条件发生变化的管道不能及时发生响应，改变管道的保温条件时间、材料、施工成本较高，含有相变微胶囊的保温材料可以较好地适应不同工况。相变微胶囊技术解决了相变过程中相变材料的体积变化及一般的相变材料导热效率较低、储热量有限等问题，它通过将功能性材料利用成膜材料包裹形成微小粒子，使得相变材料在相变过程前后的体积变化不明显，起到对保温层结构的保护作用，还能有效减小相变材料在反应过程中受到外界条件的干扰，增大热传递区域，增加传热效率，这些优势使相变微胶囊技术在管道的储热节能、温度控制及防护领域中意义重大，具有广泛的应用前景。

　　本文提出一种含相变微胶囊的新型复合材料，将相变微胶囊及聚乙烯分别视为杂质及均匀介质，建立不同尺寸自由边界的细观力学代表性体积单元 RVE，采用蒙特卡罗随机方法实现石蜡微胶囊芯材在基体中的位置分布。假设相变微胶囊为球形，并将相变复合材料的均匀化，利用 COMSOL、DIGIMAT 等软件对所建模型进行建模与计算分析，获得相复合材料的有效导热系数、有效比热，得到相变复合材料有效导热系数、比热等参数与芯材体积分数的关系，分析相变微胶囊复合材料的微观传热机制，为设计出适应各种使用需求的相变微胶囊复合材料提供思路。

1　相变微胶囊材料

　　相变微胶囊指通过一定的技术手段用包裹材料将相变材料包裹起来而形成的颗粒状复合物，实现相变材料的持久固态化，相变微胶囊的尺寸在 $1\mu m \sim 1mm$ 范围内，比表面积大，有效提升了传热面积。此外，相变微胶囊还可以有效防止泄漏、体积变化、腐蚀等问题。相变胶囊复合材料是由连续相基体和分散相胶囊组成的两相复合材料。利用多尺度的连续介质力学理论和方法，揭示材料在细观层次上的结构与宏观尺度上的整体性能之间的反馈或影响效应，预测材料的有效宏观性能，合理地表征该类材料宏观热物性是研发评估

新型相变保温材料的基础。图1为相变微胶囊结构。

当环境温度高于微胶囊芯材发生相变的温度时，囊芯的相变材料吸收热量，发生在固态与液态相互转换的相变，在相变过程中，由于微胶囊内的囊芯材料将从外部吸收的热以潜热这种能量形式储存，温度总体不发生变化。当外界环境温度低于微胶囊芯材发生相变的温度时，芯材释放出热量，发生液态与固态相互转换的相态变化时，相变过程中微胶囊内部芯材材料释放自身在升温过程中所储存的潜热，温度基本不下降。相变微胶囊的吸热、放热功能，使外部温度在一定时间内维持相对的稳定，即起到控温作用(图2)。

图 1　相变微胶囊结构示意　　　　　　　图 2　相变微胶囊的作用原理

石蜡以相变温度范围宽、相变焓值高、化学性质稳定等优点，在相变保温材料中得到广泛应用。石蜡相较于一般相变材料不容易析出和发生过冷现象，且蒸汽压低、来源广泛、具有良好的成本经济性，在蓄热过程中，石蜡在实际应用过程中存在易燃、易氧化、相变体积变化大等问题，直接将石蜡填充到保温材料内导致复合材料储热性能大幅下降、难以重复利用且使用成本高，因此将石蜡材料封装起来胶囊化可以很好解决上述问题。根据目前相变微胶囊芯材研究进展与遴选原则，同时满足本文研究模型的要求，选用石蜡作为相变微胶囊复合材料的芯材材料。

由于高聚物具有不生锈、便宜易得、密度低等优点，是非常优秀的壳材材料，尤其适合石蜡类相变材料的包覆，本文选择聚脲树脂为壳材材料，石蜡为芯材相变材料，聚乙烯为基体材料，构建相变微胶囊复合材料体系。

2　相变微胶囊材料模型建立

将相变微胶囊及聚乙烯分别视为杂质及均匀介质，建立不同尺寸自由边界的细观力学代表性体积单元，采用蒙特卡罗随机方法实现石蜡微胶囊芯材在基体中的位置分布。假设相变微胶囊为椭球形，利用 Eshelby 张量及 Mori-Tanaka 等效方法实现相变复合材料的均匀化，利用逐步替换迭代原则推导相变微胶囊复合材料等效热物性计算方程，获得相复合材料的有效导热系数、有效比热，得到相变复合材料有效导热系数、比热等参数与芯材体积分数的关系，揭示填充相变微胶囊的复合材料在微观尺度下的传热机理与方式。

在 COMSOL Multiphysics 软件内建立尺寸为 10mm×10mm×10mm 的立方体，绘制直径为 1mm，球壳厚度为 0.05mm 的球形颗粒，并调整球形颗粒的个数，设置球形颗粒在立方体中的体积分数为 10%，通过 DIGIMAT-FE 实现均匀分布后，得到模型(图3)。输入边界条件，假设立方体上表面为热端，下表面为冷端，相变前设置热端温度为 60℃，冷端温度为 4℃。并对研究单元模型进行网格划分(图4)。

图5~图7为相变微胶囊材料的热流线分布、温度分布、等温面。

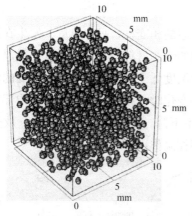

图 3 球形颗粒在 COMSOL 中均匀分布

图 4 内部球形颗粒网格划分

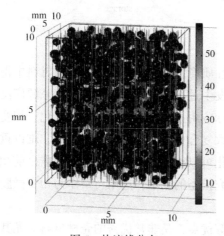

图 5 热流线分布

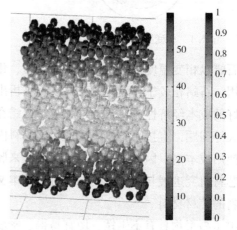

图 6 温度分布

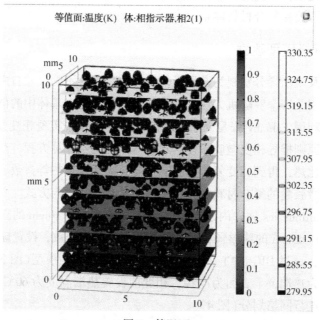

图 7 等温面

立方体上端表面为热端，下表面为冷端时，热流线由上表面指向下表面，且热流线经过均匀分布的球形相变颗粒时基本相互平行，均由热端指向冷端。立方体中的球形相变颗粒的温度分布呈现一定的规律性，一段时间后，温度从上表面热端到下表面冷端均匀降低。立方体中温度相等的面相互平行且与热流线垂直。

经过 COMSOL Multiphysics 对所建模型进行计算分析，得出直径为 1mm、体积分数为 10%的相变微胶囊复合材料的有效导热系数、有效比热容、相变体积、相变体积率等有效热物性参数(表1)。

表1　有效热物性参数

相变微胶囊颗粒直径/mm	体积分数/%	导热系数/[W/(m·K)]	密度/(kg/m³)	比热容/[J/(kg·K)]	颗粒+壳体积率/%	相变体积/mm³	相变体积率/%
0.5	10%	0.04858	184	2353.3	10.035	18.578	31.984

3　体积分数对有效热物性参数的影响

为研究相变球形颗粒的体积分数对复合材料有效热物性的影响，根据建模过程，重新建立相变颗粒直径为 1mm，体积分数为 5%、7%、9%、10%、15%、20%的 RVE 作为可供选取的研究对象(图8)。

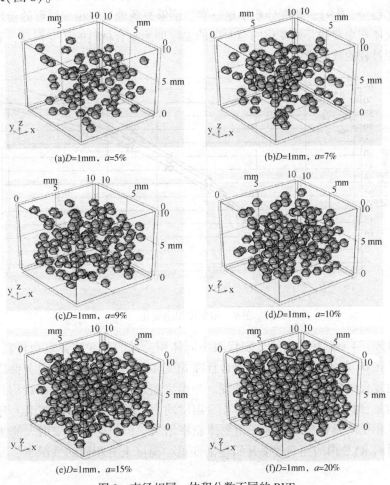

(a)D=1mm, a=5%　　(b)D=1mm, a=7%
(c)D=1mm, a=9%　　(d)D=1mm, a=10%
(e)D=1mm, a=15%　　(f)D=1mm, a=20%

图8　直径相同、体积分数不同的 RVE

对每种 RVE 进行导热系数、密度、比热容等参数的计算分析，以直径 $D = 1mm$，$a = 15\%$ 的模型为例，得出其在不同温度下各参数的变化数据，且对整个相变过程中的相变体积与相变体积率进行记录(表2)。

表 2　相变过程参数

温度	导热系数	密度	比热容	颗粒+壳体积率	相变体积	相变体积率
30	0.052013	227.19	1593	15.053	0	0
40	0.052013	227.19	1593	15.053	0	0
50	0.052013	224.86	3583.4	15.053	17.211	15.228
60	0.049981	222.47	4377.1	15.053	34.907	30.886
70	0.049398	220.88	3970.7	15.053	46.681	41.304
80	0.048917	219.56	3574.8	15.053	56.501	49.992
90	0.048475	218.6	3212	15.053	63.591	56.265
100	0.048292	217.97	2547	15.053	68.248	60.386

3.1　体积分数对复合材料相变体积率的影响

为更加清楚研究相变球形微胶囊体积分数对复合材料的影响，选取上述模型中体积分数为 7%、9%、15%、20% 的 4 种模型进行研究，得出 4 种体积分数下复合材料的相变体积率随温度的变化趋势(图9)。相变体积率这一参数能够直观地反映相变过程的初始时刻与结束时刻，即相变体积率曲线开始变化的点对应的温度即为复合材料的相变温度，其增长速度快慢代表了相变过程的效率高低。

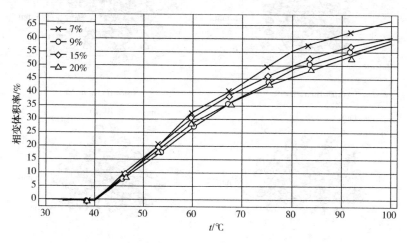

图 9　相变体积率变化

由图 9 可知：4 种颜色的曲线分别代表不同体积分数的相变胶囊复合材料 RVE 的相变体积率曲线，在 0~40℃时，4 条曲线重合且在相变体积率为 0 的水平线上保持不变，这段温度范围内的复合材料 RVE 并未发生相变。当温度超过 40℃时，各条曲线均开始上升，各个体积分数的复合材料 RVE 相变开始，相变温度均为 40℃。随着温度逐渐上升，RVE 中的相变胶囊发生相变的颗粒越来越多，相变体积率增大，但相变体积率增大的速度在不断减缓，即复合材料 RVE 内的相变效率开始逐渐变低，温度上升相同的情况下，发生相变的颗粒数越少。

3.2 体积分数对复合材料导热系数的影响

如图 10 所示，每一条曲线代表一种体积分数的复合材料 RVE，在初始的一段时间内，随着温度不断增加，有效导热系数基本保持不变，当温度上升到一定程度时，有效导热系数开始下降，且下降速度在温度升高的过程中逐渐减小。综上，体积分数为 7%、9%、15%、20%的 4 种模型的相变温度均为 40℃，$D=1mm$，$a=7\%$ 的复合材料未发生相变时，有效导热系数为 0.0493W/(m·K)，当温度超过相变温度 40℃后，由于 RVE 中相变球形颗粒体积分数过小，发生相变的体积率小，对整个 RVE 的有效导热系数影响不明显，则在图 10 中显示仍有一段时间导热系数未发生变化，当温度到达 60℃左右时，导热系数开始逐渐下降，当温度到达 100℃时，有效导热系数为 0.0475W/(m·K)；0~59℃时，$D=1mm$，$a=9\%$ 的复合材料的有效导热系数未发生改变，有效导热系数为 0.05W/(m·K)，超过 59℃时，导热系数逐渐降低，100℃时的有效导热系数为 0.0477W/(m·K)；$D=1mm$，$a=15\%$ 的复合材料为图中的红色曲线，未改变前的有效导热系数为 0.052W/(m·K)，温度达到 50℃时，有效导热系数在 100℃时的数值为 0.0483W/(m·K)；蓝色曲线代表 $D=1mm$，$a=20\%$ 的复合材料，初始有效导热系数为 0.0538W/(m·K)，由于 RVE 中的相变微胶囊体积分数较大，在 40℃发生相变时产生相变的相变胶囊数量较多，则对整体 RVE 的有效导热系数产生明显的影响，即导热系数出现变化的温度点与相变开始的温度点基本重合，发生相变后的有效导热系数呈下降趋势，到达 100℃时，有效导热系数数值为 0.0488W/(m·K)。

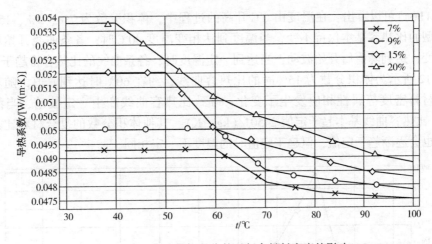

图 10　相变微胶囊体积分数对复合材料密度的影响

4 条曲线拐点说明体积分数越大的复合材料，在温度上升的过程中越早出现，即开始相变的温度越低，即体积分数大的相变颗粒对复合材料 RVE 的整体导热系数影响大。反之，体积分数小的相变颗粒对复合材料 RVE 的导热系数影响不明显。而从曲线的整体趋势可知，体积分数大的复合材料在各个温度节点的有效导热系数均比体积分数小的复合材料的有效导热系数大。

3.3 体积分数对复合材料比热的影响

相较于研究相变胶囊体积分数对复合材料密度、导热系数的影响，材料比热在整个研究过程中涉及的因素众多，变化相对更加无序，所以研究体积分数为 5%、7%、9%、10%、15%、20%的 6 种复合材料模型体积分数对材料有效比热的影响，通过对比多种情况下复合材料比热的变化，从而总结出体积分数对比热容影响的大致规律(图 11)。

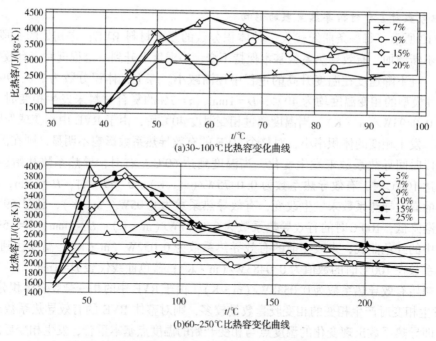

(a)30~100℃比热容变化曲线

(b)60~250℃比热容变化曲线

图 11　相变微胶囊体积分数对复合材料比热容的影响

　　由图 11(a)可以看出：在温度由 0℃升高的过程中，体积分数为 7%、9%、15%、20%
的 4 种模型的比热容基本保持不变，当温度到达相变温度 40℃时，各条曲线开始出现一个
向上的突变，达到峰值后开始波动，当达到一定温度时，各条曲线的比热容将趋于不同的定
值。如图 12 所示为体积分数为 15%时的比热容曲线，约在 60℃时达到峰值，随着温度升
高，复合材料密度等属性相应发生了变化，导致比热容曲线产生一定波动，当温度到达
200℃时，比热容曲线基本趋于定值 2450J/(kg·K)。其他体积分数的复合材料比热容在某
一温度下也会逐渐趋于定值，但趋于定值时的温度不一定相同。

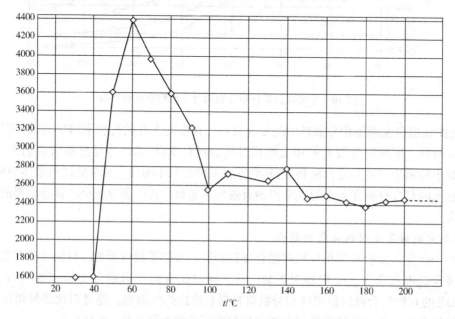

图 12　体积分数为 15%的比热容变化曲线

3.4 体积分数对复合材料密度的影响

密度是复合材料的固有属性，不随温度的变化而变化，但含相变微胶囊的复合材料由于温度变化，微胶囊内部的石蜡逐渐由密度较大的固相变为密度较小的液相，导致复合材料的整体密度随着温度升高，密度曲线有逐渐下降的趋势(图13)，但总体来说密度降低的幅度不大。$D=1mm$，$a=7\%$时，复合材料的平均整体密度为 158kg/m^3；$D=1mm$，$a=9\%$时，复合材料的平均整体密度为 174.5kg/m^3；$D=1mm$，$a=15\%$时，复合材料的平均整体密度为 224kg/m^3；$D=1mm$，$a=20\%$时，复合材料的平均整体密度为 264.5kg/m^3。球形相变胶囊在复合材料 RVE 中的体积分数越大，相变颗粒在立方体中越密集，复合材料的整体密度相应也越大。

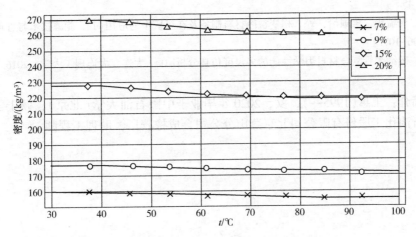

图 13 相变微胶囊体积分数对复合材料密度的影响

4 结论

通过利用 COMSOL、DIGIMAT 等软件模拟了含相变微胶囊颗粒复合材料的微观结构，并以划分的复合材料 RVE 为单位研究复合材料的微观传热性能。观察复合材料 RVE 在研究的温度范围内、相变过程发生前与相变过程发生后的相变体积率与密度、导热系数、比热容等有效热物性参数的变化曲线，得知相变体积率、密度、比热容的变化总是在相变发生时同时发生，基本不受相变微胶囊体积分数的影响。而导热系数的变化则与相变微胶囊的体积分数性质息息相关，当相变微胶囊体积分数大时，相变开始后随着温度升高，发生相变过程的颗粒数较多，对整体的复合材料导热系数影响较为明显。通过设置体积分数为 5%、7%、9%、10%、15%、20% 6 个对照组，综合分析得出：①相变体积率随相变开始呈上升趋势，相变微胶囊体积分数越大，在相同的温度节点下相变体积率就越大，相同大小 RVE 中的相变过程更加明显，但随着温度上升，相变体积率的上升速率逐渐降低，即使同样的颗粒数发生相变需要的温度升高得更多；②导热系数的变化不仅与相变温度有关，还与相变颗粒的体积分数密切相关，体积分数越大，导热系数开始变化所需的温度越低。反之，体积分数越小，发生相变的颗粒对整体复合材料的导热系数影响越不明显，即需要更高的温度才能使导热系数发生变化。导热系数的变化随着温度升高、相变过程的不断进行而减小，但体积分数大的复合材料导热系数在相同温度下的导热系数总大于体积分数小的复合材料导热系数；③复合材料比热容参数与材料其他物理性质相关，到达相变温度时开始变化，在相变过程中受多种因素影响不断发生波动，但随着温度不断升高，比热容将逐渐稳定并趋于定值；④相变微胶囊体积分数越大的复合材料 RVE 密度总是高于体积分数小的复合材料 RVE 密度，而且相变微胶囊体积分数大的复合材料 RVE 密度变化幅度也同样大于体积分数小的复合材料 RVE 密度变化幅度，但整体在相变过程中变化不明显。

参 考 文 献

[1] 汤潜潜. 相变材料微胶囊研究进展[J]. 内江科技, 2020, 41(2): 81-82, 18.

[2] 杨超, 张东, 李秀强. 相变材料微胶囊研究现状及应用[J]. 储能科学与技术, 2014, 3(3): 203-209.

[3] 叶四化, 王长安, 吴育良, 等. 微胶囊技术及其在相变材料中的应用[J]. 广州化学, 2004, 29(4): 34-38, 45.

[4] 张奋奋, 周孟颖, 梁国治, 等. 相变蓄冷材料制备及在煤矿中的应用[J]. 能源技术与管理, 2013, 38(3): 106-107.

[5] 张东凯. 碳纳米管复合材料力学性能的多尺度仿真分析[D]. 大连: 大连理工大学, 2016.

作者简介：王惠(1995—)，女，2020 年毕业于中国石油大学(北京)，硕士学位，现工作于中国石油化工股份有限公司北京燕山分公司合成橡胶厂，助理工程师。

在线射线扫描技术在催化剂冲刷故障处理中的应用

钟 杰

（中国石油化工股份有限公司北京燕山分公司炼油厂）

摘 要 再生滑阀是催化裂化装置关键设备，其作用是调节再生后的高温平衡催化剂循环量，控制两器压差和反应器温度，再生滑阀一旦出现故障，会造成装置停工。针对某80万 t/a 催化裂化装置运行期间再生滑阀阀杆因催化剂冲刷出现阀杆断裂故障，通过在线射线扫描技术对故障进行精准判断并成功对滑阀进行在线修理。本文描述了在线射线扫描技术的应用情况，为催化剂冲刷故障原因分析提供了科学依据，具有一定的借鉴意义与参考价值。

关键词 再生滑阀；射线扫描；催化剂冲刷

1 概述

再生滑阀是催化裂化装置催化剂循环流程中的关键设备，在反应再生流程中，对催化裂化反应温度控制、物料调节及压力控制起到关键作用。在紧急情况下，还起到自保切断两器的安全作用。若再生滑阀出现故障将会直接影响整个装置的长周期平稳运行。某80万 t/a 催化裂化装置再生滑阀运行期间，当滑阀阀位在28%~85%调节时，滑阀压降没有变化，反应温度没有明显变化，说明滑阀实际阀位并没有随着执行机构的输出发生变化。为进一步分析滑阀故障，调节阀门开度小于28%，发现滑阀可以关小，但不能开大，初步怀疑阀杆断裂或者阀板脱离滑道。在该情况下，装置的正常运行受到再生滑阀故障的严重制约。当装置发生异常时，由于滑阀无法及时关闭，将导致装置非计划停工，国内曾多次发生因滑阀故障导致的非计划停工，所以该故障是影响装置安全平稳运行的重大隐患。为进一步判断处理滑阀故障，首次应用在线射线扫描检测手段，判断出滑阀阀杆发生断裂（阀杆与阀板脱开），为故障处理指明方向，消除影响正常生产的重大隐患。

2 在线射线扫描技术的应用

80万 t/a 催化裂化装置再生滑阀为电液单动冷壁滑阀，美国 TAPCO 公司生产，公称直径为 $DN1000$，工作介质为催化剂，工作温度为680℃，压力<0.25MPa，材质为16Mn+衬里+硅交网；阀体金属壁厚19mm，内部92mm 厚隔热衬里+耐磨衬里。通过对再生滑阀调整，分析反再系统参数变化情况，初步判断滑阀阀杆断裂或者滑阀闸板脱离滑道，为进一步验证滑阀故障情况，决定采用在线射线扫描方式对滑阀进行监测，判断滑阀具体故障状况。

2.1 检测原理及方法

γ射线透过物体后的强度，与物体的厚度、密度及物质对射线的吸收系数有关，射线的吸收量是介质密度和厚度的乘积函数，见下列公式。在线检测是利用 γ 射线这个特性进行扫描分析的。通过扫描可以测出设备内部相应部位的密度的变化，从而分析设备内部机械故障情况。

γ射线在物质中的衰减服从指数规律：

$$I = I_0 e^{-\mu_m \rho l}$$

式中 ρ——介质(指吸收物质)密度；

l——透过介质的厚度；

μ——物质的质量吸收系数；

I——射线透过吸收物质后的强度；

I_0——初始(γ射线)强度。

根据再生滑阀的结构，采用直线扫描方式，沿着滑阀阀板的平行方向从上到下进行直线扫描，得到不同位置的密度分布曲线；调节滑阀后，再进行同样的直线扫描检测。滑阀调节2次，分别为阀位43%和75% 2种状态下扫描得到6条密度分布曲线，对比这6条曲线，判断滑阀阀板是否随调节而移动，从而分析该滑阀内部的机械故障情况。扫描方位如图1和图2所示。

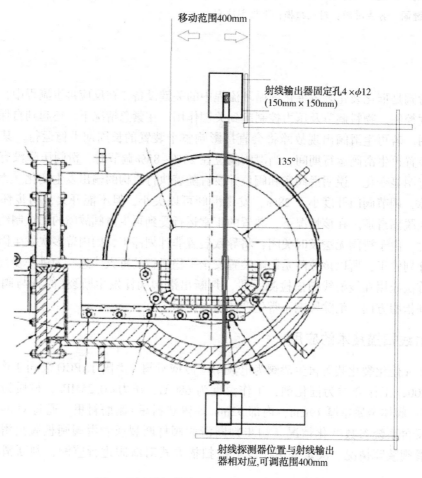

图1 再生滑阀射线扫描示意(红色为射线束)

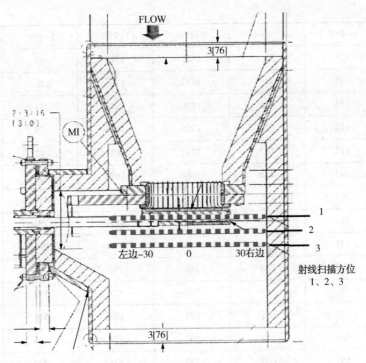

FLOW

3[76]

MI

左边-30   0   30右边

1
2
3

射线扫描方位
1、2、3

3[76]

图2　再生滑阀射线扫描方位(红色为射线束)

2.2　检测数据分析

　　检测扫描线共6条，分别是调整前43%阀位状态下的3条曲线(1-43%，2-43%，3-43%)，调整滑阀到75%阀位状态下的2条曲线(3-75%，1-75%)，最后调回到43%流量状态下的1条曲线(1-43%R)。每条扫描曲线的长度为60cm，扫描间隔为3cm。扫描线数见表1，检测数据见表2，检测结果综合分析如图3所示。

表1　扫描线代号和方位

序号	扫描线代号	滑阀流量	扫描位置	扫描方向
1	1-43%	43%(原始状态)	平行穿过阀板中心位置	
2	2-43%	43%(原始状态)	平行穿过距阀板中心4cm位置	
3	3-43%	43%(原始状态)	平行穿过距阀板中心8cm位置	自西向东，管道中心位置为0，左边为负，右边为正
4	3-75%	75%(调节到75%阀位)	平行穿过距阀板中心8cm位置	
5	1-75%	75%(保持75%阀位)	平行穿过距阀板中心8cm位置	
6	1-43%R	43%(调回到43%阀位)	平行穿过距阀板中心位置	

表2　在线射线检测数据

位置	1-43%	2-43%	3-43%	3-75%	1-75%	1-43%R
-27	119	341	1384	1379	6	71
-24	112	337	1362	1326	12	44
-21	100	339	1434	1363	27	62
-18	108	347	1546	1402	34	64

位置	1-43%	2-43%	3-43%	3-75%	1-75%	1-43%R
-15	128	373	1673	1542	45	85
-12	148	399	1672	1586	56	101
-9	133	406	1720	1672	53	121
-6	144	402	1756	1678	75	132
-3	172	402	1731	1653	92	158
0	192	444	1660	1678	126	170
3	232	730	1568	1607	176	243
6	283	875	1353	1459	274	330
9	321	553	980	1124	233	360
12	427	538	763	763	383	506
15	546	569	740	771	513	727
18	699	662	875	862	510	659
21	601	614	887	877	445	598
24	551	609	782	855	422	620
27	512	654	825	795	370	521

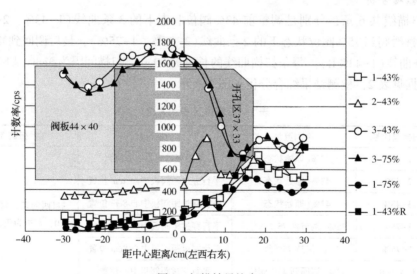

图 3　扫描结果综合

图 4 中显示 2 组对比曲线(3-43%、3-75%、1-75%、1-43%R),分别是 43%和 75%阀位显示状态下,平行穿过阀板中心位置和平行穿过距阀板中心 8cm 位置时的扫描曲线。

由图 4 可以看出:滑阀调节前后,扫描曲线没有发生明显的变化,说明阀板位置基本未变,判断滑阀阀杆与阀板的连接断开,阀门调节无效,阀门打开宽度在 10cm 左右。

根据射线强度(计数率)与密度成反比例的关系,计算出不同位置的相对密度分布,距离阀板不同位置密度分布如图 5 所示。可以得到如下结论:

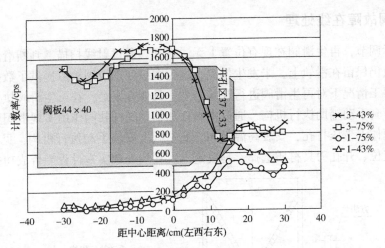

图4　滑阀调节前后扫描曲线对比

（1）绿色的扫描曲线（1-43%）平行穿过阀板中心位置，射线全部被屏蔽，但是部分散射射线被接收，因此形成左侧相对密度较高，打开窗口的位置密度较低。

（2）棕红色的扫描曲线（2-43%）平行穿过距离阀板中心4cm位置，此处位于阀板的边缘部位，由于射线束和射线探测器具有3cm的尺寸大小，因此一部分射线被屏蔽，另一部分射线穿过被接收。另外，在中心偏右的6cm位置，密度偏低。

（3）蓝色的扫描曲线（3-43%）平行穿过距阀板8cm位置，射线未穿过阀板，总体密度较低，由于阀板的屏风效应，阀板后面的固体催化剂颗粒数量较少，形成1个相对密度较低区域。

（4）根据图5判断，阀板位置没有向下发生明显偏移。

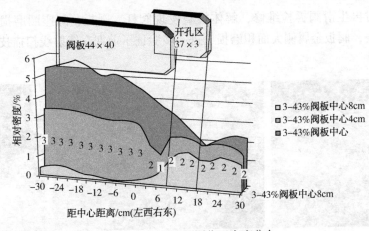

图5　距离阀板不同位置密度分布

2.3　在线扫描检测结果

通过射线扫描检测，可以判断：

（1）再生滑阀打开宽度在10cm左右，滑阀阀位从43%调节到75%，然后又调节回43%，扫描曲线形态未发生明显变化，说明阀板位置未发生变化，滑阀阀杆与阀板脱离。

（2）阀板不同位置扫描曲线对比，表明阀板位置没有向下发生明显偏移。

3 再生滑阀故障在线处理

根据实际调节，再生滑阀在现有位置上无法打开。通过射线扫描，判断滑阀阀板和阀杆已脱离，阀板仍保留在滑轨上，未发生偏离，这为在线处理滑阀故障提供了数据支持和理论依据。在不停工情况下对再生滑阀进行在线修理，具体方案是：在再生滑阀执行机构的对面阀体上增加1套手动辅助执行机构，通过主阀杆和辅助阀杆共同作用实现滑阀正常开关。此方案需要在阀体上带压打孔，安装高温闸阀，此基础上安装手动执行机构，见图6。其中带压开孔位置定位、开孔刀具材质选择，是决定本次在线处理实施过程能否成功的关键。

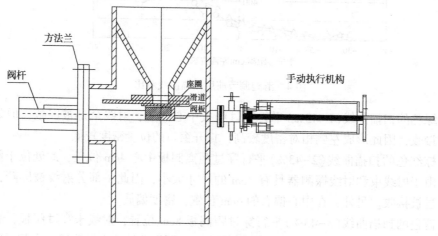

图6 安装手动执行机构

4 再生滑阀故障验证

通过后期对再生滑阀拆检维修，解体检查发现阀杆、阀板、阀座圈磨损严重。阀杆T型头已磨损消失，阀板金属侧大面积磨损，进一步验证了前期在线射线扫描技术结论的准确性(图7)。

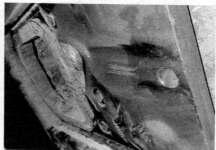

图7 再生滑阀故障

再生滑阀调试成功后，滑阀调节功能正常，运行平稳。本次成功对滑阀故障进行在线处理，既解决了装置平稳运行的一大隐患，也为催化裂化装置再生滑阀的在线处理提供了实践案例，积累了成功经验，主要经验包括：

（1）催化剂冲刷腐蚀是催化裂化装置特有的腐蚀型式，具有破坏性强、扩展速度快等特性，常见于反再系统，特别是对衬里、喷嘴、器壁、烟道等部位。

（2）通过在线射线扫描对滑阀进行射线监测分析，对确定滑阀的具体故障状态有决定性的作用，是在线射线扫描在催化裂化装置滑阀故障判断的成功实践，具有创新性，对催化装置再生滑阀故障在线处理提供了成功案例，具有一定的借鉴意义与参考价值。

参 考 文 献

[1] 马亚斌，李新明，赵佳磊. 再生滑阀在线修复技术在催化裂化装置的应用[J]. 设备管理与维修，2017（3）：67-69.

作者简介：钟杰（1989—），男，2014年毕业于北京化工大学过程装备与控制工程专业，学士学位，现工作于中国石油化工股份有限公司北京燕山分公司炼油厂二催化装置，工程师，主要从事装置设备运行及检修管理、设备技术改造等工作。

长周期运行下的常减压蒸馏腐蚀
风险深度辨识与控制

李松泰

(中国石油化工股份有限公司北京燕山分公司炼油厂)

摘　要　本文总结分析了某炼厂四蒸馏装置以往3个运行周期中出现的典型腐蚀问题,在长周期运行条件下开展了常减压蒸馏腐蚀风险深度辨识与控制,有效查找四蒸馏腐蚀薄弱环节、部位,分析腐蚀风险程度及腐蚀频率,提出并实施相应的防腐对策、措施,薄弱环节的腐蚀情况得到有效的改善与控制,进一步提高了四蒸馏装置抗腐蚀风险能力。本文为蒸馏装置第四次大检修提供参考建议,以及为下一周期平稳运行打下基础。

关键词　长周期运行;常减压装置;腐蚀风险深度辨识;防腐对策

1 常减压蒸馏长周期运行概况

1.1 1000万t/a常减压蒸馏装置简介

作为炼油化工的"龙头",常减压蒸馏装置担负着炼油化工系统原油一次加工的重要任务,为调整产品结构、实现技术升级和可持续发展做出突出贡献。某石化企业四蒸馏装置于2007年7月开车投产,原加工能力800万t/a,设计加工俄罗斯原油、阿曼原油和沙特轻油的混合原油(混合比3∶4∶3),装置设防值硫含量为1.17%(质量分数),酸值为0.5mgKOH/g。四蒸馏装置自2016年8月开始加工中东高硫原油,目前装置设防值硫含量为3.0%(质量分数),酸值为0.5mgKOH/g。

四蒸馏装置投产至今,于2010年、2013年和2016年共进行3次大检修。2013年炼油系统以大检修为契机,对800万t/a常减压蒸馏装置实施减压深拔改造,在生产重质原料的同时,降低减压渣油收率,改造后加工能力1000万t/a。2016年大检修期间,四蒸馏装置进行材质升级的适应性改造,大幅提高了高硫原油的加工比例。

1.2 2007—2016年运行情况

炼油装置设备运行管理经历了事后维修、计划性维修、预防性维修阶段,按照中国石化设备完整性管理体系长周期运行要求,目前部分炼油装置长周期运行需达到4a或5a一修。自2007年开工投产以来,四蒸馏装置经过2007—2010年、2010—2013年、2013—2016年3个3a运行周期。2016年大检修后,至今已运行4.5a,基本达到长周期运行的目标。

四蒸馏装置4个运行周期中,对比了2012—2017年、2017年后原料油种变化(图1)及加工原油硫含量和酸值变化趋势(图2)。可知:原料硫含量逐年提高,酸值略有降低,混合原料平均硫含量由1.4%上升至2.1%。加工原料总体呈劣质化、油品性质多变复杂的趋势。

在前3个周期的运行过程中,四蒸馏常压系顶(挥发线、顶循线)、减压塔顶及空冷、加热炉预热器、水冷器等重点部位出现腐蚀问题及隐患。2010年、2013年及2016年检修及升级改造如表1所示。

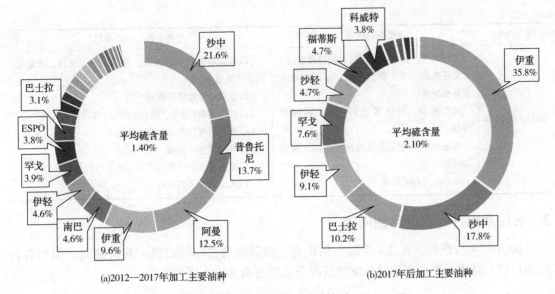

(a)2012—2017年加工主要油种   (b)2017年后加工主要油种

图1 四蒸馏加工油种情况

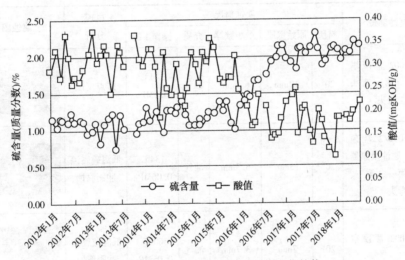

图2 四蒸馏加工原油硫含量和酸值变化趋势

表1 2007—2016年四蒸馏运行主要腐蚀问题

运行周期	主要腐蚀问题	主要检修、改造项目
2007—2010年	常压系统：常顶空冷入口腐蚀 减压系统：减顶空冷泄漏、减压塔内部填料腐蚀 循环水冷却器腐蚀	(1)常压塔更换塔盘及内构件 (2)更换常顶空冷器及部分入口管件 (3)更换减顶空冷器、升级减压塔填料等
2010—2013年	常压系统：塔顶及内构件腐蚀，顶循腐蚀严重，常顶空冷腐蚀 减压系统：减顶三级空冷泄漏、减压塔内部填料腐蚀、高温侧线腐蚀 加热炉预热器腐蚀 三注管线套管泄漏 循环水冷却器腐蚀	(1)减压深拔改造，常顶挥发线增上2台钛管换热器 (2)常压塔顶部及内构件材质升级，更换常顶空冷器及入口管件 (3)减顶空冷器材质升级，减压塔下部填料升级 (4)腐蚀重点部位增加非嵌入式测厚探针 (5)水冷器加装阳极等

运行周期	主要腐蚀问题	主要检修、改造项目
2013—2016年	初馏系统：初馏塔内构件、换热器腐蚀 常压系统：常压塔顶腐蚀，常压炉对流室弯头减薄 减压系统：减压塔填料、减三减四段腐蚀 稳定系统：稳定塔及内构件腐蚀、换热器腐蚀 循环水冷却器腐蚀	（1）常压塔上部材质升级，常四、常渣外甩、常渣管线升级改造 （2）电脱盐系统优化改造 （3）减压系统(减五、减六、减底)管线材质升级 （4）工艺防腐注剂设施完善改造 （5）常减顶空冷更换 （6）腐蚀重点部位增加非嵌入式测厚探针 （7）水冷器加装阳极等

2 长周期运行的典型腐蚀问题

2016年大检修至今的第4个运行周期内，四蒸馏装置陆续出现一些腐蚀问题制约着长周期运行，其中6项典型问题的腐蚀情况及机理分析如表2所示。

表2 2016年至今四蒸馏典型腐蚀问题及机理分析

时间	腐蚀部位	腐蚀概况					机理分析	腐蚀图片/形貌
		材质	原始壁厚	最小壁厚	介质	操作工况		
2017年	C1002 常压塔顶出口第一弯头及第二弯头	20#	12mm	6.7mm	油气	144℃ 0.1MPa	露点腐蚀	
2017年	E1002/2 常顶油气-原油换热器出口第一、第三、第四弯头	20#	13mm	6.3mm	油气	134℃ 0.06MPa	低温硫腐蚀冲刷腐蚀	
2017年	A1002 常顶空冷出口	20#	7mm	3.7mm	油气	60℃ 0.05MPa	低温硫腐蚀冲刷腐蚀	
2019年	E1510 初顶水冷器、E1511 常顶水冷器壳体	20R	16mm	7.5mm	循环水	40℃ 0.4MPa	垢下腐蚀	
2019年	减四线	1Cr5Mo	6mm	2.8mm	减四线油	300℃ 1.3MPa	高温硫腐蚀环烷酸腐蚀	
2019年	常顶放空线	20R	10mm	4.0mm	放空气	300℃ 0.3MPa	积液腐蚀低温硫腐蚀	

在运行周期的早期阶段(2017年)，四蒸馏装置常压系统冷凝回路首先产生了腐蚀问题，换热器出口弯头减薄程度接近50%。常顶出口弯头处由于露点腐蚀产生减薄；常顶油气换热器出口弯头因低温硫腐蚀及冲刷腐蚀产生减薄，该部位进行贴板处理，在后续运行中再次发生腐蚀减薄；常顶空冷出口由于低温硫腐蚀产生减薄，改善工艺防腐注水注剂方式后，腐蚀速率逐渐降低。

在运行周期的中后期(2019年后)，四蒸馏装置初常顶冷换设备、减压系统重油线、常顶放空线等部位陆续产生腐蚀，减薄程度为40%~50%。初常顶冷凝回路水冷器早在2016年检修已发现0.5~3mm的垢下腐蚀坑，后续对筒体进行腐蚀监检测，结果显示腐蚀程度逐渐加深；经评估2016年后减四线仍旧采用升级前的1Cr5Mo材质，运行过程中多处部位(回流阀组及前后管线弯头)由于高温硫腐蚀及环烷酸腐蚀产生减薄；常顶放空线的多处部位由于低温露点腐蚀也产生了减薄。

3 腐蚀风险深度辨识

为提高四蒸馏腐蚀风险评价准确性，精确查找、定位不同程度的腐蚀隐患。本文结合长周期运行的腐蚀问题，从腐蚀回路、定点测厚检测、防腐探针监测、工艺防腐分析、腐蚀专项排查5个方面对四蒸馏装置进行腐蚀风险深度辨识，得出高腐蚀风险的薄弱环节及部位，从而有针对性地对腐蚀风险进行控制，制定相应的防腐对策。

3.1 腐蚀回路

腐蚀流程图是根据工艺流程及设备信息对装置开展腐蚀机理分析，确定装置的主要腐蚀类型。划分腐蚀回路有利于在全局高度掌握腐蚀物质分布及可能发生的腐蚀类型。由图3可知，四蒸馏装置主要腐蚀区域及类型主要包括：易发生酸露点减薄腐蚀、点蚀及应力腐蚀开裂初常顶冷凝回路、易发生高温硫腐蚀的均匀腐蚀、高温环烷酸腐蚀的点蚀和冲刷腐蚀的常压转油线回路和易发生高温硫腐蚀的均匀腐蚀、高温环烷酸腐蚀的点蚀和冲刷腐蚀的减压侧线回路等24条腐蚀回路。

3.2 定点测厚检测

四蒸馏装置设置了445处定点测厚部位，共1335个测厚点位。根据近几年的定点测厚检测数据，基于腐蚀速率和减薄程度，筛选出114处重点监测部位。将其中腐蚀减薄率>40%的34处作为重点项目进行隐患治理与腐蚀风险控制。在装置运行期间定点测厚过程中，发现常顶换热器E1002/2出口弯头、减四线P1042出口线严重减薄等典型腐蚀问题。

3.3 防腐探针监测

目前，四蒸馏装置安装了在线防腐探针、非嵌入式在线测厚探针、pH计三种类型共73个监测探针。初顶、常顶和减顶含硫污水线安装的在线pH计反馈工艺防腐注剂效果，实现对三顶含硫污水pH值的准确控制；9个在线防腐探针实现对重点管线腐蚀速率变化的监控；61个非嵌入式在线测厚探针涵盖了四蒸馏装置高低温管线等部位，实现对装置中重点管线壁厚的监测。探针监测显示(图4)，原油线、常压塔体、减压塔挥发线、减三线、碱渣线均存在腐蚀速率过高的部位。

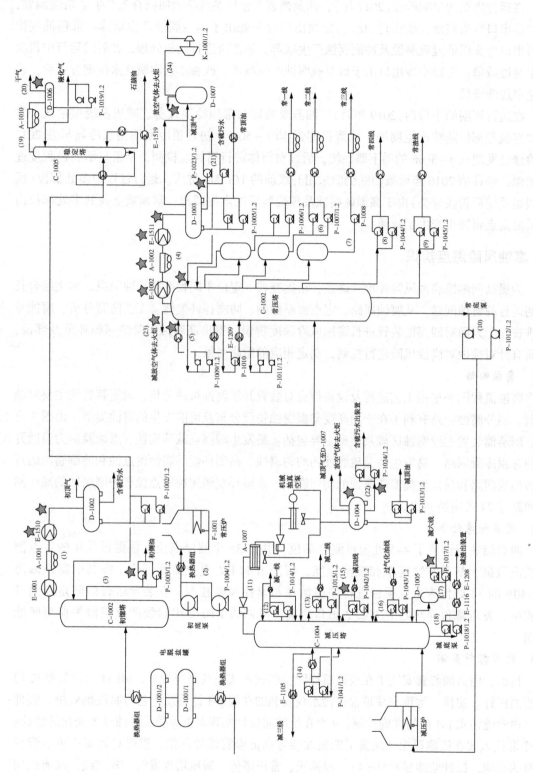

图3　四蒸馏装置腐蚀回路示意

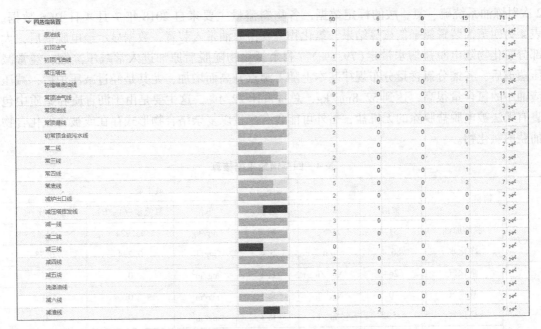

图 4　非嵌入式在线测厚探针监测情况

3.4　工艺防腐分析

3.4.1　电脱盐分析

四蒸馏电脱盐为二级智能响应电脱盐系统，目前电脱盐罐处理能力、温度、混合压差、注破乳剂等操作条件均处于合理范围，变压器电流也正常。脱后盐含量和总氯比较稳定，电脱盐总体运行效果良好。2020 年四蒸馏脱后盐含量平均为 2.59mgNaCl/L，总脱盐率平均为 95.8%，脱后含盐、脱后含水达标率为 100%。

3.4.2　含硫污水分析

表 3 统计了 2019—2020 年四蒸馏三顶含硫污水的化验情况。从数据来看，常顶氯离子含量偏高，平均为 124.9mg/L，最高达到 333.6mg/L，尽管电脱盐效果良好，但是由于脱后原油中仍含有少量有机氯；铁离子含量正常；pH 值采用的在线 pH 计测量，四蒸馏三顶水的 pH 值测量数据，从总体平均来看均处于呈弱酸性的正常水平。

表 3　2019—2020 年四蒸馏塔顶含硫污水化验数据

样　品	初顶含硫污水			常顶含硫污水			减顶含硫污水		
	平均	最小	最大	平均	最小	最大	平均	最小	最大
氯离子/(mg/L)	22	3	122.3	124.9	9.1	333.6	19.7	3	188.3
铁离子/(mg/L)	0.42	0.03	2.56	0.65	0.03	4.6	0.43	0.04	1.86
硫化物/(mg/L)	104	6.5	432	175.5	25.8	585.2	167	22.6	650.2

3.4.3　氯腐蚀分析

由表 3 可知：常顶氯离子持续偏高。与硫化物相比，氯离子更容易进入水相，是导致塔顶低温系统腐蚀和结盐的关键因素。进一步对四蒸馏原料和各个侧线氯分布情况进行分析，并对整个装置的氯平衡情况进行核算。其中，氯含量主要来自 2018 年 8 月 21 日某石化企业

2 次对炼油系统硫、氯、酸的标定数据，各物料流量主要来自 2018 年 7 月 4 日 DCS 数据。
表 4 为四蒸馏装置氯平衡核算结果，氯化物主要由原油带入装置，数据显示经电脱盐后，大
部分氯化物随电脱盐切水带走(79.5%)。剩余氯化物随脱后原油进入常减压蒸馏，经常减
压蒸馏后，各馏分氯含量分布规律基本上随着沸点升高而增加，尤其是经过减压炉后，减压
渣油中的氯含量很高，达到 52.8mg/kg，总量占比 22.4%，这主要是由于沥青质和蜡质中包
裹有无法被电脱盐脱除的无机盐，另外可能含有少量以复杂络合物形式存在或被含氮化合物
捕获的氯化物。

表 4　四蒸馏氯平衡核算

物料		流量		氯平衡			
		数值	单位	总氯	单位	氯流量/(kg/h)	氯占比/%
入方	脱前原油	781.1	t/h	70.7	mg/kg	55.224	99.47
	净化水	86.4	t/h	3.4	mg/L	0.294	0.53
出方	常顶气	264	Nm³/h	0.1	mg/m³	0	0
	减顶气	0	Nm³/h	0.1	mg/m³	0	0
	稳顶气	1532	Nm³/h	0.1	mg/m³	0	0
	稳顶液化气	2.5	t/h	—	mg/m³	0	0
	石脑油	84.3	t/h	0.2	mg/L	0.024	0.04
	常顶油	38.4	t/h	0.2	mg/L	0.011	0.02
	常一线	108.5	t/h	0.66	mg/L	0.091	0.16
	常二线	110.7	t/h	0.76	mg/L	0.101	0.18
	常三线	65.1	t/h	0.43	mg/L	0.032	0.06
	常四线	14.5	t/h	3	mg/kg	0.05	0.09
	减一线	0	t/h	5.33	mg/kg	0	0
	减二线	44.8	t/h	2.8	mg/kg	0.125	0.23
	减三线	60.8	t/h	2.9	mg/kg	0.176	0.32
	减四线	60.4	t/h	3.1	mg/kg	0.187	0.34
	减五线	9.7	t/h	6.3	mg/kg	0.061	0.11
	减底渣油	235.3	t/h	52.8	mg/kg	12.424	22.38
	含盐污水	65	t/h	679	mg/L	44.135	79.5
	常顶含硫污水	13.8	t/h	122	mg/L	1.684	3.03
	减顶含硫污水	17.8	t/h	15	mg/L	0.267	0.48
损失						-3.85	-6.93

3.5　腐蚀专项排查

腐蚀专项排查是系统评价装置现阶段腐蚀状况最有效的手段之一，从另一维度加强了具
体部位防腐蚀策略有效性和主动查找特殊环境、腐蚀行为的腐蚀隐患和防腐蚀薄弱环节。为
准确四蒸馏腐蚀状况与查找腐蚀隐患，近两年针对四蒸馏装置，开展了外腐蚀及小径管、阀
门井排查、常压塔顶循线、瓦斯分液罐切液线等 11 项腐蚀专项排查，筛查腐蚀问题与隐患
部位，排查情况详见表 5。

表5 四蒸馏装置腐蚀专项排查

序号	腐蚀专项排查	排查数量	问题数量	主要腐蚀问题
1	安全阀放空线死区排查	155	12	分液罐、回流罐顶安全阀弯头、直管减薄
2	小径管隐患排查	794	0	—
3	阀门井排查	11	2	新鲜水阀门井导淋、管线外腐蚀
4	引压管排查	56	2	外腐蚀
5	危化品压力管道排查	291	0	—
6	常压炉转油线及出口管线排查	43	0	—
7	常压塔顶循线	20	0	—
8	初馏塔初侧油线	88	3	初侧泵出口弯头、初侧阀组弯头减薄
9	高温管线	51	0	—
10	瓦斯分液罐切液线	7	0	—
11	压差流量阀组副线	224	28	减四线内回流阀组弯头、三通减薄,稳定塔顶回流罐顶出口阀组跨线弯头及直管减薄

3.6 腐蚀风险深度辨识结果

对以上5个方面分析结果从5个维度进行腐蚀风险深度辨识,准确定位四蒸馏腐蚀薄弱环节、部位,腐蚀风险程度、腐蚀频率高低,结果用气泡图(图5)进行展示。X轴表示腐蚀问题对应的腐蚀回路编号(腐蚀回路1~24);Y轴表示腐蚀问题所在腐蚀回路的具体部位(0代表腐蚀回路起始位置,1代表腐蚀回路终点位置);气泡大小代表相关部位腐蚀出现的问题数量,气泡越大则问题数量越多;气泡密度代表腐蚀发生的频率,密度越大则频率越高;气泡颜色表示腐蚀风险程度(综合腐蚀减薄程度、剩余寿命及发生腐蚀泄漏产生的后果),由红→黄表示腐蚀风险高→低。

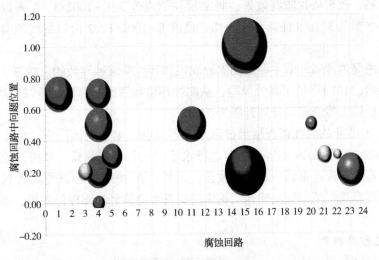

图5 四蒸馏腐蚀风险深度辨识

四蒸馏腐蚀问题与隐患集中于腐蚀回路1、3~5、11、15、20~23(腐蚀回路编号对应图3),腐蚀回路4(常压塔顶油气回路)的腐蚀隐患最多,腐蚀问题与隐患主要位于腐蚀回路的起始至中间部位。从问题数量来看,腐蚀回路15(减四线回路)出现腐蚀问题最多,位于回路起始和重点位置。从腐蚀发生的频率来看，腐蚀回路 4、15 腐蚀风险较高。从腐蚀风险程度来看，腐蚀回路 15 的起始部位风险最高，腐蚀回路 15 终点位置、腐蚀回路 11（减压塔顶油气线回路）中段位置腐蚀回路 4 起始位置腐蚀风险较高，腐蚀回路 4 和 1（初馏塔顶油气线回路）中段位置腐蚀风险次之。

综上，四蒸馏减四线回路、常压塔顶油气回路、减压塔顶油气线回路、初馏塔顶油气线回路、放空油气线回路为腐蚀风险薄弱环节，减四线回路起始部位回流阀组、减四线回路 E-1221 管程入口处、初常减顶油气线回路出口、常顶换热器 E1002 出口、常顶空冷 A1002 及水冷器为高腐蚀风险薄弱点。

4 腐蚀风险控制与防腐对策

在四蒸馏装置防腐蚀策略的基础上，结合四蒸馏装置长周期运行过程中的问题、工艺防腐分析、设备腐蚀监检测情况与腐蚀风险深度识别结果，提出四蒸馏装置相应的防腐对策与措施如下。

4.1 针对性处理制约长周期运行的薄弱环节

四蒸馏初常减顶挥发线、顶循线回路腐蚀情况是实现长周期运行最重要的环节之一，涉及的腐蚀机理为露点腐蚀、低温硫腐蚀和冲刷腐蚀，根本对策是提高原料性质、品质，并对如上部位进行材质升级，辅助工艺防腐和设备腐蚀监检测，开展重点监控部位持续监检测和腐蚀问题及隐患治理。

在常顶冷凝腐蚀回路中，常顶油气-原油换热器 E-1002/2 多个弯头为腐蚀薄弱环节主要是偏流使进入 E-1002/2 液相量较少，露点腐蚀位置转移且腐蚀介质浓度高导致的。其次，E1002 升级为钛管换热器和低等级的 E-1002/2 出口（20#）间形成电偶腐蚀，加剧 E1002/2 出口的腐蚀速率。对此项薄弱环节进行了充分研究，采取将常顶挥发线的注剂点更改为高效分布器，改善塔顶防腐效果；将常顶注剂点改为 E-1002/1，2 入口的方案，同时将常压塔顶注水量从 3.1t/h 提高至 6.5t/h，目前 E-1002/1，2 出口管线的腐蚀问题已得到有效控制。

减四线回路腐蚀薄弱环节主要是高温硫腐蚀和环烷酸腐蚀导致的。减五、减六、减底等管线材质升级后（316L）降低了腐蚀风险，从腐蚀环境和管线减薄情况看减四线 1Cr5Mo 材质等级偏低，在后续大检修期间计划升级为 316L。

2013 年、2016 年的腐蚀调查结果显示水冷器点蚀、垢下腐蚀严重，也作为四蒸馏装置腐蚀薄弱环节之一。在 2019 年运行期间进行水冷器运行流速测算、分析、控制，优化水冷器运行，水冷器运行流速得到一定程度改善。另外，在 2021 年检修期间计划通过精准计算阳极用量、合理布局规范阳极安装施工等措施提升水冷器牺牲阳极保效果，提高水冷器抗腐蚀风险能力。

4.2 优化工艺防腐措施

定期做四蒸馏装置的硫、酸、氯和氮等元素的平衡工作，加强原油氯化物的监控。稳定电脱盐操作，成立课题进行技术攻关后，采取在常顶换热器入口管线增加注剂点；调整常压塔顶注水量、控制常顶含硫污水 pH 值、调整缓蚀剂品种和注剂量等措施优化工艺防腐。

从工艺防腐影响最密切的常顶油气线回路监测数据来看，腐蚀速率由原来的 0.91～1.88mm/a 降到 0.1mm/a，表明工艺防腐措施改进的有效性。

4.3 "设备腐蚀监检测+腐蚀专项排查"的防腐蚀管理网络

在日常运行过程中,测厚探针+定点测厚可以保证掌握装置大部分重点部位腐蚀情况。装置腐蚀影响因素多,极有可能发生还未被识别的特殊腐蚀问题。故将设备腐蚀监检测(测厚探针+定点测厚)作为日常防腐的横向管理,将腐蚀专项排查作为纵向管理弥补腐蚀监检测的不足,形成互补的防腐管理网络,及时掌握实际情况,避免快速腐蚀的出现。

5 结论

炼油装置及设备长周期的正常稳定连续运行需要长效、精细的防腐蚀管理提供支撑。四蒸馏装置从腐蚀回路、定点测厚检测、防腐探针监测、工艺防腐分析、腐蚀专项排查等5个方面开展了腐蚀风险深度辨识,有效查找出减四线回路、常压塔顶油气回路、减压塔顶油气线回路、初馏塔顶油气线回路、放空油气线回路等腐蚀风险薄弱环节与高腐蚀风险部位。着重通过针对性处理制约长周期运行的薄弱环节、优化工艺防腐措施、完善以"设备腐蚀监检测+腐蚀专项排查"防腐管理网络方面有侧重地进行日常防腐蚀管理与隐患治理,维护装置稳定、高效运行,提升整体生产质量及经济效益。

参 考 文 献

[1] 屈定荣,牟善军,刘小辉,等. 炼油企业设备完整性管理初始状态评价探索与实践[J]. 安全、健康和环境,2017,17(6):48-51.

[2] 呼永红. 基于长周期运行下的炼油装置设备管理与维修研究[J]. 中国石油和化工标准与质量,2013(4):188.

[3] 张世凯. 长周期运行下的炼油装置设备管理与维修探析[J]. 化工管理,2016(10):202.

[4] 刘俊杰. 常减压蒸馏装置腐蚀原因及防腐措施探析[J]. 当代化工研究,2019,41(5):181-182.

[5] 佚名. 腐蚀与防护手册(第1卷)——腐蚀理论、试验及监测[M]. 北京:化学工业出版社,2009.

[6] 段永锋,于凤昌,崔中强,等. 蒸馏装置塔顶系统露点腐蚀与控制[J]. 石油化工腐蚀与防护,2014,31(5):29-33.

[7] 严伟丽. 炼油装置的防腐蚀管理[J]. 石油化工腐蚀与防护,2012,29(1):41-44.

[8] 刘艺. 常减压蒸馏装置长周期运行的影响因素及对策[J]. 石油化工腐蚀与防护,2015,32(2):50-53.

[9] 易轶虎. 长周期运行下的炼油装置设备管理与维修探索[J]. 设备管理与维修,2012(12):14-17.

作者简介:李松泰(1990—),女,2016年毕业于中国石油大学(华东)化工机械专业,硕士学位,现工作于中国石油化工股份有限公司北京燕山分公司炼油厂,工程师,从事炼油设备腐蚀管理工作。

蒸汽凝液线异常减薄原因分析与应对措施

张青竹 李镇华

(中国石油化工股份有限公司北京燕山分公司化学品厂)

摘 要 蒸汽回水线弯头冲刷腐蚀一直是化工生产过程中的普遍问题,对蒸汽回水弯头的检测也是设备维护的重点内容。某公司苯酚丙酮装置的蒸汽凝液线在装置运行时出现漏点,日常定点测厚维护策略未能及时发现减薄情况,对苯酚装置的中压蒸汽凝液线进行深入排查分析,发现管道弯头存在异常减薄问题。通过对管道腐蚀原理分析,并对现场工艺流程及管道布置情况进行综合研究,最终判断管道内存在严重的气液两相流问题,管道减薄严重的管件剩余壁厚已不能满足生产装置运行要求,对装置中压蒸汽凝液线异常减薄原因进行分析,发现存在管道布置设计缺陷,采取对应的检修维护措施,改进管道维护策略,保证装置能够安全稳定运行。

关键词 气液两相;减薄;预防

压力管道是具有爆炸危险的特种承压设备,承受着高温、高压,一旦发生事故,将给社会经济、生产和人民生命财产带来巨大损失和危害。弯头作为管道的重要组成部分,因结构的特殊性相对于其他管件而言,弯头在管道内流体介质的作用下更易遭受冲刷腐蚀而失效,因此弯头成为管道整体环节中的薄弱环节。研究并掌握压力管道的失效机理并采取有效措施对连续安全生产具有重要意义。燕山石化苯酚装置蒸汽流程为来自界区外的高压蒸汽(4.0MPa)经高压用户后,凝液进入2014F闪蒸成2.0MPa的中压蒸汽和凝液,蒸汽由罐顶部引出,供给中压设备用户使用,罐底凝液经液位控制送至中压凝液闪蒸罐2015F,中压设备用户蒸汽凝液汇入2014F至2015F液相线主管中,一同进入2015F液相(图1),装置界外高压蒸汽压力达到4.0MPa(温度约370℃),2014F设备中压蒸汽达到压力2.0MPa(温度约250℃),低压蒸汽压力0.25MPa(温度约135℃)。

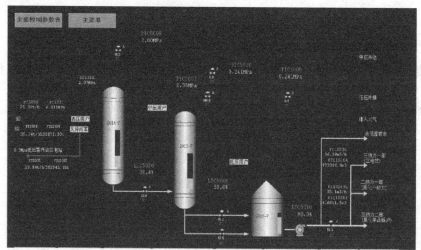

图1 二苯酚装置蒸汽系统 DCS 流程

装置 3 台中压设备用户粗苯酚塔再沸器 313C、酚精制塔再沸器 317C、苯预热器 0102C 的中压蒸汽回水在 2014F 液相线出口管路后半程并入，2014F 液相线管道规格为 *DN*150，外径为 168mm，单线图如图 2 所示。

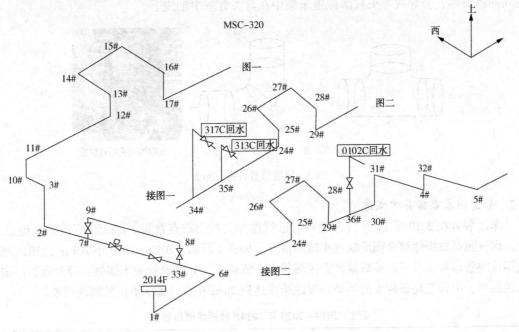

图 2　装置 2014F 液相出料线单线图

1　蒸汽回水管线腐蚀机理及影响因素

冷凝水管道的腐蚀主要包括：CO_2 腐蚀、溶解氧腐蚀及多相流腐蚀。为了能准确找到不同类别腐蚀的应对措施，需要结合腐蚀机理，分析管道腐蚀的主要原因。由于高温蒸汽回水中氧气及 CO_2 的溶解能力极低，因此蒸汽回水管道主要为多相流腐蚀，并多常见于弯头、变径等流型突变处。这主要是由于实际工业管道中，管道内流体的运动具有脉动性，又有重力、温度的影响，弯头处受的应力会更大，此时蒸汽冷凝水管线还存在气蚀。蒸汽冷凝水的回收温度为 135℃ 左右，此时管道中液态水与高温蒸汽共存，当此种介质通过管线弯头部分时，管路内压力降低，有部分液态水汽化，在这些管道结构突变处，蒸汽增多，瞬间膨胀的蒸汽会对管道内壁产生很大的冲刷力，造成气蚀，这种形式的腐蚀主要危害是使管线的壁厚减薄。因此，蒸汽回水系统的高流速、高压差及杂质会加速管道冲刷腐蚀。

2　管道运行间出现的问题

2.1　管道日常维护策略

苯酚装置 2014F 至 2015F 中压凝液管道弯头在装置 2016 年 6 月大修期间全部进行更换，原始壁厚为 12mm（制造误差在 0.3mm 左右），随后每年管道进行日常定点测厚，原定点测厚方案是在管件易冲刷部位布置 3 点进行测厚，测厚周期为 6 月/次，如图 3（a）所示的 A、B、C 点位。但在 2019 年 4 月出现的弯头漏点如图 3（b）所示，漏点位置偏离测点位置，测点数据未能及时反映管道减薄情况，制定的管道定点测厚维护策略存在问题。此条管道总长度约200m，如图2所示，管道管件如弯头与三通等部位达到36个，并设立三处管道U弯布置（防管道异常受力），而这些管件直接影响流体局部速度及传质速率，管线弯头处会加速流体流动和湍流程度，管件会受到更严重的流动加速腐蚀，使介质流动不均匀，不顺畅，出现局部涡流等，会导致弯头减薄位置未集中在弯头背弯中轴线上。

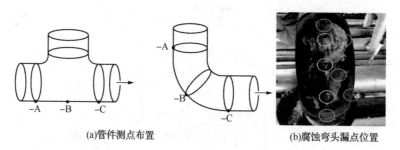

(a)管件测点布置　　　　　　　　(b)腐蚀弯头漏点位置

图3　原管道管件测点布置

2.2　管道测厚数据异常减薄

苯酚装置在2019年11月后开始对管道管件加大检测布点数量，DN150弯头测点超过20处，保证测厚数据能够全面反映弯头减薄情况。如表1所示，2019—2020年2014F液相线测厚数据反映管道弯头及三通处减薄严重区域集中在管道3个U弯及管道末端处，符合管道冲刷的腐蚀原理，但管道局部弯头的年平均腐蚀速率达到2mm左右，属于不正常腐蚀现象。

表1　2019—2020年2014F液相线测厚数据

管线号	测点编号	原始壁厚/mm	2019年4月	2019年11月	2020年6月
MSC-320-6	MSC-320-6-4-2	12.0	10.6	5.3	—
MSC-320-6	MSC-320-6-5-2	12.0	11.0	3.9	—
MSC-320-6	MSC-320-6-20-2	12.0	11.1	10.9	5.9
MSC-320-6	MSC-320-6-26-2	12.0	11.5	11.4	7.7
MSC-320-6	MSC-320-6-28-1	12.0	10.9	10.7	6.6
MSC-320-6	MSC-320-6-28-2	12.0	11.2	6.7	6.1
MSC-320-6	MSC-320-6-28-3	12.0	11.4	11.2	6.4
MSC-320-6	MSC-320-6-29-1	12.0	11.5	11.4	6.0
MSC-320-6	MSC-320-6-29-2	12.0	11.2	7.1	5.8
MSC-320-6	MSC-320-6-29-3	12.0	11.4	11.2	6.1
MSC-320-6	MSC-320-6-31-1	12.0	9.9	9.7	7.3
MSC-320-6	MSC-320-6-31-2	12.0	9.7	3.5	—
MSC-320-6	MSC-320-6-32-2	12.0	11.2	4.2	—

3　管道异常减薄原因分析

3.1　管道存在汽液两相冲刷腐蚀

装置经过排查，现场实测了2014F相邻布置的液相出料调节阀组处前后压力，阀组处减压严重（图4），由2.0MPa降至0.75MPa，查找水的饱和蒸汽压与温度对照表，水在压力0.8MPa对应温度为170.42℃，而2014F设备内蒸汽凝液温度接近250℃，说明2014F设备内的蒸汽凝结水在经过调节阀组流动过程中，凝液会部分减压成蒸汽，形成汽液两相流，造成气泡冲刷腐蚀。当汽液混合物中水蒸气以气泡形式浓缩于管道中间，气泡破裂时产生的冲击波压力可高达 400 个标准大气压，使金属保护膜破坏，并引起塑性形变，甚至撕裂金属粒子。金属保护膜破口处裸露的金属受腐蚀后随即又重新形成保护膜。在同一点上又形成新空泡，又随即破裂，这个过程反复进行，造成金属表面形成致密而深的孔。一般管壁的冲刷腐蚀是均匀减薄的，但当流体突然改向处，如弯管、三通、变径管等部位，管子腐蚀要比其他部位要严重，甚至穿孔。冲击腐蚀的形貌，轻的痕迹为疏松的针状麻面，严重时为蜂窝状或海绵状，已更换的管道弯头缺陷符合此类故障特征。

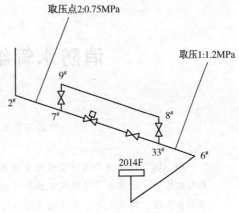

图 4　2014F 液相出料调节阀组单线图

3.2 装置 2014F 液相线主管道支线影响

通过排查粗苯酚塔再沸器 313C、酚精制塔再沸器 317C、苯预热器 0102C 3 个中压蒸汽用户，发现再沸器 317C 蒸汽凝液罐旁路闸阀内漏，凝液罐未形成有效液封，中压蒸汽包含的汽液两相流直接并入中压蒸汽凝液线，更加剧主管道后半程的空泡腐蚀。研究表明：决定弯头抗冲刷能力的关键因素是材质硬度，对本条蒸汽回水线进行全面检查后发现，全部弯头硬度合格，不存在材质缺陷。

4　应对措施

（1）优化管道定点测厚维护策略，对装置所有的中压蒸汽凝液与高压蒸汽凝液线优化测厚点部位，扩大保温开孔面积，增加弯头环向测点，保证检测数据能够全面反映弯头冲刷减薄情况，避免将弯头减薄最严重点遗漏。

（2）对于管道弯头严重减薄点采取贴板补强及加应急卡具的措施，装置利用局部停车检修机会更换 317C 蒸汽凝液罐泄漏阀门，并对现场蒸汽及凝液阀门进行逐项排查及消缺。现阶段考虑 2014F 液相线腐蚀减薄情况，决定升级管道弯头材质，通过对比不锈钢材质和钢衬陶瓷材料的耐腐蚀性能及价格后，装置决定在大检修期间将 2014F 液相线弯头更换成钢衬陶瓷弯头，提高管道弯头抗空泡腐蚀能力。

5　总结

装置的蒸汽系统伴随装置改扩建进行过改造，2014F 设备及管道布置发生了重大改变，通过上述 2014F 液相线异常腐蚀减薄的分析，可以得出装置工艺流程及管道布置存在问题，中压蒸汽凝结水在经过罐底调节阀组流动过程中，蒸汽凝液减压在管线内形成汽液两相流，造成气泡冲刷腐蚀。在设计阶段确定工艺流程及管道布置时，要避免空泡腐蚀发生，确定凝结水管径时应充分考虑汽液的混相率，并留有充分的余量。装置将持续优化蒸汽及凝液管线检测工作，优化管道维护策略，加强与工艺专业沟通，及时发现蒸汽系统异常运行工况，择机进行设计更新改造，保证装置安全平稳运行。

作者简介：张青竹（1992—），女，2015 年毕业于辽宁石油化工大学，学士学位，现工作于中国石油化工股份有限公司北京燕山分公司化学品厂，从事设备管理工作。

消防水管结瘤腐蚀失效分析

茅柳柳

（中国石化上海高桥石油化工有限公司）

摘 要 某炼油厂消防管道发生腐蚀失效，管道内壁存在大量腐蚀瘤。通过宏观观察、金相组织检验、扫描电子显微镜观察和能谱分析等方法对失效管道进行分析，探究腐蚀瘤的成因及腐蚀机理。结果表明：管道内消防水的高含氧量以及较差的流动性是腐蚀瘤产生的关键因素；腐蚀瘤基于电化学原理对管道进行腐蚀。

关键词 腐蚀瘤；浓差电池；失效分析

火灾事故严重影响化工厂区的生产安全，消防系统能够安全可靠运行是预防火灾的重要保障。随着运行时间增长，化工厂区的消防系统会不可避免地出现老化、腐蚀失效的现象。为了提高可靠性，为消防设备管理提供科学依据，需要对出现的腐蚀失效现象进行详细分析。

腐蚀瘤作为一种典型的腐蚀形貌，常常出现在城市供水系统中。腐蚀瘤不仅会影响管道中的水质，而且随着腐蚀瘤长大，会逐渐腐蚀管材，严重时甚至会导致穿孔泄漏。本文对某化工厂出现腐蚀失效的消防管道进行分析，探究腐蚀瘤的成因及腐蚀机理，为类似服役情况下的管道腐蚀防护，以及出现此类形貌的失效案例分析提供参考。发生失效的管道材质为20号钢，位于化工厂区消防泵房总管入口附近，与厂区外消防管线联通，管内为消防用水。由于消防用水管线独立于生产生活用水管线，使用频率低，失效管道内的消防用水流动性较差。

图1 消防管的宏观腐蚀形貌

1 理化检验与结果

1.1 腐蚀形貌分析

从管道口向内观察，如图1所示，可以看到：管道内壁覆盖1层红棕色腐蚀垢，已经无法直接看到管壁本身。腐蚀产物在局部形成"腐蚀瘤"，遍布管壁。劈开管壁后发现，腐蚀瘤大小、高度均有不同，绝大多数成圆形，如图2(a)所示。用工具敲击腐蚀瘤，表面有1层较硬的壳，破坏表壳后，内部较为疏松。将腐蚀瘤除去，大部分腐蚀瘤底部有半球形的凹坑，如图2(b)所示，管子被腐蚀减薄。

使用扫描电子显微镜(SEM)对腐蚀瘤底部进行观察，如图3所示。管壁表面凹凸不平，分布有颗粒状的腐蚀产物，在局部呈现疏松的分层形貌。

(a)腐蚀瘤形貌　　　　　　　(b)腐蚀瘤底部形貌

图2　管道内部形貌

图3　腐蚀瘤底部微观腐蚀形貌

1.2　化学成分分析

将管道取下一块作为样品，进行化学成分分析，与 GB 6479—2013《高压化肥设备用无缝钢管》进行比较后发现，管子各项元素含量均在正常范围内，可排除由于管子材质不达标导致腐蚀(表1)。

表1　样品的化学成分

元素	含量/%	元素	含量/%
C	0.220	Cr	0.074
S	0.013	Ni	0.064
Si	0.280	Mo	0.010
Mn	0.460	Cu	0.140
P	0.021	V	—

1.3　金相组织分析

在腐蚀瘤底部和管体未腐蚀部位分别截取试样，镶嵌、研磨和抛光后，用体积分数为

3%的硝酸酒精溶液侵蚀,使用金相显微镜观察显微组织,对腐蚀瘤底部和管道基体的金相组织进行分析。在腐蚀瘤底部分布大量大小不等的凹坑,见图4(a),凹坑呈半椭圆形,有向内部发展的趋势。管道基体的金相组织如图4(b)所示,基体和凹坑处的金相组织正常,为铁素体和珠光体。

(a)腐蚀瘤底部凹坑(200×)　　　　　　(b)管道基体(500×)

图4　管道金相组织

1.4　腐蚀产物分析

将腐蚀瘤取下,进行能谱分析(EDS)和X射线衍射分析(XRD),结果分别如图5、图6所示。能谱分析主要检测到Fe、O元素,另有少量的C、Si、Ca、Mn、S元素。由于消防系统使用江水作为消防水,检测到的C、Si、Ca等元素可能来源于江水中的微生物和其他有机物。XRD分析结果表明腐蚀瘤的主要成分为$Fe(OH)_3$及Fe的氧化物。

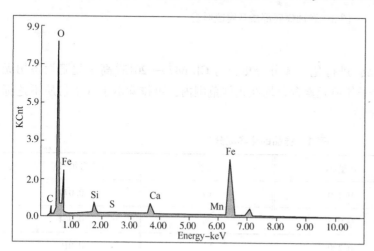

Element	wt%
C	03.29
O	25.34
Si	01.67
S	00.22
Ca	03.25
Mn	01.05
Fe	65.18

图5　腐蚀产物能谱分析结果

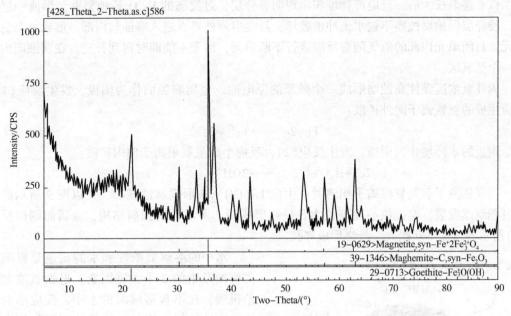

图6 腐蚀产物 XRD 分析结果

2 分析与讨论

通过对管道的宏观形貌进行分析，在管道内壁观察到大量向内生长的腐蚀瘤，这类腐蚀形貌作为结核腐蚀（Tuberculation）的典型特征。根据观察及文献资料，腐蚀瘤一般由疏松顶层、硬壳层、多孔内核层、充液腔和腐蚀面组成，结构如图7所示。

顶层直接与管内介质接触，由1层很薄的疏松颗粒状物质构成。顶层附着在硬壳层上。硬壳层质地坚密，是整个腐蚀瘤的骨架部分，保护其不被水流破坏。在对腐蚀瘤进行观察时，发现多孔内核层和充液腔没有明显界限，内核层疏松多孔为固液共存态。腐蚀瘤底部是腐蚀面，管道基体腐蚀在此处发生。

通过对腐蚀瘤进行能谱和 XRD 分析，可以确定其主要由铁的氧化物和氢氧化物构成。腐蚀瘤最初由一个核心发展而来。最初，在含氧水中，管子表面生成一层 $Fe(OH)_2$，它将含氧水与层下区域隔绝开，使层下区域氧气含量减少。于是，继续与含氧水接触的 $Fe(OH)_2$ 被氧化成具有更高价态的 $Fe(OH)_3$ 和 Fe_2O_3，下层区域则继续保持 $Fe(OH)_2$ 形态，二者之间是过渡态的 Fe_3O_4。腐蚀核心示意如图8所示。

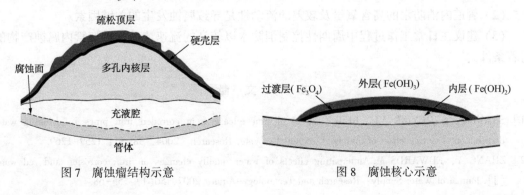

图7 腐蚀瘤结构示意　　　　　　　图8 腐蚀核心示意

核心逐渐长大后，反应产物堆积出现明显分层，过渡态的 Fe_3O_4 质地坚密，形成一层硬壳。硬壳层保护腐蚀瘤不被水流冲击破坏，且能阻隔外界水进入腐蚀瘤内部，形成一个封闭单元。封闭单元内部的氧气随着反应进行不断消耗，由于不能即时得到补充，在腐蚀瘤内形成一个低氧区。

内外氧浓度差使腐蚀瘤形成一个微型的原电池。金属腐蚀面作为阳极，发生反应（1），反应生成的亚铁离子向外扩散：

$$Fe-2e^- \longrightarrow Fe^{2+} + 2e^- \tag{1}$$

附近的水环境作为阴极，发生反应（2），反应生成氢氧根离子向内扩散：

$$2e^- + H_2O + 1/2O_2 \longrightarrow 2OH^- \tag{2}$$

当亚铁离子和氢氧根离子相遇时，生成 $Fe(OH)_2$，形成腐蚀核心，并以图9所示的反应过程继续发展。腐蚀核心逐渐长大，最终形成图7所示的腐蚀瘤结构，金属面则以反应（1）所示的过程不断损失，最终形成穿孔。

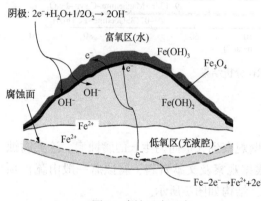

图9　腐蚀反应示意

水中的溶解氧浓度和水的流速是影响这类腐蚀发生的2个关键因素。根据氧浓差电池机理，在不含溶解氧的水中，反应不会发生，腐蚀瘤停止生长，较低的溶解氧则会抑制反应速率，减缓腐蚀瘤生长。腐蚀瘤基底能够牢固地附着在管壁上则是其能够长大的一个前提条件。有研究者通过试验观察到，在水滞止的情况下，管道内会生成松散的氢氧化铁沉淀物，通过高速水流可以很容易冲走这些沉淀物。因此，较高的流速可以使腐蚀瘤在最初形成时无法附着，预防腐蚀瘤长大并腐蚀管道。此次发生失效的管道内消防水直接来源于江水，含氧量较高。且由于消防用水和生活生产用水分开，在化工区整体运行平稳的情况下，管内水长期处于静止状态，流动性差。管道所处环境满足腐蚀瘤生长的关键条件，腐蚀在此处发生。

3　结论与建议

（1）此次腐蚀的形貌为腐蚀瘤腐蚀（Tuberculation）的典型形貌。并且，通过对腐蚀产物进行能谱和 XRD 检测，对腐蚀表面进行金相和 SEM 分析，能够判断腐蚀原因是基于浓差电池原理导致的腐蚀。腐蚀瘤的主要成分是氢氧化铁和铁的氧化物。

（2）管道内消防水的高含氧量及较差的流动性是导致腐蚀发生的关键因素。

（3）建议在日常工作过程中周期性控制消防水以较高的流速流动，破坏管内腐蚀产物的附着条件。

参 考 文 献

[1] SARIN P, SNOEYINK VL, BEBEE J, et al. Iron release from corroded iron pipes in drinking water distribution systems: effect of dissolved oxygen[J]. Water Research, 2004, 38(5): 1259-1269.

[2] ZHANG Y, EDWARDS M. Anticipating effects of water quality changes on iron corrosion and red water [J]. Journal of Water Supply: Research and Technology-Aqua, 2007, 56(1): 55-68.

[3] 乔培鹏, 刘飞华, 赵万祥. 球墨铸铁饮用水管道腐蚀失效分析[J]. 腐蚀与防护, 2011, 32(8): 669-672.

[4] 查晓龙, 徐科, 胡明磊. 核电厂闭式冷却水系统阀门及管道内壁腐蚀瘤问题分析[J]. 全面腐蚀控制, 2016, 30(6): 22-24, 68.

[5] BABAKR A M. Tuberculation corrosion in industrial effluents[J]. Materials performance, 2007, 46(9): 54-58.

[6] SARIN P, SNOEYINK V, BEBEE J, et al. Physico-chemical characteristics of corrosion scales in old iron pipes[J]. Water Research, 2001, 35(12): 2961-2969.

[7] 姜文超, 蒋晖, 吴津津, 等. 腐蚀铸铁管中饮用水水质变化规律试验研究[J]. 华中科技大学学报(自然科学版), 2013, 41(6): 117-121.

[8] 吴津津. 某山地城市供水管道水质稳定性研究[D]. 重庆: 重庆大学, 2012.

作者简介: 茅柳柳, 男, 2005 年毕业于南京东南大学, 现工作于中国石化上海高桥石油化工有限公司设备动力部, 从事设备技术管理工作。

四苯乙烯基聚集诱导荧光分子
在硫酸中对黄铜的缓蚀作用

孙 飞 安一鸣

（中国石化石油化工科学研究院有限公司）

摘 要 聚集诱导荧光分子（AIE 分子）在传感器、生物医药、光电系统等领域具有广泛应用，然而，针对其在金属表面的吸附性质与荧光行为却鲜有研究。本研究通过旋转挂片失重实验、电化学表征等方式研究了具有 AIE 效应的四苯乙烯基缓蚀剂分子 TPE-SCN 在 0.5M 硫酸中对 H62 黄铜的缓蚀效果。结果表明：当投加浓度超过 40mg/L，TPE-SCN 在 60℃ 的 0.5MH$_2$SO$_4$ 溶液中对 H62 缓蚀率超过 96%，当浓度升至 100mg/L 时，其缓蚀率超过 99%，是一种高效的抑制阴极腐蚀的吸附膜型缓蚀剂。另外，TPE-SCN 在黄铜表面的荧光特性为腐蚀监测可视化提供了可能性，并为精准加药提供了新视角。

关键词 聚集诱导荧光；硫酸；黄铜；缓蚀

近年来，聚集诱导荧光（AIE）在化学传感、生物医学领域、光电系统等领域都受到广泛关注。一般情况下，AIE 分子在稀溶液中几乎不发光，而在聚集状态下由于分子内旋转受阻进而得以发射荧光。据了解，针对 AIE 效应与金属离子或金属配合物的研究比较常见，包括金属离子检测、金属有机凝胶、纳米颗粒、金属–有机框架、金属配位等领域，而针对 AIE 分子在金属或合金表面的研究却非常少，尤其是金属腐蚀方面。金属腐蚀在各行各业都是一个普遍存在的有害问题，特别是在油气采集、输运与加工、酸洗和海洋基础设施、水处理等行业。据统计，许多国家金属腐蚀每年可造成高达 GDP 2%~6% 的严重经济损失，并伴随着安全事件和环境风险。在工业生产中，添加缓蚀剂是一种普遍而有效的抗腐蚀技术。缓蚀剂吸附在金属表面可形成保护膜，隔离腐蚀因子。目前有 FTIR、SEM、XPS、AFM、SERS 等多种方法研究缓蚀剂在金属表面的吸附膜，这些方法非常耗时且并不直观。

本文设计了一种具有 AIE 发光特性的四苯乙烯基分子 TPE-SCN 作为新型的黄铜缓蚀剂。TPE-SCN 与黄铜具有强相互作用，吸附在黄铜表面上形成高覆盖率的吸附膜，缓蚀率接近 100%；另外，TPE-SCN 吸附于黄铜表面，在紫外光激发下表现出良好的荧光特性，为腐蚀监测防护提供了一种新的思路，可以将缓蚀剂定向添加到在紫外激发下发光微弱的点，可以实现更精确的抑制剂用量，同时节省成本。

1 试验部分

1.1 试验介质与材料

试验介质为去离子水稀释 98% 浓 H$_2$SO$_4$ 至 0.5m H$_2$SO$_4$ 的稀溶液。H62 黄铜试片尺寸为 40mm×13mm×2mm，化学成分如表 1 所示。

成分	Cu	Zn	Fe	Pb	Sb	Bi	P
质量分数/%	61.5	Balance	0.15	0.068	0.005	0.002	0.01

表1 化学成分

在腐蚀试验之前，试片分别用石油醚、无水乙醇清洗后冷风吹干，置于干燥器中放置1h后称重，精确至0.1mg。试验结束后，试片先以清水冲洗，然后以含5‰~10‰六亚甲基四胺的5%稀盐酸清洗，再分别用清水、无水乙醇清洗后冷风吹干，置于干燥器中放置1h后称重，精确至0.1mg。

1.2 试验方法

缓蚀性能评价采用旋转挂片法，参照SY/T 5273—2014《油田采出水处理用缓蚀剂性能指标及评价方法》，Q/SH CG40—2012《油田采出水处理用缓蚀剂技术要求》。

电化学测试采用三电极系统的CHI760电化学工作站进行测量。工作电极用树脂密封，控制黄铜暴露面积为1cm²。参比电极和对电极分别为饱和甘汞电极与铂电极。将黄铜电极浸泡在0.5mol/L H_2SO_4电解液中，水浴温度控制在60℃，浸泡1h后测量电化学阻抗谱，测试频率为0.01Hz~100kHz。

2 结果与讨论

2.1 四苯乙烯基缓蚀剂分子的缓蚀效果

为验证含2种不同阴离子的AIE分子TPE-SCN与TPE-SO结构对于H62黄铜的缓蚀性能，将H62黄铜试片置入60℃的0.5mol/L H_2SO_4溶液中（包括空白对照组及含不同浓度的AIE分子溶液组），磁子均匀搅拌72h进行失重实验。按照标准方法对腐蚀试验前后的样品进行处理。试片的腐蚀速率v和化合物的缓蚀率η可用下列公式计算：

$$v = (W_0 - W_1)/(\rho \cdot S \cdot t) \tag{1}$$

$$\eta = (v_0 - v_1)/v_0 \times 100\% \tag{2}$$

式中　W_0、W_1——实验前后试片质量；

　　　ρ——试片密度；

　　　S——试片表面积；

　　　T——试验时间；

　　　v_0和v_1——分别为空白溶液和含缓蚀剂溶液中的腐蚀速率。

结果表明：TPE-SCN是一种高效的黄铜缓蚀剂，缓蚀率随着药剂浓度的增加而增加；当浓度升至100mg/L时，缓蚀率可达到99.89%（图1）。相比之下，更换了阴离子种类的TPE-SO分子对黄铜的缓蚀作用几乎可以忽略不计，当浓度为100mg/L时，$\eta < 20\%$，说明分子设计对缓蚀效果的重要性。如图2(a)所示，新的黄铜试片为黄色。当腐蚀严重时，包括空白样及加入TPE-SO的样品，试片变为类似纯铜的紫红色。而当以TPE-SCN为缓蚀剂且浓度超过40mg/L时，则样品表面被一层保护膜覆盖，起到明显的缓蚀作用，同时表现出明显的聚集荧光效应[图2(b)]。

2.2 黄铜试片的表征

失重实验后，通过X射线光电子能谱(XPS)对黄铜试片表面的元素组成进行分析表征（表2）。相较于新试片及空白试片，加入TPE-SCN的样品表面C、N、S含量随着TPE-SCN投加量的增加而增加，同时Cu、Zn、O含量呈下降趋势，该元素成分的变化证实了

TPE-SCN 在样品表面的吸附。相反，TPE-SO 的元素含量与空白样品相似，说明其对黄铜的保护作用较弱。

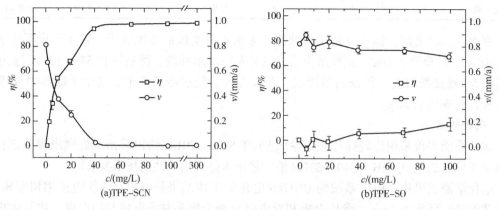

图 1　TPE-SCN 和 TPE-SO 的黄铜试片失重实验结果

(a)失重实验后的黄铜试片照片　　　　(b)在365nm紫外光激发下失重实验后的黄铜试片照片

图 2　失重实验后的黄铜试片照片与紫外光激发下失重实验的黄铜试片照片

注：上一行从左到右分别是加入 2、5、10、20、40、70、100、300mg/L TPE-SCN 的试片。

下一行从左到右分别是新试片、空白试片和加入 5、10、20、40、70、100mg/L TPE-SO 的试片。顺序与（a）相同。

表 2　黄铜试片表面的 XPS 分析结果

成分/%		Cu	Zn	C	O	N	S	F	Cl	合计
新试片		10.09	5.61	49.44	29.50	2.76	1.31	0.57	0.73	100.01
空白		14.99	1.39	45.31	30.91	3.73	2.27	1.39	—	99.99
TPE-SCN/ （mg/L）	2	5.56	0.96	64.76	17.32	5.90	—	5.50	—	100.00
	5	6.55	0.36	68.05	17.79	5.82	—	1.42	—	99.99
	10	2.12	—	74.95	8.90	10.27	3.05	0.71	—	100.00
	20	2.29	—	74.79	7.52	10.05	4.53	0.82	—	100.00
	40	1.34	—	76.93	6.11	10.48	4.64	0.50	—	100.00
	70	1.64	—	76.08	7.07	9.34	5.31	0.56	—	100.00
	100	1.45	—	75.74	8.00	9.68	4.60	0.54	—	100.01
	300	0.92	—	75.11	8.13	9.73	4.69	1.41	—	99.99

成分/%		Cu	Zn	C	O	N	S	F	Cl	合计
TPE-SO/ (mg/L)	5	13.15	2.54	37.32	38.99	0.95	1.22	5.83	—	100.00
	10	7.33	0.94	58.40	32.33	0.99	—	—	—	99.99
	20	12.81	3.66	42.81	36.52	1.18	0.38	2.41	0.24	100.01
	40	14.48	1.53	45.02	37.63	1.34	—	—	—	100.00
	70	6.21	1.61	51.96	38.66	1.56	—	—	—	100.00
	100	8.63	1.07	62.42	21.21	2.30	—	3.83	0.54	100.00

另外，对失重实验后的黄铜试片进行了接触角测试来评估黄铜表面的疏水性(图3)。新试片的接触角为90.9°，不加缓蚀剂的空白试片由于腐蚀严重，锌含量降低，接触角增至98.4°。当TPE-SCN吸附到试片表面后，接触角进一步随着TPE-SCN浓度的增加而增大，达到108°，表明在黄铜表面形成保护膜的疏水性有所提高。而在TPE-SO的存在下，接触角在任何浓度下都没有显著变化，仅与空白样品的接触角相近。

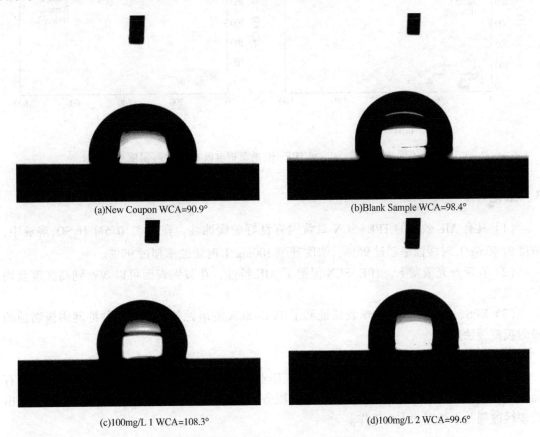

(a)New Coupon WCA=90.9°

(b)Blank Sample WCA=98.4°

(c)100mg/L 1 WCA=108.3°

(d)100mg/L 2 WCA=99.6°

图3　黄铜试片水的接触角及失重前后的接触角

2.3　电化学分析

通过电化学阻抗的测量进一步研究了TPE-SCN在60℃0.5mol/L H₂SO₄溶液中对黄铜的缓蚀作用。首先进行开路电位的扫描，加入100mg/L TPE-SCN的H₂SO₄溶液中，黄铜电极的开路电位从初始值-0.063V稳定至-0.099V，而加入100mg/L TPE-SO的硫酸溶液电极开

路电位移至 -0.073V。同时，动电位扫描下黄铜自腐蚀电位亦呈现负移，说明合成分子为抑制阴极腐蚀的吸附膜型缓蚀剂。图 4 为开路电位下采集的铜电极在含不同 AIE 分子浓度的溶液中浸泡 1h 后的 Nyquist 图。可以看到，在空白溶液及 TPE-SO 存在的溶液中，黄铜电极表现出电感特性，推测原因是由于黄铜表面离子吸附脱附导致的。而在含有 TPE-SCN 的溶液中，TPE-SCN 与黄铜表面存在强相互作用，电感特征消失。空白溶液中，溶液欧姆电阻为 1.40Ω·cm²，电荷转移电阻为 146.14Ω·cm²。加入 TPE-SO 后，未观察到明显的电荷转移电阻变化。而随着 TPE-SCN 浓度增加，电荷转移电阻值显著增加，在浓度为 5mg/L、10mg/L、20mg/L、40mg/L、70mg/L 和 100mg/L 的 TPE-SCN 溶液中分别达到 251.32Ω·cm²、338.30Ω·cm²、519.25Ω·cm²、813.10Ω·cm²、1339.52Ω·cm² 和 1624.45Ω·cm²。电荷转移电阻的增加导致 Nyquist 图半圆直径增大，证明了 TPE-SCN 对黄铜腐蚀的抑制作用。

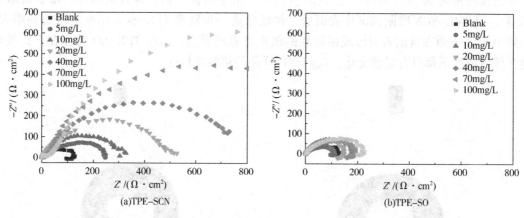

图 4　不同浓度 TPE-SCN 和 TPE-SO 的黄铜电极 EIS 曲线(温度 60℃)

3　结论

（1）具有 AIE 效应的 TPE-SCN 对黄铜有良好的缓蚀性，在 60℃ 0.5M H_2SO_4 溶液中，浓度为 40mg/L 时缓蚀率超过 96%，浓度升至 100mg/L 时缓蚀率超过 99%。

（2）在紫外光激发下，TPE-SCN 保留了 AIE 特性，在黄铜表面可以观察到高强度且均匀的荧光。

（3）XPS、接触角及电化学表征证明了 TPE-SCN 的缓蚀效果，是一种抑制阴极腐蚀的吸附膜型缓蚀剂。

作者简介：孙飞(1985—)，男，2012 年毕业于北京大学，博士，现工作于中国石化石油化工科学研究院有限公司，水处理配方与服务组题目组长，高级工程师，现主要从事油田管输缓蚀剂及水处理剂方面工作。

陆梁油田天然气管道腐蚀失效分析及控制措施

石桂川　王　军　王亚飞　高艳军　王帅星　张喜元　孙疆伟

（中国石油新疆油田分公司陆梁油田作业区）

摘　要　石油天然气管道采用埋地铺设，随着使用年限增加，管道的腐蚀现象变得愈加严重，会给油气输送企业带来较大的经济损失，出现严重的油气泄漏问题会造成生态环境污染。

陆梁油田自 2001 年成立以来，随着管线使用年限增长，油气管道受介质腐蚀影响，失效现象增多，造成油田伴生气的大量放空，浪费能源，影响自然环境，现场只能采取打孔补焊堵漏措施。

天然气输送管道防腐与保护是保证管道正常工作，且延长其使用年限的重要措施。本文采用管道阴极保护和防腐层兼容方法，在整体上优化管道腐蚀控制系统，有效缓解了管道腐蚀，从根本上缓解管道腐蚀造成的安全隐患。

关键词　天然气；输送管道；腐蚀失效；控制措施

1　管道腐蚀现状

1.1　管道基本情况

陆梁运行维护中心至公寓输气管道建于 2001 年，线路水平长度约 6km，石南运行维护中心至石西输气管道建于 2005 年，线路水平长度约 39.76km，陆梁油田生活基地天然气管道建于 2002 年，水平长度约 400m。近年来，上述输气管道出现多处腐蚀穿孔。2018 年 5 月，陆梁油田作业区委托新疆天弘韵能源科技有限公司对上述输气管道进行外腐蚀检测与评价。根据评价报告，陆梁运行维护中心至公寓输气管道存在 8 处防腐层缺陷，平均 1.3 处/km，阀池至 726m 处开挖点管道剩余厚度仅 2mm；石南运行维护中心至石西输气管道检测出 373 处防腐层缺陷，平均 9.8 处/km，1# 桩 437m 低洼处管道内腐蚀穿孔 2 处，管底剩余壁厚仅 1.7mm；陆梁油田生活基地天然气管道腐蚀严重。

1.2　防腐层状况

石南 21 站至石西站约 38km 管道的防腐层电流衰减率进行检测，总长 23% 防腐层等级评级为 2 级，总长 36.7% 防腐层等级评级为 3 级，总长 37.2% 防腐层等级评级为 4 级，管道整体防腐层绝缘性能较差，尤其是 25# 至石西管段相比其他管段电流衰减率较高，缺陷点较多。

2　腐蚀原因分析

2.1　管道环境

管道沿线土壤为第四系风积细砂，地层结构简单，属中软场地土，土壤电阻率>50Ω·m，局部区段<50Ω·m，对钢质管道为强腐蚀。土壤含水率为 0.76%，土壤含盐量为 0.062%~0.18%，土壤 Cl^- 含量为 0.0069%~0.0303%。道管顶埋敷深度均在 1.0~4.0m，探坑处土壤 pH 值为 7.5~7.9，为弱碱性环境。并且阳极地床损坏，其从外输油线上分得的电压较少，

导致管线阴极保护处于失效状态。

2.2 多相体系

容易引起金属管道的电化学腐蚀环，且大多数属于氧去极化腐蚀，只有在强酸性土壤中，才会发生氢去极化腐蚀。在土壤窝蚀中，阴、阳极过程受土壤结构及湿度的影响极大。对于埋地管线，经过透气性。

3 防腐措施

3.1 管道涂层防腐

（1）管道外防腐层

长输埋地钢质管道外防腐层应具备良好的电绝缘性能，耐老化、耐化学和微生物腐蚀、耐水性好，吸水率低，有较好的阴极剥离强度，使防腐层在有效期内与管体保持紧密黏结。

外防腐层在腐蚀控制中起主导作用，对于埋地长输管道而言，完好防腐层所提供的保护将达到 99% 以上，对许多运行多年的天然气管道的调查结论均表明：涂层良好的管道无论处于高土壤电阻率和低土壤电阻率环境都容易获得良好的阴极保护，当涂层质量不佳，破损严重时，不但是阴极保护费用的增加，而且管理、维护、保护电流的合理分布都会出现许多难题，给实施完全的保护造成困难。外腐蚀危害一般都发生在外防腐层有缺陷而又未得到完全阴极保护的地方。

PE 防腐层对陆梁油田所在的新疆地区表现出较强的现场适应性，使用情况良好。

结合管道运行参数和腐蚀环境状况特点，借鉴已建管道等工程的成功经验，汇集环氧和聚乙烯两者优势为一体的三层 PE 外防腐层，是一种比较完善的性价比高的长输管道外防腐涂层，统一采用三层 PE 能使管道安全可靠性极大提高，为施工及维护管理提供方便。防腐层结构见表 1（焊缝部位的防腐层厚度不应小于规定值的 80%）。

表 1　防腐层结构

管道公称直径 DN/mm	环氧粉末涂层/μm	胶黏剂层/μm	防腐层最小厚度/mm（普通级）
$100 \leqslant DN < 25$	120	170	2.0

（2）热煨弯管外防腐

弯管双层熔结环氧粉末防腐层较其他方式而言，由于采用在弯管防腐作业线进行预制，防腐层质量受人为因素的影响相对较小，应用较多，工艺较成熟。因此，热煨弯管外防腐层采用双层熔结环氧粉末防腐层。

双层熔结环氧粉末外防腐层应由内、外 2 层环氧粉末一次喷涂成膜而构成，外防腐层厚度：内层厚度应 $\geqslant 300\mu m$；外层厚度应 $\geqslant 500\mu m$；总厚度应 $\geqslant 800\mu m$。

为防止运输过程中对热煨弯管防腐层的损伤，在双层环氧粉末涂敷完成后，可在弯管外包覆聚丙烯网状增强编织纤维防腐胶带（简称聚丙烯胶带）。聚丙烯胶带搭接率应在 50% ~ 55%，缠绕胶带厚度 $\geqslant 1.4mm$。

（3）补口、补伤结构的选择

管道补口是线路管道防腐的重要组成部分，补口材料的性能、补口施工质量关系全线管道的整体防腐质量和长期使用寿命。由于现场施工条件的复杂性，补口又是管线防腐层体系中的薄弱环节，因此补口应选择性能可靠、现场环境条件适应性强、施工工艺成熟、经济性好的材料。

对于三层 PE 涂层，补口方式要求补口材料有一定的厚度，以保证涂层性能的相近性，采用辐射交联三层结构热收缩套(带)作环焊缝补口。

对三层 PE 防腐层管段的损伤，损伤处直径≤30mm 时，可采用辐射交联聚乙烯补伤片。直径>30mm 的损伤，先用热熔胶填平凹坑，然后采用热收缩带包覆，包覆宽度超过孔洞边缘 100mm。

(4) 地面管道外壁防腐

地面(不保温)管道外壁采用交联氟碳防腐层结构：二道环氧富锌底漆(80μm)－二道环氧云铁中间漆(120μm)－二道交联氟碳涂料(70μm)。防腐层干膜厚度≥270μm。

3.2 管道阴极保护

3.2.1 阴极保护技术

阴极保护是通过对金属表面进行阴极极化从而抑制金属腐蚀速度的一种方式。常用的阴极保护方法有两种：强制电流法和牺牲阳极法。

强制电流法是对外来电力通过变压整流器或恒电位仪进行变压整流后变成直流电，将直流电负极与被保护金属(通常为管道、储罐等)进行电连接从而实现被保护金属的阴极化。

强制电流法具有输出功率大、阴极保护站保护能力强、保护范围大、保护电位可调、受环境影响小等优点。其不足之处需要可靠的外界电力供给，还有可能对系统附近的其他金属构筑物产生不良干扰。牺牲阳极法是在被保护金属上连接上电位比钢更负的金属合金，利用金属或合金作阳极，

来达到被保护金属的负向极化。与强制电流法相比，牺牲阳极法不需用外界电源、运行维护简单、对附近非保护金属构筑物无干扰等优点。其不足之处是输出功率小、运行电位不可调、受环境因素影响较大，不适用于长距离管道阴极保护。陆梁油田采用强制电流法阴极保护进行阴极保护。

3.2.2 阴极保护准则

埋地钢质管道阴极保护准则可采用下列任意一项或几项为判断依据：

(1) 管道阴极保护电位(管/地界面极化电位，下同)应为-850mV(CSE)或更负。

(2) 阴极保护状态下管道的极限不能比-1200mV(CSE)更负。

3.2.3 阴极保护计算

(1) 参数选取

强制电流阴极保护系统的设计参数，对新建管线可按下列参数选取。

自然电位：-0.55V；

最小保护电位：-0.85V；

给定电位：-1.20V；

钢管电阻率：低碳钢(20#)0.135Ω·mm^2/m；

16Mn 0.224Ω·mm^2/m；

高强度钢：0.166Ω·mm^2/m；

覆盖层电阻率(经验值)；

三层复合结构 100000Ω·m^2；

土壤电阻率根据勘测资料和现场实测。

（2）计算公式

阴极保护站的保护长度按下式计算：

$$2L_p = \sqrt{\dfrac{8\Delta V_L}{\pi \cdot D_p \cdot J_s \cdot R_s}}$$

$$R_s = \dfrac{\rho_t}{\pi(1000D_p - \delta)\delta}$$

式中 L——单侧保护长度，m；

V_L——最大保护电位与最小保护电位之差，0.35V；

D_p——管道外径，0.219m/0.114m；

J_s——单位电流密度，10μA/m^2；

R_s——单位长度管道纵向电阻，Ω；

ρ_t——钢管电阻率，0.166Ω·mm^2/m；

δ——管道壁厚，6.4mm/5mm。

根据计算：D219.1×6.3管道的单侧保护长度为50.8km。D114.3×5管道的单侧保护长度为44.8km。

3.2.4 站点布局及设备选型

根据阴极保护工艺计算，在管道中部设置1座阴极保护站，均可满足管道阴极保护需要。

恒电位仪技术规格为：

交流输入：220V；

输出电流：20A；

输出电压：40V。

每座阴极保护站的恒电位仪系统由2台恒电位仪和1台内置式阴极保护控制台组合而成一体机。2台恒电位仪热机互为备用，定期切换交替投运。

阴极保护系统技术性能要求如下：

给定电位：-0.000～-3.000V(连续可调)；

电位控制精度：≤±5mV；

输入阻抗：≥1MΩ；

绝缘电阻：>2MΩ(电源进线对地)；

抗交流干扰能力：≥12V；

耐电压：≥1500V；

满载纹波系数：单相≤10%。

3.2.5 阴极保护辅助材料

陆梁油田石南运行维护中心至石西站天然气管道采用电缆跨接方式实施联合阴极保护。每1km安装1只阴极保护电位测试桩，每个整公里处安装的阴极保护测试桩兼做管道里程桩。

在每座阴极保护站的汇流点设汇流点接线桩1个，埋设 Cu/CuSO$_4$ 长寿命参比电极1个。每座阴极保护站使用1组辅助阳极。辅助阳极采用柱状高硅铸铁阳极，采用单排立式浅埋。

4 天然气输送质量把控

(1) 净化管道内气体，对输送的天然气进行脱水、脱硫等处理后再进行输送，防止管道内产生积液造成内腐蚀穿孔。

(2) 在输送的天然气中添加少量阻止或减缓金属管道腐蚀的物质，如缓蚀剂、杀菌剂和阻垢剂等，以减少天然气对管道的腐蚀。集输系统较多采用清管工艺清除垢物，配合缓蚀剂处理工艺，达到除垢、防堵，防腐蚀的目的。

(3) 必要时降压输送，但要确保天然气流速，减少天然气沉淀物量。

(4) 设置腐蚀监控系统。根据集输管道穿越地区地貌特征，工艺流程和集输系统的特点建立一个完整、适用、有效的腐蚀监控体系。

5 效果分析

采用阴极保护和防腐层兼容的方法，在整体上优化管道腐蚀控制系统，并且在阴极保护装备方面，根据油气管道生产需求，研发数字化阴极保护系统，从根本上提高阴极保护技术及管理水平。延长了埋地管道等金属设施的使用寿命，为油田安全运营提供保障。

参 考 文 献

[1] 吴荫顺，曹备．阴极保护和阳极保护——原理、技术及工程应用[M]．北京：中国石化出版社，2007．
[2] 薛致远，毕武喜，陈振华，等．油气管道阴极保护技术现状与展望[J]．油气储运，2014，33(9)：938-944．

作者简介：石桂川(1988—)，男，2014年毕业于中国石油大学，现工作于中国石油新疆油田分公司陆梁油田作业区生产运行办公室，助理工程师。

陆梁油田管道腐蚀失效分析及控制措施

王其满　赵　波　韩　曦　陈海涛　岳晓军　陈自付

（中国石油新疆油田分公司陆梁油田作业区）

摘　要　陆梁油田作业区集输和注水管道受介质腐蚀影响，失效率达到 0.294 次/（km·a）。针对集输和注水管道发生金属内腐蚀问题，从介质及腐蚀产物成分分析，进行了腐蚀机理研究。根据腐蚀成因，通过使用预膜类缓蚀剂、管道完整性检测和更换、陶瓷内衬防腐技术使管道失效率下降至 0.182 次/（km·a），取得很好的效果。

关键词　管道；腐蚀机理；控制措施

陆梁油田作业区成立于 2001 年，油田开发进入"双高"阶段，集输管道和注水管道腐蚀破损次数逐年增加，2021 年管道破损次数达到 399 次，影响注水量达到 3.7×10⁴m³，严重制约油田的可持续发展。管道破损后，造成人员受伤和环境污染事故，违反《安全生产法》和《环境保护法》要求。因此，研究管道腐蚀破损原因，控制管道失效率具有重要意义。

1　管道腐蚀现状

1.1　管道基本情况

陆梁油田已建各类管道总数 1971 条，1358km，其中金属管道 490 条，325km，非金属管道 1481 条，1032km。所建管道中，集油管道 1370 条，829km；注水管道 597 条，448km；天然气管线 4 条，80km。

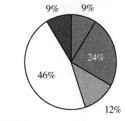

图 1　管道运行年限统计

按照管道运行年限统计，运行 10a 以内管道有 448km，占比 33%；运行 10~20a 管道有 785km，占比 58%；运行 20a 以上管道有 125km，占比 9%，如图 1 所示。

2021 年，集输和注水管道共发生破损 399 次，失效率为 0.294 次/（km·a）。其中集油管道破损 78 次，失效率为 0.124 次/（km·a），注水管道破损 321 次，失效率为 1.390 次/（km·a），影响油气量 260m³，注水量 3.7×10⁴m³。

1.2　管道失效特点

根据 2015—2021 年陆梁油田作业区油水管道失效数据统计分析，油水管道失效破损次数逐年上升。注水管线破损占比逐年升高，占总破损次数在 80% 以上，见图 2。

根据 2015—2021 年陆梁油田作业区油水管道失效数据统计，失效主要发生在金属管段，金属管道破损最高占比达 84%，见图 3。

陆梁油田作业单井注水管道、注水干支线管道、集油干支线管道和大部分单井出油管道主体均为非金属材质，失效占比较少。非金属管道的失效集中在金属接头部分，由于长期内腐蚀，或者压力变化导致接头密封不严，受力不均发生形变，进而导致泄漏失效。

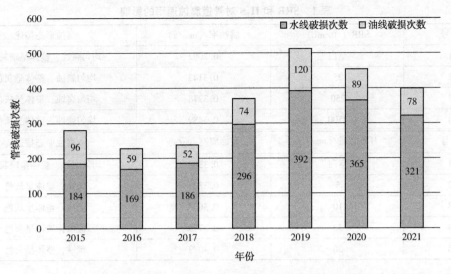

图 2　2015—2021 年陆梁油田作业区油水管道失效统计

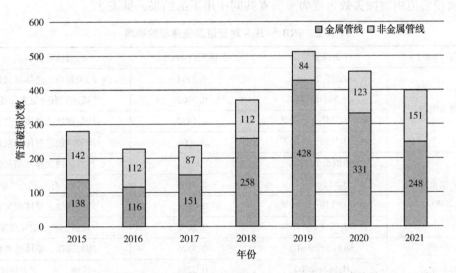

图 3　2017—2021 年陆梁油田作业区失效管段材质分类统计

金属管道失效次数高，主要发生在单井注水管道、单井出油管道与井口、计量站、配水间连接部分，此部分管线均为金属材质，失效点集中，失效特征明显，均为内腐蚀失效。

2　腐蚀原因分析

油田采出液中不仅含有石油，还含有大量的地层水，地层水中含有大量杂质，对管道会造成严重腐蚀。由于地层水中含有各种溶解盐，以氯化物为主，其次地层水中含有大量的二氧化碳、氧气、硫化氢等气体，会对管道造成严重腐蚀。

2.1　采出液对管道腐蚀影响

采出液中硫酸根被 SRB 还原产生 H_2S，造成管道电化学腐蚀和氢致损伤，且易与 Fe^{2+} 在水中形成 FeS，使水质恶化、变黑、发臭，加速管道腐蚀，如表 1 所示。

表 1 SRB 和 H₂S 对管道腐蚀速率的影响

表 1　SRB 和 H_2S 对管道腐蚀速率的影响

序号	SRB/(个/mL)	腐蚀率/(mm/a)	腐蚀形态描述
1	空白	0.2092	均匀腐蚀、整体呈暗灰色
2	25	0.3145	均匀腐蚀、整体呈灰色
3	250	0.3278	均匀腐蚀、整体呈灰色
4	2500	0.3489	均匀腐蚀、整体呈灰色
序号	H_2S 含量/(mg/L)	腐蚀率/(mm/a)	腐蚀形态描述
1	空白	0.3302	均匀腐蚀、整体呈暗灰色
2	5	0.3327	斑蚀，整体呈灰色
3	10	0.3637	斑蚀，整体呈灰色
4	30	0.3759	斑蚀，整体呈灰色
5	50	0.4079	斑蚀，整体呈灰色

在油田采出水高矿化度的影响下，少量的 SRB 和 H_2S 即可对管道腐蚀速率产生很大影响，进而使管道内腐蚀失效表现为多因素共同作用下的结果，见表 2。

表 2　SRB 和 H_2S 对管道腐蚀速率的影响

矿化度/(mg/L)	腐蚀条件	腐蚀率/(mm/a)	腐蚀形态描述
单井采出液	SRB(5 个/mL)	0.3104	均匀腐蚀，整体暗灰色
	H_2S(5mg/L)	0.3062	斑蚀、有一定光泽度
	通 CO_2 气体 1h(曝氧)	0.1957	均匀腐蚀，整体暗灰色
	通 CO_2 气体 1h(除氧)	0.2006	均匀腐蚀，整体暗灰色
单井采出液 +20000	SRB(5 个/mL)	0.32	均匀腐蚀，整体暗灰色
	H_2S(5mg/L)	0.3166	斑蚀、有一定光泽度
	通 CO_2 气体 1h(曝氧)	0.2869	均匀腐蚀，整体暗灰色
	通 CO_2 气体 1h(除氧)	0.2098	斑蚀、有一定光泽度
单井采出液 +30000	SRB(5 个/mL)	0.3326	均匀腐蚀，整体暗灰色
	H_2S(5mg/L)	0.3238	斑蚀、有一定光泽度
	通 CO_2 气体 1h(曝氧)	0.2931	均匀腐蚀，整体暗灰色
	通 CO_2 气体 1h(除氧)	0.2005	斑蚀、有一定光泽度
单井采出液 +40000	SRB(5 个/mL)	0.3446	均匀腐蚀，整体暗灰色
	H_2S(5mg/L)	0.3355	斑蚀、有一定光泽度
	通 CO_2 气体 1h(曝氧)	0.3184	均匀腐蚀，整体暗灰色
	通 CO_2 气体 1h(除氧)	0.2072	斑蚀、有一定光泽度

2.2　管道腐蚀影响主因

陆梁油田作业区有陆 9 和石南 21 两大主力生产区块，注水及采油管线占比在 90% 以上。2 个主力区块均已进入高含水开发期，综合采出液含水达到 92% 左右，且采出水全部通过注水管线回注地层。故目前地层采出水对采油、注水管线介质腐蚀是造成失效的关键因素。

根据地面系统流程，在采出、注水各关键生产环节进行取样化验。分别对水中腐蚀成分及对应点管线内壁腐蚀产物成分进行对照分析。根据化验结果分析，油井采出液水体中矿化度和氯离子含量高，硫化物、溶解氧、细菌含量均较低，见表3。其对应腐蚀产物主要以含水较低、结构紧实的含 Fe 无机盐为主。

表3 油井采出液水质化验结果

取样点	SN6002	SN6314	SN6196	SN6097	SN6004
氯离子/(mg/L)	10895.4	11198.1	12913.1	9651.2	11668.9
矿化度/(mg/L)	18413.4	19126.1	21839.6	16417.3	19609.6
水型	氯化钙	氯化钙	氯化钙	氯化钙	氯化钙
氧含量/(mg/L)	未检出	未检出	未检出	未检出	未检出
硫化物/(mg/L)	未检出	未检出	未检出	未检出	未检出
二价铁/(mg/L)	1	未检出	未检出	8	10
总铁/(mg/L)	1	未检出	未检出	8	10
SRB/(个/mL)	0.4	2	未检出	3	1.5
TGB/(个/mL)	0.9	0.9	0.9	3	0.9
FB/(个/mL)	2	2	3	3000	3000
腐蚀速率/(mm/a)	0.2204	0.2247	0.2092	0.0731	0.0816
失钙率/%	0.55	0.42	0.54	0.28	0.36

注水管线水质分析结果显示，与油井采出液水体不同，经过地面系统较长的处理流程后，细菌含量大幅上升，伴随相关产物硫化物、Fe 离子含量增多，见表4。其对应管道腐蚀产物呈含水量较高，较为松散的状态，微生物代谢的相关有机产物大量增加，含 Fe 无机盐相对减少，伴随钙镁类结垢产物，见表5。

表4 注水水质化验结果

取样点	4#站	SN6115	SN6136	29#站	SN6079	SN6119
解氧/(mg/L)	未检出	未检出	未检出	未检出	未检出	未检出
硫化物/(mg/L)	1	0.4	2	1	0.8	1
二价铁/(mg/L)	10	15	2	5	15	1
总铁/(mg/L)	10	15	2	5	15	1
SRB/(个/mL)	130	未检出	600	2500	250	600
TGB/(个/mL)	25000	未检出	6000	6000	60	600
FB/(个/mL)	6000	6000	6000	2500	130	250

表5 管道腐蚀产物化验结果

样品名称	含水/%	含油/%	450℃灼烧量/%	950℃灼烧量/%	Fe^{3+}含量/%	Fe^{2+}含量/%	Ca^{2+}含量/%	Mg^{2+}含量/%	酸不溶物含量/%
油线腐蚀产物	5.91	0.66	3.1	12.19	65.99	0.83	未检出	未检出	3.53
	5.11	6.5	0.85	10.08	31.54	未检出	3.63	7.25	0.22
水线腐蚀产物	57.03	2.04	32.62	5.71	7.65	0	0	0.6	27

3 管道腐蚀控制措施

根据对采油及注水管道的腐蚀因素分析，从经济性、有效性等综合角度出发，采用检测更换、药剂防护、材质优化等措施，针对性防控易失效管段。

3.1 药剂防护

现场常用效果较好的预膜类缓蚀剂可在管道内表面形成一层吸附膜，阻止铁元素与水中离子反应的溶解。针对现场效果较好的药剂，加入不同种类增效剂进行复配优化，从而使药剂性能得到一定提升。通过室内极化实验，模拟药剂与管内壁表面吸附的结合，开展表面膜的稳定过程监测，随着表面膜厚度增加和分子稳定性的增强，铁元素溶解变得困难，从而提升防腐效果，见图4。

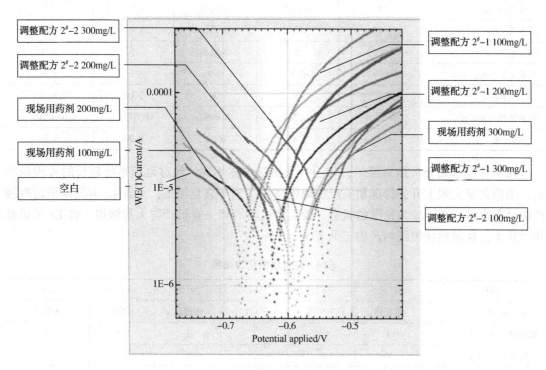

图4 药剂镀膜电化学试验曲线

目前，国内大部分油田采取使用泵罐车定期向每个井筒内打入化学药剂的方法，但这种传统的加药方式不仅工人的劳动强度高、车辆动用量大，最突出的弊端还在于因循环周期长而导致药效发挥和释放不能覆盖生产的全过程，并且在人为因素和天气、地点、路况的制约下很难实现定时、定量。基于此，针对采油井不同井状况，采油管线缓蚀剂添加，分别采用井口连续式点滴加药装置及井下点滴加药器。

井口连续式点滴加药装置安装在井口附近，主要由加药泵、控制柜、盛药桶等组成。装置通过加药泵向油井套管内持续泵入防护药剂，并通过自动化控制柜，实现了对加药量、加药时间、药剂温度和液位的自动控制，并具备超压停泵功能，见图5。

井口不能满足安装条件的油井，在井下管柱起下作业时可安装井下点滴加药器，置于筛管之下。点滴管为上端封口，下端敞口的一段管子，管内为低密度液体，点滴管外为高密度液体，见图6。在密度差的作用下，低密度液体从上孔流出，高密度液体从下孔流入，始终保持流入流出平衡。其特点为装置价格低，现场装药易于操作且药量准确、稳定，药剂利用率可达到99%。

图5 井口连续式点滴加药装置

对于注水管线，针对注入水中含硫、铁等还原性离子，细菌含量高的情况，对药剂开展复配，形成氧化-缓释-杀菌一体化多效水质稳定剂。为避免注水管线长距离输送带来的药剂效果衰减，分别在注水站出口及配水间投加防护药剂，采用分段强化防护的措施，保障每段注水管线至井口的水质良好，管道腐蚀率可控。

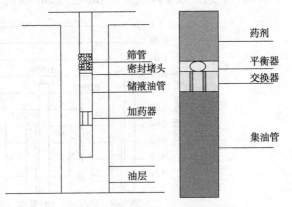

图6 井下点滴加药器安装及结构示意

3.2 检测更换

按照管道完整性相关管理要求，结合埋地管道的自身特点、运行状态、失效情况进行分析，对失效可能性高、后果严重的金属管道开展完整性检测评价。环境腐蚀评价采用埋片监测、土壤腐蚀性测试等方法评估管道外腐蚀速率，介质腐蚀评价采用在线监测、介质腐蚀性分析等方法评估管道内腐蚀速率。管道本体主要采用外腐蚀直接评价（ECDA）方法和内腐蚀直接评价（ICDA）方法。

主要技术手段包括敷设环境调查、土壤腐蚀性检测、杂散电流检测、防腐（保温）层检测、阴极保护有效性检测、开挖直接检测等，评价内容包括外防腐层、管体的缺陷原因统计分析，内外腐蚀判断、腐蚀速率、剩余强度、剩余寿命、最小承压、再评价周期、再评价方法和历史检测数据对比。需要综合考虑管道防腐层检测数据、土壤腐蚀性检测数据、管体缺陷数据等，给出具体的防腐层、管体等维修工作量及维修时间要求，极大地提升可操作性。

自2018年起，陆梁油田作业区逐步开展管道完整性检测评价，完成489条，223km管道检测。根据评价结果，对539处腐蚀严重油水管段开展更换修复工作。

3.3 材质优化

金属管道的铁元素与外覆土壤和水分、内流介质中的离子发生反应，生成铁离子从管道本体剥落，是腐蚀的基本原因。对于管道外腐蚀，在建设过程中已经考虑防腐措施，包括环氧涂料、石油沥青、双层或三层PE等。这些措施本质上是对石油管道进行隔离防腐，就是将石油管道采用隔离方式，避免与腐蚀性介质接触。这样，石油管道就避免了与腐蚀性介质的反应，减少了腐蚀的问题。对于金属管道内壁，一般采用表面打磨光滑处理、防腐涂层处理等，但是对于口径较小的管道，施工难度高，且此类防护措施在长期高压快速水流冲刷下，有效周期较短。

隔绝腐蚀介质是金属管道防腐的最有效手段。陆梁油田作业区借鉴油井井下管住的陶瓷内衬防腐技术，对采购的金属管道进行预先加工，安装陶瓷内衬层。对现场井口、配水间等局部易腐蚀易失效管线开展针对性更换，并对管件接头、弯头处进行强化，增强在高压水流状态下的耐用程度。

4 效果分析

对集输和注水管道各个节点进行监测，药剂防护措施实施后，腐蚀速率及铁离子含量均有明显降低，措施效果较好，见图7、图8。自2018年，陆梁油田作业区逐步推广实施各类措施以来，管道破损得到有效控制，金属管道年穿孔次数由2018年428次下降至2021年248次，管道失效率降低至0.182次/(km·a)，下降率为42%。

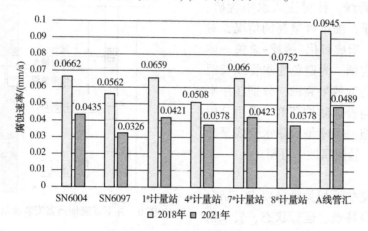

图7 集输和注水管道节点腐蚀率监测结果

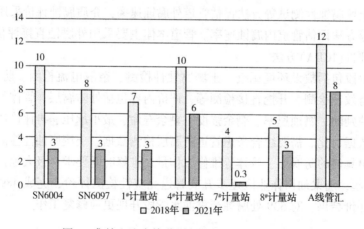

图8 集输和注水管道节点铁离子含量监测结果

5 结论及认识

(1) 通过对不同节点地层采出水及管道腐蚀产物的成分分析可以发现，水的腐蚀成分发生改变，从地层原有腐蚀因素向多因素转变，这是经过温度变化、管道输送、处理工艺等节点变化造成的。

（2）管道完整性检测技术的应用，为管道局部维修提供了重要依据。使管道整体更换向局部更换逐步转变，提升了管道修复的可靠性和经济性。

（3）对于金属管道的腐蚀防护，隔绝腐蚀介质及材料是最可靠的手段。陶瓷内衬层的应用彻底杜绝了金属管道材质的本体腐蚀，在强度需求高、工艺连接要求金属管材的情况下，是局部防腐的有效手段。

参 考 文 献

[1] 刘畅游. 油田管道腐蚀原因分析及防腐措施探讨[J]. 全面腐蚀控制, 2021, 35(6): 125-129.
[2] 董希玲. 石油管道腐蚀因素分析及腐蚀防护优化措施[J]. 清洗世界, 2022, 38(5): 29-31.

作者简介：王其满(1991—)，男，2013 年毕业于华中科技大学，学士学位，现工作于中国石油新疆油田分公司陆梁油田作业区，工程师。

石南 21 井区采油工艺设备腐蚀机理及治理

张 军 姚晓亮 陈 刚 郭玉星 张则俊 杨 鹏 杨孝全

(中国石油新疆油田分公司陆梁油田作业区)

摘 要 随着油田开采年限的延伸和综合含水率不断上升,地面采油工艺设备腐蚀越来越严重。从石南 21 井区计量站集输管汇的腐蚀调查出发,分析生产过程中腐蚀产生的主要原因和机理,认为油井采出液中溶解的 CO_2、O_2 和 Cl^- 是引起该井区工艺设备腐蚀的主要原因。根据腐蚀现状和机理分析,结合石南 21 井区实际情况,目前主要采用防腐材料、使用缓蚀剂和贴板加厚注脂等防腐措施,确保该井区的高效、安全生产。

关键词 工艺设备;腐蚀机理;治理

据统计,中国石油新疆油田分公司因腐蚀造成管道、容器和处理站报废,更新改造资金每年超过 2 亿元。陆梁油田石南 21 井区目前共有 35 座计量站,其中 13 座砖混站于 2003—2004 年陆续投产,22 座撬装站于 2005 年后陆续投产。早期投产的 $1^{\#}$、$3^{\#}$、$4^{\#}$、$6^{\#}$ 计量站集输管汇先后于 2010 年 11 月—2012 年 3 月发生底部穿孔。2012 年 6 月,采用超声波检测仪对计量站工艺设备进行检测,发现 2005 年之前投产的土建计量站集输管汇底部管壁厚度仅为 1~2mm,而集输管汇采用 $\phi159\times6.5$ 钢管焊接而成,管壁厚度为 6.5mm。通过推算,石南 21 井区计量站集输管汇腐蚀速率在 0.2~1.0mm/a。腐蚀对生产的影响越来越突出。腐蚀不仅给油田安全生产带来极大隐患,同时也加大了油田开采维护成本。

1 腐蚀原因分析

1.1 井区采出液和伴生气分析

石南 21 井区自 2004 年投入开发以来,油井综合含水率不断增高,2019 年井区综合含水率已超过 90%。

油井采出液中含有 CO_2、H_2S、O_2 等腐蚀性气体和高浓度的 Cl^-、HCO_3^- 等腐蚀性阴离子及硫酸盐还原菌、腐生菌、铁细菌等腐蚀性细菌,这种油井采出液会对集输管线等金属管材产生腐蚀,且绝大多数油田钢质设备内腐蚀都是由采出液引起的。

调查井区 248 口油井表明:产出地层水有 4 种类型,即重碳酸钠($NaHCO_3$)水型、氯化钙($CaCl_2$)水型、硫酸钠(Na_2SO_4)水型和氯化镁($MgCl_2$)水型,各种水型油井的分布见表 1。油井产出水以 $CaCl_2$ 水型为主,其他 3 种水型为辅,产出液中主要含有氯离子、硫酸根离子、碳酸氢根离子、钙离子和钠钾离子。

表 1 油井产出水水型分布

水型	$NaHCO_3$	$CaCl_2$	$MgCl_2$	Na_2SO_4
油井数	16	158	29	55
所占油井比例/%	6.3	61.2	11.2	21.3

由表 1 可知:井区超过 60% 油井的产出水为氯化钙($CaCl_2$)水型,超过 20% 油井的产出

水为硫酸钠（Na_2SO_4）水型，产出液的 pH 值在 7~8，矿化度一般在 20000~30000mg/L，氯离子含量为 10000~20000mg/L。产出液主要离子含量分布如图 1 所示。

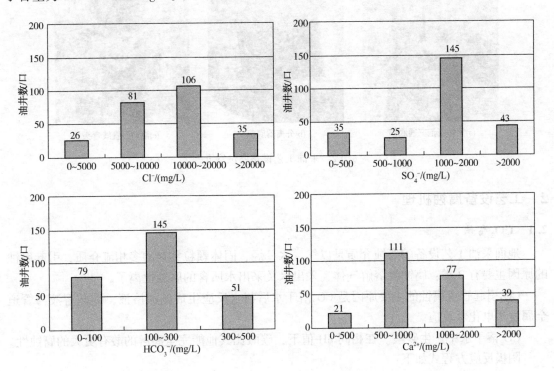

图 1　石南 21 井区产出液主要离子含量分布

根据石南 21 井区 30 井次单井溶解气分析资料，油藏的天然气性质见表 2。

表 2　石南 21 井区天然气性质

层位	相对密度	组分/%									
		甲烷	乙烷	丙烷	异丁烷	正丁烷	异戊烷	正戊烷	氧	二氧化碳	氮气
J_2t	0.702	81.90	5.75	2.99	0.97	1.14	0.25	0.18	1.06	0.11	2.41

由表 2 可知：油井采出液中含有 CO_2、H_2S、O_2 等腐蚀性气体和高浓度的 Cl^- 等腐蚀性阴离子。这种油井采出液会对油套管、集输管线等金属石油管材产生较强的腐蚀，这也是该井区计量站集输管汇腐蚀速率高的重要原因。

1.2　腐蚀现象

地面采油系统主要流程：井口采出液经单井集油管线到计量站（U 形管、分离器），再通过集油支线、干线达到处理站。采油工艺设备腐蚀多为内腐蚀，随着服役时间延长，采油工艺设备因腐蚀引起的穿孔、泄漏给管线的安全运行带来严重威胁。尤其是集输管汇、分离器及油气混输泵管线弯头等部位较为频繁（图 2）。

2018—2019 年，石南 21 井区发生因腐蚀更换地面设备的事故总计 21 次，其中计量分离器发生腐蚀穿孔 6 台次，计量管线腐蚀穿孔 9 站次，站内及站后集油钢管线因腐蚀穿孔 6 站次，而且腐蚀情况有逐年加剧的趋势。井口和计量站钢质管线多在钢制管线底部腐蚀，而分离器多是底部侧面和隔板腐蚀。

(a)集输管汇三通底部   (b)分离器底部   (c)混输泵管线弯头

图2 采油工艺设备腐蚀穿孔

2 工艺设备腐蚀机理

2.1 CO_2腐蚀

地面采油工艺设备的腐蚀介质是以气、水、烃、固体颗粒共存的多相流介质，引起腐蚀的原因主要有 2 类：腐蚀性溶解气体，采出水及采出水所含的腐蚀性离子。

CO_2引起管道腐蚀的主要原因是 CO_2 溶于水后与水反应生成碳酸溶液，碳酸溶液与管道金属发生电化学反应。

CO_2溶于水中产生碳酸。在相同 pH 值下，碳酸比其他能完全离解的酸有更大的腐蚀性。阴极反应方程式如下：

$$CO_2 + H_2O \longrightarrow H_2CO_3$$
$$H_2CO_3 \longrightarrow H^+ + HCO_3^-$$
$$HCO_3^- \longrightarrow H^+ + CO_3^{2-}$$

CO_2腐蚀的阳极反应：

$$Fe + 2H_2O \longrightarrow Fe(OH)_2 + 2H^+ + 2e^-$$
$$Fe + HCO_3^- \longrightarrow FeCO_3 + H^+ + 2e$$
$$Fe(OH)_2 + HCO_3^- \longrightarrow FeCO_3 + H_2O + OH^-$$

除热洗管线施工外，井区单井管线温度和计量站出口集油线温度全年在 18~40℃，反应温度较低，腐蚀产物 $FeCO_3$ 难以在钢铁表面形成有效的保护膜。井区油井采出液平均 pH 在 7~8，这种偏碱性环境下 $FeCO_3$ 溶解倾向不大，有利于 $FeCO_3$ 腐蚀产物沉积。

2.2 溶解氧腐蚀

采出水中的溶解氧与金属设备组成以金属为阳极、氧为阴极的腐蚀电池，阳极的铁溶解并生成 $Fe(OH)_2$ 和氢气。阴极是氧和氢气反应生成水，同时将 $Fe(OH)_2$ 氧化成 $Fe(OH)_3$。反应式如下：

$$阳极：Fe \longrightarrow Fe^{2+} + 2e^-$$
$$阴极：O_2 + 2H_2O + 4e^- \longrightarrow 4OH^-$$
$$Fe^{2+} + 2OH^- \longrightarrow Fe(OH)_2$$
$$腐蚀产物：Fe(OH)_2 + O_2 + 2H_2O \longrightarrow 4Fe(OH)_3$$

2.3 氯离子的作用

采出水矿化度高，电导率大，有利于电荷转移，腐蚀速度加快。井区采出水高含 Cl^-，使得设备管线点蚀严重。Cl⁻如何使得金属发生点蚀机理现在还未有定论，现在较流行的是成相膜理论和吸附理论。

成相膜理论认为氯离子半径小，能穿透金属表面的氧化膜或腐蚀产物膜，与基体金属形成可溶性化合物，使金属出现严重的点蚀。吸附理论则认为，氯离子破坏金属保护膜的根本原因是氯离子有很强的被金属吸附的能力，它们被金属优先吸附在表面并把氧排掉。氯化物与金属表面吸附并不稳定，形成可溶性物质，导致腐蚀加速。

2.4 H_2S 腐蚀机理

油气中 H_2S 的来源除了来自地层以外，滋长的硫酸盐还原菌转化地层中和化学添加剂中的硫酸盐时，也会释放出 H_2S。2009 年，石南 21 井区 15%的油井产出气液中测出少量 H_2S 气体，至 2015 井，比例上升到 28%，含量均在 10×10^{-6} 以内。

大量实验表明：干燥的 H_2S 对金属没有明显的腐蚀破坏作用，但是当 H_2S 溶解于水中其腐蚀性加强。H_2S 对腐蚀的影响涉及 2 个方面：一是增加了溶液的酸性；二是在钢的表面形成 FeS 保护膜。以下反应表示 H_2S 在水中的反应式及对钢铁的电化学腐蚀过程。

$$H_2S \Longrightarrow H^+ + HS^-$$
$$HS^- \Longrightarrow H^+ + S^{2-}$$

H_2S 电化学腐蚀过程：

阳极 $Fe - 2e^- \longrightarrow Fe^{2+}$

阴极 $2H^+ + 2e \longrightarrow H_{ad} + H_{ad} \longrightarrow 2H \longrightarrow H_2$

式中　H_{ad}——钢表面吸附的氢原子。

阳极反应产物 $Fe^{2+} + S^{2-} \longrightarrow FeS$

钢材受到 H_2S 腐蚀后阳极的最终产物是硫化亚铁，该产物通常是一种有缺陷的结构，它与钢铁表面的力差，易脱落，易氧化，且电位较正，因而作为阴极与钢铁基体构成一个活性的微电池，对钢基体继续进行腐蚀。

3 防腐措施

3.1 采用防腐材料

考虑在某些腐蚀严重部位采用耐蚀性优异的不锈钢管、玻璃钢管或者复合管代替目前井区大量采用的碳钢和低合金钢管。

不锈钢由于成分中含有较多的 Cr 元素，可以在材料表面形成一层氧化铬保护层，避免基体被腐蚀。玻璃钢管具有保温性能好、内表面光洁度高、防腐性能优良、力学性能合理、设计灵活性大等优点。双金属复合管是在普通油管内覆上一层薄壁耐蚀合金，复合管两端采用特殊方法焊接或特殊结构连接。耐蚀金属可根据油田腐蚀环境选择，既能满足耐腐蚀要求，又可以降低整体耐蚀合金管的材料成本。玻璃钢管和双金属复合管正越来越多地被用于陆梁油田集输管道改造。

3.2 缓蚀剂防腐

有机缓蚀剂以其亲水基团吸附于金属表面，疏水基远离金属表面，形成吸附层把金属活性中心覆盖，阻止介质对金属的侵蚀；同时缓蚀剂改变了金属表面的电荷状态，使金属表面的能量状态趋于稳定化，并改变腐蚀反应的活化能，使腐蚀速度，选取 1# 油井做缓蚀药剂性能评定，1# 油井采出液特性见表 3。

表 3   1#油井采出液特性

井号	氯离子	硫酸根离子	碳酸氢根	钙离子	矿化度
1#	13079.04	1309.3	314.4	505.5	221561.2

设空白对照组 2 组，取其均值作为基准腐蚀速率；设缓蚀剂 9 组，浓度分别为 50mg/L、80mg/L、110mg/L、140mg/L…230mg/L，作为基准缓蚀效率参考。室内进行 72h 密封挂片试验，试验前后精确测量挂片重量，计算腐蚀速率，并对表面腐蚀形态进行简单描述，1#油井的缓蚀性能测定具体数据见表 4，缓蚀率变化曲线见图 3。

表 4   1#油井缓蚀性能测定

序号	名称	加药量/(mg/L)	试验时间/h	腐蚀率/(mm/a)	平均腐蚀率/(mm/a)	缓蚀率/%
1	空白	—	72	0.1131	0.1226	
2	空白	—	72	0.1322		
3	缓蚀剂	50	72	0.1407		22.95
4		80	72	0.1298		26.37
5		110	72	0.1036		42.27
6		140	72	0.0786		35.92
7		170	72	0.0964		51.36
8		200	72	0.0429		65.05
9		230	72	0.0488		60.19

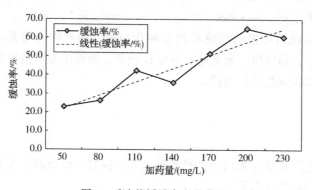

图 3   1#油井缓蚀率变化曲线

结果显示：随着缓蚀剂加药量增大，缓蚀性能提高。对 1#油井的缓蚀效果试验来看，缓蚀剂浓度要达到 200mg/L 以上，缓蚀效率才能稳定在 60% 以上，效果最稳定。

根据现场情况，可以利用井口自动加药装置将缓蚀剂通过加药泵打到套管环空，从采油系统源头开始防腐。

3.3 贴板加厚注脂防腐

石南 21 井区计量间 U 形集油管汇因受到高矿化度采出液的化学腐蚀，以及携带砂粒的采出气液物理冲击多重作用，管壁随着生产年限的推移逐渐变薄，甚至出现穿孔，造成油气泄漏事故。现场只能采用打管线卡子的方法对穿孔部位进行临时封堵后继续生产（图 4）。目前共有 13 座土建站计量间 U 形集油管汇在管汇的底部统一采取"贴刮皮"加厚注脂防腐方案，在整体贴板与原管汇之间充填玻璃布环氧树脂涂层，消除腐蚀对管汇的不良作用，有效延长了集输管汇的使用寿命。

断开计量站集输管汇，切换流程，保障动火安全。对集输管汇和预制好的贴板进行打磨，利用手工电弧焊焊接，焊接完成后在贴板与集输管汇之间利用注脂装置通过注脂控制阀充注玻璃布环氧树脂形成防腐涂层，确保注脂充满环形空间。采用清水对集输管汇进行密封性试压，试压合格后恢复生产流程(图5)。

图4　集输管汇打卡子　　　　　　图5　集油管汇加厚注脂防腐效果

4　结论和建议

(1) 化学反应是对石油管道造成腐蚀的主要因素，因为石油管道本身所处工作环境的特殊性，化学因素造成的管道腐蚀难以避免。因此，对于化学腐蚀要给予高度关注和预防。

(2) 造成石南21井区地面采油系统腐蚀的主要原因在于油井产出水中较高的含水率和矿化度含量，同时产出水还含有一定量的 CO_2、O_2 等气体组分造成局部腐蚀。

(3) 针对石南21井区地面采油系统 Cl^- 和矿化度造成的腐蚀，可选用缓蚀剂进行源头防腐；在新建管线时，优先选择耐腐蚀的玻璃钢管线和双金属复合管。

(4) 对管线、压力容器等重点设备定期检测壁厚，对容易腐蚀的部位进行贴板加厚注脂技术进行综合防腐，有利于保护钢质工艺设备。

(5) 2013—2014 年实施的13座计量站集输管汇加厚注脂防腐方案，沿用至今，未出现腐蚀穿孔现象，有效延长了集输管汇使用寿命，为地面采油工艺设备绿色维修维护提供了可行的经验。

参 考 文 献

[1] 魏新春，李鹏程，李强，等. 新疆油田管道及设施腐蚀原因分析[J]. 石油化工腐蚀与防护，2009，26(5)：18-20.
[2] 王馨昱. 油气管道在 CO_2 与 H_2S 环境中的腐蚀行为与防护[J]. 当代化工研究，2022(13)：61-63.
[3] 吴明菊. CO_2 驱三次采油地面系统的腐蚀研究与治理[J]. 油气田地面工程，2004，23(1)：16-18.
[4] 韩昌岳. 蓬莱油田腐蚀机理及防腐对策探究[J]. 中国石油和化工标准与质量. 2022，42(6)：138-140.
[5] 刘洋，董事尔，刘倩，等. 玻璃钢管的应用现状及展望[J]. 油气田地面工程，2011，30(4)：98-99.
[6] 曾德智，杜清松，谷坛，等. 双金属复合管防腐技术研究进展[J]. 油气田地面工程，2008，27(12)：64-65.
[7] 马勇，秦晓敏，彭姗. 石油管道腐蚀原因及防腐[J]. 化工设计通讯，2019，45(11)：30-31.

作者简介：张军(1973—)，男，2005 年毕业于石油大学(华东)石油工程专业，现工作于中国石油新疆油田分公司陆梁油田作业区石南运行维护中心，采油高级技师，中国石油集团公司技能专家。

钢制石油储罐防腐蚀涂装工程热反射隔热涂料应用浅析

李建忠　张正海　李冀华　李冀青　王常亮

[蓝彬尚科(天津)新材料科技有限公司]

摘　要　随着国家科学技术进步和科学发展观的普及，节能减排、节约资源、环境友好、可持续发展的经济运行模式正在推动我国生产生活向更加合理更为有效的方向转变。这在钢制石油储罐防腐蚀涂装工程技术发展进步中也得到充分印证。热反射隔热涂料这一新型功能性涂料在易挥发油品(包括低黏度原油，中间馏分油及轻质产品油、气)储罐及管道外表面的广泛试用，取得了降温减压、安全增效、节能节水的良好效果。

关键词　热反射；隔热；涂料；金属粉料；技术优势；指标解析；节能减排

近年来，随着国家科学技术进步和科学发展观的普及，节能减排、节约资源、环境友好、可持续发展的经济运行模式正在推动我国生产生活向更加合理更为有效的方向转变。这在钢制石油储罐防腐蚀涂装工程技术发展进步中也得到充分印证。目前，对于轻质油罐主要采用喷淋水降温，这不仅需要外供动力，浪费水、电等宝贵资源，而且还很难获得最佳冷却效果，成为地面油罐应用中亟须解决的问题。

国内外对于热反射涂料研究较多，但降温性能指标不统一且物理意义不明确，对于热反射涂料热反射率的评价方法不一，且很少提及相应入射波段，很难进行数据比较。目前，国内研究者主要通过模拟太阳光辐射或实测条件下，涂膜的降温性能来评价涂膜好坏，具有一定的局限性。相关标准中，建筑用隔热降温涂料国家标准的实施，具有一定的规范作用。

国家节能减排政策引导力度不断加大，国内外涂料生产企业纷纷推出此类产品以抢占我国节能减排市场的商机，市场上热反射隔热涂料品牌如雨后春笋般争相亮相，且所执行检测标准不一，一般人无法辨别真伪及质量好坏，为了快捷准确地选出适合客观需求的产品，应以现行国家权威检测部门出具的产品检测报告为主要依据，抓住主要技术指标指数的高低来鉴别简便易行，本文先从技术角度总体阐述热反射隔热涂料的内涵与外延，并解析关键性技术指标，以期能为广大用户提供实际性指导意义。

1　热反射隔热涂料综述

1.1　太阳光照下油罐表面受热分析

热传播有辐射、对流和传导3种基本形式，而影响地球表面各种物体温度高低的决定性热源来自太阳，太阳热能又是以电磁波辐射方式传导至地球表面，太阳辐射的波长范围很广，其中热能集中在200~2600nm波区。具体分布在紫外线200~380nm，约占5%；可见光380~760nm，约占46%；红外线760~2600nm，约占49%，特别是380~1400nm的可见光和近红外段占太阳热能的绝大部分。各种物体接受太阳热辐射而升温，然后再形成相互间的对流和传导，最终表现为各物体的具体温度高低状态。

热反射隔热涂料这一新型功能性涂料在易挥发油品(包括低黏度原油,中间馏分油及轻质产品油、气)储罐及管道外表面的广泛试用,取得降温减压、安全增效、节能节水的良好效果。结果表明:在夏季日照条件下,与涂银粉漆罐体相比,涂刷热反射隔热涂料的罐体表面平均降温10~20℃,罐体内质温度降低5~10℃,且环境温度越高温差越明显,液化气罐没有发生超温、超压等现象。与传统降温方法相比,太阳热反射涂料不需消耗能量就能有效降低油罐温度,从源头上阻止热量向物体内部的传递,进而达到节能降温的目的,在军事和民用方面都具有巨大的应用前景。

1.2 热反射隔热涂料技术分类

目前,我国市场上提供的热反射隔热涂料产品按其所走技术路线大致可分为两大类:

一类是以陶瓷或玻璃空心微珠作为主要功能材料组配的热辐射反射、红外发射附加热阻方式实现隔热功效的产品。此类产品的隔热功效除取决于热辐射反射和红外发射外,还与空心微珠材料热阻系数直接相关。原则上空心微珠堆积密度越低热阻指标越高,质量"轻"是其一大特点,致使此类涂料液态产品储存中在短时间内就会形成空心微珠向上的凝结现象和涂装过程中涂料流平性较差,故涂装施工只宜采用抹涂或高压无气喷涂方式获得较厚(一般为300μm以上)且比较均匀的涂层,并且很难获得细腻光滑表面,抗沾污自洁能力较差。在自然环境使用过程中反射、发射指标易产生较大衰减,造成涂层隔热温差衰减指标较高,隔热功效损失较大。由于空心微珠的"热阻"性能的充分发挥是与涂层中微珠上下重叠无缝隙排列和涂层厚度密切关联,理论上涂层厚度对隔热功能有相当影响,涂层越厚隔热效果越好。但当涂层过薄使其中微珠无法形成完整无缝隙状态时,其由热阻系数带来的隔热功效即会大部分丧失,而与热反射加发射型热反射隔热涂料功能计算方式近似。

另一类是以各种复合高反射、高发射粉体为基本功能材料组配的热辐射反射加红外发射方式实现一定隔热功效的产品,此类产品各项功能性指标一经确定,其热反射隔热功能指数即已经确定,只要涂刷在物体表面形成均匀完全遮盖涂层(此类涂料的反射隔热涂层平均厚度均小于100μm)就完成具有完整功能的涂装。在此基础上再单纯增加涂层厚度,对进一步提高涂层隔热功效贡献甚微,因此没有必要去追求涂层厚度而形成产品涂装使用过程中增加无效成本支出的现象。如需进一步增强隔热功效,可在热反射隔热涂层下增加相应保温隔热层即可实现。这种薄层式的热反射隔热涂料与传统涂料各种物理性状较接近,故而施工可采用传统涂料通行的各种涂装方式和工艺方案。此类反射隔热涂料具有高反射率、高自洁性、高耐候性、大大增强防腐涂层寿命等特有功效,满足实际需要。

2 热反射隔热涂料关键性技术指标解析

2.1 太阳反射比、半球发射率指标解析

热反射隔热涂料是以热辐射反射为主要技术手段,以红外发射(亦可称"散热")为辅助手段达到隔热效果的功能性涂料,起到使被涂物增加抑制温度升降幅度的作用。热反射隔热涂料所形成涂层能有效抑制被涂物体温度升降幅度取决于产品性能指标中的"太阳反射比"(反射率)和"半球发射率"(红外发射率),JC/T 1040—2020《建筑外表面用热反射隔热涂料》中规定产品必须达到的指标是"太阳反射比(白色)≥0.83;半球发射率≥0.85",其中"太阳反射比"(200~2600nm 太阳热辐射全波段)指数的高低是衡量产品性能优劣最主要的技术指标,产品这一指标直接决定涂料所形成涂层对太阳辐射热能接受量,指数越高者接受量越低;而"半球发射率"指数的高低则是衡量产品性能优劣的重要辅助技术指标,其作用

是决定涂料所形成涂膜已接受辐射热能向外的散发量，它可以减少接受辐射热能在涂层表面的蓄积量和最终向涂层另一侧的传导量，对涂层最终隔热功效有重要辅助增强作用。

2.2 "隔热温差"和"隔热温差衰减"指标解析

"太阳反射比"和"半球发射率"2项功能性技术指标综合作用的结果体现在标准"隔热温差"和"隔热温差衰减"这2个技术指标上，JG/T 235—2008《建筑反射隔热涂料》中规定产品必须达到的指标是："隔热温差"≥10℃；"隔热温差衰减（白色）"≤12℃，"隔热温差"指数是显示该涂料形成的涂层在实验室标准条件下所达到的最终隔热功能效果值，此指标应选择指数高者为佳；而"隔热温差衰减（白色）"指数则是以假设标准试验条件模拟自然环境条件中该产品最终形成涂层使用时可达到的实际功能效果值，此指标为用户最应关注的产品功能技术指标，该指标应于"隔热温差"指标做捆绑式对比，选择指数低者为佳。

2.3 "耐人工气候老化性"指标解析

还应关注该产品检验报告中"耐人工气候老化性"项目栏内的各项技术指标，JC/T 1040—2007《建筑外表面用热反射隔热涂料》规定热反射隔热涂料"耐人工气候老化性"（W类400h；S类500h）必须达到的技术指标是"外观"不起泡，不剥落，无裂纹；"粉化/级"≤1；"变色"（白色和浅色）/级≤2；"太阳反射比（白色）"≥0.81；"半球发射率"≥0.83。这5项指标中的前3项"外观""粉化""变色"检验指数是以标准试验条件模拟自然环境一定时段产品形成涂层使用后衰变程度及基本物理状态的保持数级，即是涂层使用耐久性差异的显示，又与涂料涂层后2项"太阳反射比（白色）"和"半球发射率"等功能性技术指标在自然环境中使用后的衰变和保持程度直接相关，一般而言，耐人工气候老化时间越长、前3项指标指数越低、后2项指标指数越高则衰变进程越缓慢和该产品耐候性越好，越有利于一次性涂装完成后涂层在自然环境中各种功能的持久有效保持。

3 热镜™系列产品的主要性能技术指标

山西蓝彬节能科技有限公司生产的热镜®热反射隔热涂料，是以公司自主研发的高反射组合粉料为基础，根据客观需求和基材差异，优选多种合成树脂或乳液，以"太阳热反射比"≥0.90（全波区），"半球发射率"≥0.85为内控技术指标，开发出的新型产品，关键技术指标大幅度高于国家产品标准规范的技术指标，包含溶剂型和水溶型两大类。公司推出了多款高性能高品质的热反射隔热涂料及相关配套产品，依靠独创的涂装工艺，系列化、差异化的产品体系完成了热反射隔热涂料的市场布局。能够满足不同地区、不同行业及众多用户的个性化选择需要。表1为热镜®溶剂型热反射隔热涂料主要性能及指标。

表1 热镜®溶剂型热反射隔热涂料主要性能及指标

检验项目	标准要求（S型）	检测结果
容器中状态	搅拌后无硬块、凝聚，呈均匀状态	搅拌后无硬块、凝聚，呈均匀状态
施工性	涂刷状态无障碍	涂刷状态无障碍
涂膜外观	无针孔、流挂，涂膜均匀	无针孔、流挂，涂膜均匀
干燥时间	表干≤2h	40min
耐碱性	48h无异常	48h无异常
耐水性	168h无异常	168h无异常
涂层耐温变性	5次循环无异常	5次循环无异常

检验项目		标准要求（S 型）	检测结果
耐洗刷性		≥5000 次	5000 次不漏底
耐沾污性		<10%	4.8%
太阳热发射比（白色）		≥0.83	0.90
半球发射率		≥0.85	0.85
耐弯曲性		≤2mm	2mm
耐人工气候老化性（500h）	外观	不起泡、不剥落、无裂纹	不起泡、不剥落、无裂纹
	粉化	≤1 级	1 级
	变色	≤2 级	0 级
	太阳发射比（白色）	≥0.81	0.87
	半球发射率	≥0.83	0.83
隔热温差		≥10℃	13.8℃
隔热温差衰减（白色）		≤12℃	1.2℃

数据来源：国家建材研究院及中国空间技术研究院出具的检测报告。

根据钢制石油储罐对防腐蚀的特殊需要和对热反射隔热涂料基本性能的认识，结果表明：热反射隔热涂料不仅是现有钢制石油储罐防腐蚀材料的一般替代品，而且是可与现有防腐材料搭配组合使用，并能起到对防腐蚀涂层的保护作用。按 GB 50393—2008《钢制石油储罐防腐蚀工程技术规范》规定在进行设计和施工的基础上再附加一层薄型热反射隔热涂料表面涂层，这样能充分收到在高温季节降温降压和总体延长防腐蚀涂层使用寿命的双重功效，既简便易行又便于推广。

高含硫天然气净化装置胺液冷却器换热管腐蚀失效分析

张　杰　葛贵栋　杨　燕　胡晓丽　周鹏飞

(中石化工程质量监测有限公司西南分公司)

摘　要　某高含硫天然气净化装置的中间胺液冷却器换热管多次发生腐蚀泄漏,采用宏观检查、化学成分分析、金相检验、扫描电镜观察、腐蚀产物成分分析等方法,对换热管进行了失效原因分析。结果表明:管束的失效形式为局部腐蚀减薄;由于管束的内涂层局部破损,在破损部位发生冷却水腐蚀,生成的腐蚀产物覆盖在破损部位表面,引起垢下腐蚀导致管壁局部腐蚀穿孔。

关键词　换热器;冷却水;垢下腐蚀;失效分析

管壳式换热器换热管是实现热量传递的核心部件,因其结构简单、适用性和可靠性强在高含硫天然气净化装置中得到广泛应用。在苛刻的工况下,工作的换热管可能发生如腐蚀减薄、冲刷腐蚀、疲劳断裂及应力腐蚀开裂等,是易失效的换热器部件之一。

某高含硫气田天然气净化厂的中间胺液冷却器用于冷却进入一级吸收塔的半富胺液,提高硫化氢的吸收效率,管程介质为循环水走,壳程介质为半富胺液,其设计参数如表1所示。天然气净化厂自2009年投产运行至今,全厂12台中间胺液冷却器E-105多台次发生腐蚀泄漏,半富胺液窜入循环水系统,严重威胁生产安全,急需开展有针对性的腐蚀研究,找到行之有效的解决方案。

表1　运行及设计参数

部位	介质	压力/MPa		温度/℃		Cl^-含量
		设计	操作	设计	操作	
管程	循环水	7.52	0.45	70	30/34	—
壳程	半富胺液	9.4	8.48	85	58/36	1017μg/g

1　理化检验及结果

1.1　宏观形貌

对管束外部典型部位进行宏观腐蚀形貌观察,如图1和图2所示,换热管外壁均匀腐蚀,有很浅的点状腐蚀坑存在,腐蚀程度较为均匀,说明换热管外壁存在普遍均匀腐蚀,多根换热管的壁厚测量结果表明换热器管腐蚀速率在0.05~0.1mm/a范围内波动。

图1　截取的管束试样宏观形貌

图2　管外壁腐蚀形貌

如图3所示，换热管局部存在穿透性蚀孔，即失效部位，点蚀孔呈垂直型，最大直径约1mm。

利用CoantecP50内窥镜对管束内部进行观察，同时选取典型部位沿轴线剖开，利用

图3　换热管上的穿透性蚀孔

OlympusSZ61体视显微镜观察内壁涂层的完整性。由图4可见，管束内壁对称分布有2条较窄区域的轻微腐蚀带(箭头处)，其他绝大部分区域表面较粗糙，有红褐色锈斑产生，可见内壁发生了局部腐蚀。由图5可知：换热管内壁有防腐涂层，涂层局部破损，破损部位存在明显的腐蚀坑，内部涂层损伤度大的部位腐蚀凹坑密度增加，腐蚀产物增多，测量残留的涂层厚度发现涂层厚度不均，涂层最厚处约0.18mm，多数位置低于0.05mm；穿孔部位腐蚀凹坑直径从管束内壁向外壁方向逐渐减小，经测量腐蚀凹坑最大直径处4.5mm，远大于外壁穿孔直径，说明腐蚀凹坑起源于管内壁，向外壁方向发展至穿透壁厚，管束内部多个单一的或密集的未穿透壁厚的腐蚀坑也说明这一点。

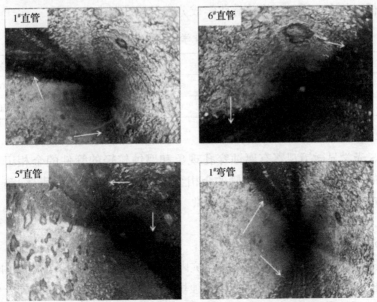

图4　用内窥镜观察到的管束的内部形貌

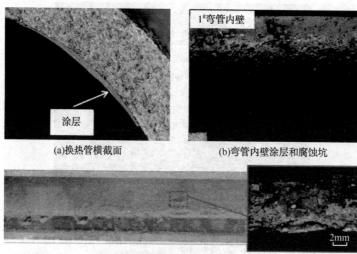

(a)换热管横截面   (b)弯管内壁涂层和腐蚀坑

(c)穿孔部位内壁形貌

(d)腐蚀坑

图 5　换热管的内壁形貌

1.2　化学成分

采用碳硫分析仪（CS800）和电感耦合等离子体发射光谱仪（Agilent 5110 SVDV）对材质化学成分进行分析，如表 2 所示，换热管化学成分满足标准要求。

表 2　失效管段的化学成分（质量分数%）

标准及实测结果	C	Si	Mn	P	S	Cr	Ni	Cu
GB/T 699—2015	0.07~0.13	0.17~0.37	0.35~0.65	≤0.035	≤0.035	≤0.15	≤0.30	≤0.25
实测结果	0.086	0.240	0.452	0.021	0.010	0.023	0.026	0.089

1.3　显微组织

利用 ZEISS 光学显微镜观察有腐蚀穿孔现象和腐蚀较轻的管件的金相组织。由图 6 可知：腐蚀穿孔的 4#管和腐蚀轻微的 3#管的金相组织较为相似，均为铁素体+珠光体组织，珠光体弥散分布在铁素体晶界上，金相组织正常。说明换热管在整个工作过程，金属组织未发生转变。

1.4　腐蚀产物

利用日立扫描电子显微镜（SEM）对腐蚀坑内外表面形貌进行微观观察，由图 7 可见：坑内腐蚀产物疏松，坑外腐蚀产物较致密。腐蚀坑内外表面腐蚀产物 EDS 成分分析结果见表 3。结果表明：坑内外存在的元素主要是 O 和 Fe，元素 S、Ca、P、Si 少量存在，分布不均，

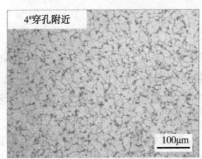

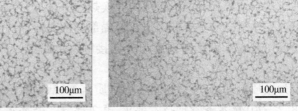

(a)泄漏部位附近　　　　　　　　　　(b)腐蚀轻微部位

图6　管束不同位置金相组织

坑内附近有 S 元素的富集，坑外富集更多的 Ca、P、Si、Cr 等元素，说明管内部有 H_2S 腐蚀的腐蚀产物生成，可能是硫酸盐还原菌引起的，坑外杂质元素富集较严重，推测是附生菌尸体或其他杂质引起。腐蚀形貌和腐蚀产物具有典型垢下腐蚀特征。

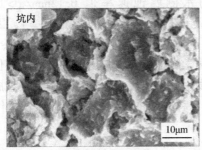

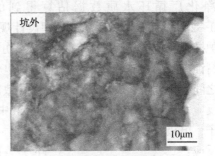

(a)腐蚀坑内SEM形貌　　　　　　　　(b)腐蚀坑外SEM形貌

图7　失效管段内壁表面微观腐蚀形貌

表3　管内壁腐蚀坑内外表面能谱(EDS)分析结果(质量分数%)

位置	Fe	O	S	Mg	Si	Ca	P	Cr	Zn	K
坑内	66.22	26.64	2.55	1.10	0.48	0.10	—	—	—	—
坑外	40.49	28.54	0.42	1.71	1.24	8.63	2.60	2.47	2.25	0.75

使用 X 射线衍射仪(XRD)分析腐蚀产物的物相组成。由图8可知：封头处垢样(水侧)主要物相为 Fe_3O_4 和 FeOOH，还有一定量含有 Ca、Mg 离子的碳酸盐；管束外表面垢样(胺液侧)主要为结晶不完全的硫化物和单质硫。

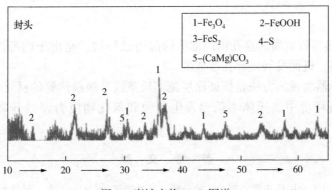

图8　腐蚀产物 XRD 图谱

2 失效原因分析

从上述理化检验结果和腐蚀形貌可知，换热器外壁胺液侧腐蚀引起的是管束均匀减薄，并不是局部腐蚀失效穿孔的主要原因。管束局部腐蚀失效穿孔主要是从内壁腐蚀开始，管束内部保护涂层损伤造成管束基体裸露与介质接触发生腐蚀，产生腐蚀坑并进一步发育形成穿孔。

管程介质为循环冷却水，E105 循环水水质监测统计情况表明所有监测项目的平均值都在 Q/SH 0628.2—2014《水务管理技术要求 第2部分：循环水》控制指标范围以内，发现个别项目(余氯、铁、COD_{Cr})最大值超过控制值，对这3个指标的监测趋势进行分析，发现这些指标异常后短暂时间内就恢复正常水平。

循环水的腐蚀性与水质、温度、流速等因素有关。其中水质是主要因素，根据 API 581—2016 下列公式可对 $10^{\#}$碳钢在冷却水中的腐蚀速率进行估算：

$$CR = CRB \times F_t \times F_v = 0.15 \times 0.8 \times 1 = 0.12 \text{mm/a} \tag{1}$$

根据净化厂循环水质数据估算得到的水侧腐蚀速率值 0.12mm/a > 0.075mm/a (GB 50050—2007《工业循环冷却水处理设计规范》规定的碳钢水侧腐蚀速率)，因此需要采取相关保护措施，如涂层保护。一旦涂层损伤，循环水与基材直接接触，出现冷却水腐蚀，并伴随有腐蚀产物生成，冷却水腐蚀是一种电化学腐蚀，与水接触的涂层破损部位的金属与周围涂层之间存在电位差，构成微观电池导致发生原电池反应，涂层破损部位金属作为阳极发生氧化反应，Fe 形成二价阳离子进入溶液中，释放出的电子与水中的氧发生作用，生成氢氧根离子，电极反应如下：

$$\text{阳极反应：} \qquad Fe \longrightarrow Fe^{2+} + 2e \tag{2}$$

$$\text{阴极反应：} \qquad 2H_2O + O_2 + 4e \longrightarrow 4OH^- \tag{3}$$

阳极反应形成的亚铁离子和阴极反应形成的氢氧根离子在距阳极区不远的地方进一步结合形成氢氧化亚铁，在中性和弱碱性条件下，部分亚铁化合物被溶解氧氧化成高铁化合物，如 $Fe(OH)_3$、$FeOOH$ 等。

在上述腐蚀过程中形成的 Fe_3O_4 等腐蚀产物在阳极区不远处以沉淀形式析出，形成垢层。阳极反应形成的亚铁离子同时会发生水解，水解反应为：

$$\text{二价铁水解：} \qquad Fe^{2+} + H_2O \longrightarrow Fe(OH)_2 + H^+ \tag{4}$$

水解导致垢下介质的 pH 值进一步降低，腐蚀加速，金属的垢下腐蚀反应具有自催化作用。其结果是在涂层破损部位形成的小蚀坑很快就被疏松的腐蚀产物层所覆盖，腐蚀产物逐渐累积，垢下的蚀坑变深，直至最后出现穿孔。

3 结论

（1）E105 换热器管束腐蚀穿孔由内部的局部腐蚀导致，是由于内部涂层损伤后循环水腐蚀管束金属基材，进而发展成穿孔造成的。

（2）控制水冷器腐蚀的方法是保证涂层施工质量或升级换热管的材质，选用奥氏体不锈钢时，应考察胺液环境中奥氏体不锈钢发生点蚀和氯化物应力腐蚀开裂的氯离子浓度临界值。

参 考 文 献

[1] 龚巍. 石化、火电工业用换热管的腐蚀失效分析及其性能评价[D]. 上海：复旦大学，2012.

[2] 胡建国，罗慧娟，张志浩，等．长庆油田某输油管道腐蚀失效分析[J]．腐蚀与防护，2018，39(12)：962-965，970.

[3] 陈兵，樊玉光，周三平．水冷器腐蚀失效原因分析[J]．腐蚀科学与防护技术，2010，22(6)：547-550.

[4] 代宁波，蒋克斌，石莉．炼油循环水系统水冷器失效案例分析[J]．腐蚀与防护，2004，25(5)：225-227.

[5] 张亚明，李美栓，黄伟，等．高压水冷器的换热管腐蚀原因分析[J]．腐蚀科学与防护技术，2002，14(2)：117-119.

[6] 易成，周超．塔顶冷凝器换热管腐蚀原因分析与预防[J]．压力容器，2004，35(2)：49-53.

[7] 颜祥．混合冷却器换热管腐蚀破损原因分析及改善对策[J]．中国化工装备，2017，35(5)：11-13.

[8] 王纲，张洪喜，王丽艳．E-417换热器腐蚀机理分析[J]．全面腐蚀控制，2012，26(2)：27-31.

作者简介：张杰(1982—)，男，2007年毕业于河南科技大学(原洛阳工学院)机械设计制造及其自动化专业，现工作于中石化工程质量监测有限公司西南分公司，正高级工程师，中国石化闵恩泽青年科技人才。

硫黄回收装置尾气焚烧炉余热锅炉
腐蚀成因分析与对策

张 杰 张文俊 刘 露 牛卫伟 江 能

(中石化工程质量监测有限公司西南分公司)

摘 要 余热锅炉约80%的故障由受热面材料的腐蚀引起。由于腐蚀问题影响因素较多，腐蚀反应相互促进，对应对措施的系统性和全面性提出严格要求。本文以某企业硫黄尾气焚烧炉余热锅炉的腐蚀失效问题为研究对象，通过失效部位形貌观察、材质成分分析、微观分析和固体沉积物成分分析等方式，确定升气管和管屏的穿孔主要是由烟气露点腐蚀导致的，穿孔后水蒸气泄漏、停工期间保护不充分加剧腐蚀。建议企业加强余热锅炉炉管温度控制和泄漏监测，完善停工期间的保护措施。

关键词 余热锅炉；硫酸腐蚀；失效分析；停工保护

在余热锅炉运行期间，硫黄尾气焚烧炉中的含硫物质会被氧化为 SO_2 和 SO_3，当温度低于露点温度时，SO_2 和 SO_3 会与烟气中的水蒸气结合，形成强酸性液体，造成水冷壁、液包接管等处的严重腐蚀，即通常所说的烟气露点腐蚀。当装置停工保护措施不到位时，空气中的氧气会将冷凝液中的 H_2SO_3 和 $FeSO_4$ 分别氧化成 H_2SO_4 和 $Fe_2(SO_4)_3$，在增强液体酸性的同时，$Fe_2(SO_4)_3$ 还对 SO_3 的生成具有促进作用，且酸性条件下 $Fe_2(SO_4)_3$ 也会腐蚀碳钢生成 $FeSO_4$，形成腐蚀循环。由于余热锅炉的腐蚀问题影响因素较多，腐蚀反应相互促进，管壁减薄破裂问题普遍存在，不仅严重影响了装置的安全运行，同时也造成了巨大的经济损失。因此，有必要针对余热锅炉开展腐蚀案例分析，剖析腐蚀失效的根本原因，并提出相应的腐蚀控制措施，为相关企业应对腐蚀问题、保障生产安全提供参考和借鉴。

某企业共有多台硫黄尾气焚烧炉余热锅炉，锅炉由主体、汽包、液包、烟气进口防护管束、三级过热器、三级减温器及进出口烟箱组成。具体工艺参数如表1所示。烟气侧为尾气焚烧炉产生的尾气；蒸汽侧进料为新鲜锅炉水，通过蒸发段翅片管，产生饱和水蒸气。

表1 余热锅炉工艺参数

参数	温度/℃		压力	介质
	入口	出口		
烟气侧	650℃	260℃	3kPa	N_2、O_2、CO_2、H_2O、SO_2
蒸汽侧	106℃	390℃	4.7MPa	锅炉水、蒸汽

在装置运行期间和开工准备期间，各余热锅炉相继发生泄漏，且部位和形貌具有共性特征。为探究泄漏原因，避免腐蚀问题再次发生，本研究以发生腐蚀穿孔的升气管和管屏为研究对象，通过宏观形貌观察、化学成分分析、金相组织分析、腐蚀产物分析等方式，明确腐蚀成因，并提出相应的腐蚀控制措施。

1 腐蚀调查及失效分析

1.1 宏观腐蚀形貌

通过对 E404 进行全面检查发现，人孔处升气管、底部管屏各有一处穿孔，另有 2 根底部管屏有明显腐蚀现象且存在粉末状垢样。升气管穿孔处距离管道底部约 15cm，并且穿孔部位以下及底部管屏表面有明显锈蚀，而穿孔部位以上则没有明显的腐蚀现象。具体形貌如图 1 所示。

(a)升气管穿孔　　　　　(b)管屏(底部水平管)穿孔　　　(c)管屏(底部水平管)腐蚀

图 1　余热锅炉升气管及管屏穿孔腐蚀宏观形貌

1.2 化学成分分析

根据 GB/T 223《钢铁及合金化学分析方法》对升气管失效部位(母材)及管屏失效部位(焊缝)的金属进行化学成分分析，结果如表 2 所示，管材化学成分基本符合 ASME SA210 Gr. A1《高压无缝管》标准要求。

表 2　化学成分分析结果(质量分数%)

元素		C	Si	Mn	P	S	Fe
测试值	母材	0.099	0.15	0.49	0.006	0.003	bal.
	焊缝	0.052	0.78	1.42	0.012	0.019	bal.
标准值(母材)		≤0.27	≥0.10	≤1.35	≤0.035	≤0.035	bal.

1.3 微观分析

分别选取升气孔穿孔部位附近的金属作为 1#样品、升气孔穿孔部位上部无明显腐蚀的金属作为 2#样品、管屏穿孔部位附近的焊缝金属作为 3#样品，利用 Olympus GX71 金相显微镜开展非金属夹杂物和金相组织分析。

1.3.1 非金属夹杂物

检验面为管壁纵截面，夹杂物级别的判定依据 GB/T 10561—2005《钢中非金属夹杂物含量的测定 标准评级图显微检验法》。1#、2#样品的显微图片分别如图 2(a)和图 2(b)所示，夹杂物级别均为 D0.5，夹杂物级别正常。

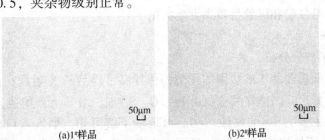

(a)1#样品　　　　　　　　(b)2#样品

图 2　升气管样品的显微图片

1.3.2 金相组织

检验面为管壁横截面，金相组织的检验方法依据 GB/T 13298—2015《金属显微组织检验方法》，金相组织具体信息见表3，$1^{\#}$~$3^{\#}$样品的金相组织图片分别见图3~图5。

表3　金相组织信息

部位		金相组织	部位		金相组织
$1^{\#}$	母材	铁素体+珠光体	$3^{\#}$	母材	铁素体+珠光体
$2^{\#}$	母材	铁素体+珠光体		焊缝	铁素体+珠光体

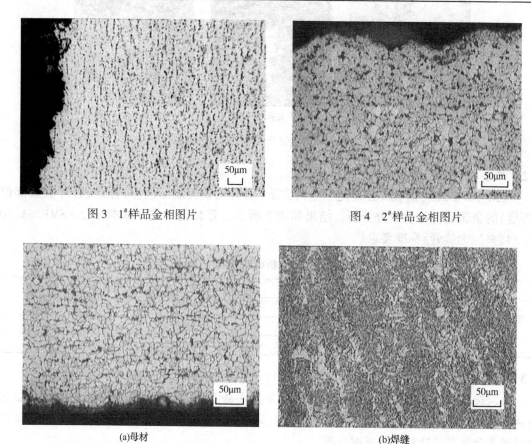

图3　$1^{\#}$样品金相图片　　　　图4　$2^{\#}$样品金相图片

(a)母材　　　　　　　　　(b)焊缝

图5　$3^{\#}$样品金相图片

结果表明：3个样品的金相组织均由铁素体和珠光体组成。其中，$1^{\#}$样品呈现柱状晶体结构，证明升气管在破裂时产生局部变形，导致金相组织发生变化；$2^{\#}$样品和$3^{\#}$样品组织结构正常，由此可知升气管和屏管材质未发生劣化。

1.4 固体样品分析

1.4.1 形貌观察和成分分析

取底部管屏表面覆盖的粉末状固体作为固体样品，样品的 X 射线衍射（XRF）分析结果如表4所示。可以看出：固体样品主要由 Fe、O、S、Si、Al 等元素组成，其中 Fe 元素占多数，可初步推断其主要为 Fe 的腐蚀产物。由现场了解可知，烟气入口前段烟道内壁铺有 Al_2O_3 耐火砖，判断固体样品中的 Si 和 Al 元素主要来自上游耐火砖的脱落。

表 4   固体样品的 XRF 分析结果

成分	Fe$_2$O$_3$	SO$_3$	SiO$_2$	Al$_2$O$_3$	Na$_2$O	Cr$_2$O$_3$	MnO$_2$	K$_2$O	CaO	P$_2$O$_5$	CuO
含量/%(质量分数)	80.19	15.97	1.41	0.84	0.52	0.20	0.19	0.19	0.13	<0.1	<0.1

为进一步观察固体样品的微观形貌并确定其化学组成,对样品进行扫描电子显微镜观察(SEM)和能谱(EDS)测定,结果如图 6 和表 5 所示。从图 6 中可以看出,固体样品中有大小不一的颗粒状物质,推测为腐蚀产物和上游烟道内壁脱落的耐火砖颗粒物。图 7 为固体样品的 XRD 分析结果,结合 EDS 测定的元素含量,可知样品中的主要成分为 Fe$_2$O$_3$,同时含有一定量的 FeS,两者均为炉管表面脱落的腐蚀产物。

图 6   固体样品微观形貌(SEM)

表 5   固体样品 EDS 分析结果

元　　素	含量/%(质量分数)	元　　素	含量/%(质量分数)
Fe	59.50	Al	1.43
O	28.01	Si	1.09
S	9.26	Cr	0.71

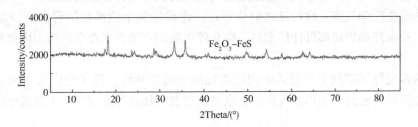

图 7   固体样品的 XRD 分析结果

1.4.2   水溶液分析

称取 10g 的固体样品并研磨,然后溶于 100g 蒸馏水中,充分搅拌后过滤,进行 pH 值、SO$_4^{2-}$、Cl$^-$ 和氨氮含量的测定,结果如表 6 所示。可以看出:样品水溶液 pH 值低,且 SO$_4^{2-}$ 含量高,初步推测固体样品中含有脱落的腐蚀产物。由于该部位处于滞留区,烟气中的固体颗粒及脱落的腐蚀产物易沉积于此。样品中的 SO$_4^{2-}$ 主要有 2 个来源:一是烟气中的水蒸气在局部冷凝形成液滴并吸收烟气中 SO$_2$ 和 O$_2$,导致局部出现露点腐蚀生成铁的硫酸盐;二是装置停工期间,空气进入后将硫化物或亚硫酸盐氧化生成。

表 6 固体样品水溶液的 pH 值及离子含量分析

pH 值	Cl^- 含量/(mg/L)	SO_4^{2-} 含量/(mg/L)	氨氮含量/(mg/L)
2.46	4.4	7015	413.18

2 腐蚀成因分析

由上述分析结果及升气管上部未发生明显腐蚀，可以推断烟气本身环境腐蚀并不剧烈。升气管底部 15cm 处和管屏明显腐蚀变色，是由于升气管穿孔后，水蒸气进入烟气中，加剧烟气露点腐蚀，主要反应过程包括：

硫酸对碳钢的腐蚀： $Fe+H_2SO_4 \Longrightarrow FeSO_4+H_2$

烟气与腐蚀产物的反应： $4FeSO_4+2SO_2+O_2 \Longrightarrow 2Fe_2(SO_4)_3$

硫酸与铁锈的反应： $Fe_2O_3+3H_2SO_4 \Longrightarrow Fe_2(SO_4)_3+3H_2O$

腐蚀产物加速碳钢腐蚀： $Fe_2(SO_4)_3+Fe \Longrightarrow 3FeSO_4$

铁离子和亚铁离子的水解： $Fe^{2+}+H_2O \Longrightarrow Fe(OH)_2+2H^+$

$$Fe^{3+}+H_2O \Longrightarrow Fe(OH)_3+3H^+$$

首先，烟气局部冷凝形成硫酸，腐蚀金属产生 $FeSO_4$，并与烟气中的 SO_2 和 O_2 进一步反应生成 $Fe_2(SO_4)_3$，此外，铁锈也会溶解于冷凝液中产生 $Fe_2(SO_4)_3$。其次，反应产生的 Fe^{3+} 在酸性环境中具有氧化性，进一步腐蚀金属，同时，反应产生的 Fe^{2+} 和 Fe^{3+} 发生水解，产生更多的 H^+（pH 值可降至 2），介质中的酸不会因腐蚀反应而消耗，随着温度升高，部分水分得以蒸发，酸浓度提升，形成自催化反应的恶性循环。最后，硫酸盐具有强烈的吸湿性，当烟气中的水分增多或停工保护不到位时，会形成硫酸盐浓溶液，附着在金属表面，造成腐蚀变色。升气管底部 15cm 处和管屏表面因存在硫酸盐，腐蚀变色较重。

3 腐蚀控制措施

（1）为防止因炉内滞留区沉积固体导致停工期间发生垢下腐蚀，建议停工时彻底清理余热锅炉各部位，如有条件可更换上游烟道中的耐火材料种类，防止其脱落。

（2）为避免因烟气露点腐蚀导致炉管穿孔，建议加强余热锅炉炉管温度控制和泄漏监测。同时，在余热锅炉底部设计排水口，防止停工期间有液态水在余热锅炉内部聚集，导致腐蚀加剧。

（3）为避免停工期间空气进入炉内产生强酸性腐蚀环境，停工时应采取碱洗、干燥处理，同时加强设备密封或采用氮气保护，也可通过蒸汽加热等方式保证内部温度在露点温度以上。

4 结论

（1）余热锅炉升气管和底部管屏的穿孔是由烟气露点腐蚀导致的，穿孔后炉管中的水分进入烟气中，加剧腐蚀过程。装置停工期间保护不充分，导致局部腐蚀严重。

（2）炉内沉积的固体主要为 Fe 的腐蚀产物，另外含有少量主要来自上游烟道中脱落耐火砖。

（3）建议加强炉管温度控制，避免烟气露点腐蚀；加强装置停工期间的保护措施，如钝化干燥、隔绝空气或保持炉内温度高于露点温度。

参 考 文 献

[1] 李新博，岳爱欣，王静. 硫回收废热锅炉列管损坏原因及处理措施[J]. 化工设计通讯，2018，44
(8)：89.

[2] 陈韶范，马金伟，齐兴，等. 克劳斯尾气焚烧炉余热锅炉停工腐蚀分析与防护[J]. 石油和化工设备，
2019，22(1)：66-69.

[3] 武俊瑞，王斌，魏振军. 硫磺回收装置余热锅炉泄漏原因分析及整改措施[J]. 硫酸工业，2017(6)：
29-33.

[4] 陈光棋，谢讯富. 余热锅炉(翅片管)腐蚀与积灰的防止措施[J]. 中国高新技术企业，2013(7)：
167-168.

[5] HALSTEAD W D, LAXTON J W. Equilibria in the $Fe_2(SO_4)_3/Fe_2O_3/SO_3$ system[J]. Journal of the Chemical
Society Faraday Transactions Physical Chemistry in Condensed Phases, 1974, 70: 807.

[6] 李志平. 常减压装置的腐蚀与应对措施[J]. 安全、健康和环境，2007，7(9)：15-17.

[7] 隋水强，梁成浩，丛海涛. 裂解炉对流管硫酸露点腐蚀原因分析和防护措施[J]. 石油化工设备技术，
2004，25(6)：48-50.

[8] 刘智勇，李晓刚，张新，等. SA-178A 余热锅炉换热器管失效分析[J]. 腐蚀科学与防护技术，2007，
19(1)：61-65.

[9] 白贤祥，张玉刚. 生活垃圾焚烧厂余热锅炉水冷壁高温腐蚀治理研究[J]. 环境卫生工程，2018，26
(3)：68-70.

[10] 王智春，王温玲，蔡文河，等. 余热锅炉受热面管泄漏失效分析[J]. 理化检验：物理分册，2018，
54(9)：64-68.

[11] 中华人民共和国冶金工业部. 钢铁及合金化学分析方法：GB/T 223—1981[S]. 北京：中国标准出版
社，1981.

[12] IHS. Specification for seamless medium-carbon steel boiler and Superheater tubes: ASME SA210[S/OL].
New York: American Society of Mechanical Engineers, 2019: 279-283 [2020-06-04] http://
www.doc88.com/p-7724828867375.html.

[13] 中华人民共和国国家质量监督检验检疫总局. 钢中非金属夹杂物含量的测定 标准评级图显微检验法：
GB/T 10561—2005 [S]. 北京：中国标准出版社，2005.

[14] 中华人民共和国国家质量监督检验检疫总局. 金属显微组织检验方法：GB/T 13298—2015[S]. 北京：
中国标准出版社，2015.

基金项目：中国石化科技开发项目，高酸性天然气净化装置腐蚀与控制研究(317017-14)。

作者简介：张杰(1982—)，男，2007 年毕业于河南科技大学(原洛阳工学院)机械设计
制造及其自动化专业，现工作于中石化工程质量监测有限公司西南分公司，正高级工程师，
中国石化闵恩泽青年科技人才。

一级转化器膨胀节失效分析与改进措施

宋 林

（中国石化扬子石油化工有限公司化工厂）

摘 要 烷基化装置待生酸处理单元一级转化器上部及下部膨胀节腐蚀穿孔，通过失效分析的多种分析方法，全面分析一级转化器膨胀节失效的原因，结合装置运行特点，提出改进措施，并在装置停车检修改造中实施，保障装置安稳运行。

关键词 待生酸处理单元；一级转化器；膨胀节；失效分析

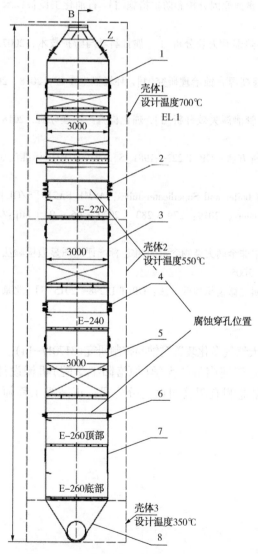

图1 反应塔一级转化器（188-R-200）
膨胀节穿孔的位置示意

烷基化装置待生酸处理单元流程中，过滤后的工艺气经换热降温后，通过工艺气风机 K-200 进入第1反应器 R-200 中。经过 R-200 内通过不同催化剂的催化氧化，绝大部分 SO_2 转化为 SO_3。之后含有 SO_2、SO_3、O_2、H_2O、H_2SO_4 等组分的工艺气进入第1冷凝器 C-300 中，气态硫酸被冷凝自流至中间储酸罐 D-700 中。

1 失效情况描述

图1为反应塔一级转化器（188-R-200）膨胀节，材质为 304H 不锈钢，穿孔位置的示意（穿孔位置如标注所示，其中膨胀节是一级转化器的组成部分）。图2为失效的膨胀节宏观形貌。如图2（a）所示，188单元4层平台一级转化器本体膨胀节最底层下部存在 $\phi80mm$ 腐蚀孔（位置1），穿孔边缘 $\phi120mm$ 范围内存在减薄，减薄处测厚数据为 1.5～1.8mm，正常测厚数据为 2.4～2.5mm。如图2（b）所示，188单元8层平台一级转化器本体膨胀节最底层下部边缘处存在 $\phi120mm$ 腐蚀孔，穿孔边缘 150mm×300mm 范围内存在减薄，减薄处测厚数据为 0.8～1.9mm，正常测厚数据为 2.4～2.5mm。此外，还发现188单元8层平台一级转化器本体膨胀节拉杆均已变形，如图3所示。底部锥体内部人孔处存在积酸现象，如图4所示。

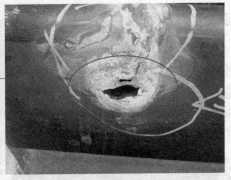

(a)188单元4层平台一级转化器本体膨胀节底层下部位置1穿孔形貌

(b)188单元8层平台一级转化器本体膨胀节底层下部位置2穿孔形貌

图2　失效的膨胀节宏观形貌

图3　188单元8层平台一级转化器本体膨胀节拉杆变形形貌

图4　底部人孔内积酸现象

2 宏观、微观分析及材质分析

为查找膨胀节腐蚀穿孔的原因，截取188单元8层平台一级转化器本体膨胀节上的腐蚀穿孔部分失效试样进行宏观分析。图5为未清洗的膨胀节腐蚀穿孔宏观形貌。如图5(a)所示，膨胀节外壁靠近穿孔部位同样有明显的腐蚀产物，表明腐蚀穿孔严重，即穿孔位置附近是腐蚀减薄严重区域，而远离外壁处无明显的腐蚀。如图5(b)所示，该膨胀节内壁存在大量腐蚀产物，且靠近腐蚀穿孔处腐蚀产物堆积程度较严重。

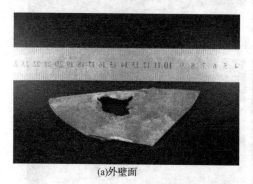 

(a)外壁面　　　　　　　　　　　　　(b)内壁面

图5　未清洗的膨胀节腐蚀穿孔宏观形貌

将失效的膨胀节置于2%的稀盐酸溶液中，采用超声波清洗15min，待去除膨胀节表面附着的腐蚀产物及其他杂质后进行宏观观察。图6为清洗后失效膨胀节的表面宏观形貌。图6(a)和图6(b)分别为清洗后失效膨胀节的外壁面和内壁面的宏观形貌。由图6可知：该膨胀节腐蚀远离穿孔处减薄不明显，越靠近腐蚀穿孔处壁厚减薄越严重，表明膨胀节在腐蚀穿孔处腐蚀程度严重。结果表明，由于膨胀节内壁发生严重的腐蚀减薄，并造成膨胀节穿孔。

 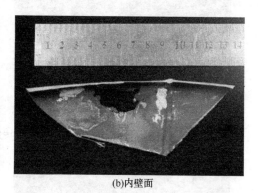

(a)外壁面　　　　　　　　　　　　　(b)内壁面

图6　清洗后的膨胀节腐蚀穿孔宏观形貌

利用TESCAN S8000 GHMH扫描电镜对穿孔部位，对腐蚀穿孔部位的微观形貌进行分析，在靠近膨胀节腐蚀穿孔部位取3个区域进行观察，获得膨胀节内壁腐蚀穿孔试样在不同倍率下的扫描电镜照片(图7)。

图8为膨胀节内壁靠近腐蚀穿孔位置的扫描电镜照片。其中图8(a)为100倍下膨胀节内壁腐蚀穿孔位置的扫描电镜照片，发现穿孔的边缘发生明显的减薄。图8(b)~图8(d)为局部放大200倍、500倍和1000倍扫描电镜照片。如图8(c)和图8(d)所示，尽管试样表面

经过清洗，但仍能够在膨胀节腐蚀穿孔位置内壁表面观察到存在明显附着物。图8(e)和图 8(f)分别为膨胀节靠近内壁腐蚀穿孔位置在2000倍和5000倍的扫描电镜照片，根据在高倍 条件下的微观形貌，膨胀节内壁表面具有典型的腐蚀特征，穿孔附近位置出现腐蚀坑。

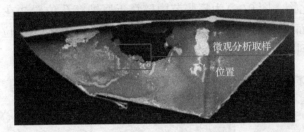 

图7 膨胀节腐蚀穿孔微观分析取样示意

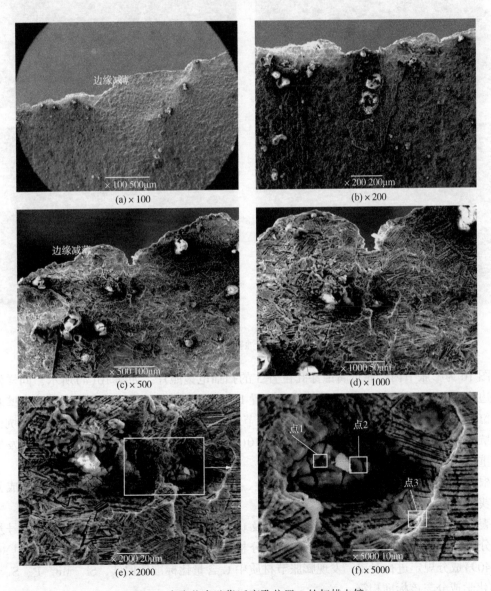

图8 膨胀节内壁靠近穿孔位置1的扫描电镜

图 9 为膨胀节内壁靠近腐蚀穿孔位置 2 的扫描电镜照片。如图 9(a)所示，在穿孔的边缘发生明显的减薄，同时可以看到存在亮白色物质附着在膨胀节内壁上，判断同样是氧化物。图 9(b)为膨胀节内壁腐蚀穿孔位置在 1000 倍下的扫描电镜照片，可以看到内壁表面同样存在白色物质，判断其同样是氧化物。图 9(c)为膨胀节内壁靠近腐蚀穿孔位置 2 在 2000倍下的扫描电镜照片，在高倍下表面有冲刷痕迹。图 9(d)为膨胀节内壁腐蚀穿孔位置在5000 倍下的扫描电镜照片，可以看到膨胀节内壁表面腐蚀严重。

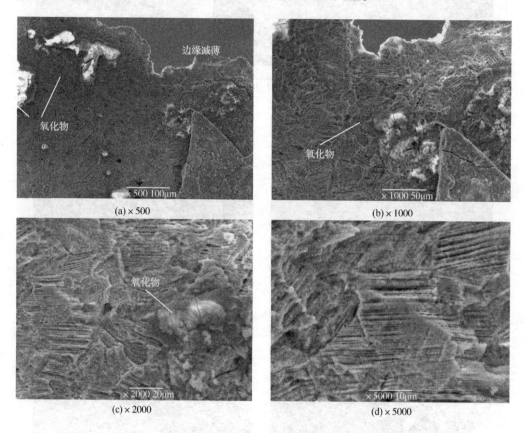

图 9　膨胀节内壁靠近腐蚀穿孔位置 2 的扫描电镜图

图 10 为膨胀节内壁靠近腐蚀穿孔位置 3 的扫描电镜照片。如图 10(a)所示，同样发现穿孔边缘发生明显的减薄，其形貌特征与位置 1 和位置 2 类似。图 10(b)为膨胀节内壁腐蚀穿孔位置在 1000 倍下的扫描电镜照片，膨胀节靠近腐蚀穿孔位置可以看到小的腐蚀坑，将腐蚀坑进一步放大 2000 倍和 5000 倍，如图 10(c)和图 10(d)所示，膨胀节内壁表面发生腐蚀严重。

根据工况条件该膨胀节材质为 304H 合金，利用光谱仪设备，对膨胀节进行化学成分检测，获得膨胀节的化学成分检测结果。

表 1 为膨胀节的化学成分检测结果，以及 GB/T 20878—2007《不锈钢和耐热钢牌号及化学成分》标准 304H 规定值。将膨胀节的成分检测结果与 GB/T 20878—2007 标准中 304H(S30409)成分规定进行对比，发现膨胀节材质中 C 含量比标准值偏低，Si、Mn、P、S、Ni、Cr 的化学成分与该标准相符。

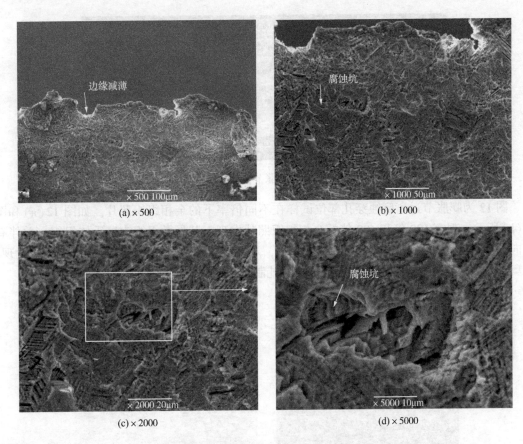

图 10 膨胀节内壁靠近腐蚀穿孔位置 3 的扫描电镜图

表 1 膨胀节的化学成分检测结果

元素	C	Si	Mn	P	S	Ni	Cr
1	0.0399	0.311	1.54	0.0383	0.0023	8.21	18.09
2	0.0392	0.316	1.56	0.0387	0.0006	8.06	18.14
平均值	0.0395	0.313	1.55	0.0385	0.0015	8.13	18.12
标准值	0.04~0.1	≤1.0	≤2.0	≤0.045	≤0.03	8.0~11.0	18.0~20.0
结果	偏低	合格	合格	合格	合格	合格	合格

3 金相组织分析

已知膨胀节材料为 304H 不锈钢（07Cr19Ni10），是一种奥氏体不锈耐热钢，具有优异的耐腐蚀性、可焊接性，热强性能较好。为进一步分析膨胀节穿孔泄漏的原因，对膨胀节材料进行金相组织分析。采用线切割对失效膨胀节进行取样，如图 11 所示，分别在远离腐蚀穿孔部位（1#）和靠近腐蚀穿孔部位（2#）取样。试样经过镶样、打磨、抛光后，再使用含有10%草酸溶液电解腐蚀 2~5s 后，利用金相显微镜进行观察。

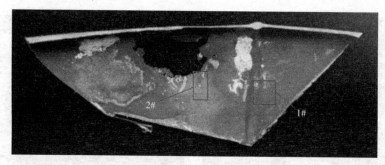

图 11　失效膨胀节金相取样示意

图 12 为膨胀节远离腐蚀穿孔部位试样在不同倍率下的金相组织照片。如图 12(a)和图 12(b)所示，观察 100 倍和 400 倍的金相组织照片发现，其显微组织为奥氏体组织，并伴有纵向的细条带。如图 12(c)和图 12(d)所示，观察 750 倍和 1000 倍的金相组织照片发现，在奥氏体晶粒中伴随着明显的方向性很强的轧制带状组织，且伴有孪晶存在。

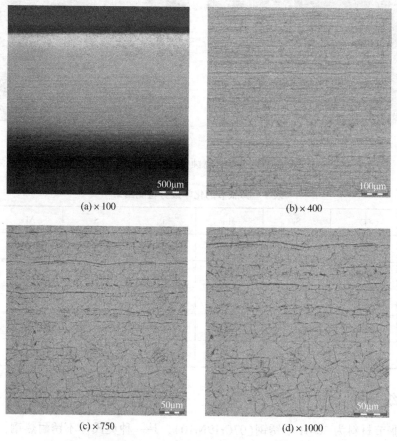

(a)×100

(b)×400

(c)×750

(d)×1000

图 12　膨胀节远离腐蚀穿孔部位试样(1#)不同倍率下的金相组织

图 13 为膨胀节靠近腐蚀穿孔部位试样在不同倍率下的金相组织照片。如图 13(a)和图 13(b)所示，观察 100 倍和 400 倍的金相组织照片发现，在膨胀节靠近腐蚀穿孔部位未发现明显的轧制带状组织，可以看到在奥氏体晶粒内有明显的孪晶存在。

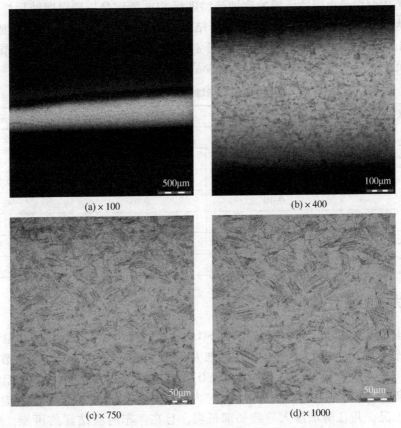

图 13　膨胀节靠近腐蚀穿孔部位试样(2#)不同倍率下的金相组织

4　腐蚀垢样分析

　　将膨胀节内壁上的腐蚀垢样进行取样分析，样品进行 XRD 测定后，得到样品衍射图谱，然后利用 JADE 5.0 物相分析软件进行物相分析，其分析结果如图 14 所示。腐蚀产物主要成分是 $Fe_2(SO_4)_3$ 和 $Cr_2(SO_4)_3$。这 2 种物质的形成所需在环境介质富含 O_2、H_2SO_4 等强氧化物，且是强氧化性条件，这与膨胀节工况条件相对应。

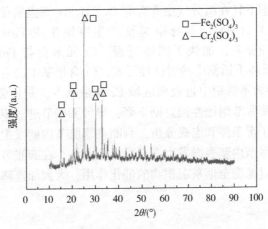

图 14　膨胀节垢样 XRD 图谱

对膨胀节内壁面严重腐蚀区域的腐蚀产物进行 EDS 能谱分析确定腐蚀垢样元素成分及含量。表 2 为膨胀节腐蚀垢样 EDS 能谱分析结果。结果显示：腐蚀产物中主要元素为 Fe、O 和 S，并且腐蚀垢样中 O 及 S 含量很高，分别达到 24.82% 和 33.44%，膨胀节内表面腐蚀垢样中主要元素含有 Fe、O 和 S，同时还有少量 C、Nb、Mo、Cr、Ni 等元素。

表 2　膨胀节垢样 EDS 分析结果

元素	质量分数/%	原子分数/%	误差/%
C K	0.47	1.17	29.63
O K	24.82	46.02	4.63
NbL	1.96	0.62	9.26
MoL	0.10	0.03	90.21
S K	33.44	30.93	1.57
Cr K	10.27	5.86	3.09
FeK	28.94	15.37	2.15

5　膨胀节失效的原因分析

综上所述，转化器膨胀节的内部介质是 SO_2、SO_3、O_2、H_2O、H_2SO_4 等高温气体（SO_3 和 H_2SO_4 由 SO_2 转化而来），且发现底部锥体内部人孔处存在积酸现象。由于膨胀节主要在酸性介质中工作，虽然 SO_2、SO_3、O_2、H_2O、H_2SO_4 等介质在常温下与 304H 不锈钢的反应不敏感，但是在高温、高湿度工况下，当组分气与内壁面发生换热时，使得组分气温度降低，由于不正常的工况，并且雨水渗入导致局部低温，且在停车时有结露的可能，组分气中的 H_2SO_4 会在内壁面上形成露点对内壁面产生腐蚀，从而露点腐蚀。在膨胀节中会发生如下反应：

$$Fe+H_2SO_4 =\!=\!= FeSO_4+H_2 \uparrow$$
$$4FeSO_4+O_2+2H_2SO_4 =\!=\!= 2Fe_2(SO_4)_3+2H_2O$$
$$Fe_2(SO_4)_3+Fe =\!=\!= 3FeSO_4$$
$$2Cr+Fe_2(SO_4)_3 =\!=\!= Cr_2(SO_4)_3+2Fe$$

组分气中 H_2SO_4 冷凝形成的稀硫酸附着在膨胀节的内壁表面，会与不锈钢反应生产 $FeSO_4$。虽然 $FeSO_4$ 较致密，牢固附着于金属表面，成为一层保护膜，一定程度上隔绝了腐蚀介质，但是在高温状态下且在组分气中有含有 O_2、H_2SO_4 等强氧化性的物质，使得 $FeSO_4$ 氧化生成 $Fe_2(SO_4)_3$，$Fe_2(SO_4)_3$ 本身也对铁产生腐蚀生成 $FeSO_4$，于是形成 $FeSO_4$—$Fe_2(SO_4)_3$—$FeSO_4$ 的腐蚀循环，加快了腐蚀进程。Cr 元素会与 $Fe_2(SO_4)_3$ 发生反应生成 $Cr_2(SO_4)_3$。而 Cr 是奥氏体不锈钢中的耐蚀性元素，Cr 含量基本决定了奥氏体不锈钢的耐蚀性能，而 Cr 的反应会导致不锈钢中近表面区域 Cr 含量减少，并且会导致 Cr 在不锈钢中的分布不均匀，从而使得膨胀节耐蚀性能急剧下降，导致膨胀节进一步腐蚀发生减薄最终发生腐蚀穿孔。结合膨胀节工况条件和宏观分析，判断在膨胀节内壁发生了严重的露点腐蚀，即致冷凝的硫酸附着在膨胀节内壁表面发生露点腐蚀。此外，在膨胀节工作时，会受到内部物料的不断冲蚀，加上未过滤完烟灰沉积物的催化作用，大大加速膨胀节腐蚀穿孔的速率。

6　结论与改进措施

通过对穿孔失效的膨胀节进行宏观分析、微观分析、金相组织分析、和腐蚀垢样分析，得出以下主要结论：

宏观分析、微观分析膨胀节内壁存在明显的腐蚀减薄现象，大量腐蚀产物附着在内壁表面，局部腐蚀严重，膨胀节外壁在近穿孔处存在腐蚀产物，而远离外壁处无明显的腐蚀。

根据远离膨胀节腐蚀穿孔部位的金相组织分析，其显微组织为奥氏体组织，并伴有纵向的细带状组织；靠近膨胀节腐蚀穿孔部位的金相组织同样由奥氏体晶粒组成，但未发现带状组织，明显产生腐蚀，组织遭到破坏，。

膨胀节腐蚀垢样 XRD 分析表明主要为 $Fe_2(SO_4)_3$ 和 $Cr_2(SO_4)_3$，EDS 能谱分析结果表明腐蚀垢样主要元素含有 Fe、O 和 S，二者检测结果吻合。

综上所述，由于膨胀节内部存在 SO_2、SO_3、O_2、H_2O、H_2SO_4 等强氧化性酸性介质，当组分气的温度降低，组分气中的 H_2SO_4 冷凝在膨胀节内壁表面，发生露点腐蚀，因而造成膨胀节内壁形成 $FeSO_4$—$Fe_2(SO_4)_3$—$FeSO_4$ 的腐蚀循环，造成露点腐蚀，并且工艺气流动对膨胀节具有冲蚀作用。因此，导致膨胀节发生穿孔泄漏失效的原因是露点腐蚀、物料冲蚀共同作用而产生的膨胀节内壁严重的局部腐蚀和减薄，从而造成穿孔失效。

针对以上分析，提出改进措施并实行：

（1）选用耐蚀性更强的 incoloy625 作为膨胀节材料，下部腐蚀穿孔的膨胀节材质升级更换，平稳运行至今，待观察一个大修周期后的腐蚀情况，视情况对所有剩余 2 个膨胀节进行材质升级。

（2）对一级反应器及整个系统保温进行升级改造，使用纳米气凝胶新型保温材料，严格把控保温工程质量，同时完善废酸单元防雨设施，确保在运行期间管线，设备不会出现露点温度，从而形成液态硫酸，防止腐蚀管线与设备。

（3）优化工艺操作，保障装置稳定运行，同时在装置异常状况停车期间，延长降温时间，并且工艺吹扫完全，避免局部积酸。

参 考 文 献

[1] 王鹏，孙永哲. 不锈钢膨胀节开裂失效原因分析[J]. 石油和化工设备，2012，15(9)：32-36.

[2] 朱流，沃银花，郦剑，等. SUS304 不锈钢膨胀节腐蚀失效分析[J]. 热处理，2005(3)：46-50.

[3] 张志伟，刘素芬，李兆杰，等. S30408 奥氏体不锈钢膨胀节的失效原因分析及组织表征[J]. 金属热处理，2019(44)：84-88.

[4] 张可伟，郑晶磊，王建军. 催化装置膨胀节失效分析及预防措施[C]//压力容器先进技术——第十届全国压力容器学术会议论文集(下)，2021：408-415.

[5] 蔡善祥，马金华，艾志斌，等. 催化裂化装置膨胀节腐蚀失效分析与防护对策[J]. 石油化工设备，2005(5)：77-80.

[6] 梁红野，贾少磊，陈彦泽. 催化裂化装置管道膨胀节失效分析及防护[J]. 石油化工腐蚀与防护，2004(2)：27-29.

[7] 宁德君. 催化裂化装置高温烟气管道膨胀节损坏原因分析及改进措施[J]. 石油化工设备技术，2011，32(3)：7-9.

作者简介：宋林(1998—)，男，2019 年毕业于东南大学成贤学院，学士学位，现工作于中国石化扬子石油化工有限公司化工厂，设备工程师。

地层水对高含硫化氢气田地面集输系统腐蚀影响研究

田烨瑞　刘二喜　欧天雄　李海凤

（中国石油化工股份有限公司中原油田普光分公司）

摘　要　普光气田 H_2S 平均含量为 15.16%，CO_2 平均含量为 8.64%，是目前国内正在开发的含 H_2S、CO_2 最高的含硫气田。随着普光气田开发的不断深入，主体边部气井及大湾部分井产出水由投产初期的凝析水转变为地层水，地层水较凝析水水质参数变化较大，呈现出 pH 升高、水型变化、矿化度增加等情况，为集输系统腐蚀控制带来挑战。通过开展地层水对集输系统腐蚀影响的研究，明确了水型变化是导致腐蚀速率加剧的重要因素，针对性研发了"缓蚀剂浓度优化+加注量理论判断标准+工艺优化"的综合性腐蚀控制体系，出水气井腐蚀速率得到有效控制，确保集输系统安全平稳运行。

关键词　地层水；腐蚀；氯化钙；碳酸氢钠

普光气田集输系统采用抗硫钢+缓蚀剂的内防腐技术，即依靠抗硫钢本身防止应力腐蚀和氢脆的发生，依靠缓蚀剂防护介质产生的电化学腐蚀。因此，缓蚀剂的效能是决定普光气田集输系统内腐蚀控制水平的核心要素。随着气田开发的不断深入，部分气井产出水已由投产初期的凝析水转变为地层水，地层水较凝析水水质参数变化较大，呈现出 pH 升高、水型变化、矿化度增加等情况，原有依据气量或多倍加注缓蚀剂的方法缺乏理论支持，存在优化的空间。

1　地层水对集输系统腐蚀主要影响因素

生产数据表明，随着产出水水型变化、pH 值升高，腐蚀速率呈现升高的趋势，与室内评价实验结论一致。

1.1　基于生产动态资料，确定产出水性质变化是腐蚀上升的主要因素

（1）气井出水后，腐蚀速率增速明显。腐蚀监测数据表明，气井见地层水后，腐蚀速率增速明显，超过 0.076mm/a 的控制标准（图1）。

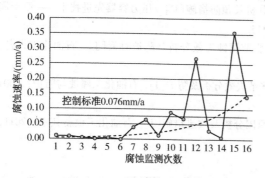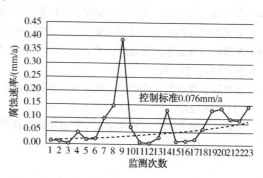

图1　P1井（左）和 P2井（右）腐蚀速率变化趋势

（2）气井出水后，碳酸氢根浓度上升，水体 pH 值明显上升，水型由氯化钙水型转变成碳酸氢钠水型。15 口出水气井投产至今 pH 值呈升高趋势，对比气井产出水中各项离子浓度，碳酸氢根离子浓度与 pH 值变化呈正相关，且变化趋势一致（图2）。

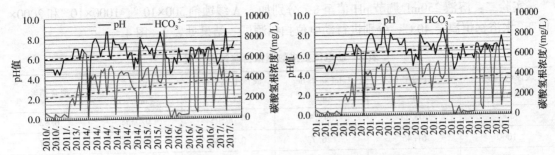

图2 P3××井(左)和1××井(右)pH值与碳酸氢根离子浓度关系

1.2 基于室内模拟实验,确定产出水性质变化对腐蚀速率影响规律

实验室中评价缓蚀剂的方法有重量法、电化学法等。电化学法又分为电阻法、极化法、溶液分析法等,项目采用极化阻力法。原理是在腐蚀电位附近进行极化,利用腐蚀电流与极化曲线在腐蚀电位附近的斜率 Rp 成反比关系,通过极化电流密度与极化电位,推导出自然腐蚀电流密度方程和 Tafel 常数,从而拟合曲线求出平均腐蚀速率。

1.2.1 实验方案制定

实验方法为通过对不同水型(氯化钙、碳酸氢钠)的溶液进行动电位扫描测试,然后用弱极化区(三参数)拟合计算平均腐蚀速率来总结其规律。氯化钙水型溶液根据现场产出水矿化度实验室内配置模拟溶液,碳酸氢钠水型采用现场产出水。

1.2.2 实验结果

1.2.2.1 碳酸氢钠水型

实验一:取溶液 250mL 调节 pH 值至 7,分别加入 A 缓蚀剂 500×10^{-6}(ppm)、1000×10^{-6} 和 2000×10^{-6},水浴锅恒温至 40℃,分别进行动电位扫描测试。结果见表1、图3。

表1 动电位扫描数据拟合腐蚀速率表

缓蚀剂浓度/ ×10⁻⁶	Tafel 斜率 ba/ mv	Tafel 斜率 bc/ mv	腐蚀电流密度/ (mA/cm²)	腐蚀速率/ (mm/a)	拟合精度
500	68. 35	104. 88	0. 0169	0. 1988	0. 97
1000	66. 84	108. 64	0. 00379	0. 0444	0. 99
2000	46. 20	397. 01	0. 0075	0. 0883	0. 98

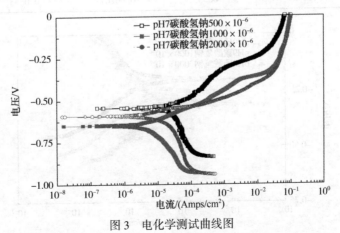

图3 电化学测试曲线图

实验二：溶液 250mL 调节 pH 值至 8，分别加入 A 缓蚀剂 500×10⁻⁶、1000×10⁻⁶和 2000×10⁻⁶，水浴锅恒温至 40℃，分别进行动电位扫描测试。结果见表 2、图 4。

表 2　动电位扫描数据拟合腐蚀速率表

缓蚀剂浓度/ ×10⁻⁶	Tafel 斜率 ba/ mv	Tafel 斜率 bc/ mv	腐蚀电流密度/ （mA/cm²）	腐蚀速率/ （mm/a）	拟合精度
500	103.11	69.13	0.00305	0.0358	0.82
1000	61.45	126.73	0.00124	0.0145	0.97
2000	160.19	55.80	0.0056	0.0662	0.75

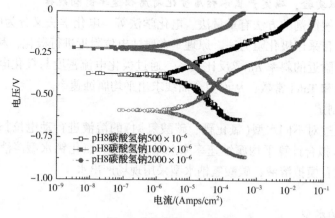

图 4　电化学测试曲线图

实验三：溶液 250mL 调节 pH 值至 9，分别加入 A 缓蚀剂 500×10⁻⁶、1000×10⁻⁶和 2000×10⁻⁶，水浴锅恒温至 40℃，分别进行动电位扫描测试。结果见表 3、图 5。

表 3　动电位扫描数据拟合腐蚀速率表

缓蚀剂浓度/ ×10⁻⁶	Tafel 斜率 ba/ mv	Tafel 斜率 bc/ mv	腐蚀电流密度/ （mA/cm²）	腐蚀速率/ （mm/a）	拟合精度
500	89.41	77.04	0.00288	0.0337	0.92
1000	38.22	499.54	0.00005	0.0006	0.80
2000	100.55	70.33	0.00207	0.0243	0.95

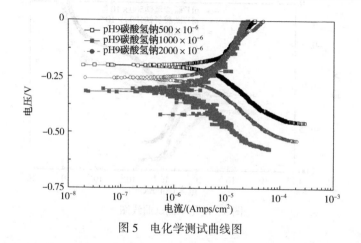

图 5　电化学测试曲线图

1.2.2.2 氯化钙水型

实验一：溶液 250mL 调节 pH 值至 5，分别加入 A 缓蚀剂 500×10⁻⁶、1000×10⁻⁶ 和 2000×10⁻⁶，水浴锅恒温至 40℃，分别进行动电位扫描测试。经果见表4、图6。

表 4 动电位扫描数据拟合腐蚀速率表

缓蚀剂浓度/ ×10⁻⁶	Tafel 斜率 ba/ mv	Tafel 斜率 bc/ mv	腐蚀电流密度/ （mA/cm²）	腐蚀速率/ （mm/a）	拟合精度
500	122.20	62.57	0.0158	0.1859	0.99
1000	100.49	70.36	0.0076	0.0895	0.91
2000	58.26	142.87	0.00169	0.0198	0.45

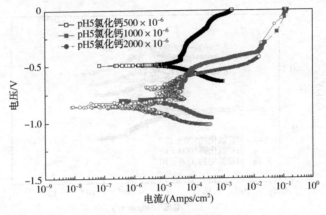

图 6 电化学测试曲线图

实验二：溶液 250mL 调节 pH 值至 6，分别加入 A 缓蚀剂 500×10⁻⁶、1000×10⁻⁶ 和 2000×10⁻⁶，水浴锅恒温至 40℃，分别进行动电位扫描测试。结果见表5、图7。

表 5 动电位扫描数据拟合腐蚀速率表

缓蚀剂浓度/ ×10⁻⁶	Tafel 斜率 ba/ mv	Tafel 斜率 bc/ mv	腐蚀电流密度/ （mA/cm²）	腐蚀速率/ （mm/a）	拟合精度
500	12.78	18.49	0.00433	0.0508	0.85
1000	69.42	102.46	0.00285	0.0334	0.91
2000	65.40	112.69	0.00133	0.0157	0.99

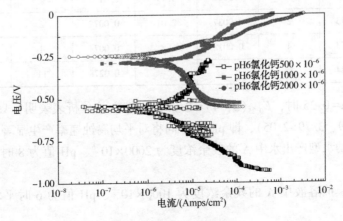

图 7 电化学测试曲线图

实验三：溶液 250mL 调节 pH 值至 7，分别加入 A 缓蚀剂 500×10^{-6}、1000×10^{-6} 和 2000×10^{-6}，水浴锅恒温至 40℃，分别进行动电位扫描测试。结果见表6、图8。

表6　动电位扫描数据拟合腐蚀速率表

缓蚀剂浓度/ $\times 10^{-6}$	Tafel 斜率 ba/ mv	Tafel 斜率 bc/ mv	腐蚀电流密度/ （mA/cm²）	腐蚀速率/ （mm/a）	拟合精度
500	132.43	60.19	0.000792	0.00929	0.44
1000	110.98	65.99	0.000723	0.00848	0.64
2000	61.85	125.07	0.000301	0.00353	0.75

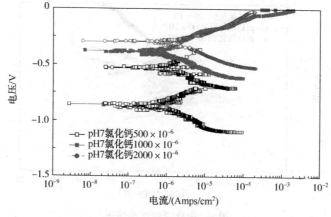

图8　电化学测试曲线图

1.2.3　实验认识

（1）采用双因素全面实验法进行电化学动电位扫描得出相应的极化曲线。极化曲线拟合出的腐蚀数据采用 F 值检验法分析，方差分析见表7。

表7　方差分析表

水型	碳酸氢钠水型				氯化钙水型			
因素	平方和	自由度	均方和	F 比	平方和	自由度	均方和	F 比
pH 值	0.0138	2	0.0069	3.79	0.0133	2	0.0066	3.59
缓蚀剂浓度	0.0073	2	0.0037	2.01	0.0072	2	0.0036	1.94
E	0.0073	4	0.0018		0.0074	4	0.0018	
总和	0.0284	11			0.0278	11		

查阅资料，$\alpha = 0.25$ 时，$F_{0.25}(2, 4) = 2.05$；比较方差分析表表明，只有因素 pH 值是显著的（因为 3.59、3.79 > 2.05），即 pH 值不同将对平均腐蚀速率产生显著影响。

（2）碳酸氢钠水型产出水中 A 的残余浓度为 2000×10^{-6}、pH 值为 8 时平均腐蚀速率最低（图9）。

（3）氯化钙模拟溶液中 A 的残余浓度为 1000×10^{-6}、pH 值为 6 时平均腐蚀速率最低（图10）。

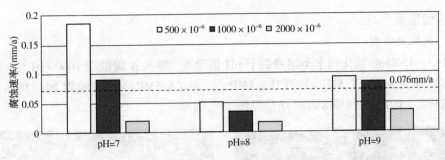

图 9　平均腐蚀速率柱状图(碳酸氢钠溶液)

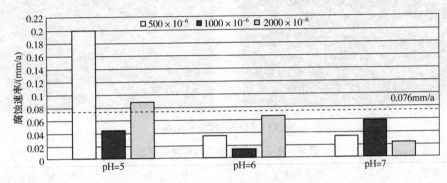

图 10　平均腐蚀速率柱状图(氯化钙溶液)

1.3　高压釜模拟工况实验

参照 Q/SH 1025 0876—2013《普光气田集输系统用缓蚀剂技术要求》第 10 章平均腐蚀速率，开展高温高压釜浸泡加速实验。

1.3.1　实验方案

1.3.1.1　实验方法

通过高温高压釜容器模拟集输系统工况，进行腐蚀挂片实验，最后通过平均腐蚀速率来筛选。

1.3.1.2　实验条件

表 8 所示为高温高压釜实验条件。

表 8　高温高压釜实验条件表

序号	水型	pH 值	温度/℃	缓蚀剂浓度/×10⁻⁶	试样数量/片	实验压力/MPa	实验状态
1	氯化钙	5	40	1000	8	H_2S：1.5；CO_2：1；N_2：5.5	动态浸泡
2	氯化钙	6	40	1000	8	H_2S：1.5；CO_2：1；N_2：5.5	动态浸泡
3	氯化钙	7	40	1000	8	H_2S：1.5；CO_2：1；N_2：5.5	动态浸泡
4	碳酸氢钠	8	40	1000	8	H_2S：1.5；CO_2：1；N_2：5.5	动态浸泡
5	碳酸氢钠	9	40	1000	8	H_2S：1.5；CO_2：1；N_2：5.5	动态浸泡
6	混合型	7	40	1000	8	H_2S：1.5；CO_2：1；N_2：5.5	动态浸泡
7	碳酸氢钠	8	40	2000	8	H_2S：1.5；CO_2：1；N_2：5.5	动态浸泡
8	碳酸氢钠	8	40	3000	8	H_2S：1.5；CO_2：1；N_2：5.5	动态浸泡
9	碳酸氢钠	8	40	4000	8	H_2S：1.5；CO_2：1；N_2：5.5	动态浸泡
10	碳酸氢钠	9	40	2000	8	H_2S：1.5；CO_2：1；N_2：5.5	动态浸泡
11	碳酸氢钠	9	40	3000	8	H_2S：1.5；CO_2：1；N_2：5.5	动态浸泡
12	碳酸氢钠	9	40	4000	8	H_2S：1.5；CO_2：1；N_2：5.5	动态浸泡

1.3.2 实验结果

1.3.2.1 氯化钙水型

实验一：1500mL 氯化钙水型溶液调节 pH 值至 5，加入 A 缓蚀剂 1000×10^{-6}；实验温度 40℃；实验压力 H_2S（1.5MPa）、CO_2（1MPa）、N_2（5.5MPa）；实验时间：168h；转速：3m/s；试样：L360QCS 材质 8 片。结果见图 11、表 9。

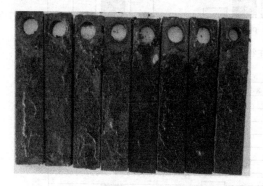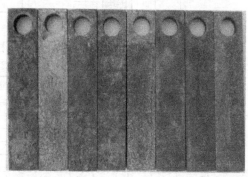

图 11 试样处理前后形貌

表 9 高压釜实验后平均腐蚀速率表

编号	挂片前重/g	挂片后重/g	均匀腐蚀速率/（mm/a）
075	10.9909	10.9836	0.0356
015	11.1129	11.0994	0.0658
013	10.7317	10.7149	0.0819
019	10.6016	10.5928	0.0427
072	10.4069	10.3931	0.0672
054	10.9405	10.9328	0.0378
048	11.3151	11.3019	0.0642
080	10.9776	10.9693	0.0404

实验二：1500mL 氯化钙水型溶液调节 pH 值至 6，加入 A 缓蚀剂 1000×10^{-6}；实验温度 40℃；实验压力 H_2S（1.5MPa）、CO_2（1MPa）、N_2（5.5MPa）；实验时间：168h；转速：3m/s；试样：L360QCS 材质 8 片。结果见图 12、表 10。

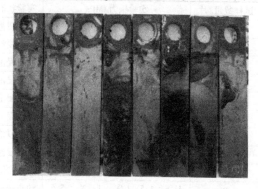

图 12 试样处理前后形貌

表10 高压釜实验后平均腐蚀速率表

编号	挂片前重/g	挂片后重/g	均匀腐蚀速率/(mm/a)
068	11.1460	11.1428	0.0155
092	11.1242	11.1094	0.0722
065	11.2783	11.2694	0.0435
098	10.9356	10.9313	0.0211
076	11.3966	11.3925	0.0198
043	11.1084	11.1036	0.0233
026	11.1213	11.1155	0.0283
083	11.3773	11.3649	0.0604

实验三: 1500mL 氯化钙水型溶液调节 pH 值至 7, 加入 A 缓蚀剂 1000×10^{-6}; 实验温度 40℃; 实验压力 H_2S(1.5MPa)、CO_2(1MPa)、N_2(5.5MPa); 实验时间: 168h; 转速: 3m/s; 试样: L360QCS 材质 8 片。结果见图 13、表 11。

图13 试样处理前后形貌

表11 高压釜实验后平均腐蚀速率表

编号	挂片前重/g	挂片后重/g	均匀腐蚀速率/(mm/a)
077	11.1013	11.0929	0.0408
091	10.8384	10.8293	0.0443
037	10.8215	10.8087	0.0626
046	10.9874	10.9759	0.0561
099	11.1987	11.1884	0.0503
039	11.0993	11.0878	0.0561
021	10.9935	10.9828	0.0521
056	11.1875	11.1807	0.0334

1.3.2.2 碳酸氢钠水型

实验一: 1500mL 碳酸氢钠水型溶液调节 pH 值至 9, 加入 A 缓蚀剂 1000×10^{-6}; 实验温度 40℃; 实验压力 H_2S(1.5MPa)、CO_2(1MPa)、N_2(5.5MPa); 实验时间: 168h; 转速: 3m/s; 试样: L360QCS 材质 8 片。结果见图 14、表 12。

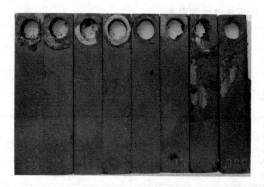

图14 试样处理前后形貌

表12 高压釜实验后平均腐蚀速率表

编号	挂片前重/g	挂片后重/g	均匀腐蚀速率/(mm/a)
481	11.2812	11.2682	0.0634
494	11.3093	11.2705	0.1893
476	11.1774	11.1542	0.1132
390	11.2336	11.2064	0.1326
398	11.3546	11.3088	0.2234
375	11.1471	11.0403	0.5210
344	11.3071	11.2890	0.0883
428	11.1373	11.1180	0.0941

实验二：1500mL碳酸氢钠水型溶液调节pH值至8，加入A缓蚀剂1000×10^{-6}；实验温度40℃；实验压力H_2S（1.5MPa）、CO_2（1MPa）、N_2（5.5MPa）；实验时间：168h；转速：3m/s；试样：L360QCS材质8片。结果见图15、表13。

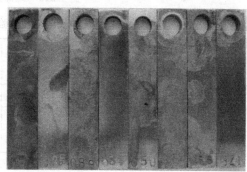

图15 试样处理前后形貌

表13 高压釜实验后平均腐蚀速率表

编号	挂片前重/g	挂片后重/g	均匀腐蚀速率/(mm/a)
081	10.9518	10.9362	0.0759
321	11.2416	11.2139	0.1352
337	11.2078	11.1702	0.1835
395	10.9556	10.9204	0.1717

编号	挂片前重/g	挂片后重/g	均匀腐蚀速率/(mm/a)
089	11.2474	11.2061	0.2015
050	11.0158	10.9704	0.2213
058	10.8547	10.8111	0.2125
066	10.7978	10.7622	0.1735

1.3.2.3 实验认识

实验结果表明，氯化钙水型在 $1000×10^{-6}$ 缓蚀剂浓度下试样的腐蚀可控，pH 值为 6 时试样的平均腐蚀速率最低(表 14)。水型转为碳酸氢钠水型时，产出水腐蚀性急剧增大。当产出水中 $1000×10^{-6}$ 缓蚀剂时，pH 值为 8、9 的试样平均腐蚀速率均已超过 0.076mm/a (图 16)。

表 14 高压釜实验后平均腐蚀速率表

pH 值	5	6	7	8	9
平均腐蚀速率/(mm/a)	0.0545	0.0355	0.0495	0.172	0.178
水型	氯化钙水型			碳酸氢钠水型	

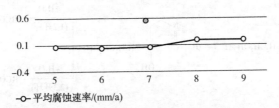

图 16 高压釜模拟实验后平均腐蚀速率图

1.4 地层水对腐蚀影响因素确认

1.4.1 实验分析综合评定

常压下，碳酸氢钠水型 pH 值远高于氯化钙水型，但从电化学测试结果来看，pH 值越高，腐蚀总体呈现出下降趋势。但模拟实际工况高压条件下，pH 值越高，腐蚀呈现出增长的趋势。之所以出现趋势相反的情况，主要原因是由于碳酸氢钠水型中钙、镁含量很低、碳酸氢根含量高，在高压下溶解二氧化碳的量越大，也就是说侵蚀性二氧化碳含量高，腐蚀性更强；氯化钙水型中钙离子含量高，与水中的碳酸氢根形成碳酸氢钙，有效地降低侵蚀性二氧化碳的含量，从而减轻了腐蚀作用。因此，高压饱和二氧化碳的工况条件下，碳酸氢钠水型腐蚀更加严重。

由于未开展常压条件下饱和二氧化碳腐蚀实验，所以很自然就是受水体的 pH 值影响大，如果采用常压通二氧化碳成饱和二氧化碳的水体时，电化学实验结果会呈现出与高压工况的同样的规律，可能只是程度会弱一些。

1.4.2 主要因素确认

综上，水型变化导致 pH 值发生变化，pH 改变了缓蚀剂的性能，降低了缓蚀剂的缓蚀效果。因此，水型变化是造成腐蚀速率升高的主要因素。

机理：A 缓蚀剂自身 pH 值为 4.0~5.0，其主要组分咪唑啉类在偏碱性 $NaHCO_3$ 水型条件下易水解开环，生成产物为长链烷基酰胺，导致缓蚀剂在金属表面的吸附、覆盖作用减弱，缓蚀性能降低(图17)。

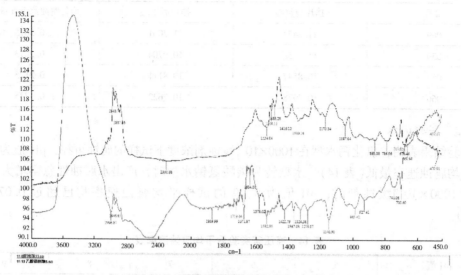

图17　A缓蚀剂碱催化水解图谱变化

碱性：水解开环，吸附、覆盖作用减弱(图18)。

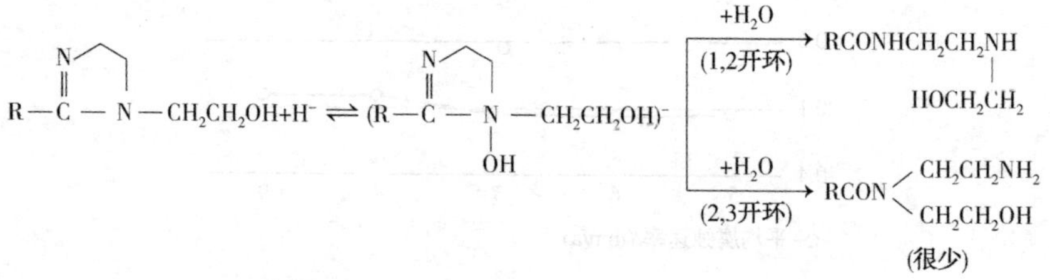

$$R-\overset{\overset{N}{\parallel}}{C}-N-CH_2CH_2OH+H^- \rightleftharpoons (R-\overset{\overset{N}{\parallel}}{C}-\underset{\underset{OH}{|}}{N}-CH_2CH_2OH)^-$$

$$\xrightarrow[\text{(1,2开环)}]{+H_2O} RCONHCH_2CH_2NH$$
$$HOCH_2CH_2$$

$$\xrightarrow[\text{(2,3开环)}]{+H_2O} RCON\begin{cases}CH_2CH_2NH_2\\CH_2CH_2OH\end{cases}$$
（很少）

图18　缓蚀剂主要化学成分水解开环反应式

酸性：生成鎓离子，金属表面吸附作用强(图19)。

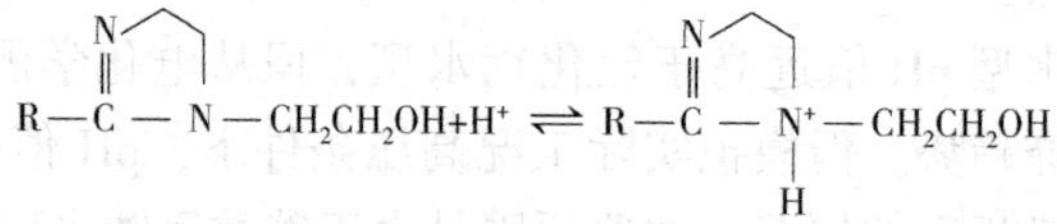

$$R-\overset{\overset{N}{\parallel}}{C}-N-CH_2CH_2OH+H^+ \rightleftharpoons R-\overset{\overset{N}{\parallel}}{C}-\overset{+}{\underset{\underset{H}{|}}{N}}-CH_2CH_2OH$$

图19　缓蚀剂主要成分生成鎓离子反应式

2　综合性腐蚀控制体系研究

2.1　地层水条件下缓蚀剂最优加注浓度研究

由于水型、pH改变后，碳酸氢钠水型在缓蚀剂加注浓度为 1000×10^{-6} 时腐蚀速率严重超标，需要对缓蚀剂加注浓度进行优化。通过模拟现场生产工况，摸索pH值分别为8、9时碳酸氢钠水型缓蚀剂最优加注浓度。经评价，碳酸氢钠水型缓蚀剂最优理论加注浓度为 4000×10^{-6}。

2.1.1　实验结果

2.1.1.1　pH值为8

（1）缓蚀剂浓度为 2000×10^{-6}

取1500mL碳酸氢钠水型溶液调节pH值至8，加入A缓蚀剂 2000×10^{-6}；实验温度

40℃；实验压力 $H_2S(1.5MPa)$、$CO_2(1MPa)$、$N_2(5.5MPa)$；实验时间：168h；转速：3m/s；试样：L360QCS 材质 8 片。结果见图 20、表 15。

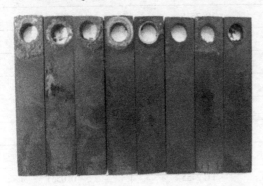

图 20　试样处理前后形貌

表 15　高压釜实验后平均腐蚀速率表

编号	挂片前重/g	挂片后重/g	均匀腐蚀速率/(mm/a)
063	11.2408	11.2005	0.1966
053	11.2468	11.2093	0.1830
057	11.2170	11.1768	0.1961
078	10.7349	10.7158	0.0932
045	11.3196	11.2845	0.1712
008	11.2525	11.2138	0.1888
011	10.7943	10.7529	0.2019
086	10.9742	10.9260	0.2351

（2）缓蚀剂浓度为 3000×10^{-6}

取 1500mL 碳酸氢钠水型溶液调节 pH 值至 8，加入 A 缓蚀剂 3000×10^{-6}；实验温度 40℃；实验压力 $H_2S(1.5MPa)$、$CO_2(1MPa)$、$N_2(5.5MPa)$；实验时间：168h；转速：3m/s；试样：L360QCS 材质 8 片。结果见图 21、表 16。

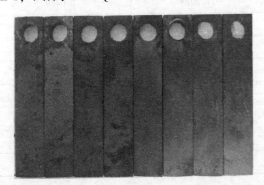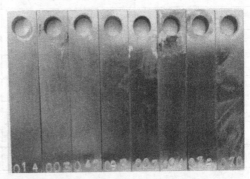

图 21　试样处理前后形貌

表 16　高压釜实验后平均腐蚀速率表

编号	挂片前重/g	挂片后重/g	均匀腐蚀速率/（mm/a）
003	10.7645	10.7518	0.0619
042	11.1817	11.1660	0.0766
079	11.2078	11.1943	0.0659
004	10.9393	10.9208	0.0902
014	10.9803	10.9620	0.0893
070	11.2207	11.1655	0.2693
007	11.1304	11.1098	0.1005
093	11.2568	11.2455	0.0551

（3）缓蚀剂浓度为 4000×10^{-6}

取 1500mL 碳酸氢钠水型溶液调节 pH 值至 8，加入 A 缓蚀剂 4000×10^{-6}；实验温度 40℃；实验压力 H_2S（1.5MPa）、CO_2（1MPa）、N_2（5.5MPa）；实验时间：168h；转速：3m/s；试样：L360QCS 材质 8 片。结果见图 22、表 17。

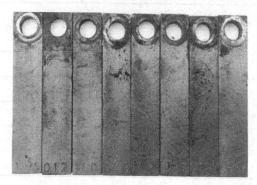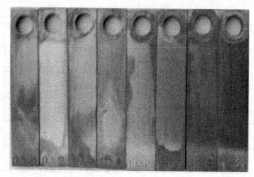

图 22　试样处理前后形貌

表 17　高压釜实验后平均腐蚀速率表

编号	挂片前重/g	挂片后重/g	均匀腐蚀速率/（mm/a）
154	11.2101	11.2013	0.0429
140	11.2279	11.2176	0.0502
012	10.9538	10.9481	0.0278
034	10.9463	10.9361	0.0498
155	10.6682	10.6610	0.0351
131	10.8837	10.8785	0.0254
028	11.0538	11.0447	0.0444
100	11.0047	10.9958	0.0434

2.1.1.2　pH 值为 9

（1）缓蚀剂浓度为 2000×10^{-6}

取 1500mL 碳酸氢钠水型溶液调节 pH 值至 9，加入 A 缓蚀剂 2000×10^{-6}；实验温度

40℃；实验压力 H_2S（1.5MPa）、CO_2（1MPa）、N_2（5.5MPa）；实验时间：168h；转速：3m/s；试样：L360QCS 材质 8 片。结果见图 23、表 18。

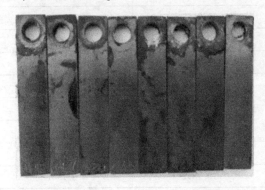

图 23　试样处理前后形貌

表 18　高压釜实验后平均腐蚀速率表

编号	挂片前重/g	挂片后重/g	均匀腐蚀速率/(mm/a)
096	11. 3071	11. 2510	0. 2737
017	11. 0095	10. 9583	0. 2497
020	10. 8338	10. 7973	0. 1780
095	11. 1136	11. 0727	0. 1995
085	11. 2764	11. 2548	0. 1054
059	11. 2966	11. 2602	0. 1776
033	11. 0455	11. 0110	0. 1683
020	11. 1997	11. 1919	0. 0380

（2）缓蚀剂浓度为 $3000×10^{-6}$

取 1500mL 碳酸氢钠水型溶液调节 pH 值至 9，加入 A 缓蚀剂 $3000×10^{-6}$；实验温度 40℃；实验压力 H_2S（1.5MPa）、CO_2（1MPa）、N_2（5.5MPa）；实验时间：168h；转速：3m/s；试样：L360QCS 材质 8 片。结果见图 24、表 19。

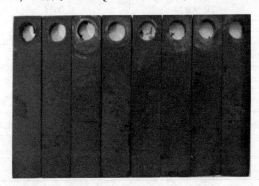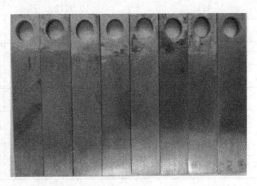

图 24　试样处理前后形貌

表 19　高压釜实验后平均腐蚀速率表

编号	挂片前重/g	挂片后重/g	均匀腐蚀速率/(mm/a)
025	11.0897	11.0653	0.1192
018	11.0120	10.9982	0.0673
062	11.1641	11.1185	0.2224
009	11.1961	11.1812	0.0727
041	10.7984	10.7746	0.1162
082	11.1044	11.0840	0.0995
005	11.1046	11.0837	0.1019
038	10.8212	10.7892	0.1561

（3）缓蚀剂浓度为 4000×10^{-6}

取 1500mL 碳酸氢钠水型溶液调节 pH 值至 9，加入 A 缓蚀剂 4000×10^{-6}；实验温度 40℃；实验压力 H_2S（1.5MPa）、CO_2（1MPa）、N_2（5.5MPa）；实验时间：168h；转速：3m/s；试样：L360QCS 材质 8 片。结果见图 25、表 20。

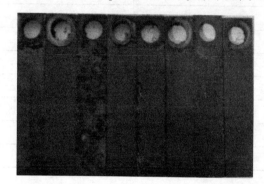

图 25　试样处理前后形貌

表 20　高压釜实验后平均腐蚀速率表

编号	挂片前重/g	挂片后重/g	均匀腐蚀速率/(mm/a)
471	10.9212	10.9082	0.0634
440	11.2806	11.2674	0.0644
489	11.2064	11.1932	0.0644
496	11.2793	11.2646	0.0717
370	11.1102	11.0961	0.0688
357	10.50454	10.4918	0.0663
324	11.1371	11.1234	0.0668
360	11.2299	11.2148	0.0737

2.1.2　实验认识

通过评价结果，缓蚀剂浓度提高到 4000×10^{-6}时，pH 值在 8、9 时试样的平均腐蚀速率即低于 0076mm/a（图 26）。

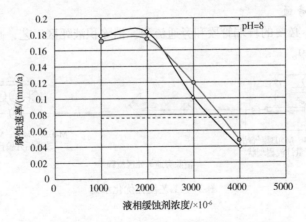

图 26　碳酸氢钠水型中不同 pH 值下腐蚀速率变化趋势

2.2　连续缓蚀剂加注量理论判断标准研究

2.2.1　连续缓蚀剂加注量理论判断标准建立

据产出液为基准计算加热炉进口缓蚀剂加注量：

$$L_1 = 1000 \times Q \times I \times L \times 10^{-6} = (Q \times I \times L)/1000 \tag{1}$$

依据产气量、加注浓度 18L/百万方计算加热炉进口缓蚀剂加注量：

$$L_2 = (Q/100) \times 18 = 0.18Q \tag{2}$$

式中　Q——日产气量（$10^4 m^3$）；

　　　　I——液气比（$m^3/10^4 m^3$）；

　　　　L——液相理论缓蚀剂加注浓度；

　　　　L_1——以产出液为基准时缓蚀剂加注量；

　　　　L_2——以产气量为基准时缓蚀剂加注量。

连续缓蚀剂加注量理论判断示意见图 27。

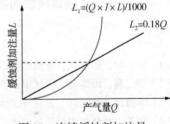

图 27　连续缓蚀剂加注量
理论判断示意

2.2.2　不同水型条件下连续缓蚀剂加注量理论判断

（1）$CaCl_2$ 水型

当 $L_1 < L_2$ 时，即 $I \leq 0.18$ 时，应以产气量为基准加注缓蚀剂；

当 $L_1 > L_2$ 时，即 $I > 0.18$ 时，应以产液量为基准加注缓蚀剂。

（2）$NaHCO_3$ 水型

当 $L_1 < L_2$ 时，即 $I \leq 0.045$ 时，应以产气量为基准加注缓蚀剂；

当 $L_1 > L_2$ 时，即 $I > 0.045$ 时，应以产液量为基准加注缓蚀剂。

3　工艺流程优化

3.1　新增井口分水

产水气井井口新增气水分离工艺（图 28），实现游离水、天然气分别集输，降低系统内水量，降低缓蚀剂投加总量，控制腐蚀。

图 28　井口分水分离器

3.2 去盲端，优化旁通

从工艺上消除不必要的盲端管段和旁通流程，消除积液死区工艺，减少局部腐蚀。工艺流程优化示意见图29。

M402、D404、M503集气站
外输孔积流量计流程现状

消除旁通等死区流程

M402、D404、M503集气站
改造后外输计量流程

图29 工艺流程优化示意

3.3 优化积液管段

（1）优化变径方式。同心大小头，造成汇管底部较工艺流程低，易造成底部杂质沉积，引起局部腐蚀，采用偏心大小头设计，避免底部积液。

（2）间歇运行工艺增加吹扫，避免积液停留，预防腐蚀。

4 结论与认识

（1）明确了水型变化是导致腐蚀速率加剧的重要因素。

（2）优化了地层水条件下缓蚀剂最优加注浓度。

（3）建立了连续缓蚀剂加注量理论判断标准，出水气井腐蚀速率得到有效控制。

参 考 文 献

[1] 纪云岭，张敬武，张丽. 油田腐蚀与防护技术[M]. 北京：石油工业出版社，2006：24-38.
[2] 刘二喜，田烨瑞，贾厚田. 普光气田腐蚀与防护技术[J]. 安全、健康和环境，2018，12：33-36.
[3] 李海凤，褚文营. 普光气田缓蚀剂加注参数优化研究[J]. 石油化工腐蚀与防护，2017，34(5)：5.
[4] 刘新，酸性气田缓蚀剂加注工艺优化研究[J]. 石化技术，2017，24(7)：1.

作者简介：田烨瑞（1986—），男，毕业于西北大学应用化学专业，学士学位，现工作于中国石油化工股份有限公司中原油田普光分公司采气厂天然气开发研究所，水务防腐主任师，高级工程师。

东濮黄河南油区高含二氧化碳油井
防腐综合治理配套技术的应用

曾令锐　宫志勇　吴建朝　朱　磊　毕远立　葛　烨　戴　玲　段文庆

祝井岗　李志惠　马军伟　胡亚茹　刘　武

（中国石油化工股份有限公司中原油田分公司濮东采油厂）

摘　要　濮东黄河南油区腐蚀躺井严重，成为限制其开发效益的重要障碍。为有效减少腐蚀躺井造成的经济损失，开展了桥口马厂油田防腐综合治理配套技术应用研究。通过腐蚀主要成因研究，筛选出相适应的油井缓蚀剂，并集成加药工具设备的改进，辅以管理制度的创新，推进高含二氧化碳油井的防腐工作，收到了良好的效果。

关键词　CO_2；腐蚀；缓蚀剂；加药工具

1　概况

中原油田濮东采油厂勘探开发区域跨越河南和山东两省五地，管理着胡状集、庆祖集、桥口、马厂、徐集、三春集和白庙共 8 个油气田。共 31 个开发断块，动用含油面积 101.56km^2、石油地质储量 1.055 亿 t，可采储量 2157.76×10^{4}t，标定采收率 20.45%。桥口、马厂是东濮黄河南主要的油区。

1.1　背景

腐蚀是造成躺井的主要因素之一，尤其在桥口、马厂油田表现比较明显。统计 2020 年以来桥口马厂累积躺井 293 井次，作业过程中发现有明显腐蚀现象的躺井 92 井次，占比 31.4%，腐蚀躺井平均免修期仅有 270d，腐蚀因素成为桥口、马厂油井短命躺井之主因，成为限制其开发效益的重要障碍，为了有效减少桥口、马厂腐蚀躺井造成的经济损失，开展了桥口马厂油田防腐综合治理配套技术应用研究。图 1 所示为马 11-162 管杆腐蚀。

图 1　马 11-162 管杆腐蚀

1.2　存在问题

（1）桥口、马厂发现腐蚀现象突出，但腐蚀主因未明确，加药制度的动态调整缺乏有效的理论依据。

（2）地面加药设备供给不足，加药设备覆盖率低。

（3）日常防腐运行及维护模式保障机制不健全，存在较大的优化潜力。加药现场环节难以把控。

2 主要研究内容

2.1 马厂、桥口油井腐蚀主因的确定

通过油井取样调研，对井口伴生气 CO_2、H_2S 含量测定、产出液井口温度测定、产出液水质六项离子含量及细菌含量分析等六种项目进行普查，分析主要腐蚀因素。桥口完成 72 口井的产出液和伴生气的取样工作，马厂完成了 80 口井的腐蚀评价工作。

2.1.1 伴生气 CO_2、H_2S、井口温度测定及分析

2021 年 8 月 10 日–8 月 24 日对马厂管理区 25 口井进行第一阶段取样分析，现场调研的主要内容包括：伴生气 CO_2、H_2S 含量，井口温度。现场调研情况见图 2。

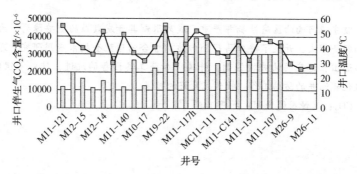

图 2　马厂采油区 25 口油井井口伴生气 CO_2、H_2S 含量及井口温度调研

2.1.2 产出液六项离子含量分析

参照 SY/T 5523—2016《油气田水分析方法》，详细分析研究马厂采油区地层产出水水质组成性质特点，主要对储层产出水的 pH、Na^+、K^+、Ca^{2+}、Mg^{2+}、HCO_3^-、CO_3^{2-}、SO_4^{2-} 含量进行分析测定(表 1)。

表 1　马厂采油区 25 口油井六项离子分析

井号	$K^+ + Na^+$/ (mg/L)	Mg^{2+}/ (mg/L)	Ca^{2+}/ (mg/L)	Cl^-/ (mg/L)	SO_4^{2-}/ (mg/L)	CO_3^{2-}/ (mg/L)	HCO_3^-/ (mg/L)	总矿化度/ (mg/L)	pH 值
M10-17	7866.46	145.8	780	13538.36	456.65	0	97.6	22884.87	6
M12-15	22678.23	189.54	2076	38833.7	171.24	0	390.4	64339.11	6
M12-7	19584.04	80.19	1884	33489.62	95.14	0	341.6	55474.59	6
M11-C40	18614.82	196.83	1440	31351.98	266.38	0	463.6	52333.61	6
M11-69	31940.79	393.66	2940	55222.24	133.19	0	463.6	60541.42	6
M12-14	19932.49	320.76	1740	34558.43	57.08	0	244	56832.76	6
M12-17	20358.45	227.02	1860	35270.98	19.03	0	341.6	58077.08	6
M11-121	19631.19	262.44	1728	33845.89	95.14	0	292.8	55855.46	6
M11-140	30661.99	505.2	3812.4	55222.24	95.14	0	341.6	90638.57	6
M11-C36	22406.14	269.73	1956	38477.43	114.16	0	390.4	63613.86	6
M11-117h	18986.5	121.74	1563.12	32064.53	114.16	0	414.8	53264.85	6
M11-9	25035.96	292.18	2204.4	42752.7	133.19	0	854	71272.43	6
M19-C16	22396.48	6243.49	1763.52	38002.4	152.22	0	414.8	68972.9	6
M26-9	21030.74	146.09	1723.44	35627.25	95.14	0	341.6	58964.26	6
M11-CC2	19461.22	267.83	1643.28	33252.1	323.46	0	341.6	55289.49	6

井号	$K^+ + Na^+/$ (mg/L)	$Mg^{2+}/$ (mg/L)	$Ca^{2+}/$ (mg/L)	$Cl^-/$ (mg/L)	$SO_4^{2-}/$ (mg/L)	$CO_3^{2-}/$ (mg/L)	$HCO_3^-/$ (mg/L)	总矿化度/ (mg/L)	pH 值
M26-11	19803.46	146.09	1482.96	33252.1	114.16	0	414.8	55213.57	6
M11-6	30897.28	413.93	3486.96	54628.45	228.33	0	366	90020.95	6
M11-107	24602.64	267.83	2484.96	42752.7	171.24	0	390.4	70669.77	6
M26-1	19923.52	170.44	1362.72	33252.1	38.05	0	585.6	55332.43	6
M11-137	18959.36	97.39	1603.2	32064.53	38.05	0	439.2	53201.73	6
M11-C141	32281.88	6243.49	3887.76	57003.6	114.16	0	463.6	99994.49	6
M11-151	22083.22	243.49	2004	38002.4	3152.22	0	317.2	65802.53	6
MC11-111	20708.74	170.44	1402.8	34439.68	285.41	0	463.6	57470.67	6
MX11-17	23172.5	292.18	2324.64	40377.55	133.19	0	366	66666.06	6
M19-22	19728.94	170.44	1523.04	33252.1	171.24	0	390.4	55236.16	6

注：此次水质分析不再分析 M10-17 井，该井取样当天有冲洗措施，离子含量及矿化度不真实。

2.1.3　产出液细菌含量分析

参照 SY/T 5329—2012《碎屑岩油藏注水水质指标及分析方法》对细菌含量进行分析（表2）。

表2　马厂采油区 25 口油井细菌含量分析

井 号	SRB 含量/(个/mL)	TGB 含量/(个/mL)
M10-17	0.6	6
M12-15	0	2.5
M12-7	0	0
M11-C40	0.6	0
M11-69	0.6	2.5
M12-14	0	0.6
M12-17	0	0
M11-121	0	2.5
M11-140	0.6	0
M11-C36	0	0
M11-117h	0.6	0.6
M11-9	0	2.5
M19-C16	0	0
M26-9	0.6	6
M11-CC2	2.5	0
M26-11	0.6	0
M11-6	0.6	0
M11-107	0	0
M26-1	0	25
M11-137	0	2.5
M11-C141	0.6	0
M11-151	2.5	0
MC11-111	0	0
MX11-17	0	0.6
M19-22	0	0.6

2.1.4 产出液腐蚀速率测定

对 25 口油井产出液进行腐蚀性能评价(图 3),因每口井伴生气中含较高的 CO_2,评价时充 CO_2,材质:N80,评价温度:70℃、80℃,评价时间 7d。

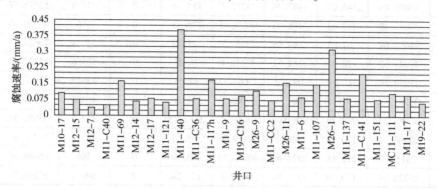

图 3 25 口井腐蚀速率监测

对油井产出液按照下列条件进行腐蚀性能评价。

实验条件如下:

实验水样:油井产出液;实验材质:N80 碳钢试片;实验温度:80℃;实验周期:7d;二氧化碳:通 60min。

由腐蚀速率监测结果可知:全部油井均有较重腐蚀,其中有 50% 的油井为极严重腐蚀,36.4% 油井为严重腐蚀,13.6% 油井为中度腐蚀。

国内外对腐蚀程度的评判一般都参考美国腐蚀工程师协会制定的 NACE RP0775-05 标准进行。该标准规定见表 3。

表 3 NACE RP 0775-05 标准对腐蚀程度的规定

均匀腐蚀速率/(mm/a)	分 类	均匀腐蚀速率/(mm/a)	分 类
<0.025	轻度腐蚀	0.126~0.254	严重腐蚀
0.025~0.125	中度腐蚀	>0.254	极严重腐蚀

2021 年 8 月—11 月,先后分六个阶段对马厂、桥口 152 口井共计 568 井次的取样、分析、调研得出影响马厂、桥口油井腐蚀的主要影响因素。

(1)高含 CO_2 引起的 CO_2 腐蚀。调研油井均不同程度的含有 CO_2 气体,马厂平均浓度 $32871×10^{-6}$,桥口平均浓度 $20325×10^{-6}$,桥口饱和压力 7.98MPa,马厂饱和压力 9.6MPa,折算 CO_2 分压区间大于 0.021MPa 的油井占比 73.5%。从 HCO_3^- 含量来看,马厂、桥口油井的 HCO_3^- 含量较高,在 244~653mg/L 之间,马厂平均为 391mg/L,桥口平均为 $323×10^{-6}$,高含量 HCO_3^- 进一步证实马厂、桥口油井存在严重的 CO_2 腐蚀。综上所述,高含 CO_2 是桥口、马厂腐蚀的主因之一。

(2)Cl^- 引起的点蚀。从 Cl^- 含量来看,马厂平均含量 52572mg/L,桥口平均含量 61717mg/L。油井产出液中 Cl^- 浓度均在 $2×10^4$mg/L 的腐蚀高值以上,所以马厂、桥口均存在 Cl^- 引起的点蚀。

(3)SRB 引起的 H_2S 腐蚀。从马厂伴生气检测结果看,部分井存在 H_2S 气体,高达 $325×10^{-6}$。H_2S 的主要来源为 SRB 的还原作用,当有 SRB 和 SO_4^{2-} 共存时,SRB 依靠氢化酶的作用，将硫酸根还原成 S^{2-}，形成 H_2S。说明部分油井内存在细菌引起的微量 H_2S 腐蚀。马厂部分井还存在 CO_2 和 SRB 引起的 H_2S 双重腐蚀。

2.2 缓蚀剂的优选

2.2.1 缓蚀剂的筛选实验

针对以上分析产出液的腐蚀特点，优选药剂配方，达到最佳的防腐效果。

2.2.1.1 评价标准

根据 SY/T 5273—2000《油田采出水用缓蚀剂性能评价方法》，缓蚀剂抑制腐蚀的性能可用缓蚀率来评价。根据添加和未添加缓蚀剂的溶液中金属材料的质量损失定义缓蚀率：

$$X = \frac{\Delta \overline{W}_1 - \Delta \overline{W}_2}{\Delta \overline{W}_1} \tag{1}$$

式中　X——缓蚀率,%；

　　ΔW_1——空白水样中钢片失重，单位为克(g)；

　　ΔW_2——加药水样中钢片失重，单位为克(g)。

2.2.1.2 缓蚀剂配方静态初选

根据油田正在使用的缓蚀剂效果，优选了6种不同组分缓蚀剂配方分别进行常压静态初选(表4)。

实验条件如下：

实验水样：Q29-51C1 产出液；实验材质：N80 碳钢试片；实验温度：80℃；实验周期：7d；缓蚀剂浓度：100mg/L；二氧化碳：通 60min。

表4　桥29-51侧1产出液腐蚀速率监测表

名称	试片编号	失重前/g	失重后/g	失重/g	平均失重/g	缓蚀率/%	腐蚀速率/(mm/a)	备注
空白	6156	11.4636	11.4436	0.0200	0.0203		0.1215	钢片有明显点蚀，黑色
	6157	11.4814	11.4611	0.0203				
	6158	11.2949	11.2743	0.0206				
咪唑啉类	6159	11.4329	11.4209	0.0120	0.0117	42.36	0.0700	钢片无光泽整体覆盖深浅不一的灰黄色锈迹
	6160	11.3603	11.3492	0.0111				
	6161	11.4032	11.3913	0.0119				
噻唑衍生物类	6162	11.3261	11.3189	0.0072	0.0059	70.94	0.0353	钢片有光泽度，底边部覆盖深浅不一的灰色
	6163	11.3919	11.3866	0.0053				
	6164	11.4301	11.4250	0.0051				
咪唑啉含硫衍生物	6230	11.4670	11.4642	0.0028	0.0027	86.70	0.0162	钢片有光泽度无点蚀
	6235	11.4709	11.4680	0.0029				
	6233	11.4046	11.4023	0.0023				
炔氧甲基胺及其季铵盐	6243	11.4185	11.4140	0.0045	0.0047	76.85	0.0281	钢片有光泽度，颜色略灰，无点蚀
	6236	11.3936	11.3889	0.0047				
	6241	11.4196	11.4147	0.0049				
有机磷酸盐类	6246	11.3437	11.3297	0.0140	0.0146	28.08	0.0874	钢片整体覆盖深浅不一的灰黄色锈迹
	6247	11.3884	11.3734	0.0150				
	6248	11.3794	11.3645	0.0149				
吡啶季铵盐+CH_4N_2S	6249	11.4670	11.4642	0.0026	0.0025	87.70	0.0162	钢片有光泽度无点蚀

通过配方优选，吡啶季铵盐+CH_4N_2S和咪唑啉含硫衍生物类缓蚀剂的效果最好，缓蚀率分别达到了 87.70% 和 86.70%，选取吡啶季铵盐+CH_4N_2S 为缓蚀剂。

2.2.2 缓蚀剂浓度优化

实验发现，吡啶季铵盐+CH_4N_2S、咪唑啉含硫衍生物类、炔氧甲基胺及其季铵盐的缓蚀剂浓度和缓蚀率关系基本一致，缓蚀剂浓度达到 $120×10^{-6}$ 后，随缓蚀剂浓度的上升，缓蚀率升幅趋于平缓，缓蚀剂浓度升至 $150\sim160×10^{-6}$，缓蚀率达到峰值。考虑缓蚀剂在井筒中的损耗，建议缓蚀剂投加浓度为 $130×10^{-6}$（图4~图6）。

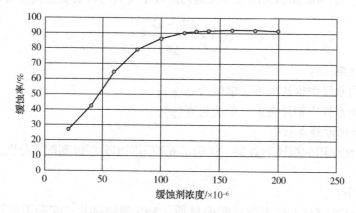

图4　咪唑啉含硫衍生物缓蚀剂浓度与缓蚀率曲线

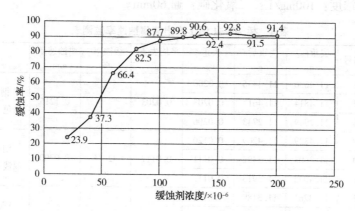

图5　吡啶季铵盐+CH_4N_2S缓蚀剂浓度与缓蚀率曲线

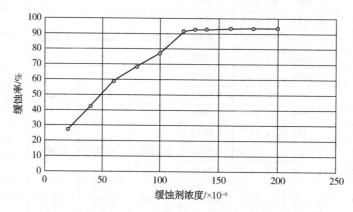

图6　炔氧甲基胺及其季铵盐缓蚀剂浓度与缓蚀率曲线

经过大量的实验研究，选取吡啶季铵盐+CH_4N_2S 类缓蚀剂，缓蚀剂投加浓度设定为 130×10^{-6}。

2.3 加药工具的改进与配套

在油田开发生产过程中，为了使油井能长期正常生产，需要通过油井油套环空向油井内加入缓蚀剂，是保持油井正常生产的重要手段。长期的现场应用中，对防腐加药环节进行了大量的改进，主要体现在以下三个方面。

2.3.1 电动泵注式连续加药装置的改进

传统采用的人工井口加药方式存在诸多弊端：一是劳动强度大，特别是遇到雨雪天气，加药难度更大。二是计量不准确，加药不连续，每天或几天投加一次的段塞式加药，不能让药剂均匀连续地发挥作用。为了给油井提供一种可靠方便的加药装置，应用了自动化、小剂量、多频次、全天候连续加药的电动泵注式加药装置。

电动泵注式连续加药装置经历了四代的改良。第一代是水电一体式连续加药装置，第二代是水电分离式连续加药装置，第三代是水电分离式自动加温连续加药装置，第四代是智控化微控连续加药装置。

第一代(图 7)：存在问题：①水电一体式，药箱渗漏，存在触电隐患；②井口安全距离不足；③电压等级仅有 220V，使用 1140/220V 变压器，电压不稳，易烧电机。

图 7　第一代电泵式连续加药装置

第二代(图 8)：改进：①水电分离，解决漏液触电隐患；②安装位置调整至井口远端；③电压等级设置 1140/660/380V 可选。

存在问题：①无液位计量，不能准确观察药液液位；②低液位时，电机空转易烧；③无药液加温设置，冬季药液兑水，加药管线易冻堵；④箱体相对密闭，不利于散热。

图 8　第二代电泵式连续加药装置

第三代(图9)：改进：①增加液位计量；②增加低液位断电保护；③增加电加热功能；④箱体侧面开横向散热条，利于电机散热。

存在问题：①未实现智能远端传送，不能在线实时监控；②电机未采用防爆电机，不符合安全规定；③泵上下凡儿球防腐耐磨性能差。

图9　第三代电泵式连续加药装置

第四代(图10)：改进：①增加微电脑控制器和485的外输信号接口，实现远程在线智能监控加药；②配套升级电路系统、加药系统及药箱，全部采用防爆构件，加药更安全可靠；③泵上下凡儿球采用防腐耐磨有机高聚物涂层陶瓷球，增强防腐耐磨性能。

图10　第四代电泵式连续加药装置

经过四代改进后，电泵式连续加药装置实现了实时监控、只能远端传送，具备良好的防爆、耐磨、耐腐性能，大大降低了设备的故障率，满足了有套压油井现场使用的需求。

2.3.2　自重式加药装置的改进

针对套管气压低(<0.1MPa)的油井，应用电动式连续加药装置相对比较浪费。为了给此类油井提供一种可靠方便、经济的加药装置，应用了重力式、可调剂量、全天候的加药装置。

自重式加药装置经历了四代的改良。第一代是简易加药装置，第二代是长筒式加药装置，第三代是自重平衡式加药装置，第四代是微控调节式重力加药装置(图11、图12)。

第一代：存在问题：加药口小，少量套管气或套管气略微溢出会造成药液溢出。

第二代：改进：纵向增加药液容积。存在问题：一次加注量小，操作烦琐费力。

第三代：改进：①长筒药仓集成，一筒加药实现六筒互联，减少操作次数；②增加上段

图 11   第一代/第二代自重式加药装置

图 12   第三代/第四代自重式加药装置

吹扫管线，有利于长筒药仓底部积留药液入井。存在问题：①安装烦琐，占地面积大；②无法观察液位，不利于了解加药速度；③未实现流量控制，不利于精准调节。

第四代：改进：①占地面积小，安装简便；②设置玻璃管液位计，方便观察液位、调整加药速度；③在加药管处设置流量标定柱，通过控制针型阀控制加药流量大小，可以实现精准微量控制。

经过四代改进后，自重式加药装置实现了占地面积小、安装简便快捷、可实现精准调控加药速度，满足了无套压油井现场使用的需求。

2.3.3 移动式周期冲击加药装置的改进

经过长期大量的现场试验，归纳出一下经验：一是无套压井（<0.1MPa）或套管负压井，适用于重力式加药装置；二是套压范围在 0.5~5MPa 之间，适用于电动式连续加药装置；但是，套压在 0.1~0.5MPa 之间，应用电动式连续加药装置较为浪费；套压在 5MPa 以上，受制于电动式连续加药装置额定压力影响无法使用。针对这两个套压范围，现场又设计配套了相应的加药工具设备。

2.3.3.1 便携移动式加药装置

便携移动式加药装置是在简易加药装置的基础上进行改良，改良前后对比见图 13。主要对加药漏斗进行了加宽加高处理，更换 $\phi38mm \times 1m$ 的直筒为 $\phi139mm \times 1.5m$ 直筒，一次承载量由 1L 提升至 18L，减少了操作次数；另外在加药漏斗和多用途端头处增加了丝堵密封，可实现压力平衡气顶药液入井。

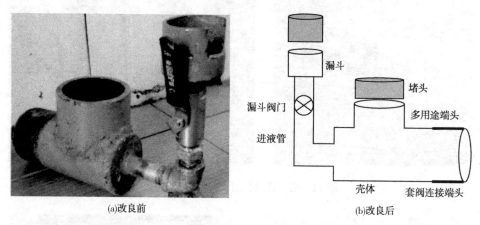

图 13   改良前后对比

2.3.3.2   车载移动式加药装置

车载移动式加药装置(图 14)是利旧注水用柱塞泵的基础上改良。可实现 10MPa 以内增压泵注加药，解决了套压高于 5MPa 和偏远油井的加药问题。

图 14   车载移动式加药装置

2.3.4   射流涡旋加药装置的研发

研制射流涡旋加药装置、实现了固体颗粒缓蚀剂的有效投加，同时，解决了套管液面高/高套压外溢的油井无法加药的技术难题。

2.3.4.1   设计原理

清水从泵车进入射流喷嘴，转化为带一定压力的高速流(加药罐的设计要求均匀混合时间短，对排出压头要求不高)，高速流通过射流喷嘴时在其喉管处形成负压区，在负压的抽吸作用下固体药剂颗粒进入负压区处，在高速液流的冲击作用下，固体药剂颗粒与高速液流进行充分混合，在高速水流卷吸/混掺和多相紊动射流的作用下，固液两相在主体罐内充分混合，形成的混合液通过出液口流入井筒。

（1）喷嘴形式设计

利用单进口射流混合机理，优选喷嘴形式、直径，借鉴高压水射流研究中比较常见的喷嘴形式，从 7 种薄壁孔口形式的喷嘴进行形式优选，试验中的 7 种喷嘴符合面积相等原则，除形状不同外，其余结构参数，包括孔的出口厚度尺寸、粗糙度等均相同。

喷嘴的流量系数 C 计算如下：

$$C = \frac{790.848Q}{d^2(2gp)^{1/2}} \tag{2}$$

式中 Q——喷嘴测量流量，m^3/h；

　　　　g——重力加速度，m/s^2，取 9.81m/s^2；

　　　　p——压力，kPa；

　　　　d——喷嘴当量直径，mm。

对于直径 $\phi8mm$ 的孔，喷嘴出口前压力设置为 400kPa，所测流量系数如表 5 所示，低压条件下异形喷嘴与圆形喷嘴流量系数差别不大，此时可视为喷射流体在喷嘴出口速度大小差异不明显。为便于比较不同喷嘴的喷射情况，同时以水力直径作为特征长度，对喷嘴出口紊流强度衡量，表中圆形喷嘴水力直径最大，拟三角形最小。

表 5 不同形状的喷嘴流量系数和水力直径对比

形　状	流量系数	水力直径/mm
圆形	0.702	8.0000
正三角形	0.683	6.220
拟三角形	0.701	5.420
正方形	0.701	7.089
菱形	0.707	6.590
腰圆形	0.695	7.707
拟四角形	0.680	5.860

通过室内试验对表 5 不同形状的喷嘴进行抽真空能力的对比。

试验采用离心泵作为主动力源，型号为 1 H50-32-200 额定流量 12.5m³/h，额定扬程 50m³，压力变送器型号均为 CY61505，精度等级为 0.5 级，测量范围为 -100~600kPa，流量的测量采用轴流叶轮式涡轮流量传感器，由传感组件和涡轮放大器组成，气体涡轮流量计型号为 LWGQ 测量精度 1.5 级，液体流量计型号 LWGY，精度 0.5 级。

从图 15 中可以看出在各种喷嘴形式下，进气口负压随工作水压增大而增大，在相同工作压力下，所形成的

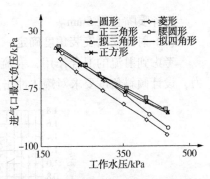

图 15　喷嘴 $\phi8$ 当量面积下抽真空能力（工作压力 400kPa）

负压大小基本相同。图 16、图 17 中，工作水压分别增大到 350kPa 和 250kPa 以后，进气口负压增加幅度小，已经形成一定程度的稳定负压状态。分析原因，喷嘴出口的射流流体动能达到一定值后，能形成较稳定的真空度，小喷嘴面积情况下，在同样工作压力对比时其出口动能较小，因此，小面积比的射流喷嘴达到一定程度的真空度需要的工作压力较低。

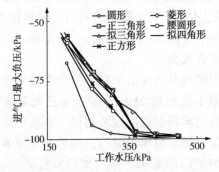

图 16　喷嘴 $\phi8$ 当量面积下抽真空能力（工作压力 350kPa）

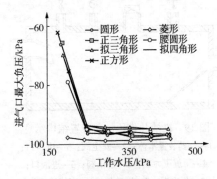

图 17　喷嘴 $\phi8$ 当量面积下抽真空能力（工作压力 250kPa）

从图中对比可知，圆形喷嘴时达到一定真空所需的最小工作水压小于异形喷嘴，即在低压条件下圆形喷嘴略优于异形喷嘴，较高工作压力下，喷嘴形状对抽真空能力影响不大，因此，从油井生产实际及节能考虑，选用圆形喷嘴。

（2）喷嘴直径设计

机抽油井带压连续点滴加药装置，泵车为其提供带压水源。根据现场使用的泵车参数，水流量取170L/min。由公式（3）初步确定喷嘴的直径。

$$d = \sqrt{\frac{q}{0.658 \times \sqrt{p}} \times \eta} \tag{3}$$

式中　d——喷嘴直径，mm；

　　　p——泵的压力，kgf/cm^2（1MPa--9.8kgf/cm^2）；

　　　Q——喷射流量，L/min；

　　　η——效率系数，$\eta \approx 1$。

$$d = \sqrt{\frac{170}{0.658 \times 10} \times 1} = 5mm$$

选择喷嘴直径5mm。

（3）射流喷嘴安装角度确定

考虑到射流的混合作用，射流喷嘴需要倾斜一定角度，但由于高速液流具有较大冲击力，设计倾斜角度要求对罐体冲击最小，参考图18，最终确定射流喷嘴向下倾斜20°。

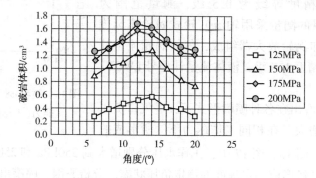

图18　不同射流角度的破岩曲线

2.3.4.2　结构设计

机抽井地面带压加药装置包括加药装置本体（罐主体）、安全阀、进料口、耐震压力表、泄压阀、进液口（射流喷嘴）、折中板、缓冲板和套管连接头。

根据油井现场由于日常控套维护措施，压力一般不会超过2MPa，带压加药装置罐体为专业压力容器制造厂报装制作，要求用清水介质试压，额定耐压10MPa，满足油井固体颗粒缓蚀剂加药的需求。带压加药装置结构示意、实物见图19、图20。

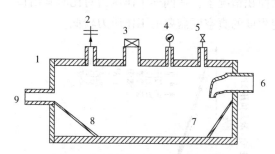

图19　机抽井带压加药装置结构示意

1—加药装置本体；2—安全阀；3—进料口；

4—耐震压力表；5—泄压阀；6—进液口；

7—折中板；8—缓冲板；9—套管连接头

图 20　带压加药装置实物

2.3.4.3　操作方法

套管连接头与油井套管相连，进液口与泵车相连，加药前卸开丝堵，将固体颗粒缓蚀剂或液体药剂填充于容器内，进料量不超过容器容积的 1/2；一次加药完成后，通过泄压阀卸掉容器内压力，有利于下次加药的进料口补充药剂。

2.3.5　加药工具的配套

现场大量的试验改进后，形成了特有的加药技术，实现了油井加药的全覆盖。截至目前，一共安装 204 台电动泵注式连续加药装置、10 台微控调节式重力加药装置，应用便携移动式、车载移动式、射流涡旋式加药装置+水泥车泵注共计 3867 井次。表 6 所示为加药工具设备。

表 6　加药工具、设备应用表

序号	套压/MPa	应用工具设备
1	0~0.1	微控调节式重力加药装置
2	0.1~0.5	便携移动式加药装置
3	0.5~5	电动泵注式连续加药装置
4	>5	车载移动式加药装置
5	固体缓蚀剂投加	射流涡旋加药装置+水泥车泵注

3　现场应用情况及效果

3.1　现场应用情况

东濮黄河南油区总井数 235 口，应用 154 口，应用覆盖率 65.5%，累计研究实验、工具改进配套 3867 井次，收到了良好的效果。表 7 所示为现场应用情况。

表 7　现场应用情况

工艺措施	应用手段	工作量/井次	措施效果
桥口马厂腐蚀主因分析	伴生气 CO_2、H_2S、井口温度测定及分析	506	加药设备覆盖率由 18.7% 提升至 53.1%，加药覆盖率由 26% 提升至 72.0%。因腐蚀躺井 43 井次，相较去年同期下降 21 井次，躺井率 4.6%，相较去年同期下降 1.32%
	产出液六项离子含量分析		
	产出液细菌含量分析		
	产出液腐蚀速率测定		
缓蚀剂的优选	缓蚀剂的筛选	129	
	缓蚀剂浓度的优化		
加药工具的改进与配套	电动泵注式连续加药装置的改进	3867	
	自重式加药装置的改进		
	移动式周期冲击加药装置的改进		
	加药工具的配套		

3.2 经济社会效益

3.2.1 经济效益

2022年桥口马厂加药设备覆盖率由18.7%提升至53.1%，加药覆盖率由26%提升至72.0%。因腐蚀躺井43井次，相较去年同期下降21井次，躺井率4.6%，相较去年同期下降1.32%。现场累计应用154井，累计减少检泵13井次，节约作业、材料费用157.1万元；减少占产损失原油78.5t，产出26.3万元。合计产出：183.4万元。共投入应用技术配套154井，共投入76.6万元，投入产出比1：2.1。

3.2.2 社会效益

通过治理配套技术的应用，提升了桥马油田加药覆盖率，提升了整体控躺水平的同时，对井况预防也起到积极的效果，同时通过配套工艺的完善与改进大大提高了工作效率，降低了劳动强度与操作成本。

4 结论与认识

4.1 明确了桥马油田腐蚀的机理及影响因素，形成了与区块相匹配的技术工艺，降低了桥马油田腐蚀的控躺影响，满足了长效机抽生产的开发需求。

4.2 通过自主创新，形成了濮东特有的加药工具设备配套模式，形成了专业化、集约化、体系化的专业班组，提升了防腐工作的效率与效果。

4.3 在"增油稳气上产"政策下，桥马油田防腐综合配套技术的成功实施，积累了有效的理论和现场实践经验，为其他矿场油田提供了借鉴，具有良好的推广价值。

参 考 文 献

[1] 杜清珍，谢刚，姜伟祺，等．采油用高温缓蚀阻垢剂的研究及应用技术[J]．2015，12.

[2] 章冬生，罗荣．污水水质改性技术在临南油田的应用研究[J]．石油机械，2002，07.

[3] 唐海飞，张子轶，高宇婷，等．注气井管柱腐蚀结垢研究及治理[J]．油气田地面工程，2015，10.

高含硫化氢气田地面集输系统停产腐蚀控制技术研究

田烨瑞　欧天雄　刘二喜　李海凤

(中国石油化工股份有限公司中原油田普光分公司采气厂)

摘　要　高含硫化氢气田中的腐蚀介质硫化氢、二氧化碳,对地面集输管道和设备安全造成了巨大的威胁。在生产运行中通常采用内防腐采用缓蚀剂连续加注、缓蚀剂预膜保护等腐蚀控制措施。但在停产状况下,存在管道低部位积液、积垢位置的局部腐蚀、氧腐蚀、细菌腐蚀等问题,导致腐蚀风险增加。为确保集输系统停产期间腐蚀平稳受控,开展了腐蚀因素分析研究,不断完善集气站场和集输管道腐蚀控制工艺,形成针对性的腐蚀控制工艺措施,实现高含硫气田地面集输系统停工保护期间腐蚀的有效控制。

关键词　停产;腐蚀;保护

普光气田开发在方案设计时充分考虑了生产状况下的腐蚀防护措施,通过腐蚀监检测对腐蚀控制效果进行监控,发现异常腐蚀状况后及时对防腐措施进行调整。但在停产期间,管线存在残余硫化氢、积液、积垢、细菌滋生、作业过程中进氧等问题,导致腐蚀风险增加。为保证集输系统在停产保护状态下的腐蚀受控,开展腐蚀因素分析研究,形成针对性的腐蚀控制工艺措施,实现普光气田地面集输系统停工保护期间腐蚀的有效控制。

1　普光气田地面集输系统腐蚀防护技术

普光气田地面集输系统采用"抗硫管材+缓蚀剂+防腐涂层+阴极保护"的联合防腐工艺,集气站场采用"腐蚀监测+技术检测+介质分析"的监测技术。

1.1　抗硫管材

采气树井口至加热炉管线为镍基合金 825 管材(UNS N08825);加热炉至出站工艺管道及外输管道为抗硫碳钢管材(DN500:L360MCS、DN<500:L360QCS);火炬放空系统为抗硫低温碳钢管材(ASTM A333 Gr.6);药剂加注管道为不锈钢管材(316L)。

1.2　缓蚀剂

地面集输系统采用水溶性缓蚀剂进行连续加注,采用油溶性缓蚀剂进行预膜。

1.3　防腐涂层

DN400 以下(包括 DN400)酸气集输管道采用硬质聚氨酯泡沫聚乙烯防腐保温层,DN500 的集输管道和燃料气管道采用加强级三层 PE 防腐结构。

1.4　阴极保护

普光气田共设置 11 座阴极保护站和 60 个智能测试桩,阴极保护电位控制在 $-0.85 \sim -1.15\text{V}$ 之间。

1.5　腐蚀监测

集气站场采用腐蚀挂片(CC)、电阻探针(ER)进行监测,外输管线上采用了电指纹(FSM)系统进行监测,电阻探针(ER)、电指纹(FSM)在线监测数据进行实时在线监测和数据分析处理,以便及时调整缓蚀剂的加注量及批处理频率等参数,保证设备管道的安全运行。

2 高含硫化氢气田地面集输系统常见腐蚀特征及保护技术

普光气田集输系统停运后，集输系统腐蚀主要类别为静态 H_2S-CO_2 液相腐蚀、元素硫沉积垢下腐蚀、氯化物腐蚀、硫酸盐还原菌腐蚀、顶部腐蚀。再次启运时存在的风险因素主要为管道存在积液、水合物、设备长期停运导致故障。

2.1 主要腐蚀特征与原因

2.1.1 静态 H_2S-CO_2 液相腐蚀形成大面积的局部腐蚀

液相中 H_2S 电离出 H^+ 和 S^{2-}，H^+ 得电子成 H，Fe 失电子成 Fe^{2+}，与 S^{2-} 生成 Fe_xS_y，引发严重的局部腐蚀(图1)。

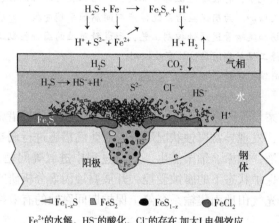

图 1　静态 H_2S-CO_2 液相腐蚀示意图

2.1.2 元素硫沉积垢下连片坑蚀

硫沉积提供了垢下缝隙等闭塞环境，元素硫歧化反应生成 H_2S 和 H_2SO_4，在有水的情况下，发生严重的局部腐蚀，多个坑蚀发育后连片成溃疡状，严重时出现点面结合的大面积腐蚀减薄(图2)。

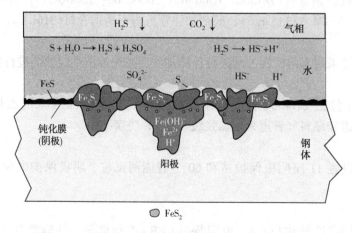

图 2　元素硫沉积垢下腐蚀示意

2.1.3 氯化物浓缩引起的穿孔腐蚀

管线酸性积液随着天然气的吹扫产生水的闪蒸和自挥发，Cl^-浓度增加，静态条件下加剧H_2S-CO_2的局部腐蚀，最终形成穿孔、局部减薄特征(图3)。

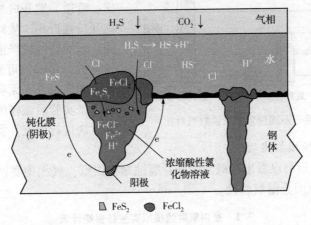

图3　氯化物腐蚀示意

2.1.4 硫酸盐还原菌引起的坑蚀

硫酸盐还原菌的作用就是从金属表面除去氢原子，而使腐蚀过程继续。硫酸盐还原菌腐蚀主要影响因素：温度、氧浓度、pH 值(图4)。

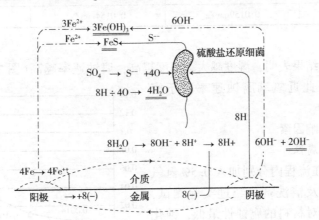

图4　硫酸盐还原菌参与钢铁腐蚀的作用机理示意

2.1.5 顶部湿气腐蚀引起的减薄

在湿气集输管道中，当热传导使管壁温度低于水蒸气露点时，湿气中的水蒸气会在管道内壁上生成凝析水。普光气田腐蚀介质主要包括CO_2和H_2S，它们的浓度变化，会改变其在凝析水中的溶解度和凝析水的 pH 值，从而影响顶部腐蚀速率(图5)。

图5　顶部腐蚀示意

3　高含硫化氢气田地面集输系统停产腐蚀影响因素研究

3.1 *腐蚀影响因素研究*

针对集输系统停产检修期间存在氧腐蚀、含残余硫化氢积液腐蚀、细菌腐蚀及药剂腐蚀等问题，开展了静态、常压条件下的腐蚀模拟实验。

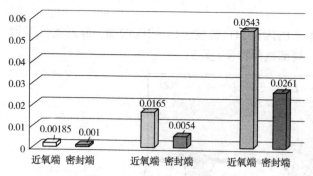

图6 敞开体系下不同位置氧腐蚀数据对比

3.1.1 氧腐蚀影响因素

3.1.1.1 氧腐蚀现场模拟实验

现场两组挂片平行放置于管道中部，管道一端开口与大气相通，第一组离开口端近些。从外观形貌看，第一组挂片表面锈蚀较严重；第二组表面腐蚀较轻微，局部仍可看到金属本体颜色。从外观形貌看，无明显点蚀坑，腐蚀不严重。实验后试样的平均腐蚀速率采用失重法进行评定。实验结果见图6。

3.1.1.2 室内氧腐蚀模拟实验

通过表1，很明显可以看出在碱液中挂片腐蚀速率很低，气相中腐蚀速率随着温度的升高显著增加，主要原因是湿氧腐蚀。

表1 室内氧腐蚀模拟实验数据统计表

试验条件 挂片位置	0.5%NaOH溶液 常压，25℃	0.5%NaOH溶液（除氧） 常压，25℃	0.5%NaOH溶液 常压，25~-50℃
液相	0.0032mm/a	0.0029mm/a	—
气液相交	0.0051mm/a	0.0059mm/a	—
气相	0.0159mm/a	0.0154mm/a	0.1571mm/a

3.1.1.3 结论

通过14组实验结果表明，湿度越大、温度越高，腐蚀速率越高（图7）。近氧端空气流动强于密封端，因此近氧端腐蚀速率高于密封端。

3.1.2 积液腐蚀影响因素

3.1.2.1 化学药剂腐蚀

站场检修前会在流程内分别加入0.5%氢氧化钠溶液、钝化剂及清洗剂，经过实验测试，0.5%氢氧化钠溶液对材料的腐蚀性最低，钝化剂溶液的腐蚀性最高（表2）。虽然钝化剂的腐蚀速率超过控制标准0.076mm/a，但符合化工清洗标准。

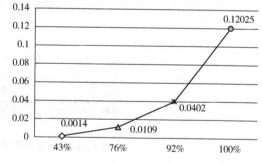

图7 敞开体系下氧腐蚀与湿度对应曲线图

表2 各类化学药剂腐蚀速率实验结果统计表

药剂种类 材质	A333	L360QCS	L360MCS
0.5%氢氧化钠溶液	—	0.0029	—
钝化剂	0.4011	0.196	0.159
清洗剂	0.067	0.074	—

由于各药剂加注时间均不超过24h，通过单因素叠加，理论计算化学药剂总的腐蚀性，金属损失量均未超过每年0.076mm的标准（图8）。

3.1.2.2　残余硫化氢腐蚀

集气站场：管道内积液中残余 H_2S 经 0.5%NaOH 溶液中和后，在积液中不含 H_2S 条件下腐蚀速率为 0.0124mm/a。

集输管道：低部位积液中残余 H_2S 未经 0.5%NaOH 溶液中和，在含 H_2S 条件下，$NaHCO_3$ 水型的腐蚀速率高于 $CaCl_2$ 水型的腐蚀速率，且均超过 0.076mm/a（图9）。

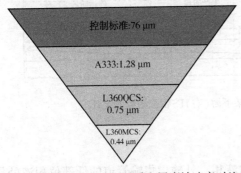

图8　化学药剂对不同材质金属腐蚀速率对比

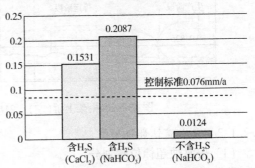

图9　残余硫化氢积液腐蚀对比

3.1.2.3　细菌腐蚀影响因素

根据调查结果，停产检修站场垢样中细菌检出率高于生产站场，开展杀菌与不杀菌、氧含量变化对细菌腐蚀的论证。

细菌会加剧腐蚀，但其影响不超过控制标准（图10）。

随着氧含量的降低，细菌整体活性降低，腐蚀速率明显下降（图11）。

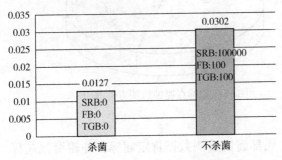

图10　细菌对腐蚀速率影响对比

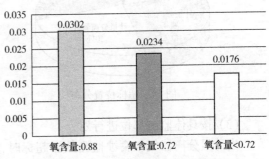

图11　氧含量对腐蚀速率影响对比

3.1.3　停产检修条件下腐蚀的主次要因素确认

根据各单因素腐蚀实验结果，停产检修期间腐蚀影响因素为：氧腐蚀、含残余硫化氢积液腐蚀为主要腐蚀因素，细菌腐蚀和化学药剂腐蚀为次要腐蚀因素（图12）。

图12　停产检修条件下腐蚀的主次要因素对比

3.2　腐蚀超标因素研究

3.2.1　停产保护状态下的腐蚀数据分析

3.2.1.1　腐蚀监测数据分析

通过对 2016 年隐患治理期间腐蚀挂片监测数据进行统计分析，集气站场出现腐蚀超标部位 43 处，占所有监测点的 23.1%。

2017 年 P305-P304 管道停运期间，高部位腐蚀速率处于可控水平，但低部位腐蚀速率超生产运行期，也超过控制标准 0.076mm/a(图 13)。

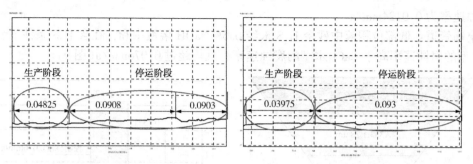

图 13　20#桁架上游(左)、21#桁架下游(右)FSM 监测数据统计

3.2.1.2　重点腐蚀部位确定

（1）按腐蚀超标位置划分

集气站场的加热炉出口、计量分离器气相和液相、外输，集输管道的低部位积液处是腐蚀超标的重点部位(图 14)。

（2）按腐蚀监测方位划分

根据腐蚀挂片监测的方位，得出底部腐蚀多于中、上部腐蚀(图 15)。

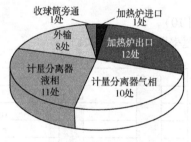

图 14　超标位置分布

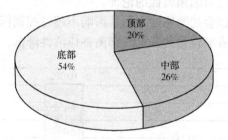

图 15　超标点腐蚀监测方位分布

（3）按具体监测部位进行划分

当计量分离器气相腐蚀监测数据超标时，底部腐蚀监测数据肯定超标；外输腐蚀超标时，底部和顶部超标概率基本一致(图 16)。

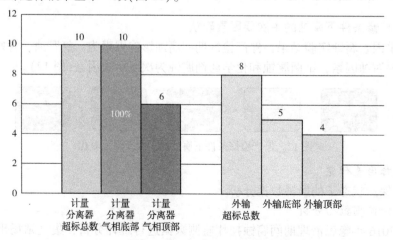

图 16　腐蚀超标点具体监测部位分布比图

· 582 ·

3.2.1.3 腐蚀类型分析

根据分析，底部腐蚀多于中上部，积液位置腐蚀多于无积液。根据挂片和电指纹监测位置可知，顶部腐蚀为氧腐蚀，底部腐蚀为液相腐蚀(图17)。

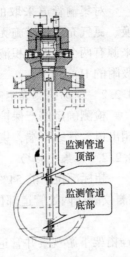

图17 腐蚀挂片监测部位示意图

（1）氧腐蚀

对腐蚀挂片上的产物进行 XRD 分析，结果显示主要为 Fe_2O_3，结合红褐色腐蚀形貌，判定存在氧腐蚀(图18)。氧气来源有两方面：一是氮气置换存在盲区，管线死角或隔断过程中进氧导致氧残留；二是氮气置换后，残余氧含量控制标准过高(目前氧含量控制指标为<2%)。

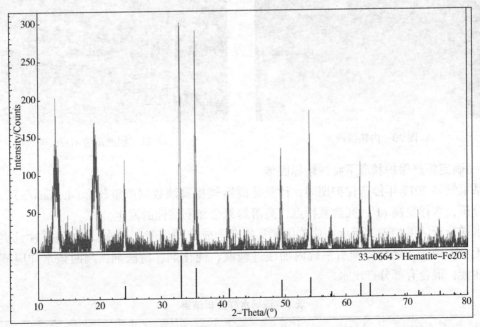

图18 腐蚀产物 XRD 分析图谱

（2）积液腐蚀

对计量分离器液相、计量分离器气相和外输底部挂片进行宏观检查，外观呈黑灰色，部

图 19 某集气站计量分离器
液相挂片形貌

分位置呈红褐色,判断为积液腐蚀。积液来源有产出水残留、碱液残留、钝化剂残留、清洗剂残留(图19)。

(3) 残余 H_2S 腐蚀

对集输管道采取的停产保护措施进行分析,放空置换、氮气充压等措施无法完全清除残余的 H_2S。残余 H_2S 来源有两个方面,积液中溶解的 H_2S 和管道金属内壁表面吸附的 H_2S。

3.2.2 现场检测确定停产保护条件下易积液部位

检测确定停产保护条件下易积液部位为计量分离器气相出口、管线盲端,集输管道为低部位。

3.2.2.1 集气站场

超标部位中的54%都集中在管线底部,即计量分离气相和外输管线底部,采用内窥镜探测仪确认两处管道部位均存在积液(图20)。

3.2.2.2 集输管道

在某段管道更换期间通过对21#桁架下游观察井管道进行积液检测并打孔验证,确认存在积液。

现场易积液位置特点包括:U形弯、管线盲端、管道低部位等,无法通过吹扫清除全部残液(图21)。

图 20 内窥镜检测

图 21 积液部位示意

3.2.3 确定停产保护状态下腐蚀超标因素

某集气站2017年停产保护期间,计量分离器气相腐蚀数据严重超标(4.1mm/a)。取样化验分析,水样呈高 pH、高含氧特点,高溶解氧会加剧腐蚀的发生。

水样分析结果如表3所示:总矿化度及各离子成分均低于产出水,pH呈碱性且离子成分中无 OH^- 离子,结合停产后系统内加注过碱液、钝化剂、清洗剂,判断该水样应该为药剂的残液,混合有部分产出水。

表 3 现场水样分析结果

pH 值	S^{2-}/(mg/L)	ΣFe/(mg/L)	Fe^{2+}/(mg/L)	溶解氧/(mg/L)	总矿化度/(mg/L)	
10.5	0.2	8.5	7.81	2.25	42316(生产)	18902(停产)

根据查阅相关资料文献,溶解氧在2mg/L时,理论腐蚀速率约为5mm/a,与现场腐蚀

速率较为接近。因此，停产保护状态下集气站腐蚀超标的原因是"氧+积液"。

4 集输系统停产保护状态下的腐蚀控制技术优化

4.1 集输系统停产保护状态下的腐蚀控制技术优化

4.1.1 氧腐蚀控制技术

4.1.1.1 气相残余氧含量控制标准研究

目前现场采用的停工保护氮气控制氧含量指标为不高于 2%，通过成果资料调研，氧含量控制在 1.0% 以内时腐蚀速率不超过 0.076mm/a 的控制标准（图 22）。

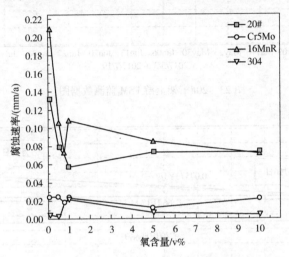

图 22 6 种不同条件 3 种材质气相腐蚀速率曲线

4.1.1.2 除氧剂筛选

针对水样中氧含量较高的情况，优选最佳的除氧药剂和投加浓度。

药剂优选：现有除氧剂包括还原铁粉和亚硫酸钠。还原铁粉为难溶性固体，不易搅拌均匀，过度搅拌时容易引入空气，故选择亚硫酸钠作为除氧剂。

加注浓度优选：根据原水中不同含氧量，确定最佳投加浓度为 1000mg/L（表 4）。

表 4 不同除氧剂浓度的除氧实验结果

水样 \ 含氧量/(mg/L)		100	200	500	1000
水样 1	0.5	0.5	0.35	0.1	<0.1
水样 2	0.55	0.55	0.35	0.1	<0.1
水样 3	3.5	3.1	2.2	0.5	<0.1

4.1.2 残余 H_2S 腐蚀控制技术

通过对停运管道低部位和高部位安装的电指纹监测数据分析（图 23、图 24），判断积液部位和未积液部位缓蚀剂膜有效保护周期。

（1）管线低部积液位置缓蚀剂膜的有效保护周期约为 66d（腐蚀速率低于 0.076mm/a）。

（2）管线高部无积液位置缓蚀剂膜在 150d 的监测周期内保持良好，腐蚀速率 0.019mm/a。

（3）集输管道停产时间超过 60d 的，需要重新进行氮气缓蚀剂批处理。

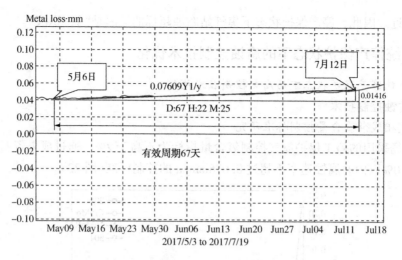

图 23　20#桁架上游 FSM 监测数据图

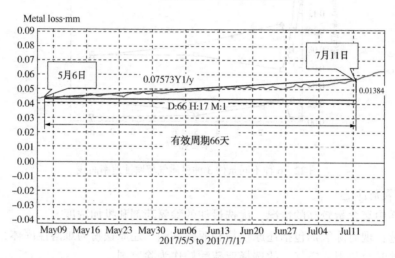

图 24　21#桁架下游 FSM 监测数据图

4.1.3　压力容器保护技术

针对压力容器停产保护措施较为单一的情况，通过缓蚀剂预膜持久性测试，评估每次预膜后多长时间可以不再预膜，从而增强压力容器保护效果。实验结果如图 25、图 26 所示，B 在 60d 内成膜性较好，C 在 45d 内成膜性较好(表 5)。

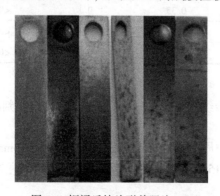

图 25　铜浸后挂片形貌照片(C)

图 26　铜浸后挂片形貌照片(B)

表 5　预膜后成膜性实验评价

序号	预膜缓蚀剂	现象	时间/d	评价结果
1	C	试样表面基本未出现铜镀层	15	缓蚀剂成膜性好
	B	试样表面基本未出现铜镀层	15	缓蚀剂成膜性好
2	C	试样表面少于 1/3 铜镀层	30	缓蚀剂成膜性较好
	B	试样表面基本出现微量铜镀层	30	缓蚀剂成膜性好
3	C	试样表面少于 1/3 铜镀层	45	缓蚀剂成膜性较好
	B	试样表面少于 1/3 铜镀层	45	缓蚀剂成膜性较好
4	C	试样表面约 1/2 点状铜镀层	60	缓蚀剂成膜性一般
	B	试样底部面状铜镀层少于 1/3	60	缓蚀剂成膜性较好
5	C	试样表面少于 1/2 点状铜镀层	75	缓蚀剂成膜性一般
	B	试样表面少于 1/2 点状铜镀层	75	缓蚀剂成膜性一般
6	C	试样表面少于 1/2 点状铜镀层	90	缓蚀剂成膜性一般
	B	试样表面少于 1/2 点状铜镀层	90	缓蚀剂成膜性一般

4.2　形成集输系统停产腐蚀控制措施体系

4.2.1　集气站停产腐蚀控制措施流程

在原有停产保护措施基础上，增加了除氧药剂添加、压力容器缓蚀剂保护、残余 H_2S 腐蚀控制等措施，对重点流程腐蚀控制措施进行了细化(图 27)。

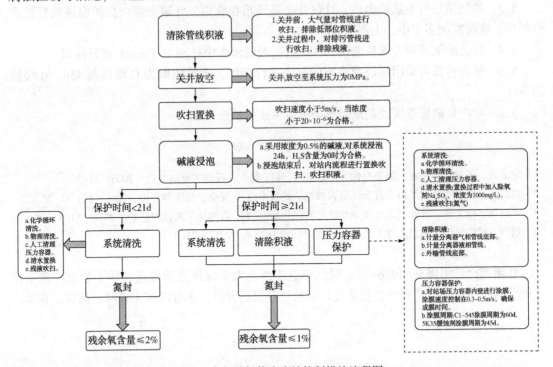

图 27　集气站场停产腐蚀控制措施流程图

4.2.2　集输管道停产腐蚀控制措施流程

在原有停产保护措施基础上，根据缓蚀剂预膜持久性测试结果与积液部位缓蚀剂膜有效保护时间，对停产后的缓蚀剂涂膜周期进行了完善，预膜周期由 30d 优化为 60d，节约率氮气用量(图 28)。

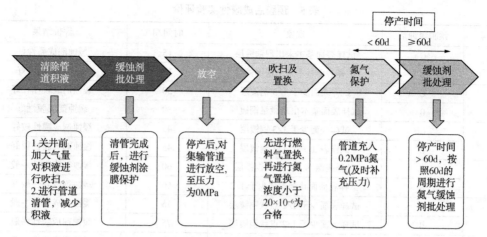

图28 集输管道停产腐蚀控制措施流程图

5 结论与认识

5.1 停产检修条件下氧腐蚀、含残余硫化氢积液腐蚀为主要腐蚀因素，细菌腐蚀和化学药剂腐蚀为次要腐蚀因素。

5.2 停产保护条件下腐蚀超标的主要因素为氧、积液(包括含残余 H_2S)。

5.3 集气站场的加热炉出口、计量分离器气相和液相、外输是停产保护腐蚀超标的重点部位，底部腐蚀多于中、上部腐蚀。

5.4 优选除氧药剂为亚硫酸钠，在配置药剂的清水中投加 1000mg/L 进行除氧。

5.5 压力容器可采用缓蚀剂涂膜的方法进行保护，预膜周期为 C 缓蚀剂 45d，B 缓蚀剂 60d。

5.6 停产集输管道缓蚀剂涂膜周期可由 30d 延长至 60d。

参 考 文 献

[1] 纪云岭，张敬武，张丽. 油田腐蚀与防护技术[M]. 北京：石油工业出版社，2006：24-38.

[2] 刘二喜，田烨瑞，贾厚田. 普光气田腐蚀与防护技术[J]. 安全、健康和环境，2018，12：33-36.

[3] 李海凤，褚文营. 普光气田缓蚀剂加注参数优化研究[J]. 石油化工腐蚀与防护，2017，34(5)：5.

[4] 刘新，酸性气田缓蚀剂加注工艺优化研究[J]. 石化技术，2017，24(7)：1.

作者简介： 田烨瑞(1986—)，男，毕业于西北大学应用化学专业，学士学位，现工作于中国石化中原油田普光分公司采气厂天然气开发研究所，水务防腐主任师，高级工程师。

高含水井防腐治理工艺研究

马宇博　佟建成　刘　彬

（中国石油化工股份有限公司中原油田分公司）

摘　要　腐蚀是制约和影响油田生产的主要因素之一，随着油田开发的深入、进入特高含水期，生产系统腐蚀加剧，严重影响油田中后期的效益开发。结合油田腐蚀现状，通过对配套优化、药剂优选、技术改进等方面研究，形成高含水井腐蚀治理工艺，有效降低管杆腐蚀风险，实现油井全井筒的本质安全，对保障油田安全生产、稳产降本意义重大。

关键词　高含水井；腐蚀

1　项目概况

1.1　腐蚀现状

文留油田经过30多年的注水开发和完善，生产特征呈"四高一低"：地层水矿化度高、油井综合含水高、CO_2含量高、油藏温度高、油井产出液pH值低。系统腐蚀严重，地层能量下降，加之多年的强注强采，井况进一步恶化，致使管杆在井下的工作条件日益恶化。腐蚀偏磨加剧，已严重影响油田正常开发，缩短了油井的免修周期，加大了工作量，增加了生产成本，成为油田生产的主要技术难题。

1.2　存在问题

（1）井筒腐蚀环境恶劣，腐蚀影响因素多、防腐措施针对性不强，腐蚀是导致躺井的主要因素之一。

（2）井筒防腐存在盲区，高液面井及卡封井加药困难，现有固体缓蚀剂无法满足要求。

1.3　研究思路

通过井筒腐蚀影响因素普查与分析，开展井筒腐蚀评价及腐蚀规律研究，缓蚀剂优选评价及加注浓度优化，针对高液面井油井泵下油管及套管防腐盲点，开展固体缓蚀剂的研发，制定固体缓蚀剂技术规范，最终形成一套高含水井腐蚀治理综合防腐工艺，保障油井安全生产。

2　主要研究内容

2.1　腐蚀影响因素普查与分析

2.1.1　产出水分析

经调查文33、文95、文209区块油井产出水矿化度平均分别为13.9×10^4mg/L、15.1×10^4mg/L、17.7×10^4mg/L，Cl^-平均含量在84371mg/L、92240mg/L、108122mg/L左右，水型为$CaCl_2$型，pH值6.0~6.8，属于弱酸性介质。

其产出水矿化度越高，水的导电性越大，穿越水中的游离电子也越多，会加快电化学腐蚀；Cl^-平均含量8.4×10^4~10.8×10^4mg/L，是易促进腐蚀的浓度范围，是造成点蚀主要因素；产出水的pH值较低，易产生的酸性电化学腐蚀，pH值越低，腐蚀速率则会越高；且产出水细菌含量较低，基本不含硫酸盐还原菌 SRB，可以不考虑细菌腐蚀。

2.1.2　伴生气分析

针对三个目标区块 27 口油井取伴生气进行硫化氢和二氧化碳含量分析可知：

区块不含硫化氢，但均含有二氧化碳；二氧化碳平均含量为：文 209 块为 2.06%、文 95 块为 1.20%、文 33 块为 1.77%；

井筒内不同深度的 CO_2 分压测试：油井 1000m 深处 CO_2 分压平均 0.12～0.21MPa；2000m 处 CO_2 分压平均为 0.24～0.42MPa；3000m 处 CO_2 分压平均为 0.36～0.63MPa。

通过产出介质腐蚀性分析：三个区块腐蚀的主要因素是 CO_2 溶于水产生的电化学腐蚀，以及产出水中高含量的氯离子的点腐蚀。

2.2　区块产出介质腐蚀规律研究

依据 CO_2 分压判断 CO_2 电化学腐蚀程度（临界判据）：井筒 1000m 以上处于 CO_2 中等腐蚀等级、深度超过 1000m 达到严重腐蚀等级。腐蚀速率随着 CO_2 分压增加而增大、随井深增加而增大。

依据 SY/T 0026《水腐蚀测试方法》进行腐蚀评价实验：区块产出水的腐蚀速率为 0.1495～0.2439mm/a，远大于标准值 0.076mm/a，产出介质具有很强的腐蚀性。

2.3　缓蚀剂防腐技术研究

2.3.1　区块缓蚀剂优选

取三个区块现场应用的缓蚀剂，开展了不同浓度的缓蚀效果评价，缓蚀剂浓度在 100×10^{-6} 时腐蚀速率均能达到 0.076mm/a 以下，缓蚀剂浓度增加缓蚀率也会增大。

高效缓蚀剂通过在油管表面形成的致密保护膜，其厚度（21μm）比常规缓蚀剂的膜（10μm）厚 1 倍，能够有效阻止 CO_2 腐蚀。缓蚀率达到 80%，与常规缓蚀剂相比提高了 15%。在保障防腐效果的前提下，加药量减少，防腐成本降低。

2.3.2　固体缓蚀剂技术研究

针对高液面井、卡封井防腐治理，开展固体药剂防腐技术研究，将液体缓蚀剂进行"固化"。

2.3.2.1　固体缓蚀剂筛选

通过室内实验，优选评价三种现有固体缓蚀剂，缓蚀率均达到 Q/SH 1025 0389—2020《缓蚀剂技术条件》指标要求，缓蚀率达 75% 以上。但存在缓释周期短（3～5d）、耐温性能差（<90℃）的问题。

2.3.2.2　固体缓蚀剂研发

设计了以缓蚀性能优异的吡啶、咪唑啉衍生物、季铵盐为固体缓蚀剂主剂，硫脲等为缓蚀辅剂，以新型耐高温缓释高分子材料为骨架、水溶性缓释材料为吸附填充物的固体缓蚀剂合成方案。针对固体缓蚀剂骨架及填充吸附材料的优选、配伍性、耐温性、缓释性等开展了数百组室内合成实验，初步确定了固体缓蚀剂固化材料及固化方案。

此固体缓蚀剂缓蚀率比普通缓蚀剂要高（>70%），且释放速度较慢；通过优化配比，投入高液面井或卡封井井底，在产出液中匀速溶解，解决了高液面井及卡封井的井下防腐问题。

2.4　腐蚀检测

研究应用了井筒挂环、井口挂片、地面挂片及腐蚀速率测试仪等监测技术。对生产系统（井筒、井口、计量站、干支线、原油处理系统、污水处理系统），进行全面监测，提高了防腐措施的针对性。

2.4.1 腐蚀监测情况

截至目前，2022 年共开展两期腐蚀监测，一季度录取监测数据 74 点次，二季度录取监测数据 69 点次，井筒腐蚀监测 1 点次，共取放腐蚀监测点 144 点次，采集水样介质 100 余个，分析水样 PH 值、六项离子、细菌等 13 项参数合计得出 1300 余个水质数据。统计分析监测网络缺失监测点 12 个。

2.4.2 腐蚀监测数据分析

一季度生产系统腐蚀速率为 0.0131mm/a，二季度腐蚀速率为 0.0135mm/a，腐蚀速率平稳波动。其中文一联文二区阀组、文一联 4# 分离器、文二联 5# 分离器腐蚀速率接近控制指标，需关注腐蚀趋势，及时采取措施进行管控。

2.5 阴极保护

开展分离器和计量站阴极保护现场测试，完成文二联分离器和文中、文东采油管理区 28 个计量站的保护效果测试。

2.5.1 计量站水套炉盘管防腐

针对水套炉盘管焊缝连处和弯头处易腐蚀穿孔问题。通过在弯头处用卡箍连接或炉管采用小管径金属内防腐。

2.5.2 联合站三相分离器防腐技术

通常采用牺牲阳极和玻璃钢内衬防腐，但防腐效果差。现将外加电流阴极保护技术与内衬防腐涂料相结合，弥补了单独使用涂层、内衬防腐所带来的针空、鼓泡等缺陷，达到更好的防腐效果。

3 现场应用效果分析

3.1 现场应用情况

（1）通过在计量站水套炉防腐，减少 12 座计量站水套炉盘管焊缝连接处和弯头腐蚀穿孔现象。通过应用外加电流阴极保护技术与内衬防腐涂料相结合，对联合站三相分离器共计防腐 23 台。通过固体缓蚀剂解决卡封油井井筒防腐问题现场共应用 7 井次。

（2）表 1 为近四年因腐蚀因素导致躺井数据统计。

表 1 躺井数据统计表

年份	2019 年	2020 年	2021 年	2022 年至今
躺井数/次	35	29	20	12
与上年对比/次	/	-6	-9	-8

由表 1 数据可知，通过开展井筒腐蚀治理，根据不同区块产出液中腐蚀介质的类型，优选缓释剂类型、优化调整加药量及加药周期并结合配套缓蚀阻垢器，提高防腐效果。产出水腐蚀速率明显降低，腐蚀躺井由 2019 年的 35 口下降至 2022 年的 12 口，管、杆更换量明显减少。

3.2 经济（社会）效益分析

（1）降低腐蚀躺井率。

（2）减少了因水套炉、分离器损坏带来的经济损失。

（3）缓解了卡封井加药的困难，延长其检泵周期，降低生产成本。

4　结论与认识

结合文留油田腐蚀现状，研究应用一系列方法和工艺措施，达到降低腐蚀速率、延长开发时效、降低增效的目的，在文留油田取得良好成效。

针对高含水井腐蚀治理认识片面、缺乏针对性，导致在现场出现腐蚀盲区。高含水井腐蚀治理工艺的研究能有效降低管杆腐蚀风险，实现油井全井筒的本质安全，对保障油田安全生产、稳产降本意义重大。

作者简介：马宇博(1985—)，男，2007 年毕业于西安石油大学石油工程专业，现工作于中国石油化工股份有限公司中原油田分公司文留采油厂，高级工程师，主要从事油气田开发、石油工程、地面工程及信息化工程等工作。

甲醇装置气化炉工艺烧嘴失效分析

初泰安　高　鹏

[中国石化长城能源化工(宁夏)有限公司]

摘　要　采用光谱、扫描电镜、能谱、X射线衍射和金相等分析方法对气化炉Inconel600盘管与烧嘴失效进行分析。分析结果表明冷凝水盘管由于腐蚀减薄至开裂，导致盘管失去冷凝效果，导致火焰过烧，最后烧穿气化炉烧嘴。另外，探讨了盘管腐蚀的机理，给出提高Inconel600合金盘管耐蚀性能的方法，以及在使用中监测盘管壁厚的有效措施。

关键词　汽化炉盘管；Inconel600合金；腐蚀开裂；应对措施

甲醇装置气化 A、C 炉均因烧嘴冷却水进出口流量差触发联锁跳车。通过调取 C 炉烧嘴冷却水出入口流量历史趋势，发现 17 时 48 分 20 秒进口流量开始下降，出口流量上涨，此时 C 炉进出口流量差达到联锁值，17 时 48 分 28 秒触发 C 气化炉停车。A 气化炉停车，是由于 C 气化炉停车过程中工艺气进入烧嘴冷却水管线，烧嘴冷却水压力、流量恢复正常后，气体进入 A 炉烧嘴盘管后受热膨胀，导致冷却水系统压力再次上涨，A 炉烧嘴冷却水入口流量下降、出口流量上涨触发联锁停车。烧嘴工艺参数如表 1 所示。

表 1　烧嘴工艺参数

	烧嘴组件	氧气通道	煤浆通道	冷却水通道
设计压力/MPa	7.15	9.7	9.7	7.15
设计温度/℃	425	60	80	425
操作压力/MPa	—	7.8	7.8	1.6
操作温度/℃	—	30	50	43

气化 C 炉烧嘴组件端面被烧穿，其冷凝水盘管进、出口均有明显断裂，且管内壁附着致密的火焰灼烧而成的氧化层，该冷凝水盘管为 Inconel600 镍基合金管冷弯而成。损坏情况如图 1 所示。气化 A 炉冷凝水盘管呈干瘪状，烧嘴其他部位没有损坏，其损坏情况如图 2 所示。

图 1　气化 C 炉烧嘴损坏情况

图 2　气化 A 炉烧嘴组件损坏情况

1　试验分析

1.1　宏观分析

对气化 C 炉烧嘴组件整体观察，由图 3 发现位于冷凝水盘管出口与入口处都被烧穿，冷凝水出口盘管出现了开裂，且越靠近夹套断口张开位移越大。将冷凝水盘管出口附近部分切下取样，具体取样位置在图 3 中标出。同时也将冷凝水盘管入口附近部分切下取样，具体位置在图 4 中标出。

图 3　冷凝水盘管出口开裂情况及取样位置

图 4　冷凝水盘管入口取样位置

为分析盘管损坏的具体原因，对冷凝水盘管出口的宏观断口进行分析。由图 5 发现区域 1 的裂纹宽度大于区域 2 的裂纹，初步判断开裂方向从区域 1 到区域 2，如图中蓝色箭头所示。冷凝水盘管入口的断裂情况如图 6 所示，综合盘管入口和出口的断裂情况，可以清楚地观察到，越靠近烧嘴夹套的部分，断裂位移越大。

图 5　冷凝水盘管出口断裂宏观形貌

图6 冷凝水盘管入口断裂宏观形貌

本次发生开裂的盘管是由 Inconel600 镍基合金管冷弯而成。将盘管沿横截面剖开，因冷弯变形盘管横截面已变成椭圆形，变形情况如图 7 和图 8 所示。将盘管沿中心线切开，如图 9 和图 10 所示可明显发现受拉侧与受压侧壁厚相差较大，经测量受拉伸侧壁厚为 3.25mm，受压缩侧壁厚为 4.1mm。且冷却水盘管靠近夹套的第一个弯管处，外弯曲面减薄严重，通过观察减薄处内、外壁面的宏观形貌，发现减薄是从内壁面开始的。

图7 冷凝水盘管出口横截面形状

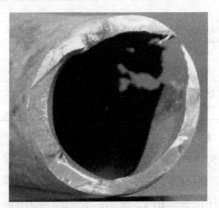

图8 冷凝水盘管入口横截面形状

图9 冷凝水盘管出口纵截面形状

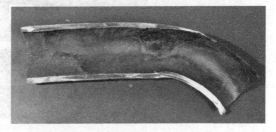

图10 冷凝水盘管入口纵截面形状

初步判断冷凝水盘管为最初断裂件，冷却水管路失效后，导致火焰过烧，烧穿气化炉烧嘴组件。

1.2 材质成分分析

从气化 A 炉与 C 炉烧嘴的冷凝水盘管上各取一试样进行成分分析，取样位置如图 11 所示。利用德国 SPECTRO MAXx 直读光谱仪，对材质的元素成分进行检测，检测结构与 UNS N06600 国际标准对比结果见表 2，可以判断试样为 Inconel600 镍基合金管。

Inconel600 是早期开发和应用的 Ni-Cr 耐蚀合金，自 1931 年问世以来，因其兼有耐蚀，耐热和抗硫化性能以及良好的工艺性能，广泛应用于各工业企业。

图 11　气化 A 炉烧嘴冷凝水盘管取样位置

表 2　冷凝水盘管试样化学成分

	C	Si	Mn	S	Cr	Ni	Fe
UNS N06600 Inconel600	≤0.15	≤0.50	≤1.0	≤0.015	14.0~17.0	≥72.0	6.0~10.0
A 炉 SPECTRO MAXx 直读光谱	0.038	0.186	0.473	0.002	15.8021	73.345	8.6632
C 炉 SPECTRO MAXx 直读光谱	0.0331	0.1566	0.4517	0.0021	15.6616	73.6672	8.4231

1.3　微观断口分析

为进一步分析气化 C 炉冷凝水盘管的断裂原因，对盘管断口进行取样，再将样品浸泡在丙酮溶液中用超声波清洗仪清洗，之后利用 SEM 扫描电镜进行微观观察并分析。盘管断口取样位置如图 12 所示，分别编号为 1#-1、1#-2、1#-3。

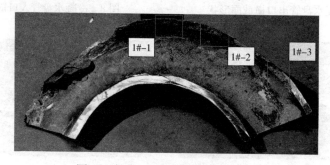

图 12　气化 C 炉盘管断口取样示意

图 13 为 1#-1 断口的微观形貌，由于此处距离被火焰烧穿处较近，从图 13(b)图中可以看到此断口已经被火焰烧成熔融状态之后再次凝固结晶。同时对此处进行 EDS 能谱分析，如图 14 所示，在结果中发现 Co 元素的含量高达 11.68%，而盘管的材料中 Co 元素的含量仅为 0.0394%，说明本身材质为钴铬合金的烧嘴夹套，其烧穿部分已经烧成熔融状态，并流入盘管。综合断口的形貌可知，冷却水盘管发生断裂后，被火焰烧至熔融状态的烧嘴，在汽化炉内压的作用下吹流到冷却水盘管处并沉积在断口上。

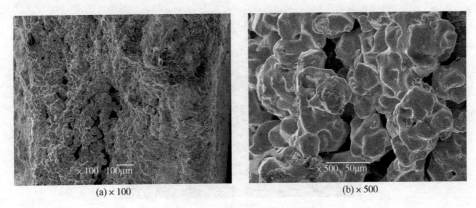

(a) ×100　　　　　　　　　(b) ×500

图 13　1#-1 断口试样 SEM 图

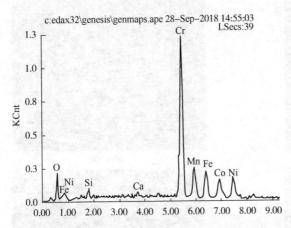

c:edax32\genesis\genmaps.ape 28-Sep-2018 14:55:03
LSecs:39

Element	Wt%	At%
OK	03.84	11.80
SiK	01.20	02.10
CaK	00.72	00.88
CrK	50.77	48.02
MnK	04.37	03.91
FeK	13.40	11.80
CoK	11.68	09.75
NiK	14.03	11.75

图 14　1#-1 断口试样 EDS 分析图

　　图 15 为 1#-2 断口的微观形貌,从图中可以观察到大量腐蚀产物。图 16 为 1#-3 断口的微观形貌,图(b)和图(c)是图(a)左侧标出部分不同倍率的局部放大图,图(d)和图(e)是图(a)右侧标出部分不同倍率的局部放大图。从图(c)可以观察出断口表面附着大量发亮的腐蚀产物,图(b)中标出为沿晶断裂的断口形貌。

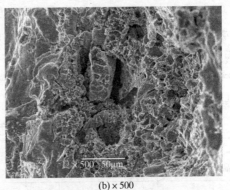

(a) ×300　　　　　　　　　(b) ×500

图 15　1#-2 断口试样 SEM 图

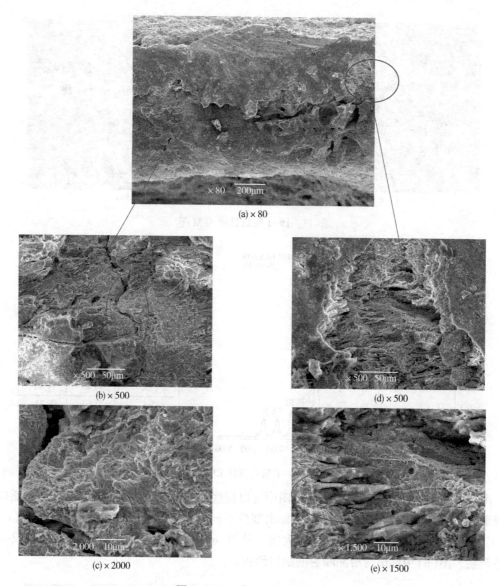

图 16   1#-3 断口试样 SEM 图

1.4   管道内壁面腐蚀产物元素分析及成分分析

为了进一步确定冷凝水盘管开裂的原因，分别在冷凝水盘管出口内壁提取烧结垢样 f_1 和腐蚀产物 f_2，以及在盘管入口内壁提取腐蚀产物 f_3。利用 EDS 能谱对三种试样进行成分分析，其结果汇总于表 3。

表 3   腐蚀产物及垢样成分

元素含量/wt% 样品	O	Na	Mg	Al	Si	P	K	Ca	Ti	Cr	Fe	Co	Ni
f_1	15.69	1.50	0.63	8.05	16.53	0.60	1.09	7.93	1.05	17.07	15.27	9.33	5.26
f_2	10.64	1.29	1.20	7.20	16.07	0.71	0.77	7.80	1.08	18.54	13.82	10.89	9.97
f_3	10.98	1.68	1.43	6.09	11.70	0.55	0.53	5.13	—	22.40	15.26	16.16	8.10

通过 EDS 能谱分析确定盘管内壁腐蚀产物的元素成分，再利用 X 射线衍射分析确定腐蚀产物的物相组成。利用 Bruker D8 Advance 型 X 射线衍射仪对冷凝水盘管内壁及腐蚀垢样进行 XRD 测试，测试过程中采用 Cu Ka 射线，Ni 滤波片，管电压 40kV，管电流 30mA，扫描范围 $2\theta = 5 \sim 80°$，扫描速度为 10°/min。测试前对样品进行充分研磨，要求研磨后其颗粒度在 100 目以下。样品进行 XRD 测定后，得到样品衍射图谱，之后利用 Jade6.5 物相分析软件进行物相分析，盘管内壁腐蚀产物分析结果如图 17 所示。

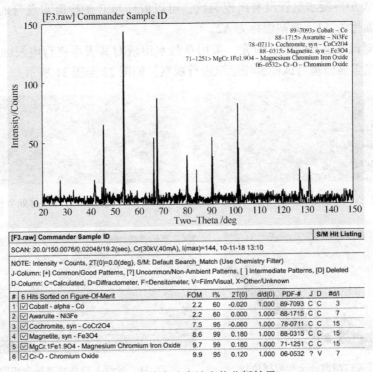

图 17　盘管内壁腐蚀产物分析结果

通过物相分析发现，烧结垢样中含有大量的单质钴，说明烧嘴夹套烧穿部分已经烧成熔融状态流入盘管，断口 1#-1 也是被火焰烧穿。从 XRD 试验结果分析，腐蚀产物主要为 Fe_3O_4 和 Cr_2O_3，综合 XRD 和 EDS 两种实验结果，推论存在氧腐蚀和碱腐蚀，且腐蚀氧化膜的主要成分是 Fe_3O_4 和 Cr_2O_3，由于贫、富 Cr 区间产生的较大的电位差会加速 Fe_3O_4 和 Cr_2O_3 的生成即加速了腐蚀速率。

1.5　金相分析

分别在气化 C 炉烧嘴冷凝水盘管出口、进口的减薄处和非减薄处切割金相试样。图 18 至图 21 为取样位置图。图 22 至 29 为不同位置的金相组织图。其取样位置图对应的金相组织图的对应关系如表 4 所示。

表 4　取样位置与金相组织图关系

位　　置	取样位置图号	金相组织图号
盘管出口减薄处横截面	图 18	图 22
盘管出口减薄处纵截面		图 23
盘管出口非减薄处横截面	图 19	图 24
盘管出口非减薄处纵截面		图 25

続表

位　置	取样位置图号	金相组织图号
盘管入口减薄处横截面	图20	图26
盘管入口减薄处纵截面		图27
盘管入口非减薄处横截面	图21	图28
盘管入口非减薄处纵截面		图29

由于气化 A 炉冷凝水盘管没有出现裂纹，可以取样与 C 炉冷凝水盘管的金相对比。将 A 炉盘管纵截面标为 A1，横截面标为 A2。

取样之后对试样进行打磨、抛光，采用草酸水溶液对其表面进行电浸蚀。利用 OLYM-PUS-DSX510 光学显微镜对试样金相组织进行观察，如图22至图31所示。

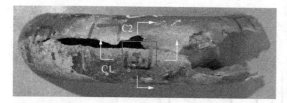

图18　盘管出口减薄处金相取样位置

图19　盘管出口非减薄处金相取样位置

图20　盘管入口减薄处金相取样位置

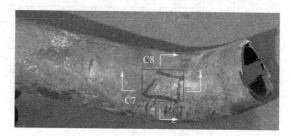

图21　盘管入口非减薄处金相取样位置

盘管出口减薄处横截面的金相组织如图22、图23和图24所示，组织以单相奥氏体为主，碳化物主要在晶界析出。

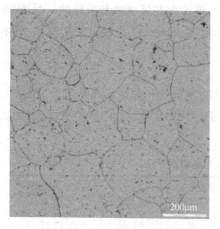

图22　盘管出口减薄处横截面
C1 金相图×300

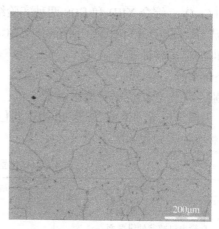

图23　盘管入口减薄处横截面
C5 金相图×300

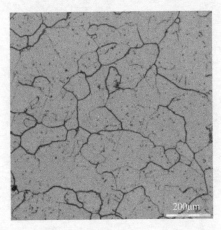

图 24 气化 A 炉盘管横截面 A2 金相图×300

盘管出口非减薄处横截面的金相组织如图 25、图 26、图 27 和图 28 所示，组织以单相奥氏体为主，碳化物主要弥散在基体上。

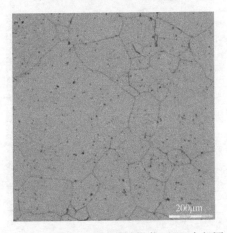

图 25 盘管出口非减薄处纵截面 C3 金相图

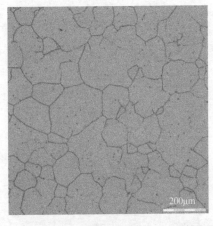

图 26 盘管入口减薄处纵截面 C6 金相图×300

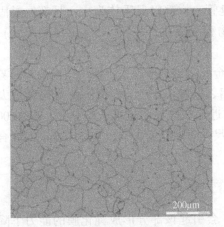

图 27 盘管入口非减薄处纵截面 C8 金相图×300

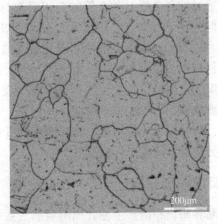

图 28 气化 A 炉盘管纵截面 A1 金相图×300

盘管出口减薄处纵截面的金相组织如图 29 所示，组织以单相奥氏体为主，碳化物主要弥散在基体上，大量的碳化物在晶界处析出。

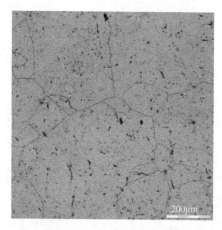

图29　盘管出口减薄处纵截面C3金相图×300

盘管出口非减薄处纵截面的金相组织如图30和图31所示，组织以单相奥氏体为主，碳化物析出较少。

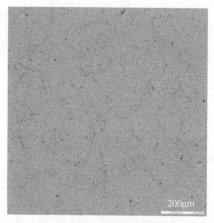

图30　盘管出口非减薄处纵截面C4金相图×300

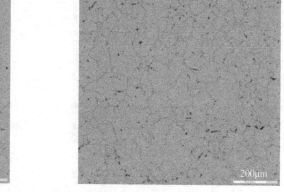

图31　盘管入口非减薄处横截面C7金相图×300

通过综合分析C炉盘管的金相组织与A炉盘管一样都以奥氏体为主，且都经过固溶处理，但相比于A炉，C炉减薄处晶界析出碳化物程度较高。并且，C1（出口减薄处）和C5（入口减薄处）的晶界碳化物析出比较普遍。

材料在热处理过程中，由于碳和铬、钼等合金元素的扩散速率不同，碳向晶粒间界的扩散速度大于铬的扩散速度，因此在晶界处以及相邻区域由于$M_{23}C_6$析出使得铬含量大为降低，而晶内的铬、钼来不及向晶界扩散，因而靠近晶粒边界附近形成贫铬区。经1100℃固溶后，碳化物可充分溶解，综合固溶程度及晶粒尺寸对性能的影响，建议Inconel600合金的固溶处理温度为1050~1100℃。

2　腐蚀机理分析

晶界析出相的产生使其周围易形成贫Cr区，会引起该部分形成钝化膜的能力下降和阳极电位降低，阳极溶解反应处于活化态的晶界贫铬区与处于钝态的中心富铬区组成的具有较大电位差的活化-钝化电池，使富Cr区与贫Cr区之间的微区电偶腐蚀效应加剧。所以贫Cr区与富Cr区间产生的较大的电位差。

从 XRD 试验结果分析，腐蚀产物为 Fe_3O_4 和 Cr_2O_3，综合 XRD 和 EDS 两种实验结果，推论存在氧腐蚀与碱腐蚀，且腐蚀氧化膜的主要成分是 Fe_3O_4 和 Cr_2O_3，由于贫、富 Cr 区间产生的较大的电位差会加速 Fe_3O_4 和 Cr_2O_3 的生成即加速了腐蚀速率。从 EDS 试验结果中可知，腐蚀产物中含有 1.5% 左右的 Na 元素。推测存在碱腐蚀，而冷凝水的流动会加速碱腐蚀的腐蚀速率。

综合 XRD 和 EDS 两种实验结果，被加速的氧腐蚀和碱腐蚀最终造成了管道的破裂。

3 结论与措施

综上所述可得如下结论：

（1）弯管为设备的最先失效部件，可以初步推断工艺烧嘴的失效过程为：冷凝水盘管腐蚀减薄至开裂，冷却水管路失效后，导致火焰过烧，烧穿气化炉烧嘴组件。

（2）由于晶界贫铬区造成该处电位下降，从而形成大阴极（奥氏体基体）和小阳极的微电池反应，加速了局部腐蚀的发生。因此说明耐蚀合金晶间析出物的产生对其耐蚀性影响较大，极易在晶界处产生腐蚀。析出物的存在增大了合金材料对腐蚀敏感性。

措施：

（1）Inconel600 合金经固溶处理后耐蚀性能更佳，经 1100℃ 固溶后，碳化物可充分溶解，综合固溶程度及晶粒尺寸对性能的影响，Inconel600 合金 1050~1100℃ 固溶处理。

（2）在盘管使用前对弯曲处的壁厚进行超声波测厚，避免壁厚的明显减薄影响盘管的使用寿命。

参 考 文 献

［1］王健美. 固溶处理温度对 Inconel600 合金组织和性能的影响［J］. 理化检验（物理分册），2014，50 (07)：487-489.

［2］赵雪会，白真权，冯耀荣，等. 热处理温度及析出相对镍基合金腐蚀性能的影响［J］. 材料热处理学报，2012，33(08)：39-44.

［3］汪峰，Thomas M. Devine. 核电站蒸汽发生器传热管用 Inconel 合金在高温高压水中的腐蚀行为研究［J］. 腐蚀科学与防护技术，2015，27(01)：19-24.

［4］陈颖锋. INCONEL 600 管道失效原因及对策［A］. 中国压力容器学会管道委员会、合肥通用机械研究院、国家压力容器与管道安全工程技术研究中心. 第三届全国管道技术学术会议.

［5］压力管道技术研究进展精选集［C］. 中国压力容器学会管道委员会、合肥通用机械研究院、国家压力容器与管道安全工程技术研究中心：中国机械工程学会压力容器分会，2006：4.

作者简介：初泰安（1970—），男，毕业于中国人民大学工商管理专业，硕士学位，现工作于中国石化长城能源化工（宁夏）有限公司，副总经理，高级工程师。

聚乙烯醇装置回收六塔塔盘失效分析及控制

初泰安　高　鹏

[中国石化长城能源化工(宁夏)有限公司]

摘　要　采用光谱、扫描电镜、能谱、X射线衍射和金相等分析方法对聚乙烯醇装置回收六塔塔盘失效进行分析。分析结果表明聚乙烯醇回收六塔钛材塔盘在醋酸环境下冲刷腐蚀以及浓度差环境下的电化学腐蚀。另外，探讨了塔盘腐蚀的机理，给出提高塔盘耐蚀性能的方法。

关键词　钛材；塔盘；腐蚀；分析；控制；电化学腐蚀

回收单元是将醇解母液中含有的甲醇、醋酸甲酯及轻组分分离，并将醋酸甲酯水解成甲醇和醋酸，甲醇及醋酸分别精制后返回聚合和合成循环使用；回收六塔为醋酸提浓塔，采用醋酸正丁酯作携水剂处理五塔釜液稀醋酸。醋酸正丁酯和水形成沸点的较低共沸物从塔顶馏出。塔顶气相去给催化精馏塔再沸器加热，凝液回到六塔冷凝器。回收六塔侧线采出(中采)气相醋酸，经六塔中采分离器分离，醋酸蒸汽气相给五塔再沸器加热，醋酸凝液回到六塔中采冷凝器冷却后，进入中采醋酸槽，经六塔中采泵送至中间罐区回收醋酸贮槽。

回收六塔操作工艺条件如下：设计压力0.1MPa，最高工作压力：0.005MPa，设计温度160℃，最高工作温度128℃，工作介质：醋酸、水、醋酸正丁酯。该塔塔釜操作温度120℃，塔顶温度89℃，醋酸加料浓度55%±2%，塔釜醋酸浓度99.5%，塔顶醋酸浓度0.05%。回收六塔(T066206)为斜孔复合塔板，共56层。塔体规格：$\phi 3200 \times 13850 / \phi 3800 \times 17550$，塔体及塔盘材质均为TA2，塔体壁厚：14/12/10/8，塔盘厚度4mm。

回收六塔2014年9月投用，期间非连续运行。2016年月17日，进入塔内检查发现15~20层塔盘腐蚀较为严重，塔内冲洗水呈乳白色，20~27层塔盘轻微腐蚀。期间非连续运行，2020年5月23日检查13~23层塔盘及溢流堰腐蚀严重，塔盘表面粗糙，覆盖黑色膜，塔内有大量白色粉末，更换15~20层塔盘。2021年9月18日检查，13~27层腐蚀严重，17~21层塔盘壁厚小于1mm，脆断无韧性，其余层塔盘不同程度减薄，表面粗糙无彩色氧化膜，紧固件失效，更换塔盘及溢流堰15层。

1　塔盘腐蚀失效分析

1.1　塔盘腐蚀宏观分析

为了分析回收六塔(T066206)塔盘失效原因，对腐蚀情况进行宏观检查分析：①28层以上塔盘表面光滑，五彩色钝化膜明显，但13~27层塔盘表面粗糙，未见钝化膜，初步判断造成回收六塔(T066206)塔盘材质可能存在缺陷，如成分含量不均匀、金相组织内存在缺陷等；②塔盘表面钝化膜损坏严重，初步判断介质可能含有某些腐蚀性物质，如碘离子、氯离子等；③塔盘由2.6mm降为不足1mm，且脆化严重，发生断裂垮塌，且表面呈黑灰色，腐蚀产物呈白色粉末状，初步判断塔盘可能发生吸氢腐蚀；④进料口以下腐蚀严重，初步判断存在冲刷腐蚀，同时可能因冲刷造成塔盘表面改性造成腐蚀。

图1　回收六塔塔盘腐蚀形貌

1.2　塔盘腐蚀微观分析

对试样表面腐蚀的部位进行取样，利用 SEM 扫描电镜对试样腐蚀区域进行微观形貌分析。试样腐蚀表面的微观形貌如图2~图5所示，在不同倍率下的腐蚀表面的微观形貌。通过对图2~图5进行观察发现：试样表面都凹凸不平，表面均有不同程度的冲刷痕迹，表面腐蚀都比较均匀。

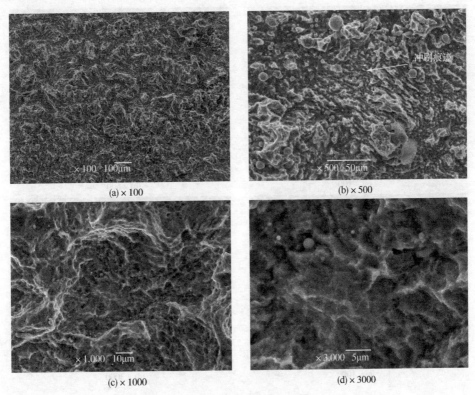

图2　1[#]试样表面微观形貌

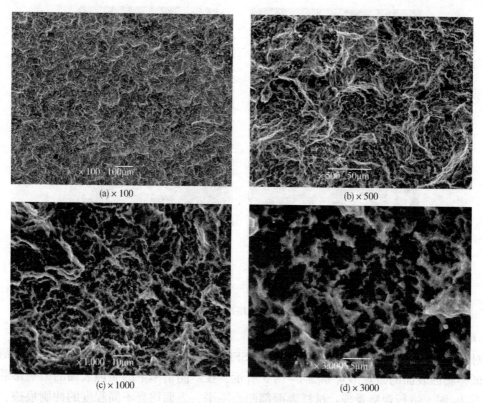

(a) ×100   (b) ×500

(c) ×1000   (d) ×3000

图 3　2#试样表面微观形貌

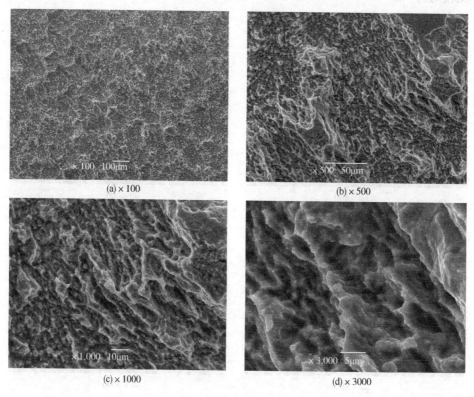

(a) ×100   (b) ×500

(c) ×1000   (d) ×3000

图 4　3#试样表面微观形貌

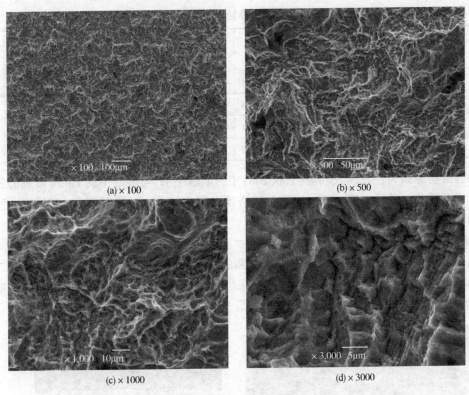

(a) × 100   (b) × 500

(c) × 1000   (d) × 3000

图 5   4#试样表面微观形貌

1.3 塔盘表面腐蚀产物分析

为了进一步确定引起回收六塔(T066206)塔盘发生腐蚀的原因，利用 EDS 能谱仪对回收六塔(T066206)塔盘表面的腐蚀产物进行分析，其结果如图 6 所示。从表 1 中可发现试样腐蚀产物的主要元素有 O、Fe，含有少量的 Cl 元素。

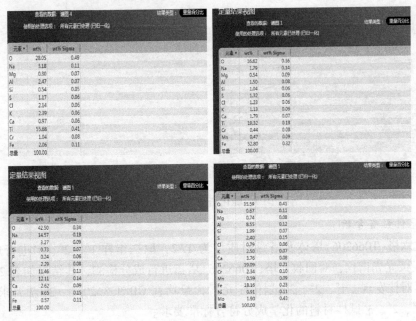

图 6   分析结果

表1　试样表面腐蚀产物分析数据表

元素含量/% 试样	O	Na	Mg	Al	Si	P	S	Cl	K	Ca	Ti	Fe	Cr
1#	28.05	3.18	0.30	2.47	0.54	—	1.17	2.14	2.39	0.97	55.68	2.06	1.04
2#	16.62	1.79	0.54	1.50	1.04	—	1.32	1.23	1.13	1.79	19.3	52.8	0.44
3#	42.50	14.6	—	3.27	0.73	0.24	2.29	11.5	12.1	2.62	9.65	0.57	—
4#	35.59	0.67	0.74	8.55	1.99		2.40	0.79	2.50	3.76	19.09	18.2	2.34

综合分析原因为：在回收六塔(T066206)中，醋酸中 H$^+$与溶液中的 Cl$^-$所形成的氯化氢与水形成共沸物，共沸温度 105~108℃，比塔顶温度 89℃高，比塔釜温度 120℃低，使氯化氢在加料板以下积聚。

1.4　塔盘脆断面 H 元素含量分析

利用 EDS 能谱仪对回收六塔已经发生脆断的塔盘进行 H 元素含量分析。根据图 7 可明显看出塔盘存在大量的针状氢化钛，且富集在塔盘的上下表面，并向基体内部扩散。塔盘上下表面出现裂纹。对 H 元素含量标定，吸氢量 7747×10^{-6}。

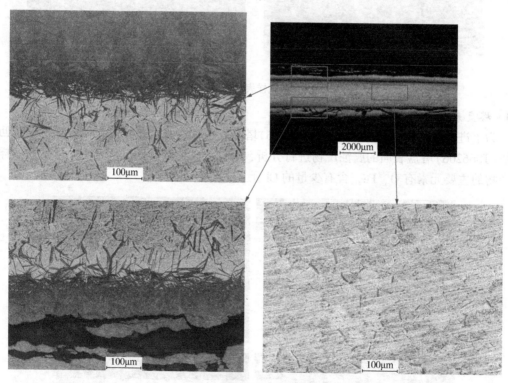

图 7　脆化塔盘吸氢形貌

1.5　塔盘基体材质分析

对回收六塔(T066206)塔体及塔盘材质均为 TA2，取三组样 1#、2#、3#进行成分分析。利用 X 射线荧光光谱仪，对回收六塔(T066206)塔盘进行成分检测，其结果如表 2 所示。通过表中数据对比发现：1#、2#、3#试样 Ti 元素含量均在 GB/T 3620.1—2007 要求的范围之内，所以 1#、2#、3#试样材料的化学成分符合标准要求。

表 2　回收六塔塔盘化学成分及标准值

元素含量/% 试样	Ti	Si	Fe	Na	Al	Cr
1#	99.10	0.799	0.034	0.0248	0.0106	0.0081
2#	99.09	0.65	0.0795	0.0208	0.0855	0.0203
3#	99.06	0.63	0.088	0.0185	0.0939	0.0446
TA2 标准值	≥98.93	—	—	—	—	—

1.6　塔盘基体材料金相分析

TA2 是一种工业钛，单一 α 相，具有很好的低温韧性和高的低温强度，可用作-253℃以下的低温结构材料。对取 4 组样，分别记为 1#、2#、3#、4#，试样经过镶嵌、打磨抛光，抛光后用成分为 HF 2%、HNO_3 4%和 H_2O 94%的侵蚀液进行化学腐蚀，对其进行金相观察。利用显微镜进行金相观察，其结果如图 8~图 11 所示，（a）、（b）、（c）表示在不同的倍率下的金相组织图。

(a)×200　　　(b)×300

(c)×400

图 8　试样 1 在不同倍率下的金相组织图

(a) × 200   (b) × 300

(c) × 400

图 9   试样 2 在不同倍率下的金相组织图

(a) × 200   (b) × 300

(c) × 400

图 10   试样 3[#] 在不同倍率下的金相组织图

(a) × 200

(b) × 300

(c) × 400

图 11　试样 4 在不同倍率下的金相组织图

通过对比发现：1#、2#、3#、4#金相试样的组织均为均匀等轴晶，与标准组织图谱基本相符，所以 1#、2#、3#、4#材料组织符合标准要求。

1.7　塔盘材料硬度分析

回收六塔(T066206)塔内材质其硬度要求为 160HV 左右。对塔盘取 4 个试样，记为 1#、2#、3#、4#，利用维氏显微硬度仪对其进行硬度测量，结果如表 3 所示。硬度依次分别为 164.5、165.5、166.1、165.5HV(在 160HV 左右)，硬度基本符合要求。

表 3　回收六塔塔盘硬度测试

试样 编号	1	2	3	4	5	6	7	8	9	10	硬度平均值
1#	156.8	168.3	160.5	162.3	162.6	170.0	165.6	164.9	167.1	166.8	164.5
2#	171.9	170.2	165.5	161.5	165.2	160.3	169.6	164.2	162.8	163.7	165.5
3#	164.7	163.3	163.8	167.6	162.2	170.4	171.5	168.1	166.8	162.3	166.1
4#	168.7	171.5	166.2	160.9	162.4	165.7	162.3	167.3	165.3	164.5	165.5

2　塔盘腐蚀机理分析

2.1　塔盘检测结论

2.1.1　试样表面均有冲刷的痕迹，且表面腐蚀均匀；腐蚀产物含有少量的 Cl 元素，醋酸中 H^+ 与溶液中的 Cl^- 所形成的氯化氢在加料板以下积聚，在介质冲刷作用下，塔盘发生腐蚀减薄。

2.1.2 发生脆断塔盘中发现大量的针状氢化钛，塔盘发生吸氢反应造成氢脆。

2.1.3 试样中 Ti 元素含量均在 GB/T 3620.1—2007 要求的范围之内，所以塔盘材料的化学成分符合标准要求。

2.1.4 金相试样的组织均为均匀等轴晶，与标准组织图谱基本相符，所以材料金相组织符合标准要求。

2.1.5 试样的硬度依次分别为 164.5、164.7、165.5、166.0、166.1、165.6、165.5、165.3HV(在 160HV 左右)，硬度基本符合要求。

2.2 腐蚀机理分析

2.2.1 冲刷腐蚀。基于不同浓度醋酸共沸溶液中钛的腐蚀动力学参数，钛存在钝化膜形成与破坏的竞争反应，钝化膜形成依赖醋酸中的氧，钝化膜破坏主要来自溶液中的 H+。沸腾状态下离子运动加剧，强化了传质和传荷过程，促使钛表面发生钝化。然而，H+ 运动也加剧，导致钝化膜发生破坏。随着共沸体系中醋酸浓度的增大，水的含量降低，体系中电离出来的 H+ 浓度降低，钛的钝化膜破坏较弱，腐蚀速率降低。随着腐蚀时间延长，共沸体系中钛钝化膜受到的冲刷腐蚀较严重，导致钝化膜又有一定程度的破坏，膜阻抗降低，腐蚀速率增大。

2.2.2 氯离子腐蚀。在回收六塔中，醋酸中 H+ 与溶液中的 Cl− 所形成的氯化氢与水形成的盐酸，盐酸是还原性酸，钛对盐酸具有中等程度的耐腐蚀能力。

2.2.3 电化学腐蚀。中原正大认为钛发生吸氢条件为：①在钝态下吸氢(在非氧化性酸环境中，对应于维钝电流下，由阴极反应析氢，从而造成吸氢)；②伴随全面腐蚀吸氢(由于阴极反应一部分或主要部分析出的氢而被钛吸收)；③在负电位下强制极化吸氢(钛作电极或电解槽部件，在负电位极化下吸氢。此外在低 pH 环境下负电位极化，也会发生钛的全面腐蚀与吸氢)。L. C. Covington 认为钛发生氢化必须存在三个条件：①溶液 pH 必须小于 3 或大于 12，或者金属表面必须受到损伤；②温度必须高于 80℃；③必须有某种产生氢的条件，使金属电位下降到低于自发析氢所要求的电位。

回收六塔醋酸原料从中部加料口加入，所以致使提馏段的浓度急剧发生变化。钛在还原性酸中的电极电位与 pH 值呈线性关系。塔顶醋酸浓度为 0.05%，电极电位为正，构成电池腐蚀的阴极；提馏段醋酸浓度较高，塔釜处醋酸浓度为 99.5%，电极电位为负，构成电池腐蚀的阳极。各自的氧化还原反应如下所示：

$$阴极：2H+2e \longrightarrow H_2$$
$$阳极：Ti \longrightarrow Ti^{3+}+3e$$
$$Ti \longrightarrow Ti^{2+}+2e$$

其中 $Ti^{3+}+2H_2O \longrightarrow TiO_2$(白色粉末)$+4H^++e$，$Ti+H_2 \longrightarrow TiH_2$(黑灰色膜)

钛在上述环境下，表面吸氢形成黑色的 TiH_2 层，氢向钛基体内渗透，形成针状的 TiH_2。氢渗透影响 TiH_2 与钛基体的黏着性，促进膜的开裂，易于被流动的醋酸蒸汽、醋酸冲走，不断暴露出新鲜表面，又反复被氢氧化破坏。形成恶性循环，持续腐蚀塔盘，最终塔盘减薄到一定程度后，基体内被氢完全渗透，外力作用下发生脆断。

回收塔的 13~27 层塔盘在加料口附近，进料液对进料口附近的塔盘冲刷比较严重，并且在加料口附近，由于浓度变化大，相应产生电池腐蚀的电动势大，因此回收六塔 13~27 层塔盘腐蚀比较严重。

3 对策与措施

针对回收六塔(T066206)塔盘腐蚀事件，制定如下措施。

3.1 减少 Cl⁻ 含量

尽量避免通过添加剂(片碱)等带入有害的氯离子。

3.2 加入缓蚀剂

腐蚀介质中加入阳极性缓蚀剂，氧化剂的作用在于它使阳极极化显著增加，大于临界钝化电流密度时使钛处于钝态。当阳极电流大于临界钝化电流密度时，氧与钛生成 TiO_2，一层致密的氧化膜使钛处于钝态。对钛缓蚀最有效的缓蚀剂是氧、空气、氧化性金属离子。

3.3 牺牲阳极保护

将钛接在直流电源的正极上并外加一定的电位，可提高钛的耐腐蚀性。

3.4 钛材中加入合金元素

钼能强烈降低钛的阳极溶解倾向，使临界电流降低，活化区缩小，使合金自溶解速度降低。可在腐蚀严重区段采用钛钼合金防止电化学腐蚀。

参 考 文 献

[1] 马远征. 聚乙烯醇生产中醋酸浓缩塔的腐蚀研究[D]. 湘潭：湘潭大学，2005.

[2] 马宏刚. TA2 工业纯钛表面改性的搅拌摩擦加工工艺研究[D]. 西安：西安建筑科技大学，2010.

[3] 赖斌生，邓聪，石小平. 醋酸浓度对钛在共沸溶液中的腐蚀行为影响[J]. 化工设备与管道，2012(5)：70-75.

[4] 杨晓明. 黄之军. 环氧氯丙烷装置中馏出物深冷器泄漏失效原因分析[J]. 石油和化工设备，2009，12(2)：13-15.

[5] 中原正太. 关于钛的吸氢评定法[J]. 材科と環境. 1991，(6).

[6] L. C. Covington. The Influence of surface condition and environment on the hydfiding of fitanium[J]. Corrosion, 1979，35(8).

[7] 杨建兵. 工艺纯钛醋酸回收塔的腐蚀分析[J]. 石油和化工设备，2003，6(5)：27-29.

作者简介：初泰安(1970—)，男，毕业于中国人民大学工商管理，硕士学位，现工作于中国石化长城能源化工(宁夏)有限公司，副总经理，高级工程师。

络合铁湿法脱硫装置再生塔硫黄堵塞研究及应对措施

王团亮

（中国石油化工股份有限公司华北油气分公司）

摘　要　国内某气田脱硫装置采用络合铁湿法氧化脱硫，在投用的两年内，已发生了 3 次因再生塔下锥壳内硫黄堵塞而导致被动停产检修，给装置安全、平稳、长周期运行带来困难，同时硫黄在再生塔内沉积加速设备腐蚀。针对络合铁湿法脱硫普遍存在的硫黄堵塞现象，本文选取再生塔作为研究对象，采用 FLUENT 软件对塔内的流场特性进行了数值模拟，开展了再生塔硫堵的形成机理、沉积特性等方面的研究，最后提出了防止再生塔硫黄堵塞的措施。

关键词　络合铁脱硫；再生塔；硫黄堵塞机理；数值模拟

1　概述

络合铁法脱硫属于湿式氧化法，是以弱碱性的吸收剂与含硫气流逆向接触，在此过程中吸收并将气流中的 H_2S 氧化成单质硫，吸收剂可通入空气再生然后循环利用。因该工艺具有流程简单、脱硫效率高、操作弹性大、前期投入少等原因应用多领域的含硫气脱硫，在含硫量中等或较少的油气田集输系统中因其较高的经济效益也得到了广泛的应用。但在生产过程中，硫堵问题严重影响脱硫装置的正常运行，如国内某气田脱硫装置每天处理量为 $25×10^4 m^3$ 天然气，含硫量约为 $7000×10^{-6} \sim 8000×10^{-6}$，在投用的 2 年内，已发生了 3 次因再生塔下锥壳内硫黄堵塞而导致被动停产检修，给装置长周期、安全平稳运行带来很大困难。虽然络合铁法脱硫技术已得到大量的使用，但目前国内外针对再生塔等易发生硫堵设备的堵塞研究较少，所以有必要对再生塔硫堵的形成机理、沉积特性等方面开展相关研究。

2　络合铁脱硫工艺流程

含硫气体经气液分离后进入吸收塔，与从塔上部通入的以螯合剂为载体、含 Fe^{3+} 的络合铁贫液，通过气-液逆流传质方式完成吸收，硫离子被络合铁中的 Fe^{3+} 氧化成为单质硫，使气体中硫化物以固体硫单质形式析出。含有单质硫的富液在闪蒸罐内析出溶解的气体后进入再生塔，还原出的 Fe^{2+} 在再生系统里与 O_2 反应重新生成 Fe^{3+}，恢复氧化能力，铁离子得到循环利用。再生塔底部生成硫黄颗粒以硫黄浆形式进入压滤机，挤出水分后变为硫黄饼。络合铁脱硫工艺流程如图 1 所示。

络合铁脱硫总反应方程为：

$$H_2S + \frac{1}{2}O_2 \longrightarrow H_2O + S$$

这一反应发生于水基溶液中，通过铁离子催化剂完成该反应。该反应可划分为吸收和再生 2 个部分。

吸收部分总方程式：

$$H_2S(g) + 2Fe^{3+} \longrightarrow 2H^+ + S + 2Fe^{2+}$$

再生部分总方程式：

$$\frac{1}{2}O_2(g)+H_2O+2Fe^{2+}\longrightarrow 2OH^-+2Fe^{3+}$$

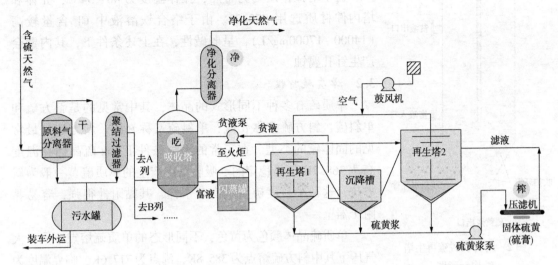

图1 络合铁脱硫工艺流程

为了确保络合铁溶液的稳定性、防止螯合物降解，同时提高 H_2S 的吸收率及单质硫的沉降，需在溶液中加入多种注剂，具体如下：

(1) 催化剂：提供足够的螯合铁离子作为催化剂，确保 H_2S 氧化为单质硫。由于 $Fe(OH)_3$ 和 Fe_2S_3 的溶度积分别为 1.1×10^{-36}、3.7×10^{-19}，吸收过程中，在弱碱性环境下极易形成这两种沉淀物质，络合物配体的存在可与 Fe^{3+}、Fe^{2+} 形成稳定的配位化合物，使其在碱性吸收液中的溶解度大大增加，同时，配体与铁螯合还能钝化铁的化学性质，使 Fe^{3+}/Fe^{2+} 电对的氧化还原电位减小，避免了对 H_2S 的深度氧化，大大减少了副产物的生成。常用的配体选用 EDTA，与 Fe^{3+} 形成的配位化合物作为催化剂。

(2) 螯合剂：使螯合铁离子在溶液中稳定存在，适应 pH 较大范围内变化。

(3) 表面活性剂：降低溶液的表面张力，改善硫黄粒径使硫黄颗粒易于聚集和沉降。

(4) 杀菌剂：控制溶液中的细菌，防止细菌破坏催化剂。

(5) 初始药剂：为减少羟基自由基攻击配体造成催化剂降解，一般加入硫代硫酸盐增加工艺系统的稳定性。

(6) KOH：保持溶液 pH 相对稳定，确保 H_2S 的吸收状态良好。

3 再生塔硫黄堵塞机理分析

3.1 再生塔结构及腐蚀工况

目前油气田使用的再生塔大多为带下锥壳的立式圆柱壳体，结构如图2所示。再生塔结构的主要作用有两个，一是富液中的 Fe^{2+} 通过曝气管中流出的氧气还原为的 F^{3+}，经贫液泵入吸收塔完成循环利用；二是络合铁溶液中单质硫在重力作用下逐步聚集在塔底部的锥形封头，与锥壳上通入的脱盐水形成硫黄浆，经硫黄浆泵抽送至压滤机。曝气管在塔的中下部，作用是使空气尽可能均匀分布富液中，加强气液传质效果。为防止硫黄颗粒在下锥壳的沉积，堵塞硫黄浆出口，一方面塔下部一般设计成圆锥体，另一方面在锥壳内设置有脉冲的空

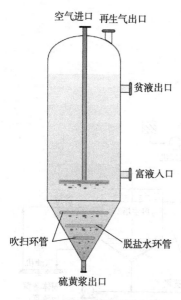

图 2 络合铁脱硫再生塔
结构示意图

气环管，增加底部空气的扰动；另外，底部还设置有脱盐水环管，稀释硫黄浆的浓度，增加流动性。

再生塔操作压力为常压，操作温度为 48～54℃，壳体和塔内件材质选用 S30403。由于络合铁溶液中 Cl^- 含量较高（14000～17000mg/L），呈弱碱性，在上述条件下，其内壁会产生针孔腐蚀。

3.2 单质硫特性

单质硫有多种不同形式的晶体，其中常见的是斜方硫和单斜硫，斜方硫又称 α 硫，单斜硫又称 β 硫。斜方硫是最常见的固体硫的类型。在正常的大气条件下，α 硫晶体在温度高达 368.7K 都是稳定的。吸收塔内产生的单质硫黄一般为斜方硫，这种小粒度硫黄具有疏水性，其黏附性很强，容易黏附于器壁。

单质硫晶体颜色为黄色，不同形态的单质硫熔点不同，大气压下其中斜方硫熔点为 385.8K，沸点为 717.6K，临界温度为 1313.1K，临界压力为 11.75MPa，临界体积为 158cm³/mol。单质硫是电和热的不良导体，不溶于水。斜方硫在 293.15K 时密度为 2070kg/m³，大于络合铁离子溶液的密度。

3.3 再生塔硫黄堵塞机理分析

含有硫黄颗粒的富液进入再生塔后，硫黄颗粒在重力作用下向锥壳壁面逐渐下沉，其中一部分硫黄颗粒在下沉过程中与从曝气管流出的空气相遇，在曝气管高速气流的扰动下，改变了其运动轨迹，快速向两侧的塔壁移动。由于硫黄颗粒细小，并有一定的黏性，当与塔壁发生碰撞时会黏附在塔壁上，形成硫黄结核。另一方面，未与塔壁发生碰撞的悬浮硫微粒，在重力和液柱静压力的作用下，会向塔锥壁处沉积，与壁面上黏附的硫黄结核聚集。

另外，由于塔体的直径相对硫黄浆流出口直径较大，在再生塔使用初期，硫黄浆泵的抽吸使下锥壳底附近及下锥壳中间部分的硫黄浆易被抽出塔外，而远离下锥中心轴且靠近塔壁的区域流体相对"静止"，经过一段时间的聚集，在重力和液柱静压力的作用下，在上述区域逐渐形成较厚的硫黄粘层，当硫黄黏层的沿锥面的重力分力大于硫黄与锥壁面的摩擦力时，成块的硫黄层滑向硫黄浆出口，最终造成再生塔的堵塞，使得 Cl^- 和氧化性较强的 Fe^{3+} 在沉积层下聚集，会进一步加重再生塔的针孔腐蚀。

通过以上分析，再生塔中硫黄沉积的机理及过程如图 3 所示。

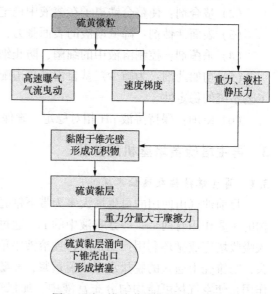

图 3 再生塔硫黄堵塞形成机理

4 再生塔流场模拟及硫黄沉积特性分析

4.1 建立三维模型及网格划分

为较准确模拟再生塔内部的流场特性，本次建模选用三维模型。利用 Solidwork 来建立相应再生塔的三维数学模型，再生塔和曝气管结构如图 4 所示。塔高 11980mm，直径 3400mm，侧面三个液相入口，直径均为 100mm，贫液出口直径 250mm。

网格划分时采用非结构化网格划分，并选择程序控制的 Inflation 进行壁面网格细化处理，网格划分模型如图 5 所示。

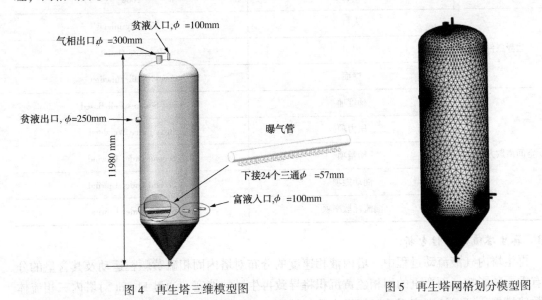

图 4 再生塔三维模型图   图 5 再生塔网格划分模型图

4.2 数值求解以及边界条件设置

湍流模型采用标准 k-ε，多相流模型选用混合流体-DPM 模型，采用 Simple 算法求解。在模型的入口边界采用速度入口(Velocity inlet)，输入的流速为富液相表观流速，方向垂直于边界流向。计算区域湍流强度(Turbulent Intensity)为 1%，水力直径(Hydraulic Diameter)为入口直径。出口边界选择压力出口(Pressure Outlet)。对于低流速(远小于声速)流体，其密度变化不大，可认为其不可压缩。因此操作压力对计算结果没有影响，取默认压力。在塔壁位置，法向速度的梯度很大。对于该区域的流程计算，假定流体在管壁上处于停滞状态，壁面边界采用标准壁面函数法(Stand Wall Function)。

梯度项离散采用基于控制体的最小二乘数算法(Least Squares Cell Based)，且精度较高；压力项离散采用体积力离散方法(Body Force Weighted)，该方法适合大体积力情况，由于本系列模拟雷诺数较低，重力为主要影响，适合该方法。动量项、湍动能项、湍流耗散率项采用二阶迎风格式(Second Order Upwind)，二阶迎风格式具有二阶计算精度。

采用瞬态计算，综合考虑计算效率、数据存储、结果收敛和模拟稳定，经多次迭代试算，确定步数为 1000，综合求解设置见表 1。

表 1　综合求解设置

类型	类别	选择结果
模型设置	多相流模型	混合物–DPM 模型
	湍流模型	标准 k-ε 模型
	求解器	基于压力
	求解器算法	Simple
	步长	1000
边界条件	入口	Velocity Inlet
	出口	Pressure Outlet
	壁面	Stand Wall Function
空间离散方法	梯度项	Least Squares Cell Based
	压力项	Body Force Weighted
	动量项	Second Order Upwind
	湍动能项	Second Order Upwind
	湍流耗散率项	Second Order Upwind

4.3　再生塔流场特性分析

再生塔内气液流动过程中,塔内液相速度的分布对塔内固相硫黄颗粒运动及其含量的分布有重要的影响,而严重的固相硫黄沉积将导致再生塔的堵塞。通过 Fluent 对塔内三相流体的数值模拟,可以清晰直观地了解塔内液相的流动情况,以便了解固相硫黄沉积的问题。再生塔内流场特性具体如下:

(1)从图 6 可以看出,液相速度最大值发生在顶部返回再生塔的贫液进口处,而速度最小值则发生在塔下部锥壳区域的蓝色区域。在重力和液柱静压力的作用下,硫黄颗粒易在低速的底锥区域大量聚集、沉积。曝气管向上流动的气体难以驱动两侧含大量硫黄颗粒的流体高速运动,而导致此区域固相硫黄颗粒速度很低的现象。

(2)从图 7 和图 8 可以看出,在曝气管空气、塔内液相及顶部返回贫液的共同作用下,塔内形成了多个、明显的涡流区域,在塔内圆柱壳内的流体呈现明显的湍流状态。而在塔底靠近锥壳内表面的区域,则形成了一个速度小、方向较一致的"相对静止"区域,硫黄固体颗粒易在此区域沉积。

(3)从图 9 可以看出,按照现场实际的富液进液量条件下,富液的流量对塔内液相的速度矢量分布的影响极小,影响范围只发生在富液进口处,同时对塔底靠近锥壳的"相对静止"区域的流型状态没有丝毫改变。

从上述的再生塔流体特性分析可以看出,要避免再生塔堵塞的根本,就要从塔体结构上改变下锥壳内流体的流型分布,增大其湍动能,防止硫黄颗粒在此区域沉积。如将现在塔体富液进口的 3 个接管由径向改为切向进入再生塔;优化调整底部吹扫环管上脉冲喷管的角度和压力,使下锥壳内流体形成湍流。

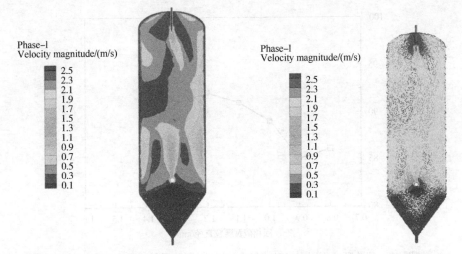

图6 再生塔液相速度分布云图　　　　图7 再生塔液相速度矢量分布云图

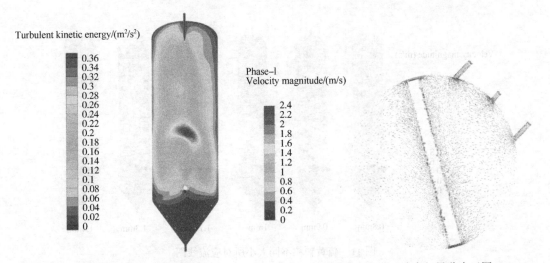

图8 再生塔湍动能分布云图　　　　图9 再生塔富液进口速度矢量分布云图

4.4 再生塔不同硫黄颗粒沉积特性分析

4.4.1 不同直径硫黄颗粒沉积特性

在固相质量流量取 0.992kg/s，硫黄颗粒直径分别选取 0.8mm、0.9mm、1mm、1.1mm、1.3mm、1.4mm 的情况下，进行塔底硫黄浆出口对硫黄颗粒捕集率的数值模拟，由模拟结果绘制出捕集率与硫黄颗粒直径之间的变化规律如图 10 所示，对应的硫黄颗粒流线图如图 11 所示，可以看出捕集率随着硫黄颗粒直径的增大而增大，说明随着硫黄颗粒直径的增大，硫黄在塔内的沉积越少。

4.4.2 不同质量流量硫黄颗粒沉积特性

在固相颗粒粒径取 1mm，硫黄颗粒质量流量分别选取 0.8kg/s、0.9kg/s、0.992kg/s、1.1kg/s、1.2kg/s 的情况下，进行塔底硫黄浆出口对硫黄颗粒捕集率的数值模拟，由模拟结果绘制出捕集率与硫黄颗粒质量流量之间的变化规律如图 12 所示，对应的硫黄颗粒流线图如图 13 所示，可以看出捕集率随着硫黄颗粒直径的增大而逐渐减小，说明随着硫黄颗粒质量流量的增大，硫黄在塔内的沉积越多。

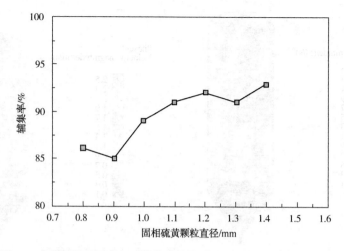

图 10　硫黄颗粒不同直径对捕集率的影响(固相质量流量 0.992kg/s)

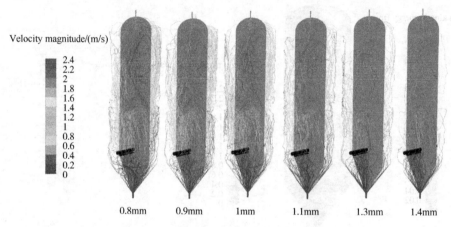

图 11　硫黄颗粒不同大小所对应流线图

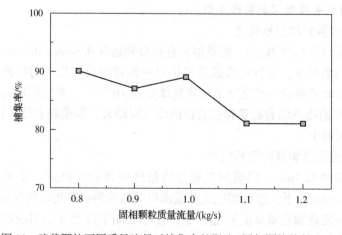

图 12　硫黄颗粒不同质量流量对捕集率的影响(固相颗粒粒径 1mm)

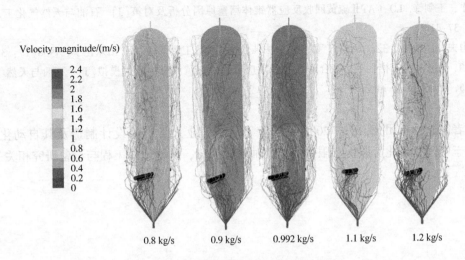

图 13 不同颗粒质量流量所对应流线图

5 结论

通过分析再生塔的流场特性及结构特点，引起再生塔硫黄堵塞因素较多，要减少硫黄频繁堵塞及其带来的腐蚀影响，需要从注剂加注量等工艺操作方面和再生塔本体结构两方面进行优化，具体如下：

（1）设备在运行过程中，可能会出现由于天然气含硫量变化及贫液吸收能力减小而引起的富液中生成单质硫数量的变化，应根据硫黄浆样品中硫黄颗粒沉降情况，动态、及时调整表面活性剂的加注量，避免设备运行过程中出现因表面活性剂不足导致硫黄沉降能力不足、硫黄粉末沉积附着现象。

（2）优化各类药剂补充和加注速率，避免由于药剂配合不均，导致产生过量单质硫黄沉积，使硫堵加重。

（3）在满足富液再生需要氧气的条件下，控制曝气管进气量，防止由于曝气管出口气流速度过大，导致富液中的单质硫颗粒快速向塔内壁面移动而黏附于塔壁上。

（4）优化富液进口接管布置，由径向改为切向，使下锥壳内流体形成漩流，一方面可促进硫黄颗粒加速向硫黄浆出口移动，另一方面可避免形成"死液区"，防止硫黄颗粒在此区域沉积。优化调整底部吹扫环管上脉冲喷管的角度和压力，防止硫黄颗粒在塔壁区域沉积。

参 考 文 献

[1] 罗莹，朱振峰，刘有智．络合铁法脱 H_2S 技术研究进展．第十五届全国气体净化技术交流会暨2014年煤化工脱硫、脱碳技术研讨会论文集，2014：34-39.

[2] 聂凌，许昌辉，魏宏，等．络合铁脱硫工艺表面活性剂对硫黄脱除的影响及优化．工业．生产，2020，7：10-14.

[3] 文彬．双塔络合铁脱硫工艺研究进展及发展方向[J]．广东化学，2017(7)：152-153.

[4] Shuai X.，Meisen A.．New Correlation Predict Physical Properties of Elemental Sulfur[J]．Oil and Gas Journal，1995，93(42)：50-55.

［5］李军，王剑锋. LO-CATⅡ硫黄回收反应器锥体堵塞原因分析及对策［J］. 石油与天然气化工，2016，45：37-41.

［6］姜力夫，高灿柱，王志衡，等. 螯合铁湿法催化煤气脱硫工业试验［J］. 山东化学，1998(1)：33-35.

［7］张楠，陈建华，宋彬，等. 络合铁法脱硫反应器锥段硫黄沉降的数值模拟［J］. 石油与天然气化工，2016，45(6)：10-14.

作者简介：王团亮，男，2008 年毕业于河南工业大学机械设计制造及其自动化专业，现工作于中国石油化工股份有限公司华北油气分公司，从事地面工程与设备研究相关工作。

天然气净化装置原料气过滤器液位计接管失效分析研究

李 杰[1]　陈 强[2]

(1. 中国石化达州天然气净化有限公司；2. 中国石化中原油田分公司油气加工技术服务中心)

摘 要 针对某大型净化厂脱硫单元原料气过滤器(SR-101A)失效的问题，对过滤器液位计接管进行化学成分分析、金相组织分析、断口形貌分析等研究，探讨失效主要原因。结果表明，原料气过滤器失效的原因是过滤器的材质不符合标准，且长期处于温度低和酸性介质环境中，导致原料气过滤器氯化物应力腐蚀失效。准确掌握设备失效成因，对于确保装置长周期安全运行具有重要的意义。

关键词 净化装置；液位计接管；腐蚀失效分析

普光天然气净化厂位于四川省达州市，以普光气田高含硫酸性天然气为原料气，H_2S 和 CO_2 含量分别为 14%(v) 和 8%(v)。净化厂共建设六套净化装置及配套设施，年处理规模为 $120 \times 10^8 m^3$。原料气过滤系统设置聚结+机械两级过滤，用于脱除酸性天然气携带的液体及固体颗粒。装置自 2009 年投产以来，多次发生原料气过滤器仪表引出管泄漏问题，严重影响装置安全平稳运行。

1 设备结构介绍及失效情况

1.1 设备结构

原料气过滤器设计压力 9.1MPa，运行压力 8.3MPa，设计温度 -10/85℃，运行温度 40℃。主体材质：SA516-70+316L，封头建造壁厚：22.23mm+3mm，筒体建造壁厚：22.23mm+3mm。接触介质为天然气，容积 $0.8m^3$。分离器设计见图1。

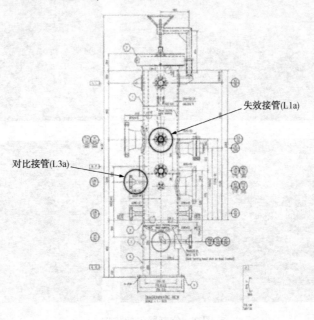

失效接管(L1a)

对比接管(L3a)

图1　设备制造图

1.2 失效情况

2022年2月，该设备运行过程中附近 H_2S 气体探测仪报警，经排查后，发现原料气过滤器上部液位计接管存在点状泄漏，见图2(a)，位于接线管3点钟方向，经对漏点补焊后，焊缝渗透检测未发现裂纹性缺陷。经气密性检验，发现补焊焊缝周边存在裂纹性缺陷，见图2(b)，后经讨论对失效接管进行切割、更换，切割线靠近筒体。

(a)原漏点　　　　　　(b)气密后漏点

图2　漏点

对失效设备进行维修，与图纸对比确认，失效分离器共有4个液位计，从上向下依次编号 L1a、L1b、L3a、L3b，失效接管外部有伴热管，伴热温度约为100℃(图3)。失效接管为 L1a，经渗透检测发现裂纹起裂于管内壁，为检验其余接管是否存在类似缺陷，再次截取 L3a 接管进行检验(图4)。

图3　分离器失效位置

(a)截取接管

(b)外壁裂纹

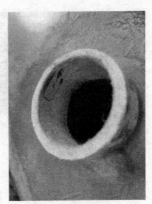
(c)内壁裂纹

图4　接管(L1a)现场检测结果

2　原料气过滤器液位计接管失效分析

2.1　宏观检查

2.1.1　液位计接管 L1a

送检接管 L1a 样品总高约 182mm，无明显变形及腐蚀痕迹，样品由接管、焊缝、法兰管三部分组成。接管长约 78mm，直径约为 60.9mm，壁厚约 6.08mm，管壁壁厚无明显减薄，外壁为灰色防腐漆，部分漆脱落，存在打磨痕迹和渗透检测痕迹；接管靠近切割位置存在裂纹，裂纹长约 10mm。法兰管总高约 86mm，外壁防腐漆完好，呈灰色，法兰密封面外径约 212mm，厚约 39.82mm，端面部分防腐漆脱落，主要集中在螺栓孔周边。接管与法兰连接焊缝宽约 18mm，焊缝成型较好。

将接管、法兰管部分带焊缝法兰沿管轴线剖开，接管内壁呈灰色，附着有较少的黑色垢物，以均匀腐蚀和点腐蚀特征为主，法兰内壁附着较多的黑色垢物；管壁存在补焊焊疤，长约 43mm，宽约 15mm，补焊环向延伸方向存在环向裂纹，裂纹最大长度约 20mm，存在分叉；近切割面，接管母材部位裂纹长度约 12.5mm，与外壁裂纹相对应，见图5~图7。

图5　送检接管 L1a

(a)外壁裂纹

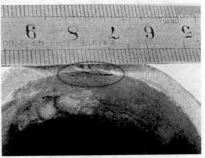
(b)内壁裂纹

图6　接管裂纹

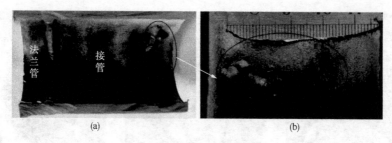

图 7 内壁补焊侧形貌

2.1.2 液位计接管 L3a

二次截取液位计接管 L3a，接管外壁防腐漆完好，焊缝周边存在打磨痕迹，为现场检测所留，现场检验中未发现裂纹缺陷。

2.2 无损检测

依据 NB/T 47013.5 的要求，对接管 L1a 进行渗透检测。接管外壁存在两处裂纹，均在补焊处附近，裂纹 1 较直无分叉，长约 4.5mm；裂纹 2 较直，长约 10.5。对剖开接管内壁进行检验，接管补焊侧发现两条较长裂纹，裂纹较直、无分叉，裂纹 1 长约 20mm，，裂纹 2 长约 13mm；两条裂纹中间存在 2 条较小裂纹呈台阶状、无分叉，长约 2~3.5mm。近焊缝母材及剖面处发现裂纹，内壁裂纹长约 4mm，裂纹贯穿整个剖面，长约 5.8mm。完好侧近靠近焊缝母材处发现一条裂纹，裂纹长约 9mm，贯穿整个壁厚，见图 8~图 9。由渗透检测结果，可知，裂纹由内壁向外壁扩展。将 L3a 接管沿管轴向剖开，进行渗透检测，管内壁未发现裂纹性缺陷。

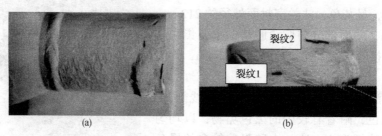

图 8 L1a 外壁渗透检测

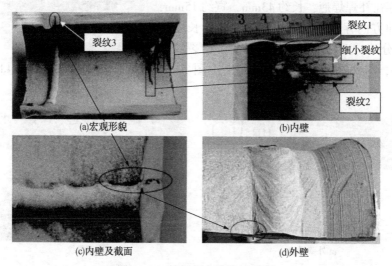

图 9 L1a 补焊侧内壁渗透检测

2.3 接管取样部位说明

为进一步分析接管失效原因，对送检接管进行取样加工，取样部位示意图见图10~图11。

2.3.1 接管 L1a

共取3个化学分析试样、3个断口分析试样和4个金相分析试样，见图10，其中：3个化学分析试样分别取自接管母材、接管与法兰连接焊缝、法兰母材。1#断口试样取自裂纹1，打开裂纹，以裂纹面为检验面；2#断口试样取自裂纹2，打开裂纹，以裂纹面为检验面；3#断口试样取自裂纹3，打开裂纹，以裂纹面为检验面；1#金相试样取自接管裂纹1尖端及补焊焊缝部位，以管纵截面为检验面；2#金相试样取自接管裂纹2及细小裂纹部位，以管纵截面为检验面；3#金相试样取自法兰与接管连接焊缝、裂纹3部位，以管纵截面为检验面，检验面包括整个焊接接头。4#金相试样取自法兰与接管连焊缝，无裂纹部位，以管纵截面为检验面；

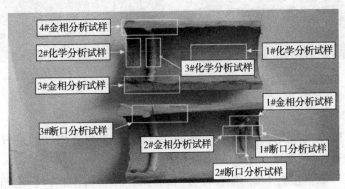

图10 接管 L1a 取样位部位示意图

2.3.2 接管 L3a

在法兰与接管连接焊缝部位截取1个金相试样（记为5#金相试样），检验面包括整个焊接接头，见图11。

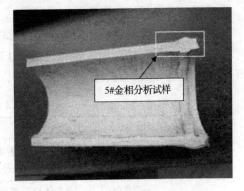

图11 接管 L3a 取样部位示意图

2.4 化学成分分析

依据 GB/T 223 的要求对接管 L1a 样品（接管母材、接管与法兰连接焊缝、法兰母材）化学成分进行分析，结果见表1。接管化学成分符合 ASME SA-312M 中 TP316L 的要求；除 Ni 元素外法兰化学成分符合 ASME SA-182 中 F316L 的要求，Ni 元素含量为8.69%，低于标准要求的10.00%~14.00%。

表1 化学成分分析结果

元素含量/%	C	Si	Mn	P	S	Ni	Cr	Mo
接管	0.02	0.55	0.84	0.026	<0.005	11.13	16.59	2.05
焊缝	0.03	0.76	1.01	0.027	0.013	8.73	18.70	2.17
法兰	0.03	0.68	1.59	0.024	0.025	8.69	16.44	2.11
标准值 SA-312M(TP316L)	≤0.03	≤1.00	≤2.00	≤0.045	≤0.030	10.00~14.00	16.00~18.00	2.00~3.00

2.5 金相组织分析

2.5.1 取样部位

取样部位示意图见图10~图11，以4#金相试样(取自接管Lla)作为非金属夹杂物试样。

2.5.2 检验结果

(1) 非金属夹杂物

依据 GB/T 13298 和 GB/T 10561 的规定，试样以管纵截面为检验面，经磨制、抛光，对失效件非金属夹杂物进行观察、评级，结果见图12：接管非金属夹杂物级别为 D3 级，法兰非金属夹杂物级别为 C3e 级。

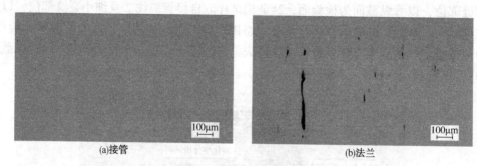

(a)接管   (b)法兰

图12 非金属夹杂物

(2) 显微组织

依据 GB/T 13298 的规定，对图10~图11中所取的 5 个金相试样进行检验，试样经磨制、机械抛光、王水溶液腐蚀。对应的金相组织见表2。

1#-4#金相试样取自接管 Lla，接管母材组织为奥氏体+析出相，析出相呈点状，晶粒度级别为 3.0~3.5 级；接管存在由内向外扩展的裂纹，主裂纹较宽、较直，主裂纹旁存在较多的小裂纹，裂纹穿晶扩展。接管母材补焊焊缝显微组织为奥氏体+δ铁素体；接管与法兰连接焊缝显微组织为奥氏体+δ铁素体。法兰显微组织为奥氏体+析出相，析出相点状，晶粒度级别为 1.0 级，晶粒粗大；4#金相试样法兰母材芯部存在裂纹，裂纹分叉较多，独立存在，穿晶扩展。5#金相试样取自接管 L3a，接管母材金相组织奥氏体+析出相，析出相呈点状，焊缝金相组织为类氏体+δ铁素体，法兰母材金相组织为奥氏体+析出相。

表2 金相组织校验结果

试样编号			金相组织	晶粒度级别
L1a	1#	接管母材	奥氏体+少量析出相，析出相呈点状，裂纹由内向外、以穿晶扩展为主。局部存在沿晶扩展特征，裂纹长约 172mm	3.0
		补焊焊缝	奥氏体+δ 铁素体	/
	2#	接管母材	奥氏体+少量析出相，析出相呈点状，裂纹 1 长约 2.33mm，裂纹 2 长约 2.15mm，裂纹 3 长 1.55mm。	3.0
		补焊焊缝	奥氏体+δ 铁素体	/
	3#	接管母材	奥氏体+少量析出相，析出相呈点状，裂纹由内向外穿晶扩展，长 5.47mm	3.5
		接管焊缝	奥氏体+δ 铁素体	/
		法兰母材	奥氏体+少量析出相	1.0

试样编号			金相组织	晶粒度级别
L1a	4#	接管母材	奥氏体+少量析出相	3.5
		接管焊缝	奥氏体+δ铁素体	/
		法兰母材	奥氏体+少量析出相，最长裂纹长1.00mm，裂纹位于法兰芯部	1.0
L3a	5#	接管母材	奥氏体+少量析出相	3.5
		接管侧热影响区	奥氏体+δ铁素体+少量析出相	/
		焊缝	奥氏体+δ铁素体	/
		法兰侧热影响区	奥氏体+δ铁素体+少量析出相	/
		法兰母材	奥氏体+少量析出相	1.0

2.6 硬度试验

依据GB/T 4340.1的规定，对金相试样进行硬度测试，结果见表3。法兰硬度符合NB/T 47010—2017中S31608的要求；接管的硬度符合GB 13296—2013中S31608的要求。

表3 硬度检验结果

检验部位		HV10			标准值
1#	母材	182	169	173	≤200HV（GB 13296—2013/S31608）
	焊缝	169	153	161	/
2#	母材	141	15	149	≤200HV（GB 13296—2013/S31608）
	焊缝	162	171	168	/
3#	接管	150	152	154	≤200HV（GB 13296—2013/S31608）
	焊缝	161	164	162	/
	法兰	163	167	159	139~192HBW（152~199HV）（NB/T 47010/S31608）
4#	接管	169	165	157	≤200HV（GB 13296—2013/S31608）
	焊缝	173	169	171	/
	法兰	157	162	154	139~192HBW（152~199HV）（NB/T 47010/S31608）

2.7 断口形貌分析

断口形貌分析取样示意图见10，打开裂纹，对裂纹面宏观、微观形貌进行观察、分析。

1#断口试样为宏观检验接管母材裂纹1的裂纹面，断面粗糙呈黑色，起伏较小存在金属小颗粒；采用扫描电镜观察。裂纹面存在二次裂纹、裂纹沿晶界分布，晶面存理台阶及解理花样，为解理开裂特征，见图13。

图13 1#断口试件的宏观形貌及断口形貌（b为裂纹面低倍、c为裂纹面低倍）

2#断口试样为近补焊焊缝裂纹 2 的裂纹面，断面粗糙呈黑色，断面平缓存在金属小颗粒；采用扫描电镜观察。裂纹面存在二次裂纹，裂纹沿晶界分布，晶面存在解理台阶、河流状花样，为解理开裂特征，见图 14。

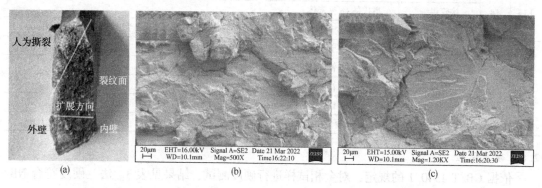

图 14 2#断口试件的宏观形貌及断口形貌(b 为裂纹面低倍、c 为裂纹面高倍)

3#试样为近接管与法兰焊缝裂纹 3 的裂纹面，断面粗糙存在金属小颗粒；采用扫描电镜观察。裂纹面存在二次裂纹，裂纹沿晶界分布，晶面存在解理台阶及解理花样，为解理开裂特征，见图 15。

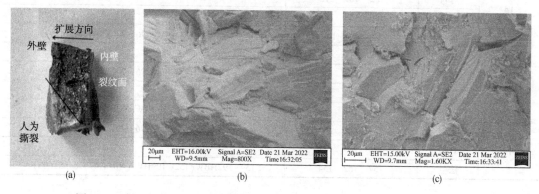

图 15 3#断口试件的宏观形貌及断口形貌(b 为裂纹面低倍、c 为裂纹面高倍)

2.8 垢物成分分析

采用 EDAX 垢物成分进行分析，结果见表 4。断口表面垢物含有较多的 C、O、Fe、Cr、Ni、S 和 Cl 元素，以及少量 Si 和 Mo 元素。内壁垢物含有较多的 C、O、Fe、C、S 和 Ca 元素，以及少量 Cr、Si 和 Mg 元素。

表 4 成分分析结果

元素	检测结果							
	2#断口		3#断口		内壁垢物			
	Wt%	σ	Wt%	σ	Wt%	σ	Wt%	σ
Fe	43.8	0.2	17.4	0.2	2.1	0.2	24.1	0.2
C	19.7	0.2	9.3	0.3	—		29.6	0.4
Cr	13.4	0.1	20.9	0.2	0.5	0.1	0.5	0.1
O	13.3	0.1	29.2	0.2	6.0	0.3	9.0	0.1
Ni	6.5	0.2	1.2	0.1	—		—	

元素	检测结果							
	2#断口		3#断口		内壁垢物			
	Wt%	σ	Wt%	σ	Wt%	σ	Wt%	σ
Mo	1.1	0.2	—	—	—	—	—	—
S	1.1	0.1	19.7	0.1	91.4	0.3	34.5	0.2
Cl	0.9	0.0	1.6	0.0	—	—	—	—
Si	0.3	0.0	0.7	0.0	—	—	0.7	0.0
Ca	—	—	—	—	—	—	1.3	0.0
Mg	—	—	—	—	—	—	0.4	0.0

3 失效原因综合分析

3.1 检验结果

（1）由宏观检查及渗透检测结果可知，裂纹由内壁向外壁扩展。

（2）接管化学成分符合 ASME SA-312M 中 TP316L 的要求；除 Ni 元素外法兰化学成分符合 ASME SA-182 中 316L 的要求，Ni 元素含量为 8.69%，低于标准要求的 10.00%~14.00%。

（3）法兰硬度符合 NB/T 47010—2017 中 S31608 的要求；接管的硬度符合 GB 13296—2013 中 S31608 的要求。

（4）接管非金属夹杂物级别为 D3 级，法兰非金属夹杂物级别为 C3e 级。

（5）接管母材组织为奥氏体+少量析出相，析出相呈点状，晶粒度级别为 3.0~3.5 级；接管存在由内向外扩展的裂纹，主裂纹较宽、较直，主裂纹旁存在较多的小裂纹，穿晶扩展；补焊焊缝显微组织为奥氏体+δ 铁素体；接管与法兰连接焊缝显组织为奥氏体+δ 铁素体；法兰母材显微组织为奥氏体+少量析出相，析出相呈点状，晶粒度级别为 1.0 级；法兰母材芯部存在裂纹，裂纹分较多，穿晶扩展。

（6）采用扫描电镜对裂纹面形貌进行观察，3 个裂纹面形貌相似，表面粗糙、呈黑色，微观观察裂纹面存在次裂纹及解理台阶、河流花样的特征，为解理开裂特征。

（7）裂纹面附着垢物含有较多的 C、O、Fe、Cr、Ni、S 和 C 元素，以及少量 Si 和 Mo 元素；其中 S 元素含量为 11%~19.7%；Cl 元素含量为 0.9%~1.6%；管内壁垢物含有较多的 C、O、Fe、C、S 和 Ca 元素，以及少量 Cr、Si 和 Mg 元素；S 元素含量为 34.5%~91.4%。

3.2 失效原因分析

从理化检验结果上看，法兰化学成分不符合标准要求，Ni 质量分数低于标准值。接管和法兰晶粒粗大，夹杂物较大，法兰芯部存在裂纹，冶金质量较差。

宏观检验、无损检测、金相检验结果表明裂纹由管内壁向管外壁扩展，裂纹分叉较多，以穿晶扩展为主。从断面宏观形貌看，裂纹面呈黑色，附着有较多垢物，为补焊之前就已经存在的裂纹；裂纹面微观存在解理台阶、河流状花样等特征，符合氯化物应力腐蚀开裂特征。

氯化物应力腐蚀开裂需在材质、环境及温度 3 个方面满足条件。失效接管材质为 316L、Ni 元素含量在 8%~12% 之间，对氯化物应力腐蚀开裂较为敏感，管内壁接触介质为原料气，含有 CH_4、H_2S、O_2、CO、CO_2、H_2O、Cr 等，分离器运行温度为 40℃，该条件下水的饱和蒸气压为 7375.26Pa，而分离器实际运行压力为 8.3MPa，该条件下原料气中的 H_2O 是以液态形式存在，H_2S、CO、CO、Cl^- 在潮湿环境中会形成酸性介质环境，引起管壁表面腐蚀，宏观检验中也发现接管内壁存在均匀腐蚀和腐蚀麻坑。

对比断裂面和管内壁附着垢物成分发现，断面垢物中含有 Cl^-，而管内壁垢物中无 Cl^- 存在，说明管壁在开裂的过程中 Cl^- 在腐蚀坑或裂纹内发生了富集，Cr 含量越高开裂敏感性越大。对于不锈钢的在氯化物中的腐蚀和开裂，通常温度小于 60℃ 时，以点腐蚀特征为主。失效设备运行温度为 40℃，但其液位计接管处配有伴热管，伴热管温度在 100℃ 左右，经现场测定，接管部位温度不均匀。

经检测原料气过滤器（SR-101）酸水中含有氯化物，氯化物含量在 46.32~1667.36mg/L，证明了断面 Cr 的来源，接管存在应力腐蚀开裂的可能性；经现场 DR 检测，其他装置同类型、工艺其余设备设备液位计接管内壁存在沉积垢物和条状腐蚀、点状腐特征及裂纹。

另外，设备运行压力较高，管壁承受的环向、纵向应力也较大；再者失效分离器立式安装，液位计垂直于筒体，同时承受重力引起的弯曲应力，在应力叠加的状态下不排除接管在低温条件下发生应力腐蚀开裂的可能性；同时，液位计接管内介质流动性较差，酸性介质富集，加剧了腐蚀、开裂的发生。

4 结论及建议

（1）原料气过滤器液位计接管 Lla 失效机理为氯化物应力腐蚀开裂，失效原因为接管中的法兰不符合标准，并长期处于温度低和酸性工作环境中。

（2）针对不锈钢氯化物应力腐蚀开裂，通常适用温度（小于 60℃），失效设备使用温度为 40℃，奥氏体不锈钢长期在此温度下，已发生氯化物腐蚀开裂。所以应可以考虑增加盘管伴热蒸汽流量，保证原料气过滤器液位计接管处温度平均且保证在 100℃ 以上。

（3）原料气过滤器进口设备，理化检验发现法兰化学成分不符合标准要求，Ni 质量分数都明显低于标准值，接管和法兰晶粒粗大，夹杂物较大，法兰芯部存在裂纹，冶金质量较差。需进行国产化进行升级替代，优化接管伴热保温、提升设备材质。

作者简介：李杰（1983—），男，2009 年毕业于安阳工学院，学士学位，现工作于中国石化达州天然气净化有限公司，工程师，主要从事腐蚀防护研究、工艺技改、检维修等方面工作。

文卫马油田非常规油井防腐技术研究

李俊朋[1]　彭红波　惠小敏　户贵华　王　超

（中国石油化工股份有限公司中原油田分公司）

摘　要　文卫马油田浅层中渗油藏处于高含水开发后期，受产出液中高含 H_2S、CO_2 等腐蚀气体和 Cl^- 等离子影响，常规液体缓蚀剂防腐工艺已无法满足生产需要。每年因腐蚀导致油管落井及套损造成事故井 30 口以上，卡封井因无法防腐，平均免修期仅 168 天，大幅增加了开发成本。因此，根据文卫马油田不同地层、井况特点，研究应用了全井筒防腐、粒状固体缓蚀剂、电子补偿等防腐工艺技术，现场累计应用 96 井次，效果显著。

关键词　腐蚀；全井筒防腐；粒状缓蚀剂；电子补偿

文卫马油田进入高含水开发后期，综合含水已达到 92.8%，产出液性质复杂多样，油井井下管杆腐蚀日益严重，高达 98% 的正常生产油井已应用液体缓蚀剂。依据现场腐蚀现象与产出气体成分，浅层中渗区块以 H_2S 腐蚀为主，H_2S 浓度为 $20 \times 10^{-6} - 1000 \times 10^{-6}$，主要以文明寨油田明一东、明一西，卫城油田卫 58 块、卫 34 块及马寨油田卫 95 块等浅层区块为代表；深层低渗区块以 CO_2 腐蚀为主，CO_2 浓度为 $5000 \times 10^{-6} \sim 46000 \times 10^{-6}$，主要以卫城油田卫 22 块、卫 360 块等区块为代表。近年来，通过调整缓蚀剂配方、优化加注工艺，正常生产油井平均免修期已达到 764 天，常规缓蚀剂防腐工艺已能满足油井生产管柱的防腐要求。随开发的深入，常规液体缓蚀剂防腐工艺无法满足井况防护和卡封井的防腐需求，井筒液体流向性导致缓蚀剂无法扩散至生产管柱进液口以下的井液中，无法对进液口以下的管柱形成有效的防护，每年因套管腐蚀损坏、尾管腐蚀落井等新增事故油井 30 口以上。同时 18 口卡顶封生产井，因无法投加缓蚀剂而频繁腐蚀躺井，平均免修期仅 168 天。

1　全井筒井况防护工艺技术

截至 2020 年底，文卫马油田中渗油藏区块油井套损事故井为 142 口，占套损事故井总数的 58%。统计分析发现，套损点主要集中分布在油层底界至油藏顶界以上 200m 左右的井段。

为了进一步了解套管损伤情况，选取管杆腐蚀严重、丢手短期失效的 25 口单井，采取多臂井径测试和电磁探伤测试组合的方式进行全井筒套管监测。监测结果显示，套管损伤自上而下越来越严重：轻微变形、中度变形、重度变形；套损严重井段（中度变形、重度变形、严重变形等）多位于筛丝等进液口位置以下的井段（见图 1）。

明 494 井在检泵作业时发现最后一根尾管及丝堵落井，下母锥打捞，下至深度 1947.5m 后无进尺，带出母锥，发现母锥内有套管皮 2m。打捞遇阻的位置位于筛管以下油层以上的防腐加药盲区，捞出的套管皮内壁腐蚀严重（见图 2），该套管服役时间仅 6 年 5 个月。

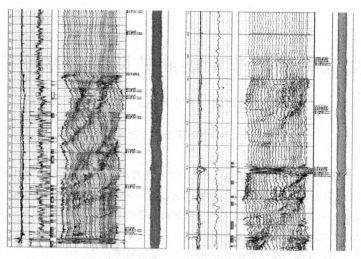

图1　明394(左)和新卫95-119(右)多臂井径测试图

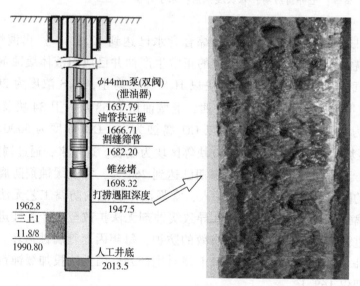

φ44mm泵(双阀)
(泄油器)
1637.79
油管扶正器
1666.71
割缝筛管
1682.20
锥丝堵
1698.32
打捞遇阻深度
1947.5
1962.8
三上1
11.8/8
1990.80
人工井底
2013.5

图2　明494生产管柱图(左)及打捞出的套管皮内壁腐蚀严重(右)

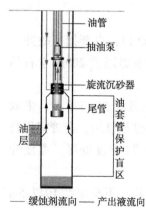

油管
抽油泵
旋流沉砂器
尾管
油套管保护盲区
油层
—— 缓蚀剂流向 —— 产出液流向

图3　油井生产管柱产出液和缓释药剂流向示意图

对于井筒下部的油气水生产系统是一个相对密闭的流动体系，腐蚀性气体浓度恒定，下部井筒高温对防腐工作有以下几方面的影响：一是高温导致碳酸氢盐分解而产生更多的 CO_2 而促进腐蚀，二是较高的温度可能会破坏金属钝化而加快腐蚀。油井生产时防腐缓释药剂自井口经套管闸门添加到油套环空，再经筛管进入油管内上返，所以筛管以上井段的套管处于防腐药剂的保护区，损伤较轻；而筛管以下的套管井段是防腐缓蚀药剂的保护盲区(见图3)，由于处在高腐蚀液体环境中，从而损坏程度比筛管上部井段较为严重。

1.1　技术思路

基于上述原因，通过设计延长尾管长度，将管柱配下至生产层位下部，实现缓释药剂对全井筒套管段进行防腐保护，形成全井筒井况防护工艺管柱。

1.2　配套工艺技术

全井筒井况防护工艺管柱通过加长尾管来实现缓释药剂对套管段的防腐保护，考虑到卡管柱风险，特对管柱设计优化如下（图4）：

（1）进入油层段的管柱配套玻璃钢油管，一是玻璃钢油管耐腐蚀，防止配套钢质油管的尾管腐蚀落井，二是即使油层段的生产管柱发生卡管柱或落井问题，玻璃钢油管比钢质油管更易处理，通过磨铣即可快速处理，不会造成落物事故。

（2）为了进一步增加管柱安全性，可在油层上部的尾管段配套反扣安全接头。

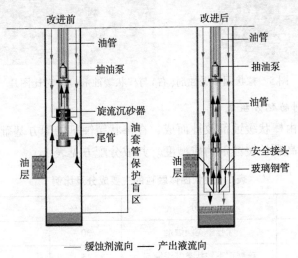

图4　全井筒井况防护工艺管柱原理示意

1.3　工艺改进

全井筒井况防护工艺管柱在现场实际应用中发现以下3类问题：一是玻璃钢油管落井4井次，为玻璃钢油管接箍偏磨落井。主要原因为玻璃钢油管虽然耐腐蚀，但耐偏磨性差。二是入井的最后一根玻璃钢油管本体散解2井次（明308、391），深度大于2100m，主要原因为玻璃钢油管下入深度的油层温度超过了其耐温。三是过油层管柱形成砂桥2井次（明148、139C），均为4in套井，二下出砂层，免修期仅152d、261d。主要原因为玻璃钢油管下入油层，在油层出砂部位形成了砂桥。

基于以上在现场发现的问题，对全井筒防护工艺管柱进行以下工艺改进：一是针对出砂井，对于5in半井，层内下 ϕ60mm 玻璃钢油管+安全接头；对于4in套井，层内下 ϕ44mm 小直径玻璃钢油管（内径 ϕ32mm，接箍外径 ϕ53mm）+安全接头。二是针对大斜度井，对生产管柱锚定，减少管柱蠕动磨损；层内下钢质油管（配套油管双保接箍）+安全接头。三是针对深井，对生产管柱锚定，降低管柱交变载荷，防止管断裂；层内配套钢管或耐高温型玻璃钢油管（耐温93℃，下深≤2500m）。

2　粒状固体缓蚀剂护套工艺技术

油井生产管柱进液口下部的尾管、套管处于防腐盲区，尾管腐蚀频繁落井及油层上部套管腐蚀严重。因此，研究应用了粒状固体缓蚀剂。粒状固体缓蚀剂主要优点改进了棒状缓蚀剂的形态（图5），利于套管周期加药，改进了棒状缓蚀剂只可结合作业施工投加的缺陷。

图5　粒状固体缓蚀剂(右)与棒状缓蚀剂(左)对比图片

2.1　粒状固体缓蚀剂的配方组成

粒状固体缓蚀剂由棒状缓蚀剂改性而成,在棒状缓蚀剂的配方基础上加入了一定量的分散剂、支撑剂,以提高颗粒缓蚀剂的成型度。其成分配方见表1。

表1　粒状固体颗粒的主要成分及比例

序号	类别	成分	含量/%	作用
1	缓蚀主剂	咪唑啉类缓蚀剂	30	缓蚀
2	缓蚀助剂	硫脲、季铵盐类等缓蚀剂	15	杀菌、缓蚀
3	黏结剂	水溶性聚合物	15	胶结成型、调整释放速度
4	固化剂	胺类衍生物	5	固化
5	密度调节剂	可溶性无机配剂	12	调节密度,调整井筒下沉速度
6	支撑剂	聚醇类配剂	8	骨架支撑、调整融化释放速度
7	分散剂	高效表面活性剂	5	便于成型
8	其他助剂		10	增加活性等

粒状固体缓蚀剂选用了融化速度较慢的水溶性聚合物作为黏结剂,降低药剂在水中的融化速度,减少溶解后的残余物,改进了骨架材料,使骨架材料溶解速率降低,缓蚀剂从内部骨架向外扩散,减缓缓蚀剂释放速度;通过添加加重剂提高缓蚀剂密度,缓蚀剂密度1.1～1.3g/cm³可调整,适应井筒内快速沉降要求,解决以往液体加药过程中出现的沉降速度慢、高温蒸干后黏附于油管外壁堵塞通道以及高液量井缓蚀剂被迅速带出的问题。

2.2　粒状固体缓蚀剂的性能评价

2.2.1　释放时间的评价

现场取油井产出液水样,放入粒状固体缓蚀剂,置于80℃的环境中,观察其释放速率,发现170d后,缓蚀剂基本释放完毕(图6)。粒状固体缓蚀剂最后可完全溶解,无明显残渣,对油井的正常生产无影响。初期粒状固体缓蚀剂表面比较光滑,表层溶解后出现小孔,缓蚀剂沿孔道均匀释放出来。

图6 粒状固体缓蚀剂释放过程对比

2.2.2 温度影响评价

考虑到现场井底温度不同，室内进行了温度对溶解速率的影响评价，设定温度分别为80℃、90℃、100℃，实验结果见图7。随温度升高，缓蚀剂的释放速率相应小幅增大。

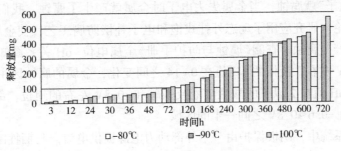

图7 温度对溶解速率的影响

2.2.3 缓蚀速率评价

现场取卫城油田腐蚀严重井卫22-60油井产出液，用500mL在温度80℃，充CO_2气体40分钟后，分别投放粒状固体缓蚀剂1粒、2粒、3粒，在不同浓度条件下进行评价。实验结果表明室内条件下空白腐蚀为0.0945mm/a，超过石化标准0.076mm/a；实验结果表明，随着粒状固体缓蚀剂数量的增加，缓蚀率逐步上升，投放3粒固体缓蚀剂，缓蚀率已达到90%以上，评价结果见表2。

表2 缓蚀剂室内评价结果

实验周期(7d)		实验材质			水样来源	实验温度	是否除氧(否)		
		（N80）			卫22-60产出液	80℃	是否充CO_2(是)		
序号	缓蚀剂	钢片号	腐蚀前/g	腐蚀后/g	失重/g	平均失重/g	缓蚀率/%	腐蚀速率/(mm/a)	
1	1粒粒状缓蚀剂	924	10.7834	10.7803	0.0031	0.0031	80.38	0.0185	
		491	10.9346	10.9315	0.0031				
2	2粒粒状缓蚀剂	955	10.8886	10.8866	0.0020	0.0021	86.7	0.0126	
		656	10.6785	10.6763	0.0022				
3	3粒固体粒状缓蚀剂	406	10.7663	10.7651	0.0012	0.0012	92.4	0.0072	
		596	10.7327	10.7315	0.0012				
4	空白	426	10.8864	10.8707	0.0157	0.0158	—	0.0945	

绘制缓蚀剂浓度基准曲线，将 3 粒粒状固体缓蚀剂放入 500mL 油井产出液中，温度 80℃条件下，通过分光光度计测量不同时间的吸光度，换算出缓蚀剂的实际浓度，评价不同时间浓度指标，实验显示缓蚀剂浓度先上升然后再逐步下降，实验数据表明粒状固体缓蚀剂的投加周期为 25~30d，投加浓度为日产量的 0.15%~0.18%（表 3）。

表 3　不同时间点缓蚀剂浓度检测数据表

时间/d	3	6	9	15	21	24	27	30	33
缓蚀剂浓度/ppm	78	198	200	216	141	115	83	65	41

3　饱和电子补偿防腐工艺技术

油井卡顶封后无法采取防腐加药措施，导致短周期腐蚀躺井。据统计，卡顶封井腐蚀躺井平均免修期仅 168 天。因此，研究应用了饱和电子补偿防腐工艺技术，即通过阴极保护法保护卡顶封管柱。

金属"失去电子"就腐蚀，当金属失去电子时金属就产生了腐蚀，我们利用金属失去电子产生腐蚀的理论，研究应用了动态外挂式饱和电子补偿防腐工艺，使金属饱和得到电子，这样金属就不在产生腐蚀。查阅《腐蚀与防护手册》金属电位-pH 关系图知：一般铁金属的自然电位在-0.6V 左右，液体的 pH 值在 0~14 之间变化；金属的腐蚀区主要落在自然电位在-0.6V 以上，pH 值在 2 以下的酸性溶液或强碱和-0.8V 左右的地位，部分落在 pH 值在 2~8，自然电位在-0.6~0.8V 之间一半的区域。

在外加电流系统中，阴极保护由一个外部动力电源提供电流。与牺牲阳极系统对比，阳极消耗速率一般要低得多。除非使用可消耗的废钢铁阳极，阳极消耗速率达到可忽略的程度实际上已成为系统长寿命的一个关键性要求。在大电流需用量和高电阻电解质的情况下，外加电流系统更为可取。

3.1　动态饱和电子补偿工艺

一般铁金属的自然电位在-0.6V 左右，只要把金属的电位调整到-0.65V 以下，把腐蚀源的液体 pH 值调整至靠近中性区间就可保证金属不被腐蚀，最直接的办法是：不管液体的 pH 值怎么变化，直接把金属的电位确保在-0.85V 以下，就能实现金属不腐蚀的目的。

动态饱和电子补偿是通过外加直流电源以及辅助阳极（图 8），是给金属补充大量的电子，使被保护金属整体处于电子过剩的状态，使金属表面各点达到同一负电位，使被保护金属结构电位低于周围环境。动态外挂式饱和电子补偿防腐装置由安装在电子发射箱中的电子发生器产生电子以低电压供防腐设备，通过发射源、发射端子，由导线输出到设备的接收端导引器，使设备不间断的得到电子，设备不再腐蚀。

动态饱和电子补偿防腐装置可通过无线采集、RTU 无线传输，实现电脑数字化远程传输监控，在线监测各个防腐工程的电压、腐蚀速率的变化情况，可实现无人数字化远程传输监控，出现异常后可及时调整，保证电子补偿防腐正常运行。

3.2　现场应用评价

卫 58-C28 井是卫城油田的一口卡顶封生产油井，卡顶封后由于无法采取常规添加液体缓蚀剂的防腐措施，历次作业均短命腐蚀躺井，近 5 次作业平均免修期仅 187d，起出管杆

图 8　动态饱和电子补偿防腐装置控制电路及阳极实物图

均发现腐蚀，且油管内、外壁腐蚀结垢，垢下腐蚀(图9)。为了评价饱和电子补偿防腐装置应用效果，在卫58-C28在管柱上、中、下部位选取4个不同深度位置安装腐蚀监测环(表4)，监测井下管柱的腐蚀情况。

图 9　卫 58-C28 井治理前管杆腐蚀结垢

表 4　不同监测深度数据表

安装位置	安装深度	环数	平均腐蚀速率/(mm/a)	点蚀情况
上部	601.44	2	0.00151	无
泵上	1293.50	2	0.00226	轻微
泵下	1311.62	2	0.00312	轻微
尾管	1598.21	2	0.1650	较重

通过监测结果看，饱和电子补偿防腐装置应用效果防护效果可有效防护泵上管杆，但随着管杆的长度增加而变差。卫58-C28自2021年6月21日作业完井后安装饱和电子补偿防腐装置，2022年8月13日换封作业起出管、杆未见腐蚀现象(图10)，免修期已延长至418d，防腐效果大大改善。

图 10　卫 58-C28 井治理后管杆未发现明显腐蚀

4　现场应用情况

2020 年以来，在文卫马油田选取井况复杂井，现场应用全井筒防腐、粒状固体缓蚀剂、电子补偿等防腐工艺技术共计 96 井次，其中全井筒防腐工艺技术应用 58 井次，通过应用前后套管监测数据对比发现套管腐蚀损坏速率明显下降；粒状固体缓蚀剂防腐工艺技术应用 32 井次，未发生尾管腐蚀断落情况，顽固腐蚀井免修期由 228d 延长至 656d，且目前持续有效；电子补偿防腐工艺应用 6 井次，卡顶封井平均免修期由 168d 延长至 387d。

5　结论与建议

（1）套管腐蚀防护是关系油田生存与发展的关键，必须提高井况保护意识，推广应用全井筒防护工艺配套技术可有效减缓套管腐蚀损坏速率。

（2）粒状固体缓蚀剂释放数量相对稳定，可有效提高油井防腐效果，杜绝尾管腐蚀断落，同时也可消除防腐加药盲区，起到保护套管的作用。

（3）动态饱和电子补偿防腐工艺可有效弥补因无法加药或加药效果一般不理想油井防腐效果差的短板。

参　考　文　献

[1] 张琪 . 采油工程原理与设计 [M]. 山东：中国石油大学出版社，2006.
[2] 赵福麟 . 采油用剂 [M]. 2 版 . 山东：中国石油大学出版社，1994：173-201.
[3] 沈丽萍，陈志光，延建忠，等 . GH-01 水溶性固体缓蚀剂的研制及应用 [J]. 断块油气藏，2002，9（5）：70-72.
[4] 天华化工机械及自动化研究院 . 腐蚀与防护手册 [M]. 北京：化学工业出版社，2009.

作者简介：李俊朋（1987—），男，2010 年毕业于西安石油大学石油工程专业，学士学位，现工作于中国石油化工股份有限公司中原油田分公司文卫采油厂工艺研究所，高级工程师，从事采油工艺工作。

关于炼油厂 LTAG 装置反再系统腐蚀与防护

王云鹏

（中国石化扬子石油化工有限公司）

摘 要 LTAG 装置由催化裂化装置改造，以催化柴油加氢处理—催化裂化组合工艺，降低催化柴油产量，多产高辛烷值汽油，提高经济效益。反再系统受工作环境及介质影响，腐蚀情况较为严重。因此，在 LTAG 装置应用过程中，需对反再系统腐蚀原因加强分析，做好安全防护建议，保障装置稳定运行。

关键词 LTAG；反再系统；腐蚀原因；防护措施

为满足压减柴汽比和柴油质量升级的要求，扬子石化采用石科院开发的催化柴油加氢处理—催化裂化组合工艺生产轻质芳烃或高辛烷值汽油（LTAG）技术，达到降低催化柴油（LCO）产量，多产高辛烷值汽油，提高经济效益的目的，原 80 万 t/a 催化裂化装置经设计改造建成 LTAG 装置。

LTAG 装置反应再生系统设备主要包括反应器、再生器。反应原料为加氢装置的热加氢 LCO，经加热至 200℃ 左右进入反应器提升管进料中部喷嘴，与再生催化剂接触立即汽化并反应。反应器内反应温度约为 520℃，再生器内烧焦温度约为 680℃，介质为催化剂、油汽、高温烟气，设备工况较为严峻。

在 LTAG 装置生产运行过程中曾出现小接管断裂、内构件减薄、断裂等现象，反再系统连续运行，该类问题都将造成生产异常波动，严重时造成非计划停车及财产损失。因此，针对反再系统腐蚀原因的分析及防护措施的使用，是 LTAG 装置保证平稳生产运行的重要要求。

1 反应再生系统设备概况

LTAG 反应沉降器由扬子石化设计院设计，南化建设公司机械厂制造，设备于 1996 年 9 月投入使用。设计压力为 0.33MPa，设计温度为 300℃（壁温）、540℃（介质），物料为油气、催化剂。主要由提升管、汽提段、旋风分离系统、外集气室、壳体等部分组成。

2018 年 1# 催化裂化装置进行 LTAG 装置改造，反应器集气室、反应器内部衬里整体更换，粗旋进行原型整体更换，预提升段与气提段 3 套流化环进行更换，保证气提段的汽提效果较少生焦，同时使气提段内催化剂径向密度均匀提高反应效率。待生斜管膨胀节停用 4 年无法评估是否可以进行长周期运行及原型更换。油气大管线进分馏塔水平段 2 台膨胀节内部结焦严重无法清除，温度上升后波节无法吸收膨胀，进行整体更换。

2019—2021 年反应器内部均进行隐蔽工程检查，提升管分布孔处有腐蚀穿孔，进行补焊处理，气提段蒸汽分配盘存在冲刷缺陷，提升管外壁冲蚀孔洞；下封头汽提蒸汽环衬里损坏修复。

2022 年 5 月经隐蔽工程检查，对局部变形段提升管进行更换。材质为 20#，直径 1040mm，壁厚 10mm，整体严重减薄，局部穿孔，最薄处仅 2mm。

LTAG 再生器设计压力为 0.33MPa，设计温度为 300℃（壁温），操作温度为 750℃，介质为催化剂、烟气，设备规格为 φ8600/φ6000×53046，壳体材质为 16MnR 和 20R（表 1）。

表 1 设备参数

名称	材料	工艺介质	温度/℃		压力/MPa（G）		保温		制造厂	制造年月
			设计	操作	设计	操作	材料	厚度/mm		
反应沉降器	20g/15CrMo	油气催化剂	壁温：300 介质：540	520	0.33	0.21	岩棉	200	南化建设公司	1995.7
再生器	20g/16MnR	烟气催化剂	壁温：300	700	0.33	0.21	—	—	中石化二公司	1996.4

2018 年 1#催化裂化装置进行 LTAG 装置改造，再生器集气室、反应器内部衬里整体更换，部分主风大孔分布板耐磨环进行更换，消除主风分布板磨损破坏，降低密相床层催化剂偏流（图 1）。对 6 台翼阀进行更换。再生斜管膨胀节经过一个周期的高温灼烧，后又停用 4 年无法评估是否可以进行长周期运行，同时部分斜管本体高温热存在贴板处理，对膨胀节及再生斜管本体进行更换。预混合段主风分布管、二密床松动风盘管冲刷严重进行更换。LTAG 工艺重新设计对外取热器进行整体更换。

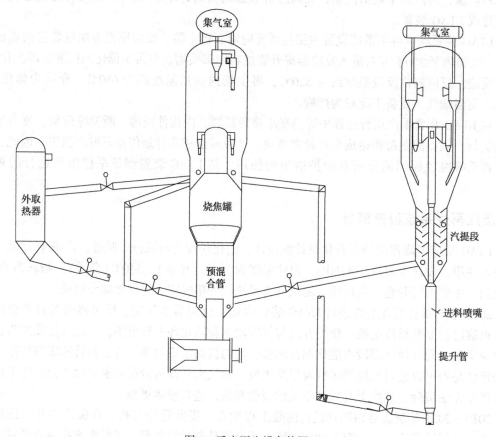

图 1 反应再生设备简图

2019—2022 年停车后对再生器内部进行隐蔽工程检查，内部衬里有部分脱落、裂痕；料腿支架有脱落，进行补焊处理；二密床处有引压管脱落进行补焊；二密床中心管外壁衬里脱落修复，主风升气管外壁衬里脱落修复；更换大孔分布板耐磨环。

2 腐蚀情况概述

2.1 高温气体腐蚀

反应器–再生器作为 LTAG 中重要的一环，在生产中具有关键作用。其材质和工作条件极为严格，是一种高温操作系统。再生器高温环境下少量产生 SO_x、NO_x 等气体，在这种条件下，钢会发生高温氧化和高温脱碳，烟气对钢的氧化作用也会增强，使钢的硬度降低，发生起皮、龟裂并剥落。

LTAG 装置原料油为加氢柴油，原料油中硫含量指标控制小于 100mg/kg，氮含量指标控制小于 50mg/kg。同类催化裂化装置，参考炼油厂催化裂化装置，原料油硫含量指标控制小于 0.5%（质量分数），氮含量指标控制小于 0.22%（质量分数），指标相差 50 倍，故原料造成反再系统中产生的 SO_x、NO_x 对于钢的影响可基本忽略。

2.2 催化剂流动冲刷

由于催化剂具有一定的机械强度，反应器中油气催化剂和再生器中再生烟气高速运动，其中催化剂不断对内构件表面进行冲刷，使内构件大面积减薄、甚至造成局部穿孔；这种冲刷腐蚀现象对设备造成的影响非常严重。冲刷腐蚀的程度与催化剂的流速、密度、和内构件材质在高温下的机械强度有关。催化剂流速越高，密度越高，在涡流或旋流状态下，催化剂冲刷更为严重。

2.3 反应器腐蚀部位和腐蚀机理分类

反应器腐蚀部位及腐蚀原因见表 2 和图 2。

表 2　反应器 4 年来腐蚀问题部位

部位	2019 年	2020 年	2021 年	2022 年	腐蚀原因
下封头汽提流化环		√		√	催化剂冲蚀
汽提蒸汽环	√		√		催化剂冲蚀
膨胀节	√				高温烟气腐蚀
待生滑阀		√		√	催化剂冲蚀
提升管		√		√	催化剂冲蚀
料腿	√				催化剂冲蚀
旋风分离器				√	催化剂冲蚀
翼阀				√	催化剂冲蚀

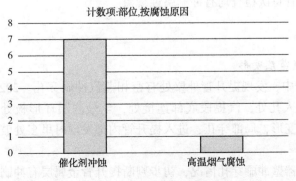

图 2　反应器腐蚀原因

2.4 再生器腐蚀部位和腐蚀机理分类

再生器腐蚀部位及腐蚀原因见表3、图3。

表3 再生器4年来腐蚀问题部位

部位	2019年	2020年	2021年	2022年	腐蚀原因
主风升气管		√		√	催化剂冲蚀
预混合段	√	√	√	√	催化剂冲蚀
大孔分布板				√	催化剂冲蚀
烧焦罐		√		√	催化剂冲蚀
二密床		√		√	催化剂冲蚀
料腿		√		√	催化剂冲蚀
旋风分离器		√		√	催化剂冲蚀
翼阀		√		√	催化剂冲蚀
再生滑阀		√			催化剂冲蚀
膨胀节	√				高温烟气腐蚀
烟气管线	√				高温烟气腐蚀

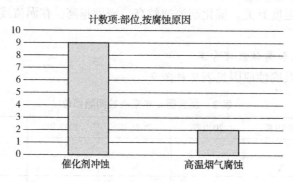

图3 再生器腐蚀原因

经对比发现，反应器及再生器每年腐蚀问题部位较为相似。除烟气管线及膨胀节处存在高温烟气腐蚀现象外，且周期较长情况下才有所反应，其余腐蚀以催化剂冲刷腐蚀为主要原因。经具体检查、检修发现，烧焦罐变径处衬里、快分内水平垂直交接处等，因施工角度及质量原因易造成该类部位衬里长时间运行后最快脱落；反再料腿保护衬里普遍每周期均有脱落现象；反应器提升管每次检查均有冲刷腐蚀现象。

3 腐蚀案例

3.1 反应器提升管减薄及变形

2021年检查过程中，发现提升管外壁处有密相蒸汽冲刷穿孔。2022年对提升管进行检查，发现反应器7层人孔处，汽提段底部连接处，至最底层环形板处，共计约6.5m提升管，有多处明显凹陷变形，局部穿孔；进入提升管内部发现衬里多处鼓包、开裂并伴有纵裂纹，衬里脱落严重。

根据历次提升管器壁冲刷穿孔情况，初步判断提升管金属层有冲刷减薄现象存在。提升管仅在下方锥体变径处存在硬连接支承，上部仅存在导向连接。参考工艺操作，反应器操作温度为520℃，相对炼油厂同类催化裂化装置，反应器温度偏高约20℃，考虑LTAG装置多次开停工，提升管在反复温差变化下发生形变，产生局部拉伸，造成二次减薄，局部无法承担本身重量造成严重凹陷。

同时，内部衬里存在鼓包、破损现象，内部催化剂按要求以2~4s进行输送，对内部衬里损坏处进行局部冲刷，造成金属层磨损，衬里层随冲刷造成损坏范围扩大。在内外共同影响下，造成提升管变形减薄(拆解后最薄处仅2~3mm)。相较于催化裂化装置，反应器运行温度偏高，接近材料选用值上限530℃，导致内构件提升管长期处于高负荷运行，材料寿命随之降低。

对变形段提升管，7层人孔处上下各3m，长度合计6.7m左右进行更换，筒体直径φ为1040，壁厚10mm。

3.2 再生器一旋料腿断裂、二级旋风分离器料腿衬里层损坏

2022年检修隐蔽工程检查发现，再生器一、二级旋风分离器料腿变向处高耐磨衬里层整体脱开损坏，盖板处衬里损坏，器壁不同程度损坏；烧焦罐变径处，顶快分入口处，大量衬里损坏脱落；拆除旋分料腿焊缝处衬里进行检查，一旋料腿开裂。

2018年装置改造期间，对两器衬里大面积进行更换。本次检修对内部隐蔽点着重进行检查，发现部分旧衬里损坏脱落。再生器长期处于催化剂冲刷，采用高耐磨隔热衬里，部分衬里处于长期冲刷处及棱角处，本次运行周期下来发现，均为催化剂偏流、冲刷，造成衬里损坏脱落。

检查零星内部衬里，对损坏、脱落、鼓包变形严重处进行拆除，重新焊接侧拉环，恢复衬里。对烧焦罐顶处，快分入口处，损坏衬里进行更换，对高温热点处衬里进行检查并修复。对一旋料腿开裂处进行焊接并制作拉筋，重新焊接侧拉环及恢复衬里。

3.3 再生滑阀、待生滑阀及循环滑阀磨损

2022年对装置待生滑阀、再生滑阀、循环滑阀及双动滑阀进行完全拆检，发现轨道有不同程度磨损，阀板、阀座圈上衬里有不同程度损伤，循环滑阀阀座圈及节流锥接触面有严重催化剂冲刷痕迹。催化剂粉末对于该类流通过程中突变位置及缝隙，造成极大的冲刷腐蚀。在2020年拆检过程中发现同类问题，对比发现2020年待生滑阀、再生滑阀、循环滑阀由于长期受催化剂影响，结垢严重，外部衬里冲刷损毁较多，2022年结垢较少，金属部位冲刷较为严重。

4 腐蚀防护措施

4.1 高温烟气防腐对策

使用非金属衬里，可以对高温烟气导致的腐蚀进行有效防护。LTAG采用隔热耐磨衬里，其应用于反应再生系统、烟气系统。此外，高温部位构件的选材要求较高，反应器内构件主要采用20#，外壳体采用15CrMo及高温耐磨衬里。再生器采用16MnR，内构件为304不锈钢。同时，生产执行工艺必须严谨，杜绝超温、超压行为，超温超压对材料力学性能产生较大影响，平稳操作能够提高设备使用寿命，减少不利影响。

针对LTAG反应器提升管金属运行温度接近材料允许值，长周期运行存在脱碳可能，提出材料升级建议，以提高内构件使用寿命。

同时加强运行期间定时性事务，两器熄灯热检等，及时消除高温热点隐患。

4.2 催化剂冲刷和腐蚀防护对策

高速流动的催化剂会对接触部件产生强烈的腐蚀和冲刷作用，对此可选择耐磨衬里，堆焊硬质合金处于突出部位，如对于特阀冲刷处进行硬质合金堆焊修复。停工检修期间，需对反再系统隐蔽工程进行详细检查，确保无遗漏，对缺陷部分进行恢复，避免缝隙处冲刷，造成影响扩大，甚至发生异常事故。

4.3 工艺操作防护

相对于同类催化裂化装置，LTAG装置对于原料中的硫含量控制需继续保持，能够有效防止反再系统及后续分馏、稳定系统中湿硫化氢腐蚀、高温硫腐蚀等。同理，加强对生产过程中其余各主要参数控制，包括但不限于温度、压力等，避免反应过程中其他不需要的成分超生产指标范围，造成不需要的有害反应，对设备造成性能损伤，缩短设备使用寿命，甚至引起异常事故。

5 总结和展望

5.1 总结

LTAG装置由催化裂化装置改型，其反应再生系统与催化裂化装置基本相似。由于生产原油为加氢柴油，相较重油催化裂化而言，反应介质较好，原油带来的腐蚀危害相对重油催化裂化较轻，更多的是催化剂冲刷及设备结构、应力方面，此类问题有完整的应对措施，在设备结构、材料选型、工艺条件方面有完整的设计理念。同时，新型衬里的应用能够提升反再系统的抗冲刷能力。针对隐蔽工程问题，检修人员的经验是发现隐患、消除缺陷的重要条件，检修施工的质量管控是保持反再系统平稳运行的关键。

5.2 展望

化工业生产是国民经济生产中不可或缺的一环，是重要的经济支柱，而催化裂化装置作为炼油工艺最为重要的流程，是必不可少的。而本次对于反再系统的腐蚀分析，是对本装置反再系统的一个深入了解与分析，为LTAG技术的使用提供了设备方面情况的参考。同样，本次对于反再系统腐蚀分析的样本有限，条件不足，部分腐蚀材料未进行金相检测等进一步手段，具体腐蚀机理仍有待确认，分析结果仅供参考了解。

参 考 文 献

[1] 马晓. 催化裂化再生烟气湿法脱硫腐蚀分析及新技术开发应用[J]. 石油化工腐蚀与防护，2022，39（4）：41-44.

[2] 陈风珠. 炼油厂催化裂化设备中的湿硫化氢腐蚀与应对措施[J]. 开封大学学报，2011，25（3）：91-93.

[3] 张林. 催化裂化装置设备腐蚀与防护[J]. 石油化工腐蚀与防护，2009，26（增刊1）：125-129.

[4] 胡涛. 催化裂化装置反应再生系统衬里冲蚀风险分析[J]. 石油化工腐蚀与防护，2018，35（1）：32-34.

[5] 李志敏. 催化裂化装置开工反应再生系统的安全辨识[J]. 石油化工安全环保技术，2013，29（3）：40-43.

[6] 刘前保，关丰忠，武振宇，等. 催化裂化装置反应再生系统优化改造[C]//内蒙古自治区2005年自然科学学术年会，2005，223-230.

[7] 赵敏. 催化裂化装置腐蚀原因分析及防护建议[J]. 石油化工设备，2017，46（5）：70-76.

[8] 苏志文. 催化裂化装置反再系统的高温腐蚀与防护[J]. 石油化工腐蚀与防护，2009，26（4）：30-33.

[9] 赵连元，王楷，杨明明．催化裂化反再系统腐蚀影响分析[J]．石油化工腐蚀与防护，2013，30(6)：33-35.

[10] 刘初春，张芳华，范文军，等．浅谈对催化裂化反再系统结焦的认识[J]．中外能源，2022，27(1)：69-74.

[11] 蔡宝超，李强．催化裂化再生系统露点腐蚀情况与应对措施[J]．通用机械，2015(4)：55-57.

[12] 李强，陈谦．浅谈催化裂化再生系统低温露点腐蚀成因及解决对策[J]．通用机械，2007(3)：39-41.

[13] 董月香．石油加工装置常见应力腐蚀及其防护措施[J]．石油与化工设备，2010，13(12)：46-48.

[14] 程光旭，朱继刚，朱文胜，等．催化裂化再生设备应力腐蚀特征分析[J]．石油化工设备，2002，31(1)：20-23.

[15] 金桂兰．催化裂化再生系统设备应力腐蚀裂纹成因分析及对策探讨[J]．石油化工设备技术，2000，21(1)：22-24.

[16] 马宏伟，顾惠新．催化裂化再生系统预防开裂检测技术[J]．设备管理与维修，2004(12)：28-29.

[17] 孙胜．石油化工设备在湿硫化氢环境中的腐蚀与防护[J]．中国石油石化，2017(7)：47-48.

[18] 张照民．炼油化工设备的防腐蚀管理对策[J]．化工设计通讯，2020，46(3)：53-54.

[19] 程先步．炼油化工设备检修技术管理[J]．设备管理与维修，2018(15)：15-17.

[20] 赵子龙．石油炼厂设备的腐蚀与防护[J]．中国石油和化工标准与质量，2012，33(11)：295.

[21] 薄云峰．炼油设备腐蚀与防护管理策略探析[J]．石化技术，2022，29(8)：228-230.

[22] 马玉锋，李小仿．关于石油炼制设备腐蚀的防治措施[J]．石化技术，2020，27(3)：249-250.

[23] 安清泉．炼油厂设备腐蚀减薄与防护研究[J]．中国设备工程，2019(10)：111-112.

[24] 刘佳子，宋立斌．高温硫腐蚀的形成及处理措施[J]．中国高新技术企业，2016(28)：57-58.

[25] 王磊．石油炼化装置硫腐蚀防治探究[J]．化工设计，2021，31(2)：24-26.

[26] 崔思贤．石化工业中连多硫酸引起的应力腐蚀开裂及其防护措施[J]．石油化工腐蚀与防护，1996，13(3)：1-5.

[27] 宋延达，王雪峰，张小建，等．炼油装置连多硫酸应力腐蚀开裂及防护研究进展[J]．石油化工腐蚀与防护，2019，36(6)：8-13.

作者简介：王云鹏(1996—)，男，2020年毕业于南京工业大学，学士学位，现工作于中国石化扬子石油化工有限公司炼油厂，LTAG联合装置设备员，助理工程师，从事设备管理工作。

加氢反应流出物空冷器腐蚀及防护

姜　渊

（中国石化扬子石油化工有限公司）

摘　要　本文简要分析了扬子石化公司芳烃厂 1# 加氢裂化装置 REAC 系统腐蚀机理，针对腐蚀机理和失效现状，Ⅱ 系列空冷器进行技术改造。使用加氢 REAC 专家诊断监管系统监测腐蚀状态，提供 REAC 完整性防控策略及方案。

关键词　REAC 系统；腐蚀机理；REAC 专家诊断监管系统

1　加氢 REAC 系统简介

加氢裂化（Reactor Effluent Air Coolers，REAC）即反应流出物空冷器，是加氢裂化装置的主要设备，Ⅰ 系列空冷器 EC101 共有 8 组翅片管束，Ⅱ 系列空冷器 EC102 共有 6 组翅片管束，均为德国 LURGI 公司设计制造。空冷器由进、出口与折流 3 个高压管箱与管束组成，共有 4 排管束（其中 3 排为流入，1 排为流出），每排有 49 根管束。设备结构简图如图 1 所示，REAC 系统工艺流程简图见图 2。

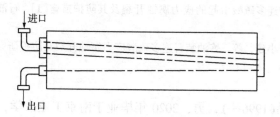

图 1　空冷器结构简图

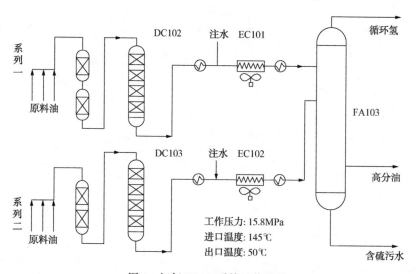

图 2　加氢 REAC 系统工艺流程

2011 年 6 月发现 EC102 6 台管束均有不同程度的变形，较严重的是 EC102-2、EC102-3、EC102-4 部分管束，见图 3。2012 年 3 月更换了变形严重的 EC102-2/3/4/5 管束，2012 年 7 月更换了 EC102-1/6 管束，至此，EC102 6 台管束全部更换。2014 年 10 月再次发现 EC102 管束均有不同程度的变形。

图 3　空冷管束变形

将更换下的 EC102-4 进行解体检查，发现进口管箱两侧积垢严重，部分基管堵塞；折流管箱及出口管箱沉积物较少，见图 4。垢样由南京工业大学进行 EDS 能谱分析和 XRD 物相分析，垢物主要为铁锈、铵盐、催化剂粉末等。

图 4　空冷管束结垢堵塞情况

2　REAC 系统腐蚀分析

加氢裂化装置原料油中硫和氮的化合物，经加氢反应后转变成 H_2S 和 NH_3，两者反应又生成 NH_4HS，在空冷器中 NH_4HS 会直接由气相冷凝变成固态晶体，在缺少液态水的情况下会迅速堵塞 REAC 管束。为了防止管束堵塞，通常在 REAC 上游注水。虽然冲洗水能有效地防止堵塞，但也会形成高腐蚀的 NH_4HS 水溶液，使堵塞变成腐蚀。流速是影响碳钢 REAC 腐蚀的重要因素，高速液体会冲破腐蚀产物的保护膜，REAC 管束内部会发生严重的冲蚀（图 5）。介质由气相、油相、水相组成，若流速低于 3m/s，会出现严重的相分离，导致 NH_4HS 局部结晶形成堵塞而产生垢下腐蚀。

2.1　高温 H_2S 腐蚀

加氢裂化联合装置自加工高硫油后，原料平均硫含量由最初的 0.35% 上升至 2.0% 左右，且多次突破设防值，发生多起腐蚀案例，对换热设备产生高温、高压 H_2S/H_2 腐蚀。

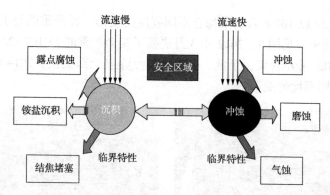

图5　流动腐蚀失效形式

高温 H_2S 腐蚀机理：高温 H_2S/H_2 腐蚀是一种以气体为腐蚀介质的化学腐蚀，当 H_2 和 H_2S 混合物超过 280℃时，在 H_2 的促使下，将发生严重的高温 H_2S/H_2 腐蚀，反应式为：

$$Fe+H_2S \xrightarrow{H_2} FeS+H_2$$

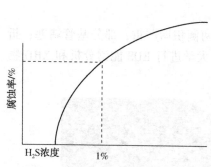

图6　H_2S 浓度与腐蚀率的关系

氢气的存在为原料油中的硫化物分解成 H_2S 创造条件，H_2S 腐蚀产生的 FeS 使原来渗碳体中的铁含量减少，进一步促使碳的析出和碳、氢的反应。因此，高温 H_2S/H_2 腐蚀要比单纯的 H_2 或 H_2S 腐蚀剧烈，表现为钢材的均匀减薄，高温 H_2S/H_2 腐蚀的腐蚀速率与 H_2S 体积浓度、温度有关。H_2S 浓度（体积浓度）的影响见图6。

当 H_2S 浓度低于一定值时，无腐蚀产生，这是由于 H_2S 使 Fe 变成 FeS，二者达到热动力平衡。结果表明：当 H_2S 浓度超过一定值但低于 1%时，腐蚀速率随着浓度的增加而增加急骤；当 H_2S 浓度超过 1%时，腐蚀速率随着浓度增加变化缓慢。

温度是影响 H_2S/H_2 腐蚀的主要参数，当温度超过 260℃时，H_2S/H_2 腐蚀开始明显发生，当温度在 315~480℃时，H_2S 进一步分解为 S 和 H_2，分解出的元素 S 比 H_2S 的腐蚀更剧烈，反应式为：

$$Fe+S \longrightarrow FeS$$

高温硫的腐蚀在开始速度很大，一定时间后腐蚀速率会恒定下来，这是由于生成硫化铁保护膜的缘故，影响高温硫腐蚀的因素有硫化物含量、温度等，原油中活性硫含量（尤其是 H_2S 含量）的增加，将提高腐蚀速率。

2.2　NH_4HS 水溶液腐蚀

反应流出物在空冷器前注水点与注水混合，H_2S 与 NH_3 反应生成 NH_4HS 溶于水相形成相对浓度的 NH_4HS 腐蚀性溶液，在流速的作用下，形成 NH_4HS 溶液冲蚀行为；由于Ⅱ系列注水位置距离空冷器入口较远（约 150m），将导致空冷入口管道产生较大的铁锈量。

NH_4HS 水溶液腐蚀机理：一般情况下，腐蚀性介质与材质会发生化学作用生成腐蚀产物保护膜，具有保护管壁被进一步腐蚀的作用，NH_4HS 水溶液与碳钢反应将生成相应的硫化物保护膜，其电化学腐蚀过程为：

$$xFe+yNH_4^+ +yHS^- \longrightarrow Fe_xS_y +yNH_3 +yH_2 \uparrow$$

硫化物(Fe_xS_y)随着温度、pH 值、NH_4HS 浓度的变化由不同的 Fe 和 S 组成，其主要产物包括 FeS、FeS_2、Fe_3S_4、Fe_9S_8、$Fe_{(1+x)}S_y$，不同物质的保护性能差别很大，与 Fe_9S_8、$Fe_{(1+x)}S_y$ 相比，FeS、FeS_2 晶格缺陷相对较小，对碳钢基体具有一定保护性。

作为决定 NH_4HS 水溶液腐蚀性的主要参数之一，流速是仅次于 NH_4HS 浓度的参数，对于浓度给定的情况下，流速越高，NH_4HS 水溶液腐蚀性越强。这是由于在流动苛刻的条件下，反应产物膜将受到较大的横向剪切力，发生变形甚至被破坏流失[图 7(a)]。一方面，腐蚀产物保护膜流失后，碳钢基体将再次被裸露在外，进一步与 NH_4HS 腐蚀介质作用生成新的腐蚀产物保护膜[图 7(b)]。另一方面，局部腐蚀产物保护膜的破坏，又会改变流道局部结构，加剧局部扰动，导致局部流态的不稳定，进一步导致腐蚀产物保护膜的破坏，重复上述过程，造成 NH_4HS 水溶液冲蚀行为。

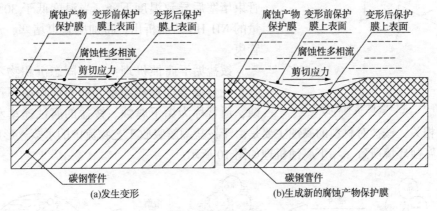

图 7　腐蚀产物保护膜冲蚀机理

针对 NH_4HS 溶液的冲蚀行为，目前有大量的研究成果可供借鉴，具有代表性的是美国 API 协会发起由数十家研究单位进行的联合工业项目研究，得到的碳钢材料腐蚀速率曲线如图 8 所示。目前在加氢 REAC 系统中，国内外主要以 NH_4HS 溶液浓度和多相流流速作为 NH_4HS 冲蚀失效的主要评价参数。

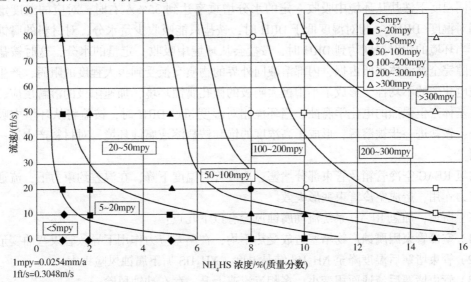

图 8　不同 NH_4HS 浓度、流速碳钢材质的腐蚀速率

2.3 铵盐垢下腐蚀

空冷管束整体流速偏低，波动范围不大，导致催化剂粉末及管道内铁锈等腐蚀产物在进入空冷管束后由于流速过低而发生管束堵塞现象。空冷管束在堵塞的情况下，温度降低，多相流不流通，会出现铵盐结晶沉积，存在管束铵盐垢下腐蚀风险。空冷器第1管程内多相流流速偏低，为 1.47~1.92m/s，铁锈等腐蚀产物进入空冷管束后，较低的流速不能充分带出腐蚀产物，造成空冷管束堵塞。

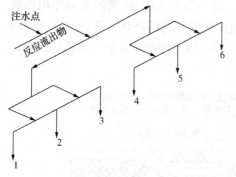

图 9 进口管道非对称分布

II 系列空冷器共计 6 台，进口管道 1：6 的非对称分布(图 9)，将造成反应流出物流量的不平衡；空冷器注水采用在总管上单点注水的方式，并未配合静态混合器，造成反应流出物的相态不平衡；空冷管束堵塞后导致温度下降，当温度低于 30℃ 时，大量的 NH_4HS 结晶析出，将加剧管束堵塞，迅速堵死管束。

铵盐垢下腐蚀机理：由于固态沉积物不均匀地分布在金属表面形成垢层，而引起垢层下严重的腐蚀，通常称为垢下腐蚀。铵盐的腐蚀速率和其潮解特性密切相关，铵盐对材料的腐蚀主要是由于铵盐潮解吸收工艺物流中的水蒸气形成高浓度铵盐溶液腐蚀环境所致，垢下腐蚀机理如图 10 所示。

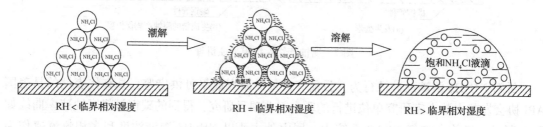

图 10 铵盐垢下腐蚀机理示意

不同温度下铵盐从环境中吸收一定的水分增重率达到 35% 左右时，对应的湿度定义为临界相对湿度(DRH)。相对湿度低于 DRH 时，铵盐只能吸收少量水分，对材料的腐蚀作用有限。当环境的相对湿度达到 DRH 时，铵盐会从环境中吸收一定量的水分，这时铵盐颗粒间的空隙完全被液体水所占据，内部溶液同外界的物质交换受到很大程度的阻碍，产生了内外介质电化学的不均性，形成了小阳极大阴极的微孔腐蚀环境，加速阳极的溶解反应，从而对材料基体产生强烈的电化学腐蚀。当环境相对湿度超过 DRH 时，铵盐将从环境中吸收大量水分，铵盐进一步被溶解，形成了高浓度的饱和铵盐溶液腐蚀环境，对材料产生进一步腐蚀作用。

加氢 REAC 空冷管箱及管束部分堵塞，造成管束温度下降，在温差约束力下，流通管束受压应力作用，造成空冷管束变形失效。

综上所述，加氢 REAC 系统流动腐蚀风险有以下几点：

(1) 空冷管束因腐蚀产物堵塞造成受热不均，在温差应力作用下导致管束弯曲变形。

(2) 管束堵塞后温度降至 NH_4HS 结晶温度，NH_4HS 垢下腐蚀风险极大。

(3) 管束堵塞后流通面积变小，多相流流速上升，存在冲蚀风险。

3 REAC 系统腐蚀防护

针对加氢 REAC 系统腐蚀机理，2017 年大修加氢裂化联合装置对 REAC 系统进行技术改造，主要内容如下：

(1) EC102 空冷器由原来 3-1 型结构的 6 台改为 3-3 型结构的 4 台。

(2) EC102 入口总管增加高效注水组件 1 套。

(3) EC102 入口总管增设静态混合器 1 套。

(4) 公司局域网安装 REAC 智能化流动腐蚀防控系统软件。

3.1 空冷器结构改造

3-1 型结构的空冷器第 1 管程管束反应流出物流速偏低，易造成铁锈与铵盐的流动沉积，在相对负荷下进行校核，提出通过改变管束排布提高末管程流速的方法，达到保证其换热性能并有效解决流动沉积堵塞问题。

空冷器采用平衡设计方案，由原来的 6 台空冷器改为 4 台，管束由 3-1 结构变为 3-3 结构，实现了空冷器流量的平衡分布。

3.2 增设注水组件及静态混合器

针对加氢 REAC 系统采用单点注水，未配合静态混合器，导致反应流出物多相流的流量及相态不平衡问题，在提出异面垂直平衡配管优化方案的基础上，增设注水组件及静态混合器。注水组件结构见图 11。

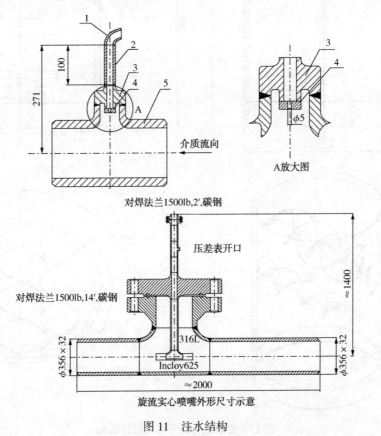

图 11 注水结构

高效注水喷嘴有效地强化注水雾化及分布效果，充分洗涤加氢反应生成的 H_2S、NH_3、HCl，消除铵盐结晶沉积，避免对空冷器系统产生堵塞及冲蚀。

　　静态混合器强化了油、气、水多相流的混合效果，其外形及结构见图12。

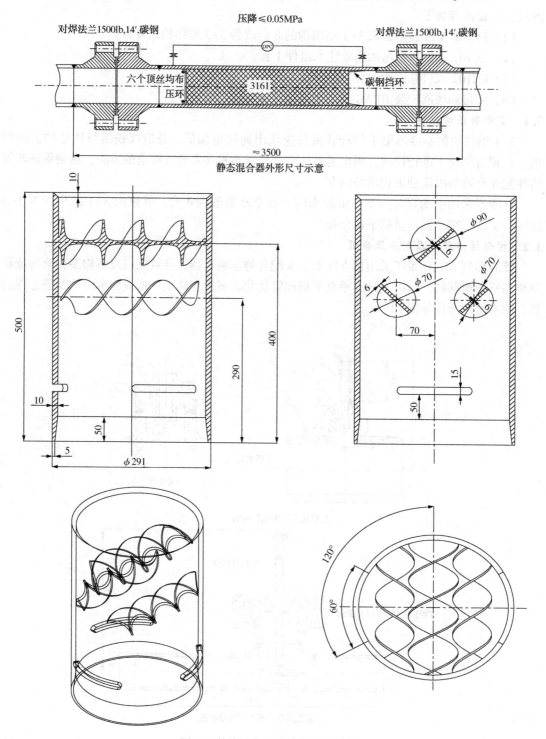

图 12　静态混合器外形及设计结构

增设静态混合器后，反应流出物流经混合器的过程中伴随着压降的产生，壁面剪切应力及壁面动压也会相应增大，优化相态不平衡问题，模拟效果见图13、图14。

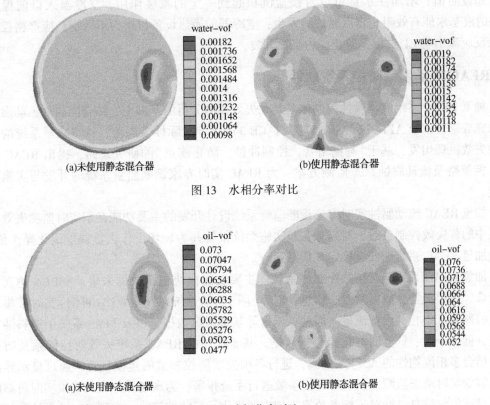

(a)未使用静态混合器　　　　　　　(b)使用静态混合器

图13　水相分率对比

(a)未使用静态混合器　　　　　　　(b)使用静态混合器

图14　油相分率对比

REAC系统增设注水组件及静态混合器后，有效平衡了REAC系统内部流场，确保多相流介质混合均匀，保证空冷器管束内部形成的NH_4HS或NH_4Cl被注水充分冲洗，防止铵盐在管束内结晶沉积引起垢下腐蚀或堵塞管束，本质上降低加氢REAC系统的流动腐蚀运行风险，提高加氢REAC系统运行可靠性。

3.3　空冷入口管道系统平衡布置改造

加氢REAC系统分为2个系列：Ⅰ系列的入口管道系统按照一分二、二分四、四分八的对称布置；Ⅱ系列的入口管道系统为一分二、二分四、四分六的相对不平衡的方式进行配管，其中Ⅱ系列部分空冷管束堵塞变形现象较Ⅰ系列严重，故空冷系统的入口管道系统不平衡将会导致严重的偏流管束堵塞现象。

针对原入口管道配管存在的偏流严重现象，提出异面垂直的入口管道配管方式，可有效降低系统的不平衡度，降低流量及相态不平衡造成流动腐蚀风险。异面垂直管道配管方式如图15所示。

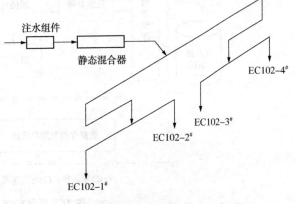

图15　异面垂直的入口管道配管示意图

3.4 工艺防护措施

空冷管束堵管主要是由于高硫原油加工所引起的，应当严格控制原料中的硫、氮含量，防止超设防值；增加注水量可以对铵盐沉积起到一定的减缓作用，空冷器入口前保证有25%的液态水能有效阻止露点腐蚀的发生；空冷器前换热设备材质为不锈钢，应严格控制原料及反应流出物 Cl^- 含量，防止应力腐蚀开裂。

4 REAC 流动腐蚀防控系统软件

加氢 REAC 系统流动腐蚀控制体系是在失效预测分析的基础上，结合国内外流动腐蚀最新研究成果，以及 API 932、API 571、NACE 34101 等国际标准规范，从空冷器系统的流动腐蚀失效机理出发，基于"避免堵塞，控制冲蚀，防止露点"的研究思路，提出 REAC 完整性防控策略及流动腐蚀状态监测方案，为 REAC 实时专家诊断监管系统的开发与实施奠定基础。

加氢 REAC 流动腐蚀实时专家诊断监管系统设计开发的主要功能在于实时监测失效防控体系中的各失效控制参数，对超标参数实施系统报警并为现场工作人员提供优化操作依据，指导加氢 REAC 系统的安全稳定长周期运行。

加氢 REAC 系统流动腐蚀控制体系软件主要功能模块包括数据采集、ASPEN 仿真、建模计算、显示报警、数据读取、信息管理等(图 16)。系统以一定频率(可调)实时采集现场 DCS 控制系统中相关设备流量、温度、压力等基础工况数据，以及 LIMS 系统中原料油、循环氢、低分干气、低分油等化验分析数据。基于构建的 REAC 系统失效防控体系及防控策略，结合多相流物性的 ASPEN 仿真，进行各项失效防控参数的建模计算，通过显示界面实现参数的实时动态监测，同时对超标参数进行系统报警，为现场操作人员提供实时可靠的运行工况或失效信息，针对超标参数提出相应的优化运行防控策略，实现 REAC 系统的诊断与监管。系统在运行过程中，操作人员可通过数据存储模块查询相关失效参数历史数据及报警记录。

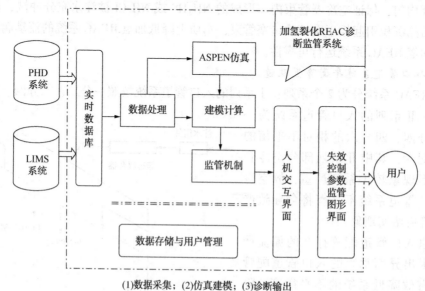

(1)数据采集；(2)仿真建模；(3)诊断输出

图 16 系统程序基本结构

系统主界面主要包括流动腐蚀监控、流动腐蚀诊断、注水混合可视化、监控记录、诊断记录、预警记录、参数清单、手输参数、指标管理、腐蚀类型管理、防护措施管理等（图17）。

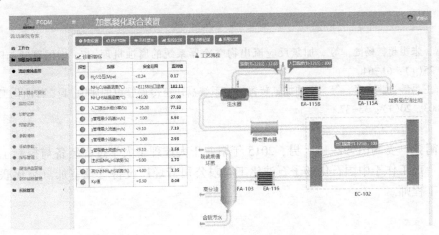

图 17　REAC 流动腐蚀监控界面

加氢 REAC 常见的流动腐蚀失效机理有：多相流冲蚀、露点腐蚀、氯化铵沉积与垢下腐蚀、硫氢化铵沉积及垢下腐蚀。具体失效防控体系及策略见表1。

表 1　加氢系统 REAC 流动腐蚀失效防控体系及策略

腐蚀类型	监控参数	正常范围	防控策略
高温 H_2S 腐蚀	H_2S 分压	<2.4MPa	提高循环氢脱硫深度
	流速	3~6.1m/s	流速偏低，增大进料量或注水量 流速偏高，降低进料量或注水量
多相流冲蚀	NH_4HS 浓度	<6%	增大注水量
	pH 值	8.0~8.9	pH 低，提高循环氢脱硫深度 pH 高，降低循环氢脱硫深度
铵盐结晶及垢下腐蚀	NH_4HS 铵盐结晶温度	<出口温度	降低原油 S、N 含量，提高循环氢脱硫深度
	NH_4Cl 铵盐结晶温度	<入口温度	开启 EA115 前间断注水点，控制原油 Cl 含量
露点腐蚀	Kp 值	<0.3	控制原料 N 含量，提高循环氢脱硫深度
	入口液态水相分率	>25%	增大注水量

REAC 系统发生腐蚀，监控参数发出预警，操作人员根据腐蚀类型、腐蚀指标及系统提供的防护措施进行优化操作调整，保证 REAC 系统的安稳运行。

5　结束语

EC102 改造后，经过几年的运行，总体运行情况良好，但 4 台管束仍有 8 根管子发生明显的弯曲变形。通过热成像检测，部分管子仍有局部堵塞现象，REAC 系统的腐蚀与防护还有待进一步探索和研究。

REAC 流动腐蚀智能化防控系统实现了在 API 932、NACE 34101 等国际标准规范基础上的创新与突破，不仅提升了加氢裂化装置加工劣质原油 REAC 系统的本质安全，而且提高了芳烃厂工艺防护智能化、信息化水平，成为中石化智能化工厂建设的特色和亮点，为中石化集团在加氢裂化装置流动腐蚀智能化防控管理树立样板，具有示范效应，可向中石化、中石油等相关企业进行推广。

参 考 文 献

[1] 偶国富，朱祖超，杨健，等. 加氢反应流出物空冷器系统的腐蚀机理[J]. 中国腐蚀与防护学报，2005，25(1)：61-64.
[2] 胡洋，王昌龄，薛光亭，等. 重油加氢装置反应系统高压空冷器管束的腐蚀[J]. 石油化工腐蚀与防护，2003，20(1)：33-37.

作者简介：姜渊(1992—)，男，2015 年毕业于大连理工大学过程装备与控制工程专业，学士学位，现工作于中国石化扬子石油化工有限公司芳烃厂设备管理室加氢裂化联合装置，副主任，工程师。

加氢精制高速齿轮泵不上量及解决方案探析

刘佳鑫　孙开俊

（中国石化扬子石油化工有限公司）

摘　要　本文针对加氢精制高速离心泵出口压力低、不上量原因进行分析并提出 2 种解决方案，并对 2 种方案进行比较：注水系统中加注的多硫化钠缓蚀剂在易氧化析出单质硫堵塞注水管线；不更换出口扩散器及电动机不扩容，提升泵转速，若控制泵出口流量会造成泵憋压、振动超标，若出口流量超过一定值会造成电动机过载跳停；扩大叶轮直径并更换出口扩散器可提升泵出口压力、机泵运行正常；扩大叶轮直径提升注水泵扬程相对于改造高速轴组件来提升转速来说成本较低，检修工作量较小。

关键词　高速泵；出口压力；转速；叶轮直径

中国石化扬子石油化工有限公司 70.5 万 t/a 催化柴油加氢装置于 2004 年建成投入运行。装置系统设计压力为 7.2MPa，主要原料为催化柴油、三线直馏柴油、焦化柴油。由于原油品种变化较大，造成装置原料硫含量变化较大，一般在 5000~8000μg/g 范围内波动，最大可达 8500μg/g，氮含量一般在 200~500μg/g 范围内波动。高硫原料经加氢反应后生产大量 H_2S、NH_3。生成物中 H_2S 和 NH_3 在温度达到一定时会以硫化铵盐的形式存在，必须通过注水洗涤除去。注水目的是溶解在加氢反应过程中形成的铵盐（主要是 NH_4HS 和 NH_4Cl），防止堵塞管道、换热器和空冷器管束，以及铵盐结晶造成的垢下腐蚀，同时注水也可以溶解反应流出物中的部分硫化氢，降低分馏系统的负荷。

装置设计注水量 8t/h。注水泵选用嘉利特荏原高速泵，型号为：LG-222-15/184-110-153Ⅱ DT，技术参数详见表1。但自 2019 年 5 月，注水泵 P54106AB 并入系统流量波动且停泵后重新启泵难以并入系统。对现场工艺流程进行检查确认正常，系统压力为 7.2MPa，注水泵 P54106AB 出口压力正常且轴承箱振动温度均正常，排除流程原因及设备故障。

表 1　高速泵技术数据

设备参数	数　据	设备参数	数　据
流量/(m³/h)	15	出口压力/MPa(G)	8.2
扬程/m	834	转速/(r/min)	15300
入口压力/MPa(G)	0.2	电动机功率/kW	110

1　不上量原因分析

本装置注水工艺流程如图 1 所示，由于原料中氮含量较高，为减缓铵盐沉积造成的垢下腐蚀及 H_2S、HCL 对管线的腐蚀，在注水系统中加注多硫化钠（多硫化钠可抑制垢物形成，同时可与管道内壁表面中的铁离子反应生成 FeS，从而减缓管线腐蚀速率），加注量长期维持在较高比例，约 25g/t 原料。

查阅相关文献发现，注水系统加注的多硫化钠可析出单质硫，造成管线堵塞。本装置注水采用除盐水，且多硫化钠缓蚀剂储罐上方直接与空气接触，在有氧条件下，多硫化物容易析出单质硫。此外，由于冬季气温较低时可能会冻裂管线，因此对缓蚀剂加注管线增加蒸汽伴热系统，从而加速多硫化钠分分解。由于单质硫的析出会造成管线堵塞，同时会影响机械密封的使用周期，从而影响高压注水泵、管线的正常运转周期。

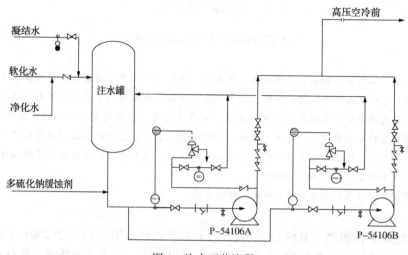

图 1 注水工艺流程

2 不上量解决方案分析

由于装置长期运行，注水管线无法进行有效的清理疏通，目前已将多硫化钠加注量降至 15g/t，但因管线已堵塞造成管道阻力增加，加注量降低后对改善注水效果不明显，注水仍无法正常并入系统。因此，计划对注水泵 P-54106A/B 泵进行改造，提升泵出口压头，从而保证注水系统正常运行。

根据式（1）、式（2）可知，离心泵出口压头与叶轮直径的平方、转速的平方成正比，因此可通过提升泵转速和扩大叶轮直径来提升离心泵的出口压力。

$$\frac{H'_E}{H_E} = \left(\frac{n'}{n}\right)^2 \tag{1}$$

$$\frac{H'_E}{H_E} = \left(\frac{d'}{d}\right)^2 \tag{2}$$

式中 n——离心泵转速；

H_E——离心泵扬程；

d——离心泵叶轮直径。

2.1 提升高速泵转速

2020 年 11 月注水泵 P54106B 泵机封泄漏，拆检发现叶轮上有一层薄膜状物质，这也验证了多硫化钠析出单质硫堵塞管道的分析。离心泵出口压头与转速平方成正比，此次检修为提升泵出口压力计划通过提升泵转速来提升泵扬程。考虑检修成本及周期，检修中未更换电动机和泵出口扩散器，将该泵转速提升至 17200r/min，提升转速后该泵性能曲线如图 2 所示，额定出口流量为 15m³/h、必须气蚀余量为 4.5m、额定功率为 117.4kW。

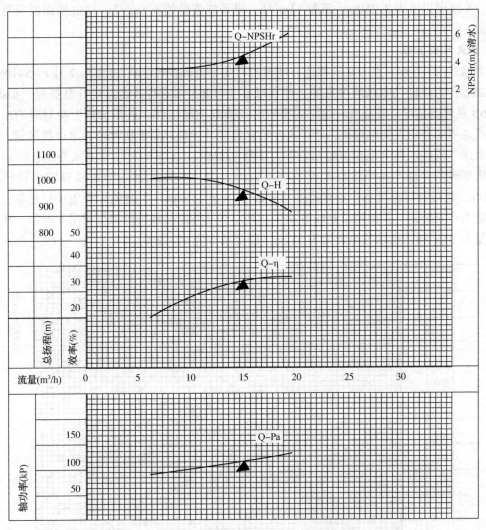

图 2 17200r/min 高速泵 P-54106B 性能曲线

由于改造中电动机和扩散器未更换，为保证电动机不过载，控制 P-54106B 出口总流量在 12.5m³/h 以下运行，自从该泵投用后垂直振动一直较大（水平 2.3mm/s、垂直 7.1mm/s），2021 年 7 月 P54106B 叶轮断裂堵塞泵出口，造成注水中断，拆检 B 泵发现叶轮多处有裂纹（图 3）（除盐水罐压力为 0.3MPa，排除气蚀原因，分析裂纹为断裂叶轮撞击所致）。对叶轮断裂原因进行分析，判断为该泵长期憋量造成振动较大，从而导致叶轮断裂。根据以上情况得出：由于未更换电动机及出口扩散器，提升泵转速来提升泵出口压头会造成高速泵憋压，运行过程中振动大，损伤叶轮及轴承。此外，在 B 泵此次检修过程中开启 A 泵，注水无法并入系统，出口压力正常，为防止注水长时间中断，在保证产品合格的情况下系统压力降至 7.0MPa。注水正常并入

图 3 高速泵 P-54106B 叶轮断裂

系统，A 泵出口压力 8.2MPa、流量 11m³/h、进系统流量约 6.8m³/h，这也侧面说明管道阻力增加。

2.2　扩大叶轮直径

根据式（2）可知，离心泵扬程还与叶轮直径的平方成正比，在 2021 年 7 月 P-54106B 检修完成后，为保证注水系统可靠性，计划对 P-54106A 泵进行改造以提升泵扬程。根据 P-54106B 泵改造情况，若提升转速则需要同时更换高速轴组件、重新核算更换对应的出口扩散器或选用功率更大的电动机，若扩大叶轮直径提升扬程只需更换叶轮和出口扩散器，相比较后者成本较低。在 B 泵检修时系统压力下降 0.2MPa，A 泵即可正常并入系统，考虑装置运行末期时为保证产品质量可能提系统压力的原因，本次计划提升 A 泵额定出口压力至 9.2MPa，通过计算得可将叶轮直径由 128mm 扩大至 136mm。为避免 A 泵电动机超载，本次改造联系厂家对扩口扩散器重新核算加工，并对预期性能曲线进行拟合如图 4 所示，额定出口流量为 10m³/h、必须气蚀余量为 3.2m、额定功率为 97.9kW。

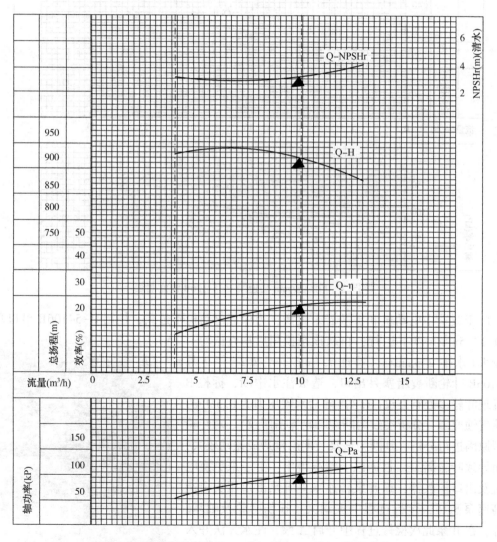

图 4　叶轮直径扩至 136mm 时高速泵 P-54106A 性能曲线

2021 年 11 月 22 日 P-54106A 改造完成，23 日由 B 泵切换至 A 泵运行，A 泵运行正常，出口流量为 10m³/h、系统注水量为 8.5m³/h、出口压力为 9.2MPa。

3　结论

（1）加氢精制装置注水系统中加注的多硫化钠在有氧环境中易氧化析出单质硫，堵塞注水管线。

（2）提升泵转速来提升离心泵扬程，需要更换较大功率的电动机或对出口扩散器进行改造，否则电动机易超载跳停造成注水中断，或造成离心泵偏离额定工况运行，造成泵振动大，从而造成叶轮、轴承等损坏。

（3）扩大叶轮直径来提升离心泵扬程，在满足装置注水量需求的情况下同时对出口扩散器改造，注水泵运行正常，且相对提升高速泵转速成本较低，检修工作量较小。

参 考 文 献

[1] 龙钰，张星，刘艳苹．加氢装置反应流出物注水系统的设计[J]．当代化工，2011，40(3)：281-283.
[2] 王瑞宝，苏跃军，曹卫华．复合型缓蚀阻垢剂在加氢裂化装置空冷器的应用[J]．炼油技术与工程，2007，37(11)：50-52.
[3] 徐艳龙．加氢精制装置多硫化钠缓蚀剂应用问题探讨[C]//加氢技术论文集，2008：681-686.
[4] 王玉花，郎国江．高压注水泵机械密封磨损原因分析[J]．石油化工腐蚀与防护，2009，26(1)：55-64.

作者简介：刘佳鑫(1996—)，男，2018 年毕业于兰州理工大学，学士学位，现工作中国石化集团扬子石油化工有限公司，助理工程师，从事设备管理工作。

加氢裂化主汽提塔塔顶水冷器管束
泄漏失效分析及对策

李志勇

（中国石化扬子石油化工有限公司）

摘　要　2#高压加氢裂化装置主汽提塔顶水冷器，2019年大修更换投用，在2020年7月频繁发生管束腐蚀泄漏，严重影响产品及装置安全稳定运行。本文通过对管束材质及垢样化学成分分析、宏观断口分析和金相组织分析，判断管束泄漏的原因是介质引起的应力腐蚀开裂，结合装置实际运行工况，提出并实施改进措施，延长水冷换热器使用寿命，消除隐患。

关键词　换热器；湿H_2S环境；应力腐蚀开裂；改进措施

1　设备及工况情况

EA201201 为 2#加裂主汽提塔 DA201201 塔顶水冷器(图1)，主要作用是将塔顶含硫轻烃进行冷却。EA201201 为 U 形管式换热器，其出口物料组成为：H_2S 占 7.17444%、烃占 78.04151%、水占 14.78405%。2019 年 4 月大检修期间更换新管束，运行约 16 个月。EA201201 规格型号，如表1所示。

表1　EA201201 规格型号

设备规格	BIU1200-2.5/2.3-393-6/23-4I	设备厂家	湖北长江石化设备有限公司
设备型式	U 形管	壳体材质	Q245R
设计压力(壳/管)/MPa	1.08/0.87	换热管材质	09Cr2AlMoRe
工作压力(壳/管)/MPa	0.9/0.45	换热管数量	450 根
设计温度(壳/管)/℃	80/80	换热面积	396m²
工作温度(壳/管)/℃	50~40/32~40	换热管	$\phi25\times2.5\times6000$
介质(壳/管)	含硫轻烃/循环水	程数(壳/管)	1/4

2020 年 7 月 24 日夜循环水检查发现管束泄漏。壳程水压试验，上水时发现 1 根 U 形管明显淌水，堵管 1 根。7 月 26 日投运换热器，再次内漏。上水发现 1 根管束明显漏，又预防性堵漏 2 根，共计堵管 4 根，检修完成后投用。8 月 27 日又一次内漏检修，1 根 U 形管明显淌水，堵头堵漏，检修后未投用。累计 3 次检修，堵管 5 根。断裂换热管位置如图2所示。

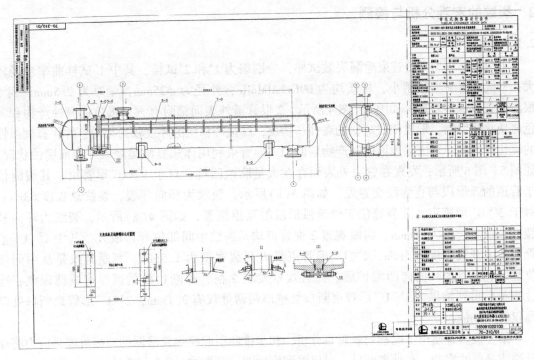

图 1　主汽提塔顶水冷器

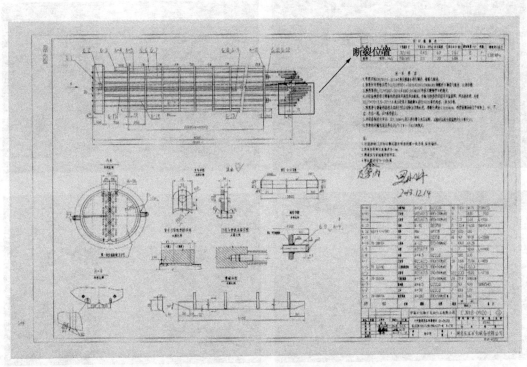

图 2　主汽提塔顶水冷器管束

2 裂纹的宏观分析与检测

2.1 宏观分析

截取了 2 根"U"形管束泄漏失效试样，分别编为 1#和 2#试样，其中 1#试样曲率半径较大，2#试样曲率半径稍小，材质均为 09Cr2AlMoRe，外径为 $\phi25mm$，壁厚为 2.5mm，对 2 根泄漏管道观察发现，如图 3、图 4 所示，2 根管道外表面都附有大量褐色的腐蚀产物和黄色斑块状残留物，形成相对疏松的腐蚀产物层，腐蚀产物层的厚度较为均匀，并伴有刺激性的硫化物气味。对去除表面腐蚀产物后的"U"形管束利用体式显微镜观察外表面腐蚀状况，如图 5、图 6 所示，发现在管束外表面存在大量腐蚀凹坑。对于 1#"U"形管束，其裂缝位于管道的弧形段与直管段交界处，如图 3(a)所示，裂纹为环向开裂，裂纹总长度 63mm。对于 2#"U"形管束，其裂缝位于管道弧形段的弧顶位置，如图 4(a)所示，裂纹为环向开裂，裂纹总长度为 50mm。肉眼观察 2 根管道均是裂纹中间部位开口最大，其中 1#"U"形管束最大开裂宽度为 3mm，2#"U"形管束最大开裂宽度为 1.5mm。判断裂纹是从中间部位起裂，沿管道环向向两端扩展。并且观察发现 2 根管道断口处的壁厚有减薄现象，通过测量后得到结果为 1#"U"形管束断口处壁厚最薄处仅有 2.1mm，2#"U"形管束断口处壁厚仅有 1.9mm。

结合换热管使用工况和宏观观察分析，初步推断引起换热管泄漏的原因可能是应力腐蚀开裂或是腐蚀疲劳；在外表面处，可以看到腐蚀凹坑及裂纹(图 5、图 6)。

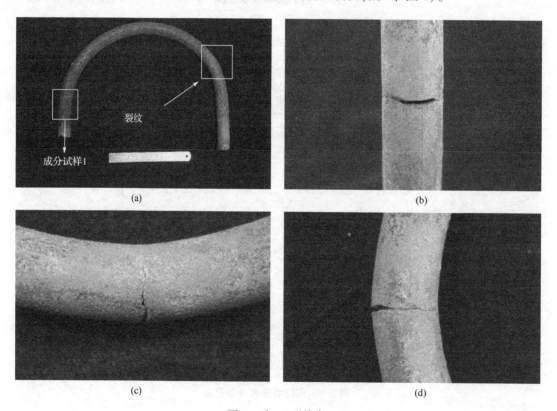

图 3　1#"U"形管束

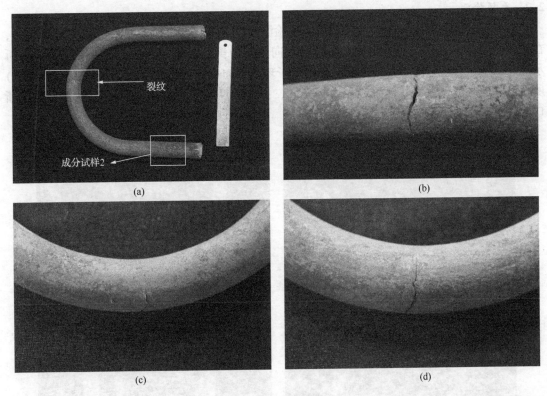

图4 2#"U"形管束

图5 1#U形管束外表面凹坑

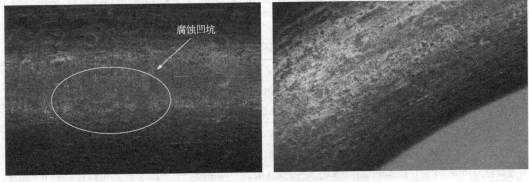

图6 2#U形管束外表面凹坑

2.2 无损检测

根据 JB/T 4730.3—2005《承压设备无损检测 第3部分：超声检测》进行 PT 渗透检测，在 1#"U"形管束的裂纹处存在一处沿管子环向延伸的鲜红色区域，如图 7(a) 和图 7(b) 所示。在 2#"U"形管束的裂纹处存在一处沿管子环向延伸的鲜红色区域，如图 7(c) 和图 7(d) 所示。除此之外，没有其他鲜红色着色区域，推断"U"形管束发生泄漏的位置只有裂纹断口处。

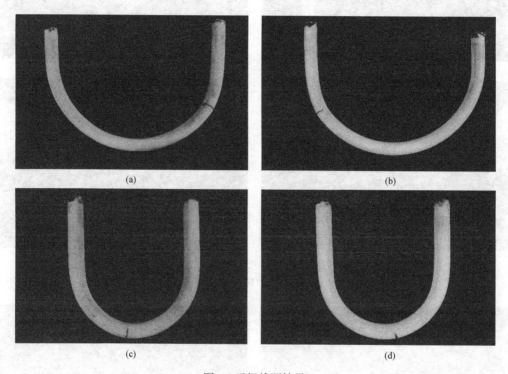

图 7　无损检测结果

3　化学成分检测

3.1　材质成分分析

2 根换热管均为 09Cr2AlMoRe，截取位置分别如图 3 和图 4 所示，表面氧化层处理，应用德国 SPECTRO MAXx 直读光谱仪进行检测，测试 3 组并取平均值，如表 2 和表 3 所示。与《中石化洛阳石油化工工程公司对 09Cr2AlMoRE 无缝钢管工程技术条件》对比发现，材质成分均满足要求。

表 2　试样 1 成分　　　　　　　　　　　　　　　　　　（%）

元素	C	Si	Mn	P	S	Cr	Al	Mo
测点 1	0.0830	0.349	0.3615	0.0146	0.0015	2.143	0.615	0.3467
测点 2	0.0721	0.359	0.3656	0.0152	0.0019	2.148	0.635	0.3469
测点 3	0.0843	0.358	0.3621	0.0156	0.0015	2.091	0.630	0.3478
平均值	0.0798	0.355	0.3631	0.0151	0.0016	2.127	0.627	0.3471
标准规定	0.06~0.1	0.2~0.5	0.3~0.7	≤0.02	≤0.003	2.0~2.3	0.3~0.7	0.3~0.5

元素	C	Si	Mn	P	S	Cr	Al	Mo
测点1	0.0644	0.356	0.3569	0.0156	0.0016	2.108	0.624	0.3422
测点2	0.0738	0.402	0.3536	0.0173	0.0022	2.080	0.653	0.3587
测点3	0.0727	0.372	0.3589	0.0164	0.0016	2.077	0.650	0.3512
平均值	0.0703	0.3767	0.3565	0.01643	0.0018	2.0883	0.6423	0.3507
标准规定	0.06~0.1	0.2~0.5	0.3~0.7	≤0.02	≤0.003	2.0~2.3	0.3~0.7	0.3~0.5

表3　试样2成分　　　　　　　　　　　　　（%）

3.2 管道外壁面腐蚀垢样成分分析

如图8所示，分别在1#~5#区域处提取腐蚀垢样，所得试样如图9所示，对腐蚀垢样先进行烘干和研磨，之后利用 EDS 能谱分析确定腐蚀垢样元素成分及含量。

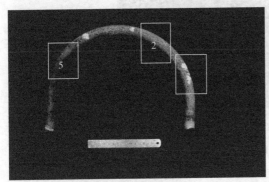 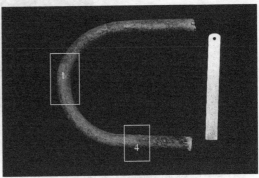

(a)1#"U"形管束　　　　　　　　　　　　　(b)2#"U"形管束

图8　外壁面腐蚀垢样取样位置

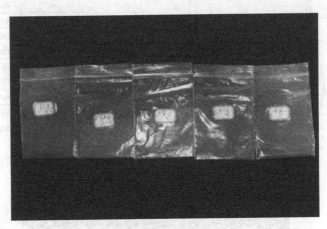

图9　外壁面腐蚀垢样

对烘干和研磨后的5份垢样进行 EDS 能谱分析，分析结果如图10~图14和表4所示。通过图中数据对比发现：垢样中主要元素为 Fe、O 和 S，含有少量的 Cl、Ca、Cr、Mn，S、Cl 属于腐蚀性离子，在有水条件下会形成酸根离子，进而加快管材的腐蚀。

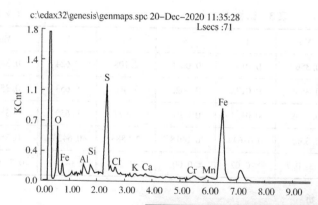

c:\edax32\genesis\genmaps.spc 20–Dec–2020 11:35:28
Lsecs :71

Element	Wt%	At%
OK	17.68	37.95
AlK	02.23	02.84
SiK	01.56	01.90
SK	17.64	18.90
ClK	01.43	01.39
KK	00.55	00.48
CaK	00.88	00.75
CrK	01.79	01.18
MnK	01.42	00.98
FeK	54.83	33.72

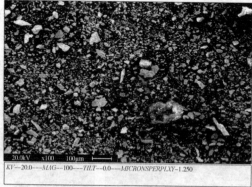

图 10 垢样 1 EDS 能谱分析

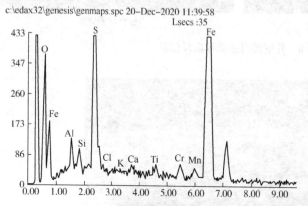

c:\edax32\genesis\genmaps.spc 20–Dec–2020 11:39:58
Lsecs :35

Element	Wt%	At%
OK	12.58	29.35
AlK	01.88	02.60
SiK	01.27	01.69
SK	18.96	22.07
ClK	00.41	00.43
KK	00.22	00.21
CaK	00.74	00.69
TiK	01.02	00.79
CrK	01.62	01.17
MnK	01.73	01.18
FeK	59.57	39.82

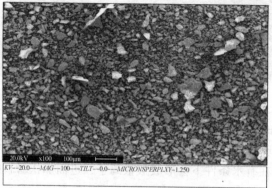

图 11 垢样 2 EDS 能谱分析

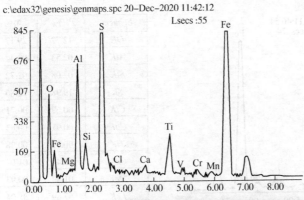

c:\edax32\genesis\genmaps.spc 20-Dec-2020 11:42:12
Lsecs :55

Element	Wt%	At%
OK	14.43	30.80
MgK	00.69	00.97
AlK	09.23	11.68
SiK	02.36	02.87
SK	17.24	18.36
ClK	00.67	00.64
CaK	00.82	00.70
TiK	05.33	03.80
ViK	00.29	00.19
CrK	01.22	00.80
MnK	00.85	00.53
FeK	46.87	28.65

图 12　垢样 3 EDS 能谱分析

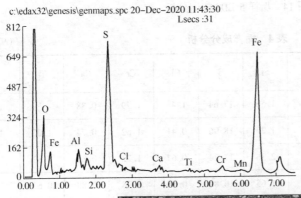

c:\edax32\genesis\genmaps.spc 20-Dec-2020 11:43:30
Lsecs :31

Element	Wt%	At%
OK	13.10	30.13
AlK	03.71	05.06
SiK	01.65	02.16
SK	16.80	19.28
ClK	00.88	00.92
CaK	00.88	00.81
TiK	00.62	00.47
CrK	01.78	01.26
MnK	01.78	01.19
FeK	58.81	38.75

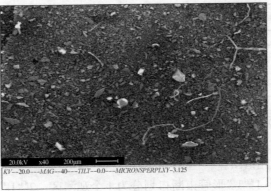

图 13　垢样 4 EDS 能谱分析

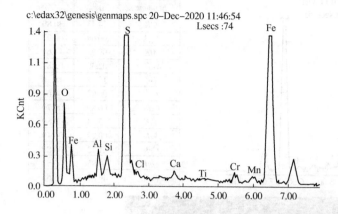

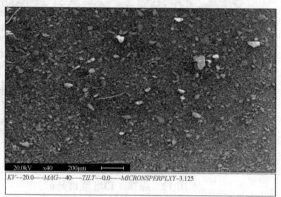

图 14　垢样 5 EDS 能谱分析

表 4　垢样成分分析 （%）

位置	元素	Fe	O	Al	Si	S	Cl	Cr	Ca	Ti	Mn
换热管外表面垢样	1	54.83	17.68	2.23	1.56	17.64	1.43	1.79	0.88		1.42
	2	59.57	12.58	1.88	1.27	18.96	0.41	1.62	0.74	1.02	1.73
	3	46.87	14.43	9.23	2.36	17.24	0.67	1.22	0.82	5.33	0.85
	4	58.81	13.10	3.71	1.65	16.80	0.88	1.78	0.88	0.62	1.78
	5	57.89	12.72	2.53	2.08	19.98	0.69	1.45	0.91	0.37	1.39
	平均值	55.594	14.102	3.916	1.784	18.124	0.816	1.572	0.846	1.835	1.434

4　宏观断口分析

断口试样如图 15 所示，取样后先用丙酮溶液去除试样表面附着的有机物或其他杂质，之后用乙醇清洗试样表面。利用 SEM 扫描电镜和 EDS 能谱得到试样其微观下不同倍率不同位置的扫描电镜图及能谱图。

由图 15 可知：将 1# "U" 形管束断口划分为 4 个观测区，2# "U" 形管束断口划分为 3 个观测区。通过对断口裂纹的宏观观察，判断裂纹由外向里扩展。

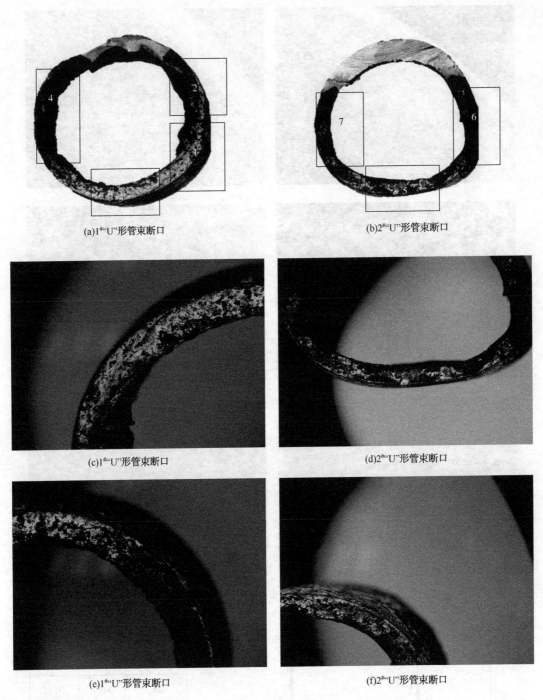

(a)1#"U"形管束断口

(b)2#"U"形管束断口

(c)1#"U"形管束断口

(d)2#"U"形管束断口

(e)1#"U"形管束断口

(f)2#"U"形管束断口

图15　断口试样

如图 16 所示观察 1#"U"形管束断口 1 号位置发现，存在裂纹源特征放射状条纹，放大后发现疑似源区处存在孔洞，并有一定的河流花样形貌，呈解理断裂特征，并且这一特征在其他断口区域也有发现。推断 1 号位置为断口源区。在高倍条件下在断口外侧、内侧可以看到覆盖物，对覆盖物进行能谱分析，结果如图 17 所示，主要包括 Fe、O、S、Cr 等元素，推断材料发生了硫腐蚀。

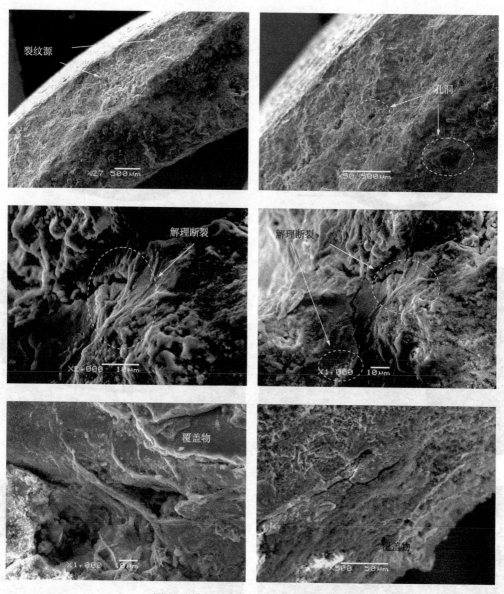

图 16　1[#]"U"形管束 1 号位置微观形貌

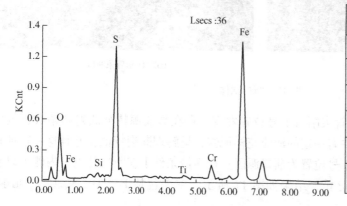

Element	Wt%	At%
OK	10.92	27.19
SiK	00.57	00.81
SK	16.27	20.21
TiK	00.67	00.56
CrK	03.83	02.93
FeK	67.74	48.30

图 17　1[#]"U"形管束 1 号位置腐蚀产物能谱分析

如图 18 所示，观察 1#"U"形管束断口 3 号位置发现，断口呈现明显的沿晶断裂的特征，并且存在一定的韧窝，由于该部位取自断口的内壁侧，表明裂纹是从外壁发生开裂，然后逐渐向内壁扩展。图 19 为 1#"U"形管束断口 4 号位置观察结果，呈现明显的解理断裂的特征，且观察到覆盖物，同样该部位取自断口的内壁侧，也说明裂纹是从外壁发生开裂，然后逐渐向内壁扩展。因此推断 3 号和 4 号位置为扩展区。

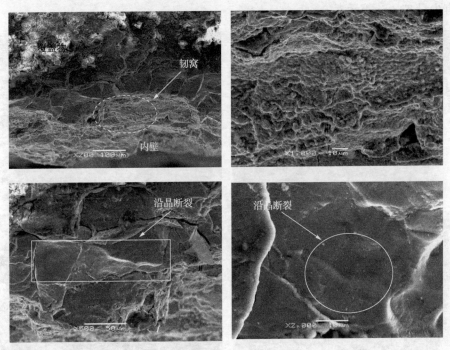

图 18　1#"U"形管束 3 号位置微观形貌

图 19　1#"U"形管束 4 号位置微观形貌

如图 20 所示，观察 1#"U"形管束断口 2 号位置发现，区域界面与 3 号和 4 号位置相似，断口呈现明显的解理断裂的特征，由于该部位取自裂纹末端，经掰开后形成的断口，在换热管内壁具有变形的特征，这是由于掰开撕裂造成的，判断内壁的这一部位未发生开裂，表明裂纹是从外壁发生开裂，然后逐渐向内壁扩展。因此推断 2 号位置为瞬断区。同时观察到腐蚀产物，并对其进行 EDX 能谱分析（图 21），结果发现主要包括 Fe、O、S、Mn、Ca 等元素，另有少量 Ti、Si 等元素。

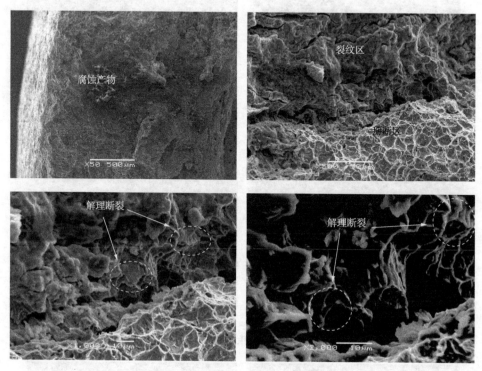

图 20　1#"U"形管束 2 号位置微观形貌

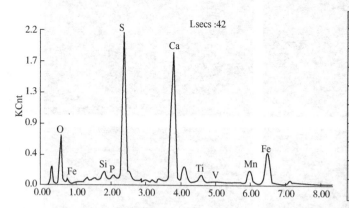

Element	Wt%	At%
OK	24.59	45.48
SiK	01.00	01.05
PK	00.55	00.52
SK	20.49	18.91
CaK	26.18	19.33
TiK	02.55	01.58
VK	00.24	00.14
MnK	06.82	03.67
FeK	17.59	09.32

图 21　1#"U"形管束 2 号位置腐蚀产物能谱分析

　　通过对 1#"U"形管束断口分析（图 22），发现裂纹发生部位无塑性变形，裂纹具有典型的解理特征和沿晶特征，裂纹从管外壁产生，逐渐向管内壁扩展，其裂纹发展方向与拉应力方向垂直，同时能谱分析表明断口处腐蚀产物中含有硫。这证明裂纹的产生与壳程中轻烃含

有大量 H_2S 有关，从宏观到微观观察分析，可以判定 1#"U"形管束开裂属于脆性断裂，并且符合 H_2S 应力腐蚀破坏的特征。

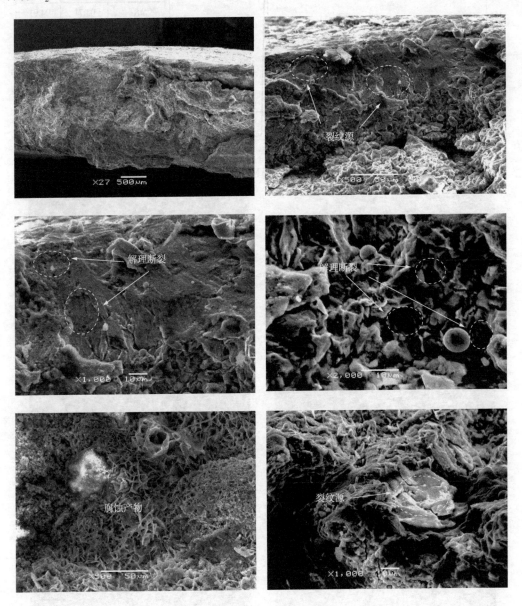

图22　2#"U"形管束1号位置微观形貌

观察 2#"U"形管束断口5号位置发现，存在裂纹源特征放射状条纹，并有一定的河流花样形貌，呈解理断裂特征，并且这一特征在其他断口区域也有发现。推断5号位置为断口源区。在高倍条件下，在断口外侧、内侧可以看到腐蚀产物并其对进行能谱分析，结果如图23所示，主要包括 Fe、O、S、Si、Ca 等元素。

如图24所示，观察 2#"U"形管束断口2号和3号位置，发现断口呈现明显的解理断裂的特征，并有部分沿晶断裂特征。由于该部位取自断口的内壁侧，表明裂纹从外壁发生开裂，然后逐渐向内壁扩展。因此推断2号和3号位置为扩展区。

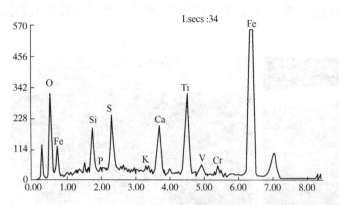

Element	Wt%	At%
OK	15.70	36.55
SiK	03.71	04.91
PK	00.19	00.23
SK	04.31	05.01
KK	00.59	00.56
CaK	04.10	03.81
TiK	11.12	08.65
VK	00.00	00.00
CrK	01.48	01.06
FeK	58.79	39.21

图 23   2#"U"形管束 1 号位置腐蚀产物能谱分析

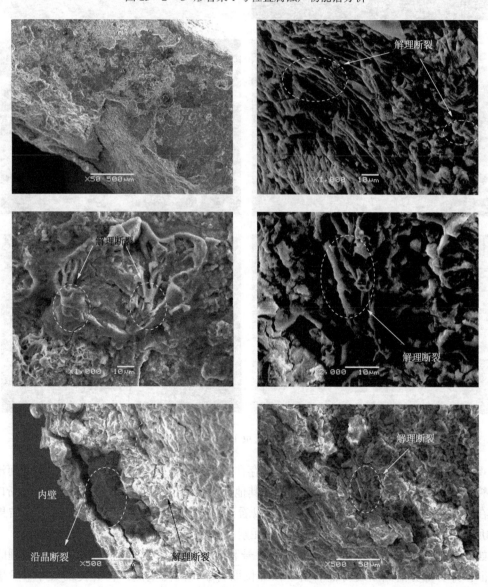

图 24   2#"U"形管束 2 号位置微观形貌

通过对 2#"U"形管束管进行断口分析，发现裂纹发生部位无塑性变形，裂纹具有典型的解理特征，裂纹从管外壁产生，然后逐渐向管内壁扩展，其裂纹发展方向与拉应力方向垂直，同时能谱分析表明断口处腐蚀产物中含有较多的硫，这证明裂纹的产生与壳程介质中轻烃含有大量 H_2S 有关，从宏观到微观观察分析，可以判定小 U 形管开裂属于脆性断裂，并且符合 H_2S 应力腐蚀开裂的特征。

5 金相组织分析

已知换热管材质均为 09Cr2AlMoRe，作为新一代耐腐蚀用低合金钢已在炼油企业大量应用，主要用于塔顶冷凝器和塔顶空冷器。为获取裂纹区域的金相组织特征，在近裂纹区取金相试样，同时在远离裂纹区域位置选取试样作为对比观察，取样位置如图 25 和图 26 所示。采用线切割对管道各部位进行取样，经过镶样、打磨、抛光后，再使用含有 5g $FeCl_3$、15mL HCl、80mL 水的 $FeCl_3$ 溶液侵蚀 2~5s 后，利用 OLYMPUS 金相显微镜进行观察。

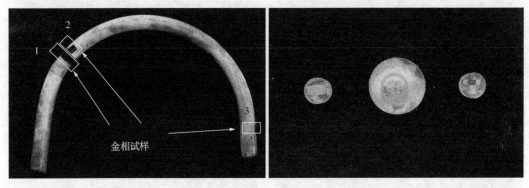

图 25　1#"U"形管束金相取样

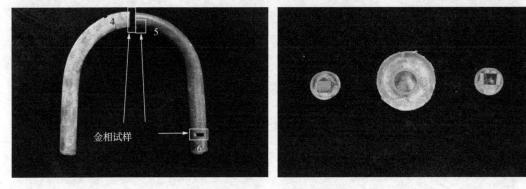

图 26　2#"U"形管束金相取样

图 27 和图 28 分别为 2 根换热管沿壁厚不同部位的微观形貌。观察发现，其微观组织均为铁素体和珠光体，晶粒度为 8 级，不同部位的晶粒尺寸无明显差异，但出现晶粒边界粗大现象。这是由于介质本身富含高浓度 H_2S，造成的氢化物在晶界富集呈薄片状，并会产生较大的应力集中，极易引起低应力的脆性断裂。因此，判断裂纹的形成过程是由氢原子从金属表面进入并在金属内部扩散、聚集，使金属零件在低于材料屈服极限的静应力作用下引起脆性破坏，从而导致裂纹萌生和扩展。

(a)内壁侧(750×)

(b)内壁侧(2000×)

(c)芯部(750×)

(d)内壁侧(2000×)

(e)外壁侧(750×)

(f)外壁侧(2000×)

图 27　试样 1 沿壁厚方向的金相组织特征

(a)内壁侧(750×)

(b)内壁侧(2000×)

图 28　试样 4 沿壁厚方向的金相组织特征

(c)芯部(750×)

(d)芯部(2000×)

(e)外壁侧(750×)

(f)外壁侧(2000×)

图28 试样4沿壁厚方向的金相组织特征(续)

6 硬度分析

根据 GB/T 4340.1—2009《金属材料 维氏硬度试验 第1部分：试验方法》利用 HX-1000TM/LCD 自动转塔式显微硬度计，对 1#"U"形管束 1#、2#金相试样，2#"U"形管束 4#、5#金相试样进行硬度测试。1#、4#试样沿着裂纹由外壁至内壁均匀取 10 个点，2#、5#试样沿轴方向均匀取 10 个点，测量获得的结果见表 5 和表 6。均满足《压力容器技术监察规程规范》中关于低合金钢在湿硫化氢环境中硬度值≤245HV(单个值)的要求。

表5 金相1#、2#试样表面硬度测量值(HV)(室温)

编号	1	2	3	4	5	6	7	8	9	10	平均值	标准值
1#	242.9	242.7	247.4	242.7	234.0	237.5	243.9	237.5	226.3	246.9	240.18	≤245
2#	217.6	248.3	225.5	234.4	216.3	226.3	208.6	242.9	232.3	218.9	227.11	

表6 金相4#、5#试样表面硬度测量值(HV)(室温)

编号	1	2	3	4	5	6	7	8	9	10	平均值	标准值
4#	241.95	242.9	244.2	247.8	245.7	243.5	244.7	239.5	236.3	242.9	242.945	≤245
5#	217.7	218.4	218.1	206.0	216.3	208.2	205.4	210.1	212.3	218.9	213.4	

7 失效原因及综合分析

综上，EA201201 管束断裂管道的宏观、微观形貌特征及其服役环境，可判断 U 形管断

裂是由于湿 H_2S 环境下导致的应力腐蚀开裂，裂纹起始于管体外表面凹坑处。其形成过程是介质本身富含高浓度的 H_2S，氢原子从金属表面进入并在金属内部扩散、聚集，造成氢化物在晶界富集呈薄片状，产生较大的应力集中，使金属零件在低于材料屈服极限的静应力作用下引起脆性断裂，从而导致裂纹萌生和扩展。相关研究表明，金属材料或构件发生应力腐蚀开裂需满足 3 项基本条件，即应力腐蚀开裂敏感性、特定的腐蚀介质和一定的拉应力。结合此 3 项基本条件对 U 型管断裂原因分析如下：

（1）应力腐蚀开裂敏感性。硫化氢是普通碳钢管道的应力腐蚀开裂敏感介质，相比于普通碳钢管道，09Cr2AlMoRe 由于其合金元素含量较低，虽然在大多数条件下的耐均匀腐蚀能力高于碳钢 5 倍以上，但在某些腐蚀环境非常严重的条件下，具有较大局限性。其使用条件应满足 Cl 平均不超过 50mg/L，H_2S 不超过 100mg/L，以及管束材质配置要合理，否则其防腐蚀性能将大打折扣。

（2）特定的腐蚀介质。壳程物料组成为：H_2S 占 7.17444%、烃占 78.04151%、水占 14.78405%。其 H_2S 含量远远超标。同时，根据对腐蚀产物所做的五次能谱分析，结果见表 1。从能谱分析结果可以看出，S 和 Cl 分析数据基本一致，其中 S 含量平均值达到 18.124%，Cl 含量平均值达到 0.816%。由此可知，壳程介质中的 H_2S 和 Cl⁻ 浓度已经远超 09Cr2AlMoRe 材料的应用范围，客观存在典型的 HCl—H_2S—H_2O 腐蚀环境，满足发生硫化物应力腐蚀开裂的环境条件，是造成设备腐蚀失效最直接的原因。

（3）一定的拉应力。首先，从该换热器结构方面来看，由于换热管冷弯时的塑性变形，在 U 型管弯管处外缘存在较大的残余拉应力；其次，U 型管下直管段及弯管处存在较大的由于温差产生的拉应力；最后，该换热器管束安装有防冲挡板，设置防冲挡板可起到防止进口高速流体冲击管子的作用，但同时也会带来其他问题，如防冲挡板使得轻烃流动截面变小，只能从挡板与壳体间的环隙流出，因而在进口段造成局部流速增高。这种高速流体主要沿着壳体的壁面流动，从而使得进口段管束外围的管子因高速流体横向流过而发生较强烈的振动，使管子受交变应力作用，并与折流板碰撞，从而加速应力腐蚀裂纹的扩展。

8　结论与建议

通过对裂纹进行无损检测及宏观断口及裂纹形态分析、材质化学成分检测、金相组织分析和硬度分析，获得以下主要结论：

（1）通过断口分析发现，1#"U"形管束裂纹总长度 63mm，断口微观分析可以观察到典型的解理特征和沿晶特征，裂纹由外表面起始向内表面扩展，形成环向裂纹；2#"U"形管束裂纹总长度 50mm，断口微观分析可以观察到典型的沿晶和解理特征，裂纹由外表面起始向内表面扩展，形成环向裂纹。

（2）经直读光谱检测，换热管成分符合 09Cr2AlMoRE 无缝钢管工程技术条件要求，材质不存在问题；对腐蚀产物能谱分析发现，介质中的 H_2S 和 Cl⁻ 浓度很高，客观存在典型的 HCl—H_2S—H_2O 腐蚀环境，满足发生硫化物应力腐蚀开裂的环境条件，是造成设备腐蚀失效最直接的原因。

（3）对换热管不同区域微观组织观察可知，其不同区域的微观组织均为铁素体和珠光体，另外，由于介质本身含有较高浓度 H_2S，造成氢化物在晶界富集并呈薄片状，产生较大的应力集中，极易引起低应力的脆性断裂；

针对以上分析，可采取以下措施防止裂纹产生：

（1）对"U"形管束进行退火，降低或消除"U"形管段因弯曲成型引起的残余应力，若有条件，可进一步对"U"形管段外表面进行表面强化处理，提高管束的疲劳强度和耐腐蚀性能。

（2）建议换热器管束选用双相钢（2205、2507）、钛材。

（3）考虑工艺防腐措施的改进：如控制塔顶注水量、注水位置、喷头设计等。

参 考 文 献

[1] 李奇峰. 常减压装置塔顶换热器管束腐蚀及选材[J]. 石油化工腐蚀与防护，2009，26（3）：41-42.

[2] 严晓辉，马云霖，朱敏. 减顶空冷器换热管腐蚀失效分析[J]. 铸造技术，2014，35（8）：1752-1755.

[3] 束润涛. 09Cr2AlMoRE 换热器管束在使用中应注意的问题[J]. 石油化工腐蚀与防护，2002（2）：55-60.

[4] 束润涛. 耐湿硫化氢腐蚀的新材料 07/09Cr2AlMoRE[J]. 石油机械，2003（4）：1-3.

作者简介：李志勇（1995—），男，2019 年毕业于南京工业大学，学士学位，现工作中国石化集团扬子石油化工有限责任公司，助理工程师，从事设备员工作。

扬子石化热电厂#5机伺服阀内漏处理

郭新元

（中国石化扬子石油化工有限公司）

摘　要　本文针对扬子石化热电厂#5机运行中出现抗燃油压下降及故障处理过程，分析了产生油压下降的原因，并阐述了抗燃油油质对伺服阀的影响，对电厂处理相应问题有指导意义。

关键词　抗燃油；伺服阀；故障处理；电化腐蚀；电阻率

1　设备说明

扬子石化有限公司热电厂（以下简称"扬子电厂"）#5汽轮机为上海汽轮机厂生产的CC50/90-42-15型汽轮机，其调节系统采用液压传动、液压放大的全液压调节系统，于2003年投产。

2　抗燃油压下降

2.1　现象

#5机组DEH改造后启动运行，DEH系统运行基本正常。2022年9月3日运行人员发现抗燃油压下降接近报警值，并继续缓慢下降（表1）。

表1　抗燃油下降情况

时　　间	抗燃油压/MPa	时　　间	抗燃油压/MPa
9月3日中午	13.0	9月5日下午	10.6
9月3日 14：00	12.6	9月6日上午	9.8

对于抗燃油压下降，首先进行以下检验、试验：

（1）主油泵切换，油压无变化。

（2）2台泵同时运行，油压升至15.0MPa。

（3）对其中1台油泵（A泵）入口过滤网进行检查，过滤网不脏（仍进行更换），启动后油压无变化。

（4）检查油箱上部溢流阀，无漏流。

（5）用手摸各蓄能器放油管，温度不高，蓄能器无漏油。表明主油泵工作正常溢流阀及各蓄能器放油门无泄漏。油箱油温升高，增开冷却油泵。

2.2　查找原因

2.2.1　理论分析

造成抗燃油压跌落的原因，归纳如下：

（1）系统存在泄漏，包括：液压阀（伺服阀、卸荷阀、单向阀、换向阀）泄漏，管路泄漏，液压缸泄漏，蓄能器泄漏等。

（2）泵故障。

（3）运行不当。

2.2.2 关闭隔离阀检查

进一步仔细检查发现：①回油逆止门所在油管发烫，回油逆止门位于开启状态；②检查压力回油滤芯比较干净，为寻找泄漏点，换一个新滤芯，回油逆止门无变化；③在压力回油管上加装了压力表，测得压力为 0.23MPa。从这些现象看，高压油与回油间有大量漏油现象。

将高、中压调门控制方式有顺序阀转换为单阀形式，逐个关闭调门进油管路的隔离阀，进行试验（隔离阀关闭前后供油压力见表2）。除#4高调门关闭前后油压无变化外，其余各门关闭后系统油压均升高。

表2　隔离阀关闭前后系统压力　　　　　　　　　　　　　（MPa）

阀　门		系统压力	
		关门前	关门后
高调门	#1	10.8	12.6
	#2	10.8	12.8
	#3	10.8	12.5
	#4	10.8	10.8
中调门	#1	10.8	12.4
	#2	10.8	12.2
	#3	10.8	12.0
	#4	10.8	12.4

换伺服阀检查卸荷阀处。9月6日，依次将#1~#3高调门、#1中调门的伺服阀更换为新伺服阀，抗燃油压升高（表3）。

表3　更换伺服阀试验情况

		换前	换后
高调门	#1	9.8	10.9
	#2	10.9	13.6
	#3	13.6	14.6
	#4	没换	
中调门	#1	14.6	14.6
	#2	没换	
	#3		
	#4		

注：更换#1中压调门伺服阀时，油压稳定，但泵电流由51A降至40A。

更换伺服阀后检查情况：①系统油压稳定，油泵电流下降。将两泵压力重新调整到14.5MPa（表4）；②油温下降，油箱油位下降；③压力回油管压力降为0.16MPa；④有压回油管温度降至室温。9月8日#5机组EH油压又有所下降，油泵电流升高，其余3个中压调门伺服阀换新（表5）。

表4 中压调门伺服阀更换过程，电动机电流及油压情况(A泵运行)

中压调门	电动机电流/A	系统油压/MPa
#2	39.0	14.5
#3	31.0	14.6
#4	24.0	14.7

表5 中压调门伺服阀更换前后状况

	换前状况		换后状况	
	A泵	B泵	A泵	B泵
电动机电流/A	47.7	45.3	24.3	23.2
系统油压/MPa	14.4	13.9	14.7	14.4

2.2.3 结论

由此看见，造成抗燃油系统油压下降的原因应为伺服阀泄漏。由于主油泵为恒压变量柱塞式油泵，系统因漏油量增加，油泵自动调整供油量满足要求，维持油压不变(推测在发现抗燃油压下降前，实际上抗燃油泵电流已缓慢上升，这些现象未引起运行人员和检修人员注意)；当油泵流量达到最大后，系统漏油量继续增加，油泵不能满足系统供油量要求，所以油压下降。将第一批的4个伺服阀送新华控制公司做试验，测得其内泄漏量分别为15.6L/min、23L/min、20.7L/min、17.2L/min；平均每个伺服阀内泄流量接近20L/min，远大于1L/min的正常水平、证实伺服阀的确内漏。

3 伺服阀内漏原因分析

3.1 现场运行情况

通过更换伺服阀，EH系统恢复正常，电动机电流较小，系统油压正常。过一段时间后，又几次出现抗燃油泵电动机电流缓慢上升，达到一定值时油压下降。又更换新伺服阀，电动机电流及系统有压随即恢复正常(伺服阀更换周期约为3个月)。

2019年2月9日还出现#1、#2中压调速汽门低频小幅摆动，更换伺服阀后正常。

化学监督人员每周取样化验抗燃油，酸值、水分、机械杂质等经常检查项目均正常。

3.2 过程分析

3.2.1 伺服阀内漏

发现伺服阀内漏，最初怀疑是伺服阀产品质量所致，改用其他品牌伺服阀，运行一段时间后，伺服阀同样出现内漏。

3.2.2 油质分析

可能是抗燃油油质出现问题，但是哪一项指标造成的呢？

了解到某电厂由于使用含氯的清洗剂，造成油脂污染，造成伺服阀内漏。新华控制工程公司也向用户发出《抗燃油系统禁止使用含氯清洗剂的通知》。扬州电厂非常重视，详细调查了DEH系统的安装、检修经过，未使用过含氯的清洗剂，取样化验油质，氯含量非常低。2022年10月上旬，抗燃油样送上海石油产品分析评定中心进行理化性能分析，结果为电阻率下降，泡沫特性超标，但酸值、水分、氯含量仍在正常范围。

2022年10月，扬子电厂抗燃油样送南京做全分析，测量电阻率已超标。

伺服阀内漏很可能是抗燃油电阻率下降，造成伺服阀内部电化腐蚀所致。

3.2.3 伺服阀解体检查

对其中一个伺服阀解体检查，发现滑阀凸肩的锐角已变钝。肉眼看新旧滑阀凸肩似乎差别不大，在显微镜下观察滑阀凸肩像倒了个角。

从显微镜下观察到的滑阀凸肩情况，滑阀不是机械杂质损坏或磨损，应是化学腐蚀。

3.2.4 伺服阀内漏的原因

综上所述，认为：由于抗燃油电阻率下降，造成伺服阀内部电化腐蚀，尤其是滑阀凸肩（尖端部位）先腐蚀掉，造成伺服阀内漏。

4 提高抗燃油电阻率

4.1 系统冲洗、更换新油

投入抗燃油再生装置，用来提高抗燃油电阻率。但由于系统内抗燃油电阻率已下降较多，投入抗燃油再生装置提高电阻率缓慢。决定将抗燃油进行系统冲洗、更换新油。

（1）换油前准备工作：①备好充足的抗燃油（最少8桶），2套滤芯，伺服阀及O形圈等备件、材料；②冲洗板、接头等冲洗用品；③滤油机滤芯；④存放旧油的空油桶。

（2）系统放油：EH系统全面放油，包括①油箱、油管；②油动机拆下后防火塞上部存油（#2、#4中压调门油动机由于化妆板未拆，无法吊出，故未放活塞上部存油）；③冷却器；④油再生装置；⑤滤油机。

（3）系统冲洗：①拆下所有伺服阀、电磁阀（包括AST、OPC及主汽门），换成冲洗板；②EH油加入新油，加油1.5桶，油箱油位300mm，启动2台主油泵进行油循环，同时启动冷却油泵、滤油泵；③循环12h后，放油；④同样方法循环冲洗2次；⑤冲洗所用新油为2021年#5机大修是购进AKZO抗燃油。

由于扬子电厂没有电阻率测试仪器，油冲洗过程没有取样化验电阻率，而是当冲洗结束时取样一并送南京测试（表6）。

表6 取样化验电阻率

取样时间	取样名称	酸值（KOH）/(mg/g)	含氯值/%	电阻率20℃/(Q·cm)	试验单位
2019-10初	运行油	0.055	0.0020	3×10°	上海
2019-12-24	运行油	0.030	0.0012	1.4×10°	南京
2020-1-12	运行油	0.06	20PPm	2×10°	AKZO
2020-2-13	运行油	0.011	0.0018	10°	南京
2020-2-14	仓库存油	0.012	0.0020	6.7×10°	南京
2020-2-17	第1次冲洗	0.010	0.0016	7.9×10°	南京
2020-2-18	第2次冲洗	0.008	0.0019	8×10° 10°	南京
2020-2-18	新购油	0.007	0.0020	1010	南京
2020-3-23	系统油			1.4×1010	南京
2020-12-20	系统油	0.012	0.0020	4.1×1010	南京

（4）系统恢复：油系统加油至油箱正常油位（500mm），油为新购进的AKZO抗燃油。启动2台油泵进行油循环，并开启滤油机滤油。当颗粒度达到标准要求，油冲洗结束。更换新滤网，更换再生滤芯去冲洗板，装新伺服阀、电磁阀（用乙醇清洗）。

（5）系统实验：调整油泵压力值到设计值，做调节系统精制试验，检查系统无异常。

4.2 加强监护、维护

（1）再生装置定期投入，安排在每周投运1次，连续运行8h。后改为每周连续投运5d。

（2）除每周厂内常规检测项目外，加强对电阻率监视。

（3）关注抗燃油泵电流（进而了解系统用油量是否增大，有无泄漏）。

5 处理效果

2022年10月23日#5机组小修后启动，抗燃油压为14.8MPa，油泵电动机电流为22.9A。运行至今，抗燃油压及油泵电动机电流均正常。需要说明的是，限于编者的知识范围和能力，对于抗燃油电阻率下降的原因尚不清楚。

作者简介：郭新元（1998—），男，2020年毕业于武汉工程大学，热能与动力工程及工程管理双学位，现工作于中国石化扬子石油化工有限公司热电厂。